Holzbau

Wände – Decken – Dächer

Konstruktion   Bauphysik   Holzschutz

Von Univ.-Prof. Dipl.-Ing. Horst Schulze
Institut für Baukonstruktion und Holzbau
der Technischen Universität Braunschweig

2., durchgesehene Auflage
Mit 448 Bildern und 68 Tafeln

 B. G. Teubner Stuttgart · Leipzig 1998

Die Deutsche Bibliothek – CIP-Einheitsaufnahme

Schulze, Horst:
Holzbau : Wände, Decken, Dächer; Konstruktion, Bauphysik,
Holzschutz / von Horst Schulze. – 2., durchges. Aufl. – Stuttgart ;
Leipzig : Teubner, 1998
  ISBN 3-519-15258-4

Printed in Germany
Gesamtherstellung: Passavia Druckerei GmbH Passau
Einbandgestaltung: Peter Pfitz, Stuttgart

Meiner lieben Lilo
in Dankbarkeit
für ihre unendliche Geduld

Inhalt

1 Vorbemerkungen

1.1 Zielsetzung

Das Buch soll helfen, die Kenntnisse über die Eigenschaften und das Verhalten von Holzbauteilen zu erweitern. Es gibt ferner Hinweise und Anregungen für die Planung, Bemessung und Ausführung solcher Bauteile, wofür auch die einschlägigen Bemessungsgrundlagen genannt werden. Da die Kenntnis von Bauschäden und ihrer Ursachen eine wichtige Hilfe für den Konstrukteur bedeuten kann, wird auch diesem Thema Raum gewidmet.

1.2 Leserkreis

Das Buch richtet sich an in der Praxis tätige Architekten und Ingenieure wie aber auch an Studierende dieser beiden Fachrichtungen. Es sollte auch allgemein geeignet sein für Handwerksbetriebe und mittelständische Unternehmen, die sich teilweise oder vorzugsweise mit dem Holzbau befassen.

1.3 Inhalt

Bei der Planung, Bemessung und Ausführung von Holzbauteilen sind grundsätzlich folgende bautechnische Bereiche zu berücksichtigen:
— Tragfähigkeit
— Wärmeschutz
— Feuchteschutz
— Schallschutz
— Brandschutz
— Holzschutz
Die dabei zu beachtenden bautechnischen Grundlagen, wie
— Anforderungen
— Berechnungsgrundlagen
— Nachweise der Einhaltung der Anforderungen,
werden dargestellt und erläutert sowie durch Konstruktions- und Rechenbeispiele ergänzt.
Die statischen Bemessungsregeln für seit Jahrzehnten allgemein übliche Holzbauteile, z.B. Dachkonstruktionen und Holzbalkendecken, werden – unter Hinweis auf die einschlägige Fachliteratur – nicht behandelt, wohl aber jene für spezielle Bauteile, z.B. Wände und Decken in Holztafelbauart.
Wegen der Themenfülle mußten zwangsläufig einige Beschränkungen vorgenommen werden. Deshalb sah es der Verfasser unter Beachtung der Einsatzhäufigkeit solcher Holzbauteile als vordringlich an, sich vor allem mit dem Neubau von Wohngebäuden und hinsichtlich der Nutzung vergleichbaren öffentlichen Gebäuden zu befassen, wie

aber auch mit der Modernisierung bestehender Gebäude, wobei vor allem an den nachträglichen Ausbau vorher nicht genutzter Dachräume gedacht ist.

Dagegen werden aus Platzgründen nicht behandelt:

— Holzbauteile für spezielle gewerbliche oder für Industriebetriebe sowie für Sportstätten

— konventionelle Fachwerkgebäude

— Blockhäuser

— Sanierung schadensträchtiger Altbauten

Aus demselben Grund muß auf allgemeine, typische Ausführungsdetails verzichtet werden, die jedoch ebenfalls der einschlägigen Fachliteratur entnommen werden können.

1.4 Vorschriften

Holzbauteile, die in der Bundesrepublik errichtet werden, sind auf der Grundlage bauaufsichtlich eingeführter Vorschriften – z. B. Normen des DIN, allgemeine bauaufsichtliche Zulassungen – zu bemessen und auszuführen. Derzeit werden im Rahmen der Harmonisierung praktisch auf allen Gebieten europäische Regelungen (EN) erarbeitet, die – vielleicht am Ende dieses Jahrtausends – die jeweiligen nationalen Regelungen mehr oder weniger vollständig ablösen werden. Bis zu diesem Zeitpunkt, der für die einzelnen Baubereiche unterschiedlich sein wird, gibt es in der Verfahrensweise zwei Möglichkeiten:

1. Man arbeitet mit den deutschen Vorschriften zunächst weiter wie bisher.
2. Man bedient sich bereits existierender europäischer Festlegungen und – da diese naturgemäß noch lückenhaft sind – nationaler »Anwendungsdokumente«, die eine reibungslose Anpassung der unterschiedlichen Regelungen, unter Umständen sogar verschiedener „Philosophien", gewährleisten sollen.

Wegen der bei Holzbauteilen ohnehin schon zu beachtenden vielschichtigen Themenbereiche werden hier nur die derzeit gültigen nationalen Vorschriften berücksichtigt, zumal der Entwicklungsstand der europäischen Normen sehr unterschiedlich ist, so daß ihre jetzige Einbeziehung für das grundlegende Verständnis hinderlich sein könnte.

1.5 Der Autor

Da der Autor einem großen Teil der Leser unbekannt sein dürfte, andererseits man aber auch bei der Lektüre eines Fachbuches gerne wissen möchte, mit wem man es zu tun hat, sollen hier einige wesentliche Daten aus der beruflichen Tätigkeit genannt werden, soweit sie in diesem Zusammenhang von Interesse sind.

Der Verfasser ist ausgebildeter Bauingenieur und war zunächst 25 Jahre in der Praxis tätig, anfangs im landwirtschaftlichen Bauwesen, anschließend für 2 Jahrzehnte in der Holzwerkstoff- und Fertighausindustrie. Im letztgenannten Bereich war er beim seinerzeit größten europäischen Fertighaushersteller als Leiter des Zentralbereiches »Bautechnik« für den bautechnischen Zustand von etwa 50 000 produzierten Fertighäusern in Holzbauart verantwortlich, was einer heutigen Rohbausumme von mehr als 10 Mrd. DM entspricht. 1982 wurde er als Ordinarius an die Technische Universität Braunschweig berufen, wo er seither das Institut für Baukonstruktion und Holzbau leitet.

Ein breites Tätigkeitsfeld des Autors in den letzten Jahrzehnten war seine Mitarbeit in Normen- und Sachverständigenausschüssen, von denen nachstehend nur die hier interessierenden genannt werden:

Mitarbeit in den Arbeitsausschüssen

DIN 1052	Holzbauwerke; Berechnung und Ausführung
DIN 4102	Brandverhalten von Baustoffen und Bauteilen
DIN 4103-1	Nichttragende innere Trennwände; Anforderungen, Nachweise
DIN 4108	Wärmeschutz im Hochbau
DIN 4109	Schallschutz im Hochbau; Anforderungen und Nachweise
DIN 68800-3	Holzschutz; Vorbeugender chemischer Holzschutz

Obmannschaft für die Arbeitsausschüsse

DIN 1052-3	Holzbauwerke; Holzhäuser in Tafelbauart; Berechnung und Ausführung
DIN 4103-4	Nichttragende innere Trennwände; Unterkonstruktion in Holzbauart
DIN 4109-7	Schallschutz im Hochbau; Rechenverfahren und Ausführungsbeispiele für den Nachweis des Schallschutzes in Skelettbauten und Holzhäusern
DIN 68800-2	Holzschutz im Hochbau; Vorbeugende bauliche Maßnahmen

Mitverfasser der Beuth-Kommentare

Holzbauwerke; DIN 1052-1 bis -3
Holzschutz; DIN 68 800-3

Mitarbeit in den Sachverständigenausschüssen des Deutschen Instituts für Bautechnik
— Holzbau und Holzwerkstoffe
— Gipsfaserplatten
— Holzschutzmittel

Aus dem Abschnitt „Literatur" gehen weitere Aktivitäten des Verfassers auf diesem Gebiet hervor, nämlich Veröffentlichungen sowie durchgeführte Forschungsvorhaben, die ausschließlich mit öffentlichen Mitteln gefördert wurden.

Natürlich wünscht sich der Autor auch in diesem Fall, daß sein Werk einen größeren Leserkreis findet. Da das Buch auch zukünftig nicht nur den jeweils aktuellen Stand der Technik in einem breiten Anwendungsbereich des Holzbaus widerspiegeln soll, sondern diesen Wissensstand auch möglichst klar und unkompliziert vermitteln soll, wäre der Autor dem Leser für kritische Anmerkungen und für Verbesserungsvorschläge jedweder Art dankbar.

Der Autor bedankt sich bei Frau Ingeborg Kohlrusch sehr herzlich dafür, daß sie es mit einer bewundernswerten Geduld geschafft hat, das Druckmanuskript trotz teilweise widriger Umstände zu schreiben. Dank gilt auch den Wissenschaftlichen Mitarbeitern Herrn Theo Schönhoff und Frau Ute Sierig für ihr gewissenhaftes und kritisches Korrekturlesen. Dem Verlag und seinen Mitarbeitern gebührt ebenfalls besonderer Dank für die stets gute Zusammenarbeit und für das Verständnis auch in schwierigen Situationen.

2 Stoffe

2.1 Allgemeines

Nachstehend werden die Materialien, die für die Herstellung von Wänden, Decken und Dächern in Holzbauart bevorzugt eingesetzt werden, kurz vorgestellt. Eine baustoffkundliche Abhandlung ist hierfür jedoch nicht vorgesehen; vielmehr sollen die Angaben als Orientierungshilfe für die Anwendung der Werkstoffe dienen. Daher werden die spezifischen Merkmale einschließlich der wesentlichen Vor- und Nachteile lediglich gestreift. Vertiefte Kenntnisse über die Eigenschaftswerte können aus der einschlägigen Fachliteratur, aus den jeweiligen Normen sowie aus den Produktinformationen der Hersteller gewonnen werden.

2.2 Vollholz

2.2.1 Begriffe

Für Wände, Decken und Dächer werden Bauschnitthölzer (Kanthölzer, Bohlen, Bretter und Latten) praktisch nur aus Nadelholz verwendet, während Laubschnitthölzer oder Rundhölzer nur in Ausnahmefällen anzutreffen sind.

2.2.2 Gütebedingungen

Die für die Bemessung von Holzbauwerken maßgebende DIN 1052 unterscheidet im Teil 1 Nadelschnitthölzer hinsichtlich der Güteklassen GK I bis GK III. Dagegen definiert die zugehörende »Gütenorm« für Nadelschnittholz, DIN 4074-1 – Sortierung von Nadelholz nach der Tragfähigkeit; Nadelschnittholz – (Ausgabe 1989), nur noch die Sortierklassen S 7, S 10 und S 13 (visuelle Sortierung) sowie MS 7, MS 10, MS 13 (maschinelle Sortierung), wobei die Zahlenangaben die zulässige Biegespannung der jeweiligen Güteklasse nach DIN 1052-1 wiedergeben. Somit entsprechen folgende Güteklassen (nach DIN 1052) und Sortierklassen (nach DIN 4074) einander:
— GK I: S 13 oder MS 13
— GK II: S 10 oder MS 10
— GK III: S 7 oder MS 7

In den Güte- oder Sortierklassen spiegeln sich der Zuschnitt des Holzes (Baumkanten) sowie vor allem seine Wuchsmerkmale und -fehler (z.B. Ästigkeit, Risse, Verfärbungen, Krümmungen) wider. Für Dächer, Decken und Wände wird fast ausnahmslos Holz der GK II verwendet.

2.2.3 Berechnungsgrundlagen für die statische Bemessung

Die zulässigen Spannungen für die einzelnen Güteklassen GK I bis GK III in Abhängigkeit vom Lastfall, erforderlichenfalls unter Berücksichtigung von Feuchteeinwirkungen, sowie die Rechenwerte für den *E*-Modul sind in DIN 1052-1 festgelegt.

So sind z. B. die zulässigen Spannungen um $^1/_6$ abzumindern, wenn die Bauteile allseitig der Witterung ausgesetzt sind oder aber eine Gleichgewichtsfeuchte von $u > 18\%$ aufweisen. Diese Kriterien sind bei den hier behandelten Bauteilen im allgemeinen nicht gegeben, da sie weder der Witterung ausgesetzt sein sollen noch ihre spätere Gleichgewichtsfeuchte während des Nutzungszustands 18% überschreiten wird, auch dann nicht, wenn zunächst eine wesentlich höhere Einbaufeuchte vorlag (s. jedoch Abschn. 2.2.4).

Kriechverformungen sind beim Durchbiegungsnachweis, in DIN 1052 vereinfacht durch eine scheinbare Verringerung des E-Moduls ausgedrückt, bei solchen Bauteilen kein Problem, da sie bei geneigten Wohnhausdächern nicht berücksichtigt zu werden brauchen und bei den übrigen Dächern (Flachdächern) üblicher Bau- und Nutzungsart nur einen geringen Einfluß aufweisen (s. jedoch Abschn. 2.4.1.5).

2.2.4 Holzfeuchte

Nach DIN 4074-1 wird der Feuchtezustand eines Holzquerschnittes anhand des Mittelwertes seiner Feuchte u in Masse-%, bezogen auf den Darrzustand, wie folgt klassifiziert:

— trocken $u \leq 20\%$
— halbtrocken $20\% < u \leq 30\%$ (35%)
— frisch $u > 30\%$ (35%)

Die ()-Werte gelten für Holzquerschnitte über 200 cm^2.

Als zu erwartende Gleichgewichtsfeuchte in Abhängigkeit von der Einbau- und Nutzungsart nennt DIN 1052-1 folgende Bereiche:

Allseitig geschlossene Bauwerke

— mit Heizung $u = $ 6 bis 12%
— ohne Heizung $u = $ 9 bis 15%
Bauwerke, der Witterung allseitig ausgesetzt $u = $ 12 bis 24%

Holz mit einer höheren Feuchte als die oben genannten Werte darf nur dann eingebaut werden, wenn sichergestellt ist, daß es nachtrocknen kann und daß die Schwindverformungen die erwarteten Bauteilfunktionen nicht beeinträchtigen. Ein Nachtrocknen kann immer dann unterstellt werden, wenn die Bauteile zumindest einseitig diffusionsoffen ausgebildet sind (s. z. B. Abschn. 3.7.3.2).

Zwängungen infolge Schwindverformungen und ihre Auswirkungen können bei Dächern, Decken und Wänden in handwerklicher Bauart in aller Regel vernachlässigt werden. Anders dagegen bei Bauteilen in Holztafelbauart: Dort handelt es sich zumeist um großflächige Verbundkonstruktionen, bei denen die Holzfeuchte der Rippen – egal ob die Tafeln im Werk vorgefertigt oder an der Baustelle hergestellt werden – höchstens $u = 18\%$, bei zu verleimenden Tafeln höchstens $u = 15\%$ betragen darf.

2.2.5 Schwind- und Quellverformungen

Die in Abschn. 2.2.4 genannten Anforderungen zielen – auch wenn sie eher grundsätzlicher Art sind – darauf ab, die feuchtebedingten Formänderungen des Holzes, vor allem Schwindverformungen, dadurch so klein wie möglich zu halten, daß man die Differenz zwischen Einbaufeuchte und später während der Nutzung zu erwartender Gleichgewichtsfeuchte soweit wie möglich begrenzt. Anderenfalls sind Schäden oder Beeinträchtigungen unterschiedlichster Art denkbar: Rißbildung raumseitiger Bekleidungen, vor allem im Anschlußbereich an angrenzende Bauteile, Undichtigkeiten mit Auswirkungen auf den Wärme- und Feuchteschutz sowie auf den Wetter-, Schall- und Brandschutz.

Als Folge von Schwindverformungen können auch Schwindrisse im Holzquerschnitt entstehen (Bild **2.**1), die – abgesehen von Beeinträchtigungen bei besonderen optischen Ansprüchen – keine Qualitätseinbuße in bautechnischer Hinsicht bewirken. Allerdings besteht bei Niederschlägen direkt ausgesetzten Holzteilen die Gefahr, daß Wasser über Schwindrisse in chemisch nicht geschützte Bereiche eindringen und dort zu Pilzschäden führen kann.

Die Größe von Schwind- oder Quellverformungen kann aufgrund einer sehr großen Streubreite der holzspezifischen Werte nicht genau vorherbestimmt, jedoch größenordnungsmäßig abgeschätzt werden. Die Änderung Δx der einzelnen Holzabmessungen ergibt sich aus Gl. (2.1):

$$\Delta x = \Delta u \cdot \alpha_\mathrm{u} \cdot x / 100\% \tag{2.1}$$

Darin sind

Δu Holzfeuchtedifferenz in %
α_u Schwind- oder Quellmaß in % je Holzfeuchteänderung $\Delta u = 1\%$
x Abmessung

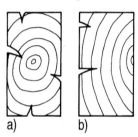

a)   b)

Bild **2.**1 Beispiele für mögliche Schwindrisse
(schematisch)

a) Ganzholz, b) Halbholz

a)   b)   c)

Bild **2.**2 Beispiele (schematisch) für mögliche Schwindverformungen von Holzquerschnitten in Abhängigkeit von der Jahrringlage

a) Jahrringlage parallel und senkrecht zu den Querschnittsseiten, b) Jahrringlage diagonal („Kreuzholz" oder „Viertelholz"), c) Jahrringlage im „Halbholz"

Für die Schwind- oder Quellmaße α_u werden in DIN 1052 für europäisches Nadelschnittholz folgende Werte genannt:

— längs zur Faser α_ul = 0,01%/%
— quer zur Faser α_uq = 0,24%/%

Schwinden und Quellen in Faserlängsrichtung kann zumindest bei den hier behandelten Bauteilen in aller Regel vernachlässigt werden. Beim Schwindmaß quer zur Faserrichtung handelt es sich vereinfachend um einen rechnerischen Mittelwert aus Schwinden tangential und radial zum Jahrring. Die zugehörenden Rechenwerte betragen

— radial zum Jahrring α_ur = 0,16%/%
— tangential zum Jahrring α_ut = 0,32%/%

Da sich diese beiden Werte stark voneinander unterscheiden, hängt es von der Jahrringlage im Querschnitt ab, welche Formänderungen des Querschnitts sich tatsächlich einstellen (s. Bild **2.**2).

Schwind- oder Quellverformungen spielen sich nur zwischen dem darrtrockenen und dem Fasersättigungszustand ab, d. h. zwischen $u = 0\%$ und $u \approx 30\%$. Deshalb sind nur Feuchteänderungen innerhalb dieses Bereiches zu berücksichtigen.

Im allgemeinen reicht es völlig aus, da es sich ohnehin nur um eine Abschätzung handeln kann, mit dem Wert α_{uq} = 0,24%/% zu rechnen. In Sonderfällen kann es dagegen angebracht sein, mit den etwas genaueren α_{ur}- und α_{ut}-Werten zu rechnen, z. B. um in Schadensfällen an Hand der aktuellen Holzabmessungen und -feuchte und des vorliegenden Jahrringverlaufs die frühere Einbaufeuchte abschätzen zu können.

Rechenbeispiel

Für den Holzquerschnitt nach Bild **2**.3 mit d/b = 30/200 mm sollen die rechnerischen Formänderungen für zwei unterschiedliche, ideelle Faserverläufe unter Annahme einer Feuchteabnahme $\Delta u = u$ (Einbau) – u (Nutzung) = 30% – 15% = 15% ermittelt werden.

Mit den vereinfachten Werten α_{uq} nach DIN 1052:

a) und b): Δb = 15 · 0,24 · 200/100 = 7,2 mm
            Δd = 15 · 0,24 · 30/100 = 1,1 mm

Mit den „genaueren" Werten α_{ur} und α_{ut}:

a) Δb = 15 · 0,16 · 200/100 = 4,8 mm
    Δd = 15 · 0,32 · 30/100 = 1,4 mm

b) Δb = 15 · 0,32 · 200/100 = 9,6 mm
    Δd = 15 · 0,16 · 30/100 = 0,7 mm

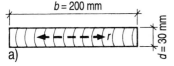 

Bild **2**.3 Brettabmessungen d/b und angenommener Jahrringverlauf für Rechenbeispiel
a) Jahrringverlauf rechtwinklig, b) parallel zur Brettebene

Die Temperaturdehnung von Vollholz kann bei solchen Bauteilen vernachlässigt und die Temperaturdehnzahl vereinfacht zu α_T = 0 angesetzt werden, da die Vollhölzer ohne allseitige, dampfdichte Direktbeschichtungen angeordnet sind, so daß eine Dehnung infolge Temperaturerhöhung praktisch kompensiert wird durch die gleichzeitig entstehende Schwindverformung infolge der aus der Temperaturerhöhung einsetzenden Feuchteabgabe.

2.2.6 Weitere bautechnische Rechenwerte

An weiteren Rechenwerten für erforderliche bautechnische Nachweise sind vor allem zu nennen:

— Rohdichte
   für Lastannahmen nach DIN 1055-1: ϱ = 600 kg/m³ oder ϱ = 400 kg/m³ (der ungünstigere Wert ist maßgebend, z. B. für die Bemessung des Bauteils der größere, beim Nachweis gegen Abheben der kleinere); für den Wärmeschutz nach DIN 4108: ϱ = 600 kg/m³; für den Schallschutz nach DIN 4109 ϱ = 400 kg/m³

— Wärmeleitfähigkeit
   nach DIN 4108-4: λ_R = 0,13 W/(mK)

— Diffusionswiderstandszahl
   nach DIN 4108-4: μ = 40

— Brandverhalten
   nach DIN 4102-4 ist Nadelholz mit Dicken $d > 2$ mm in die Klasse B 2 (normalentflammbar), ansonsten in die Klasse B 3 (leichtentflammbar) einzuordnen.

2.2.7 Holzschädlinge

2.2.7.1 Pilzbefall

Holzzerstörende Pilze benötigen für ihr Wachstum freies Wasser in den Zellhohlräumen. Deshalb treten sie nicht auf, solange die Holzfeuchte u an jeder Stelle und zu jeder Zeit unterhalb des Fasersättigungsbereiches bleibt, d.h. für europäische Nadelhölzer etwa $u \leq 30\%$ eingehalten ist. Eine Ausnahme hiervon bildet der Echte Hausschwamm, der – abgesehen von seiner Entstehung – für sein Wachstum auch mit niedrigeren Holzfeuchten auskommt und dann auch trockenes Holz angreifen kann. Bei Neubauten tritt er erfahrungsgemäß nur in Sonderfällen (z.B. Kontakt mit Brennholz aus befallenen Althölzern aus Sanierungsobjekten) auf.

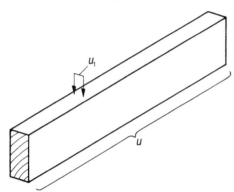

Da die Bedingung $u \leq 30\%$ nicht zu verifizieren ist, gilt sie wegen der im allgemeinen großen Streubreite der Holzeigenschaften als eingehalten, wenn bei stichprobenartiger elektrischer Einzelmessung die ermittelte Holzfeuchte $u_1 \leq 20\%$ festgestellt wird (Bild **2.4**).

Bild **2.4**   Holzfeuchte u an jeder Stelle des Holzteils, u_1 durch Einzelmessung (z.B. mit Einschlagelektrode) ermittelte Holzfeuchte

Die in Deutschland bevorzugt eingesetzten Nadelhölzer (Fichte, Kiefer, Tanne) gehören nach DIN 68 364 bezüglich ihrer Resistenz gegenüber dem Angriff durch holzzerstörende Pilze für das Reif- oder Kernholz der Resistenzklasse 4 (wenig resistent), für das Splintholz der Klasse 5 (nicht resistent) an. Liegen also über einen längeren Zeitraum günstige Wachstumsbedingungen für Pilze vor – d.h. $u > 30\%$ – und sind diese durch bauliche Maßnahmen allein nicht auszuschließen, dann können bei diesen Holzarten Schäden durch Pilzbefall auftreten, die nur durch chemische Holzschutzmaßnahmen zu vermeiden sind (s. jedoch Abschn. 3.7.2.3).

2.2.7.2 Insektenbefall

Ein Befall durch Trockenholzinsekten (z.B. Hausbock, Anobien) ist grundsätzlich dann möglich, wenn die Insekten Zugang zum Holz für eine Eiablage haben, da die Mindestfeuchte für das Wachstum der Larve als eigentlichen Holzzerstörer $u \approx 10\%$ beträgt, die im Nutzungszustand praktisch immer vorhanden ist. Sofern die Zugänglichkeit gegeben ist, kann ein Befall auftreten, der nur durch chemische Maßnahmen zu verhindern ist (s. jedoch Abschn. 3.7.2.2).

Allerdings kann bei Holz, das vor mehr als etwa 60 Jahren eingebaut wurde, ein erstmaliger oder erneuter Befall durch den Hausbock praktisch ausgeschlossen werden, da für die Entwicklung der Larven kein ausreichendes Eiweißangebot mehr vorliegt. Diese Tatsache sollte vor allem bei der nachträglichen Sanierung oder Modernisierung von Holzbauteilen, z.B. beim Ausbau von vorher nicht genutzten Dachgeschossen, beachtet werden.

2.3 Brettschichtholz

2.3.1 Allgemeines

Brettschichtholz wird bei solchen Dächern, Decken und Wänden vergleichsweise wenig eingesetzt. Es kommt im wesentlichen dort zur Anwendung, wo Schnittholz üblicher Abmessungen statisch nicht ausreichend ist (z. B. Mittelpfetten bei Pfettendächern) und größere Kantholz-Querschnitte feuchtetechnische Nachteile aufweisen (evtl. zu hohe Einbaufeuchte wegen schwer durchführbarer technischer Trocknung). Des weiteren erfolgt sein Einsatz dann, wenn größere Schwindrisse vermieden werden sollen (z. B. im Holzskelettbau), um zum einen höhere optische Ansprüche zu erfüllen und zum anderen bei Außenflächen eine größere Sicherheit gegen eindringende Niederschläge zu bekommen.

2.3.2 Begriff

Brettschichtholz (aus Nadelholz) besteht aus parallel übereinanderliegenden, miteinander verleimten Brettlagen von je mindestens 6 mm und höchstens 33 mm (in Sonderfällen 40 mm) Dicke (Bild **2.5**). Brettschichtholz darf nur in Betrieben hergestellt werden, die ihre Eignung für eine bestimmungsgemäße Herstellung nachgewiesen haben. Ein Verzeichnis dieser Betriebe erscheint regelmäßig in den Mitteilungen des Deutschen Instituts für Bautechnik.

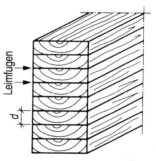

Bild **2.5** Brettschichtholz (Schema); Dicke der Brettlagen d = 6 mm bis 33 mm (40 mm)

2.3.3 Gütebedingungen

Für die Sortierung der Einzelbretter zur Herstellung von Brettschichtholz sind die Kriterien der DIN 4074-1 maßgebend.

2.3.4 Zulässige Spannungen und Rechenwerte der Moduln

Es gelten die Festlegungen in DIN 1052-1. Infolge der „Vergütung" ergeben sich für die meisten Beanspruchungen höhere zulässige Werte als für Schnittholz gleicher Güteklasse.

2.3.5 Holzfeuchte

Brettschichtholz ist mit einer Holzfeuchte von höchstens u = 15% herzustellen. Ansonsten treffen die Angaben für Schnittholz in Abschn. 2.2.4 in gleicher Weise auch für Brettschichtholz zu.

2.3.6 Schwinden und Quellen

Die einzelnen Brettlagen weisen für sich betrachtet rechnerisch die gleichen Schwind- und Quellmaße wie in Abschn. 2.2.5 für Schnittholz beschrieben auf. Durch die starre Leimverbindung zwischen den einzelnen Lagen werden jedoch die unterschiedlichen Formänderungen – bedingt durch unterschiedliche Jahrringlagen – weitgehend ausgeglichen. Formänderungen des Gesamtquerschnitts nach Bild 2.2, b und c, sind also bei Brettschichtholz praktisch nicht möglich. Ferner ist die Rißbildung bei Brettschichtholz gegenüber Vollholz stark reduziert, da zum einen der Holzquerschnitt durch die Lamellierung „vergütet" ist und zum anderen Brettschichtholz – allein schon herstellungsbedingt – eine Einbaufeuchte von höchstens u = 15% aufweist.

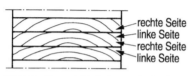

rechte Seite
linke Seite
rechte Seite
linke Seite

Bild 2.6 Brettschichtholz, erforderliche Anordnung der einzelnen Brettlagen bezüglich ihres Jahrringverlaufs

Um größere Rißbildungen im Bereich der Leimfuge infolge Schwindzugspannungen quer zur Holzfaser und damit eine unzulässige Abnahme der Tragfähigkeit zu vermeiden, dürfen bei der Herstellung des Brettschichtholzes nur jeweils „rechte" und „linke" Seiten miteinander verleimt werden (s. Bild 2.6).

2.3.7 Weitere bautechnische Rechenwerte

Da Brettschichtholz nach DIN 1052 aus den gleichen Nadelholzarten wie Schnittholz bestehen muß, gelten die in Abschn. 2.2.6 enthaltenen Angaben hier in gleicher Weise.

2.4 Holzwerkstoffe

2.4.1 Spanplatten

2.4.1.1 Begriffe

Man unterscheidet (Bild 2.7)
— Flachpreßplatten nach DIN 68 763, bei denen die Späne vorzugsweise parallel zur Plattenebene liegen, und
— Strangpreßplatten nach DIN 68 764-1 und -2, bei denen die Späne vorzugsweise rechtwinklig zur Plattenebene stehen; die Platten können auch röhrenförmige Hohlräume aufweisen; Strangpreßplatten sind für sich allein nicht tragfähig und müssen deshalb durch Verleimung mit Furnieren oder dünnen Holzwerkstoffplatten beplankt werden.

  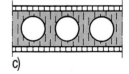

a)   b)   c)

Bild 2.7 Spanplatten mit Lage der Späne (schematisch)
    a) Flachpreßplatte, b) Strangpreßplatte, ohne Hohlräume, als Rohplatte nicht tragfähig, c) Strangpreßplatte (Röhrenplatte), z.B. mit harten Holzfaserplatten beplankt

Da Strangpreßplatten im Gegensatz zu früheren Jahrzehnten heute in Deutschland für die Herstellung von Bauteilen praktisch nicht mehr eingesetzt werden, wird nachstehend nicht weiter darauf eingegangen.

Flachpreßplatten stehen heute in vielen Dicken und in praktisch beliebigen Abmessungen, die lediglich durch die Handhabung beim Transport sowie bei der Herstellung der Bauteile begrenzt werden, zur Verfügung.

2.4.1.2 Spanplattentypen

Entsprechend der Feuchtebeständigkeit werden – auf der Grundlage der in DIN 68 800-2 festgelegten Holzwerkstoffklassen 20, 100 und 100 G – bei Spanplatten die Plattentypen V 20, V 100 und V 100 G unterschieden (vgl. Tafel **2.**1), wobei sich die Eigenschaft nur auf die Verleimung, nicht aber auf die gesamte Platte bezieht. So darf selbst der Plattentyp V 100 G – obwohl die verwendeten Holzteile gegen Pilzbefall geschützt sind und der Leim für sich wetterbeständig ist – keiner übermäßigen Feuchtebeanspruchung ausgesetzt werden, da die Platte durch zu große Formänderungen funktionsuntüchtig werden kann (s. auch Abschn. 3.7.4.1).

Tafel **2.**1   Spanplatten; Feuchtebeständigkeit der Verleimung für die Plattentypen nach DIN 68 763

Plattentyp	Verleimung[1]	Platten wetterbeständig
V 20	Beständig in Räumen mit i.allg. niedriger Luftfeuchte ($\varphi \leq$ ca. 70%)	
V 100	Beständig gegen hohe Luftfeuchte ($\varphi \leq$ ca. 80%)	nein
V 100 G	Beständig gegen hohe Luftfeuchte ($\varphi \leq$ ca. 80%) Holz gegen Pilzbefall geschützt	

1) Sinngemäß nach DIN 68 763.

Anmerkung   Die technisch exakte Bezeichnung ist „Verklebung", da „Leime" als wasserlösliche Klebstoffe definiert werden, die für Holzwerkstoffe heute nicht mehr verwendet werden. Trotzdem wird hier bei Brettschichtholz und Holzwerkstoffen der umgangssprachlich vorherrschende Begriff „Verleimung" verwendet und z. B. nicht etwa „Holzleimbau" in „Holzklebbau" umgewandelt.

Aus Gründen des Umwelt- und des Gesundheitsschutzes sind derzeit auf bauaufsichtlicher Ebene Bestrebungen im Gange, die Anwendung des Spanplattentyps V 100 G, da er Biozide enthält, aus allen Anwendungsbereichen herauszunehmen, die mit der Raumluft von Aufenthaltsräumen in Verbindung stehen, und sie bei entsprechenden baulichen Maßnahmen durch die beiden anderen Plattentypen zu ersetzen (vgl. Abschn. 3.7.7).

2.4.1.3 Gütebedingungen

Die Gütebedingungen für Spanplatten (Flachpreßplatten) sind in DIN 68 763 festgelegt und erfassen im wesentlichen folgende Merkmale:

— Toleranzen der Abmessungen

— Biegefestigkeit

— Querzugfestigkeit nach Trocken- und Naßbeanspruchung sowie die Dickenquellung, beide zur Überprüfung einer ausreichenden Vernetzung der Kunstharze

— Emissionsklasse (E 1) auf der Grundlage der »ETB-Richtlinie über die Verwendung von Spanplatten hinsichtlich der Vermeidung unzumutbarer Formaldehydkonzentration in der Raumluft«; die Platten unterliegen der Kennzeichnungspflicht (s. Abschn. 2.4.1.9)

— Alkaligehalt in den Deckschichten.

Die Begrenzung des aus dem Kunstharz herrührenden Alkaligehalts wurde als zusätzliches Kriterium aufgenommen, nachdem es in früheren Jahren immer wieder zu Reklamationen von feuchten oder nassen Oberseiten an einzelnen oder mehreren Platten der oberen Beplankung oder Schalung von Decken unter nicht ausgebauten Dachgeschossen gekommen war (Bild **2**.8). Ursache war die seinerzeit weit verbreitete Verwendung von phenolharzverleimten Spanplatten des Typs V 100 oder V 100 G mit einem hohen Anteil von Feinstmaterial für die Spanplatten-Deckschicht. Daher kam es dort zu einer Anreicherung des alkalischen Phenolharzes und somit zu einer starken Hygroskopizität der Spanplattenoberfläche, die bei feucht-warmer Witterung im Sommer, also ohne Einwirkung von Niederschlägen, zur Befeuchtung führte.

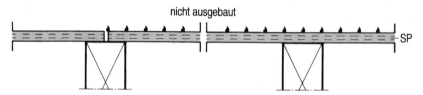

Bild **2**.8   Feuchte/nasse Oberfläche an einzelnen Platten der oberen Deckenschalung aus phenolharzverleimten Spanplatten V 100 oder V 100 G (SP)

2.4.1.4   Zulässige Spannungen und Rechenwerte für die Moduln

Die zulässigen Werte für Spanplatten nach DIN 68 763 sind in DIN 1052-1 in Abhängigkeit von der Plattendicke festgelegt. Diese Werte sind um $1/3$ abzumindern, wenn die Platten – auch kurzfristig – eine Feuchte $u > 18\%$ aufweisen (nur beim Plattentyp V 100 G ist eine Holzfeuchte $u > 18\%$ bis max $u = 21\%$ zulässig, s. Abschn. 2.4.1.6).

2.4.1.5   Kriechverformungen

a)   Allgemeines

Nach DIN 1052 sind Kriechverformungen z.B. bei Flachdächern und Dachschalungen von Flachdächern zu berücksichtigen, wenn das Verhältnis der ständigen Last zur Gesamtlast $g/q > 0,5$ ist. Da im Gegensatz zu Bauteilen aus Vollholz die Gesamtdurchbiegung von Spanplatten bei Berücksichtigung der Kriecheinflüsse wesentlich größer sein kann als die elastische Durchbiegung, soll hier kurz darauf eingegangen werden.

Die Gesamtverformung ges f ergibt sich zu

$$\text{ges}\,f = (1 + \varphi) \cdot f(g) + f(q - g) \tag{2.2}$$

Darin sind:

$f(g)$ und $f(q - g)$: elastische Durchbiegung infolge ständiger Last g bzw. infolge kurzfristig wirkender Last $q - g$
Kriechzahl $\varphi = 1/\eta_k - 1$

η_k folgt bei Anwendung der vereinfachten Beziehung g/q aus:

$$u \le 15\%: \qquad \eta_k(15) = 3/2 - g/q \tag{2.3}$$
$$u > 18\% \text{ bis } 21\%: \quad \eta_k(18) = 5/3 - 4/3 \cdot g/q \tag{2.4}$$

Für Flachpreßplatten ergeben sich folgende Kriechzahlen:

$$u \le 15\%: \qquad \varphi = \quad 1/\eta_k(15) - 1 \tag{2.5}$$
$$u > 15\% \text{ bis } 18\%: \quad \varphi = 2 \cdot (1/\eta_k(15) - 1) \tag{2.6}$$
$$u > 18\% \text{ bis } 21\%: \quad \varphi = 2 \cdot (1/\eta_k(18) - 1) \tag{2.7}$$

Wie aus nachstehendem Rechenbeispiel hervorgeht, kann bei Spanplatten die Gesamt-durchbiegung durchaus das 2fache und mehr der elastischen Durchbiegung betragen.

b) Rechenbeispiel

Annahme: $g/q = 0,8$

$$\eta_k(15) = 1,5 - 0,8 \quad = 0,7$$
$$\eta_k(18) = 5/3 - 4/3 \cdot 0,8 = 0,6$$

$$u \leq 15\%: \qquad \varphi = \quad 1/0,7 - 1 \quad = 0,43$$
$$u > 15\% \text{ bis } 18\%: \ \varphi = 2 \cdot (1/0,7 - 1) = 0,86$$
$$u > 18\% \text{ bis } 21\%: \ \varphi = 2 \cdot (1/0,6 - 1) = 1,33$$

Elastische Durchbiegung

$$f(g + q) = 1$$
$$f(g) \quad = 0,8$$
$$f(q - g) = 0,2$$

Mit Kriechen nach Gl (2.2):

$$u \leq 15\%: \qquad \text{ges } f = 1,43 \cdot 0,8 + 0,2 = 1,34$$
$$u > 15\% \text{ bis } 18\%: \ \text{ges } f = 1,86 \cdot 0,8 + 0,2 = 1,69$$
$$u > 18\% \text{ bis } 21\%: \ \text{ges } f = 2,33 \cdot 0,8 + 0,2 = 2,06$$

2.4.1.6 Plattenfeuchte

Die Plattenfeuchte, bezogen auf die Darrmasse, muß nach DIN 68 763 ab Werk $u = 5\%$ bis 12% betragen. In der Praxis, z. B. bei der Tafelbauart, hat es sich als ausreichend erwiesen, die Platten mit dem Feuchtegehalt einzubauen, mit dem sie ausgeliefert werden (im Mittel etwa $u = 8\%$). Die für die Anwendung der Platten maßgebende DIN 68 800-2 legt folgende Höchstwerte für die Plattenfeuchte in Abhängigkeit vom Plattentyp fest:

— V 20 $u \leq 15\%$

— V 100 $u \leq 18\%$

— V 100 G $u \leq 21\%$

Hieraus ist ersichtlich, daß auch der Plattentyp V 100 G in keinem Fall als für sich wetterbeständig angesehen werden kann. Auf die entsprechenden Anforderungen an Holzwerkstoffe wird in Abschn. 3.7.4 ausführlicher eingegangen.

Die sorptionsbedingten Holzfeuchteänderungen von Spanplatten entsprechen in etwa denen des verwendeten Holzes; dabei ist im allgemeinen die Gleichgewichtsfeuchte bei Spanplatten etwas geringer als für Vollholz, da ihre Masse als Bezugsgröße für die Holzfeuchte auf Grund des Leimanteils und der Verdichtung des Holzes etwas größer ist. Eine Ausnahme machen allerdings phenolharzverleimte Platten (V 100, V 100 G) der früheren Generation, wenn Harze mit hohem Alkaligehalt verwendet wurden (Bild **2.9**).

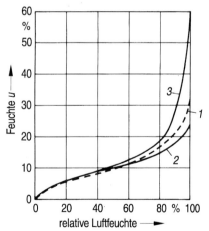

Bild **2.9** Ungefährer Verlauf der Gleichgewichtsfeuchte u von Holz und Spanplatten in Abhängigkeit von der relativen Feuchte der umgebenden Luft ($\vartheta_L \approx 20\,^\circ\mathrm{C}$); 1 Vollholz (Nadelholz), 2 Spanplatte allgemein, 3 Spanplatte, phenolharzverleimt (im oberen Bereich nur qualitativer Verlauf)

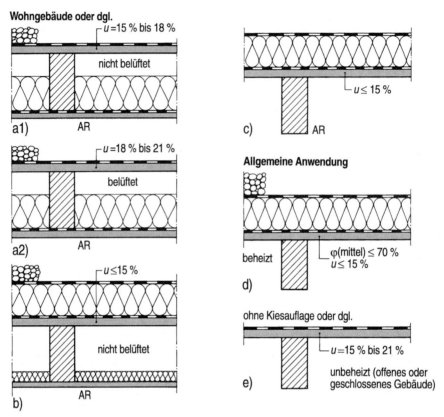

Bild 2.10 Für die Ermittlung der zulässigen Spannungen und von Kriechzahlen angenommene Bereiche der Plattenfeuchte *u* von Dachschalungen aus Holzwerkstoffen in Ergänzung oder zur Detaillierung der Angaben in DIN 68 800-2;

AR Aufenthaltsräume in Wohngebäuden, einschließlich Küche und Bad, sowie vergleichbare Räume in anderen Gebäuden

In Bild 2.10 sind einige typische Anwendungsfälle für Schalungen aus Spanplatten dargestellt, für die die im Regelfall zu erwartenden Bereiche der Plattenfeuchte *u* angegeben sind. Diese Zahlenangaben können z. B. für die Ermittlung der Kriechzahl nach Abschn. 2.4.1.5 als Hilfe herangezogen werden.

2.4.1.7 Schwinden und Quellen

Die zulässige Dickenquellung von Spanplatten nach 24 h-Wasserlagerung der Quellproben ist in DIN 68 763 auf $q_{24} = 16\%$ für V 20 und auf $q_{24} = 12\%$ für V 100 und V 100 G begrenzt. Bei Einhaltung der zulässigen Feuchtebeanspruchung nach DIN 68 800-2 und der jeweils zulässigen Werte für die Plattenfeuchte sind jedoch Beeinträchtigungen der Bauteile aus einer Dickenquellung nicht zu erwarten.

Als Rechenwert (Mittelwert) der Schwind- und Quellmaße von Spanplatten in Plattenebene ist in DIN 1052-1 $\alpha_u = 0{,}035\%/\%$ angegeben. Dieser Wert beträgt zwar nur etwa $^1/_7$ desjenigen für Vollholz quer zur Faser, dafür aber das 3,5fache desjenigen für Holz längs zur Faser, so daß – unter Berücksichtigung der im allgemeinen großen Plattenabmessungen – die absoluten Längenänderungen von Spanplatten erheblich sein können.

Die feuchtebedingten Formänderungen sind bei Spanplatten gegenüber Vollholz nicht nur von anderer Art, sondern sie beruhen auch auf anderen Ursachen. Während die Platte bei – nur theoretisch möglicher – gleichmäßiger Holzfeuchteänderung über die gesamte Dicke annähernd formtreu bleibt, kann sie im praktischen Fall erheblichen Formänderungen unterworfen sein. Bei Befestigung mit der Unterkonstruktion können größere konvexe oder konkave Aufwölbungen auftreten. Tatsächlich finden eine gleichmäßige Holzfeuchteänderung über die gesamte Plattendicke und die damit verbundene reine Längenänderung nicht schlagartig statt. Vielmehr wird die Feuchteänderung durch direkte Befeuchtung oder durch Feuchteausgleich mit dem Umgebungsklima an einer Plattenoberfläche beginnen, so daß sich ein ungleichmäßiger Feuchtegehalt über die Plattendicke und damit – infolge des relativ großen Schwind- oder Quellmaßes in Plattenebene – eine ungleichmäßige Längenänderung einstellt, die zu einer Aufwölbung der Platte führt (Bild **2.11**).

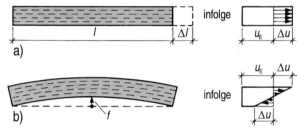

Bild 2.11
Unbehindertes Schwinden/Quellen von Spanplatten infolge Feuchteänderungen Δu im Nutzungszustand

a) reine Längenänderung Δl infolge Δu = const. über die Plattendicke,
b) Aufwölbung f infolge $\Delta u \neq$ const.;

u_E Einbaufeuchte

2.4.1.8 Pilz- und Insektenbefall

Die Resistenz von Spanplatten gegenüber Pilzbefall ist nicht besser als die der verwendeten Holzarten, d. h. sie entspricht in etwa den Klassen 4 bis 5 nach DIN 68 364 (wenig resistent bis nicht resistent). Sind die klimatischen Voraussetzungen für einen Pilzbefall durch bauliche Maßnahmen nicht auszuschalten, dann müssen pilzgeschützte Spanplatten des Typs V 100 G verwendet werden.

Insektenbefall: Es ist bisher nicht bekannt geworden, daß Spanplatten durch Insektenbefall in unzulässiger Weise geschädigt wurden.

2.4.1.9 Formaldehydabgabe

Nach der »Richtlinie über die Verwendung von Spanplatten hinsichtlich der Vermeidung unzumutbarer Formaldehydkonzentrationen in der Raumluft«, Fassung 1980, dürfen in Aufenthaltsräumen nur Spanplatten eingesetzt werden, bei denen unterstellt werden kann, daß bei üblicher Nutzung der Räume der vom Bundesgesundheitsamt empfohlene hygienische Richtwert von 0,1 ppm für die zulässige Formaldehydkonzentration nicht überschritten wird. Daher dürfen in solchen Räumen nur Spanplatten der Emissionsklasse E1 verwendet werden, wobei diese Eigenschaft ein Prüf- und damit Überwachungsmerkmal darstellt und die Platten zusätzlich mit »E1« zu kennzeichnen sind.

Des weiteren sind bei Holzwerkstoffen die Anforderungen der »Verordnung über gefährliche Stoffe (Gefahrstoffverordnung)«, 1986, § 9 (Abs. 3 und 4) zu erfüllen.

2.4.1.10 Weitere bautechnische Rechenwerte

— Rohdichte: Sie ist dickenabhängig, je geringer die Plattendicke, desto größer die Rohdichte, und beträgt etwa ϱ = 550 bis 750 kg/m^3; als Rechenwerte sind einzusetzen: Lastannahmen (DIN 1055-1): ϱ = 750 oder 500 kg/m^3 , der jeweils ungünstigere Wert ist maßgebend;
Wärmeschutz (DIN 4108-4): ϱ = 700 kg/m^3

— Wärmeleitfähigkeit: λ_R = 0,13 W/(mK); für Wärmeströme in Plattenebene, z. B. im Bereich von Wärmebrücken von Bedeutung, ist λ_R = 0,29 W/(mK) einzusetzen, sofern kein genauerer Nachweis erfolgt

— Diffusionswiderstandszahl (DIN 4108-4): μ = 50 oder 100; der jeweils ungünstigere Wert ist maßgebend, d. h. bei Außenbauteilen im Regelfall für Spanplatten raumseitig vor der Dämmschicht der kleinere, kaltseitig hinter der Dämmschicht der größere Wert

— Schallschutz: Spanplatten bis 16 mm Dicke gelten im Sinne von DIN 4109 als »biegeweiche« Schalen

— Brandverhalten: Platten ohne Prüfzeichen (Regelfall) gehören der Baustoffklasse B 2 DIN 4102 (normalentflammbar) an; Platten (mit Sonderausrüstung) der Klasse B 1 (schwerentflammbar) sind möglich (Kennzeichnung erforderlich)

— Temperaturdehnung: Temperaturdehnzahl $\alpha_T \approx 12 \cdot 10^{-6}$ K^{-1}; im Gegensatz zu Vollholz können sich bei Spanplatten Temperaturdehnungen in voller Größe auswirken und wegen der Großflächigkeit beachtenswert sein, wenn einerseits eine schnelle Aufheizung der Platten, z. B. im Außenbereich, möglich ist und eine gleichzeitige Feuchteabgabe mit zugehörender, gegenläufiger Schwindbewegung durch benachbarte diffusionshemmende Baustoffe wie aber auch durch die diffusionsdichteren Deckschichten der Platte verhindert wird; trotzdem sind solche Längenänderungen nur in extremen Situationen zu berücksichtigen.

2.4.2 Bau-Furniersperrholz

2.4.2.1 Allgemeines

Bau-Furniersperrholz wird in Deutschland für Dächer, Decken und Wände nur selten eingesetzt, zum einen wegen seiner begrenzten Abmessungen, zum anderen wegen des ungünstigen Preisverhältnisses zu Spanplatten, zumal seine höhere bautechnische Qualität bei solchen Bauteilen nur in besonderen Fällen ausgenutzt werden kann.

2.4.2.2 Begriffe

Sperrholz für das Bauwesen wird in Bau-Furniersperrholz nach DIN 68 705-3 sowie in Bau-Stabsperrholz und -Stäbchensperrholz nach Teil 4 unterschieden (Bild **2.**12).

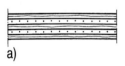
a)

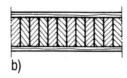
b)

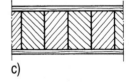
c)

Bild **2.**12   Sperrholz für das Bauwesen (schematisch)
a) Bau-Furniersperrholz aus kreuzweise miteinander verleimten Furnierlagen (Beispiel: 5lagig), b) Bau-Stäbchensperrholz mit Stäbchen-Mittellage und Absperrung aus Furnieren, c) Bau-Stabsperrholz mit Stab-Mittellage und Absperrung aus Furnieren

In den sog. „Holzhaus-Richtlinien" wurden Stab- und Stäbchen-Sperrholz über mehrere Jahrzehnte als Beplankungswerkstoffe für Bauteile in Holztafelbauart genannt; es waren lediglich „Papierleichen", denn zu einer baupraktischen Anwendung ist es aus mehreren Gründen, vor allem wegen zu hoher Materialkosten und begrenzter Abmessungen, nie gekommen, so daß diese Platten im Gegensatz zum Bau-Furniersperrholz in DIN 1052 heute nicht mehr enthalten sind. Eine entsprechende Bereinigung wurde inzwischen auch in der neuesten Ausgabe von DIN 68 800-2 vorgenommen.

2.4.2.3 Plattentypen

Nach DIN 68 705-3 werden entsprechend ihrer Feuchtebeständigkeit (s. Tafel **2**.2) die Plattentypen BFU 20, BFU 100 und BFU 100 G unterschieden, während die feuchteabhängigen Anwendungsbereiche in DIN 68 800-2 festgelegt sind (s. Abschn. 3.7.4.3).

Tafel **2**.2   Bau-Furniersperrholz; Feuchtebeständigkeit der Verleimung für die Plattentypen nach DIN 68 705-3

Plattentyp	Verleimung	Platten wetterbeständig
BFU 20	nicht wetterbeständig	nein
BFU 100	wetterbeständig	nein
BFU 100 G	wetterbeständig, verwendete Hölzer mit hoher Resistenz oder mit Holzschutzmitteln versehen	ja

Die Feuchtebeständigkeit des Bau-Furniersperrholzes ist also bei gleicher Holzwerkstoffklasse (20, 100, 100 G) von höherer Qualität als bei Spanplatten (s. Tafel **2**.1). Platten des Typs BFU 100 G können – im Gegensatz zu Spanplatten des Typs V 100 G – praktisch als wetterbeständig angesehen werden. Trotzdem gelten nach DIN 68 800-2 für Bau-Furniersperrholz die gleichen einzuhaltenden Höchstwerte für die Holzfeuchte wie für Spanplatten (s. Abschn. 2.4.1.6), um insbesondere Schäden infolge der feuchtebedingten Formänderungen der Platten zu vermeiden. Deshalb sind auch Platten BFU 100 G in der Außenverwendung mit einem direkt aufgebrachten Witterungsschutz oder mit einem vorgesetzten „Regenschirm" zu versehen.

2.4.2.4 Gütebedingungen

Die Anforderungen nach DIN 68 705-3 beziehen sich insbesondere auf die Maßtoleranzen, die Furniergüte, die Biegefestigkeit der Platten sowie auf die Bindefestigkeit nach entsprechender Kaltwasser- oder Kochbeanspruchung.

2.4.2.5 Zulässige Spannungen und Rechenwerte für die Moduln

Die zulässigen Spannungen und Moduln für Bau-Furniersperrholz sind in DIN 1052 in Abhängigkeit von der Lagenzahl und der Lage der Faserrichtung des Deckfurniers zur Beanspruchungsrichtung festgelegt. Bei Plattenfeuchten $u > 18\%$ (nur für BFU 100 G und auch nur bis $u \leq 21\%$ zulässig) sind die zulässigen Spannungen und Rechenwerte für die Moduln um $^1/_4$ abzumindern.

Bei Berücksichtigung von Kriechverformungen sind die gleichen Kriechzahlen wie für Vollholz, also nicht die erhöhten für Flachpreßplatten (s. Abschn. 2.4.1.5), zugrunde zu legen.

2.4.2.6 Holzfeuchte

Die Plattenfeuchte muß ab Werk $u = 5\%$ bis 15% betragen. Die sich bei Bau-Furniersperrholz im Nutzungszustand in Abhängigkeit vom Umgebungsklima einstellende Plattenfeuchte entspricht in etwa der des für die Furniere verwendeten Holzes, d. h. z. B. für Nadelhölzer in etwa dem in Bild **2**.9 für Vollholz dargestellten Verlauf.

Die zulässige Plattenfeuchte im Nutzungszustand nach DIN 68 800-2, die aber als Bemessungskriterium nur in Anwendungsfällen verwendet werden darf, die in der Norm nicht genannt sind, ist die gleiche wie für Spanplatten derselben Holzwerkstoffklasse (s. Abschn. 2.4.1.6).

2.4.2.7 Schwinden und Quellen

Der Mittelwert für das Schwind- und Quellmaß von Bau-Furniersperrholz in Plattenebene (die Plattendicke ist wieder uninteressant) ist in DIN 1052 mit $\alpha_u = 0,02\%/\%$ angegeben und somit wesentlich kleiner als für Spanplatten. Entsprechend kleiner sind damit auch die daraus resultierenden Formänderungen (s. z. B. Bild **2.11**).

2.4.2.8 Weitere bautechnische Rechenwerte

— Rohdichte: Der tatsächliche Wert ist stark abhängig von der verwendeten Holzart; für Platten aus Nadelholz etwa ϱ = 400 bis 600 kg/m³; Lastannahmen: ϱ = 800 oder ϱ = 450 kg/m³; Wärmeschutz ϱ = 800 kg/m³
— Wärmeleitfähigkeit: λ_R = 0,15 W/(mK)
— Diffusionswiderstandszahl: μ = 50 oder 400
— Schallschutz: Platten bis 15 mm Dicke können im Sinne von DIN 4109 als »biegeweiche« Schalen eingestuft werden
— Brandverhalten: Platten ohne Prüfzeichen (Regelfall) entsprechen der Baustoffklasse B 2 DIN 4102 (Kennzeichnung nicht erforderlich).

2.4.3 Holzfaserplatten

2.4.3.1 Begriffe

Nach der Rohdichte werden folgende Plattenarten unterschieden:
— Poröse Holzfaserplatten (DIN 68 750) mit ϱ = 230 bis 400 kg/m³, neuerdings zusätzlich Holzfaserdämmplatten SB.W (DIN 68 755, Ausg. 1992) mit $\varrho \leq$ 450 kg/m³
— Mittelharte Holzfaserplatten HFM (DIN 68 754-1) mit ϱ = 350 bis 800 kg/m³
— Harte Holzfaserplatten HFH (DIN 68 754-1) mit $\varrho \geq$ 800 kg/m³

2.4.3.2 Anwendung

Während poröse Platten gelegentlich, aber mit zunehmender Tendenz für die Wärmedämmung herangezogen werden (auch als Bitumen-Holzfaserplatten nach DIN 68 752), ist für harte und mittelharte Platten in DIN 1052-3 mit der Angabe von zulässigen Spannungen und Moduln die Möglichkeit des Einsatzes als mittragende Beplankung in der Holztafelbauart gegeben, wovon bisher allerdings wenig Gebrauch gemacht wurde.

Harte und mittelharte Platten dürfen nach DIN 68 800-2 nur im Anwendungsbereich der Holzwerkstoffklasse 20 eingesetzt werden, wobei die maximale Plattenfeuchte mit u = 12% festgelegt ist.

2.4.3.3 Bautechnische Rechenwerte

— Rohdichte für Lastannahmen
    Harte Platten ϱ = 1100 oder 900 kg/m³
    Mittelharte Platten ϱ =   850 oder 600 kg/m³
    Poröse Platten ϱ =   400 oder 250 kg/m³

— Wärmeleitfähigkeit
    Harte Platten λ_R = 0,17 W/(mK)
    Poröse Platten
    a) nach DIN 4108-4 (1991): $\varrho \leq$ 300 kg/m³: λ_R = 0,06 W/(mK)
                                   $\varrho \leq$ 400 kg/m³: λ_R = 0,07 W/(mK)
    b) nach DIN 68 755 (1992):   Wärmeleitfähigkeitsgruppen 040 bis 070,
                                   d. h. λ_R = 0,040 bis 0,070 W/(mK)

— Diffusionswiderstandszahl
    Harte Platten μ = 70, Poröse Platten μ = 5

— Schallschutz: Harte und mittelharte Holzfaserplatten bis ca. 15 mm Dicke können als »biegeweiche« Schalen im Sinne von DIN 4109 eingestuft werden

— Brandverhalten: Nach DIN 4102-4 gilt allgemein: Genormte Holzwerkstoffe mit $\varrho \geq$ 400 kg/m^3 und $d > 2$ mm oder mit $\varrho \geq 230$ kg/m^3 und $d > 5$ mm sind Baustoffe der Klasse B 2 (normalentflammbar).

2.4.4 Holzwerkstoffe mit allgemeiner bauaufsichtlicher Zulassung

Zu den nicht genormten Holzwerkstoffen, deren Verwendung als wesentliche Bestandteile tragender Bauteile durch allgemeine bauaufsichtliche Zulassung geregelt ist, gehören vor allem
— mineralisch gebundene Spanplatten
— sog. »OSB-Platten« (Oriented Structural Board).

Verglichen mit Spanplatten nach DIN 68 763 haben

a) zementgebundene Spanplatten eine größere Rohdichte, eine geringere Biegefestigkeit, eine höhere Feuchtebeständigkeit, ein schlechteres „Stehvermögen" bei Feuchtebeanspruchung, ein besseres Brandverhalten,

b) OSB-Platten eine wesentlich höhere Biegefestigkeit in Plattenlängsrichtung.

Beide Plattenarten haben keinen nennenswerten Anteil bei der Herstellung üblicher Dach-, Decken- und Wandkonstruktionen. OSB-Platten sind z. B. eher für Dachschalungen im Industriebau geeignet, während zementgebundene Spanplatten dort zum Einsatz kommen, wo sich ihre Vorzüge (Brandverhalten, Feuchtebeständigkeit) positiv auf die Konstruktion auswirken.

2.5 Gipsbauplatten

Hierzu zählen Gipskartonplatten und Gipsfaserplatten. Beide Plattenarten werden bei Holzbauteilen in zunehmendem Maße eingesetzt, vor allem als raumseitige Bekleidungen allgemein oder als statisch mitwirkende Beplankungen von Wänden.

Gipskartonplatten bestehen aus einem Gipskern und einer Ummantelung mit Karton, Gipsfaserplatten sind homogen aufgebaut und bestehen aus Gips und Zellulosefasern (Bild **2.**13).

Bild **2.**13
a) Gipskartonplatten, Kantenausbildung unterschiedlich,
b) Gipsfaserplatten (schematisch)

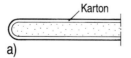
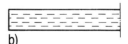

a) b)

Karton

2.5.1 Gipskartonplatten

Die Anforderungen an Gipskartonplatten sind in DIN 18 180 festgelegt, die Grundlagen für die Verarbeitung in DIN 18 181 ff. Im Regelfall kommen für Holzbauteile zur Anwendung:

— Gipskarton-Bauplatten (GKB)

— Gipskarton-Feuerschutzplatten (GKF), zur Erhöhung der Feuerwiderstandsdauer von Bauteilen; seltener dagegen

— Gipskarton-Bauplatten-imprägniert (GKBI), mit verzögerter Wasseraufnahme.

Gipskartonplatten dürfen seit vielen Jahren als tragende oder aussteifende Beplankungen von tragenden Wandtafeln und Wandscheiben verwendet werden. Da diese Platten in der maßgebenden DIN 1052 nicht erfaßt sind, gehen die Berechnungsgrundlagen aus der jeweiligen allgemeinen bauaufsichtlichen Zulassung hervor. Auch der Anwendungsbereich der Platten ist dort festgelegt und entspricht dem der Holzwerkstoffklasse 20 nach DIN 68 800-2, und zwar unabhängig von der verwendeten Plattenart. Die allgemeinen Anwendungsregeln, z. B. zulässige Unterstützungsabstände in Abhängigkeit von der Plattendicke, gehen dagegen aus DIN 18 181 hervor.

Als Gleichgewichtsfeuchte der Platten in Abhängigkeit von der relativen Feuchte φ können in grober Annäherung folgende Werte angenommen werden ($\vartheta = 20\,°C$):

$$\varphi = 30\%: \quad u = 0,3 \text{ M.-}\%$$

$$\varphi = 60\%: \quad u = 0,6 \text{ M.-}\%$$

$$\varphi = 90\%: \quad u = 1,5 \text{ M.-}\%$$

Feuchtebedingte Längen- oder Formänderungen der Gipskartonplatten können in der Regel vernachlässigt werden, da die Schwind- und Quellmaße nur einen Bruchteil derjenigen von Spanplatten betragen (etwa $^1/_8$). Deshalb ist die Herstellung großflächiger, fugenloser Wand- und Deckenoberflächen mit Gipskartonplatten durch Verkleben, Verspachteln oder dgl. der einzelnen Platten bei Beachtung der einschlägigen Verarbeitungshinweise problemlos.

Eine kurzfristige Befeuchtung der Platten reduziert die Tragfähigkeit, deren ursprünglicher Wert sich aber nach Austrocknung wieder einstellt. Zu Schäden kann es – und zwar unabhängig von der verwendeten Plattenart – allerdings dann kommen, wenn das Plattengefüge durch länger einwirkende Feuchte beeinträchtigt wird.

Bautechnische Werte

— Rohdichte nach DIN 1055-1: $\varrho = 1100 \text{ kg/m}^3$, nach DIN 4108-4: $\varrho = 900 \text{ kg/m}^3$

— Wärmeleitfähigkeit $\lambda_R = 0,21 \text{ W/(mK)}$

— Diffusionswiderstandszahl $\mu = 8$

— Schallschutz: Platten bis 15 mm Dicke gelten als „biegeweiche" Schalen im Sinne von DIN 4109

— Brandschutz: Alle genannten Platten entsprechen der Klasse A 2 DIN 4102

2.5.2 Gipsfaserplatten

Die nachstehenden Angaben beziehen sich nur auf Platten, die als Bekleidungen oder Beplankungen von Bauteilen, nicht aber für spezielle Einsatzgebiete, z. B. für Unterböden, verwendet werden. Die Anforderungen und Verarbeitungsregeln sind nicht – wie bei Gipskartonplatten – in einer Norm erfaßt, sondern sind der allgemeinen bauaufsichtlichen Zulassung zu entnehmen. Des weiteren gibt es – ebenfalls im Gegensatz zu Gipskartonplatten – derzeit nur eine Plattenart.

Der zulässige Anwendungsbereich der Platten als statisch bedeutsame Teile von Wänden ist zur Zeit umfangreicher als bei Gipskartonplatten, da er nach der bauaufsichtlichen Zulassung auch Bereiche der Holzwerkstoffklasse 100 erfaßt.

Aus der Zulassung gehen ferner die Anforderungen an die Platten und an ihre Verarbeitung sowie an die Bemessung von Wänden und Wandscheiben in Holztafelbauart unter

Verwendung von Gipsfaserplatten hervor, da DIN 1052 hierüber keine Festlegungen enthält.

Für den Verlauf der klimatisch bedingten Plattenfeuchte in Masse-% können in etwa folgende Richtwerte angenommen werden (ϑ_L = 20 °C):

$$\varphi = 30\%: \quad u = 0,6 \text{ M.-\%}$$
$$\varphi = 60\%: \quad u = 1,2 \text{ M.-\%}$$
$$\varphi = 90\%: \quad u = 2,4 \text{ M.-\%}$$

Für die feuchtebedingten Formänderungen gilt das in Abschn. 2.5.1 zu Gipskartonplatten Gesagte, wenn auch die Schwind- und Quellwerte geringfügig größer sind (etwa 1/6 derjenigen von Spanplatten). Daher treffen die dort genannten verarbeitungstechnischen Vorteile gleichermaßen zu. Folgende Schwindmaße können für Gipsfaserplatten bei Änderung der relativen Feuchte φ in etwa auftreten:

$$\varphi = 95\% \rightarrow \varphi = 65\%: \quad \Delta l/l = 0,035\%$$
$$\varphi = 65\% \rightarrow \varphi = 20\%: \quad \Delta l/l = 0,035\%$$

Bautechnische Werte:
— Rohdichte (nach Zulassung) ϱ = 1120 bis 1250 kg/m^3
— Wärmeleitfähigkeit λ_R = 0,36 W/(mK)
— Diffusionswiderstandszahl μ = 11
— Schallschutz: Platten bis 15 mm Dicke gelten im Sinne von DIN 4109 als »biegeweich«
— Brandschutz: Klasse A 2 DIN 4102 (nichtbrennbar)

2.6 Wärmedämmstoffe

2.6.1 Allgemeines

Da Wärmedämmstoffe bei Holzbauteilen auch Auswirkungen u. a. auf den Schallschutz der Bauteile haben, werden die schallschutztechnischen Merkmale hier ebenfalls genannt. Aus Platzgründen wird nur auf die im Holzbau am häufigsten eingesetzten Dämmstoffarten kurz eingegangen. Hierzu gehören:
— Mineralische Faserdämmstoffe (DIN 18 165)
— Schaumkunststoffe (DIN 18 164)
— Holzwolle-Leichtbauplatten und Mehrschicht-Leichtbauplatten (DIN 1101)
— Lose Schüttungen auf Zellulosebasis (bauaufsichtliche Zulassung)

Poröse Holzfaserplatten (DIN 68 750, DIN 68 752 und DIN 68 755) wurden bereits in Abschn. 2.4.3 beschrieben. Auf pflanzliche Faserdämmstoffe oder dgl. (z. B. aus Flachs, Schafwolle, Baumwolle) wird hier nicht ausführlich eingegangen, da sie sich für die Anwendung im Bauwesen derzeit allgemein noch im Stadium der Einführung befinden.

Bei pflanzlichen Faserdämmstoffen allgemein sowie bei Zellulosefaser-Dämmstoffen (Abschn. 2.6.5) besteht derzeit noch Klärungsbedarf darüber, wie sich ihr grundsätzlich anderes Sorptionsverhalten und die sich daraus einstellende, gegenüber mineralischen Faserdämmstoffen höhere Gleichgewichtsfeuchte auf das feuchtetechnische Verhalten von Holzbauteilen auswirken, insbesondere auf das Austrocknungsvermögen der Querschnitte gegenüber außerplanmäßiger Feuchte. In DIN 4108-4 werden für den

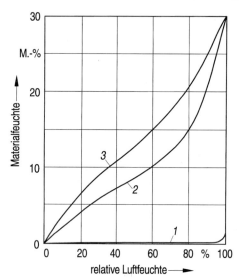

Bild 2.14 Gleichgewichtsfeuchte *u* von Dämm-
stoffmaterialien in Abhängigkeit von der
relativen Feuchte; aus [1]

1 mineralische Faserdämmstoffe, Polystyrol-Hartschaum, *2* Hobelspäne, Zellulosefasern, Baumwolle, *3* Schafwolle

»praktischen« Feuchtegehalt, das ist die Feuchte, die in der Praxis statistisch in 90% der Gebäude eingehalten ist, z. B. folgende Werte angegeben:

— Mineralische Faserdämmstoffe 5 M.-% (zukünftig vorgesehen: 1,5%)
— pflanzliche Faserdämmstoffe 15 M.-%

Bild 2.14 zeigt den Verlauf der Gleichgewichtsfeuchte für mehrere Dämmstoffarten. Man erkennt hieraus sofort den großen Unterschied zwischen den einzelnen Materialien für die mögliche Feuchtebelastung eines Bauteilquerschnitts: Nimmt man einmal eine eingebaute Dämmschichtdicke $s_{Dä}$ = 20 cm an, dann ergibt sich für den Sättigungsbereich (relative Luftfeuchte 100%) bei mineralischen Faserdämmstoffen (angenommen: Rohdichte 15 kg/m³, Sättigungsfeuchte 3%) eine eingeschlossene Feuchte von 90 g/m², für Schafwolle (Annahme: 15 kg/m³, 30%) von 0,9 kg/m², für Zellulosefaser-Schüttstoffe (Annahme: 60 kg/m³, 30%) von 3,6 kg/m². Hier sind also noch Untersuchungen erforderlich, und es muß erforderlichenfalls über Querschnitte von Holzbauteilen nachgedacht werden, bei denen sich – vor allem bezüglich des Verzichtes auf den chemischen Holzschutz – keine Nachteile ergeben.

Die Anordnung von Dämmschichten im Holzbauteil kann verschiedenartig sein (s. Bild 2.15):

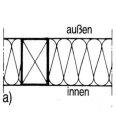

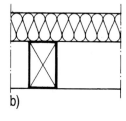

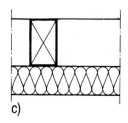

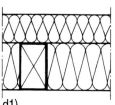

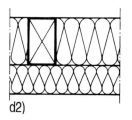

Bild 2.15
Lage von Dämmschichten in Holzbauteilen (schematisch)
a) innerhalb der Gefache, b) außenseitig durchgehend, c) raumseitig durchgehend (kaum angewandt), d) Kombination zweier Anordnungen

a) Innerhalb der Gefache

b) Außenseitig durchgehend

c) Raumseitig durchgehend

d) Kombination mehrerer Anordnungen

Mineralische Faserdämmstoffe (als Filze, Matten, Platten) sind wegen ihrer größeren Nachgiebigkeit und Elastizität grundsätzlich in allen Lagen nach Bild **2.**14 anwendbar, auch wenn sie druckbelastet sind.

Schaumkunststoffe in Plattenform sind dagegen innerhalb der Gefache im allgemeinen weniger geeignet, da auf Grund der zulässigen Einbautoleranzen des Holzes sowie seiner möglichen späteren Schwindverformungen (auch Krümmungen) einerseits und der geringen Elastizität der Platten andererseits ein zu großer baulicher Aufwand nötig wäre, um in den Gefachen Fugen zwischen den Holzteilen und dem Plattendämmstoff und damit Konvektion innerhalb des Bauteilquerschnitts dauerhaft zu verhindern. Aus demselben Grund sind z. B. auch im Beiblatt 1 zu DIN 4109 (Schallschutz) keine Holzbauteile mit Schaumstoffplatten im Gefach enthalten, obwohl hierüber durchaus Prüfzeugnisse vorgelegen haben.

Da Schüttmaterialien allseitig eine feste „Wandung" erfordern, ist ihre Anwendung im wesentlichen auf die Gefache beschränkt.

2.6.2 Mineralische Faserdämmstoffe

2.6.2.1 Typen

Diese Dämmstoffe werden bei Holzbauteilen in aller Regel in Form von Filzen oder Platten verwendet. Alle wesentliche Festlegungen sind in DIN 18 165-1 (Wärmedämmung) und -2 (Trittschalldämmung) enthalten.

Nach Teil 1 werden für die Verwendung als Wärmedämmstoffe folgende Anwendungstypen unterschieden:

W — nicht druckbelastbar, z. B. für Wände, Decken und Dächer allgemein

WL — nicht druckbelastbar, z. B. für Dämmungen zwischen Sparren- und Balkenlagen

WD — druckbelastbar, z. B. unter druckverteilenden Böden (ohne Trittschallanforderung) und in Dächern unterhalb der Dachhaut

WV — beanspruchbar auf Abreiß- und Scherbeanspruchung, z. B. für Wärmedämm-Verbundsystem mit mineralischem Putz

Dabei können der Typ W wie WL, der Typ WD wie W, WL und WV, der Typ WV wie W und WL verwendet werden. Der Typ WL unterscheidet sich vom Typ W nur durch eine größere zulässige Dickentoleranz.

Alle Typen eignen sich auch für die Hohlraumdämpfung, d. h. für die Verbesserung der Schalldämmung von Holzbauteilen. Weisen sie einen längenbezogenen Strömungswiderstand $\Xi \geq 5$ kN $\cdot$ s/m^4 auf, so dürfen sie den zusätzlichen Kennbuchstaben w führen, z. B. W-w.

Ist der Typ WV ausreichend weichfedernd, wobei die dynamische Steifigkeit s bekannt sein muß, dann kann er als Bestandteil einer Vorsatzschale die Schalldämmung des Bauteils verbessern. Solche Faserdämmstoffe erhalten den zusätzlichen Kennbuchstaben s.

Für Faserdämmstoffe, die in erster Linie die Trittschalldämmung verbessern sollen, unterscheidet DIN 18 165-2 folgende Anwendungstypen:

T — unter schwimmenden Estrichen

TK — mit geringer Zusammendrückbarkeit, z. B. unter Fertigteilestrichen oder Spanplatten-Unterböden

2.6.2.2 Bautechnische Werte

Die Rohdichte der Filze und Platten liegt allgemein in etwa zwischen $\varrho = 15$ kg/m^3 (für die Typen W und WL) und $\varrho = 100$ kg/m^3 (WD). Der Rechenwert nach DIN 1055-1 (Last-annahmen) ist allgemein mit $\varrho = 100$ kg/m^3 vorgegeben. Dieser Wert ist zumindest für die bei Holzbauteilen für die Wärmedämmung herangezogenen Typen W und WL bei weitem zu hoch und könnte ohne weiteres auf $\varrho = 30$ kg/m^3 reduziert werden. Das wäre vor allem deshalb sinnvoll, weil die heutigen Dämmschichtdicken z. B. in Dächern nicht mehr etwa 4 cm, wie seinerzeit bei der Festlegung in DIN 1055-1, sondern durchaus bis etwa 20 cm betragen; für diese Dicke ergäbe sich eine Verringerung der Eigenlast um 0,14 kN/m^2.

Der Rechenwert der Wärmeleitfähigkeit beträgt nach DIN 4108-4 $\lambda_R = 0,035$ bis 0,050 W/(mK), für die bei Holzbauteilen heute zum Einsatz kommenden Materialien im allgemeinen $\lambda_R = 0,035$ oder 0,040 W/(mK). Beim Nachweis des Wärmeschutzes für die schallschutztechnisch bedingten Anwendungstypen T und TK ist die Nenndicke d_B unter Belastung (2 kN/m^2) einzusetzen, die der jeweiligen Kennzeichnung des Faser-dämmstoffes (d_L/d_B) zu entnehmen ist.

Die Diffusionswiderstandszahl wird nach DIN 4108-4 zu $\mu = 1$ angenommen, womit man gegenüber dem tatsächlich vorhandenen, geringfügig höheren Wert beim Nachweis des Feuchteschutzes im Regelfall auf der sicheren Seite liegt.

Luftschalldämmung: Alle im Beiblatt 1 zu DIN 4109 genannten Rechenwerte für die Luftschalldämmung von Holzbauteilen gelten unter der Voraussetzung, daß der verwendete Faserdämmstoff einen längenbezogenen Strömungswiderstand (rechtwinklig zur Dämmstofffläche) von $\Xi \geq 5$ kN $\cdot$ s/m^4 aufweist; dieser Wert wird von den Anwendungstypen mit dem Zusatz »w« automatisch erfüllt.

Trittschalldämmung: Die in Beiblatt 1 zu DIN 4109 genannten Rechenwerte für die Tritt-schalldämmung von Holzbalkendecken ohne weiteren Nachweis gelten nur unter der Voraussetzung, daß unter dem Estrich oder dem Unterboden ein Faserdämmstoff mit einer dynamischen Steifigkeit von $s' \leq 15$ MN/m^3 angeordnet ist; der vorhandene s'-Wert, in den der dynamische E-Modul und die Dicke des Faserdämmstoffes eingehen, ist den jeweiligen Herstellerangaben zu entnehmen.

Brandverhalten: Mineralische Faserdämmstoffe in Form von Filzen oder Platten können weitestgehend als nichtbrennbar (ohne organische Zusätze Klasse A 1 nach DIN 4102, mit organischen Zusätzen A 2) eingestuft werden, können aber im beschichteten Zustand, z. B. mit Aluminiumkaschierung, auch schwerentflammbar sein (Klasse B 1). In den Fällen der Klassen A 2 und B 1 ist ein Prüfzeichen des Deutschen Instituts für Bautechnik erforderlich. Für den Brandschutz »notwendige Dämmschichten« in Dach-, Decken- und Wandkonstruktionen in Holzbauart nach DIN 4102-4 ohne weiteren Nachweis müssen aus mineralischen Faserdämmstoffen der Baustoffklasse A bestehen und zusätzlich einen Schmelzpunkt $\geq 1000\,°C$ aufweisen.

2.6.3 Schaumkunststoffplatten

2.6.3.1 Übersicht

Schaumkunststoffe als Dämmstoffe werden in mehreren Rohstoff- und Herstellungsar-ten angeboten, z. B. als

— Ortschaum: Polyurethan- oder Harnstoff-Formaldehydharz-Ortschaum

— Hartschaum: Phenolharz-, Polyurethan- und Polystyrol-Hartschaum, letzterer als a) Polystyrol-Extruderschaum (für Wärmedämmung) und b) Partikelschaum (primär für die Trittschalldämmung).

Ortschäume kommen im Holzbau allgemein praktisch nicht zum Einsatz, abgesehen von einigen Spezialanwendungen, z. B. für werksseitig vorgefertigte Wände mit eingeschäumten Installationen.

Folgende Anwendungstypen werden unterschieden:

a) Für die Wärmedämmung nach DIN 18 164-1

W — nicht druckbelastbar

WD — druckbelastet

WS — mit erhöhter Belastbarkeit für Sondereinsatzgebiete (für Holzbauteile uninteressant)

b) Für die Trittschalldämmung nach DIN 18 164-2

T — für Decken, z. B. unter Estrich, auch unter Fertigteilestrich.

Aus dem großen Angebotsumfang an Hartschäumen in Form von Platten oder Bahnen kommt weitestgehend Polystyrol-(PS-)Hartschaum als Extruderschaum (XPS) zur Anwendung, während Polystyrol-Partikelschaum (EPS) vor allem unter schwimmenden Estrichen zur Verbesserung des Trittschallschutzes eingesetzt wird. Im Fertighausbereich sind teilweise Polyurethan-Hartschaumplatten mit werksseitig aufgebrachtem Kunstharzputz als vorgefertigtes Wärmedämm-Verbundsystem für Außenwände in Holzbauart anzutreffen. Die nachfolgenden Angaben beziehen sich jedoch nur auf Polystyrol-Hartschäume. Der Unterschied zwischen dem Extruderschaum und den wesentlich elastischeren Partikelschaum-Platten wird insbesondere aus der Rohdichte und der erforderlichen Druckspannung für eine Stauchung von 10% ersichtlich. Sie beträgt beispielsweise für:

EPS: ϱ = 15 bis 30 kg/m^3, σ_D = 0,07 bis 0,26 N/mm^2

XPS: ϱ = 30 bis 45 kg/m^3, σ_D = 0,25 bis 0,70 N/mm^2

2.6.3.2 Bautechnische Werte

Rohdichte. Nach DIN 1055-1 ist für Schaumkunststoffplatten allgemein ϱ = 40 kg/m^3 einzusetzen. In DIN 18 164-1 sind z. B. für Polystyrol-Hartschaum in Abhängigkeit vom Anwendungstyp folgende Mindestrohdichten ϱ vorgegeben:

Partikelschaum W: 15 kg/m^3, WD: 20 kg/m^3, WS: 30 kg/m^3

Extruderschaum W, WD: 25 kg/m^3, WS: 30 kg/m^3.

Wärmeschutz. Der Rechenwert der Wärmeleitfähigkeit λ_R richtet sich nach der vom Hersteller für den jeweiligen Dämmstoff nachzuweisenden und anzugebenden Wärmeleitfähigkeitsgruppe (025 bis 040) und beträgt nach DIN 4108-4 λ_R = 0,025 bis 0,040 W/(mK); beim Nachweis des Wärmedurchlaßwiderstandes $1/\Lambda$ ist für die Dämmstoffe nach DIN 18 164-1 die Nenndicke d, bei Partikelschaum nach Teil 2 die Dicke d_B unter Belastung 2 kN/m^2, die in der jeweiligen Kennzeichnung »Nenndicke d_L/d_B« ausgewiesen ist, einzusetzen.

Diffusionswiderstandszahl μ (Rechenwerte nach DIN 4108-4)

Plattenart	EPS			XPS
ϱ (kg/m^3)	$\geq$ 15	$\geq$ 20	$\geq$ 30	$\geq$ 25
μ	20/50	30/70	40/100	80/250

Trittschallschutz. Für Polystyrol-Partikelschaum sind in DIN 18 164-2 folgende 4 Gruppen für die dynamische Steifigkeit angegeben: s' $\leq$ 10/15/20/30 MN/m^3.

Brandverhalten. Schaumstoffe nach DIN 18 164 müssen mindestens der Baustoffklasse B 2 (normalentflammbar) entsprechen. Der Nachweis erfolgt über ein gültiges Prüf-

zeugnis. Dagegen benötigen Baustoffe der Klasse B 1 (schwerentflammbar) eines Prüf-
zeichens des Deutschen Instituts für Bautechnik. Polystyrol-Hartschäume haben für
sich, d. h. ohne Beschichtungen oder dgl., den Nachweis der Einstufung in die Klasse
B 1 erbracht (Kennzeichnung erforderlich).

2.6.4 Holzwolle-Leichtbauplatten und Mehrschicht-Leichtbauplatten

2.6.4.1 Begriffe

Holzwolle-Leichtbauplatten (HWL) werden unter Verwendung langfaseriger Holzwolle
und mineralischer Bindemittel hergestellt. Mehrschicht-Leichtbauplatten (ML) bestehen aus einer Dämmschicht (Hartschaum oder Mineralfasern) und einer ein- oder beidseitigen Schicht aus mineralisch gebundener Holzwolle (Zweischicht- oder Dreischicht-
platten). Als Bindemittel wird Zement oder kaustisch gebrannter Magnesit verwendet.

2.6.4.2 Anwendung

Die Einsatzgebiete solcher Platten sind äußerst vielseitig; im heutigen Holzbau ist jedoch ihre Anwendung im wesentlichen auf die Außenbekleidung (mit mineralischem
Putz) von Außenwänden begrenzt.

Hierfür sind die Anwendungstypen W (nicht druckbelastbar) bei Anordnung auf Schalung oder WB (auf Biegung beanspruchbar) bei fehlender Schalung geeignet. Die Anforderungen an die Platten sind in DIN 1101 festgelegt, während Regeln für die Verwendung und Verarbeitung aus DIN 1102 hervorgehen.

2.6.4.3 Bautechnische Werte

Die zulässige Rohdichte der HWL-Platten beträgt in Abhängigkeit von der Plattendicke
(15 bis 100 mm) ϱ = 570 bis 360 kg/m^3.

Der Rechenwert der Wärmeleitfähigkeit für HWL-Platten oder Holzwolleschichten ist in
DIN 4108-4 für $d < 25$ mm mit λ_R = 0,15 W/(mK), für $d \geq 25$ mm mit 0,090 W/(mK)
festgelegt; bei ML-Platten sind für die Dämmschicht je nach Dämmstoffart λ_R = 0,040
(für Polystyrol-Partikelschaumschicht) oder λ_R = 0,040/0,045 W/(mK) (für Mineralfaser-
schicht der Wärmeleitfähigkeitsgruppe 040/045) zu verwenden.

Als Diffusionswiderstandszahl sind einzusetzen (der jeweils ungünstigere Wert ist maßgebend, d. h. für die oben genannte Außenanwendung stets der größere Wert): Für
HWL-Platten oder Holzwolleschichten μ = 2 oder 5, bei ML-Platten für PS-Partikel-
schaum μ = 20 oder 50, für Mineralfaser μ = 1.

Brandverhalten: HWL-Platten sowie Mineralfaser-ML-Platten mit ein- oder beidseitiger
Schicht aus mineralisch gebundener Holzwolle gelten nach DIN 4102-4 als Baustoffe
der Klasse B 1 (schwerentflammbar), Hartschaum-ML-Platten ohne weiteren Nachweis
als Baustoffe der Klasse B 2 (normalentflammbar).

2.6.5 Zellulosefaser-Dämmstoffe

Es wird auf die Anmerkungen in Abschn. 2.6.1 verwiesen. Da es für Wärmedämmstoffe
aus Zellulosefaser keine Stoffnorm gibt, sind die Anforderungen an die Eigenschaften,
Überwachung und Anwendung in allgemeinen bauaufsichtlichen Zulassungen enthalten.

Für den Dämmstoff werden lose Zellulosefasern (mechanisch zerkleinertes Zeitungspa-
pier) verwendet, die durch mechanische und chemische Behandlung und Zusätze wasserabweisend und normalentflammbar (Klasse B 2) gemacht wurden.

Der Dämmstoff ist in der Regel maschinell auf oder zwischen die Bauteile auf- bzw. einzublasen. Im Holzbau darf er als freiliegender Dämmstoff nur zur Schüttung, z.B. zwischen Balken von Dachräumen, oder als raumausfüllender Dämmstoff in geschlossenen Hohlräumen von Wänden verwendet werden, sofern diese Bereiche vor Feuchtigkeit geschützt sind. Der Dämmstoff darf nur von Unternehmen verarbeitet werden, die über ausreichende Erfahrung mit dem Einbau, der Verarbeitungstechnik und der Bauart verfügen. Der jeweilige Zulassungsinhaber hat dem Deutschen Institut für Bautechnik eine aktuelle Liste der ausführenden Unternehmen zuzustellen.

Die Eigenschaften der Dämmstoffe sind den jeweiligen bauaufsichtlichen Zulassungen zu entnehmen und betragen u.a.:

— Rohdichte ϱ = 45 bis 55 kg/m^3 bei loser Schüttung, ϱ = 55 bis 80 kg/m^3 in geschlossenen Hohlräumen

— Rechenwert der Wärmeleitfähigkeit λ_R = 0,040 oder 0,045 W/(mK)

— Diffusionswiderstandszahl μ = 1 bis 2

— Brandverhalten: Klasse B 2.

Für den freiliegenden Dämmstoff beträgt die Mindest-Nenndicke 8 cm; die Nenndicke ist die um 20% verminderte Einbaudicke infolge nachträglicher Setzung des Materials bei loser Schüttung.

2.7 Sonstige Materialien

In den Abschnitten 2.2 bis 2.6 wurden die – zumindest vom Volumenanteil – wesentlichsten Bestandteile von Holzbauteilen beschrieben, nämlich Holz, Brettschichtholz, Holzwerkstoffe, sonstige Plattenwerkstoffe und Dämmstoffe. Daneben ist aber noch eine Vielzahl von weiteren Materialien erforderlich, z.B.

— Verbindungsmittel für die Herstellung der Bauteile sowie

— Stoffe zur Gewährleistung des Wetterschutzes und des Feuchteschutzes.

Solche Materialien werden bei der späteren Beschreibung der einzelnen Konstruktionsarten jeweils direkt behandelt.

3 Anforderungen und Nachweise

3.1 Übersicht

3.1.1 Allgemeine Bemessungskriterien für Holzbauteile

Die Anforderungen an Dächer, Decken und Wände in Holzbauart sind äußerst vielfältig und reichen von der Standsicherheit über die bauphysikalischen Bereiche Wärme-, Feuchte-, Schall- und Brandschutz bis hin zum Holzschutz und zu sonstigen Anforderungen, z.B. bezüglich der Einhaltung einer zulässigen Formaldehyd-Konzentration in den Räumen. Bei der Bemessung von Holzbauteilen sind im allgemeinen folgende Kriterien zu beachten:

Standsicherheit tragender Holzbauteile
Geregelt in DIN 1052, erforderlichenfalls unter Zuhilfenahme spezieller allgemeiner bauaufsichtlicher Zulassungen. Nichttragende Innenwände müssen in besonderen Fällen den Anforderungen nach DIN 4103-1 genügen.

Dauerhaftigkeit
Bauaufsichtlich geht man – wenn auch stillschweigend – von einer „Lebensdauer" von mindestens 50 Jahren aus, in der Erkenntnis und mit der Erfahrung, daß Konstruktionen, die diesen Zeitraum überstanden haben, auch noch für einen längeren Zeitraum funktionstüchtig bleiben, wobei jedoch immer eine übliche Nutzung und Wartung der Räume und Gebäude vorausgesetzt werden.

Holzschutz
Für Holzbauteile wird die dauerhafte Funktionstüchtigkeit durch Anforderungen an den baulichen und erforderlichenfalls auch an den chemischen Holzschutz nach DIN 68 800-2 bzw. 68 800-3 erfaßt.

Wärmeschutz
Der Einfluß der Bauteile auf die Behaglichkeit in Aufenthaltsräumen wird durch den Mindestwärmeschutz nach DIN 4108, auf den Energieverbrauch bei der Beheizung von Gebäuden durch den energiesparenden Wärmeschutz nach der Wärmeschutzverordnung geregelt.

Feuchteschutz
Der Feuchteschutz nach DIN 4108 Teil 3 hat neben seiner allgemeinen Aufgabe – nämlich der Sicherstellung des Wärmeschutzes der Bauteile – vor allem bei Holzbauteilen einen starken Einfluß auf die Dauerhaftigkeit der Bauteile, stellt also einen wesentlichen Bestandteil des Holzschutzes dar.

Schallschutz
Durch den Schallschutz der Bauteile, der überwiegend in DIN 4109 geregelt ist, soll der Mensch in Aufenthaltsräumen vor gesundheitlich unzuträglichen Belästigungen durch Lärm von außen oder durch Geräusche aus dem Gebäudeinnern geschützt werden.

Brandschutz
Der Schutz von Menschen, Tieren und Sachwerten vor Brandeinwirkung ist überwiegend in den Bauordnungen der Länder sowie in nachgeschalteten Verordnungen und Richtlinien geregelt; DIN 4102 gibt wesentliche Hilfestellung hinsichtlich der Klassifizierung einzelner Stoffe und Konstruktionen.

Gesundheitsschutz und Umweltschutz
Auf diesen Gebieten muß zukünftig mit einer steigenden Aktivität des Gesetzgebers gerechnet werden, wobei die Teilbereiche »Formaldehyd« und »Holzschutzmittel« den Anfang darstellen.

Nachfolgend werden für die einzelnen Gebiete die wesentlichen Anforderungen und Nachweismöglichkeiten genannt, um in den späteren Abschnitten eine Bewertung der dort enthaltenen Konstruktionen hinsichtlich ihrer Tauglichkeit vornehmen zu können.

3.1.2 Grundsätzliche Anforderungen an die Ausbildung der Bauteile

Die einschlägigen bautechnischen Anforderungen an die hier behandelten Bauteile können nur dann erfüllt werden, wenn die Planung und Ausführung der Konstruktionen – vor allem auch in den Detailpunkten – derart sorgfältig erfolgen, daß die planmäßigen Eigenschaften auch tatsächlich vorhanden sind. Das ist vor allem bei Holzbauteilen von besonderer Bedeutung, da sich hierbei die Eigenschaft der Konstruktion aus dem Zusammenwirken vieler Einzelteile ergibt.

3.2 Tragfähigkeit

Die Berechnung und Ausführung von tragenden und aussteifenden Bauteilen aus Holz und Holzwerkstoffen, also auch von Dächern, Decken und Wänden, ist in DIN 1052-1 bis 3, geregelt (s. Abschn. 3.2.2).

3.2.1 Begriffe

Zur Vermeidung von Mißverständnissen werden nachstehend mehrere Begriffe erläutert, die zumindest im konventionellen Holzbau früher nicht allgemein üblich oder anders definiert waren:

— Holztafelbauart

— Beplankungen

— Dachschalungen

3.2.1.1 Holztafelbauart

Holztafeln sind in statischer Hinsicht Verbundquerschnitte aus »Rippen« und »Beplankungen«. Aus den Bildern **3.**1 und **3.**2 sind der Aufbau von Wand- und Decken- oder Dachtafeln sowie die Bezeichnungen ersichtlich.

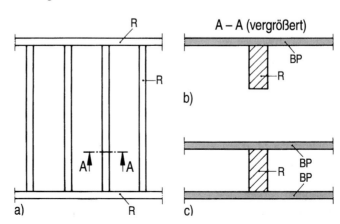

3.1
Wandtafel (schematisch)
a) Anordnung der Rippen R,
b) einseitige Beplankung BP,
c) beidseitige Beplankung

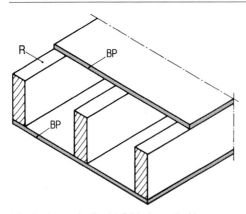

3.2 Decken- oder Dachtafel (schematisch)
    R Rippe, BP Beplankung

In Bild **3**.3 werden die verschiedenen Belastungsarten für tragende Tafeln dargestellt:

a) Lotrechte Belastung von Wandtafeln, z. B. aus aufliegenden Decken- oder Dachkonstruktionen.

b) Waagerechte Belastung in der Ebene der Wandtafeln (Wandscheiben), z. B. aus aufliegenden Dach- oder Deckenscheiben sowie aus Verbänden.

c) Waagerechte Belastung von Außenwandtafeln rechtwinklig zu ihrer Ebene infolge Wind; waagerechte Lasten aus statischer oder stoßartiger Beanspruchung für nichttragende Wände nach DIN 4103-1 zählen nicht hierzu.

d) Lotrechte Belastung von Decken- oder Dachtafeln infolge ständiger Lasten und Verkehrslasten.

e) Waagerechte Belastung in der Ebene von Decken- oder Dachtafeln (Decken- oder Dachscheiben) aus Dachkonstruktionen oder aus der Abstützung von Außenwänden.

Besonderheiten der Tafelbauart:

1. Wandtafeln, die neben ihrer Eigenlast nur noch durch Lasten nach DIN 4103-1 beansprucht werden, gelten auch im Sinne von DIN 1052 nicht als tragend.

2. Werden raumhohe Wandtafeln neben ihrer Eigenlast nur noch durch Wind entsprechend c) beansprucht, so gelten sie – im Gegensatz z. B. zum Mauerwerksbau, bei dem solche Bauteile als nichttragende Ausfachungen eingestuft werden können – als tragend. Ausgenommen hiervon sind jedoch Tafeln beschränkter Höhe, z. B. für Fensterbrüstungen.

3. Wie aus dem bisher Gesagten hervorgeht, gibt es also nur tragende Tafeln nach DIN 1052 oder – bei entsprechender Situation – nichttragende nach DIN 4103-1. Aussteifende Tafeln zur Knick- oder Kippaussteifung anderer Bauteile sind dagegen in DIN 1052 nicht definiert.

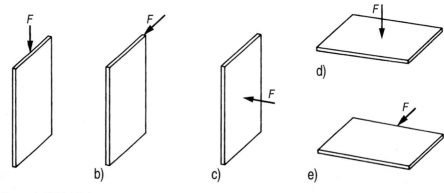

3.3 Tragende Tafeln, Belastungsarten

4. Tafeln müssen nicht werksseitig vorgefertigt werden, sondern können auch während der Errichtung des Bauwerks unmittelbar an der Baustelle hergestellt werden.

Anmerkung: Die sich in der Holzbaubranche immer mehr ausbreitende Unterscheidung zwischen der »Holztafelbauart« (für werksseitig vorgefertigte Tafeln verwendet) und der sog. »Holzrahmenbauart« (für bauseits hergestellte Konstruktionen) ist willkürlich und hat nicht den geringsten Bezug zur DIN 1052. Auch in der statischen Wirkungsweise gibt es keine Ähnlichkeit zwischen einem »Rahmen« und einer »Tafel« (s. Abschn. 3.2.3.1 und Bild **3**.10).

5. Holzhäuser in Tafelbauart sind Gebäude, deren Wände, Decken und Dächer aus Holzbauteilen bestehen und bei denen zumindest die tragenden Wände oder Decken in Tafelbauart hergestellt sind.

Konstruktionen, die nicht der Holztafelbauart zuzurechnen sind, da sie nicht über statisch mitwirkende Beplankungen verfügen, sind z. B.

a) Wände

— in Ständerbauart (Bild **3**.4), die nicht für die Aufnahme und Weiterleitung waagerechter Lasten in Wandebene (d. h. als Wandscheibe) geeignet ist und

— in Fachwerkbauart (Bild **3**.5), die zwar auch solche waagerechten Lasten aufnehmen kann, heute aber in Neubauten selten anzutreffen ist, da sie gegenüber der Holztafelbauart zu viele Nachteile hat.

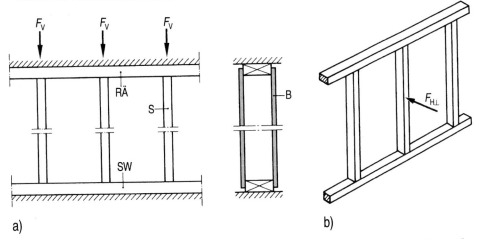

3.4 Wand in Ständerbauart: Holzunterkonstruktion, bestehend aus Stielen (Ständern) S, Rähm RÄ, Schwelle SW und statisch nicht mitwirkender Bekleidung B; zulässige Belastungen F_V (a) und $F_{H\perp}$ (b)

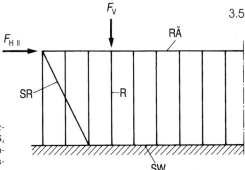

3.5 Wand in Fachwerkbauart (schematisch): Holzunterkonstruktion, bestehend aus Stielen S, Rähm RÄ, Schwelle SW, Streben SR und statisch nicht mitwirkender Bekleidung B; zulässige Belastungen F_V und $F_{H\parallel}$

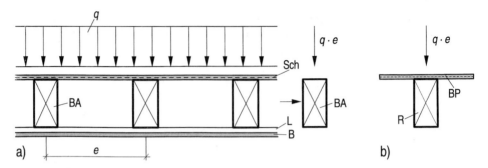

3.6 Holzbalkendecke, bestehend aus Deckenbalken BA, oberer Schalung Sch und unterseitiger Bekleidung B auf Lattung L

a) tragender Querschnitt, b) zum Vergleich: tragender Querschnitt bei Decke in Holztafelbauart mit
Deckenrippe R und oberer Beplankung (BP) anstelle oberer Schalung

b) Holzbalkendecken, bei denen die lotrechten Lasten allein über die Deckenbalken ab-
getragen werden (Bild **3.6**a); dagegen können Holzbalkendecken zusätzlich Horizontalkräfte aufnehmen, wenn die obere Abdeckung (Schalung) scheibenartig ausgebildet ist.

3.2.1.2 Beplankungen, Bekleidungen

Beplankungen sind immer statisch mitwirkende Bestandteile von Holztafeln. Man unterscheidet (Bild **3.7**):

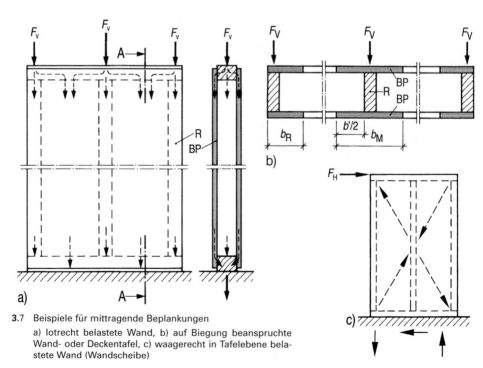

3.7 Beispiele für mittragende Beplankungen

a) lotrecht belastete Wand, b) auf Biegung beanspruchte
Wand- oder Deckentafel, c) waagerecht in Tafelebene belastete Wand (Wandscheibe)

a) Mittragende (tragende) Beplankungen, die sich rechnerisch an der Aufnahme und Weiterleitung von Lasten beteiligen, z. B.
  — von lotrechten Lasten in Wandebene (Bild a)
  — von lotrechten Lasten bei auf Biegung beanspruchten Decken als Bestandteil des Verbundquerschnitts (Bild b)
  — von waagerechten Lasten in Wand- oder Deckenscheiben (Bild c).

b) Aussteifende Beplankungen, die sich rechnerisch nicht an der Aufnahme und Weiterleitung von Lasten beteiligen, jedoch die Knicksicherheit von auf Druck beanspruchten (Wand-)Rippen oder die Kippsicherheit von auf Biegung beanspruchten (Decken-)Rippen gewährleisten.

c) Bekleidungen sind Werkstoffe, die entweder auf Grund ihrer Eigenschaften oder aber ihrer Verbindung mit der Holzunterkonstruktion rechnerisch weder als tragende noch als aussteifende Beplankungen herangezogen werden dürfen.

   Auch Schalungen (für Dächer, Decken, Wände) zur Aufnahme rechtwinklig auf die Bauteilfläche wirkender Lasten oder als Dach- oder Deckenscheiben sind keine Beplankungen, solange sie nicht als Bestandteil von Holztafeln in Rechnung gestellt werden.

3.2.1.3 Dachschalungen

Als Dachschalungen im Sinne von DIN 1052 sind ausschließlich solche oberen Abdeckungen anzusehen, die die Dachhaut unmittelbar tragen und somit im Endzustand auch durch eine Einzelverkehrslast (Mannlast) beansprucht werden können. Daher liegen Dachschalungen in der Regel nur unter Dachabdichtungen oder unter Schieferdeckungen vor (Bild **3**.8). Die obere Abdeckung nach Bild **3**.9 ist also keine Dachschalung im Sinne der Norm. Die Unterscheidung zwischen »Dachschalung« und »oberer Abdeckung« ist deshalb zu beachten, weil sich die in DIN 1052-1 enthaltenen Anforderungen nur auf erstere beziehen.

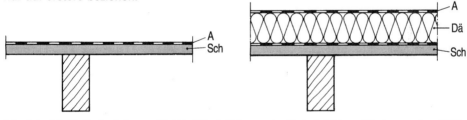

3.8 Beispiele für Dachschalungen (Sch) bei Flachdächern unter Dachabdichtung (A) ohne sowie mit Wärmedämmschicht (Dä)

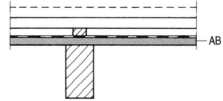

3.9 Geneigtes Dach mit Dachdeckung und Unterdach oder Vordeckung mit Schalung als oberer Abdeckung AB (keine Dachschalung im Sinne von DIN 1052)

3.2.2 Allgemeine Anforderungen

Die Regeln für die Berechnung und Ausführung von Dächern, Decken und Wänden sind weitestgehend in DIN 1052 oder aber in nachgeschalteten allgemeinen bauaufsichtlichen Zulassungen auf der Grundlage der Norm enthalten.

DIN 1052 – Holzbauwerke – umfaßt in ihren drei Teilen folgende Bereiche:

— 1 — Berechnung und Ausführung; u.a. die zulässigen Rechenwerte für Holz und Holzwerkstoffe, Berechnungsgrundlagen, Anforderungen an die Bauteile

— 2 — Mechanische Verbindungen; u.a. die zulässige Tragfähigkeit der Verbindungen

— 3 — Holzhäuser in Tafelbauart; u.a. vereinfachende oder zusätzliche Regelungen für Holzhäuser mit begrenzten Abmessungen.

Eine allgemeine bauaufsichtliche Zulassung des Deutschen Instituts für Bautechnik, Berlin, z.B. für einen Gegenstand (Werkstoff, Verbindungsmittel, Bauteil oder dgl.) als Ergänzung zu DIN 1052 ist immer dann erforderlich, wenn dieser Gegenstand für die Konstruktion von Bedeutung ist (z.B. Standsicherheit) und er mit Hilfe der Norm nicht beurteilt werden kann, da entweder

— für ihn keine Stoffnorm existiert (z.B. Gipsfaserplatten, mineralisch gebundene Spanplatten) oder

— trotz Stoffnorm zulässige Rechenwerte in DIN 1052 hierfür nicht enthalten sind (z.B. Gipskartonplatten) oder

— die Bemessungsregeln in DIN 1052 hierfür nicht ausreichen (z.B. Wandtafeln unter Verwendung von Gipskarton- oder Gipsfaserplatten).

Anforderungen an Dächer, Decken und Wände in Holzbauart (in DIN 1052 oder der jeweiligen Zulassung) erfassen vor allem folgende Kriterien:

— Zulässige Werkstoffe

— Gütebedingungen der Werkstoffe, z.B. einschließlich Feuchtegehalt

— Voraussetzungen für die Herstellung der Bauteile (z.B. für Brettschichtholz)

— Anforderungen an die Ausführung (z.B. Mindestabmessungen, Abstände der Verbindungsmittel)

— Einhaltung der zulässigen Spannungen für die Werkstoffe

— Einhaltung der zulässigen Tragfähigkeit der Verbindungsmittel

— Einhaltung der zulässigen Durchbiegungen oder Auslenkungen (bei scheibenartigen Bauteilen).

Die Erfüllung dieser Anforderungen ist nachzuweisen. Auf einen solchen Nachweis darf – teilweise oder vollständig – bei Ausführungen verzichtet werden, für die er nach Aussage der Norm oder der Zulassung bereits geführt worden ist.

3.2.3 Wände

3.2.3.1 Allgemeines

Hinsichtlich der statischen Funktion werden unterschieden:

— tragende Wände

— nichttragende Wände.

Nichttragende Wände, an deren Standsicherheit im allgemeinen keine Anforderungen gestellt werden, die aber in besonderen Situationen auf der Grundlage von DIN 4103-1 zu bemessen sind, werden in Abschn. 13 näher behandelt.

Hinsichtlich der Bauart können Wände mit Unterkonstruktion aus Holz z.B. wie folgt unterteilt werden (Näheres s. Abschn. 3.2.1.1):

— Ständerbauart

— Fachwerkbauart

— Holztafelbauart.

Fachwerkwände werden hier nicht weiter behandelt, da sie heute als tragende Bauteile im allgemeinen nur noch bei der Sanierung oder Modernisierung von Altbauten eingesetzt werden und bezüglich der Aufnahme waagerechter Lasten in Wandebene gegenüber der Holztafelbauart erheblich im Nachteil sind, z. B. durch erforderliche Diagonalen (Streben) mit evtl. problematischen Anschlüssen und einer geringeren Steifigkeit. Daher werden nachstehend nur Ständerwände und Wände in Holztafelbauart behandelt.

Die im Holzbaugewerbe in den letzten Jahren zunehmend verwendete Bezeichnung »Holzrahmenbauart« wird in aller Regel fälschlicherweise benutzt, denn tatsächlich handelt es sich bei den solchermaßen bezeichneten Wänden um die Holztafelbauart. Dagegen sind »Holzrahmen« z. B. Ausbildungen entsprechend Bild **3.10**.

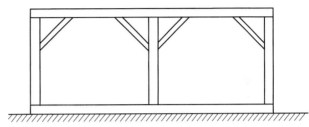

3.10
Konstruktionsprinzip der
Holzrahmenbauart (schematisch)

3.2.3.2 Wände in Ständerbauart

3.2.3.2.1 Nachweise

Tragende Wände in Ständerbauart können nur durch die Lasten F_V oder $F_{H\perp}$ beansprucht werden (s. Bild **3.4**).

Für die Einleitung, Aufnahme und Ableitung von lotrechten Lasten F_V ergeben sich folgende wesentliche Unterschiede zu Wänden in Holztafelbauart, die sämtlich darauf beruhen, daß bei der Ständerbauart keine statisch mitwirkende Beplankung vorliegt:

a) Die Verteilung einer Einzellast F_V auf benachbarte Ständer ist allgemein nicht zulässig.

b) Eine Mitwirkung der Bekleidung bei der Lastein- oder -ableitung im Kopf- bzw. Fußpunkt der Wand ist nicht gegeben.

c) Knicken der Ständer in Wandebene wird durch die Bekleidung nicht behindert.

Eine Bekleidung liegt immer dann vor, wenn zumindest eine der Anforderungen nach DIN 1052 an statisch mitwirkende Beplankungen nicht erfüllt ist, z. B. Art oder Dicke des Plattenwerkstoffs, Befestigung (z. B. über Querlattung unzulässig), Verbindungsmittel (z. B. Art, Größe, Abstand).

Die Bemessung von Ständerwänden wird hier nur insoweit erläutert, wie es für einen Vergleich der Tragfähigkeit zwischen der Ständerwand und der Wand in Holztafelbauart (s. Abschn. 4) erforderlich ist.

3.2.3.2.2 Rechenbeispiel

Angenommen wird die Konstruktion nach Bild **3.11** mit einer konzentrierten Einzellast $F_V = 20$ kN über einem Ständer. Folgende Nachweise sind zu führen:

1. Knicknachweis

$$\sigma_D = F_V/A \leq \text{zul } \sigma_k = \text{zul} \, \sigma_{D\parallel}/\omega \tag{3.1}$$

Es ist nachzuweisen, daß F_V von dem direkt belasteten Ständer aufgenommen wird. Eine Beteiligung benachbarter Ständer darf also nicht in Rechnung gestellt werden.

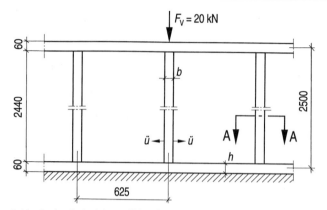

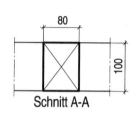

Schnitt A-A

3.11 Rechenbeispiel, gewählte Konstruktion für Ständerwand

Bezüglich des Knickverhaltens ist – auch bei beidseitiger Bekleidung – davon auszugehen, daß die Ständer gegen Knicken in Wandebene nicht gehalten sind.

2. Nachweis der Schwellenpressung

$$\sigma_{D\perp} = F_V/A \leq \text{zul}\,\sigma_{D\perp} \cdot k_{D\perp} \tag{3.2}$$

mit $k_{D\perp} = \sqrt[4]{150/b}$ bei beidseitig ausreichendem Überstand $\ddot{u}$ der Schwelle:
$\ddot{u} \geq 75$ mm für $h \leq 60$ mm, $\ddot{u} \geq 100$ mm für $h > 60$ mm

$k_{D\perp} = 0,8$ bei (auch einseitig) nicht ausreichendem Überstand $\ddot{u}$ (s. Bild **3.**12)

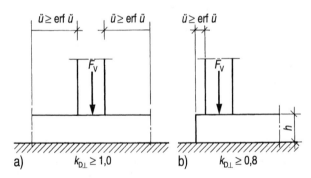

a) $k_{D\perp} \geq 1,0$ b) $k_{D\perp} \geq 0,8$

3.12
Schwellenüberstand ausreichend (a), nicht ausreichend (b)

Querschnittsfläche $b/h = 80/100$ mm; $A = 80$ cm^2; $s_k \approx 2,50$ m;
min $i = 8/\sqrt{12} = 2,31$ cm; max $\lambda = 250/2,31 = 108,2$; $\omega = 3,25$;
zul $\sigma_{D\parallel} = 8,5$ MN/m^2; zul $\sigma_{D\perp} = 2,5$ MN/m^2
Da Eindrückungen bei dieser Bauart – im Gegensatz zur Holztafelbauart – unbedenklich sind, darf zul $\sigma_{D\perp} = 2,5$ MN/m^2 mit $k_{D\perp} = 1,0$ angenommen werden.
Somit folgt:
Aus Gl (3.1): $\sigma_D = 20 \cdot 10^{-3}/(80 \cdot 10^{-4}) = 2,50$ MN/m^2 $< 8,5/3,25 = 2,62$ MN/m^2
                (Auslastung 0,95)
Aus Gl (3.2): $\sigma_{D\perp} = 2,50$ MN/m^2 = zul $\sigma_{D\perp}$ (Auslastung 1,0)
Die statische Auslastung des Ständers in der angenommenen Situation liegt also bei 100%. Bei einer Wand in Holztafelbauart (s. Abschn. 4) ergäbe sich unter gleichen Verhältnissen eine weitaus geringere Auslastung und somit die Möglichkeit, einen wesentlich kleineren Rippenquerschnitt zu verwenden.

3.3 Wärmeschutz

Der Wärmeschutz von Holzbauteilen ist auf der Grundlage von zwei unterschiedlichen Vorschriften nachzuweisen:

1. Mindestwärmeschutz nach DIN 4108 sowie
2. Energiesparender Wärmeschutz nach der Wärmeschutzverordnung (nachfolgend zu »WSVO« abgekürzt).

Obwohl die WSVO im Prinzip das weitaus höhere Anforderungsniveau darstellt, ist bei Holzbauteilen auch der Nachweis des Mindestwärmeschutzes zu führen, da es – abgesehen vom vereinfachten Nachweis für kleinere Gebäude – durchaus möglich wäre, die Anforderungen nach der WSVO mit Bauteilen zu erfüllen, bei denen der Mindestwärmeschutz nicht eingehalten ist.

3.3.1 Mindestwärmeschutz nach DIN 4108

3.3.1.1 Zweck

Mit den Anforderungen an den Mindestwärmeschutz nach DIN 4108-2 soll, auch unter Berücksichtigung der Wirtschaftlichkeit, folgendes bewirkt werden:

1. Durch Anforderungen an den mittleren Wärmeschutz des Bauteils:

   Ein behagliches Raumklima durch ausreichend hohe Temperaturen der raumseitigen Oberflächen von Außenbauteilen, mit denen der Mensch im Strahlungsaustausch steht.
2. Durch Anforderungen an Wärmebrücken: Vermeidung von Tauwasserbildung an diesen Bauteiloberflächen und damit von Feuchteschäden sowie von gesundheitlichen Beeinträchtigungen (z.B. infolge Schimmelpilzbefalls) durch ausreichend hohe Oberflächentemperaturen unter Voraussetzung einer üblichen Nutzung der Räume, d.h. einer normalen Beheizung und Belüftung der Räume (gilt auch für 1.).
3. Durch zusätzliche Anforderungen an den Gefachbereich: Verzögerte Auskühlung der Räume bei unterbrochener Beheizung.

Das Kriterium „Auskühlung" in 3. hat eher eine Alibi-Funktion, denn ursprünglich waren diese Anforderungen aus dem sommerlichen Wärmeschutz abgeleitet, was daran erkennbar ist, daß sie sich nur auf Bauteile beziehen, die der Sonnenwärmeeinstrahlung direkt oder indirekt ausgesetzt sind. Inzwischen beschränkt sich der sommerliche Wärmeschutz, der in DIN 4108 lediglich den Status einer Empfehlung hat, nur noch auf den Sonnenschutz der Fenster, da bei dem heutigen Wärmeschutz-Niveau die Bauteilmasse der Außenbauteile praktisch keinen Einfluß auf die sommerliche Erwärmung der Räume hat.

3.3.1.2 Nachweis

Die Einhaltung des Mindestwärmeschutzes kann entweder über den erforderlichen Wärmedurchlaßwiderstand $1/\Lambda$ oder über den zulässigen Wärmedurchgangskoeffizienten k der Einzelbauteile nachgewiesen werden. In den Tafeln **3.**1 und **3.**2 sind für Bauteile, die üblicherweise auch in Holzbauart hergestellt werden, die einzuhaltenden Mindest- bzw. Höchstwerte zusammengestellt.

Für den Gefachbereich wurde vereinfachend und auf der sicheren Seite liegend angenommen, daß die raumseitige speicherfähige Bauteilmasse (d.h. im Regelfall der Schichten raumseitig vor der Dämmschicht) $m_i = 0$ kg/m² beträgt, da die zugehörige Anforderung $1/\Lambda \geq 1{,}75$ m²K/W z.B. schon mit einer 7 cm dicken Dämmschicht der Wärmeleitfähigkeitsgruppe 040 erreichbar ist, die in den heutigen Ausführungen ohnehin ausnahmslos weit überschritten wird.

Tafel **3**.1   Mindestwärmeschutz nach DIN 4108-2 von üblichen Außenbauteilen in Holzbauart;
erforderlicher Wärmedurchlaßwiderstand $1/\Lambda$

Bauteile	erf $1/\Lambda$ in $m^2 K/W$		
	im Mittel	an der ungün- stigsten Stelle	im Gefach
Außenwände	0,55	0,55	
Dächer über Aufenthaltsräumen – nicht belüftet [2] – belüftet [3]	1,10 0,90	0,80 0,45	1,75[1]
Decken unter nicht ausgebauten Dachräumen	0,90	0,45	
Decken, die Aufenthaltsräume nach unten gegen die Außenluft abgrenzen	1,75	1,30	–

[1] Ungünstigster Wert für raumseitige speicherfähige Bauteilmasse $m_i = 0$ kg/m^2.
[2] Ohne belüfteten Hohlraum im Dachquerschnitt, z.B. nicht belüftete Flachdächer mit Dachabdichtung.
[3] Als belüftet gelten hier auch solche geneigten Dächer (z.B. mit Sparrenvolldämmung), bei denen lediglich der Hohlraum unterhalb der Dachdeckung belüftet ist (z.B. bei Konterlattung).

Tafel **3**.2   Mindestwärmeschutz nach DIN 4108-2 von üblichen Außenbauteilen in Holzbauart;
zulässiger Wärmedurchgangskoeffizient k

Bauteile	zul k in $W/(m^2 K)$		
	im Mittel	an der ungün- stigsten Stelle	im Gefach
Außenwände	1,32[4]	1,32[4]	
Dächer über Aufenthaltsräumen – nicht belüftet[2] – belüftet[3]	0,79 0,90	1,03 1,52	0,51[1] [4]
Decken unter nicht ausgebauten Dachräumen	0,90	1,52	
Decken, die Aufenthaltsräume nach unten gegen die Außenluft abgrenzen	0,50[4]	0,65[4]	

[1] bis [3] wie zu Tafel **3**.1.
[4] Ungünstigerer Wert (auf der sicheren Seite liegend) unter Annahme des außenseitigen Wärmeüber-
gangswiderstandes $1/\alpha_a = 0,08$ m^{2}K/W.

3.3.2   Energiesparender Wärmeschutz nach der Wärmeschutzverordnung

3.3.2.1   Allgemeines

Während die beiden früheren Wärmeschutzverordnungen vom 11.8.1977 und vom
24.2.1982 in erster Linie mit der Absicht von Deviseneinsparungen erlassen worden
waren, liegt das Hauptziel der 3. Verordnung, die am 1.1.1995 in Kraft getreten ist, in
unserem Beitrag zur Verbesserung des globalen Klimas durch Verringerung der CO_2-
Emissionen, da derzeit etwa $^1/_3$ des gesamten CO_2-Ausstoßes in Deutschland aus der
Nutzung fossiler Energieträger zur Raumheizung und Warmwasserbereitung herrührt.
In der Wärmeschutzverordnung werden folgende Gebäudesituationen erfaßt:

1. Zu errichtende Gebäude mit normalen Innentemperaturen, d.h. mindestens 19 °C
   (z.B. Wohngebäude, Büro- und Verwaltungsgebäude, Schulen oder dgl., Betriebsgebäude mit Innentemperaturen von mindestens 19 °C).

2. Zu errichtende Betriebsgebäude mit niedrigen Innentemperaturen, d.h. mehr als
   12 °C und weniger als 19 °C, die jährlich mehr als 4 Monate beheizt werden (werden
   nachfolgend nicht behandelt).

3. Veränderung bestehender Gebäude (erstmaliger Einbau, Ersatz oder Erneuerung von
   Außenbauteilen).

3.3.2.2 Errichtung von Neubauten, Regelverfahren

Das Prinzip der Anforderungen kann wie folgt kurz zusammengefaßt werden:
Der Jahres-Heizwärmebedarf Q_H darf – bezogen entweder auf das beheizte Bauwerksvolumen V (Q'_H) oder auf die Gebäudenutzfläche A_N (Q''_H) (bei Gebäuden mit lichten Raumhöhen $\leq$ 2,60 m) – vorgegebene Höchstwerte nicht überschreiten (Tafel **3.3**), wobei diese Höchstwerte (wie bereits der $k_{m,max}$-Wert bei den beiden vorangegangenen WSVO's) abhängig sind vom Verhältnis A/V (wärmeübertragende Umfassungsfläche A zum hiervon eingeschlossenen Bauwerksvolumen V) (Bild **3.13**).

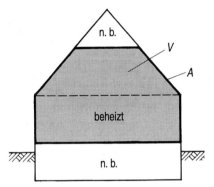

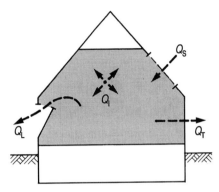

3.13 Bezugsgrößen des Gebäudes in der Wärmeschutzverordnung

A wärmeübertragende Umfassungsfläche, V das von der Umfassungsfläche A umschlossene beheizte Gebäudevolumen; n.b. nicht beheizte Gebäudeteile

3.14 Einflußgrößen für den Jahresheizwärmebedarf (schematisch): Q_T Transmissionswärmebedarf, Q_L Lüftungswärmebedarf, Q_S Wärmegewinn durch Sonneneinstrahlung, Q_I Wärmegewinn durch interne Wärmequellen

Der Jahres-Heizwärmebedarf Q_H für ein Gebäude folgt aus (s. auch Bild **3.14**):

$$Q_H = 0,9 \cdot (Q_T + Q_L) - (Q_I + Q_S) \quad \text{kWh/a} \qquad (3.3)$$

– 0,9 Teilbeheizungsfaktor (nicht jeder Raum ist zu jeder Zeit voll beheizt)
– Q_T Transmissionswärmebedarf (kWh/a) infolge Wärmedurchgang durch alle Bauteile der Umfassungsfläche A, ermittelt aus

$$Q_T = 84 \cdot (k_W \cdot A_W + k_F \cdot A_F + 0,8 \cdot k_D \cdot A_D + 0,5 \cdot k_G \cdot A_G$$
$$+ k_{DL} \cdot A_{DL} + 0,5 \cdot k_{AB} \cdot A_{AB}) \quad \text{kWh/a} \qquad (3.4)$$

mit k als Wärmedurchgangskoeffizient und A als Fläche des jeweiligen Bauteils
Indizes:
W   Außenwand
F   Fenster
D   Decke unter nicht ausgebautem Dachraum oder Dach über Aufenthaltsraum
G   Kellerdecke oder unterer, an das Erdreich grenzender Abschluß des Aufenthaltsraumes (gilt auch für erdberührte Wände beheizter Aufenthaltsräume)
DL   Deckenfläche, die beheizte Aufenthaltsräume nach unten gegen die Außenluft abgrenzt
AB   Bauteile zwischen Aufenthaltsraum und angrenzenden Gebäudeteilen mit wesentlich niedrigeren Raumtemperaturen (z.B. Lagerräume, außenliegende Treppenräume)

– Q_L Lüftungswärmebedarf infolge Erwärmung der gegen kalte Außenluft ausge-
tauschten Raumluft

$$Q_L = 22{,}85 \cdot V_L \quad \text{kWh/a} \tag{3.5a}$$

oder

$$Q_L = 18{,}28 \cdot V \quad \text{kWh/a} \tag{3.5b}$$

mit V als von der Gebäudehüllfläche A umschlossenem beheiztem Bauwerksvolumen und V_L als anrechenbarem Luftvolumen, wobei $V_L = 0{,}8 \cdot V$ gesetzt wird.
Bei Gebäuden mit mechanisch betriebener Lüftungsanlage darf Q_L bei Anlagen
ohne oder mit Wärmerückgewinnung um 5% bzw. 20% reduziert werden.

– Q_S Nutzbarer solarer Wärmegewinn infolge Sonnenwärmeeinstrahlung, ermittelt
aus

$$Q_S = \sum_{i,j} 0{,}46 \cdot I_j \cdot g_i \cdot A_{Fi,j} \quad \text{kWh/a} \tag{3.6}$$

Darin gehen die einzelnen Fenster oder dgl. (Index i) in Abhängigkeit von ihrer
Orientierung (Index j) mit ihrer Fläche A_F und dem jeweiligen Gesamtenergiedurchlaßgrad g der Verglasung sowie dem jeweils zugehörenden Strahlungsan-
gebot I ein.

Anmerkung: Der solare Wärmegewinn kann auch – anstelle des Gliedes Q_S in Gl (3.3) – über den
äquivalenten Wärmedurchgangskoeffizienten $k_{eq,F}$ der Fenster an Hand der Beziehung

$$k_{F,eq} = k_F - g \cdot S_F \quad \text{W/(m}^2\text{K)} \tag{3.7}$$

erfaßt werden, wobei dann in Gl (3.4) k_F durch $k_{F,eq}$ ersetzt wird. In Gl (3.7) bedeutet

S_F Koeffizient für solare Wärmegewinne, wieder in Abhängigkeit von der Orientierung des Fensters

– Q_I Nutzbare interne Wärmegewinne (z. B. infolge Haushaltsgeräten)

$$Q_I = 8{,}0 \cdot V \quad \text{kWh/a} \tag{3.8}$$

Aus Q_H kann der bezogene Jahres-Heizwärmebedarf

– Q_H' (bezogen auf das beheizte Bauwerksvolumen V) oder
– Q_H'' (bezogen auf die Gebäudenutzfläche A_N)

ermittelt werden:

a) $Q_H' = Q_H/V \quad \text{kWh/(m}^3 \cdot a)$

b) $Q_H'' = Q_H/(0{,}32 \cdot V) \quad \text{kWh/(m}^2 \cdot a)$

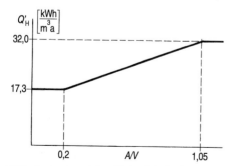

3.15 Bezogener Jahres-Heizwärmebedarf Q_H' in
Abhängigkeit von A/V

Die einzuhaltenden Grenzwerte für Q_H'
und Q_H'' sind auszugsweise in Tafel **3.**3 angegeben (s. auch Bild **3.**15). Der Nachweis
kann entweder für Q_H' oder – bei Gebäuden mit lichten Raumhöhen $\leq 2{,}60$ m –

Tafel **3.**3 Zulässige Werte für den bezogenen Jahres-Heizwärmebedarf Q_H' und Q_H'' in Abhängigkeit von A/V

A/V (1/m)	Q_H' kWh/(m³a)	Q_H'' kWh/(m²a)
$\leq 0{,}2$	17,3	54,0
$\geq 1{,}05$	32,0	100,0

für Q_H'' geführt werden. Zwischenwerte können geradlinig eingeschaltet oder nach folgenden Beziehungen ermittelt werden:

a) $Q_H' = 13,82 + 17,32 \cdot A/V$

b) $Q_H'' = Q_H'/0,32$

3.3.2.3 Errichtung von Neubauten, vereinfachtes Nachweisverfahren

Für kleine Wohngebäude mit höchstens zwei Vollgeschossen und drei Wohneinheiten gelten die Anforderungen ohne weiteren Nachweis dann als erfüllt, wenn die Anforderungen an den Wärmedurchgangskoeffizienten k der einzelnen Außenbauteile innerhalb der wärmeübertragenden Umfassungsfläche nach Tafel **3.4** eingehalten sind.

Tafel **3.4** Zulässiger Wärmedurchgangskoeffizient k nach der WSVO für einzelne Außenbauteile der wärmeübertragenden Umfassungsfläche A bei neu zu errichtenden, kleinen Wohngebäuden

Bauteile		zul k W/(m^{2}K)
Außenwände	k_W	0,50
Fenster, Fenstertüren, Dachfenster	$k_{m\,Feq}$[1])	0,70
Decken unter nicht ausgebauten Dachräumen Dächer über Aufenthaltsräumen Decken, die Aufenthaltsräume nach unten gegen die Außenluft abgrenzen	k_D	0,22
Kellerdecken, Wände und Decken gegen unbeheizte Räume Wände und Decken, die an das Erdreich grenzen	k_G	0,35

[1]) Mittlerer Wert über alle Fenster und Dachfenster unter Berücksichtigung der solaren Wärmegewinne nach Gl. (3.7) in Abhängigkeit von der jeweiligen Orientierung

3.3.2.4 Nachträgliche Veränderung von Altbauten

Sind die baulichen Veränderungen eines bestehenden Gebäudes in Art oder Umfang so, daß sie unter den Geltungsbereich der WSVO fallen, dann müssen die dort genannten Anforderungen erfüllt werden (s. Tafel **3.5**).

Tafel **3.5** Zulässiger Wärmedurchgangskoeffizient k nach der WSVO für einzelne Außenbauteile der wärmeübertragenden Umfassungsfläche A bei der Veränderung bestehender Gebäude mit normalen Innentemperaturen

Bauteile		zul k W/(m^{2}K)
Außenwände	k_W	0,50[1])
Fenster, Fenstertüren, Dachfenster	k_F	1,8
Decken unter nicht ausgebauten Dachräumen Dächer über Aufenthaltsräumen Decken, die Aufenthaltsräume nach unten gegen die Außenluft abgrenzen	k_D	0,30
Kellerdecken, Wände und Decken gegen unbeheizte Räume Wände und Decken, die an das Erdreich grenzen	k_G	0,50

[1]) Werden außenseitig zusätzlich Bekleidungen oder dgl. angebracht oder Dämmschichten eingebaut, so ist zul k = 0,4 W/(m^{2}K) maßgebend.

3.3.2.5 Dichtheit der Gebäudehülle

Um die nicht steuerbaren Lüftungswärmeverluste zu begrenzen, werden folgende Anforderungen gestellt:

– Einhaltung vorgegebener Höchstwerte für den Fugendurchlaßkoeffizienten a von Fenstern oder dgl. in Abhängigkeit von der Anzahl der Vollgeschosse und der Beanspruchungsgruppe (Gebäudehöhe)

– Verwendung luftdichter Außenbauteile

– luftdichte Ausbildung von Fugen in der wärmeübertragenden Umfassungsfläche.

3.3.3 Sommerlicher Wärmeschutz

Abgesehen davon, daß die zusätzlichen Anforderungen an den Mindestwärmeschutz im Gefachbereich von Holzbauteilen (vgl. Tafel **3**.2) auf Anforderungen an den sommerlichen Wärmeschutz zurückgehen, wird dieser Wärmeschutz ansonsten nur noch über den Sonnenschutz der Fenster – ausgedrückt durch das Produkt aus Gesamtenergiedurchlaßgrad g_F der Fenster und Flächenanteil f der Fenster – geregelt:

a) In DIN 4108 als Empfehlung

b) in der Wärmeschutzverordnung als Anforderung bei Gebäuden mit raumlufttechnischen Anlagen zur Kühlung sowie bei Gebäuden mit normalen Innentemperaturen mit einem Fensterflächenanteil von mindestens 50%.

Wie überragend der Einfluß des Sonnenschutzes der Fenster und wie unbedeutend dagegen z.B. die Wärmespeicherfähigkeit der Außenbauteile für das sommerliche Temperaturverhalten der Räume tatsächlich ist, kann u.a. in [12] und [27] nachgelesen werden.

3.3.4 Einfluß der Ausbildung auf den Wärmeschutz (Fugen, Luft- und Winddichtheit)

Ausschlaggebend für die Sicherstellung des vorgegebenen Wärmeschutzes bei Holzbauteilen ist, daß offene Fugen weder innerhalb der Dämmschicht noch – bei Dämmung zwischen Holzteilen – im Anschlußbereich Dämmschicht – Holz auftreten (Bild **3**.16). Je nach verwendetem Dämmstoff sollte die beste Einbautechnik angewandt wer-

außen

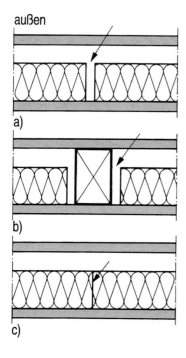

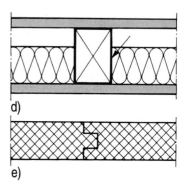

3.16 Offene Fugen in der Dämmschicht (a) sowie im Anschlußbereich an Holz (b) sind dauerhaft zu vermeiden, z.B. bei mineralischen Faserdämmstoffen durch dichtes Anpressen (c) bzw. Einstauchen in die Gefache (d), bei vollflächiger, durchgehender Dämmschicht aus Hartschaumplatten z.B. durch Verwendung randprofilierter Platten (e); (schematisch)

den, z.B. bei mineralischen Faserdämmstoffen ein leichtes Einstauchen in die Gefache, bei Hartschaumplatten durch Verwendung randprofilierter Platten.

Aus diesem Grunde erscheinen z.B. Hartschaumplatten im allgemeinen für die Dämmung innerhalb von Gefachen, z.B. für die Zwischensparrendämmung, wenig geeignet, da nicht sichergestellt ist, daß sie wegen ihrer größeren Steifigkeit in der Lage sind, mögliche größere Toleranzen der Holzteile im Einbauzustand sowie spätere feuchtebedingte Formänderungen auszugleichen, ohne daß offene Fugen im Anschlußbereich auftreten.

Hat sich trotz aller Sorgfalt die Situation der offenen Fuge nach Bild **3.16**a oder b ergeben, dann sind die Auswirkungen, z.B. größere Wärmeverluste, vor allem aber Tauwassergefahr für die raumseitige Bauteiloberfläche, stark abhängig von der Ausbildung des Bauteilquerschnitts (Bild **3.17**). Es ist sofort ersichtlich, daß ein Querschnitt mit (planmäßig) stehender Luftschicht beiderseits der Dämmschicht (Bild a) bei auftretenden Fugen empfindlich reagiert, während er bei nur einseitiger Luftschicht, z.B. bei Zwischensparrendämmung mit zusätzlicher unterseitiger Dämmschicht nach (Bild b) robuster ist.

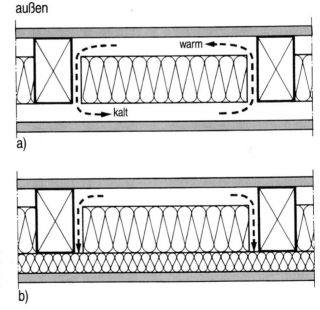

3.17
Beispiel für gegenüber Dämmschichtfugen sehr empfindliche (a) und weniger empfindliche (b) Querschnittsausbildung (schematisch)

Weitere Einflußgrößen für den Wärmeschutz sind die »luftdichte« Schicht einerseits und die „winddichte" Schicht andererseits. Hier werden diese Begriffe dahingehend verwandt, daß

– eine luftdichte Schicht raumseitig vor der Dämmschicht angeordnet wird und die Konvektion warmer Raumluft in kältere Bereiche des Bauteilquerschnitts verhindern soll, während

– eine winddichte Schicht außenseitig vor der Dämmschicht liegt und Wärmeverluste infolge „Durchblasens" luftdurchlässiger Dämmstoffe (Faserdämmstoffe oder dgl.) verhindern soll (Bild **3.18**).

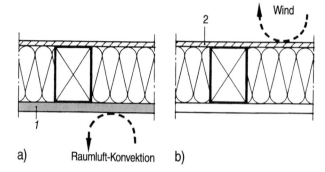

3.18
Hier benutzte Definitionen

a) luftdichte Schicht (1) an der Raumseite zur Vermeidung der Konvektion von Raumluft in den Bauteilquerschnitt, im Gegensatz zu b) winddichte Schicht (2) an der Außenseite gegen konvektives Eindringen kalter Außenluft (schematisch)

Die luftdichte Schicht verhindert nicht nur das konvektive Eindringen von Raumluft in den Bauteilquerschnitt und damit größere Wärmeverluste, sondern vor allem die gefürchtete Wasserdampf-Konvektion innerhalb des Bauteilquerschnitts (s. Abschn. 3.4.3); ferner verhindert sie Einbußen an Behaglichkeit im Aufenthaltsraum infolge Durchtritts kalter Außenluft (Bild **3.19**).

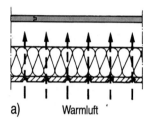 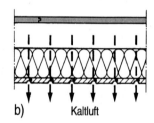

3.19
Nachteilige Nebeneffekte (unabhängig von der Tauwassergefahr) von luftdurchlässigen Außenbauteilen

a) erhöhte Wärmeverluste, b) „Zugluft"-Erscheinungen durch Kaltluft-Einfall

Insbesondere in Anbetracht des erforderlichen Feuchteschutzes und somit hinsichtlich der Schadensfreiheit stellt die luftdichte Schicht ohne Übertreibung das bei weitem wichtigste Bestandteil von Holz-Außenbauteilen dar! Darüber hinaus wird die Luftdichtheit von Bauteilen allgemein – unabhängig von der Bauart – bereits seit Jahrzehnten in DIN 4108 sowie in der Wärmeschutzverordnung gefordert.

Im Gegensatz dazu werden an die Winddichtheit solcher Bauteile in Deutschland keine Anforderungen gestellt, auch nicht z.B. bei belüfteten Dächern, woraus sich bisher offensichtlich keine Mängel ergeben haben; hierbei ist aber die Luftdichtheit des Bauteils vorausgesetzt.

Einzelheiten zur Ausbildung der luftdichten Schicht sind in Abschn. 3.4.3.2 dargestellt.

3.3.5 Wärmebrücken

3.3.5.1 Allgemeines

Wärmebrücken sind in der Regel örtlich begrenzte Bereiche, in denen eine größere Wärmestromdichte auftritt als in ihrer Nachbarschaft. Man unterscheidet a) stoffbedingte Wärmebrücken, bei denen die Ursache in unterschiedlichen Wärmeleiteigenschaften in nebeneinanderliegenden Bereichen liegt, und b) geometriebedingte Wärmebrücken, die – auch bei einem einheitlichen Querschnittsaufbau – auf die unterschiedlich großen Flächen des Wärmeein- und -austritts zurückzuführen sind (Bild **3.20**).

Anforderungen an den Wärmeschutz im Bereich von Wärmebrücken werden derzeit nur bezüglich des Mindestwärmeschutzes nach DIN 4108-2 gestellt, aber auch nur an stoffbedingte („ungünstigste Stelle", s. Tafeln **3.1** und **3.2**), obwohl feststeht, daß die geometriebedingten bezüglich niedriger raumseitiger Oberflächentemperaturen, also hinsichtlich der dortigen Tauwassergefahr, im allgemeinen gefährlicher werden können; jedoch brauchen geometriebedingte Wärmebrücken beim Nachweis des Wärmebedarfs nach der Wärmeschutzverordnung bis jetzt nicht berücksichtigt zu werden.

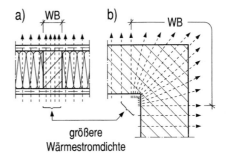

3.20 Beispiele für Wärmebrücken WB (schematisch); a) stoffbedingte, b) geometriebedingte

3.3.5.2 Stoffbedingte Wärmebrücken

Der typische „Vertreter" der stoffbedingten Wärmebrücke nach Bild **3**.20 a) ist im Holzbau der Rippenbereich. Welche raumseitigen Oberflächentemperaturen sich für ein Beispiel unter vorgegebenen konstruktiven und klimatischen Bedingungen ergeben, geht aus Bild **3**.21 hervor. Dabei wird verglichen zwischen dem unbelüfteten Gefach einerseits und dem belüfteten andererseits, letzteres mit unterschiedlicher Dicke einer seitlich an der Rippe hochgezogenen Dämmschicht. Aufgetragen sind zum einen die ermittelten exakten Temperaturen, zum anderen – bei nicht hochgezogener Dämmschicht – die Temperaturen bei Ermittlung nach der „naiven" Methode nach DIN 4108-5. Dabei nimmt man vereinfachend an, daß Rippen- und Gefachbereich jeweils für sich allein vorhanden sind, daß sich also ihre Oberflächentemperaturen gegenseitig nicht beeinflussen; beim belüfteten Gefach geht man ferner davon aus, daß die Rippe mit der Oberkante Dämmschicht endet.

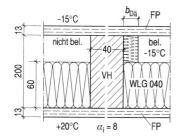

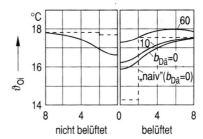

3.21 Raumseitige Oberflächentemperaturen ϑ_{Oi} im Rippenbereich eines Holzbauteils (Beispiel) bei nicht belüftetem (links) und belüftetem Gefach (rechts), exakt ermittelt (voll ausgezogene Kurven) und ‚naiv' ermittelt (gestrichelt); aus [9]. VH Vollholz, FP Spanplatte

Man erkennt aus Bild **3**.21 für das gewählte Beispiel folgendes:

Mit der „naiven" Methode, die bei solchen stoffbedingten Wärmebrücken allgemein angewandt werden darf, liegt man beim belüfteten Querschnitt weit auf der sicheren, beim unbelüfteten dagegen auf der unsicheren Seite.

3.3.5.3 Geometriebedingte Wärmebrücken

An geometrisch bedingten Wärmebrücken (Bild **3**.20 b)) kann der wärmeschutztechnische Aufwand – auch bei Holzbauteilen mit ihrem bereits von Haus aus guten Wärmeschutz – nicht groß genug sein, vor allem wenn man an die Gefahr einer durch besondere Umstände gegebenen höheren relativen Feuchte in planmäßig „trockenen" Räumen denkt. Diese Bereiche sind deshalb so gefährdet, weil man es ihnen zunächst nicht ansieht. Obwohl dort in der Regel der gleiche Wärmeschutz vorliegt wie im Rippenbereich (stoffbedingte Wärmebrücke), ist die Oberflächentemperatur ϑ_{0i} z.T. erheblich niedriger, vor allem im Bereich der dreidimensionalen Wärmebrücken, also z.B. im Anschluß Außenwand–Außenwand–Kellerdecke.

Nachstehend wird das Ergebnis einer früheren Untersuchung solcher Wärmebrücken am Beispiel mehrerer Wandquerschnitte, jedoch mit einheitlicher Ausbildung der Anschlüsse an andere Bauteile, kurzgefaßt wiedergegeben, Auszug aus [9]. Die gewählten Varianten für die Außenwand sind in Bild **3.22** dargestellt; beim Querschnitt 1 handelt

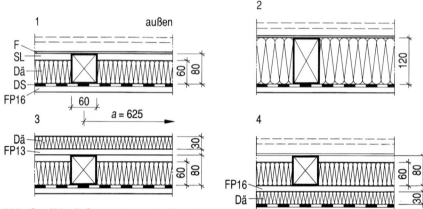

3.22 Gewählte Außenwandquerschnitte (schematisch)

1 Geringe Rippenhöhe und Dämmschichtdicke, *2* vergrößerte Rippenhöhe und Dämmschichtdicke, *3* Querschnitt 1 mit zusätzlicher Außendämmung, *4* Querschnitt 1 mit zusätzlicher Innendämmung
FP13/16 Spanplatte 13 mm/16 mm, Dä Dämmschicht der Wärmeleitfähigkeitsgruppe WLG 040, F Folie, SL stehende Luft, DS Dampfsperre

Tafel **3.6** Exakt ermittelte sowie „naiv" errechnete Oberflächentemperaturen ϑ_{0i} für die vier Wandquerschnitte nach Bild **3.22** im Fußpunkt-Eckanschluß an die Kellerdecke nach Bild **3.23**a) und b) sowie einer ausgewählten Stelle (Bild **3.24**) sowie zulässige relative Raumluftfeuchten zul φ_i zur Vermeidung von Tauwasser an der raumseitigen Wandoberfläche; Annahme: $\alpha_i = 6$ W/(m²K); aus [7]

Nr.	Wandquerschnitt	ϑ_{0i} (°C)		zul φ_i (%)	
		„naiv"	exakt	„naiv"	exakt
1		14,1	9,4	69	50
2		15,5	10,5	75	54
3	außen	16,8	10,8	82	55
4	innen	16,6	14,5	81	71

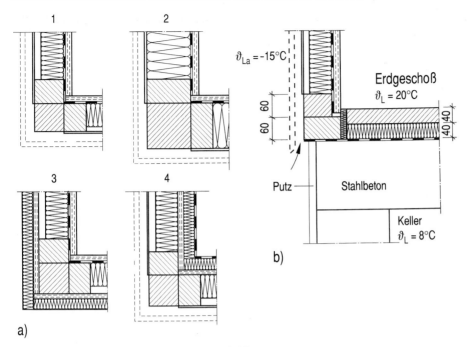

a)

b)

3.23 Angenommene Wandanschlüsse (schematisch)

a) Eckausbildung, b) Anschluß des Fußpunktes an Kellerdecke (Beispiel: Wand 1) sowie angenommene Raumtemperaturen

ZE schwimmender Zementestrich auf Dämmschicht der WLG 040

es sich um eine während der 70er Jahre allgemein übliche Ausbildung mit relativ bescheidenem Wärmeschutz. Bild **3.23** zeigt die Eckausbildung der Wände sowie den einheitlichen Anschluß des Wandfußpunktes an die Kellerdecke.

In Tafel **3.6** werden die exakt ermittelten Oberflächentemperaturen der vier Wände an einer „repräsentativen" Stelle (nicht der ungünstigsten in der punktförmigen Ecke, s. Bild **3.24**) genannt. Demnach ergibt sich hinsichtlich der tiefsten Oberflächentemperatur folgende Einstufung:

— Wand 4 (zusätzliche Innendämmung) schneidet weitaus am besten ab

— Wand 1 verhält sich am schlechtesten

— die Wände 2 und 3 liegen dazwischen, jedoch näher an Wand 1 als an Wand 4.

Mit der „naiven" Methode liegt man im Bereich der Gebäudeecke teilweise erheblich auf der unsicheren Seite, da die tatsächlichen Oberflächentemperaturen wesentlich

3.24
Gewählte „repräsentative" Stelle für die exakte Oberflächentemperatur ϑ_{Oi} in Tafel **3.6**

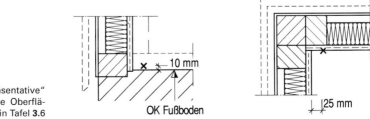

niedriger sind, s. Tafel **3.6**. In solchen Bereichen täuscht also dieser Nachweis nach DIN 4108-5 zu günstige Ergebnisse vor, die zumindest bei Holzbauteilen kritische Folgen haben können!

3.3.5.4 Zusammenfassung

Aus dem oben Gesagten wird klar, daß im Holzbau an geometriebedingten Wärmebrücken Vorsicht geboten ist, nicht unter normalen Klimabedingungen, wohl aber dann, wenn die Gefahr besteht, daß sich während der kalten Jahreszeit hohe relative Raumluftfeuchten einstellen, sei es durch eine unübliche Nutzung durch die Bewohner, durch eine länger einwirkende hohe Baufeuchte oder dgl. mehr. Dann ist nämlich die Gefahr einer unzulässig hohen Feuchtebeanspruchung der betroffenen Schichten grundsätzlich gegeben.

Daher sollte man besonders in diesen Bereichen für einen guten Wärmeschutz sorgen. Regeln für den entsprechenden rechnerischen Nachweis der Oberflächentemperaturen an Wärmebrücken stehen in DIN 4108 derzeit noch nicht zur Verfügung. Die bereits vorhandenen Katalogwerke über Wärmebrücken, z.B. [10], vor allem aber [11], das sich ausschließlich mit dem Holzbau befaßt, stellen jedoch gute Hilfsmittel dar, um Auskunft über die Oberflächentemperaturen und damit über die Tauwassersituation zu erhalten.

3.4 Tauwasserschutz

Durch den Tauwasserschutz von Bauteilen sollen Schäden in oder an den Bauteilen und angrenzenden Einrichtungsgegenständen sowie gesundheitliche Beeinträchtigungen (z.B. durch Schimmelpilzbefall) infolge einer unzuträglichen Befeuchtung der Bauteiloberfläche oder des Bauteilquerschnitts verhindert werden. Als Tauwasserausfall wird dabei die Kondensation von in der Luft enthaltenem Wasserdampf bezeichnet. Der Tauwasserschutz ist in DIN 4108-3 geregelt.

3.4.1 Tauwasserschutz für die raumseitige Bauteiloberfläche

3.4.1.1 Allgemeines

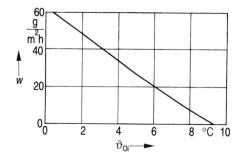

3.25 Rechnerische Tauwassermasse w an der raumseitigen Bauteiloberfläche in Abhängigkeit von der Oberflächentemperatur ϑ_{Oi}; aus [7]
Annahmen: $\vartheta_{Li} = 20\,°C$, $\varphi_i = 50\%$, $\vartheta_{La} = -15\,°C$, α (trocken) = 6 W/(m²K)

Für Holz und Holzwerkstoffe muß Tauwasser an der Oberfläche aus folgenden Gründen vermieden werden:

a) Wenn Tauwasser dort ausfällt, handelt es sich um erhebliche Mengen (s. z.B. Bild **3.25**).

b) Bekleidungen aus Holz und Holzwerkstoffen besitzen kein großes Feuchtespeichervermögen.

c) Holzwerkstoffe, die in trockenen Räumen verwendet werden, sind nicht für eine größere Feuchtebeanspruchung geeignet (z.B. Spanplatten V 20).

Ausgenommen sind jene Bauteile, bei denen Tauwasser nur kurzfristig ausfallen kann und die Oberflächen entsprechend geschützt sind, z. B. Bäder und Küchen mit zeitlich begrenzter erhöhter Wärme- und Feuchteproduktion und wasserabweisenden Oberflächen (z. B. Fliesen).

Dieser Tauwasserschutz ist mit der Größe des Wärmeschutzes eng gekoppelt, vgl. Gl (3.13). Bei üblicher Nutzung (Beheizung, Belüftung) von Aufenthaltsräumen in Wohngebäuden, auch in Küchen und Bädern, reichen die Werte des Mindestwärmeschutzes nach DIN 4108-2 aus, Tauwasserbildung an der Oberfläche zu vermeiden. Das gilt bei Holzbauteilen im allgemeinen auch für den Bereich der geometriebedingten Wärmebrücken, s. jedoch Abschn. 3.3.5.

In gleicher Weise sind aber Holzbauteile dann gefährdet, wenn der Wärmeschutz Fehlstellen aufweist, s. z. B. Bilder **3.**16 a) und b) sowie **3.**17 a). Daher gelten die in Abschn. 3.3.4 für den Wärmeschutz genannten Bedingungen sinngemäß auch für diesen Tauwasserschutz.

3.4.1.2 Taupunkttemperatur ϑ_s

Aus einem Wasserdampf-Luftgemisch der Temperatur ϑ_L und der relativen Feuchte φ fällt Tauwasser an allen Gegenständen, d. h. auch an den raumseitigen Bauteiloberflächen aus, deren Temperatur $\vartheta < \vartheta_s$ ist, mit ϑ_s als Taupunkttemperatur der Luft.

Die Taupunkttemperatur ϑ_s des Wasserdampf-Luft-Gemisches der Temperatur ϑ_L und der relativen Feuchte φ ist diejenige Temperatur, auf die dieses Gemisch abkühlen kann, bis es zur Sättigung des Wasserdampfgehaltes oder des Wasserdampfdruckes in der Luft kommt ($\varphi \rightarrow \varphi_s = 100\%$).

Rechenbeispiel für Ermittlung von ϑ_s unter Anwendung der Tabelle 2 in DIN 4108-5 für den Dampfsättigungsdruck p_s (s. auch Bild **3.**26):

Annahme: $\vartheta_L = +\ 20\,°C$, $\varphi = 60\%$; aus Tabelle 2 Dampfsättigungsdruck $p_s = 2340$ Pa ($\vartheta_L = 20\,°C$, $\varphi_s = 100\%$), vorhandener Dampfteildruck ($\vartheta_L = 20\,°C$, $\varphi = 60\%$) $p = \varphi \cdot p_s = 0,6 \cdot 2340 = 1404$ Pa.

Die zugehörige Taupunkttemperatur, für die also $p = 1404$ Pa Sättigungsdruck bedeutet, folgt aus Tabelle 2 zu $\vartheta_s = 12,0\,°C$, da

$p_s(\vartheta_L = 12,0\,°C) = 1403$ Pa ≈ 1404 Pa.

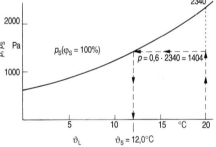

3.26 Beispiel für die Ermittlung der Taupunkttemperatur ϑ_s ($\varphi_s = 100\%$) für ein Wasserdampf-Luft-Gemisch der Temperatur $\vartheta_L = 20\,°C$ und der relativen Feuchte $\varphi = 0,6$ ($\varphi = 60\%$)

3.4.1.3 Nachweis der Tauwasserfreiheit

Die Temperatur der raumseitigen Oberfläche von Außenbauteilen ist – abgesehen von den Strahlungs- und Konvektionsverhältnissen im Raum – vor allem vom Wärmeschutz des Bauteils, dagegen nicht von seinem Schichtenaufbau, abhängig.

Nachfolgend wird für besondere Nachweise der erforderliche Wärmeschutz zur Gewährleistung der Tauwasserfreiheit an der raumseitigen Oberfläche angegeben, ausgedrückt durch den zulässigen k-Wert oder den erforderlichen $1/\Lambda$-Wert des Bauteils. Dabei werden – wie in der gesamten DIN 4108 – stationäre Verhältnisse vorausgesetzt, d. h. konstante Temperaturen ϑ_{Li} (innen) und ϑ_{La} (außen) zu beiden Seiten, also ohne Berücksichtigung von Aufheizungen oder Abkühlungen. Daraus folgt, daß die einzelnen Wärmestromdichten q zwischen Raumluft und Bauteiloberfläche (q_i), innerhalb des Bauteils (q_λ), von der Bauteiloberfläche zur Außenluft (q_a) sowie zwischen Raumluft und Außenluft (q) untereinander gleich sind (s. Bild **3.**27).

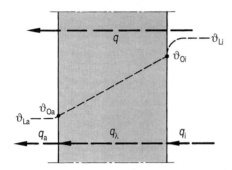

Für stationäre Verhältnisse ist

$$q_i = q_\lambda = q_a = q \quad \text{W/m}^2 \qquad (3.9)$$

$$q_i = \alpha_i \cdot (\vartheta_{Li} - \vartheta_{0i}) \quad \text{W/m}^2 \quad (3.10)$$

$$q = k \cdot (\vartheta_{Li} - \vartheta_{La}) \quad \text{W/m}^2 \quad (3.11)$$

aus Gl (3.9) = Gl (3.10) folgt:

$$\frac{1/\alpha_i}{1/k} = \frac{\vartheta_{Li} - \vartheta_{0i}}{\vartheta_{Li} - \vartheta_{La}} \qquad (3.12)$$

3.27 Prinzip des Wärmedurchgangs durch Bauteile, dargestellt an Hand der Wärmestromdichten q

Gl (3.12) zeigt also hier am Beispiel der raumseitigen Oberfläche, daß sich die Temperatur-Teildifferenz $(\vartheta_{Li} - \vartheta_{0i})$ zur Gesamt-Temperaturdifferenz $(\vartheta_{Li} - \vartheta_{La})$ verhält wie der zugehörige Teilwiderstand $(1/\alpha_i)$ zum Gesamtwiderstand $(1/k)$ des Bauteils.

Mit $\vartheta_{0i} \geq \vartheta_s$ ergibt sich somit der zulässige k-Wert des Bauteils für Tauwasserfreiheit an der Bauteiloberfläche zu:

$$k \leq (\vartheta_{Li} - \vartheta_s)/[1/\alpha_i \cdot (\vartheta_{Li} - \vartheta_{La})] \quad \text{W/(m}^2\text{K)} \qquad (3.13)$$

oder der erforderliche Wärmedurchlaßwiderstand zu

$$1/\Lambda \geq 1/k - 1/\alpha_i - 1/\alpha_a \qquad (3.14)$$

Zu beachten ist jedoch, daß für diese Berechnung, abweichend von den übrigen wärme- oder feuchteschutztechnischen Nachweisen, folgende Werte einzusetzen sind, um eine größere Sicherheit zu bekommen:

— Außentemperatur $\vartheta_{La} = -15\,°\text{C}$ (anstatt sonst $-10\,°\text{C}$)

— raumseitiger Wärmeübergangswiderstand $1/\alpha_i = 0{,}17 \text{ m}^2\text{K/W}$ (anstatt sonst 0,13).

Rechenbeispiel

Annahmen: $\vartheta_{Li} = 20\,°\text{C}$, $\vartheta_{La} = -15\,°\text{C}$, $\varphi_i = 60\%$

$\vartheta_s = 12{,}0\,°\text{C}$ (s. Beispiel oben); $1/\alpha_i = 0{,}17 \text{ m}^2\text{K/W}$; $1/\alpha_a = 0{,}04 \text{ m}^2\text{K/W}$

$k \leq (20-12)/[0{,}17 \cdot (20 +15)] = 1{,}34 \text{ W/(m}^2\text{K)}$

$\text{erf}\,1/\Lambda = 1/1{,}34 - 0{,}17 - 0{,}04 = 0{,}54 \text{ m}^2\text{K/W}$

3.4.1.4 Schlußfolgerungen

Auf diesem Nachweis basiert die Festlegung des Mindestwärmeschutzes $1/\Lambda = 0{,}55$ m²K/W für Außenwände (s. Tafel **3.1**). Dieser Wärmeschutz reicht zumindest im stationären Fall aus, d.h. unter gleichbleibenden Temperaturbedingungen sowie unter Außerachtlassung kritischer Bereiche (geometriebedingte Wärmebrücken), um eine Tauwasserbildung an der raumseitigen Bauteiloberfläche unter Annahme von $\vartheta_{Li} = 20\,°\text{C}$ und $\varphi_i = 60\%$ bei $\vartheta_{La} = -15°\text{C}$ zu verhindern.

Somit kann ein ausreichender Tauwasserschutz für die Bauteiloberfläche bei Wohngebäuden und bei Gebäuden mit vergleichbarem Klima – unter der Voraussetzung üblicher Nutzung sowie abgesehen von Sonderbereichen, wie geometriebedingten Wärmebrücken – bei Einhaltung des Mindestwärmeschutzes nach DIN 4108-2 (s. Tafeln **3.1** und **3.2**) als gegeben angesehen werden.

3.4.1.5 Tauwassermasse an der Bauteiloberfläche

Bei Holzbauteilen übersteigt der vorhandene Wärmeschutz den zur Vermeidung von Tauwasser an der Oberfläche (unter Voraussetzung üblicher Klimabedingungen) erforderlichen Wärmeschutz praktisch an allen Stellen in der Regel erheblich. Trotzdem kommen solche Tauwasserschäden relativ häufig vor, und zwar vor allem an geometriebedingten Wärmebrücken, aber nur dann, wenn die relative Raumluftfeuchte unzulässig hohe Werte erreicht, wobei in solchen Fällen durchaus Werte bis zu etwa 90% und darüber gemessen werden. Überwiegend traten in den Schadensfällen solche hohen Luftfeuchtigkeiten längerfristig vor allem aus folgenden Gründen auf:

1. Unübliche Nutzung der Aufenthaltsräume (ungenügende Beheizung und Belüftung), s. auch Abschn. 15.

2. Hohe Baufeuchte in der anfänglichen Nutzungsphase, wiederum bei zu geringer Belüftung der Räume.

Auf geometriebedingte Wärmebrücken (Außenwandanschlüsse an andere Bauteile) wird in Abschn. 3.3.5 näher eingegangen.

Aus Bild **3.25** geht die rechnerisch zu erwartende Tauwassermasse bei einer relativen Feuchte $\varphi = 50\%$ und tiefen Oberflächentemperaturen ϑ_{0i} hervor. In Bild **3.28** soll dagegen gezeigt werden, welcher Wärmeschutz (max k) oder welche Oberflächentemperatur (min ϑ_{0i}) in Abhängigkeit von der relativen Feuchte einzuhalten sind, um Tauwasser zu vermeiden. Während der k-Wert in ungestörten Bereichen (z. B. im Gefachbereich) herangezogen werden kann, muß bei Wärmebrücken, zumindest bei den geometriebedingten, die Oberflächentemperatur ϑ_{0i} direkt zugrunde gelegt werden, um evtl. gravierende Fehleinschätzungen zu vermeiden. Die genaue Kenntnis der ϑ_{0i}-Werte erhält man für viele Holzbau-Situationen aus Wärmebrücken-Katalogen oder -Atlanten, z. B. [10], [11].

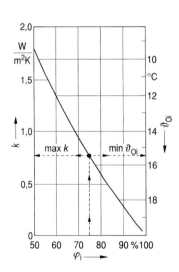

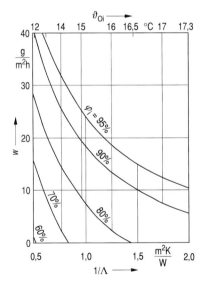

3.28 Maximaler Wärmedurchgangskoeffizient k oder Mindest-Oberflächentemperatur ϑ_{0i} zur rechnerischen Vermeidung von Tauwasser an der raumseitigen Bauteiloberfläche in Abhängigkeit von der relativen Feuchte φ der Raumluft für $\vartheta_{Li} = 20\,°C$ und $\vartheta_{La} = -15\,°C$

3.29 An der raumseitigen Bauteiloberfläche ausfallende rechnerische Tauwassermasse w in g/(m²h) in Abhängigkeit vom Wärmedurchlaßwiderstand $1/\Lambda$ oder der Oberflächentemperatur ϑ_{0i} des Bauteils einerseits und der relativen Raumluftfeuchte φ andererseits für $\vartheta_{Li} = 20\,°C$ und $\vartheta_{La} = -15\,°C$

Für den Fall, daß die aus Bild **3.**28 ersichtlichen Bedingungen für den Wärmeschutz von einer Konstruktion (im Holzbau dürften praktisch nur die geometriebedingten Wärmebrücken davon betroffen sein) nicht eingehalten werden, kann aus Bild **3.**29 die rechnerisch zu erwartende stündliche Tauwassermasse w abgelesen werden. Man sieht sofort, daß bei tieferer Oberflächentemperatur und gleichzeitig hoher relativer Feuchte an der Oberfläche Tauwasser anfallen kann, das ein Vielfaches der Tauwassermasse im Querschnitt eines Bauteils infolge Wasserdampfdiffusion ausmachen kann.

3.4.2 Tauwasserschutz für den Bauteilquerschnitt infolge Wasserdampfdiffusion

3.4.2.1 Normalfall

Tauwasser innerhalb eines Bauteilquerschnitts kann zum einen infolge Wasserdampfdiffusion (Dampfdurchgang durch geschlossene Bauteilschichten, siehe Bild **3.**30), zum anderen – und dann durchaus in wesentlich stärkerem Ausmaß – infolge Wasserdampf-Konvektion (Wasserdampftransport über Konvektion der Raumluft in den Bauteilquerschnitt bei raumseitig nicht luftdichter Ausbildung, siehe Bild **3.**19 a) entstehen.

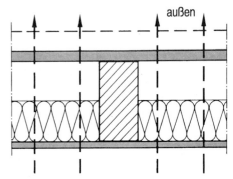

Die baulichen Konsequenzen aus dem Schutz gegen Tauwasser infolge Wasserdampfdiffusion, verbunden mit der Zielvorgabe eines feuchteschutztechnisch besonders robusten Querschnitts durch eine größere Austrocknungskapazität, werden u. a. in Abschn. 7.5.4 am Beispiel von Au-

3.30 Wasserdampfdiffusion durch Außenbauteile mit geschlossenen Schichten, im Gegensatz zur Wasserdampf-Konvektion über raumseitige, luftdurchlässige Bauteilschicht (vgl. Bild **3.**19 a)

ßenwänden, in 8.5.5 und 8.5.7.3 für geneigte Dächer ausführlich behandelt.

Fehlstellen in der Dämmschicht entsprechend den Bildern **3.**16 und **3.**17 können – je nach Querschnitt – Tauwasser in unterschiedlichen Bereichen nach sich ziehen (Bild **3.**31).

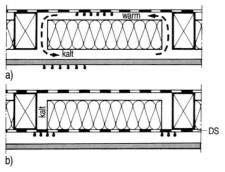

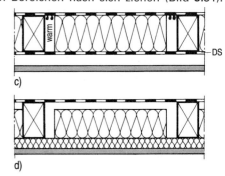

3.31 Beispiele für Tauwassergefahr bei Dächern infolge Fehlstellen in der Dämmschicht (schematisch dargestellt)

a) Bauteil mit direkter Verbindung zwischen den Luftschichten beiderseits der Dämmschicht, 2 Tauwasserbereiche möglich; b) wie a, jedoch mit luftdichtem Abschluß zwischen den beiden Luftschichten, z. B. durch Dampfsperre DS; c) Luftschicht nur raumseitig; d) Luftschicht nur außenseitig, Zusatzdämmung raumseitig, weniger kritisch als a) bis c)

Der Tauwasserschutz ist für den Querschnitt – im Gegensatz zum Tauwasserschutz für die Bauteiloberfläche (s. Abschn. 3.4.1) – weniger von der Größe des Wärmeschutzes als vielmehr von der Schichtenfolge innerhalb des Querschnitts abhängig.

Nach DIN 4108-3, die diesen Tauwasserschutz regelt, müssen Bauteile rechnerisch folgende Anforderungen erfüllen:

a) Einhaltung zulässiger Tauwassermassen W_T
Während der kalten Jahreszeit dürfen folgende Tauwassermassen W_T nicht überschritten werden:

— Allgemein $W_T = 1,0$ kg/m^2

— $W_T = 0,5$ kg/m^2, wenn Tauwasser an den Berührungsflächen zweier kapillar nicht aufnahmefähiger Schichten auftritt (hierzu zählen z.B. Luftschichten, Dampfsperren, Faserdämmstoffe, Beton)

— $W_T = 0,05 \cdot m_H$ oder $W_T = 0,03 \cdot m_{HWS}$, wenn Tauwasser an oder im Holz (H) oder in Holzwerkstoffen (HWS) ausfällt, wobei m die flächenbezogene Masse der tauwassergefährdeten Schicht ist; der Höchstwert 1,0 kg/m^2 darf dabei jedoch nicht überschritten werden.

b) Einhaltung von Mindestwerten für die Verdunstungsmassen W_V
Neben der Forderung a) ist zusätzlich nachzuweisen, daß die gesamte, während der kalten Jahreszeit ausgefallene Tauwassermasse W_T während der warmen Jahreszeit als Verdunstungsmasse W_V wieder abgeführt werden kann. Damit soll verhindert werden, daß sich der Feuchtegehalt innerhalb des Querschnitts von Jahr zu Jahr „aufschaukeln" kann. Es gilt:

W_V (Sommer) $\geq W_T$ (Winter)

Der rechnerische Nachweis für ein Bauteil kann mit Hilfe des Verfahrens nach Glaser, das in DIN 4108-5 verankert ist, unter Berücksichtigung der klimatischen Bedingungen nach DIN 4108-3 (für Wohngebäude und klimatisch vergleichbare Gebäude) geführt werden. Auf einen Nachweis kann verzichtet werden, wenn die in Teil 3 genannten Bauteile, für die ein solcher Nachweis bereits geführt wurde, verwendet werden und nicht klimatisierte Wohn- und Bürogebäude oder vergleichbar genutzte Gebäude vorliegen.

3.4.2.2 Sonderfall: Hohe relative Raumluftfeuchte

Oft ergibt sich die Frage, wie robust hinsichtlich seines Feuchteschutzes der Querschnitt eines Außenbauteils in Holzbauart gegenüber hoher relativer Raumluftfeuchte während der kalten Jahreszeit ist (z.B. anfangs hohe Baufeuchte oder später unsachgemäße Nutzung der Räume).

Die unter solchen Umständen vorhandene Tauwassergefahr für die raumseitige Bauteiloberfläche ist im Abschn. 3.4.1.5 näher behandelt. Zweifellos sind die an der Oberfläche (an den Wärmebrücken) auftretenden Tauwassermassen in aller Regel wesentlich größer als jene innerhalb des Querschnitts (aber nur solange bei letzterem keine Konvektion mit im Spiel ist!), wie man durch Vergleich der Diagramme in den Bildern **3**.29 und **3**.32 leicht feststellen kann. Andererseits werden aber Feuchteerscheinungen an der Oberfläche in der Regel umgehend sichtbar, so daß man schnell reagieren und Schäden vermeiden kann, ganz im Gegensatz zum im Querschnitt zunächst unsichtbar anfallenden Tauwasser.

Mit Bild **3**.32 soll die Frage beantwortet werden, inwieweit ein Dachquerschnitt ohne raumseitige Dampfsperre bei hoher relativer Raumluftfeuchte während des Winters gefährdet ist, und zwar allein infolge Wasserdampfdiffusion; daß dagegen die Konvektion (bei nicht luftdicht ausgebildeter Dachunterseite) gerade in solchen Situationen die größte Gefahr bedeutet, braucht hier aber nicht noch einmal erläutert zu werden.

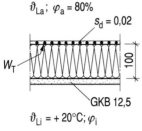

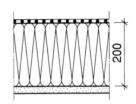

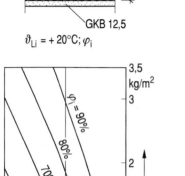

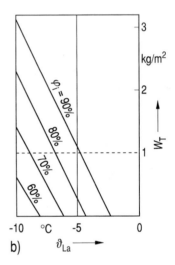

3.32 Tauwassermasse W_T für angenommenen Dachquerschnitt ohne unterseitige Dampfsperre in Abhängigkeit von der relativen Raumluftfeuchte φ_i sowie von der Außenlufttemperatur ϑ_{La}; übrige Klimabedingungen entsprechend DIN 4108, angenommene Tauperiode 2 Monate

a) Dämmschichtdicke $s_{Dä}$ = 100 mm, b) $s_{Dä}$ = 200 mm

Unterseitige Bekleidung aus 12,5 mm Gipskartonplatten, mineralischer Faserdämmstoff der WLG 040, oben extrem diffusionsoffene Unterspannbahn mit s_d = 0,02 m

Wie aus den beiden Diagrammen abzulesen ist, stellt im angenommenen Beispiel die Diffusion für den Querschnitt keine besondere Gefahr dar, da selbst bei φ_i = 90% Tauwasser erst bei Außentemperaturen unterhalb 0 °C ausfällt und eine ernstzunehmende Größe (ca. 1 kg/m²) erst dann erreicht wird, wenn 2 Monate lang eine Außentemperatur von etwa – 2 °C unterschritten wird. Wesentlich gravierender ist dagegen die Tauwassergefahr für die Bauteiloberfläche im Bereich von – vor allem geometriebedingten – Wärmebrücken (Bild **3.29**) sowie ganz besonders die Konvektion.

Um also Feuchteschäden auszuschließen, muß während des Winters eine hohe relative Feuchte in den Räumen vermieden werden, und zwar

— schon während der Bauphase sowie nach Fertigstellung des Gebäudes durch starke Belüftung der Räume, um überschüssige Baufeuchte (z.B. aus Putz- oder Estricharbeiten) abzuführen, sowie

— durch übliche Beheizung und Belüftung der Räume während der anschließenden Nutzung.

3.4.3 Wasserdampf-Konvektion

3.4.3.1 Allgemeines

Dieser Tauwasserschutz wird in DIN 4108 sehr stiefmütterlich behandelt, obwohl bei auftretender Konvektion die Tauwassermasse im Bauteilquerschnitt ein Vielfaches (durchaus bis zum tausendfachen!) derjenigen aus der Wasserdampfdiffusion betragen kann und obwohl zumindest im Holzbau die bisher aufgetretenen Tauwasserschäden nahezu ausschließlich auf die Konvektion und nur selten auf die Diffusion zurückzuführen waren (s. auch Abschn. 15). Hinweise auf die Gefahren, denen luftdurchlässige Außenbauteile ausgesetzt sind, sind in DIN 4108 lediglich im Teil 2, und zwar nur in bezug auf Wärmeverluste, enthalten.

Als »Wasserdampf-Konvektion« wird umgangssprachlich der Transport von Wasserdampf in oder durch ein Bauteil bezeichnet, sofern er durch Konvektion der Raumluft über luftdurchlässige Schichten infolge eines (geringen) Druckunterschiedes ausgelöst wird. Gelangt auf diesem Wege warme und damit – absolut gesehen – feuchtere Raumluft in kalte Bereiche des Bauteilquerschnitts, dann wird dort die Taupunkttemperatur unterschritten, und es können erhebliche Tauwassermassen ausfallen (s. Bild **3.33**).

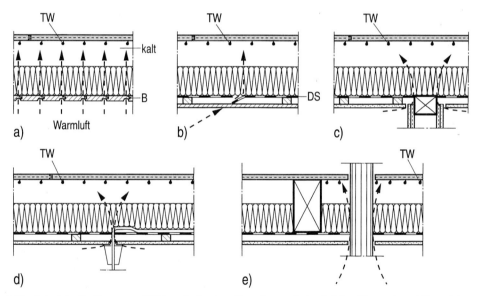

3.33 Beispiele für Tauwasser TW innerhalb eines Bauteilquerschnitts infolge Wasserdampf-Konvektion infolge nicht ausreichend luftdichter Ausbildung der maßgebenden Stellen im Bereich der raumseitigen Oberfläche (schematisch)

a) untere Bekleidung B, b) Dampfsperre DS, c) Anschluß an andere Bauteile, d) Kabeldurchführung, e) Rohrdurchführung

Der beste Tauwasserschutz für Außenbauteile gegenüber Wasserdampf-Konvektion wird dadurch erreicht, daß man im Bereich der raumseitigen Bauteiloberfläche, d.h. warmseitig vor der Dämmschicht, eine dauerhaft luftdichte Schicht anordnet.

Es wurden rechnerische Ansätze für die Abschätzung der Tauwassermasse infolge Wasserdampf-Konvektion entwickelt. Für Außenbauteile in Holzbauart ist die Kenntnis ihrer Größe sekundär, da dort mit allen zur Verfügung stehenden baulichen Mitteln – die oft zunächst kostenaufwendig erscheinen – versucht werden muß, Wasserdampf-

Konvektion dauerhaft zu verhindern, und zwar nicht nur in der Bauteilfläche, sondern auch im Bereich von Durchdringungen oder von Anschlüssen an andere Bauteile. Darauf wird nachstehend näher eingegangen.

3.4.3.2 Vermeidung der Wasserdampf-Konvektion

Die Vermeidung böser Feuchteschäden in Holzaußenbauteilen durch Konvektion läuft auf die Einhaltung folgender konstruktiver Bedingungen hinaus:

a) Luftdichte raumseitige Bekleidungen

b) ist die Bekleidung von Haus aus nicht luftdicht (z. B. Profilbrettschalung), so ist dort eine zusätzliche, luftdichte Schicht anzuordnen

c) luftdichte Anschlüsse an andere Bauteile

d) luftdichte Ausbildung von Durchdringungen der luftdichten Schicht durch Kabel, Rohre oder dgl.

Mit diesen Maßnahmen werden nicht nur Bauschäden infolge Tauwasser vermieden, sondern nebenbei auch noch zwei andere Effekte erreicht:

— Vermeidung von Zugluft-Erscheinungen in den angrenzenden Aufenthaltsräumen, also Gewährleistung der Behaglichkeit

— Verringerung der Wärmeverluste.

a) Luftdichte Bekleidungen

Bild **3.**34 a) bis d) zeigt Beispiele für solche Ausbildungen. Dazu gehören a) Gipsbauplatten (Gipskartonplatten oder Gipsfaserplatten, jeweils mit gespachtelten oder geklebten Fugen), b) großformatige Spanplatten, umlaufend gespundet, wobei aber die Randprofilierung an keiner Stelle beschädigt sein darf, c) Profilbrettschalungen auf solchen Spanplatten oder d) auf Gipsbauplatten.

Besteht die Möglichkeit, die luftdichte Schicht entweder durch die raumseitige, sichtbar bleibende Bekleidung zu bilden (praktisch nur mit Gipskarton- oder Gipsfaserplatten erreichbar) oder unter Verwendung einer oberflächennahen, verdeckten Folie, dann

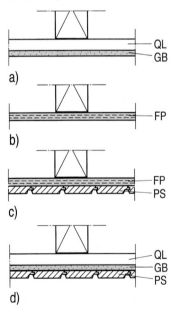

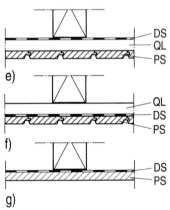

3.34 Beispiele für luftdichte Bekleidungen unter Verwendung eines luftdichten Plattenwerkstoffes (a bis d) oder mit einer zusätzlichen luftdichten Schicht (Folie oder dgl.) (e bis g)

QL Querlattung, GB Gipsbauplatten mit gespachtelten oder geklebten Fugen, FP Spanplatte, allseitig gespundet, PS Profilbrettschalung, DS Dampfsperre = luftdichte Schicht, vgl. Bild **3.**35

zieht der Verfasser in aller Regel die erste Ausbildung vor, und zwar aus folgendem Grund: Bis zum Abschluß der Bauarbeiten und auch während der späteren Nutzung werden eine unsachgemäße Verlegung bzw. Beschädigungen dieser Schicht, z. B. durch nachträgliche Installationsarbeiten während der Bauphase oder aber durch spätere Schwindverformungen der Unterkonstruktion – vor allem in den Anschlußbereichen –, sofort sichtbar, nämlich in Form von Rissen oder dgl., und können umgehend abgestellt werden. Bezüglich Rißbildung im Anschlußbereich s. z. B. Abschn. 15.3.6.

b) Bekleidungen mit zusätzlicher luftdichter Schicht

Bei Bekleidungen aus Profilbrettschalungen oder anderen nicht luftdicht angeordneten Werkstoffen ist eine zusätzliche luftdichte Schicht erforderlich, wofür sich die dann ohnehin erforderliche Dampfsperre anbietet, die jetzt zusätzlich auch die Funktion der luftdichten Schicht zu erfüllen hat und entsprechend zu verlegen ist (Bild **3.**34 e) bis g)). Dabei ist insbesondere auf luftdichte Stöße zu achten. Sog. »Randleisten-Matten« sind hierfür nicht geeignet, wie viele Schadensfälle in der Praxis gezeigt haben (s. auch Abschn. 15.3.4.3). Weitestgehende Verwendung finden in der Praxis dagegen großflächige Polyethylen-Folien. Hier kommt es aber darauf an, ihre Überlappungen luftdicht auszubilden.

In Bild **3.**35 sind Vorschläge für die Ausbildung solcher Überlappungen dargestellt, und zwar unterschieden in solche parallel und rechtwinklig zur Balkenrichtung. Der luftdichte Abschluß kann z. B. mit auf dem Markt erhältlichen, auf die jeweilige Folienart abgestimmten speziellen Klebebändern erfolgen.

Bei der Verlegung der Dampfsperre sollten bezüglich ihrer Stöße folgende Regeln beachtet werden:

1. So wenig Stöße innerhalb der Fläche wie möglich, d. h. Verwendung möglichst breiter Folienbahnen

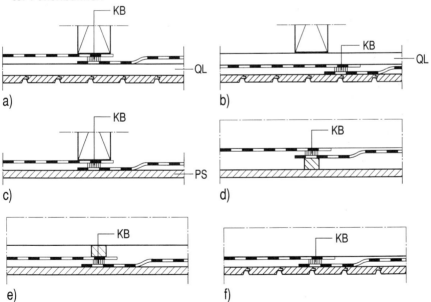

3.35 Luftdichte Ausbildung von Folienstößen bei einlagiger Bekleidung aus Profilbrettschalung

a) bis c) Stöße parallel, d) bis f) Stöße rechtwinklig Balkenrichtung

QL Querlattung, PS Profilbrettschalung, KB spezielles, auf den Folienwerkstoff abgestimmtes Klebe-Dichtband

2. Stöße möglichst immer unter einem durchlaufenden Holz anordnen (Balken (a), (c) oder Querlatte (e)), um den für das sichere Anbringen des Klebebandes in der Regel erforderlichen Anpreßdruck aufbringen zu können.

Sollte bei anderer Verlegung ((b), (d), (f)) die dauerhaft wirksame Verklebung zwischen Folie und Klebeband wegen des eingeschränkten Anpreßdruckes schwierig sein, so kann man sich z. B. mit der Ausführung nach Bild **3.**36 behelfen, die auch in Eckbereichen anwendbar ist.

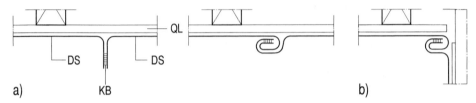

3.36 Vorschlag (schematisch) für Ausbildung des luftdichten Folienstoßes ohne Anpreßdruck
        a) in der Fläche, b) im Eckbereich; aus [19]

c) Luftdichte Bauteilanschlüsse (Bild **3.**37)

Werden für die raumseitigen Bekleidungen, z. B. von Decke und Wand, Gipsbauplatten verwendet, dann ergibt die für diese Materialien übliche Eckausbildung (Verspachtelung) auch ohne Eck-Bewehrungsstreifen im allgemeinen einen ausreichend luftdichten Anschluß (Bild a). Besteht die Gefahr der nachträglichen Rißbildung an dieser wichtigen Nahtstelle, z. B. durch Schwindverformungen der Unterkonstruktion, dann ist eine entsprechend sichere Ausbildung zu wählen, s. z. B. Abschn. 15.3.6.

In anderen Situationen, z. B. Profilbrettschalung an der Decke, Gipsbauplatte an der Wand, ist die Luftdichtheit durch zusätzliche konstruktive Maßnahmen sicherzustellen, z. B. entsprechend Bild b) mit herumgezogener, in die Innenwand geringfügig einbindender Dampfsperre. Beim Anschluß von Außenbauteilen, die raumseitig zumeist eine Dampfsperre aufweisen, bietet sich die Lösung nach Bild c) mit überlappten Dampfsperren an.

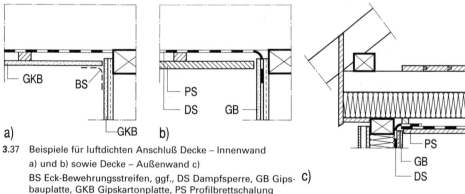

3.37 Beispiele für luftdichten Anschluß Decke – Innenwand
        a) und b) sowie Decke – Außenwand c)
        BS Eck-Bewehrungsstreifen, ggf., DS Dampfsperre, GB Gipsbauplatte, GKB Gipskartonplatte, PS Profilbrettschalung

d) Luftdichte Durchdringungen (Bild **3.**38)

Der einwandfreie, luftdichte Abschluß von Durchdringungen bereitet bei Bekleidungen aus Gipsbauplatten i. allg. keine Probleme, da hierbei die verbleibende Öffnung zwischen Bekleidung und Durchdringung (Rohr, Kabel) mit geeigneten Materialien (Fugenfüller, Dichtungsmassen) zumeist leicht geschlossen werden kann.

Bild a) zeigt eine solche einfache Abdichtung, Bild b) mit einer aus optischen Gründen zusätzlich angeordneten Rosette, Bild c) den Abschluß für eine Elt-Kabeldurchführung nach dem gleichen Prinzip. In allen Fällen sollte die Fuge zwischen Durchdringung und Bekleidung so breit sein, daß das Abdichtungsmaterial einwandfrei eingebracht werden kann.

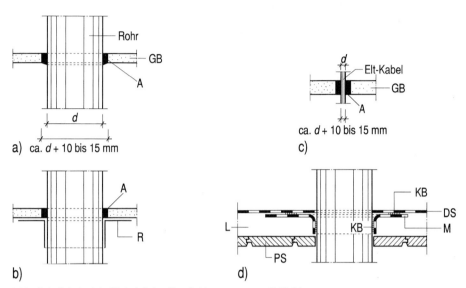

3.38 Prinzipbeispiele für luftdichte Durchdringungen von Bekleidungen
Abdichtung A bei Gipsbauplatten GB mit Fugenmörtel oder dgl., R Rosette, L Lattung, PS Profilbrettschalung, M bauseits hergestellte Folienmanschette, KB spezielles Klebeband; aus [20]

Dagegen ist der Aufwand bei Profilbrettschalungen erheblich größer. Bild d) zeigt das Prinzip eines Vorschlags aus der Dämmstoff-Industrie, bei dem eine an der Baustelle durch Zuschnitt hergestellte Folienmanschette unter Verwendung eines speziellen Klebebandes sowohl mit dem Rohr als auch mit der vorhandenen Dampfsperre (PE-Folie) luftdicht verbunden wird.

3.5 Schallschutz

3.5.1 Zweck

Die Anforderungen an den Schallschutz nach DIN 4109 sollen dazu dienen, Menschen in Aufenthaltsräumen vor unzumutbaren Belästigungen durch Schallübertragung von außen sowie aus dem Gebäudeinnern zu schützen.

Nachfolgend werden die Anforderungen zum Schutz gegen

a) Außenlärm (Abschn. 3.5.4) sowie gegen

b) Schallübertragung innerhalb der Gebäude, unterteilt in

    — Luftschalldämmung von Wänden (Abschn. 3.5.5),

    — Luft- und Trittschalldämmung von Decken (Abschn. 3.5.6)

behandelt. Dagegen wird aus Platzgründen auf den Schutz gegen Geräusche aus haustechnischen Anlagen nicht eingegangen, zumal dieser Schutz nicht ausschließlich bauteilspezifisch ist.

3.5.2 Begriffe und Definitionen

Da die im Schallschutz verwendeten Begriffe und Definitionen in der Praxis des Holzbaues bisher bei weitem nicht den Eingang gefunden haben wie z.B. jene zum Wärme- und Feuchteschutz, sollen hier diejenigen, die für das Verständnis der Grundlagen sowie für den Nachweis des Schallschutzes von Holzbauteilen wesentlich sind, kurz erläutert werden.

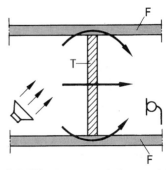

3.5.2.1 Luftschalldämmung

a) Geforderte Größen

erfR'_w [dB]   Erforderliches bewertetes Schalldämm-Maß eines trennenden Bauteils; gemeint ist aber immer die resultierende Schalldämmung zwischen den beiden an das trennende Bauteil grenzenden Räumen, also unter Einbeziehung der Schallübertragungen über die flankierenden Bauteile (Bild **3.39**)

erf$R'_{w,\,res}$ [dB]   Erforderliches resultierendes bewertetes Schalldämm-Maß von Außen-

3.39   Schallübertragung zwischen zwei Räumen über das trennende Bauteil T und die flankierenden Bauteile F (schematisch)

bauteilen, die aus mehreren Teilflächen unterschiedlicher Schalldämmung bestehen (z.B. Wand + Fenster) (Bild **3.40**)

erfR_w [dB]   Erforderliches Schalldämm-Maß eines trennenden Bauteils ohne Schallübertragung über flankierende Bauteile (gilt nur für den Nachweis von Türen oder dgl. im Gebäudeinnern) (Bild **3.41**)

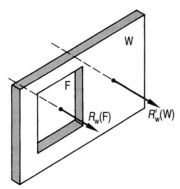

3.40   Schallübertragung von Außenlärm durch zusammengesetzte Außenbauteile, z.B. bestehend aus Wand W und Fenster F

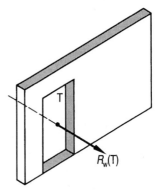

3.41   Schallübertragung durch Türen (T) oder dgl. ohne flankierende Bauteile (im Gegensatz zu Bild **3.39**)

b) Vorhandene Rechenwerte (Index »R«)

R'_{wR} [dB]   Bewertetes Schalldämm-Maß eines trennenden Bauteils unter Berücksichtigung der Schallübertragungen über die flankierenden Bauteile

R'_{wR} (300) [dB]   Bewertetes Schalldämm-Maß eines trennenden Bauteils unter Berücksichtigung der Schallübertragungen über die flankierenden Bauteile, unter Voraussetzung von flankierenden Massivbauteilen mit einer mittleren flächenbezogenen Masse m'_{Lm} = 300 kg/m^2

R_{wR} [dB]   Bewertetes Schalldämm-Maß eines trennenden Bauteils ohne Berücksichtigung der Schallübertragung über flankierende Bauteile (Bild **3.42**), wichtig für den Nachweis von trennenden Holzbauteilen

R_{LwR} [dB]   Bewertetes Schall-Längsdämm-Maß eines flankierenden Bauteils bei Annahme einer alleinigen Schallübertragung über dieses Bauteil (Bild **3.43**), wichtig für den Nachweis von Holzbauteilen

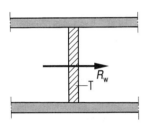

3.42 Schallübertragung nur über das trennende Bauteil (T), die Übertragung über die flankierenden Bauteile wird zunächst als nicht vorhanden angesehen

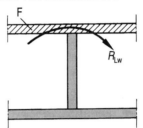

3.43 Schallübertragung nur über ein einziges flankierendes Bauteil (F); alle übrigen Übertragungen werden zunächst als nicht vorhanden angesehen

3.5.2.2 Trittschalldämmung

a) Geforderte Größen

erf TSM [dB]   Erforderliches Trittschallschutzmaß von Decken (auf Grund internationaler Vereinbarungen heute weitgehend ersetzt durch zul L'_{nw})

zul L'_{nw} [dB]   Zulässiger bewerteter Norm-Trittschallpegel von Decken; Beziehung zwischen L'_{nw} und TSM:
L'_{nw} = 63 dB − TSM

b) Vorhandene Rechenwerte

TSM_R [dB]   Trittschallschutzmaß von Decken im gebrauchsfertigen Zustand (inzwischen weitgehend ersetzt durch L'_{nwR})

L'_{nwR} [dB]   Bewerteter Norm-Trittschallpegel von Decken im gebrauchsfertigen Zustand; es gilt wieder:
L'_{nwR} = 63 dB − TSM_R

3.5.2.3 Frequenz, Schalldrücke

f [Hz]:   Frequenz (Anzahl der Schwingungen je Sekunde), Einheit 1 Hertz (Hz) = 1 Schwingung je Sekunde; mit zunehmender Frequenz nimmt die Tonhöhe zu; eine Verdopplung der Frequenz entspricht einer Oktave.

p [Pa]:   Schalldruck (Wechseldruck), der sich dem atmosphärischen Druck der Luft überlagert; Einheit : Pascal (Pa) = N/m^2

p_0 [Pa]:   Bezugswert des Schalldruckes, der bei 1000 Hz mit dem menschlichen Ohr gerade noch wahrnehmbar ist, festgelegt mit $p_0 = 2 \cdot 10^{-5}$ Pa

3.5.2.4 Schallpegel

a) L [dB]

Schalldruckpegel oder vereinfacht Schallpegel, definiert als

$$L = 10 \quad \lg (p^2/p_0^2) \tag{3.15}$$

Die Einheit dB (Dezibel) bedeutet $^1/_{10}$ der Einheit »Bel«, nach dem Erfinder des elektromagnetischen Telefons, *Graham Bell*.

Beispiele $p^2/p_0^2 = \quad 1000 = 10^3; \ L = 30 \ \text{dB};$
$\qquad\quad p^2/p_0^2 = 1\,000\,000 = 10^6; \ L = 60 \ \text{dB}.$

Der Schallpegel wurde eingeführt, um die Handhabung mit „astronomischen" Zahlen zu umgehen, da das Verhältnis vorh p/p_0 durchaus 10^5, somit p^2/p_0^2 (und damit das der Schallenergien) 10^{10} betragen kann; in einem solchen Fall beträgt der Schallpegel lediglich $L = 100$ dB.

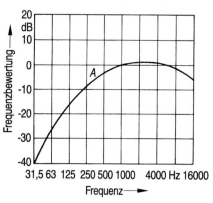

3.44 Frequenzbewertungskurve A ($\rightarrow$ A-Schallpegel)

b) A-bewerteter Schallpegel [dB(A)]

Heute üblicher Schallpegel zur Bewertung der Lautstärke eines Geräusches an Hand einer Frequenzbewertungskurve A (Beiträge der Frequenz unter 1000 Hz und über 5000 Hz zum Gesamtergebnis werden bei der Messung mit dem Schallpegelmesser – entsprechend der Hörempfindlichkeit des menschlichen Ohres – abgeschwächt (Bild **3**.44); die Lautstärke des Geräusches über den gesamten Frequenzbereich 31,5 Hz bis 16 000 Hz ist wieder durch eine Einzahl-Angabe in dB(A) erfaßt (dagegen ist »phon«, das den »Lautstärkepegel« kennzeichnet, keine physikalische Einheit und in der Bauakustik somit auch nicht gebräuchlich).

c) Beispiele für das Rechnen mit Schallpegeln

Bei mehreren, gleichzeitig wirkenden Schallquellen i dürfen nur die einzelnen Schallenergien, die proportional zum jeweiligen p_i^2 sind, addiert werden, nicht aber die zugehörenden Schallpegel L_i, da L eine abgeleitete Größe ist (s. Gl. (3.15)). Die nachfolgenden Beispiele sind im Hinblick auf die spätere Ermittlung „im Kopf" von resultierenden Schalldämm-Maßen zwischen zwei Räumen gewählt worden (s. Abschn. 10.4.4).

Beispiel 1 Summe aus zwei gleichgroßen Schallpegeln $L_1 = L_2$
$\qquad L_1 = L_2 = 10 \cdot \lg (p_1^2/p_0^2)$
$\qquad$ Es folgt:
$\qquad 2 L_1 = 10 \cdot \lg (2\,p_1^2/p_0^2) = 10 \cdot \lg (p_1^2/p_0^2) + 10 \cdot \lg 2 = L_1 + 10 \cdot 0{,}3 = \boldsymbol{L_1 + 3 \ dB}$

Beispiel 2 Summe aus L_1 und $L_2 = L_1 - 2$ dB, z.B. $L_1 = 60$ dB, $L_2 = 58$ dB
$\qquad L_1 + L_2 = 10 \cdot \lg (10^6 + 10^{5{,}8}) = 10 \cdot \lg (1{,}631 \cdot 10^6) = 10 \cdot \lg 10^6 + 10 \cdot \lg 1{,}631 = 60 + 2{,}1 \approx \boldsymbol{L_1 + 2 \ dB}$

Beispiel 3 Summe aus L_1 und $L_2 = L_1 - 6$ dB, z.B. $L_1 = 60$ dB, $L_2 = 54$ dB
$\qquad L_1 + L_2 = 10 \cdot \lg (10^6 + 10^{5{,}4}) = 10 \cdot \lg (1{,}251 \cdot 10^6) = 60 + 1{,}0 = \boldsymbol{L_1 + 1 \ dB}$

Beispiel 4 Summe aus L_1 und $L_2 = L_1 - 10$ dB, z.B. $L_1 = 60$ dB, $L_2 = 50$ dB
$\qquad L_1 + L_2 = 10 \cdot \lg (10^6 + 10^5) = 10 \cdot \lg (1{,}1 \cdot 10^6) = L_1 + 0{,}4 \approx \boldsymbol{L_1 + 0 \ dB}$

Beispiel 5 Summe aus 4 gleichgroßen Schallpegeln

$$L_1 = L_2 = L_3 = L_4 = 10 \cdot \lg (p_1^2/p_0^2)$$

Es folgt:

$$4L_1 = 10 \cdot \lg (4\,p_1^2/p_0^2) = 10 \cdot \lg (p_1^2/p_0^2) + 10 \cdot \lg 4 = L_1 + 10 \cdot 0{,}6 = \boldsymbol{L_1 + 6\ dB}$$

3.5.2.5 Schalldämm-Maße *R*, *R'*

Schalldämm-Maße eines trennenden Bauteils (s. Bild **3.**45) lediglich für den schmalen Frequenzbereich einer Dritteloktave (Terz), ohne (*R*) oder mit Berücksichtigung (*R'*) der Schallübertragung über flankierende Bauteile, bei der Schallprüfung ermittelt aus der Differenz der Schallpegel L_1 (im Senderaum) und L_2 (im Empfangsraum) unter Einbeziehung eines Korrekturgliedes für die akustisch wirksame Ausstattung des Empfangsraumes:

$$R\,(R') = L_1 - L_2 + 10 \cdot \lg (S/A) \quad \text{[dB]} \tag{3.16}$$

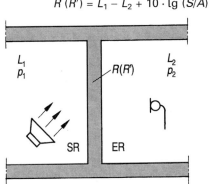

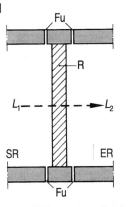

3.45 Größen für den Zusammenhang zwischen dem Schalldämm-Maß *R* oder *R'* zwischen zwei Räumen und den Schallpegeln *L* oder den Schalldrücken *p* entsprechend den Gln (3.17) bzw. (3.18) ohne Berücksichtigung des Korrekturgliedes

SR Senderaum, ER Empfangsraum

3.46 Prüfung der alleinigen Schallübertragung über trennendes Bauteil: $R = L_1 - L_2 \rightarrow R_w$

Fu über alle flankierenden Bauteile umlaufende Fuge

Auf das Korrekturglied wird hier nicht näher eingegangen, da es für die weiteren Betrachtungen von untergeordneter Bedeutung ist. Unter der vereinfachenden Annahme, daß $10 \cdot \lg (S/A) = 0$ ist, d.h. äquivalente Schallabsorptionsfläche *A* im Empfangsraum = Prüffläche *S* des trennenden Bauteils (entspricht einer „Normausstattung" im Empfangsraum), folgt aus Gl (3.16)

$$R = L_1 - L_2 \tag{3.17}$$

oder mit der Definition nach Gl (3.15) die identische Beziehung

$$R = 10 \cdot \lg (p_1^2/p_0^2) - 10 \cdot \lg (p_2^2/p_0^2) = 10 \cdot \lg (p_1^2/p_2^2) \tag{3.18}$$

Die Prüfung von *R* (nebenwegfrei) erfolgt derart, daß die Übertragung über die flankierenden Bauteile unterbunden ist (nur im speziellen Prüfstand möglich, s. Bild **3.**46).

Die Prüfung von *R'* (mit Nebenwegen) kann sowohl im üblichen Prüfstand als auch im fertigen Gebäude vorgenommen werden (s. Bild **3.**39, in dem die prinzipiellen Übertragungswege für Konstruktionen mit trennenden Bauteilen in Holzbauart dargestellt sind).

Die unterschiedliche Qualität der Übertragung über die flankierenden Bauteile bei der Massivbauart einerseits und der Skelett- oder Holzbauart andererseits ist in Abschn. 3.5.5 (s. auch Bilder **3.**59 und **3.**60) erläutert.

3.5.2.6 Bewertete Schalldämm-Maße R_w, R'_w

Bewertete Schalldämm-Maße eines Bauteils in Form einer Einzahl-Angabe für den gesamten, im Bauwesen interessierenden, fünf Oktaven umfassenden Frequenzbereich 100 Hz bis 3150 Hz, z. B. R_w ohne, R'_w mit Berücksichtigung der Übertragung über flankierende Bauteile; ermittelt durch Vergleich der gemessenen Kurve für R oder R' mit einer Bezugskurve, in der auch das unterschiedliche Hörempfinden des Menschen in Abhängigkeit von der Frequenz berücksichtigt ist, nämlich geringere Anforderungen an die Schalldämmung bei tieferen, größere Anforderungen bei höheren Frequenzen (s. Bild **3.47**).

Da sowohl die Einzahlangaben

— für die Bauteile (z. B. Kalibrierung von R'_w an Hand der Bezugskurve „B" in Bild **3.47**) als auch

— für die Geräusche (Ermittlung des A-Schallpegels mit Hilfe der Bewertungskurve nach Bild **3.44**)

in ähnlicher Weise die Empfindlichkeit des menschlichen Ohres berücksichtigen, kann Gl (3.17), die (bei vernachlässigtem Korrekturglied) für die jeweilige Frequenz gilt –, näherungsweise auf den gesamten Frequenzbereich übertragen werden (Bild **3.48**):

$$R'_w (dB) \approx L_a [dB (A)] - L_i [dB(A)] \tag{3.19}$$

und damit

$$L_i [dB (A)] \approx L_a [dB (A)] - R'_w (dB), \tag{3.20}$$

wenn man z. B. bei bekanntem Außenlärmpegel L_a und bekanntem Schalldämm-Maß R'_w der Außenbauteile den Pegel L_i in einem Raum abschätzen will.

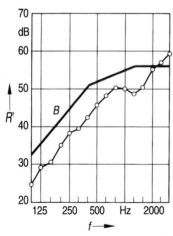

3.47 Verlauf der gemessenen Schalldämmung R oder R' eines Holzbauteils über den Frequenzbereich f = 100 Hz bis 3150 Hz und der Bezugskurve B nach DIN 52 210 Teil 4

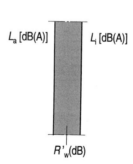

3.48 Prinzipieller, näherungsweiser Zusammenhang zwischen Außenlärmpegel L_a, Schallpegel L_i im Aufenthaltsraum und bewertetem Schalldämm-Maß R'_w der Außenbauteile des Raumes:

$L_i \approx L_a - R'_w$

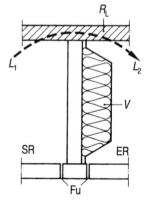

3.49 Prüfung der alleinigen Schallübertragung über ein flankierendes Bauteil: $R_L = L_1 - L_2 \rightarrow R_{Lw}$

Fu: Über die restlichen flankierenden Bauteile umlaufende Fuge, V extreme schallschutztechnische Verbesserung des trennenden Bauteils unter Wahrung der Anschlußsituation

3.5.2.7 Schall-Längsdämm-Maße R_L, R_{Lw}

Schall-Längsdämm-Maße eines Bauteils für eine Terz (R_L) bzw. für den gesamten Frequenzbereich (R_{Lw}) unter der Annahme, daß die Schallübertragung zwischen zwei Räumen ausschließlich über ein einziges flankierendes Bauteil erfolgen kann (Bild **3.43**). Zu diesem Zweck wird die Übertragung über die übrigen flankierenden Bauteile durch umlaufende Fugen, über das trennende Bauteil durch eine extreme schallschutztechnische Verbesserung, jedoch unter Wahrung des tatsächlichen Anschlusses trennendes – flankierendes Bauteil, praktisch unterbunden (Bild **3.49**).

3.5.2.8 Trittschalldämmung

a) TSM_{eq}, VM [dB]

Hier werden diese Begriffe auch für Holzbalkendecken genannt, da *Gösele* [2] Beziehungen entwickelt hat, mit denen die Trittschalldämmung einer gesamten Holzbalkendecke durch Addition von Einzelgliedern rechnerisch bestimmt werden kann.

Äquivalentes Trittschallschutzmaß TSM_{eq} einer Rohdecke und Verbesserungsmaß VM einer Deckenauflage (z.B. schwimmender Estrich). Nach Beiblatt 1 zu DIN 4109 läßt sich – allerdings nur für Massivdecken – der Rechenwert für die gesamte Decke (TSM_R) ermitteln aus

$$TSM_R = TSM_{eqR} + VM_R - 2 \text{ dB [dB]} \quad (3.21)$$

Mit dem Abzug von 2 dB in Gl (3.21) soll die Unsicherheit in diesem rechnerischen Nachweis ausgeglichen werden.

b) L'_{nweq}, ΔL_w [dB]

Äquivalenter bewerteter Norm-Trittschallpegel L'_{nweq} einer Rohdecke unter Berücksichtigung der Übertragung über flankierende Bauteile (ohne Nebenwegübertragung L_{nweq}). Gemessen wird der Trittschallpegel L'_T im Empfangsraum je Terz bei Anregung der Decke durch ein Norm-Hammerwerk. Der Norm-Trittschallpegel L'_n ergibt sich aus L'_T durch Berücksichtigung der Schallabsorption im Empfangsraum (Möblierung). Der bewertete Norm-Trittschallpegel L'_{nw} folgt aus dem Vergleich Bezugskurve–Meßkurve; seine Größe ist identisch mit dem Wert der um ganze dB verschobenen Bezugskurve bei 500 Hz (s. Bild **3.50**).

Das Trittschallverbesserungsmaß ΔL_w einer Deckenauflage ist größenmäßig gleich dem Verbesserungsmaß VM.

Für den Rechenwert der gesamten Decke folgt dann analog zu Gl (3.21):

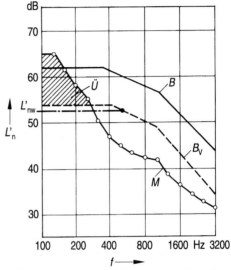

3.50 Bestimmung des bewerteten Norm-Trittschallpegels L'_{nw} einer Decke aus dem Verlauf des Norm-Trittschallpegels L'_n je Terz über dem Frequenzbereich 100 Hz bis 3200 Hz (aus [21])

B Bezugskurve für den Norm-Trittschallpegel unter Berücksichtigung der Hörempfindlichkeit des menschlichen Ohres

M Verlauf des gemessenen Norm-Trittschallpegels

B_v um volle dB derart verschobene Bezugskurve, daß die mittlere Überschreitung $\ddot{U}$ durch die Meßkurve nicht größer ist als 2 dB

L'_{nw} der Ordinatenwert der verschobenen Bezugskurve B_v bei $f = 500$ Hz

$$L'_{nwR} = L'_{nweqR} - \Delta L_{wR} + 2\ \text{dB}\quad [\text{dB}] \tag{3.22}$$

Der Zusammenhang zwischen L'_{nw} und TSM ergibt sich definitionsgemäß zu:

$$L'_{nw} = 63\ \text{dB} - TSM$$

3.5.3 Einhaltung der Anforderungen

Der Nachweis, daß die schallschutztechnischen Anforderungen erfüllt werden, ist durch Vergleich der Rechenwerte (Index »R«) mit den jeweiligen erforderlichen Werten zu führen, z. B.:

Luftschalldämmung: $R'_{wR} \geq \text{erf}\,R'_w$

Trittschalldämmung: $TSM_R \geq \text{erf}\,TSM$ oder $L'_{nwR} \leq \text{zul}\,L'_{nw}$

Der Rechenwert für den Schallschutz einer Konstruktion kann wie folgt ermittelt werden (Begriffe s. Abschn. 3.5.2):

1. Direkte Übernahme des Rechenwertes (z. B. R'_{wR}) ohne Abzug eines Vorhaltemaßes aus Beiblatt 1 zu DIN 4109 für die dort vorgegebenen Ausbildungen.

2. Über akustische Messungen im Prüfstand (Index »P«) nach DIN 52 210-2 – Eignungsprüfung I –, wobei der gemessene Wert (z. B. R'_{wP}) um das Vorhaltemaß 2 dB zu vermindern ist, mit dem die unterschiedliche Qualität der Ausführung des Bauteils zwischen Labor und Praxis berücksichtigt werden soll, z. B.:

$R'_{wR} = R'_{wP} - 2\ \text{dB}$

$TSM_R = TSM_P - 2\ \text{dB}$

$L'_{nwR} = L'_{nwP} + 2\ \text{dB}.$

3. Über akustische Messungen in bezogenen oder bezugsfertigen Bauten – Eignungsprüfung III – (Index »B«) ohne Berücksichtigung eines Vorhaltemaßes, z. B.:

$R'_{wR} = R'_{wB}$

$TSM_R = TSM_B$

$L'_{nwR} = L'_{nwB}$

Ein Nachweis über akustische Messungen nach 2. oder 3. ist entsprechend Abschn. 6.3 der Norm auch dann möglich, wenn für eine Konstruktion größere Rechenwerte als nach Beiblatt 1 verwendet werden sollen, jedoch sind dann die abweichenden oder zusätzlichen konstruktiven Merkmale als verbindlich festzulegen.

3.5.4 Schutz gegen Außenlärm

3.5.4.1 Anforderungen

In DIN 4109, Abschn. 5, ist der Schutz gegen Außenlärm geregelt. Nachstehend soll nur auf den Schutz gegenüber dem Straßenverkehr eingegangen werden.

Bei der Festlegung des erforderlichen Wertes für das bewertete resultierende Schalldämm-Maß $R'_{w,res}$ der Außenbauteile eines Aufenthaltsraumes ging man davon aus, daß der Geräuschpegel im Raum, ausgedrückt durch den A-bewerteten Schallpegel L_i in dB(A), je nach Nutzung des Raumes (z. B. Wohnraum, Büroraum, Krankenraum) eine bestimmte Größe nicht überschreiten dürfe, z. B. in Wohnräumen nicht mehr als etwa 25 bis 30 dB(A), und zwar unabhängig von dem außenseitig unmittelbar vor dem Gebäude vorhandenen Außenlärmpegel, ausgedrückt durch den »maßgeblichen Außenlärmpegel« L_a in dB(A); der Zusammenhang zwischen dem Schalldämm-Maß eines Bauteils und den beiderseits auftretenden Schallpegeln ist in den Abschnitten 3.5.2.5 und 3.5.2.6 erläutert.

Ist der maßgebliche Außenlärmpegel L_a vor dem Gebäude bekannt, dann ergibt sich aus Gl (3.19) sofort die erforderliche Schalldämmung der Außenbauteile, um den zulässigen Schallpegel im Raum einzuhalten (Bild **3.51**).

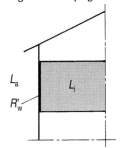

3.51 Der Schallpegel L_i im Raum ist abhängig vom Außenpegel L_a und vom Schalldämm-Maß R'_w der Außenbauteile

Tafel **3.7** Erforderliches resultierendes Schalldämm-Maß erf $R'_{w,res}$ von Außenbauteilen für Wohngebäude in Abhängigkeit vom Lärmpegelbereich (Auszug aus DIN 4109)

LPB	maßg. ALP dB(A)	erf $R'_{w,res}$ (dB)
I	≤ 55	30
II	56 bis 60	30
III	61 bis 65	35
IV	66 bis 70	40
V	71 bis 75	45
VI	76 bis 80	50

Der maßgebliche Außenlärmpegel muß bei der Planung eines Gebäudes bekannt sein, wobei die langfristige Entwicklung der Belastung aus dem Straßenverkehrslärm (Prognose für etwa 5 bis 10 Jahre) berücksichtigt werden muß. Er hängt im wesentlichen von folgenden Parametern ab: Art der Straße, Verkehrsbelastung in Kfz/Tag, Straßenneigung, Ampelanlagen, Abstand des Gebäudes von der Straße, Nutzung der Räume. DIN 4109, Abschn. 5.5, gibt hierzu Hilfestellung, so daß man schon vorab zumindest die Größenordnung von L_a ermitteln kann.

Das erforderliche resultierende Schalldämm-Maß $R'_{w,res}$ für Wohngebäude geht für die in die Lärmpegelbereiche (LPB) I bis VI gestaffelten maßgeblichen Außenlärmpegel (ALP) aus Tafel **3.7** hervor.

Bezüglich der erf $R'_{w,res}$-Werte ist zumeist noch eine Korrektur anzubringen. Da die von außen in den Aufenthaltsraum gelangende Schallenergie, ausgedrückt durch den Schallpegel L_i, nicht nur vom Außenlärmpegel L_a und von der Schalldämmung $R'_{w,res}$ der Außenbauteile abhängt, sondern auch von der Fläche A_{W+F} der Außenbauteile (Index „W+F" für Wand + Fenster) (Bild **3.52**), muß nach DIN 4109 die erforderliche Schalldämmung nach oben oder unten korrigiert werden, wenn das tatsächliche Flächenverhältnis der Außenbauteile zur Grundfläche des Raumes A_{W+F}/A_G größer oder kleiner ist als 0,8 (Tafel **3.8**).

Man erkennt daraus deutlich, daß – unter Annahme einer konstanten Raum-Grundfläche A_G – z.B. eine Verdoppelung oder Vervierfachung der Außenfläche und damit eine

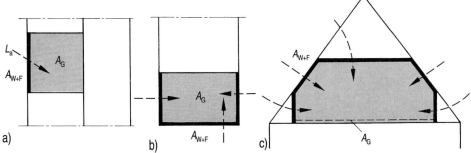

3.52 Beispiele für unterschiedliche Flächenverhältnisse A_{W+F}/A_G; a) kleines Verhältnis, b) und c) größeres Verhältnis (a) und b) Grundriß, c) lotrechter Schnitt)

Verdoppelung bzw. Vervierfachung der in den Raum gelangenden Schallenergie eine Erhöhung des erf$R'_{w,res}$-Wertes um 3 dB bzw. 6 dB erforderlich macht (s. auch Abschn. 3.5.2.4, Beispiele 1 und 5).

Tafel **3.8**   Korrekturwerte nach DIN 4109 für erf$R'_{w,res}$ in Abhängigkeit vom Flächenverhältnis A_{W+F}/A_G

A_{W+F}/A_G	2,5	2,0	1,6	1,3	1,0	0,8	0,6	0,5	0,4
Korrektur (dB)	+5	+4	+3	+2	+1	0	−1	−2	−3

A_{W+F} Gesamtfläche der Außenbauteile eines Aufenthaltsraumes in m^2
A_G Grundfläche eines Aufenthaltsraumes in m^2

Kritische Anmerkung zur DIN 4109, Abschn. 5.2:

Der Holzhausbauer ist – zumindest nach Ansicht des Verfassers – nicht gut beraten, wenn er sich in allen Fällen an die dortige Festlegung hält, wonach generell für „Wohngebäude mit Raumhöhen von etwa 2,5 m und Raumtiefen von etwa 4,5 m oder mehr" ohne besonderen Nachweis der Korrekturwert −2 dB verwendet werden darf. Wie Tafel **3.8** zeigt, gilt dieser „Bonus" nur für das Flächenverhältnis $A_{W+F}/A_G = 0,5$, also für die oben genannten Bedingungen, jedoch strenggenommen nur für eine Raumanordnung entsprechend Bild **3.53**, Fall a1. Bei den im Holzhausbau vorherrschenden freistehen-

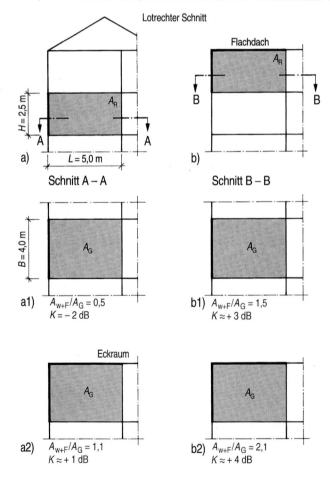

3.53
Prinzipbeispiel für unterschiedliche Flächenverhältnisse A_{W+F}/A_G und damit unterschiedliche Korrektur-Werte K für Räume mit gleichen Abmessungen, aber unterschiedlicher Lage innerhalb des Gebäudes

a) Aufenthaltsraum AR zwischen 2 Geschossen, b) Aufenthaltsraum unter einem Flachdach; Fall 1 mit einer Außenwand, Fall 2 mit zwei Außenwänden (Eckraum)

den Gebäuden ist jedoch die tatsächliche
Situation bei zweiseitig (Bild a2 oder b1),
noch mehr bei dreiseitig (Bild b2) dem
Außenlärm ausgesetzten Räumen, vor
allem aber bei ausgebauten Dachgeschossen wesentlich ungünstiger, so daß
gegenüber der in der Norm unverständli-
cherweise generell gehaltenen Erleichterung um 2 dB tatsächlich eine Verschärfung um bis zu 4 dB erforderlich wäre (s.
auch Rechenbeispiel in Abschn. 3.5.4.3,
b). Der Hersteller sollte sich also überlegen, ob es im Hinblick auf die schallschutztechnische Qualität des Gebäudes
ratsam ist, sich – unabhängig von der jeweils vorliegenden Situation – formal auf
die DIN 4109 zu berufen.

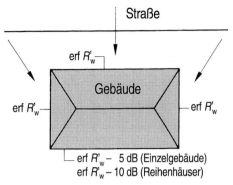

3.54 Geringere Anforderungen für die Bauteile an
der Gebäuderückseite

Bei der schallschutztechnischen Bemessung der Bauteile sollte man aus ökonomischen
Gründen berücksichtigen, daß an der von der Straße abgekehrten Gebäudeseite wegen
des dort auftretenden kleineren Außenlärmpegels bei Einzelbebauung um 5 dB, bei
Reihenbebauung um 10 dB geringere $R'_{w,res}$-Werte gefordert werden. Das dürfte sich
vor allem auf die Wahl der Fensterkonstruktionen auswirken, da in aller Regel Wohn-
und Schlafräume und damit großflächige Fenster rückseitig angeordnet sind (Bild
3.54).

Die Anforderungen an $R'_{w,res}$ beziehen sich gleichermaßen auf Außenwände (einschließlich Fenster) und Dächer (einschließlich Dachflächenfenster o.dgl.). Bei Decken
unter nicht ausgebauten Dachräumen oder unter Spitzböden sowie – sinngemäß daraus abgeleitet – bei Abseitenwänden darf das schallschutztechnische Zusammenwirken dieser Bauteile mit dem Dach dadurch berücksichtigt werden, daß die erforderliche
Schalldämmung dieser Bauteile für sich allein um jeweils 10 dB gegenüber den Anforderungen reduziert werden darf (Bild **3.55**).

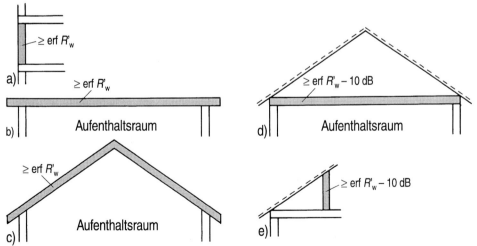

3.55 Anforderungen an das resultierende Schalldämm-Maß erf$R'_{w,res}$ von Außenbauteilen
a) Außenwand, b) Flachdach, c) geneigtes Dach über Aufenthaltsraum, d) Decke unter nicht ausgebautem Dachgeschoß, e) Abseitenwand zwischen Aufenthaltsraum und Drempelbereich

3.5.4.2 Nachweis der Einhaltung der Anforderungen

Beim Außenlärm gibt es – anders als beim Schallschutz im Gebäudeinnern – für den Nachweis keine besonderen Probleme, da bei Holzkonstruktionen der Einfluß der Übertragung über flankierende Bauteile vernachlässigbar ist. Daher können z. B. durch Messung in Prüfständen ermittelte Rechenwerte R'_{wR}, unter Voraussetzung einer mittleren flächenbezogenen Masse der flankierenden Bauteile von rechnerisch $m'_{Lm} = 300$ kg/m^2 (der Verfasser hat hierfür zur Vermeidung von Mißverständnissen schon früher die Bezeichnung $R'_{wR}(300)$ vorgeschlagen), direkt, d. h. ohne weiteren Abzug, mit den Anforderungen verglichen werden, also:

$$R'_{wR}(300) \geq \text{erf}\, R'_{w,res}$$

oder bei Zusammenwirken mehrerer Bauteile (z. B. Wand + Fenster)

$$R'_{wR,res}(300) \geq \text{erf}\, R'_{w,res}$$

Der Rechenwert der vorhandenen mittleren resultierenden Schalldämmung $R'_{wR,res}$ folgt aus Gl (3.23), wenn die Flächen A_i und Schalldämm-Maße R'_{wRi} der Einzelteile bekannt sind:

$$R'_{wR,res} = -10 \cdot \lg \left(\frac{1}{A_{ges}} \cdot \sum_{i=1}^{n} A_i \cdot 10^{-R'_{wRi}/10} \right) \quad \text{[dB]} \tag{3.23}$$

Diese kompliziert aussehende Gleichung läßt sich mit üblichen Taschenrechnern mühelos lösen. Dabei werden – analog zur Ermittlung des mittleren k-Wertes eines Bauteils – die einzelnen übertragenen Schallenergien addiert, nur daß diese in den Schalldämm-Maßen logarithmisch versteckt sind.

Rechenbeispiel

Außenwand mit $R'_{wR1} = 50$ dB und Flächenanteil 40%, Fenster mit $R_{wR2} = 32$ dB und Flächenanteil 60%. Resultierende Schalldämmung:

$R'_{wR,res} = -10 \cdot \lg \,(0{,}4 \cdot 10^{-50/10} + 0{,}6 \cdot 10^{-32/10}) = 34{,}2$ dB $\rightarrow$ 34 dB

Definitionsgemäß liegt das resultierende Schalldämm-Maß zwischen dem größten und kleinsten Einzelwert, also:

$$\min R'_{wRi} < R'_{wR,res} < \max R'_{wRi} \tag{3.24}$$

Anmerkung: Für die resultierende Schalldämmung im Gebäudeinnern ergibt sich dagegen eine ganz andere Beziehung (s. Abschn. 3.5.5.3, Gln 3.27).

Beim Nachweis des Schallschutzes gegen Außenlärm für einen Raum innerhalb eines Vollgeschosses sind die beteiligten Einzelbauteile zu berücksichtigen, z. B. Außenwand, Fenster, Fenstertür, Rolladenkasten. Der nach Gl (3.23) ermittelte vorhandene Rechenwert $R'_{wR,res}$ muß mindestens gleich dem erforderlichen Wert $R'_{w,res}$ sein, s. z. B. Tafel **3.**7, erforderlichenfalls korrigiert entsprechend Tafel **3.**8.

Bei Aufenthaltsräumen in Dachgeschossen kommen weitere Einflußgrößen hinzu.

a) Bei ausschließlich zur Straße orientierten Räumen (Bild **3.**56) ist zu berücksichtigen, daß die Gesamtfläche der Außenbauteile (in DIN 4109 nicht ganz eindeutig mit W (Wand) + F (Fenster) bezeichnet) sich zusammensetzen kann aus Abseitenwand AB, Dachschräge DS, Dachflächenfenster DF, Giebelwand W, Giebelfenster F, Decke D unter Spitzboden. Dadurch wird in aller Regel das Verhältnis A_{W+F}/A_G und damit auch der Korrekturwert nach Tafel **3.**8 wesentlich größer als bei Räumen innerhalb von Vollgeschossen.

b) Der positive Einfluß des Zusammenwirkens von Dach + Abseitenwand und Dach + Decke unter dem Spitzboden sollte beim Nachweis nicht vernachlässigt werden.

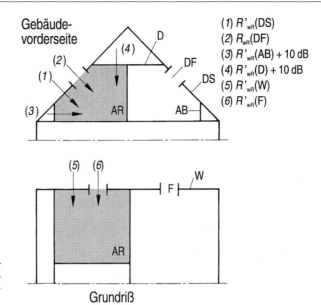

3.56
Straßenseitig angeordneter Aufenthaltsraum AR im Dachgeschoß und beteiligte Einzelbauteile (1) bis (6)

c) In ausgebauten Dachgeschossen sind auch noch andere Situationen denkbar, z. B. von der Straße abgewandte Räume (Bild **3**.57 a) oder über die gesamte Gebäudetiefe angeordnete Räume (Bild b). Hier hat man wieder in gleicher Weise vorzugehen, jedoch sollte man den günstigen Einfluß nicht nur aus dem Zusammenwirken von z. B. Dach + Decke berücksichtigen, sondern auch die kleinere Beanspruchung an der Gebäuderückseite, ausgedrückt durch eine (scheinbare) Verbesserung der vorhandenen Schalldämmung der dort angeordneten Bauteile um 5 dB (Einzelbebauung) oder 10 dB (Reihenbebauung), in Rechnung stellen.

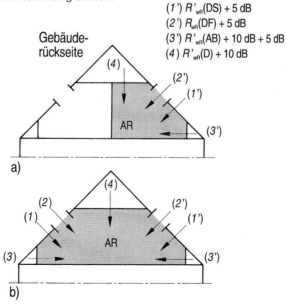

3.57
Aufenthaltsräume AR im Dachgeschoß und beteiligte Einzelbauteile unter Berücksichtigung der an der Gebäuderückseite niedrigeren Außenlärmpegel (Annahme: freistehende Gebäude)

a) AR an der Gebäuderückseite, b) AR über gesamte Gebäudetiefe durchgehend

3.5.4.3 Rechenbeispiel

Nachfolgend wird der Nachweis der resultierenden Schalldämmung aller Außenbauteile am Beispiel eines über die gesamte Gebäudetiefe durchgehenden Aufenthaltsraumes mit einer Vielzahl von beteiligten Einzelbauteilen gezeigt (Bild **3.58**), aus [30].

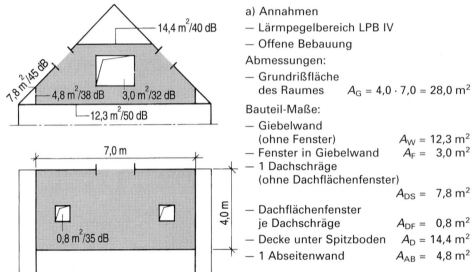

a) Annahmen
— Lärmpegelbereich LPB IV
— Offene Bebauung

Abmessungen:
— Grundrißfläche
   des Raumes $A_G = 4,0 \cdot 7,0 = 28,0 \text{ m}^2$

Bauteil-Maße:
— Giebelwand
   (ohne Fenster) $A_W = 12,3 \text{ m}^2$
— Fenster in Giebelwand $A_F = 3,0 \text{ m}^2$
— 1 Dachschräge
   (ohne Dachflächenfenster)
                           $A_{DS} = 7,8 \text{ m}^2$
— Dachflächenfenster
   je Dachschräge $A_{DF} = 0,8 \text{ m}^2$
— Decke unter Spitzboden $A_D = 14,4 \text{ m}^2$
— 1 Abseitenwand $A_{AB} = 4,8 \text{ m}^2$

3.58 Zugrunde gelegte Maße und ursprüngliche
Schalldämm-Maße R'_{wR} der Außenbauteile

b) Erforderliche Schalldämmung

   LPB IV: erf $R'_{w,\,res}$ = 40 dB (Tafel **3.7**)

   $A_{W+F}/A_G = [12,3 + 3,0 + 2 \cdot (7,8 + 0,8) + 14,4 + 2 \cdot 4,8]/28,0 = 56,5/28,0 = 2,02$

   Korrektur nach Tafel **3.8**: + 4 dB $\Rightarrow$ erf $R'_{w,\,res}$ = 40 + 4 = 44 dB

c) Angenommene Schalldämm-Maße der Einzelbauteile

   — Giebelwand $R'_{wR}(W) = 50 \text{ dB}$
   — Fenster in Giebelwand $R_{wR}(F) = 32 \text{ dB}$
   — Dachschräge (Gebäude-Vorderseite VS) $R'_{wR}(DS) = 45 \text{ dB}$
   — Dachschräge (Gebäude-Rückseite RS) $R'_{wR}(DS) = 45 + 5 = 50 \text{ dB}$
   — Dachflächenfenster (VS) $R_{wR}(DF) = 35 \text{ dB}$
   — Dachflächenfenster (RS) $R_{wR}(DF) = 35 + 5 = 40 \text{ dB}$
   — Decke unter Spitzboden $R'_{wR}(D) = 40 + 10 = 50 \text{ dB}$
   — Abseitenwand (VS) $R'_{wR}(AB) = 38 + 10 = 48 \text{ dB}$
   — Abseitenwand (RS) $R'_{wR}(AB) = 38 + 10 + 5 = 53 \text{ dB}$

d) Vorhandenes resultierendes Schalldämm-Maß $R'_{w,\,res}$ nach Gl (3.23)

   $R'_{wR,\,res} = -10 \cdot \lg\,[1/56,5 \cdot (12,3 \cdot 10^{-5,0} + 3,0 \cdot 10^{-3,2} + 7,8 \cdot 10^{-4,5} +$
   $7,8 \cdot 10^{-5,0} + 0,8 \cdot 10^{-3,5} + 0,8 \cdot 10^{-4,0} +$
   $14,4 \cdot 10^{-5,0} + 4,8 \cdot 10^{-4,8} + 4,8 \cdot 10^{-5,3})]$

   $R'_{wR,\,res} = -10 \cdot \lg\,(1/56,5 \cdot 2,92 \cdot 10^{-3}) = 42,9 \text{ dB}$

   $R'_{wR,\,res} = 43 \text{ dB} < 44 \text{ dB} = \text{erf}\,R'_{w,\,res}$

e) Verbesserung

Verbesserung, da der erforderliche Wert noch nicht erreicht wird, durch Verwendung eines schalltechnisch besseren Fensters in der Giebelwand mit R_{wR}(F) = 37 dB anstelle 32 dB.

Ergebnis der erneuten Rechnung

$R'_{wR,res}$ = 45,4 dB → 45 dB > 44 dB

Der Schallschutz für den nachgewiesenen Dachraum ist somit rechnerisch ausreichend.

3.5.5 Schalldämmung von Wänden im Gebäudeinnern

3.5.5.1 Allgemeines

Die Anforderungen an die Luftschalldämmung im Gebäudeinnern nach DIN 4109 sind zwar für die jeweiligen trennenden Bauteile angegeben, gemeint ist aber immer die resultierende Schalldämmung zwischen den beiden Räumen (Bild **3**.39), bei der also die Schallübertragung sowohl über das trennende Bauteil als auch über die – in der Regel vier – flankierenden Bauteile berücksichtigt ist.

Die Anforderungen nach DIN 4109 beziehen sich immer nur auf die Mindest-Schalldämmung zwischen fremden Wohn- oder Arbeitsbereichen; sie sind verbindlich.

Darüber hinaus werden im Beiblatt 2 zu DIN 4109 Empfehlungen genannt:

a) Für den erhöhten Schallschutz zwischen fremden Wohn- oder Arbeitsbereichen,

b) für den „normalen" Schallschutz innerhalb des eigenen Wohn- oder Arbeitsbereiches,

c) für den erhöhten Schallschutz innerhalb des eigenen Wohn- oder Arbeitsbereiches.

Alle diese Empfehlungen sind unverbindlich und bedürfen in jedem Falle einer Vereinbarung zwischen Bauherrn und Entwurfsverfasser.

3.5.5.2 Anforderungen

Tafel **3**.9 zeigt eine auszugsweise Übersicht über die Anforderungen und Empfehlungen. Man erkennt wieder, daß z.B. die Anforderung an den Mindestschallschutz von Wohnungstrennwänden von R'_w = 53 dB im „leisen" Raum entsprechend Gl (3.20) einen Schallpegel von ca. 27 dB(A) erwarten läßt, wenn im „lauten" Raum 80 dB(A) auftreten. Daraus wird klar, daß der Mindestschallschutz kein optimaler, sondern nur ein wirtschaftlicher, machbarer Schallschutz ist, der von den Bewohnern in Mehrfamilienhäusern Rücksichtnahme verlangt und sie davon abhalten muß, z.B. mit den heute zur Verfügung stehenden Tongeräten größere Schallpegel während der Ruhezeiten zu erzeugen.

Die höhere Anforderung an Gebäudetrennwände von Einfamilien-Reihenhäusern ist auf den üblicherweise in solchen Wohngegenden niedrigeren Außenlärmpegel und den damit verbundenen niedrigeren Grundgeräuschpegel zurückzuführen. Daraus ergibt sich eine erhöhte Empfindlichkeit gegenüber Geräuschen aus benachbarten Räumen. Ebenso spielen in solchen Gebäuden in aller Regel die schallschutztechnisch ungünstigeren geometrischen Raumverhältnisse eine wichtige Rolle (größeres Verhältnis Trennwandfläche A_W/Grundrißfläche A_G des Raumes, s. sinngemäß Tafel **3**.8).

Bei den empfohlenen Werten für den erhöhten Schallschutz in den Tafeln **3**.9 und **3**.10 bedeutet die Angabe „≥", daß der erhöhte Schallschutz je nach Situation unterschiedlich groß sein kann und die Zahlenangabe lediglich den untersten Wert bedeutet.

Tafel **3**.9   Anforderungen oder Empfehlungen an R'_w in dB für Wände im Gebäudeinnern

Lage der Wand	Anforderungen	Empfehlungen	
		„normaler"	erhöhter
		Schallschutz	
Zwischen fremden Wohnbereichen			
Wohnungstrennwände	53	–	≥ 55
Treppenraumwände	52	–	≥ 55
Gebäudetrennwände	57	–	≥ 67
Innerhalb des eigenen Wohnbereiches	–	40	≥ 47

3.5.5.3   Nachweis der Einhaltung der Anforderungen

Die resultierende Schalldämmung zwischen zwei Räumen hängt nicht nur von den beteiligten Bauteilen ab, sondern auch von der jeweiligen Anbindung trennendes Bauteil – flankierendes Bauteil. Dabei wird zwischen der »Massivbauart« einerseits und der »Holz- oder Skelettbauart« andererseits unterschieden.

Die Massivbauart ist durch die akustisch »biegesteife« Anbindung (Bild **3**.59) gekennzeichnet, bei der sich die Schwingungen von trennendem und flankierendem Bauteil gegenseitig beeinflussen, wodurch Schallenergie vernichtet wird (»Stoßstellendäm-

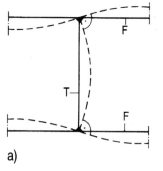
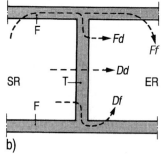

3.59
Schalltechnisches   Verhalten
der Massivbauart

a)   „biegesteife"   Anbindung
zwischen trennendem Bauteil
T und flankierenden Bauteilen
F,   b)   4   Schallübertragungswege (3 je Anbindung)

mung«). Insgesamt kommt es zu einer Schallübertragung über vier verschiedene Wege. Diese Situation ist der Regelfall bei der Verbindung von gemauerten Wänden oder bei der Auflagerung von Massivdecken auf Mauerwerk.

Die Holz- oder Skelettbauart ist gekennzeichnet durch eine „gelenkige" Anbindung zwischen den Einzelbauteilen (Bild **3**.60), so daß sich hier die Schwingungen der einzelnen Bauteile gegenseitig nicht behindern. Daraus folgen nur zwei Schallübertragungswege,

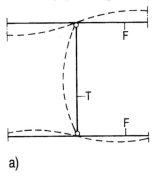
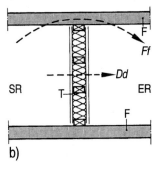

3.60
Schalltechnisches   Verhalten
der Holz- oder Skelettbauart

a)   „gelenkige"   Anbindung
zwischen trennendem Bauteil
T und flankierenden Bauteilen
F,   b)   2   Schallübertragungswege (1 Weg je Anbindung)

jedoch ist wegen der hier fehlenden Stoßstellendämmung die Schallübertragung insgesamt größer als bei der Massivbauart. Die gelenkige Anbindung liegt z. B. in Holzhäusern, Skelettbauten, aber auch bei Holzbauteilen innerhalb von Massivgebäuden vor.
Für diese Bauart stehen drei Nachweisverfahren zur Verfügung, die allesamt von *Gösele* entwickelt worden sind:
1. Nachweis analog zur Massivbauart
2. Genaueres Verfahren
3. Vereinfachter Nachweis.

1. Nachweis analog zur Massivbauart
Dieser Nachweis wird im Holzbau praktisch nicht angewandt, da er zwar einwandfreie Ergebnisse liefert, aber in seinem Aufbau selbst für den Fachmann nicht transparent ist.

2. Genaueres Verfahren
Optimal ist das genauere Verfahren nach Gl (3.25), bei dem alle – über das trennende Bauteil und die flankierenden Bauteile – übertragenen Energien addiert werden:

$$R'_{wR} = -10 \cdot \lg \left(10^{-R_{wR}/10} + \sum_{i=1}^{n} \cdot 10^{-R'_{LwRi}/10} \right) \geq \mathrm{erf}\, R'_w \quad [\mathrm{dB}] \qquad (3.25)$$

Diese Gleichung sieht zwar wieder auf den ersten Blick kompliziert aus, ist aber mit einem Taschenrechner mit der lg-Funktion einfach auszuwerten. Es ist das wirtschaftlichste Verfahren, da es keine Festlegungen an einzelne Bauteile enthält. Zu den Begriffen R_w und R_{Lw} s. Abschn. 3.5.2.5 bis 3.5.2.7.

3. Vereinfachter Nachweis
Der vereinfachte Nachweis nach den Gln (3.26), der aus dem genaueren Verfahren abgeleitet wurde, ist am einfachsten zu handhaben, kann aber gegenüber dem genaueren Verfahren durchaus zu einem bis zu etwa 2 bis 3 dB schlechteren Ergebnis führen:

$$R_{wR} \geq \mathrm{erf}\, R'_w + 5\ \mathrm{dB} \qquad (3.26\,a)$$

$$R'_{LwRi} \geq \mathrm{erf}\, R'_w + 5\ \mathrm{dB} \qquad (3.26\,b)$$

Hierbei muß – analog zum »Bauteilverfahren« beim energiesparenden Wärmeschutz – jedes der beteiligten Einzelbauteile die Anforderung erfüllen. Zumindest bietet es sich jedoch für eine erste, schnelle Vorbemessung an.
Das Glied R'_{LwRi} in den Gln (3.25) und (3.26), in das auch die Fläche des trennenden Bauteils sowie die gemeinsame Kantenlänge zwischen dem trennenden und dem flankierenden Bauteil eingehen (s. Gl (8) im Beiblatt 1 zu DIN 4109), kann in Wohngebäuden näherungsweise zu

$$R'_{LwRi} = R_{LwRi}$$

gesetzt werden, wenn Raumhöhen von etwa 2,5 m bis 3 m und Raumtiefen von etwa 4 m bis 5 m vorliegen.
Entsprechend der veränderten Definition kann die resultierende Schalldämmung R'_{wR} zwischen zwei Räumen nie größer sein als das schwächste Einzelglied aus R_{wR} des trennenden und den verschiedenen R_{LwR}-Werten der flankierenden Bauteile. Darin ist R_{wR} das bewertete Schalldämm-Maß des trennenden Bauteils ohne Einfluß von Nebenwegen, R_{LwR} das bewertete Schall-Längsdämm-Maß eines flankierenden Bauteils. Es gilt hier im Gegensatz zur Situation beim Außenlärm, s. Gl (3.24):

$$R'_{wR} \leq R_{wR} \qquad (3.27\,a)$$

$$R'_{wR} \leq R_{LwR} \qquad (3.27\,b)$$

Nach etwas Übung ist es sogar möglich, bei Kenntnis einiger weniger Zahlenkombinationen die resultierende Schalldämmung entsprechend dem genaueren Nachweis auch „im Kopf" ohne Zuhilfenahme eines Rechners zu bestimmen (Beispiel s. Abschn. 10.4.4).

3.5.6 Schalldämmung von Holzdecken

3.5.6.1 Anforderungen

Anmerkungen zur Verbindlichkeit von Anforderungen und Empfehlungen s. Abschn. 3.5.5.1. Die wesentlichsten Anforderungen an Decken in Wohngebäuden gehen aus Tafel **3**.10 hervor. Darin wird für den Trittschallschutz sowohl das bisher benutzte, für Praktiker wesentlich einfacher handhabbare Trittschallschutzmaß *TSM* als auch der heute in der Norm bevorzugte bewertete Norm-Trittschallpegel L'_{nw} angeführt, zwischen denen folgende Beziehung besteht:

$$L'_{nw} = 63 \text{ dB} - TSM \tag{3.28}$$

Tafel **3**.10 Anforderungen oder Empfehlungen (in Klammern) für Decken in Wohngebäuden (in dB)

Situation	Mindest-Schallschutz			Erhöhter Schallschutz		
	R'_w	TSM	L'_{nw}	R'_w	TSM	L'_{nw}
Gebäude mit > 2 Wohnungen						
— Wohnungstrenndecke	54	10	53			
— unter Dachbodenraum	53	10	53			
Gebäude mit 2 Wohnungen				($\geq$55)	($\geq$17*)	($\leq$46*)
— Wohnungstrenndecke	52	10*	53*			
— unter Dachbodenraum	52	0	63			
Innerhalb des eigenen Bereiches	(50)	(7*)	(56*)			

* Weichfedernde Bodenbeläge dürfen angerechnet werden.

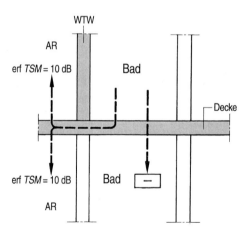

3.61 Keine Anforderungen an den Trittschallschutz zwischen Bädern, jedoch Anforderungen an die seitliche oder schräge Übertragung in andere Aufenthaltsräume (AR)

WTW Wohnungstrennwand, Decke Wohnungstrenndecke

Aus Tafel **3**.10 ist ersichtlich, daß in den Anforderungen an den Trittschallschutz zwischen Gebäuden mit zwei Wohnungen und mit mehr als zwei Wohnungen ein wesentlicher Unterschied gemacht wird.

Zwischen übereinanderliegenden Bädern werden keine Anforderungen an den Trittschallschutz der Decke gestellt, wohl aber hinsichtlich der schrägen Übertragung in fremde Aufenthaltsräume (Bild **3**.61). Dagegen gelten für den Luftschallschutz für Bäder die gleichen Anforderungen wie für die übrigen Aufenthaltsräume, da auch in Bädern die Privatsphäre gewahrt sein muß.

Weichfedernde Gehbeläge dürfen bei Gebäuden mit mehr als zwei Wohnungen für den Mindesttrittschallschutz nicht angerechnet werden und dort für den erhöhten Schallschutz auch nur dann, wenn der Mindestschallschutz ohne Gehbelag erreicht wird.

3.5.6.2 Nachweis der Einhaltung der Anforderungen

In Tafel **3**.11 sind die Nachweismöglichkeiten für den Schallschutz von Holzbalkendek-ken zusammengefaßt. Für den rechnerischen Nachweis des Luftschallschutzes der Decke nach DIN 4109 Bbl. 1 stehen dieselben Gleichungen wie für Wände zur Verfü-gung, s. Abschn. 3.5.5.3. Ein rechnerischer Nachweis des Trittschallschutzes nach Bbl. 1 ist nicht möglich, da die dafür erforderlichen Angaben dort nicht enthalten sind. *Gösele* hat jedoch mit [2] hierfür eine geeignete Grundlage und Hilfestellung ausgearbei-tet. Alle Angaben gelten in gleicher Weise für Decken in Holztafelbauart, wenn die vor-gegebenen, schallschutztechnisch relevanten baulichen Bedingungen eingehalten sind.

Tafel **3**.11   Nachweismöglichkeiten für den Schallschutz von Holzbalkendecken

Vorgehen	Luft-	Tritt-
	Schallschutz	
Beispiele nach Bbl. 1 ohne weiteren Nachweis		
— Massivbau	×	×
— Holzhäuser	×	×
Berechnung nach Bbl. 1		
— genaueres Verfahren	×	
— vereinfachter Nachweis	×	
Berechnung nach *Gösele*[1]		×
Messungen der gesamten Decke		
— im Prüfstand I	×	×
— am Bau III	×	×

[1] Unter Anwendung von [2]

Für einige Situationen in Holzhäusern sowie in Massivgebäuden sind die Rechenwerte für die Luft- und Trittschalldämmung von Holzbalkendecken im Bbl. 1 enthalten.

Rechenbeispiele für den Nachweis der resultierenden Schalldämmung R'_w und der Trittschalldämmung von Holzbalkendecken s. Abschn. 11.6.

3.5.7 Hinweis zur Ausführung

Bei allen Angaben im Beiblatt 1 zu DIN 4109 über die Schalldämmung von Holzbautei-len sind akustisch dicht ausgebildete Anschlüsse an andere Bauteile oder an Durchdrin-gungen vorausgesetzt. Das Dichtungsmaterial sollte dauerelastisch sein; poröse Dich-tungsmaterialien wirken dagegen nur in unter Preßdruck stark verdichtetem Zustand.

Während also luftdichte Anschlüsse aus Feuchteschutzgründen lediglich die Konvek-tion der Raumluft verhindern sollen, werden an sie schallschutztechnisch zusätzliche Anforderungen gestellt.

3.6 Brandschutz

3.6.1 Begriffe

3.6.1.1 Baustoffe

Die Baustoffe werden entsprechend ihres Brandverhaltens nach DIN 4102-1 in folgende Klassen eingeteilt (Tafel **3**.12):

Tafel **3**.12 Baustoffklassen nach DIN 4102-1 und ihre bauaufsichtliche Benennung

Baustoffklasse	Benennung
A (A1, A2)	nichtbrennbar
B	brennbar
B1	schwerentflammbar
B2	normalentflammbar
B3	leichtentflammbar

Tafel **3**.13 Feuerwiderstandsklassen nach DIN 4102-2 (Auszug) und bauaufsichtliche Benennungen

Feuerwiderstandsklasse	Benennung
F 30	feuerhemmend
F 60	–
F 90	feuerbeständig[1])

[1]) Bezeichnung nur für Bauteile unter Verwendung von Baustoffen der Klasse A.

Harte Bedachungen sind gegen Flugfeuer und strahlende Wärme ausreichend widerstandsfähige Bedachungen. Sie sollen die Ausbreitung des Feuers auf dem Dach und eine Brandübertragung vom Dach in das Innere des Gebäudes unter definierter Beanspruchung (vgl. DIN 4102-7) verhindern (Bild **3**.62).

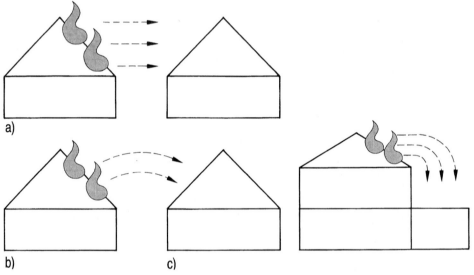

3.62 Möglichkeiten der Brandübertragung auf benachbarte Gebäude, Vermeidung durch harte Bedachung
a) strahlende Wärme, b) Flugfeuer und Funken, c) herabfallende, brennende Bestandteile

3.6.1.2 Bauteile

Nach DIN 4102-2 werden Bauteile hinsichtlich ihres Brandverhaltens an Hand der beiden Merkmale

a) Feuerwiderstandsdauer,

b) Brandverhalten der verwendeten Baustoffe

klassifiziert und benannt.

Die Feuerwiderstandsdauer gibt an, über welchen Zeitraum ein Bauteil unter Brandbeanspruchung seine geforderten Funktionen (Tragfähigkeit und/oder raumabschließende Wirkung) ausüben kann. Entsprechend den Klassifizierungszeiträumen 30, 60, 90, 120 und 180 Minuten werden die Feuerwiderstandsklassen F 30 bis F 180 unterschieden (s. Tafel **3**.13).

Auf Grund der bauaufsichtlichen Anforderungen ist bei der Bezeichnung eines Bauteils neben der Feuerwiderstandsklasse oft noch die Angabe der verwendeten Baustoffklassen (Tafel **3**.12) erforderlich, so daß man z.B. für die Klasse F 30 zwischen folgenden Klassifizierungen unterscheidet:

F 30-B: Alle Teile eines Bauteils dürfen aus Baustoffen der Klasse B (brennbar) bestehen

F 30-AB: Die „wesentlichen" Teile müssen aus Baustoffen der Klasse A (nichtbrennbar) bestehen, die übrigen dürfen der Klasse B entsprechen

F 30-A: Alle Teile müssen aus nichtbrennbaren Baustoffen bestehen.

„Wesentliche" Teile sind z.B. bei tragenden Bauteilen jene Teile, bei deren Zerstörung die Standsicherheit nicht mehr gewährleistet ist, bei raumabschließenden Bauteilen jene, bei deren Zerstörung sich das Feuer ungehindert ausbreiten kann (s. Bild **3**.63). Da Holzbauteile in den tragenden Teilen aus brennbaren Baustoffen bestehen, sind mit ihnen nur die Feuerwiderstandsklassen F 30-B, F 60-B usw. möglich.

In Tafel **3**.13 sind die Feuerwiderstandsklassen und die zugehörenden bauaufsichtlichen Benennungen unter Verzicht auf die Baustoffangaben zusammengefaßt.

Brandwände müssen mindestens der Feuerwiderstandsklasse F 90-A entsprechen und bei der Brandprüfung nach 90 Minuten einem Festigkeitsversuch unter hoher Stoßbeanspruchung widerstehen. Holzbauteile kommen dafür nicht in Frage.

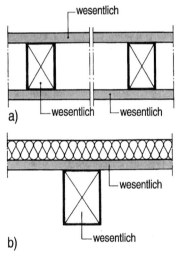

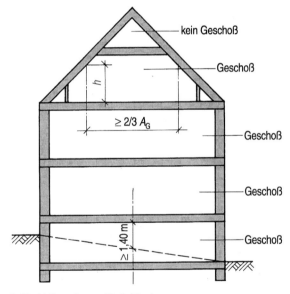

3.63 Beispiele für in statischer Hinsicht wie auch bezüglich des Raumabschlusses brandschutztechnisch „wesentliche" Teile eines Holzbauteils

a) Wand oder Decke in Holztafelbauart mit Beplankungen, b) Deckenbalken mit Schalung

3.64 Vollgeschosse (Definition)

3.6.1.3 Sonstige Begriffe

a) Geschosse

Vollgeschosse sind Geschosse, deren Deckenoberkante je nach Landesbauordnung im Mittel z.B. mehr als 1,4 m über die festgelegte Geländeoberfläche hinausragt und die über mindestens zwei Drittel ihrer Grundfläche eine lichte Höhe h von z.B. mindestens 2,2 m oder 2,3 m haben (Bild **3**.64).

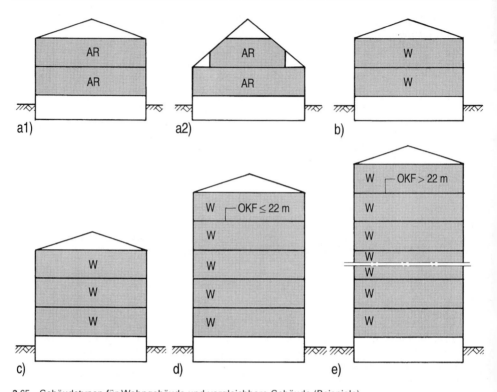

3.65 Gebäudetypen für Wohngebäude und vergleichbare Gebäude (Beispiele)

a1) und a2) freistehende Wohngebäude mit nicht mehr als einer Wohnung (Einfamilienhäuser ohne Einliegerwohnung), deren Aufenthaltsräume in nicht mehr als 2 Geschossen liegen; b) Wohngebäude geringer Höhe mit nicht mehr als 2 Wohnungen; c) Wohngebäude geringer Höhe; d) sonstige Wohngebäude, ausgenommen Hochhäuser; e) Hochhäuser; AR Aufenthaltsraum, W Wohnung, OKF Oberkante Fußboden des obersten Geschosses

b) Gebäudetypen

Die in den Bauordnungen für die Zuordnung von Brandschutzanforderungen zugrunde gelegten Typen von Wohngebäuden und vergleichbaren Gebäuden sind in Bild **3.65** dargestellt.

c) Gebäude geringer Höhe

Gebäude geringer Höhe sind Gebäude, bei denen je nach Landesbauordnung

— entweder der Fußboden keines Geschosses mit Aufenthaltsräumen mehr als 7 m über der Geländeoberfläche liegt (Bild **3.66** a) oder

— in jeder Wohnung, in jedem selbständigen Aufenthaltsraum oder dgl. die Oberkante der Brüstungen mindestens eines notwendigen Fensters oder mindestens einer sonstigen, zum Anleitern geeigneten Stelle nicht mehr als 8 m über der festgelegten Geländeoberfläche liegt (Bilder b und c).

a) Hochhäuser

Hochhäuser sind Gebäude, bei denen der Fußboden mindestens eines Aufenthaltsraumes mehr als 22 m über der Geländeoberfläche liegt (Bild **3.65** e).

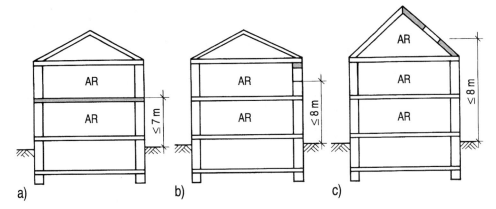

3.66   Beispiele für Gebäude geringer Höhe
  a) Fußboden keines Geschosses mit Aufenthaltsräumen AR mehr als 7 m über Geländeoberfläche,
  b) und c) Brüstungsoberkante mindestens eines notwendigen Fensters oder dgl. nicht mehr als 8 m
  über der festgelegten Geländeoberfläche

3.6.2   Wohngebäude

3.6.2.1   Allgemeines

Im Gegensatz zu den Anforderungen auf anderen Gebieten wird der vorbeugende bauliche Brandschutz – zumindest für bauliche Anlagen allgemeiner Nutzung (z. B. Wohngebäude) – in den Bauordnungen der einzelnen Länder (LBO), die unmittelbar wirkendes Recht darstellen, direkt geregelt. Danach müssen die baulichen Anlagen so be-
schaffen sein, daß „der Entstehung und der Ausbreitung von Feuer und Rauch vorge-
beugt wird und bei einem Brand wirksame Löscharbeiten und die Rettung von
Menschen und Tieren möglich sind".

Ferner existieren nachgeschaltete Richtlinien (z. B. für die Verwendung brennbarer Baustoffe im Hochbau) sowie spezielle Verordnungen für bauliche Anlagen und Räume
besonderer Art oder Nutzung (z. B. Schulen, Hochhäuser, Geschäftshäuser, Versamm-
lungsstätten).

Die Bauordnungen der Bundesländer basieren auf der Musterbauordnung (MBO), wobei Abweichungen in den Anforderungen untereinander durchaus möglich sind.

Nachfolgend werden nur solche Anforderungen erwähnt, wie sie für den Einsatz von
Holzbauteilen, also von Bauteilen unter Verwendung brennbarer Baustoffe auch für die
wesentlichen Teile, von Bedeutung sind.

3.6.2.2   Außenwände

Während an tragende Außenwände von freistehenden Einfamilienhäusern (ohne Einliegerwohnung), deren Aufenthaltsräume in nicht mehr als zwei Geschossen liegen, im
allgemeinen keine Anforderungen gestellt werden, müssen diese Wände in Wohngebäuden geringer Höhe (Abschn. 3.6.1.3, c) mit nicht mehr als zwei Wohnungen der
Feuerwiderstandsklasse F 30-B entsprechen. Bei anderen Gebäuden geringer Höhe
wird in einigen Ländern bereits F 30-AB gefordert, so daß dann Holzbauteile nicht mehr
in Frage kommen. Das gilt erst recht für sonstige Gebäude, wenn hierfür Bauteile F 90-
AB gefordert werden.

Man unterscheidet zwischen raumabschließenden und nichtraumabschließenden
Wänden:

— Raumabschließende Wände werden im Brandfall nur einseitig vom Brand beansprucht und haben somit – bei tragenden Wänden zusätzlich zur Standsicherheit – den Raumabschluß zu gewährleisten, d.h. die Brandübertragung von einen Raum zum anderen (bei Außenwänden vom Raum ins Freie oder umgekehrt) zu verhindern; Außenwände mit einer Breite $B > 1,0$ m gelten als raumabschließend.

— Nichtraumabschließende Wände werden im Brandfall beidseitig vom Brand beansprucht, d.h. sie brauchen nicht mehr den Raumabschluß zu gewährleisten; Außenwände mit einer Breite $B \leq 1,0$ m gelten als nichtraumabschließend.

An nichttragende Außenwände sowie nichttragende Teile von Außenwänden werden im allgemeinen für Gebäude geringer Höhe keine Anforderungen gestellt, für sonstige Gebäude – Hochhäuser ausgenommen – lediglich F 30-B.

Anforderungen – z.B. F 30-B – können auch dann gestellt werden, wenn vorgegebene Abstände zu Grundstücksgrenzen unterschritten werden.

Unabhängig von den Anforderungen an Außenwände sind erforderlichenfalls zusätzliche Anforderungen an das Brandverhalten der Baustoffe für die Außenoberfläche zu erfüllen, z.B. bei freistehenden Gebäuden in Abhängigkeit vom Abstand zur Nachbargrenze, bei Reihenhäusern in Abhängigkeit von der Ausbildung der Gebäudeabschlußwände.

3.6.2.3 Innenwände

Man unterscheidet wieder raumabschließende und nichtraumabschließende Wände (s. Abschn. 3.6.2.2). Raumabschließende Innenwände – tragend oder nichttragend – müssen in jedem Fall die Brandübertragung von einem Raum in den anderen verhindern (z.B. Wohnungstrennwände). Nichtraumabschließend sind z.B. alle Innenwände innerhalb einer Wohnung, auch wenn sie keine Öffnung als direkte Verbindung zwischen den beiden angrenzenden Räumen besitzen (Bild **3.**67). Maßgebend ist, daß hier im Brandfall die Feuerbeanspruchung innerhalb kürzester Zeit zu beiden Seiten der Wand zugleich auftreten kann.

3.67 Beispiele für raumabschließende und nichtraumabschließende Innenwände

1 nichtraumabschließend innerhalb einer Wohnung, *2* raumabschließend (Wohnungstrennwand)

Die bauaufsichtlichen Anforderungen an tragende Innenwände entsprechen im Prinzip denen für tragende Außenwände, d.h. für Wohngebäude geringer Höhe mit nicht mehr als zwei Wohnungen allgemein sowie für Wohnungstrennwände im obersten Dachgeschossen wird in aller Regel die Feuerwiderstandsklasse F 30-B gefordert.

An nichtraumabschließende, nichttragende Innenwände werden brandschutztechnisch keine Anforderungen gestellt.

3.6.2.4 Decken

Bei freistehenden Einfamilienhäusern (ohne Einliegerwohnung) mit Aufenthaltsräumen in höchstens zwei Geschossen werden in den meisten Ländern keine Anforderungen an den Brandschutz von Decken über Kellergeschossen oder von Geschoßdecken gestellt.

Des weiteren sind Decken der Feuerwiderstandsklasse F 30-B – also Decken in Holzbauart – in aller Regel in folgenden Anwendungsbereichen möglich:

a) Als Kellerdecken in Gebäuden mit geringer Höhe und mit nicht mehr als zwei Wohnungen

b) als Geschoßdecken in Gebäuden mit geringer Höhe, entweder grundsätzlich oder bei Einhaltung leicht erfüllbarer Zusatzbedingungen für die Deckenunterseite.

Keine Anforderungen werden an Decken über obersten Dachgeschossen gestellt, z. B. an Decken unter Spitzböden.

3.6.2.5 Dächer

Von Ausnahmen abgesehen werden Brandschutzanforderungen an Dächer nur in folgenden Situationen gestellt:

a) Bei giebelständigen Reihenhäusern: F 30-B für eine Brandbeanspruchung von innen (s. auch Abschn. 8.8.1)

b) für Dächer von Anbauten, die an Wände mit Fenstern anschließen: Bis zu einem Abstand von 5 m von diesen Wänden in der Feuerwiderstandsklasse der Decken des anschließenden Gebäudes (s. Abschn. 9.7.1).

In aller Regel wird eine harte Bedachung gefordert. Bei Gebäuden geringer Höhe kann eine weiche Bedachung gestattet werden, wenn vorgegebene größere Mindestabstände zur Grundstücksgrenze sowie zu anderen Gebäuden eingehalten werden.

3.6.2.6 Gebäudeabschlußwände

Gebäudeabschlußwände, die weniger als 2,5 m von der Nachbargrenze entfernt sind, müssen im allgemeinen als Brandwände hergestellt werden.

Für Wohngebäude geringer Höhe mit nicht mehr als zwei Wohnungen sind auch feuerbeständige Wände (F 90-A) zulässig; Wände unter Verwendung brennbarer Baustoffe können gestattet werden, wenn wegen des Brandschutzes keine Bedenken bestehen.

In mehreren Ländern sind bei solchen aneinandergereihten, nicht gegeneinander versetzten Gebäuden Gebäudeabschlußwände zulässig, die bei Brandbeanspruchung von innen der Feuerwiderstandsklasse F 30-B, bei Brandbeanspruchung von außen der Klasse F 90-B entsprechen, wobei außen jeweils eine ausreichend widerstandsfähige Schicht aus nichtbrennbaren Baustoffen (Klasse A) vorhanden sein muß (Bild **3.68**). Bei

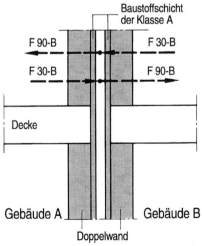

3.68 Doppelwand F 30-B + F 90-B als Gebäudeabschlußwand zwischen Wohngebäuden geringer Höhe mit nicht mehr als 2 Wohnungen (lotrechter Schnitt)

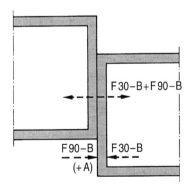

3.69 Erforderlicher Brandschutz von Gebäudeabschlußwänden im vorspringenden Bereich von gegeneinander versetzten Gebäuden (bisher nur Ausnahmeregelung): F 30-B von innen, F 90-B von außen mit außenseitiger Baustoffschicht der Klasse A

gegeneinander versetzten Gebäuden war es bisher nur über den Weg der Ausnahme oder Befreiung möglich, auch im vorspringenden Gebäudebereich (Bild **3**.69) eine Wand anzuordnen, die der Klasse F 30-B bei Brandbeanspruchung von innen und F 90-B bei Beanspruchung von außen (mit Baustoffschicht der Klasse A an der Außenseite) entspricht. Vermutlich wird die bisherige Ausnahmeregelung anläßlich der bevorstehenden Novellierung in die Bauordnungen der Länder aufgenommen. Weitere Einzelheiten können in Abschn. 7.8.3 sowie in [3] nachgelesen werden.

3.6.2.7 Leichtentflammbare Baustoffe

Leichtentflammbare Baustoffe (Klasse B 3) dürfen nur dann verwendet werden, wenn sie nach dem Einbau oder in Verbindung mit anderen Baustoffen nicht mehr leichtentflammbar sind.

3.6.3 Hinweis zur Ausführung

Werden an Bauteile Brandschutzanforderungen gestellt, dann sind die Konstruktionen im Bereich von Anschlüssen und Durchdringungen derart auszubilden, daß auch dort kein vorzeitiges Versagen der Konstruktion auftritt, d.h. diese Stellen müssen auch im Brandfall ausreichend luftdicht sein und den Durchgang des Feuers verhindern.

3.7 Vorbeugender Holzschutz; Anforderungen

3.7.1 Zweck

3.7.1.1 Allgemeines

Der vorbeugende Holzschutz soll dazu dienen, die dauerhafte Funktionstüchtigkeit des Holzes und der Holzwerkstoffe sowie der damit hergestellten Holzbauteile sicherzustellen. Er umfaßt im wesentlichen Maßnahmen zur Vermeidung von

— Pilzschäden

— Insektenschäden

— unzulässigen Formänderungen

Der bekämpfende Holzschutz, der bei einem Befall durch holzzerstörende Pilze oder Insekten erforderlich werden kann, wird hier nicht behandelt.

Je nach der Art unterscheidet man

1. bauliche und

2. chemische Maßnahmen.

Vorbeugende bauliche Maßnahmen sind solche, bei denen die Abwendung von Gefahren ausschließlich mit konstruktiven Mitteln erfolgt. Bei Wänden, Decken und Dächern ist es oft allein mit baulichen Maßnahmen möglich, alle drei genannten Gefahren auszuschalten, so daß dann zusätzliche chemische Maßnahmen nicht mehr erforderlich sind. Nur dann, wenn bauliche Mittel allein nicht ausreichen, was z.B. bei frei der Witterung ausgesetzten, tragenden Holzteilen der Fall sein kann, sind zusätzlich chemische Maßnahmen erforderlich; die Reduzierung unzulässig großer Formänderungen ist mit solchen Maßnahmen allerdings nicht möglich.

3.7.1.2 Baulicher Holzschutz

Der bauliche Holzschutz umfaßt in erster Linie alle vorbeugenden konstruktiven Maßnahmen, mit denen eine unzuträgliche Feuchteänderung der verwendeten Hölzer und Holzwerkstoffe und daraus resultierende Schäden an Baustoffen und Konstruktionen vermieden werden.

Dabei geht es sowohl darum,

a) eine unzulässig starke Befeuchtung der Werkstoffe zu verhindern (Gefahr des Pilzbefalls), als auch

b) Veränderungen des Feuchtegehaltes so klein wie möglich zu halten, um Beeinträchtigungen der Gebrauchsfähigkeit der Holzkonstruktion infolge stärkerer Formänderungen auszuschließen.

Diese Maßnahmen beziehen sich sowohl auf Transport, Lagerung und Einbau der Werkstoffe als auch auf den späteren Gebrauchszustand, wo es gilt, ungünstige Einflüsse aus Niederschlägen, der Nutzungsfeuchte (z. B. in Naßbereichen), aus Tauwasserbildung infolge Wasserdampfdiffusion oder -Konvektion oder aus dem Kontakt mit angrenzenden, feuchten Stoffen oder Bauteilen auszuschalten. Auf die Holzfeuchte sowie auf Folgeerscheinungen aus Holzfeuchteänderungen wurde bereits in den Abschnitten 2.2.4 und 2.2.5 eingegangen. So sollten Holz und Holzwerkstoffe möglichst mit dem Feuchtegehalt eingebaut werden, der während der Nutzung als Mittelwert zu erwarten ist.

Daneben umfaßt der bauliche Holzschutz auch Maßnahmen zur Verhinderung eines Befalls durch Insekten (Trockenholzinsekten). Schäden infolge Insekten werden in jedem Fall vermieden, wenn eine Eiablage verhindert wird, wenn also die Insektenweibchen keinen Zutritt zu den Holzoberflächen haben, der somit bei nichtbelüfteten Holzbauteilen ausgeschlossen ist. Die „Kunst" des baulichen Holzschutzes besteht dann unter anderem darin, Konstruktionen zu wählen, die nicht belüftet sind, die ferner die Anforderungen an einen ausreichenden Tauwasserschutz für den Bauteilquerschnitt nach DIN 4108-3 erfüllen, aber zugleich durch eine möglichst große Austrocknungskapazität robust gegen außerplanmäßig vorhandene Feuchte sind.

3.7.2 Chemischer Holzschutz

3.7.2.1 Allgemeine Anforderungen

Die Anforderungen an den vorbeugenden chemischen Holzschutz von tragenden Holzteilen sind in DIN 68 800-3 festgelegt. Die Holzbauteile werden entsprechend der Art ihrer Gefährdung in Gefährdungsklassen GK (GK 0 bis GK 4) eingestuft und die zugehörenden erforderlichen Prüfprädikate, einschließlich der Einbringmengen und -verfahren, genannt (Tafel 3.14).

Die Gefährdungsarten sind:

I Schäden durch Insekten
P Schäden durch Pilzbefall
AW Auswaschbeanspruchung für das Holzschutzmittel
MF Schäden durch Moderfäule

Die zugehörenden Prüfprädikate der Holzschutzmittel sind:

Iv vorbeugend wirksam gegen Insekten
P vorbeugend wirksam gegen (holzzerstörende) Pilze
W witterungsbeständig
E moderfäulewidrig (E: extreme Beanspruchung)

Tafel **3**.14   Gefährdungsklassen nach DIN 68800-3, Zuordnung an Hand der Gefährdungsarten sowie erforderliche Prüfprädikate der Holzschutzmittel

	Gefährdung durch				Erforderliche Prüfprädikate
	I	P	AW	MF	
GK 0	–[1]	–[2]	–	–	–
GK 1	X	–[2]	–	–	Iv
GK 2	X	X	–	–	Iv, P
GK 3	X	X	X	–	Iv, P, W
GK 4	X	X	X	X	Iv, P, W, E

[1]) Kriterium: Keine Schäden durch Insekten. Dagegen wird bei „kontrollierbaren" (z. B. Beispiel dreiseitig sichtbaren) Holzteilen ein Insektenbefall für unbedenklich gehalten.

[2]) Keine Gefährdung durch Pilze, solange die Holzfeuchte $u_1 \leq 20\%$ (Einzelmessung) bleibt.

3.7.2.2 Bauteilbezogene Anforderungen

Neben der grundsätzlichen Klassifizierung an Hand der Gefährdungsarten (vgl. Tafel **3**.14) enthält die Norm unter Anwendung der Gefahrenskriterien eine bauteilspezifische Zuordnung (s. Tafel **3**.15).

Tafel **3**.15   Zuordnung von Bauteilen zu den Gefährdungsklassen (Auszug, sinngemäß, aus DIN 68800-3)

Beanspruchung der Holzteile durch Niederschläge, Spritzwasser (in Naßbereichen) oder dgl.	Bauteile und Anwendungsbereiche	Gefährdungsklasse
nicht möglich	Innenbauteile in Räumen mit einer mittleren relativen Luftfeuchte — $\varphi_i \leq 70\%$, Insektenbefall kontrollierbar oder nicht möglich[1])	0
	— $\varphi_i \leq 70\%$, unkontrollierbarer Insektenbefall möglich	1
	— $\varphi_i > 70\%$	2
	Innenbauteile in Naßbereichen	2
	Außenbauteile	2
möglich	Außenbauteile — ohne ständigen Erd- oder Wasserkontakt — mit ständigen Erd- oder Wasserkontakt	3 4

[1]) Insektenbefall gilt a) als nicht möglich, wenn das Holz allseitig durch eine geschlossene Bekleidung abgedeckt ist, b) als kontrollierbar, wenn das Holz zum Raum hin offen angeordnet ist.

Erläuterungen zu Tafel **3**.15:

a) Zu den Räumen mit einer relativen Luftfeuchte $\varphi_i \leq 70\%$ zählen alle Aufenthaltsräume in Wohngebäuden, einschließlich Küchen und Bädern, ferner vergleichbare Räume, z. B. in Verwaltungsbauten, Schulen, Kindergärten. Der vorgegebene „mittlere" Wert $\varphi = 70\%$ ist äußerst vorsichtig gewählt, da er eine Holz-Gleichgewichtsfeuchte von lediglich etwa $u = 15\%$ bewirkt, und das auch nur bei genügend langer, von den Querschnittsabmessungen abhängiger Einwirkungsdauer. Er liegt somit weit unterhalb der für das Pilzwachstum erforderlichen Holzfeuchte. Aus diesem Grund kann er durchaus auf einen Zeitraum von etwa 2 bis 3 Monaten bezogen werden.

b) Ein Insektenbefall (durch Trockenholzinsekten, denn nur diese sind in DIN 68800-3 gemeint) ist im eingebauten Zustand nicht möglich, solange eine Eiablage verhindert wird. Das kann unterstellt werden, wenn die Holzteile allseitig insektenundurchlässig abgedeckt sind (Beispiele für die Ausbildung s. Bild **3**.70) und die Bauteilquer-

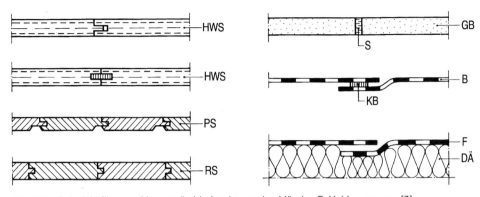

Bild **3.**70 Beispiele für „geschlossene", d. h. insektenundurchlässige Bekleidungen; aus [7]

HWS Holzwerkstoffplatten, gespundet oder Nut-Feder-Verbindung; PS Profilbrettschalung; RS Rauhspund; GB Gipsbauplatten (Gipskarton- oder Gipsfaserplatten), S Stoßfugen, gespachtelt oder geklebt; F Folie mit luftdicht geschlossener Überlappung, KB spezielles Klebeband, DÄ mineralischer Faserdämmstoff; bei unmittelbar aufliegender Folie F (z. B. bei Sparrenvolldämmung) ist kein Klebeband (KB) erforderlich

schnitte nicht belüftet sind, d. h. wenn vorhandene Hohlräume auch im Bereich der Stirnseiten (bei Decken), am Traufen- und Firstpunkt (bei Dächern) oder am Kopf- und Fußpunkt (bei Wänden) mit der Raum- oder Außenluft nicht in Verbindung stehen.

c) Ein möglicher Insektenbefall gilt als kontrollierbar, wenn er frühzeitig endeckt werden kann, z. B. wenn Holz in Aufenthaltsräumen von Wohngebäuden zum Raum hin dreiseitig offen angeordnet und damit praktisch vollständig einsehbar ist (Bild **3.**71).

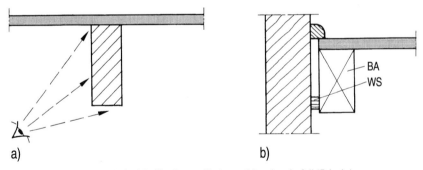

a)   b)

Bild **3.**71 Anwendungsbeispiele für „kontrollierbaren" Insektenbefall (Prinzip)

a) zum Aufenthaltsraum hin freiliegendes Holzteil kann leicht in Augenschein genommen werden; b) zweiseitig offene Anordnung (Streichbalken BA); es muß konstruktiv sichergestellt sein, z. B. durch vorkomprimierten Weichschaumstreifen WS, daß Insekten zur nicht einsehbaren Holzoberfläche keinen Zugang haben

d) Als Innenbauteile in Naßbereichen gelten z. B. Wände im unmittelbaren Duschenbereich.

e) Bei Außenbauteilen sowie bei Innenbauteilen in Naßbereichen ist von wesentlicher Bedeutung, ob die Holzteile direkt durch Wasser beansprucht werden können oder nicht. Man kann davon ausgehen, daß eine solche Beanspruchung z. B. bei Außenwänden mit außenliegendem Wärmedämm-Verbundsystem oder mit äußerer Vorhangschale (Bild **3.**72) nicht auftritt, wenn auch im Anschlußbereich an andere Bau-

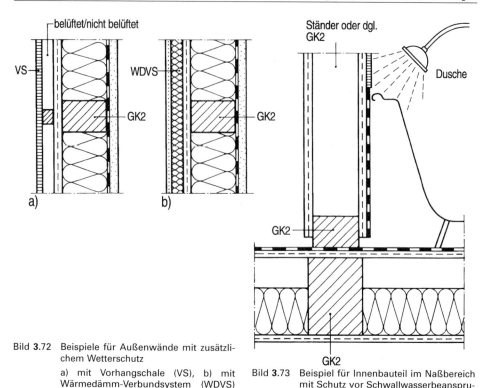

Bild **3.72** Beispiele für Außenwände mit zusätzlichem Wetterschutz

a) mit Vorhangschale (VS), b) mit Wärmedämm-Verbundsystem (WDVS) (waagerechte Schnitte)

Bild **3.73** Beispiel für Innenbauteil im Naßbereich mit Schutz vor Schwallwasserbeanspruchung

teile (Fenster, Türen) eine dauerhaft dichte Abdeckung der Holzteile vorliegt; das gilt sinngemäß auch für Holzbauteile in Naßbereichen (Beispiel s. Bild **3.**73).

f) Bei Skelett- oder Fachwerkbauten ohne zusätzlichen Wetterschutz des Holzes ist eine direkte Feuchtebeanspruchung der außen sichtbaren Holzteile möglich.

g) Bei üblicher Anwendung von Decken, Dächern und Wänden in Holzbauart ist ein »ständiger Erd- oder Wasserkontakt« ausgeschlossen. Das gilt auch für die in der Norm erwähnten »Innenbauteile in Naßbereichen« bezüglich einer direkten Schwallwasserbeanspruchung der Holzteile.

3.7.2.3 Ersatz chemischer Maßnahmen durch entsprechende Holzauswahl

Nach DIN 68800-3 ist es auch möglich, die Einstufung eines Holzteils in eine Gefährdungsklasse unter Verzicht auf chemische Maßnahmen allein über die Wahl der Holzart und einer Auswahl innerhalb dieser Holzart unter Ausnutzung der nartürlichen Dauerhaftigkeit zu erreichen. Diese Eigenschaft, einem Schädlingsangriff zu widerstehen, ist auf Holzinhaltsstoffe zurückzuführen und je nach Holzart sehr unterschiedlich ausgeprägt. Sie wird durch die natürliche »Resistenz« des Holzes klassifiziert. DIN 68364 nennt für eine Holzart die jeweilige Resistenzklasse, wobei zwischen den Klassen 1 (»sehr dauerhaft«) bis 5 (»nicht dauerhaft«) unterschieden wird. Die Einstufung bezieht sich jedoch nur auf das Kernholz, während das Splintholz immer »weniger resistent« oder »nicht resistent« ist.

Auf den chemischen Holzschutz kann z.B. bei Einsatz folgender Hölzer verzichtet werden: Im Fall der

— Gefährdungsklasse 1 bei Farbkernhölzern (dunkel gefärbtes Kernholz, z. B. Kiefer) mit einem Splintholzanteil unter 10%

— Gefährdungsklasse 2 bei splintfreien Farbkernhölzern der Resistenzklassen 1, 2 oder 3 (z. B. Western Redcedar, Douglasie, Lärche).

Würde es also z. B. gelingen, durch eine spezielle Sortierung für ein begrenztes Holzvolumen Kiefern-Kernholz mit einem mittleren Splintholzanteil von höchstens 10% zu gewährleisten, dann wäre das Problem der Konstruktion und des Holzschutzes von Decken unter nicht ausgebauten Dachgeschossen sofort gelöst. Wahrscheinlich wird aber eine solche Bedingung praktisch nicht einzuhalten sein.

3.7.2.4 Zulässige Abweichung von der Norm über einen »besonderen Nachweis«

Die Zuordnung von Holzbauteilen zu den Gefährdungsklassen (s. Tafel **3.**15) muß nicht in jedem Fall verbindlich sein. Nach Abschn. 2.4.1 der Norm kann davon abgewichen werden, wenn ein »besonderer Nachweis« geführt wird, aus dem eindeutig hervorgeht, daß in der jeweiligen Situation das durch die Norm vorgegebene Sicherheitsniveau nicht beeinträchtigt wird. Ein solcher Nachweis kann in aller Regel nur mit eindeutig übertragbaren Forschungsergebnissen geführt werden.

Diese Möglichkeit bestand somit auch allgemein für Wände, Decken und Dächer in Holzbauart. So waren bereits im Anhang zum Beuth-Kommentar „Holzschutz – Eine ausführliche Erläuterung zu DIN 68800-3" [8] mit der Veröffentlichung [7] Konstruktionsvorschläge für solche Bauteile enthalten, für die auf der Grundlage von Forschungsergebnissen des Verfassers [4], [5], [6] dieser besondere Nachweis als geführt galt.

Mit dem Erscheinen und der Einführung der neuen DIN 68 800-2 sind die entsprechenden Angaben des Kommentars zu solchen Bauteilen, die überdies wegen unterschiedlicher Auffassungen in der Praxis bezüglich seines „Status" zu Irritationen geführt haben, überholt.

3.7.3 Baulicher Holzschutz

3.7.3.1 Allgemeines

Wie man durch Vergleich der einzelnen Ausgaben von DIN 68 800-3 (chemischer Holzschutz) leicht feststellen kann, hat sich der zuständige Arbeitsausschuß der Reduzierung des vorbeugenden chemischen Holzschutzes als einem dringenden Gebote unserer Zeit nicht verschlossen. Der Beweis ist bereits in der letzten Ausgabe mit der Einführung der Gefährdungsklasse 0 für bestimmte Innenbauteile offensichtlich (vgl. Tafel **3.**15).

Diese Bestrebungen sind in der Neufassung von DIN 68 800-2 – ausgehend von [4] bis [8] – fortgesetzt worden. Dabei wurden vor allem folgende zwei Ziele verfolgt:

1. Festlegung „besonderer" baulicher Bedingungen, unter denen auch bei Bauteilen, die nach DIN 68800-3 noch nicht in die GK 0 eingereiht werden können, z. B. Außenbauteile, auf chemische Maßnahmen verzichtet werden kann (Abschn. 3.7.3.2).

2. Veränderung der bisherigen, in DIN 68800-2 festgeschriebenen Anwendungsbereiche für Holzwerkstoffe dahingehend, daß pilzgeschützte Holzwerkstoffe (Klasse 100 G) direkt sowie auch möglichst indirekt keinen Kontakt zur Raumluft von Aufenthaltsräumen haben (Abschn. 3.7.4).

Anmerkung Das Ausgabedatum der Neufassung stand zum Zeitpunkt des Redaktionsschlusses für dieses Buch noch nicht fest.

Veranlassung für eine Neuausgabe von DIN 68800-2 (die im Prinzip formal nur deshalb zulässig ist, weil hier in der europäischen Normung eine Lücke existiert) war nicht nur die Beseitigung der in Abschn. 3.7.2.4 erwähnten Unsicherheit bei der Anwendung von [7] und [8] durch eine verbindliche Regelung, sondern auch die Reaktion auf den in der Öffentlichkeit viel beachteten Frankfurter „Holzschutzmittel-Prozeß". Hier mußte die Ansicht des Gerichtes ernstgenommen werden:

— Im Innenbereich angewandte Holzschutzmittel können zu gesundheitlichen Beeinträchtigungen der Bewohner führen, und zwar unabhängig davon, um welche Mittel es sich dabei handelt.

— Zum Nachweis einer durch Holzschutzmittel ausgelösten Erkrankung (Störung des Zentralnervensystems und damit verbunden des Immunsystems) genügt eine verläßliche Zeugenaussage über den Einsatz von Holzschutzmitteln.

— Es besteht auch heute noch eine Pflicht, jedem Einzelfall nachzugehen, auch dann, wenn die Anwendung des Holzschutzmittels schon 15 Jahre oder noch länger zurückliegt.

3.7.3.2 „Besondere" bauliche Maßnahmen nach DIN 68800-2 als Voraussetzung für den Verzicht auf den vorbeugenden chemischen Holzschutz

Auf den vorbeugenden chemischen Holzschutz kann nur dann verzichtet werden, wenn folgendes sichergestellt ist (abgesehen vom Sonderfall des „kontrollierbaren" Insektenbefalls, vgl. Abschn. 3.7.2.2):

1. Keine Schädigung durch Insekten: Nur erreichbar, wenn eine Eiablage nicht möglich ist, d. h. bei allseitig insektenundurchlässig abgedeckten Holzteilen, so daß Holzbauteile mit »belüfteten« Hohlräumen ausscheiden (Bild 3.74), es sei denn, man ist in der Lage, Farbkernhölzer (z. B. Kiefer) mit einem Splintholzanteil von höchstens 10% einzusetzen (s. Abschn. 3.7.2.3).

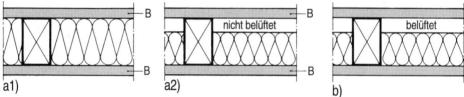

Bild **3.74**   Nicht belüftete Bauteile mit geschlossener, d. h. insektenundurchlässiger Bekleidung B sind Voraussetzung für die Vermeidung eines (unkontrollierbaren) Insektenbefalls
a) nicht insektengefährdet, b) insektengefährdet

2. Keine Schädigung durch Pilzwachstum, erreichbar durch
   a) Einbau trockener Materialien, z. B. Holzfeuchte $u_1 \leq 20\%$.
   b) Dauerhafte Ausschaltung einer unzulässigen Feuchtebeanspruchung des Holzes im Nutzungszustand, z. B. infolge Wasserdampfdiffusion oder -Konvektion, durch Niederschläge, Schwallwasser (in Naßbereichen) oder dgl., d. h. die Bauteilquerschnitte müssen entsprechend konstruiert und der Oberflächenschutz gegen direkt eindringendes Wasser ausreichend sicher sein.
   c) Ausbildung der Bauteile derart, daß auch bei außerplanmäßiger (eingebauter oder nachträglich eingedrungener) überschüssiger Feuchte ausreichende Sicherheit besteht: Zu erreichen durch eine ein- oder noch besser beidseitig weitestgehend diffusionsoffene Abdeckung der Holzteile, um eine möglichst große Austrocknungsgeschwindigkeit für evtl. eingeschlossene Feuchte zu ermöglichen.

Anmerkung   Eine vorübergehende Überschreitung der zulässigen Holzfeuchte bedeutet keinen Widerspruch zu DIN 68 800-3, da es dort in Abschn. 2.3.2 heißt, daß eine Gefahr durch holzzerstörende Pilze dann vorliegt, wenn die Holzfeuchte 20% langfristig übersteigt.

Nach den zeitweise an einen „Glaubenskrieg" erinnernden Auseinandersetzungen im Zuge der Neubearbeitung der DIN 68 800-2 erscheint es sinnvoll, hier auf zwei bedeutsame Leitgedanken dieser Norm hinzuweisen:

Einerseits

sollten grundsätzlich Konstruktionen bevorzugt werden, bei denen ein vorbeugender chemischer Holzschutz nicht erforderlich ist (GK 0), aber

andererseits

sollte dann nicht auf vorbeugende chemische Maßnahmen verzichtet werden, wenn im Einzelfall Bedenken bestehen, daß die für die GK 0 erforderlichen »besonderen baulichen Maßnahmen« tatsächlich nicht eingehalten werden können.

3.7.3.3 Holzbauteile der Gefährdungsklasse 0 nach DIN 68800-2

Mit den Vorgaben nach Abschn. 3.7.3.2 wurden in der Norm die nachfolgend unter 1) bis 7) genannten Bauteile für die Zuordnung zur Gefährdungsklasse 0 festgelegt, die [7] entstammen; dabei sind die einschlägigen, allgemein anerkannten Regeln der Technik, z.B. DIN 4108, zu beachten, siehe vor allem nachfolgende Anmerkungen unter 2).

Selbstverständlich besteht auch für in der Norm nicht aufgeführte Bauteile die Möglichkeit der Zuordnung zur Gefährdungsklasse 0, z.B. mit Hilfe eines Eignungsnachweises im Rahmen einer allgemeinen bauaufsichtlichen Zulassung.

Von größter Bedeutung bei nahezu allen Konstruktionen ist, daß die raumseitige Bauteiloberfläche zur Vermeidung von Wasserdampfkonvektion vollflächig, also auch im Bereich von Anschlüssen und Durchdringungen, luftdicht ausgebildet ist, wofür in diesem Buch an mehreren Stellen ausführliche Hinweise gegeben werden.

Bei allen nachstehend genannten Ausbildungen dürfen an der Raumseite zusätzliche Schichten angeordnet werden, sofern der Tauwasserschutz nach DIN 4108-3 für den gesamten Bauteilquerschnitt eingehalten ist.

Ferner darf bei diesen Konstruktionen die zulässige Tauwassermasse zul W_T an der Berührungsfläche von kapillar nicht wasseraufnahmefähigen Schichten, z.B. Mineralfaser – Luft oder Luft – Folie, zu 1,0 kg/m^2 angenommen werden, wenn die rechnerische Verdunstungsmasse W_V mindestens das 5fache der auftretenden Tauwassermasse beträgt.

1) Außenwände

Konstruktionen nach Bild **3**.75 mit folgendem Wetterschutz:

   a) Vorhangschale, hinterlüftet (a1) oder nicht hinterlüftet (a2)

   b) Wärmedämm-Verbundsystem

   c) Holzwolleleichtbauplatten und mineralischer Putz

   d) Mauerwerk-Vorsatzschale mit Luftschicht, Wand mit wasserableitender Schicht (d1), mit Hartschaumplatten (d2), mit mineralischem Faserdämmstoff und wasserableitender Schicht abgedeckt (d3).

Da bei Wänden – anders als bei Dächern, bei denen die Anforderung $s_d \leq 0,2$ m (siehe nachfolgenden Abschnitt) für mindestens eine Seite praktisch mühelos zu erfüllen ist – zumeist beidseitige Beplankungen aus Plattenwerkstoffen vorliegen, womit zwangsläufig eine geringe Austrocknungskapazität des Bauteilquerschnitts verbunden ist, muß sichergestellt sein, daß die Holzfeuchte nach dem vollständigen Schließen der Wände 20% nicht überschreitet.

Ferner muß ein dauerhaft dichter Anschluß der Wände an Fenster und Türen vorhanden sein.

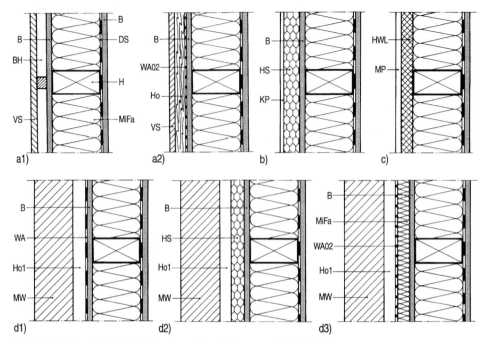

Bild **3.**75   Außenwände der Gefährdungsklasse 0 (waagerechte Schnitte)

B	Bekleidung oder Beplankung	MiFa	mineralischer Faserdämmstoff nach
BH	belüfteter Hohlraum, lotrechte Lat-		DIN 18165-1[1])
	tung	MP	mineralischer Putz, wasserabweisen-
DS	Dampfsperre, sofern erforderlich		der Außenputz nach DIN 18 550-1
H	Holzquerschnitt	MW	Mauerwerk-Vorsatzschale
Ho	nicht belüfteter Hohlraum, waage-	VS	Vorhangschale
	rechte Lattung ohne Konterlattung	WA	wasserableitende Schicht
Ho1	Hohlraum, Mindestdicke 40 mm, Lüf-	WA02	wasserableitende Schicht, $s_d \leq 0{,}2$ m

Ho1   Hohlraum, Mindestdicke 40 mm, Lüftungsöffnungen (z.B. offene Stoßfugen) oben und unten, auf 20 m² Wandfläche jeweils mindestens 75 cm² (s. auch DIN 1053-1, 8.4.3.2)
HS   Hartschaumplatten nach DIN 18164
HWL   Holzwolleleichtbauplatten n. DIN 1101
KP   Kunstharzputz

a) Vorhangschale, hinterlüftet oder nicht hinterlüftet; a1) belüftet, mit lotrechter Lattung oder waagerechter auf Konterlattung; a2) nicht belüftet, z.B. mit waagerechter Lattung ohne Konterlattung, auf der äußeren Wandbekleidung oder -beplankung diffusionsoffene wasserableitende Schicht mit $s_d \leq 0{,}2$ m
b) Wärmedämm-Verbundsystem aus Hartschaumplatten mit Kunstharzputz oder mit Putz mit nachgewiesenem, dauerhaft wirksamem Wetterschutz
c) Holzwolleleichtbauplatten und mineralischer Putz, ohne äußere Wandbeplankung oder -bekleidung, erforderlichenfalls mit wasserableitender Schicht zwischen Wand und Holzwolleleichtbauplatte
d) Mauerwerk-Vorsatzschale mit Luftschicht
d1) Wand mit wasserableitender Schicht abgedeckt, d2) Wand mit Hartschaumplatten abgedeckt, d3) Wand mit mineralischem Faserdämmstoff und diffusionsoffener wasserableitender Schicht abgedeckt; die Ausbildung mit Kerndämmung (ohne Luftschicht) fällt nicht hierunter

[1]) Oder Dämmstoff mit für diesen Anwendungsfall nachgewiesener Eignung, z.B. im Rahmen einer allgemeinen bauaufsichtlichen Zulassung für diesen Anwendungsfall.

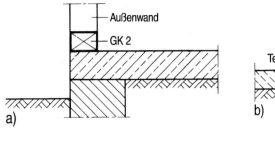

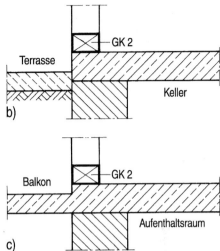

Bild **3.**76
Erforderliche Gefährdungsklasse 2 nach DIN 68800-3 an Stelle der GK 0 für Schwellen (bei Wänden in Holztafelbauart als untere waagerechte Rippen bezeichnet) bei Auflagerung auf a) Bodenplatten oder dgl., b) im Bereich von Terrassen, c) auf Massivdecken im Bereich von Balkonen; schematisch, z.B. Feuchtesperrschicht zwischen Wand und Massivdecke nicht eingezeichnet

Auch die Schwellen (unteren waagerechten Rippen) solcher Wände dürfen der Gefährdungsklasse 0 zugeordnet werden, ausgenommen wenn sie auf folgenden Decken angeordnet sind (Bild **3.**76):

a) Auf Decken, die unmittelbar an das Erdreich grenzen, z.B. Bodenplatten
b) auf Decken im Bereich von Terrassen
c) auf Massivdecken im Bereich von Balkonen

Aber auch in diesen Fällen, in denen die GK 2 maßgebend wird, ist es möglich, auf chemische Mittel zu verzichten, wenn entsprechend resistente Hölzer für die Schwelle verwendet werden, s. auch Abschn. 3.7.2.3 und 7.3 a).

Bei Vorhangschalen mit Lattung darf auch die Lattung der GK 0 zugeordnet werden, wenn der Wetterschutz hinterlüftet ist (Bild **3.**75 a1) oder aus einer luftdurchlässigen Bekleidung, z.B. Brettschalung, besteht (Bild a2).

2) Geneigte Dächer

Dächer mit Dachdeckung nach Bild **3.**77, Dachquerschnitt zwischen den Sparren nicht belüftet, obere Abdeckung mit

a) diffusionsoffener Unterspannbahn ($s_d \leq 0{,}2$ m)
b) extrem diffusionsoffener Unterspannbahn ($s_d \leq 0{,}02$ m)
c) extrem diffusionsoffener Vordeckung ($s_d \leq 0{,}02$ m) auf offener Schalung
   (ges $s_d \leq 0{,}2$ m)
d) Sonderdeckung (z.B. Blech, Schiefer) mit Vordeckung auf Schalung und zusätzlicher, diffusionsoffener Unterspannbahn ($s_d \leq 0{,}2$ m) unter einem belüfteten Hohlraum
e) wie d), jedoch mit extrem diffusionsoffener Unterspannbahn ($s_d \leq 0{,}02$ m).

Die GK 0 ist auch dann gegeben, wenn die Gefache nicht voll gedämmt sind und der Hohlraum insektenunzugänglich ausgebildet ist. Zur Vermeidung von Mißverständnissen wird jedoch – was aber der in jedem Fall erforderliche Nachweis der Tauwassermasse nach DIN 4108-3 ohnehin ergeben würde – darauf hingewiesen, daß die oben angegebenen s_d-Werte die Summe der äquivalenten Luftschichtdicken aus Unterspannbahn und einer unter ihr evtl. vorhandenen stehenden Luftschicht darstellen. Darauf muß also vor allem bei den Ausbildungen b) und e) geachtet werden, da dort $s_d \leq 0{,}02$ m nur bei einer Volldämmung eingehalten werden kann (vgl. hierzu Abschn. 8.5.4).

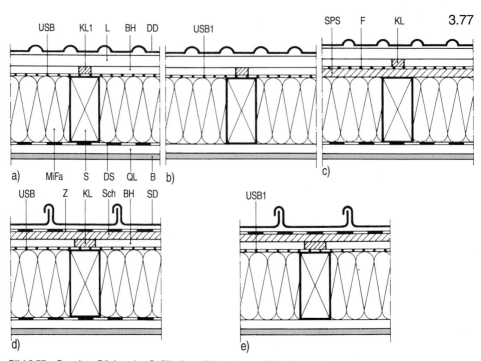

Bild **3.77** Geneigte Dächer der Gefährdungsklasse 0; aus [23], [24], [25]

B	Bekleidung, vollflächig luftdicht ausge-bildet, auch im Bereich von Durchdrin-gungen und Anschlüssen	QL	Querlattung, dazwischen Hohlraum oder Dämmschicht
BH	belüfteter Hohlraum	S	Sparren
DD	Dachdeckung	Sch	Schalung
DS	Dampfsperre, sofern erforderlich	SD	Sonderdeckung (z.B. Blech, Schiefer)
F	Folie oder dgl., extrem diffusionsoffen ($s_d \leq 0,02$ m)	SPS	Offene Schalung (Sparschalung), Brettbreite ≤ 100 mm, Fugenbreite ≥ 5 mm
KL	Konterlattung	USB	Unterspannbahn, diffusionsoffen ($s_d \leq 0,2$ m)
KL1	Konterlattung, sofern erforderlich (s. auch Abschn. 8.1)		
L	Traglattung	USB1	Unterspannbahn, extrem diffusions-offen ($s_d \leq 0,02$ m)
MiFa	mineralischer Faserdämmstoff nach DIN 18165-1[1])	Z	Zwischenlage

a) Diffusionsoffene Unterspannbahn ($s_d \leq 0,2$ m) und Dampfsperre
b) Extrem diffusionsoffene Unterspannbahn ($s_d \leq 0,02$ m), ohne Dampfsperre[2])
c) Extrem diffusionsoffene Vordeckung ($s_d \leq 0,02$ m) auf offener Schalung
d) Sonderdeckung (z.B. Blech, Schiefer) auf Schalung und zusätzliche diffusionsoffene Unter-spannbahn ($s_d \leq 0,2$ m) unter einem belüfteten Hohlraum, mit Dampfsperre
e) Wie d), jedoch extrem diffusionsoffene Unterspannbahn ($s_d \leq 0,02$ m), ohne Dampfsperre[2])

---

[1]) Oder Dämmstoff mit für diesen Anwendungsfall nachgewiesener Eignung, z.B. im Rahmen einer allge-meinen bauaufsichtlichen Zulassung für diesen Anwendungsfall.
[2]) Auf die Dampfsperre kann nur verzichtet werden, wenn der Tauwasserschutz nach DIN 4108-3 gegeben ist, z.B. ohne weiteren Nachweis bei Sparrenvolldämmung (ohne Luftschicht), s. auch Abschn. 8.5.4.

3) Flachdach

Ausführung nach Bild **3.**78; hier ist darauf zu achten, daß an der Grenzschicht obere Schalung – Dampfsperre keine unzulässige Tauwassermasse infolge Wasserdampfdiffusion auftritt; diese Bedingung ist in aller Regel eingehalten, wenn im Gefachbereich der Wärmeschutz der unterhalb der Dampfsperre liegenden Schichten höchstens 50% desjenigen der oberhalb liegenden beträgt.

4) Decken unter nicht ausgebauten Dachgeschossen

Decken nach Bild **3.**79

a) Nicht belüftet, mit aufliegender Dämmschicht

b) nicht belüftet, an der Deckenunterseite luftdichte Schicht aus plattenförmigen Werkstoffen oberhalb einer Installationsebene; hierfür können auch Folien oder dgl. verwendet werden, wenn durch sorgfältigste Verarbeitung eine dauerhaft luftdichte Schicht sichergestellt ist.

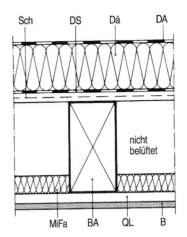

Bild **3.**78 Flachdach der Gefährdungsklasse 0; aus [7]

B Bekleidung aus Gipskartonplatten oder Gipsfaserplatten, QL Querlattung oder Hohlraum, MiFa mineralischer Faserdämmstoff nach DIN 18165-1, Sch Schalung, DS Dampfsperre, Dä Dämmschicht, D Dachabdichtung

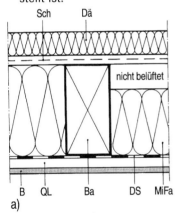

a)

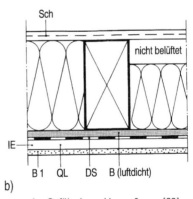

b)

Bild **3.**79 Decken unter nicht ausgebauten Dachgeschossen der Gefährdungsklasse 0; aus [29]

B	Bekleidung, vollflächig luftdicht ausgebildet, auch im Bereich von Durchdringungen und Anschlüssen
B1	Bekleidung, beliebig
Ba	Deckenbalken
Dä	Dämmschicht
DS	Dampfsperre, sofern erforderlich

MiFa	mineralischer Faserdämmstoff nach DIN 18165-1[1]
QL	Querlattung oder Hohlraum
Sch	Beplankung oder Schalung

a) Decke nicht belüftet, mit aufliegender Dämmschicht mit einem Wärmedurchlaßwiderstand $1/\Lambda \geqslant 1{,}0$ m²K/W

b) Decke nicht belüftet, mit zusätzlicher Installationsebene IE an der Unterseite

---

[1] Oder Dämmstoff mit für diesen Anwendungsfall nachgewiesener Eignung, z.B. im Rahmen einer allgemeinen bauaufsichtlichen Zulassung für diesen Anwendungsfall.

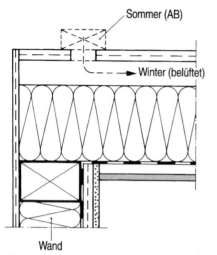

Bild **3.**80   Nicht in die Norm aufgenommen: Decke unter nicht ausgebautem Dachgeschoß; Decke während der kalten Jahreszeit belüftet, während der Sommermonate durch insektenundurchlässige Abdeckung AB der Zu- und Abluftöffnungen gegen den Zutritt von Insekten geschützt

Nicht mehr in der Norm berücksichtigt ist der noch im Gelbdruck 12/94 enthaltene Vorschlag des Verfassers einer Decke nach Bild **3.**80 mit „temporärem" Schutz der Deckenbalken gegen Insekten, aus [29]: Diese Decke ist während der meisten Zeit eines Jahres wegen des Tauwasserschutzes über entsprechende Zu- und Abluftöffnungen an den Enden sowie im Bereich von Auswechselungen belüftet; zur Vermeidung einer Eiablage während der Flugzeit (ca. Juni bis September) ist durch den Bewohner dafür zu sorgen, daß diese Öffnungen insektenundurchlässig abgedeckt werden, zum Beispiel durch Auflage von Dämmplattenabschnitten mit Beschwerung.

Der Arbeitsausschuß hat die grundsätzliche Eignung dieser Ausbildung nicht bestritten, hält sie aber wegen der organisatorischen Zusatzbedingung nicht für normungsfähig.

5) Holzkonstruktion in nicht ausgebauten Dachgeschossen (Bild 3.81):

a) Die Gebäudehülle ist so ausgebildet, daß die Insekten keinen Zugang zum Dachraum und zu dort nicht einsehbaren Holzteilen haben.

b) Die Holzteile innerhalb des Dachraumes sind leicht einsehbar und damit kontrollierbar und werden von Zeit zu Zeit bezüglich eines evtl. sichtbaren Insektenbefalls beobachtet.

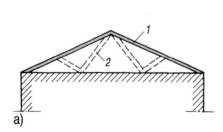
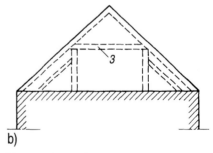

Bild **3.**81   Holzkonstruktionen der Gefährdungsklasse 0 in nicht ausgebauten Dachgeschossen
    a) mit insektenundurchlässiger Außenhülle (1) über das gesamte Dachgeschoß; Dachkonstruktion unzugänglich (2)
    b) das Dachgeschoß ist zugänglich, die Holzteile (3) sind leicht einsehbar und damit kontrollierbar

6) Holzbauteile in Naßbereichen (z. B. Duschenwände).

Eine unzuträgliche Feuchtebeanspruchung der Holzteile aus der Nutzung (im wesentlichen Schwallwasser) ist durch wasserdichte Oberflächen, auch im Bereich von Durchdringungen und Anschlüssen, dauerhaft zu verhindern; unabhängig davon sind kaltwasserführende Leitungen innerhalb des Bauteilquerschnitts mit einem Wärmeschutz zu versehen, um Tauwasserbildung zu vermeiden. Weitere Konstruktionshinweise werden in Abschn. 13.7 gegeben.

7) Dachlattung (Bild 3.82)

Dachlatten, Konterlatten, Traufbohlen oder dgl. sowie Dachschalungen bei den Dachquerschnitten nach Bild **3.**77 c bis e bedürfen keiner chemischen Behandlung, da bei diesen Teilen folgendes unterstellt werden kann:

a) Auf Grund ihrer Lage und ihres kleines Querschnitts ist auch gegenüber außerplanmäßig auftretender Feuchte eine große Austrocknungskapazität vorhanden, so daß Pilzwachstum nicht zu erwarten ist.

b) Zwar ist ein unkontrollierbarer Insektenbefall grundsätzlich möglich, jedoch eine Eiablage wegen der kleinen Querschnittsmaße wenig wahrscheinlich und nachfolgende Schäden wegen extremer Temperaturen im Sommer und Winter kaum zu erwarten.

c) Selbst bei starker Schädigung solcher kleinformatigen Teile wäre keine Gefahr für die Standsicherheit der Konstruktion und damit für die Sicherheit der Bewohner verbunden.

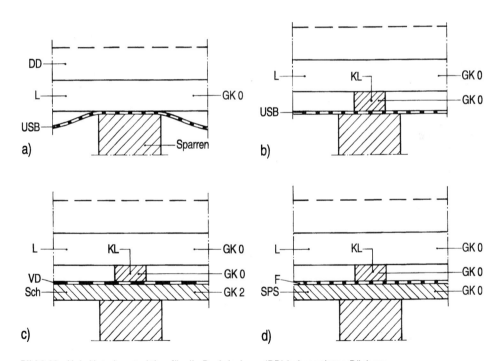

Bild **3.**82 Holz-Unterkonstruktion für die Dachdeckung (DD) bei geneigten Dächern

a) Dachlattung (L), b) Dachlattung und Konterlattung (KL), c) Dach- und Konterlattung mit beliebiger Vordeckung (VD) auf Schalung (Sch), d) offene Schalung (SPS) bei Dachquerschnitten nach Bild 3.77 c mit extrem diffusionsoffener Vordeckung (wobei offenbleiben soll, ob es sich hier um eine Dachschalung im Sinne von DIN 1052, d.h. um ein tragendes oder aussteifendes Teil handelt oder nicht, also ob DIN 68 800-3 überhaupt anzuwenden ist)

USB Unterspannbahn, F Folie mit $s_d \leq 0,02$ m

3.7.4 Holzwerkstoffe

3.7.4.1 Allgemeines

Unter Auswertung der zwischenzeitlich gewonnenen Erkenntnisse wurden in der jetzigen Neufassung von DIN 68800-2 gegenüber der letzten Ausgabe 1984 die zulässigen Anwendungsbereiche für Holzwerkstoffe derart verändert, daß pilzgeschützte Platten der Klasse 100 G im direkten oder indirekten Kontaktbereich zu Aufenthaltsräumen durch nicht geschützte Platten der Klasse 100, teilweise sogar der Klasse 20 ersetzt werden können, wenn die vorgegebenen konstruktiven Randbedingungen eingehalten werden. Dagegen ist es in Wohngebäuden oder vergleichbaren Gebäuden nicht mehr zulässig, in Anwendungsbereichen der Klassen 20 oder 100 die „höherwertige" Klasse 100 G zu verwenden.

Die Anforderungen an Holzwerkstoffe beziehen sich auf die Vermeidung von Schäden infolge feuchtebedingter Formänderungen sowie infolge Pilzwachstums. Dagegen geht von Insekten im allgemeinen keine Gefahr für die Holzwerkstoffe aus.

Schäden durch Pilze werden vermieden, wenn sichergestellt ist, daß die für das Pilzwachstum erforderliche Holzfeuchte nicht erreicht wird (bauliche Mittel) oder – sofern diese Bedingung nicht erfüllt werden kann – wenn die Platten pilzgeschützt sind (chemische Mittel).

Dagegen lassen sich feuchtebedingte Formänderungen, die bei Holzwerkstoffen wegen der Großflächigkeit einerseits und der ungünstigen Schwind- und Quellwerte andererseits für eine Konstruktion kritische Größenordnungen erreichen können, nur mit baulichen Mitteln ausreichend klein halten.

Unabhängig von der Plattenart und der Klasse der Holzwerkstoffe sind sie während des Einbaus und danach unverzüglich vor Niederschlägen zu schützen.

Die Definition der den Holzwerkstoffklassen entsprechenden Plattentypen ist für Spanplatten und Bau-Furniersperrholz aus den Abschn. 2.4.1.2 bzw. 2.4.2.3 ersichtlich.

Tafel **3.16**   Höchstwerte der Plattenfeuchte nach DIN 68800-2 für die einzelnen Holzwerkstoffklassen

Holzwerkstoffklasse	max u (%)
20	15[1]
100	18
100 G	21

[1]) Für Holzfaserplatten: max u = 12%.

In der Norm werden für die wesentlichen Anwendungsbereiche der Platten die jeweils erforderlichen Holzwerkstoffklassen genannt (siehe Tafel **3.17**). Für alle dort nicht genannten Anwendungsfälle – und nur dann! – ist der Nachweis zu führen, daß die Bedingungen nach Tafel **3.16** bezüglich der Plattenfeuchte für die einzelnen Holzwerkstoffklassen erfüllt werden.

Den Angaben in Tafel **3.16** liegen folgende Versagenskriterien der einzelnen Holzwerkstoffklassen zugrunde:

20   Bei $u > 15\%$ Versagen der Verleimung möglich.

100   Bei $u > 18\%$ Möglichkeit des Pilzbefalls (dieser Wert korrespondiert mit dem für Vollholz vorgegebenen Wert $u_1 > 20\%$, da die Plattenfeuchte auf die – wegen des Leimanteils – höhere Rohdichte bezogen ist, die Feuchte der Holzpartikel also entsprechend größer ist).

100 G   Bei $u > 21\%$ Möglichkeit unzulässig großer Formänderungen der Platten; daher gilt diese Grenze auch für das feuchteschutztechnisch höher einzustufende Bau-Furniersperrholz 100 G (s. Abschn. 2.4.2.3).

3.7.4.2 „Kritische" Anwendungsbereiche für Holzwerkstoffe

Die Verwendung von Holzwerkstoffen für tragende oder aussteifende Zwecke ist in den nachfolgend unter a) bis e) genannten „kritischen" Bereichen nach der Neufassung von DIN 68800-2 nicht mehr zulässig. In den früheren Ausgaben der Norm war hier zumeist noch die Holzwerkstoffklasse 100 G möglich; tatsächlich wurde sie hier jedoch nur selten eingesetzt, da auch ein chemischer Holzschutz die großen, nachteiligen Formänderungen der Platten in keinem Fall verhindern kann:

a) Direkt beschichtete, den Niederschlägen ausgesetzte Holzspanplatten nach DIN 68763 (Bild **3**.83); ausgenommen hiervon sind werksseitig vorgefertigte Außenwände für Fertighäuser.

b) Holzwerkstoffe mit direkt aufgebrachtem wasserabweisendem Belag (z.B. Fliesen) in Bereichen mit starker direkter Feuchtebeanspruchung der Oberflächen (z.B. Duschen) (vgl. Bild **3**.84c).

c) Holzwerkstoffe in Neubauten mit sehr hoher Baufeuchte (z.B. im Massivbau mit sehr hoher Feuchteabgabe), sofern nicht sichergestellt ist, daß die Plattenfeuchte ständig $u \le 18\%$ beträgt, was z.B. durch intensive Belüftung der Räume während der Bauphase erreicht werden könnte.

d) Holzwerkstoffe in Räumen, in denen eine längerfristig wirkende relative Luftfeuchte von etwa $\varphi \ge 80\%$ nicht ausgeschlossen werden kann (z.B. im Stallbau).

3.7.4.3 Zulässige Anwendungsbereiche für Holzwerkstoffe

In Tafel **3**.17 sind die zulässigen Anwendungsbereiche der einzelnen Holzwerkstoffklassen entsprechend der Neuausgabe von DIN 68800-2 zusammengefaßt und – zur besseren Beurteilung der erfolgten Veränderungen – den früheren Anforderungen der Ausgabe 1984 gegenübergestellt.

Man erkennt sofort, daß es gelungen ist, die Klasse 100 G aus allen Bereichen herauszunehmen, die mit der Raumluft von Aufenthaltsräumen in Wohngebäuden oder dgl. unmittelbar oder mittelbar im Kontakt stehen; die Anwendung von 100 G im Falle des Bildes **3**.84 f2) bedeutet keinen Widerspruch dazu, da es sich dabei nur um Flachdächer über unbeheizten Räumen (in aller Regel Lagerhallen oder dgl.) handeln kann.

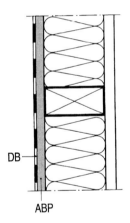

Bild **3**.83 Kritischer Anwendungsbereich für Holzwerkstoffe:

Außenbeplankung ABP aus Spanplatten nach DIN 68 763 mit Direktbeschichtung DB

Bei der raumseitigen Beplankung von Wänden, Decken oder Dächern „allgemein" nach Tafel **3**.17, Zeile a1 (Bild **3**.84 a1) sind angrenzende Räume mit „üblichem Wohnklima" oder vergleichbare Räume gemeint, also z.B. alle Aufenthaltsräume in Wohngebäuden, einschließlich der Küchen und Bäder (Naßbereiche entsprechend Zeile c und Bild **3**.84 c jedoch ausgenommen), sowie vergleichbare Räume in Verwaltungsbauten, Schulen und Kindergärten, aber auch nicht ausgebaute Dachräume von Wohngebäuden gehören dazu.

Tafel **3.17**   Erforderliche Holzwerkstoffklassen nach der Neufassung von DIN 68800-2 in Abhängigkeit von den Anwendungsbereichen und der konstruktiven Ausbildung der Bauteile, im Vergleich dazu die überholten Anforderungen der Ausgabe 1984

Bild **3.84**	Anwendungsbereich	Holzwerkstoffklasse	
		Ausgabe 1984	Neufassung der Norm
a	Raumseitige Beplankung von Wänden, Decken oder Dächern		
	1. allgemein (Bild a1)	20	20
	2. obere Beplankung oder Schalung in Geschoßdecken (a2)		
b	Obere Beplankung oder Schalung von Decken unter nicht ausgebauten Dachgeschossen		
	1. Decke belüftet		
	a) ständig (Bild b1)	20	20
	b) temporär (im Winter) (b2)[3]	–	20
	2. Decke nicht belüftet		
	a) Ohne ausreichende Dämmstoffauflage (b3)	100 G	(100)[1]
	b) Mit ausreichender Dämmstoffauflage ($1/\Lambda \geq 0,75$ m^{2}K/W) (b4)	20	20
c	Bereiche mit starker, direkter Feuchtebeanspruchung der Oberfläche (z. B. in Duschen)	100 G	– [2]
d	Außenbeplankung von Außenwänden		
	1. Hohlraum zwischen Außenbeplankung und Vorhangschale (Wetterschutz)		
	a) belüftet (Bild d1)	100	
	b) nicht ausreichend belüftet, diffusionsoffene, wasserableitende Abdeckung der Beplankung (d2)	100 G	
	2. Auf der Beplankung direkt aufliegendes Wärmedämm-Verbundsystem (d3)	100 G	100
	3. Mauerwerk-Vorsatzschale, Hohlraum im Sinne von DIN 4108 nicht ausreichend belüftet, Abdeckung der Beplankung mit		
	a) wasserableitender Schicht mit ca. $s_d \geq 1$ m (d4)	100 G	
	b) Hartschaumplatte, mindestens 30 mm dick (d5)	100 G	
e	Obere Beplankung von Dächern, tragende oder aussteifende Dachschalung		
	1. Dachquerschnitt unterhalb der Beplankung oder Schalung belüftet		
	a) geneigtes Dach mit Dachdeckung (Bild e1)		100
	b) Flachdach mit Dachabdichtung (e2)		(100 G)[1]
	2. Dachquerschnitt oberhalb der Schalung oder Beplankung belüftet, Holzwerkstoffe oberseitig mit wasserabweisender Folie oder dgl. abgedeckt (e3)	100 G	(100 G)[1]
	3. Dachquerschnitt beiderseits der Beplankung oder Schalung nicht belüftet, Wärmeschutz überwiegend oberhalb der Beplankung (e4)		100
f	Obere Beplankung von Dächern sowie tragende oder aussteifende Dachschalung, mit der Raumluft in Verbindung stehend		
	1. mit aufliegender Dämmschicht, z. B. Wohnungsbau (f1)	100 G	20
	2. ohne Dämmschicht, z. B. Flachdächer über unbeheizten Hallen (f2)		100 G

[1] Von einer solchen Ausbildung ist im allgemeinen abzuraten, da ungewollt auftretende Feuchte, z. B. Tauwasserbildung infolge Wasserdampf-Konvektion, nie ganz ausgeschlossen werden kann; daher erforderliche Holzwerkstoffklasse in (); vgl. jedoch konstruktive Möglichkeit nach Bild **3.79** b).

[2] In diesem Bereich ist der Einsatz von Holzwerkstoffen für tragende oder aussteifende Zwecke unzulässig.

[3] Dieser Anwendungsfall ist in der Norm nicht enthalten, ist hier also nur sinngemäß eingereiht.

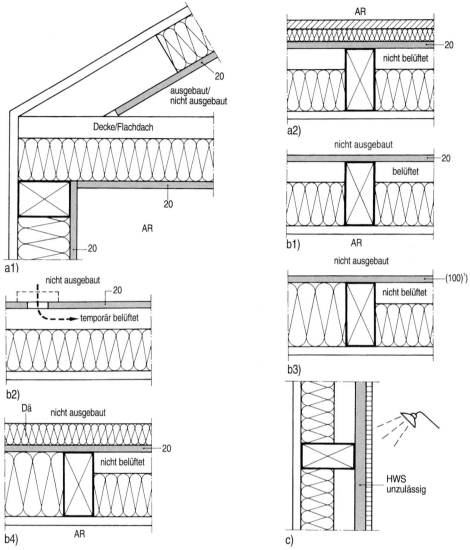

Bild **3.84** Erforderliche Holzwerkstoff-Klassen für tragende oder aussteifende Beplankungen oder Schalungen (Fortsetzung s. S. 114/115)

    a1) raumseitige Beplankung von Wänden, Decken, Dächern zu Aufenthaltsräumen AR (ein-
         schließlich Küche und Bad) und zu nicht ausgebauten Dachräumen oder dgl.
    a2) obere Beplankung von Geschoßdecken mit Fußboden-Auflage
    b)   obere Beplankung oder Schalung von Decken unter nicht ausgebauten Dachgeschossen
    b1) Decke belüftet
    b2) Decke temporär belüftet, nur im Winter erforderlich (dieser Anwendungsfall ist in der Norm
         nicht enthalten, ist hier also nur sinngemäß eingereiht)
    b3) Decke nicht belüftet [1]
    b4) nicht belüftete Decke mit Dämmschicht-Auflage Dä
    c)   Beplankung in Bereichen mit starker, direkter Feuchtebeanspruchung der Oberflächen (z.B.
         Duschen)[2]

[1][2] s. Tafel **3.17**

Bild **3.**84, Fortsetzung

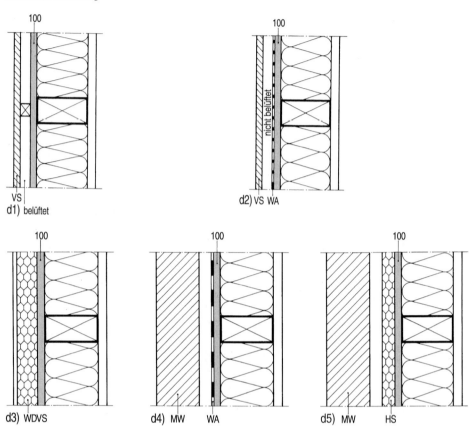

d1) belüftet

d2) VS WA

d3) WDVS

d4) MW WA

d5) MW HS

Bild **3.**84 d) Außenbeplankung von Außenwänden
       d1) mit Vorhangschale (VS), hinterlüftet
       d2) mit Vorhangschale (VS), nicht hinterlüftet, Beplankung außen wasserabweisend abgedeckt
            (WA)
       d3) mit außenliegendem Wärmedämm-Verbundsystem (WDVS)
       d4) mit Mauerwerk-Vorsatzschale (MW), Außenbeplankung wasserabweisend abgedeckt (WA),
            Ausbildung der Luftschicht nach DIN 1053-1, 8.4.3.2
       d5) mit Mauerwerk-Vorsatzschale, Außenbeplankung mit Hartschaumplatten (HS) abgedeckt,
            Ausbildung der Luftschicht nach DIN 1053-1, 8.4.3.2

Bild **3**.84, Fortsetzung

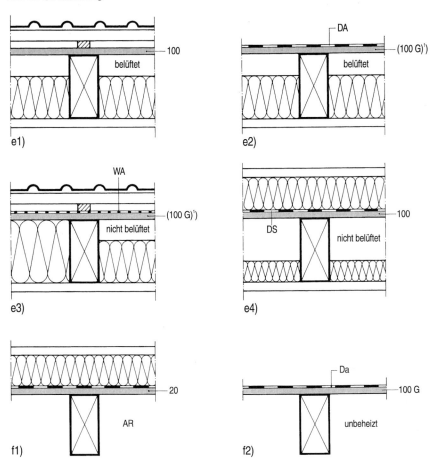

Bild **3**.84 e) obere Beplankung von Dächern oder tragende oder aussteifende Dachschalung
  e1) geneigtes Dach mit Dachdeckung, Beplankung unterlüftet
  e2) Flachdach mit direkt aufliegender Dachabdichtung (DA), Beplankung unterlüftet [1]
  e3) geneigtes Dach, nicht belüftet, Dachhaut unterlüftet, WA wasserableitende Schicht [1]
  e4) geneigtes Dach oder Flachdach, nicht belüftet, Dampfsperre (DS) und überwiegender Wärmeschutz oberhalb der Beplankung
  f1) mit der Raumluft von Aufenthaltsräumen AR in Verbindung stehende obere Beplankung oder Dachschalung von geneigten oder Flachdächern
  f2) mit der Raumluft in Verbindung stehende obere Beplankung oder Dachschalung (unter Dachabdichtung Da) von Flachdächern ohne aufliegende Dämmschicht (z.B. bei Lagerhallen; bei beheizten Räumen aus wärmeschutztechnischen Gründen unzulässig)

[1] s. Tafel **3**.17

4 Wände in Holztafelbauart; Bemessung

4.1 Allgemeines

Auf die Grundlagen für die Bemessung und statisch-konstruktive Ausbildung von Dächern, Decken und Wänden in „handwerklicher" Bauart wird hier nicht eingegangen, da diese Regeln seit langer Zeit einschlägig bekannt sind und hierfür auch ausreichende Fachliteratur zur Verfügung steht.

Dagegen soll die Holztafelbauart näher erläutert werden (Begriffe siehe Abschn. 3.2.1). Hierzu kann getrost auch die sogenannte »Holzrahmenbauart« gezählt werden; hinter diesem, seit einigen Jahren in Deutschland verwendeten Begriff verbirgt sich nichts anderes als die Holztafelbauart.

Die Holztafelbauart darf – unter Beachtung der Festlegungen in DIN 1052 – im Hochbau allgemein angewendet werden. Sie hat sich nicht nur bei Ein- und Zweifamilienhäusern sowie bei vergleichbaren öffentlichen Gebäuden, wie Schulen und Kindergärten, sondern auch bei der Herstellung von Hallenbauten unterschiedlicher Nutzung bewährt.

Bei der Verwendung von Holztafeln ausschließlich für Holzhäuser bis zu drei Vollgeschossen nach DIN 1052-3 besteht darüber hinaus die Möglichkeit, gegenüber Teil 1 vereinfachende Nachweise für die Bemessung anzuwenden und auch andere Werkstoffe (z. B. weitere Holzwerkstoffe, Bretterschalungen für die Beplankung) einzusetzen.

Die Herstellung und Anwendung von Wandtafeln unter Verwendung anderer Beplankungswerkstoffe, z. B. Gipsbauplatten und mineralisch gebundener Spanplatten, sind durch allgemeine bauaufsichtliche Zulassungen geregelt.

4.2 Anforderungen

4.2.1 Baustoffe

4.2.1.1 Rippen

Rippen aus Bauschnittholz (s. Abschn. 2.2) müssen mindestens der Güteklasse II, d. h. der Sortierklasse S 10 (MS 10) nach DIN 4074-1 entsprechen, die in der Baupraxis fast ausnahmslos eingesetzt wird. Bezüglich der Begrenzung der Baumkanten sind jedoch die Bedingungen der Klasse S 13 (MS 13) einzuhalten. Zusätzlich muß die Mindestdicke (24 mm) frei von Baumkante sein; ferner dürfen bei Rippen unter Beplankungsstößen beiderseits des Stoßes auf je 24 mm Dicke, bei verleimten Tafeln (ausgenommen Nagelpreßleimung) auf je 12 mm Dicke keine Baumkanten vorliegen (s. auch Bild **4.1**).

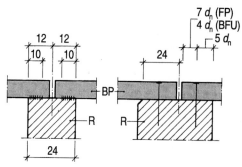

Bild **4.1**
Mindestmaße in mm unter Beplankungsstößen auf Holzrippen bei verleimten und genagelten Tafeln
BP Beplankung, R Rippe

Diese Begrenzungen der Baumkanten sollen die volle Tragfähigkeit der Verbindungsmittel zwischen Beplankungen und Rippen gewährleisten. Mindestabmessungen der Rippen:

— Dicke $d \geq 24$ mm

— Querschnittsfläche $A \geq 14$ cm^2.

Auf Rippen aus Holzwerkstoffen, die nach DIN 1052 bei verleimten Tafeln in Teilbereichen eingesetzt werden dürfen, wird an dieser Stelle nicht eingegangen, da sie in der Praxis nicht vorkommen, s. jedoch Abschn. 4.2.2 und Bild **4.3**.

4.2.1.2 Beplankungen

4.2.1.2.1 Allgemeines

Als Beplankungen für die allgemeine Anwendung der Tafeln, d. h. nach DIN 1052-1, dürfen nur Spanplatten und Bau-Furniersperrholz verwendet werden (s. auch Abschnitte 2.4 und 2.5).

Nach DIN 1052-3 dürfen für Holzhäuser in Tafelbauart folgende weitere Beplankungen eingesetzt werden: Harte und mittelharte Holzfaserplatten, die aber so gut wie nicht verwendet werden, sowie Asbestzement-Tafeln, die inzwischen aus dem Verkehr gezogen worden sind. Desweiteren sind Wandtafeln mit diagonaler Bretterschalung (deren Mitwirkung jedoch auf die Scheibenwirkung beschränkt bleibt) möglich, wovon offensichtlich bisher kein Gebrauch gemacht wurde.

Dagegen dominieren heute – zumindest für Holzhäuser in Tafelbauart – Wandtafeln unter Verwendung von Gipskartonplatten oder Gipsfaserplatten, seltener von mineralisch gebundenen Spanplatten, deren Einsatz und Nachweis über allgemeine bauaufsichtliche Zulassungen geregelt ist, da sie in DIN 1052 nicht erfaßt werden (nach DIN 1052-3 dürfen lediglich Gipskartonplatten eingesetzt werden, jedoch zunächst nur zur Knickaussteifung von Wandrippen).

4.2.1.2.2 Mindestdicken

Für die Beplankungen müssen nach DIN 1052-1 oder -3 oder nach der jeweiligen allgemeinen bauaufsichtlichen Zulassung (BAZ) folgende Mindestdicken eingehalten werden:

— Spanplatten   8 mm   (T1)
— Bau-Furniersperrholz   6 mm   (T1)
— Harte Holzfaserplatten   4 mm   (T3)
— Mittelharte Holzfaserplatten   6 mm   (T3)
— Gipskartonplatten   12,5 mm   (BAZ)
— Gipsfaserplatten   10 mm   (BAZ)
— Zementgebundene Spanplatten   8 mm   (BAZ)

Des weiteren fordert z. B. DIN 1052 zur Begrenzung klimatisch bedingter Formänderungen die Plattendicke $d \geq 1/50 \cdot$ lichter Rippenabstand b für Holzwerkstoffe, die in der Praxis zumeist überschritten wird.

Unabhängig davon hängt die einzuhaltende Mindestdicke von Holzwerkstoffen auch noch vom Verbindungsmittel ab. Für Nägel mit $d_n \leq 4{,}2$ mm sind in DIN 1052-2 folgende Mindestdicken d festgelegt, in ( ) die Angaben für Klammern:

— Spanplatten $4{,}5 \cdot d_n$[1] (8 mm)
— Bau-Furniersperrholz $3 \cdot d_n$ (6 mm)
— mittelharte Holzfaserplatten $4{,}5 \cdot d_n$[1] (6 mm)
— harte Holzfaserplatten $2 \cdot d_n$ (6 mm)

---

[1] Verminderung bis auf $3 \cdot d_n$ ist möglich, wenn die zulässige Nagelbelastung im Verhältnis Plattendicke $d/(4{,}5 \cdot d_n)$ gemindert wird.

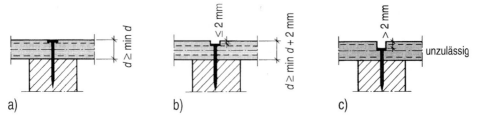

a)   b)   c)

Bild **4.2** Mindestens einzuhaltende Plattendicken *d* in Abhängigkeit von der Anordnung der Nägel (Klammern)

a) bündig, b) versenkt, c) unzulässige Anordnung

Diese Mindestplattendicken gelten für den bündigen Abschluß des Nagelkopfes oder Klammerrückens mit der Plattenoberfläche. Bei versenkter Anordnung (höchstens 2 mm zulässig) gelten um 2 mm größere Mindestplattendicken (Bild **4.2**).

4.2.2 Tragende Verbindungen

Als Verbindungsmittel zwischen Beplankung und Rippe kommen praktisch nur Nägel oder Klammern sowie die Verleimung, auch die Nagelpreßleimung (Festlegungen siehe DIN 1052-1, Abschn. 12.5), zur Anwendung.

Bei Rippen aus Holz bestehen – auch unter Beplankungsstößen – keine grundsätzlichen Einschränkungen. Da die Mindestbreite der Leimfläche zwischen Rippe und Beplankung 10 mm beträgt, sind bei verleimten Tafeln bereits Beplankungsstöße auf 24 mm breiten Holzrippen zulässig (s. Bild **4.1**), was aber in der Praxis nicht ausgenutzt wird.

Bei Rippen aus Holzwerkstoffen (s. Bild **4.3**) ist nur das Aufleimen von Holzwerkstoffbeplankungen ohne Stöße zulässig (a); unzulässig sind mechanische Verbindungsmittel (b) sowie grundsätzlich Beplankungsstöße, auch bei verleimten Tafeln (c); in den Fällen b) und c) bestünde die Gefahr des Aufreißens der Holzwerkstoffrippen (Spanplatten), zum einen durch die Spaltwirkung der mechanischen Verbindungsmittel, zum anderen unter Beplankungsstößen infolge späteren Schwindens der Beplankung. Wegen all dieser Einschränkungen sind Holzwerkstoffrippen für die Praxis uninteressant.

Die zulässige Belastung von Nägeln und Klammern auf Abscheren für den Anschluß von Beplankungen aus genormten Holzwerkstoffen an Nadelholz ist die gleiche wie für die Verbindung Holz – Holz, nämlich im Lastfall H:

$$\text{für Nägel} \qquad \text{zul } N_1 = \ 500 \cdot d_n^2/(10 + d_n) \text{ in N} \qquad (4.1\,\text{a})$$

$$\text{für Klammern} \quad \text{zul } N_1 = 1000 \cdot d_n^2/(10 + d_n) \text{ in N} \qquad (4.1\,\text{b})$$

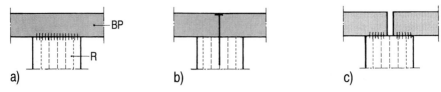

a)   b)   c)

Bild **4.3** Anschluß von Holzwerkstoff-Beplankungen BP an Rippen R aus Holzwerkstoffen

a) Aufleimen zulässig
b) mechanische Verbindungsmittel unzulässig
c) Beplankungsstöße generell unzulässig

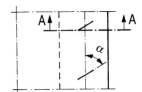
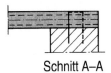

Bild **4.4**
Winkel α zwischen Klammerrükken und Holzfaserrichtung; keine Abminderung der zulässigen Klammer-Belastung für $\alpha \geq 30°$, Abminderung um $^1/_3$ für $\alpha < 30°$

Schnitt A–A

mit d_n als Nagel- oder Drahtdurchmesser der Klammer in mm. Die zulässige Belastung von Klammern ist um $^1/_3$ abzumindern, wenn der Winkel α zwischen Klammerrücken und Holzfaserrichtung weniger als 30° beträgt (Bild **4.4**).

Die zulässige Tragfähigkeit der Verbindungsmittel für Beplankungen mit allgemeiner bauaufsichtlicher Zulassung ist dort geregelt, hat aber zumeist die gleiche Größe wie oben angegeben.

Die Erhöhung der zulässigen Belastungen der Verbindungsmittel für die einzelnen Lastfälle darf auch bei Holzwerkstoffbeplankungen in gleicher Weise wie für Vollholz vorgenommen werden. Dagegen gelten die Bestimmungen von DIN 1052-2, 6.2.9, nicht für die Holztafelbauart, d.h. es muß weder die zulässige Nagelbelastung bei mehr als 10 hintereinanderliegenden Nägeln abgemindert werden, noch ist bei mehr als 30 hintereinanderliegenden Nägeln die wirksame Nagelzahl auf 30 zu begrenzen.

Voraussetzung für die Anwendung der Gl (4.1) ist, daß nicht nur die Mindestwerte für die Plattendicke (s. Abschn. 4.2.1.2.2), sondern auch für den Abstand der Verbindungsmittel eingehalten sind. Für Nägel und Klammern gelten (Bild **4.5**):

— Mindestabstand untereinander min $e = 5 \cdot d_n$

— Höchstabstand untereinander — in ( ) für Klammern —

 a) tragende Beplankungen   max $e = 40 \cdot d_n$ $(80 \cdot d_n)$

 b) tragende Beplankungen auf Wand-Mittelrippen max $e = 80 \cdot d_n$

 c) aussteifende Beplankungen   max $e = 80 \cdot d_n$

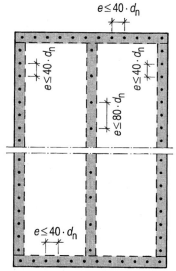

Bild **4.5** Erhöhung des Größtabstands von Nägeln beim Anschluß tragender Holzwerkstoff-Beplankungen an Mittelrippen von Wandtafeln

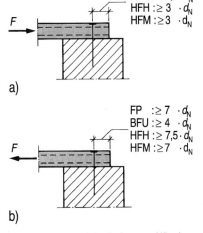

Bild **4.6** Mindest-Randabstände von Nägeln und Klammern bei genormten Holzwerkstoffen

a) unbeanspruchter, b) beanspruchter Rand

Mindestwerte für den Randabstand von Nägeln und Klammern s. Bild **4**.6, sofern nicht wegen des Holzes größere Abstände einzuhalten sind.

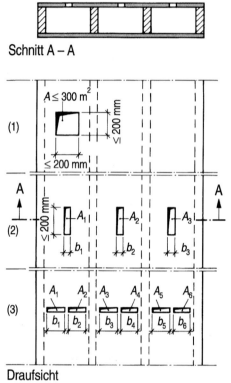

Schnitt A – A

Draufsicht

4.2.3 Querschnittsschwächungen

Die Größe und Lage von Aussparungen in mittragenden Beplankungen ist zur Vermeidung unzulässiger Spannungsüberschreitungen im gestörten Bereich wie folgt begrenzt: Aussparungen in mittragenden Beplankungen dürfen beim Nachweis der Spannungen vernachlässigt werden, wenn auf einer Fläche von 2,5 m² einer Tafel die Gesamtfläche aller Aussparungen höchstens 300 cm² beträgt, wobei die größte Ausdehnung der einzelnen Öffnung oder aber die Summe aller Aussparungsbreiten innerhalb desselben Querschnitts einer Tafel 200 mm nicht überschreiten darf (Bild **4**.7).

Die Festlegungen gelten für auf Druck oder Biegung beanspruchte Tafeln sowie für einseitig beplankte Wandscheiben. Sie sollten jedoch – sofern kein Nachweis durch Versuche erfolgt – auch bei beidseitig beplankten Wandscheiben beachtet werden, obwohl dort die Spannungen in den Beplankungen nicht nachgewiesen werden. In Bild **4**.7 sind mehrere Möglichkeiten für die Anordnung von Aussparungen beispielhaft dargestellt.

Bild **4**.7 Beispiel für Aussparungen in mittragenden Beplankungen für Tafelbereiche von jeweils 2,5 m²; Vernachlässigung der Aussparungen beim Spannungsnachweis
Erklärung:

(1) Aussparung zulässig

(2) Aussparung zulässig, wenn

$$\sum_1^3 b_i \leq 200 \text{ mm und } \sum_1^3 A_i \leq 300 \text{ cm}^2$$

(3) Aussparungen nicht zulässig, wenn

$$\sum_1^6 b_i > 200 \text{ mm},$$

auch wenn $\sum_1^6 A_i \leq 300 \text{ cm}^2$

4.2.4 Ausführung der Tafeln

Im Kopf- und Fußbereich von Tafeln für Wandscheiben sind stets waagerechte Rippen anzuordnen (Bild **4**.8). In Deutschland liegen noch keine Erfahrungen mit Wandtafeln ohne solche waagerechten Rippen vor, zumal sie dann einige grundsätzliche konstruktive Nachteile aufweisen würden.

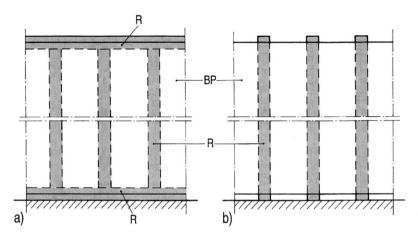

Bild **4**.8 Ausbildung von Wandtafeln

a) Begrenzung einer Tafel durch lotrechte und waagerechte Rippen, b) Tafeln ohne waagerechte Kopf- und Fußrippe sind nach DIN 1052 nicht zulässig

BP Beplankung, R Rippe

Quer zu den Rippen verlaufende Stöße von Beplankungen bei Tafeln mit Belastung rechtwinklig zur Plattenebene sind zur Übertragung der Querkräfte entsprechend zu verbinden, entweder direkt durch Verwendung von gespundeten Platten oder mit Nut-Feder-Verbindung oder indirekt durch geeignete Auflagen oder Abdeckungen (siehe Bild **4**.9). Diese Maßnahmen sind bei Beplankungen grundsätzlich dann zu empfehlen, wenn nachteilige Auswirkungen von klimatisch bedingten Relativverschiebungen zwischen benachbarten Plattenrändern vermieden werden sollen.

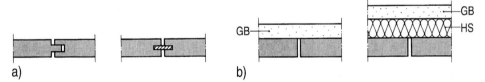

Bild **4**.9 Ausbildung von Beplankungsstößen zur Querkraftübertragung rechtwinklig zur Plattenebene

a) direkte Übertragung durch gespundete Plattenränder oder Nut-Feder-Verbindung

b) Übertragung durch geeignete Abdeckungen (Beispiele)

GB Gipsbauplatte, HS Hartschaumplatte

4.3 Berechnungsgrundlagen

Die in DIN 1052 enthaltenen Berechnungsgrundlagen für Wandtafeln, von denen nachstehend die wesentlichsten erläutert werden, basieren zum großen Teil auf experimentellen Untersuchungen.

4.3.1 Knickaussteifung

Die Aussteifung von Rippen gegen seitliches Ausweichen (Knicken, Kippen) ist bei beidseitiger Beplankung stets, bei einseitiger Beplankung dann gewährleistet, wenn das Seitenverhältnis des Rippenquerschnitts $d/b \leq 4$ ist (Bild **4**.10).

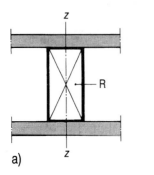 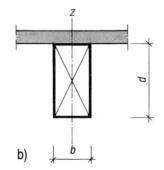

Bild **4.**10
Knick- oder Kippaussteifung von Rippen R um z-Achse bei beidseitiger Beplankung (a) immer, bei einseitiger Beplankung (b) dann gegeben, wenn $d/b \leq 4$

Wird die Tafel als Verbundquerschnitt berechnet (Beispiel s. Abschn. 4.6), dann darf – abweichend von DIN 1052-1, Abschn. 9.3.3.2 – die Knickzahl des Rippenwerkstoffes als für den Tafelquerschnitt maßgebender Wert eingesetzt werden.

4.3.2 Rippendruckkräfte D_i infolge lotrechter Einzellasten F_V

Die auf ein Raster (Definition s. Abschn. 4.3.3) insgesamt entfallende Last F_V mit beliebiger Laststellung (Bild **4.**11) darf rechnerisch auf die Rippen und Beplankungen entsprechend der zulässigen Tragfähigkeit der einzelnen Tragglieder verteilt werden, und zwar unabhängig davon, ob die Tafel als Verbundquerschnitt oder über den vereinfachten Nachweis bemessen wird.

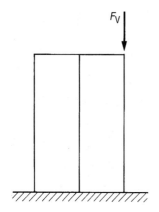 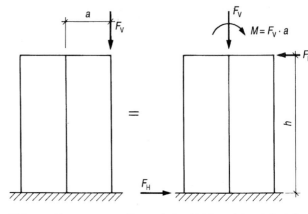

Bild **4.**11 Beliebige Laststellung F_V für Einraster-Tafel

Bild **4.**12 Versatzmoment $F_V \cdot a$ steht im Gleichgewicht mit Reaktions-Moment $F_H \cdot h$

Das gilt jedoch nicht mehr für Einzellasten von etwa $F_V > 20$ kN bei beidseitiger oder $F_V > 10$ kN bei einseitiger Beplankung, die dann den nächstliegenden lotrechten Rippen zuzuweisen sind. Solche Lasten sollten – zumindest bei genagelten Tafeln – ohnehin nur über den lotrechten Rippen angeordnet werden, um größere Nagelverformungen zu verhindern.

Nach DIN 1052 ist es zulässig, nicht nur eine vorhandene beliebige Laststellung für ein Wandraster rechnerisch in eine symmetrische umzuwandeln, sondern diese Last auch noch auf das gesamte Raster zu verteilen; dies ist auf Versuchsergebnisse zurückzuführen und kann wie folgt begründet werden: Da bei Konstruktionen in Holztafelbauart eine Einraster-Tafel nicht völlig freistehend angeordnet, sondern mit anderen Tafeln verbunden ist, wird das Versatzmoment aus der Exzentrizität von F_V durch ein im Kopf- und Fußpunkt wirkendes horizontales Kräftepaar (Reaktionskräfte) kompensiert (Bild **4.**12), dessen Aufnahme jedoch nicht nachgewiesen zu werden braucht; die Verteilung von F_V auf das gesamte Raster ist eine Folge der großen Steifigkeit der Beplankung in Wandebene.

In nahezu allen Standard-Situationen wird die zulässige Tragfähigkeit von Wandscheiben, die also durch Lasten F_V und F_H beansprucht werden, durch das Kriterium »Schwellenpressung« unter der infolge F_H druckbeanspruchten Randrippe bestimmt. Deshalb ist – wieder unabhängig davon, wie der eigentliche Tafelquerschnitt bemessen wird – die Verteilung der Last F_V auf das gesamte Raster besonderes wirtschaftlich.

Die zulässige Belastung zul D_{Bepl} der Beplankung ergibt sich aus der Tragfähigkeit der Verbindungsmittel zwischen Fußrippe und Beplankung. Bei verleimten Tafeln darf der auf die Beplankung entfallende Anteil jedoch nicht größer sein, als er sich aus der zulässigen Druckspannung der Beplankung ergibt.

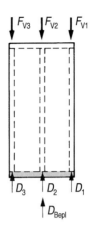

Bild **4.**13
Die Gesamtlast $\Sigma\, F_{Vi}$ eines Rasters wird auf die einzelnen Tragglieder Rippen (Rippendruckkräfte D_i) und Beplankung (Beplankungskraft D_{Bepl}) im Verhältnis der Einzeltragfähigkeiten verteilt

Die Verteilung der lotrechten Lasten bei beliebiger Laststellung auf Rippen und Beplankungen (Bild **4.**13) ist nur für eine Rasterbreite zulässig. Zur Definition von Einraster- und Mehrraster-Tafeln s. Abschn. 4.3.3.

Somit ergibt sich die vorhandene Druckkraft D_i der einzelnen Rippe infolge der Gesamtlast $\Sigma\, F_{Vi}$ für ein Raster aus dem Verhältnis der zulässigen Rippendruckkraft zul D_i zur zulässigen Gesamtlast zul D:

$$D_i = \Sigma\, F_{Vi} \cdot \text{zul}\, D_i / (\Sigma\, \text{zul}\, D_i + \text{zul}\, D_{Bepl}) \leq \text{zul}\, D_i \qquad (4.2)$$

Darin folgt zul D_i für die einzelnen Rippen entweder aus der Einhaltung der zulässigen Schwellenpressung (Gl 4.3) oder der zulässigen Knickspannung (Gl 4.4):

$$\text{zul}\, D_i = A_i \cdot \text{zul}\, \sigma_{D\perp} \cdot k_{D\perp} \qquad (4.3)$$

$$\text{zul}\, D_i = A_i \cdot \text{zul}\, \sigma_k \qquad (4.4)$$

wobei

für verleimte Tafeln zul $\sigma_k = $ zul σ_D/ω, für genagelte Tafeln zul $\sigma_k = $ zul $\sigma_D/$ef ω

4.3.3 Einraster- und Mehrraster-Tafeln (Definition)

Einraster-Tafeln können wie folgt definiert werden (s. Bild **4.**14):

a) Eine Einraster-Tafel wird in der Breite durch zwei Randrippen R begrenzt und enthält mindestens eine Mittelrippe M;

b) die Mindestbreite einer Einraster-Tafel beträgt $b = 0{,}60$ m; bei Rasterbreiten $b \leq 0{,}65$ m kann auf die Mittelrippe verzichtet werden;

c) die Höchstbreite einer Einraster-Tafel folgt entweder aus der Bedingung $b \leq 0{,}5 \cdot h$ oder

d) aus dem Abstand der lotrechten Beplankungsstöße S (kleinerer Wert aus c) und d) maßgebend).

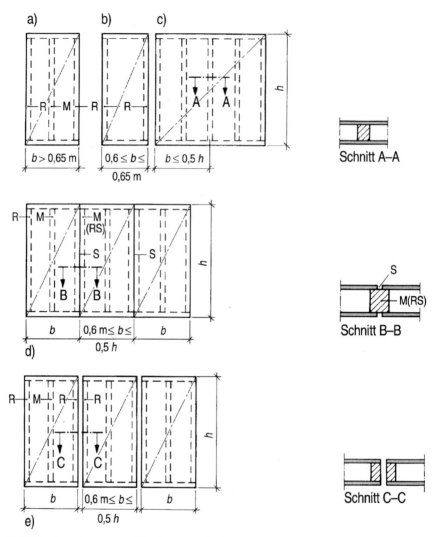

Bild **4.14** Bezeichnungen und Bedingungen für Tafeln

a) Einraster-Tafel mit $b > 0,65$ m
b) Einraster-Tafel mit $0,60 \leq b \leq 0,65$ m
c) Mehrraster-Tafel ohne Beplankungsstoß
d) Mehrraster-Tafel mit Beplankungsstoß auf gemeinsamer Mittelrippe (Rasterrippe RS)
e) Mehrraster-Tafel aus zusammengefügten Einraster-Tafeln

b Tafel(Raster)-Breite, M Mittelrippe, R Randrippe, S Beplankungsstoß

Die Begrenzung der Rasterbreite ist nicht nur bezüglich der Verteilung von F_V notwendig, sondern auch um bei Belastung durch F_H ausreichend sichere α_i-Werte für die Zwischenrippen zu gewährleisten (s. Tafel **4.1**); bei zu großer Breite einer Einraster-Tafel würden die tatsächlich beanspruchten Zwischenrippen wegen $\alpha_i = 0$ rechnerisch lastfrei bleiben. Bei Mehrraster-Tafeln, ausgenommen durch nachträgliches Zusammenfügen von Einraster-Tafeln nach Bild e gebildet, liegen zwischen den benachbarten

Rastern gemeinsame Randrippen (= Mittelrippen, häufig auch als »Rasterrippen« bezeichnet) vor.

Mehrraster-Tafeln mit n Rastern werden rechnerisch in Einraster-Tafeln zerlegt. Die Ermittlung der Rippen-Druckkräfte D_i im Bereich der Fußrippe erfolgt wie für Einraster-Tafeln für jede Rasterbreite getrennt. Bei gemeinsamer Rippe zwischen zwei benachbarten Rastern werden die Lasten F_{Vi} und der Rippenquerschnitt A_i rechnerisch je zur Hälfte auf beide Raster verteilt (s. auch Rechenbeispiele in Abschn. 4.6).

4.3.4 Mitwirkende Beplankungsbreite

Die mitwirkende Beplankungsbreite b', die bei der Bemessung von Wandtafeln bei weitem nicht die Bedeutung hat wie für Decken- und Dachtafeln, wird in Abschn. 5.2 eingehend behandelt.

4.3.5 Querschnittswerte

Die Querschnittswerte für Tafeln unter Einbeziehung der mittragenden Beplankung sind in Abschn. 5.2 beschrieben, da sie bei der Bemessung von Wandtafeln – wenn überhaupt – nur für die Ermittlung der Knickzahl ω einer auf Druck beanspruchten Tafel oder bei auf Biegung beanspruchten Tafeln (infolge Wind) herangezogen werden.

Dagegen sind die zulässigen Rippenabstände nach Abschn. 5.4 auch bei Wandtafeln stets einzuhalten.

4.3.6 Windlasten für die Bemessung von Wand- und Deckenscheiben

Die Größe der anzusetzenden Windlasten ergibt sich aus DIN 1055-4, Ausgabe 1986. Leider steht die inzwischen erarbeitete „Große Lösung" (DIN 1055-40) noch immer nicht zur Verfügung, nach der sich auf Grund von Windkanal-Messungen für Holzhäuser in Tafelbauart eine erhebliche Reduzierung der anzusetzenen Windlasten ergeben würde.

Die für den Nachweis von Scheiben anzusetzende, auf das Gesamtbauwerk einwirkende Windlast ergibt sich aus

$$W = c_f \cdot q \cdot A \quad \text{[kN]} \tag{4.5}$$

q Staudruck des Windes in kN/m²
c_f Kraftbeiwert
A Bezugsfläche des Bauwerks in m²

Der Staudruck beträgt bis zu einer Höhe über Gelände von $h = 8$ m: $q = 0,5$ kN/m², für $h = 8$ m bis 20 m: $q = 0,8$ kN/m².

Der Kraftbeiwert ist wie folgt anzusetzen (Bild **4.**15):

$h/b \leq 5 : c_{fx} = 1,3, c_{fy} = 0$ $h/a \leq 5 : c_{fx} = 0, c_{fy} = 1,3$
Sonderfall $a/b = 1$, Windwinkel $\beta = 45°$: $c_{fx} = c_{fy} = 0,8$

Bei geneigten Dächern über Wohngebäuden bis zu 2 Vollgeschossen oder vergleichbaren Gebäuden darf

$$c_f(\text{Dach}) = c_f \cdot \sin \alpha$$

angesetzt werden (Beispiel s. Bild c).

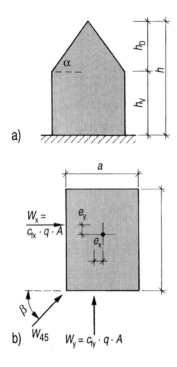

Bild **4.15**
Gebäudedaten für Ermittlung der Windlasten nach
DIN 1055-4 (Beispiel)

a) Ansicht Giebelseite, b) Grundriß mit Windlasten
W und Exzentrizitäten e, c) Abminderung des c_f-
Wertes im Dachbereich bei kleineren Gebäuden

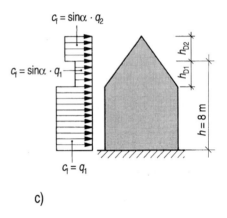

Allgemein ist nach DIN 1055-4 bei Gebäuden, die zur z-Achse nahezu symmetrisch
sind, von einer ungünstig wirkenden Ausmitte der Windlastresultierenden W_x oder W_y
in der Größe von $e_y = 0{,}1 \cdot b$ bzw. $e_x = 0{,}1 \cdot a$ auszugehen (Bild b), wodurch der Rechen-
aufwand vergrößert wird. Nach DIN 1052 Teil 3 jedoch darf bei Gebäuden bis zu 2
Vollgeschossen mit Dachgeschoß hierauf verzichtet werden, da Wandscheiben in Holztafelbauart über große Tragfähigkeitsreserven verfügen.

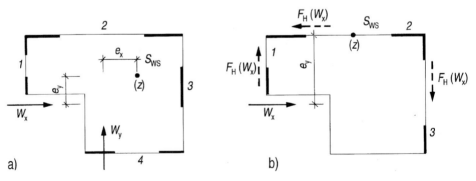

Bild **4.16** Exzentrizität e der Windlast W bei Gebäuden in Holztafelbauart bis zu 2 Vollgeschossen mit
Dachgeschoß in Abhängigkeit von der Anordnung der stützenden Wandscheiben (Prinzipbeispiel)
a) Wandscheiben in 4 umlaufenden Wänden: sowohl die Exzentrizität $e_x = 0{,}1 \cdot a$ und $e_y = 0{,}1 \cdot b$
nach DIN 1055-4 als auch die Exzentrizität der Windlast gegenüber dem Schwerpunkt S_{WS}
der Wandscheiben dürfen vernachlässigt werden
b) Wandscheiben nur in 3 umlaufenden Wänden; e_y gegenüber S_{WS} ist zu berücksichtigen

Aus demselben Grund braucht bei solchen Gebäuden auch die Exzentrizität $e_{x,y}$ nicht in Ansatz gebracht zu werden, wenn in mindestens 4 umlaufenden Wänden des Gebäudes Wandscheiben angeordnet sind (s. Bild **4.16**).

Die anzusetzende Gebäudefläche A ergibt sich allgemein, sofern nur rechteckige Angriffsflächen vorliegen, zu

$$A = h \cdot b \text{ (für } W_x) \text{ bzw. } A = h \cdot a \text{ (für } W_y)$$
$$\text{Sonderfall a/b = 1, } \beta = 45°, A = h \cdot a \text{ (für } W_x \text{ und } W_y)$$

Bezüglich der Windlast W_x ist bei den genannten kleineren Gebäuden die Gesamtfläche aufzuteilen in $A(\text{Vollgeschosse}) = h_V \cdot b$ und $A(\text{Dach}) = h_D \cdot b$ (Bild **4.15**a), und – sofern die Höhengrenze $h = 8\,\text{m}$ innerhalb des Dachbereiches liegt (Bild c) – die Dachfläche noch einmal entsprechend den Höhen h_{D1} und h_{D2}.

Die Windlasten für die Decken- und Wandscheiben in den einzelnen Geschossen sind bei Gebäuden in Holztafelbauart unter Berücksichtigung der jeweiligen Teilflächen zu ermitteln (s. Bild **4.17**).

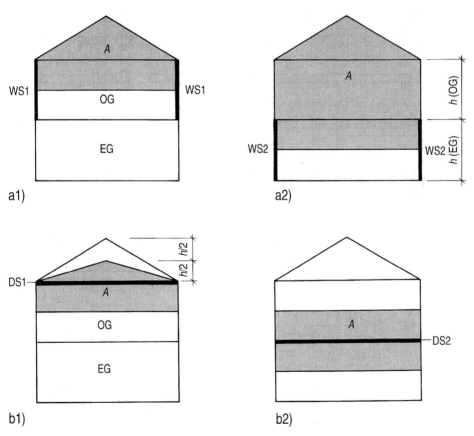

Bild **4.17** Maßgebende Teilflächen A (unterlegt) für Ermittlung der Windlasten W auf die einzelnen Scheiben, Beispiel für Wind auf Giebel (gilt analog für Wind auf Traufe)

a1) für Wandscheiben WS1 im Obergeschoß, a2) für Wandscheiben WS2 im Erdgeschoß, b1) für Deckenscheibe DS1 über Obergeschoß, b2) für Deckenscheibe DS2 über Erdgeschoß

4.4 Nachweis der Tragfähigkeit von Wandtafeln

4.4.1 Allgemeines

Wände in Holztafelbauart können folgende Lasten, einzeln oder kombiniert, aufnehmen (s. auch Bild **3**.3):

— F_V lotrechte Lasten aus aufliegenden Decken oder Dächern
— F_H waagerechte Lasten in Wandebene (Wandscheiben) aus aufliegenden Decken- oder Dachscheiben oder Verbänden
— w waagerechte Windlasten rechtwinklig zur Wandfläche

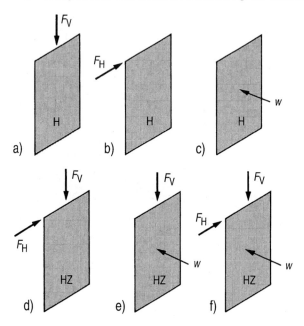

Bild **4**.18
Belastungsarten von Wandtafeln und zugehörende Lastfälle; der Fall f braucht in aller Regel nicht nachgewiesen zu werden

Sofern die einzelnen Lasten auftreten, sind für den Standsicherheitsnachweis der Wände folgende Belastungen zu berücksichtigen (Bild **4**.18):

a) F_V (Lastfall H)
b) F_H (Lastfall H) (bei fehlender Auflast)
c) w (Lastfall H) (bei fehlender Auflast)
d) $F_V + F_H$ (Lastfall HZ)
e) $F_V + w$ (Lastfall HZ)
f) $F_V + F_H + w$: Diese Kombination braucht nicht berücksichtigt zu werden, da sie nur im Fall „Wind über Eck" mit jeweils reduzierten Windlasten nach DIN 1055-4 auftritt und für die Bemessung von Wänden in Holztafelbauart nicht maßgebend ist.

Eine ungewollte Schrägstellung der Wände (vgl. DIN 1052-1, 9.6.4) braucht bei der Bemessung von Decken- und Wandscheiben nicht berücksichtigt zu werden, da zum einen für diese Bauteile kein Tragsicherheitsnachweis nach der Spannungstheorie II. Ordnung geführt wird, zum anderen hierbei solche Aussteifungskräfte gegenüber den Windlasten vernachlässigbar sind.

4.4.2 Lotrecht durch F_V belastete Wandtafeln, Allgemeines

Der Nachweis der Standsicherheit für eine Tafel (Einhaltung der zulässigen Spannungen der Werkstoffe und der zulässigen Tragfähigkeit der Verbindungsmittel) ist für den Wandquerschnitt sowie für den Anschluß lotrechte – waagerechte Rippen im Kopf- und Fußpunkt zu führen.

Bei auf Druck (infolge F_V) oder auf Druck und Biegung (infolge $F_V + w$) (s. Bild **4**.19) beanspruchten Tafeln kann auf zweierlei Art vorgegangen werden:

1. Berücksichtigung der Verbundwirkung von Beplankungen und Rippen, vgl. Bild **4**.20d sowie Rechenbeispiel in Abschn. 4.6

2. Ohne Berücksichtigung der Verbundwirkung, vgl. Bild **4**.20b und c sowie Rechenbeispiel in Abschn. 4.7.

Bei der Verbundwirkung wird die mitwirkende Beplankung bei der Ermittlung der Querschnittswerte (Fläche, Flächenmoment 2. Grades, Knickzahl) und damit für die Spannungsnachweise in Rechnung gestellt (s. Abschn. 4.6).

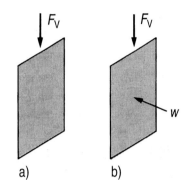

Bild **4**.19 Lotrecht belastete Wandtafeln
a) ohne, b) mit zusätzlicher Windbelastung rechtwinklig zur Wandebene

Beim vereinfachten Nachweis ohne Berücksichtigung der Verbundwirkung, der jedoch gegenüber dem umfangreicheren Nachweis für den Verbundquerschnitt in der Regel keine wirtschaftlichen Nachteile bringt, wird die Beplankung „nur" für folgende Funktionen in Rechnung gestellt:

a) Knickaussteifung der Rippen um die z-Achse (Bild **4**.20b)

b) Einleitung und Abtragung von D_{Bepl} im Bereich der oberen bzw. unteren waagerechten Rippe (Bild **4**.20c)

c) Zugdiagonalkraft Z infolge F_H bei einseitiger Beplankung

d) gleichmäßige Verteilung der Lasten F_{Vi}

e) Entlastung des Schwellenbereiches aus F_H durch Faktoren α

Dagegen wird der Stabilitätsnachweis für $F_V + w$ sowie für $F_V + F_H$ nur unter Berücksichtigung des Rippenquerschnitts geführt.

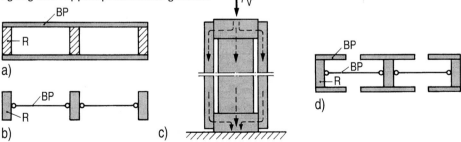

Bild **4**.20 Vereinfachter Nachweis für genagelte Wandtafeln mit Belastung nach Bild **4**.19 ohne Berücksichtigung der Verbundwirkung aus den Beplankungen

a) vorhandener Querschnitt; b) für Stabilitätsnachweis zugrunde gelegter Querschnitt; c) Prinzip des Kräfteverlaufs bei der Abtragung von F_{Vi}; d) Vergleich zu b): System bei Berücksichtigung der Verbundwirkung

BP Beplankung, R Rippe

4.4.3   Horizontal durch F_H belastete Wandscheiben, Allgemeines

Wandscheiben aus Tafeln werden durch waagerechte Lasten F_H in Tafelebene, in der Regel zusätzlich auch durch lotrechte Lasten F_V beansprucht.

Die Berechnungsgrundlagen der Norm bauen – ausgehend von den durchgeführten Tragfähigkeitsprüfungen [12] – auf dem „Raster"-Modul auf. Man unterscheidet Einraster- und Mehrraster-Tafeln (s. Abschn. 4.3.3). Die erforderlichen Nachweise für die Bemessung gehen aus Abschn. 4.5.1 hervor.

4.5   Wandscheiben

4.5.1   Erforderliche Nachweise

Folgende Nachweise sind grundsätzlich zu führen:

1. Aufnahme und Weiterleitung der Kräfte in den infolge F_H auf Druck beanspruchten Rippen
2. Anschluß der Anker-Zugkraft
3. Bei einseitig beplankten Tafeln Aufnahme und Weiterleitung der Zug-Kraft in der Beplankung bei angenommener ideeller Strebenwirkung
4. Waagerechte Auslenkung im Kopfbereich der Tafel.

4.5.2   Rippendruckkräfte D_i infolge F_H

Die Druckkräfte in den Rippen im Bereich der Fußrippe folgen aus den nachstehenden Gleichungen (s. Bild 4.21):

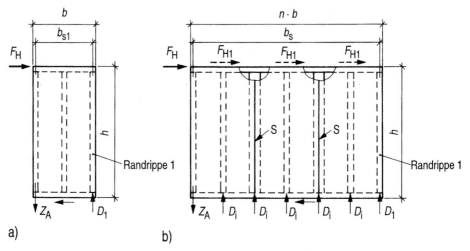

Bild 4.21   Rippen-Druckkräfte D_i im Bereich der Fußrippe und Anker-Zugkraft Z_A; a) Einrastertafel, b) Mehr-raster-Tafel

S Beplankungsstoß

a) D_1 der Randrippe bei Einraster-Tafeln
$$D_1 = \alpha_1 \cdot F_H \cdot h/b_{s1} \qquad (4.6)$$
b) D_i der Rippen bei Mehrraster-Tafeln
$$D_i = \alpha_i \cdot F_H \cdot h/b_s \qquad (4.7)$$
Die Faktoren α_1 und α_i sind der Tafel **4.1** zu entnehmen.

Tafel **4.1** Faktoren α_1 und α_i für Tafeln mit einer Rasterbreite $b \geq 1{,}20$ m

Beplankung	Anzahl n der Raster	Randrippe 1 α_1	übrige Rippen α_i
beidseitig	1	2/3	0
	2	2/3	1/5
	>2	1/2	1/5
einseitig	1	3/4[1]	0
	≥2	3/4	2/5

[1] Für Tafelbreite $b = 0{,}60$ m ist $\alpha_1 = 1{,}0$; Zwischenwerte für Tafelbreiten von 0,60 m bis 1,20 m dürfen geradlinig interpoliert werden.

Die obigen Bemessungsgleichungen gehen wieder auf Tragfähigkeitsprüfungen an Wandscheiben mit $b \geq 1{,}20$ m zurück [12]. Tatsächlich werden die druckbeanspruchten Randrippen bei Einraster-Tafeln sowie die Rippen im Randbereich von Mehrraster-Tafeln durch die Mitwirkung der Beplankung gegenüber Fachwerkkonstruktionen (ohne Beplankung) wesentlich entlastet, naturgemäß bei der beidseitigen Beplankung stärker als bei der einseitigen. Damit wird die kritische Zusammendrückung der Fußrippe quer zur Faser reduziert, die sich bei der Mehrzahl der Versuche als Versagenskriterium herausgestellt hat. Die Mittelrippen von Einraster-Tafeln können dagegen rechnerisch als unbeansprucht, diejenigen von Mehrraster-Tafeln als schwach beansprucht angenommen werden.

4.5.3 Anker-Zugkraft Z_A

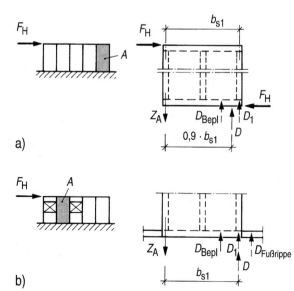

Bild **4.22**
Rechnerischer Hebelarm für den Nachweis der Zugverankerung für Tafel A
a) Tafel ohne, b) mit überstehender Fußrippe

Die Anker-Zugkraft folgt

a) bei Einraster-Tafeln aus

$$Z_A = F_H \cdot h/b_{S1} \qquad (4.8)$$

b) bei Mehrraster-Tafeln aus

$$Z_A = F_H \cdot h/b_S \qquad (4.9)$$

Bei Mehrraster-Tafeln braucht dabei Z_A nur am zugbeanspruchten Rand der Gesamttafel aufgenommen zu werden (s. Bild **4.**21 b).

Bei der Ermittlung der Anker-Zugkraft Z_A ist wegen der Mitwirkung der Beplankung (D_{Bepl}) von einem um 10% geringeren Hebelarm auszugehen (s. Bild **4.**22). Dies gilt jedoch nur für Einraster-Tafeln, wenn die Fußrippe nicht übersteht, z. B. bei freistehenden Einraster-Tafeln (in der Praxis äußerst selten) oder bei Mehrraster-Tafeln in Gebäudeecken (an diesen Stellen ist außerdem die zulässige Schwellenpressung um 20% abzumindern). In allen anderen Fällen kann auf der Grundlage der Versuchsergebnisse wegen der zusätzlichen Mitwirkung der überstehenden oder durchlaufenden Fußrippen mit dem vollen Hebelarm b_{S1} gerechnet werden (s. Bild **4.**22b). Der Zuganker wird am zweckmäßigsten mit der lotrechten Randrippe direkt verbunden. Anderenfalls ist die Weiterleitung von Z_A bis in diese Randrippe nachzuweisen. Beispiele für die Lage der erforderlichen Zugverankerungen s. Bild **4.**23.

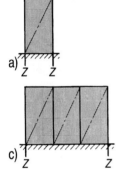
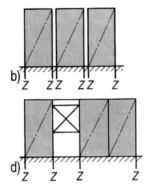
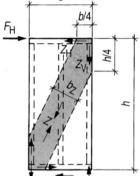

Bild **4.**23 Beispiele für Lage der erforderlichen Zugverankerungen Z von Wandtafeln

a) freistehende Einzeltafel, b) hintereinanderstehende, nicht zusammengefügte Einzeltafeln, c) Mehrraster-Tafel ohne Öffnungen, d) Mehrraster-Tafel mit Öffnung

Bild **4.**24 Anschluß der Streben-Zugkraft Z bei einseitiger Beplankung

4.5.4 Zugkraft Z in der einseitigen Beplankung

Für beidseitig mit Holzwerkstoffen nach DIN 1052 beplankte, mindestens 1,0 m breite Tafeln ist aufgrund der Versuchsergebnisse weder ein Nachweis der Spannungen in den Beplankungen noch ihrer Verbindung mit den lotrechten Rippen erforderlich. Dagegen sind diese Nachweise bei einseitig beplankten Tafeln unter Annahme eines Fachwerks mit einer idellen Zugdiagonalen zu führen (Bild **4.**24). Wegen der Steifigkeit der plattenförmigen Beplankung dürfen dabei für den Anschluß der Komponenten der Diagonalkraft – z. B. im Unterschied zu einer diagonalen Bretterschalung – die gesamte Breite b und Höhe h der Tafel herangezogen werden. Die Verbindungsmittel gelten als parallel zum jeweiligen Beplankungsrand bzw. zur Faserrichtung der jeweiligen Rippe beansprucht. Bezüglich der Höchstabstände von Nägeln siehe Bild **4.**26.

4.5.5 Anschluß von F_H an die Beplankungen

Auch bei Tafeln mit beidseitiger Beplankung sollten – abweichend von DIN 1052-1, die einen solchen Nachweis nicht fordert – die Verbindungsmittel für die Einleitung von F_H am Kopfpunkt (und Fußpunkt) aus der waagerechten Rippe in die Beplankungen nachgewiesen werden. Im Gegensatz zur allgemeinen Regelung in DIN 1052-2 ist dabei weder die zulässige Nagelbelastung bei mehr als 10 hintereinanderliegenden Nägeln abzumindern, noch ist bei mehr als 30 hintereinanderliegenden Nägeln die wirksame Nagelanzahl auf 30 zu begrenzen.

4.5.6 Auslenkung der Tafeln im Kopfbereich

Die zulässige Auslenkung der Tafeln im Kopfbereich beträgt 1/500 der Tafelhöhe h (Bild **4.**25). Der Nachweis ist nicht erforderlich, wenn die Höhe der Tafeln höchstens das dreifache der Tafelbreite beträgt. Aus den Versuchen hat sich ergeben, daß die Auslenkung – auch bei einseitiger Beplankung – infolge der zulässigen Last F_H unter $^1/_{500}$ der Tafelhöhe bleibt, solange das Verhältnis $h/b \leq$ 3,0 ist. Für andere Verhältnisse kann ein Nachweis derzeit ebenfalls nur durch Versuche geführt werden.

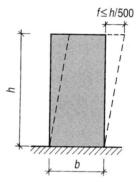

Bild **4.**25 Zulässige Auslenkung f im Kopfpunkt der Tafel infolge F_H; der Nachweis $f \leq$ zul f ist nicht erforderlich, solange $h/b \leq$ 3,0 (gilt auch bei einseitiger Beplankung)

4.5.7 Wandscheiben aus Mehrraster-Tafeln

Wandscheiben aus Mehrraster-Tafeln mit gleichen Rasterbreiten b werden hinsichtlich der Rippendruckkräfte und der Zugverankerung sinngemäß wie Einraster-Tafeln behandelt. Bei besonderen Maßnahmen – z. B. neben den Zugverankerungen an beiden Tafelrändern zusätzliche in den Rastern – darf der vereinfachte Nachweis entsprechend modifiziert werden. Bei einseitig (empfohlenermaßen auch bei beidseitig) beplankten Tafeln mit Beplankungsstößen in den Rastern (s. Bild **4.**21 b) ist für den Nachweis der Beplankung und ihres Anschlusses an die Rippen die Mehrraster-Tafel mit n Rastern gleicher Breite in Einraster-Tafeln mit der Last $F_{H1} = F_H/n$ zu zerlegen.

Im Bereich der Beplankungsstöße ist der Anschluß der Beplankungen an die Rippen vereinfachend für die Schubkraft $T = Z_A$ zu bemessen. Ein genauerer Nachweis unter Berücksichtigung des tatsächlichen Schubkraftverlaufs über die Tafelbreite $n \cdot b$ erübrigt sich zumeist, da infolge des einzuhaltenden Höchstabstandes $40 \cdot d_n$ nach DIN 1052-2 die zulässige Tragfähigkeit der Verbindungsmittel in der Regel nicht ausgenutzt wird (Mittelrippen unter Beplankungsstößen sind bezüglich des zulässigen Höchstabstandes der Verbindungsmittel nach DIN 1052-2, 6.2.13, als Randrippen zu betrachten). Bei Mehrraster-Tafeln ohne Beplankungsstöße beträgt dagegen der Höchstabstand der Verbindungsmittel für den Anschluß der Beplankung an die Mittelrippe $80 \cdot d_n$ (s. Bild **4.**26).

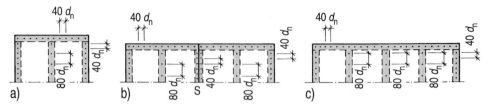

Bild 4.26 Höchstabstand von Nägeln nach DIN 1052-2

a) Einraster-Tafel, b) Mehrraster-Tafel ohne Beplankungsstoß, c) Mehrraster-Tafel mit Beplankungsstoß

Aus Einraster-Tafeln zusammengefügte Mehrraster-Tafeln sind sinngemäß zu behandeln, d. h. die schubsteife Verbindung zwischen den Tafeln kann wieder vereinfachend für die Schubkraft $T = Z_A$ bemessen werden (siehe Bild **4.27**). Da die im Kopfpunkt zwischen den Tafeln auftretenden Horizontalkräfte (Druck oder Zug), die zur Herstellung des Gleichgewichts an der Einzeltafel erforderlich sind, nicht immer dauerhaft übertragen werden können (z. B. nachlassende Kontaktpressung bei evtl. Schwinden der Tafeln), ist dort ein durchlaufender Gurt anzuordnen und einschließlich seines Anschlusses an die Tafel (für die Weiterleitung von F_H) zu bemessen. Hiervon darf jedoch abgewichen werden, wenn die Horizontalkräfte zwischen den Einzeltafeln durch entsprechende druck- und zugfeste Anschlüsse dauerhaft übertragen werden. Das gleiche gilt für den Fußpunkt, sofern die Einzeltafeln die auf sie entfallende Horizontallast F_{H1} nicht jeweils in die Unterkonstruktion (z. B. durch Verankerung) direkt ableiten. Praktisch entsteht durch solche Gurte kein Mehraufwand, da sie in den meisten Fällen ohnehin konstruktiv oder aber für die Aufnahme und Weiterleitung der Scheibenkräfte vorhanden sind.

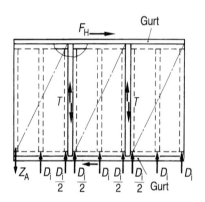

Bild 4.27 Aus Einraster-Tafeln zusammengefügte Mehrraster-Tafel

4.5.8 Superposition der Beanspruchungen aus F_V und F_H

Die Superposition der Belastungen F_V und F_H erfolgt – bei Windlasteinfluß unter Beachtung des Lastfalls HZ – nur für die Rippendruckkräfte im Hinblick auf den Stabilitätsnachweis der Rippen und den Nachweis der Schwellenpressung, sie braucht jedoch nicht für den Nachweis der Beplankungen und ihrer Anschlüsse vorgenommen zu werden.

In solchen Fällen sind die ermittelten Rippen-Druckkräfte infolge F_V nach Abschn. 4.3.2 und infolge F_H nach Abschn. 4.5.2 für den Nachweis der Einhaltung der zulässigen Spannungen im Bereich der Fußrippe oder der zulässigen Knickspannungen, die jedoch seltener maßgebend sind, zu addieren.

Somit folgt mit den Gln (4.2) und (4.6) oder (4.7):

$$D_i = \Sigma\, F_{Vi} \cdot \text{zul}\, D_i / (\Sigma\, \text{zul}\, D_i + \text{zul}\, D_{Bepl}) + \alpha_i \cdot F_H \cdot h/b_s \le \text{zul}\, D_i (\text{HZ}) \qquad (4.10)$$

Unabhängig hiervon ist jedoch zu überprüfen, ob nicht der Nachweis für D_i nach Gl (4.2) im Lastfall H, also unter Außerachtlassung von F_H, zu einem ungünstigeren Ergebnis führt. Weitere Hinweise s. Abschn. 4.8.3.

4.5.9 Sonstiges

a) Die Weiterleitung der Kräfte D und Z_A innerhalb der Unterkonstruktion ist erforderlichenfalls – z. B. bei mehrgeschossigen Gebäuden in Holzbauart – nachzuweisen.

b) Ein genauer rechnerischer Nachweis für Tafeln mit Öffnungen ist derzeit nicht bekannt. Das Tragverhalten solcher Tafeln kann bisher nur durch Versuche im Maßstab 1:1 zutreffend ermittelt werden.

c) Aufgrund der Versuchsergebnisse darf bei verleimten Tafeln – abweichend von DIN 1052-2, Abschn. 14 – das Zusammenwirken von Verleimung und Kontaktpressung ohne eine Abminderung in Rechnung gestellt werden; letzteres gilt auch für das Zusammenwirken von Nagelung und Kontaktpressung bei genagelten Tafeln.

d) Die Kontaktpressung an der Unterseite der Fußrippe braucht nicht nachgewiesen zu werden, solange die Auflagefläche der Fußrippe dort mindestens etwa gleich der dreifachen Querschnittsfläche der aufstehenden Rippe ist (Bild **4.28**).

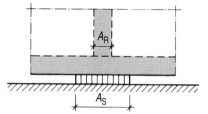

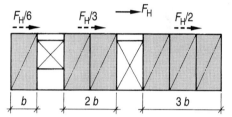

Bild **4.28** Kein Nachweis der Kontaktpressung an der Unterseite erforderlich, solange $A_S \geq 3 \cdot A_R$

Bild **4.29** Aufteilung der Gesamtlast F_H auf einzelne Wandscheiben mit unterschiedlicher Breite $n \cdot b$, jedoch gleichem Querschnitt

e) Die Tragfähigkeitsversuche haben auch ergeben, daß sich bei Tafeln mit gleichem Aufbau und gleicher Rasterbreite die Auslenkungen am Kopfpunkt infolge der Last F_H nahezu umgekehrt proportional zur Anzahl n der Raster verhalten [12]. Deshalb darf die auf eine Wand aus mehreren solcher Scheiben insgesamt entfallende Last F_H im Verhältnis der jeweiligen Scheibenbreite ($n \cdot b$) verteilt werden (Bild **4.29**). Bei unterschiedlichen Rasterbreiten b oder für den Sonderfall unterschiedlicher Tafelquerschnitte mit einheitlicher Rasterbreite b innerhalb einer Wand ist die Last F_H auf die einzelnen Raster vereinfachend im Verhältnis ihrer zulässigen waagerechten Lasten aufzuteilen.

4.6 Beispiel für Bemessung einer Wandscheibe als Verbundquerschnitt [13]

4.6.1 Bauteil-Situation

Die vorliegende Bauteil-Situation ist in Bild **4.30** dargestellt. Die Wand wird durch die Lasten $F_V + F_H$ oder durch $F_V + w$ beansprucht (vgl. Abschn. 4.4.1). Stellvertretend für alle Tafeln erfolgt nur die Bemessung von Tafel 3.

Die Tafel wird für beide Lastkombinationen zunächst als Verbundquerschnitt bemessen. Der zum Vergleich geführte vereinfachte Nachweis, d.h. ohne Berücksichtigung der mitwirkenden Beplankungsbreite b', geht aus Abschn. 4.7 hervor.

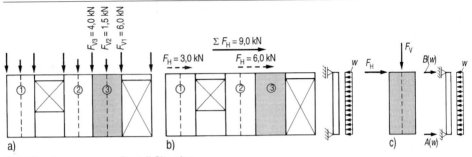

Bild **4.**30   Angenommene Bauteil-Situation
          a) Vertikallasten; b) Horizontallasten; c) untersuchte Tafel Nr. 3, System und Belastung

4.6.2 Tafelquerschnitt

Der gewählte Tafelquerschnitt geht aus den Bildern **4.**31 und **4.**32 hervor. Die Tafel ist nur raumseitig, d. h. einseitig beplankt; die Befestigung der Spanplatten-Beplankung mit den Rippen erfolgt durch Nagelung.

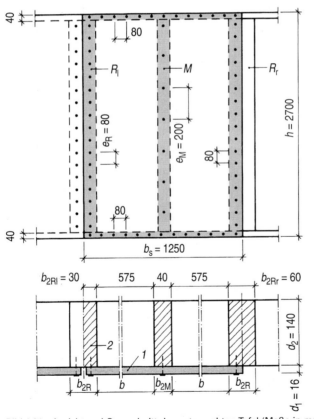

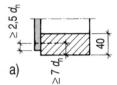

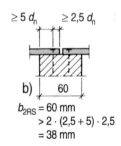

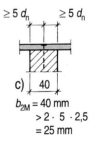

Bild **4.**31   Ansicht und Querschnitt der untersuchten Tafel (Maße in mm)
         1 Beplankung aus Flachpreßplatten nach DIN 68 763
         2 Rippen aus Nadelholz der Güteklasse II

Bild **4.**32   Nagelabstände
         a) Fußrippe,
         b) Rasterrippe RS,
         c) Mittelrippe M

Annahmen

Vollholzrippen: d_2 = 140 mm; E_{II} = 10 000 MN/m^2

Beplankung: d_1 = 16 mm; $E_{D, Z}$ = 2000 MN/m^2; zul σ_D = 2,75 MN/m^2

Nägel: 2,5×50 mm; Nagelabstände e_R = 80 mm < zul e_R = 40 · d_n = 100 mm;

e_M = 200 mm = zul e_M = 80 · d_n

4.6.3 Querschnittsgrößen der Tafel als Verbundquerschnitt

Angaben zur mitwirkenden Beplankungsbreite s. Abschn. 5.2

b/h = 0,575/2,70 = 0,21 < 0,4

nach Gl (5.1): b'/b = 1,06 − 0,6 · 0,21 = 0,93

b' = 0,93 · 0,575 = 0,53 m

b_M = b' + b_{2M} = 0,53 + 0,04 = 0,57 m (Bild **4.33**)

b_R = $b'/2$ + $b_{2R}/2$ = 0,53/2 + 0,06/2 = 0,295 m

b_1 = b_M + $2b_R$ = 1,16 m

b_2 = b_{2M} + b_{2Rl} + b_{2Rr} = 0,04 + 0,03 + 0,06 = 0,13 m

A_1 = $d_1 \cdot b_1$ = 0,016 · 1,16 = 0,0186 m^2

A_2 = $d_2 \cdot b_2$ = 0,14 · 0,13 = 0,0182 m^2

n_1 = $E_{D, Z1}/E_{\text{II} 2}$ = 0,20

$\bar{A}$ = $n_1 \cdot A_1$ + A_2 = 0,20 · 0,0186 + 0,0182 = 0,022 m^2

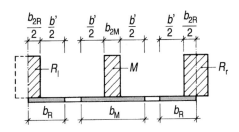 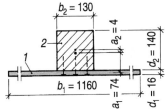

Bild **4.33** Tafelquerschnitt und rechnerischer Gesamt-Verbundquerschnitt (Maße in mm)

Anzahl der Nägel in den lotrechten Rippen des Gesamtquerschnitts:

n_N = 2 · 1/e_R + 1/e_M = 2 · 1/0,08 + 1/0,20 = 30 Nägel/m

Abstand e' = 1/n_N = 1/30 = 0,033 m

C_1 = 600 N/mm = 0,6 MN/m

Unter Verwendung von DIN 1052-1, Gln (38) und (36):

k_1 = $\pi^2 \cdot E_{D, Z1} \cdot A_1 \cdot e'_1/(h^2 \cdot C_1)$ = π^2 · 2000 · 0,0186 · 0,033/(2,70^2 · 0,6) = 2,77

γ_1 = 1/(1 + k_1) = 1/(1 + 2,77) = 0,265

a_2 = [$\gamma_1 \cdot n_1 \cdot A_1 \cdot (d_1 + d_2)/2]/(\gamma_1 \cdot n_1 \cdot A_1 + A_2)$

   = [0,265 · 0,2 · 0,0186 · (0,016 + 0,14)/2]/(0,265 · 0,2 · 0,0186 + 0,0182) =

   = 4,0 · 10^{-3} m = 4 mm

a_1 = $(d_1 + d_2)/2 − a_2$ = (140 + 16)/2 − 4 = 74 mm

I_1 = $b_1 \cdot d_1^3/12$ = 1,16 · 0,016^3/12 = 0,4 · 10^{-6} m^4

I_2 = $b_2 \cdot d_2^3/12$ = 0,13 · 0,14^3/12 = 29,7 · 10^{-6} m^4

Mit DIN 1052-1, Gl (35):

$$\text{ef} I = n_1 \cdot l_1 + l_2 + \gamma_1 \cdot n_1 \cdot A_1 \cdot a_1^2 + A_2 \cdot a_2^2$$
$$= (0{,}20 \cdot 0{,}4 + 29{,}7 + 0{,}265 \cdot 0{,}2 \cdot 0{,}0186 \cdot 0{,}074^2 + 0{,}0182 \cdot 0{,}004^2) \cdot 10^{-6}$$
$$= 35{,}5 \cdot 10^{-6} \text{ m}^4$$

$$\text{ef} i = \sqrt{\text{ef} I / \bar{A}} = \sqrt{35{,}5 \cdot 10^{-6} / 0{,}022} = 0{,}040 \text{ m}$$

$$\text{ef} \lambda = h/\text{ef} i = 2{,}70/0{,}04 = 67{,}5; \text{ ef}\omega = 1{,}82$$

$$S_1 = A_1 \cdot a_1 = 0{,}0186 \cdot 0{,}074 = 1{,}38 \cdot 10^{-3} \text{ m}^3$$

$$S_2 = b_2 \cdot (d_2/2 - a_2)^2/2 = 0{,}13 \cdot (0{,}14/2 - 0{,}004)^2/2 = 0{,}283 \cdot 10^{-3} \text{ m}^3$$

$$k_{D \mid R} = \sqrt[4]{150/b_{2R}} = \sqrt[4]{150/60} = 1{,}25$$

$$k_{D \perp M} = \sqrt[4]{150/40} = 1{,}39$$

4.6.4 Belastung und Schnittgrößen

Belastung (s. Bild **4.30**)

$$F_V = F_{V1} + F_{V2} + F_{V3}/2 = 6{,}0 + 1{,}5 + 4{,}0/2 = 9{,}5 \text{ kN}$$
$$F_H = \Sigma F_H/3 = 9{,}0/3 = 3{,}0 \text{ kN}$$
$$w = 1{,}25 \cdot b_s \cdot c_p \cdot q = 1{,}25 \cdot 1{,}25 \cdot 0{,}8 \cdot 0{,}50 = 0{,}625 \text{ kN/m}$$

Annahme: Wind auf Türöffnung soll die Wandtafel nicht belasten.
Schnittgrößen

$$A(w) = B(w) = w \cdot h/2 = 0{,}625 \cdot 2{,}7/2 = 0{,}84 \text{ kN} = Q(w)$$
$$M(w) = w \cdot h^2/8 = 0{,}625 \cdot 2{,}7^2/8 = 0{,}57 \text{ kNm}$$

4.6.5 Bemessung für Belastung $F_V + w$

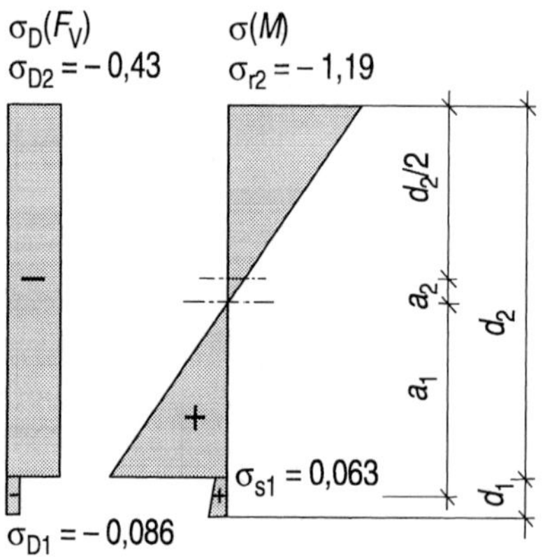

4.6.5.1 Biegerandspannung Rippe (Stabilitätsnachweis) (Bild **4.34**)

$\sigma_D(F_V)$　　$\sigma(M)$
$\sigma_{D2} = -0{,}43$　　$\sigma_{r2} = -1{,}19$

$\sigma_{s1} = 0{,}063$

$\sigma_{D1} = -0{,}086$

Bild **4.34** Spannungsverläufe im Tafelquerschnitt infolge F_V und $M(w)$

$$\text{zul}\,\sigma_k(H) = \text{zul}\,\sigma_D/\text{ef}\omega = 8{,}5/1{,}82$$
$$= 4{,}67 \text{ MN/m}^2$$
$$\text{zul}\,\sigma_k(HZ) = 1{,}25 \cdot 4{,}67$$
$$= 5{,}84 \text{ MN/m}^2$$
$$\text{zul}\,\sigma_B(HZ) = 1{,}25 \cdot 10 = 12{,}5 \text{ MN/m}^2$$
$$\sigma_{D2} = F_V/\bar{A} = 9{,}5 \cdot 10^{-3}/0{,}022$$
$$= 0{,}43 \text{ MN/m}^2$$
$$\sigma_{r2} = M/\text{ef} I \cdot (d_2/2 + a_2)$$
$$= 0{,}57 \cdot 10^{-3}/(35{,}5 \cdot 10^{-6})$$
$$\cdot (0{,}07 + 0{,}004) = 1{,}19 \text{ MN/m}^2$$

Lastfall H (F_V):

$$\sigma_{D2}/\text{zul}\,\sigma_{k2} = 0{,}43/4{,}67 = 0{,}09 < 1{,}0$$

Lastfall HZ ($F_V + M(w)$):

$$\sigma_{D2}/\text{zul}\,\sigma_{k2} + \sigma_{r2}/\text{zul}\,\sigma_B = 0{,}43/5{,}84$$
$$+ 1{,}19/12{,}5 = 0{,}17 < 1{,}0$$

4.6.5.2 Schwerpunktsspannung in der Beplankung (Bild **4.34**)

Lastfall H (F_V):

$$\sigma_{s1} = n_1 \cdot F_V/\bar{A} = 0{,}2 \cdot 0{,}43 = 0{,}086 \text{ MN/m}^2 < \text{zul}\,\sigma_{k1} = \text{zul}\,\sigma_{D1}/\text{ef}\omega$$
$$= 2{,}75/1{,}82 = 1{,}51 \text{ MN/m}^2$$

Lastfall HZ ($F_V + M(w)$):

$$\begin{aligned}\sigma_{s1} &= n_1 \cdot F_V/\bar{A} - M/\text{ef}\,l \cdot \gamma_1 \cdot n_1 \cdot a_1 \\ &= 0{,}086 - 0{,}57 \cdot 10^{-3}/(35{,}5 \cdot 10^{-6}) \cdot 0{,}265 \cdot 0{,}2 \cdot 0{,}074 \\ &= 0{,}086 - 0{,}063 = 0{,}023 \ \text{MN/m}^2 < \text{zul}\,\sigma_{k1}(\text{HZ}) = 1{,}25 \cdot 1{,}51\end{aligned}$$

Der für die Schwerpunktsspannung ungünstigere Nachweis für Windsog wird wegen der geringen Größe der Spannungen nicht mehr geführt.

4.6.5.3 Schubfluß in der Anschlußfuge Rippe – Beplankung

Nachweis nur für den maßgebenden Lastfall HZ.

$$\begin{aligned}Q_i(F_V) &= \text{ef}\,\omega \cdot F_V/60 = 1{,}82 \cdot 9{,}5/60 = 0{,}29 \ \text{kN} \\ \max Q &= Q(w) + Q_i(F_V) = 0{,}84 + 0{,}29 = 1{,}13 \ \text{kN} \\ \text{ef}\,t &= \max Q \cdot \gamma_1 \cdot n_1 \cdot S_1/\text{ef}\,l \\ &= 1{,}13 \cdot 10^{-3} \cdot 0{,}265 \cdot 0{,}2 \cdot 1{,}38 \cdot 10^{-3}/(35{,}5 \cdot 10^{-6}) \\ &= 2{,}3 \cdot 10^{-3} \ \text{MN/m} = 2{,}3 \ \text{kN/m} \\ \text{zul}\,N_1(\text{H}) &= 500 \cdot d_n^2/(10 + d_n) = 500 \cdot 2{,}5^2/12{,}5 = 250 \ \text{N} = 0{,}25 \ \text{kN} \\ \text{erf}\,e' &= \text{zul}\,N_1(\text{HZ})/\text{ef}\,t = 1{,}25 \cdot 0{,}25/2{,}3 \\ &= 0{,}14 \ \text{m} > \text{vorh}\,e' = 1/n_N = 1/30 = 0{,}033 \ \text{m}\end{aligned}$$

4.6.5.4 Schubspannung in der Rippe (nur für den Lastfall HZ)

$$\begin{aligned}\max \tau &= \max Q \cdot (\gamma_1 \cdot n_1 \cdot S_1 + S_2)/(\text{ef}\,l \cdot b_2) \\ &= 1{,}13 \cdot 10^{-3} \cdot (0{,}265 \cdot 0{,}2 \cdot 1{,}38 \cdot 10^{-3} + 0{,}283 \cdot 10^{-3})/(35{,}5 \cdot 10^{-6} \cdot 0{,}13) \\ &= 0{,}087 \ \text{MN/m}^2 < \text{zul}\,\tau(\text{HZ}) = 1{,}25 \cdot 0{,}9 \ \text{MN/m}^2\end{aligned}$$

4.6.5.5 Schwellenpressung infolge F_V

Annahme: Über gesamte Wandlänge durchlaufende Fußrippe.

$$\begin{aligned}\text{zul}\,D_{Rl} &= A_{2Rl} \cdot k_{D\perp R} \cdot \text{zul}\,\sigma_{D\perp 2} \\ &= 0{,}14 \cdot 0{,}03 \cdot 1{,}25 \cdot 2{,}0 = 0{,}0105 \ \text{MN} = 10{,}5 \ \text{kN} \\ \text{zul}\,D_{Rr} &= A_{2Rr} \cdot k_{D\perp R} \cdot \text{zul}\,\sigma_{D\perp 2} \\ &= 0{,}14 \cdot 0{,}06 \cdot 1{,}25 \cdot 2{,}0 = 0{,}021 \ \text{MN} = 21{,}0 \ \text{kN} \\ \text{zul}\,D_M &= A_{2M} \cdot k_{D\perp M} \cdot \text{zul}\,\sigma_{D\perp 2} \\ &= 0{,}14 \cdot 0{,}04 \cdot 1{,}39 \cdot 2{,}0 = 0{,}0156 \ \text{MN} = 15{,}6 \ \text{kN} \\ \text{zul}\,D_{Bepl} &= n_N \cdot \text{zul}\,N_1 \\ &= 1{,}25/0{,}08 \cdot 250 = 3900 \ \text{N} = 3{,}9 \ \text{kN}\end{aligned}$$

Nachweis nur beispielhaft für Rippe R_r:

$$\begin{aligned}D_{Rr} &= F_V \cdot \text{zul}\,D_{Rr}/(\text{zul}\,D_{Rl} + \text{zul}\,D_M + \text{zul}\,D_{Rr} + \text{zul}\,D_{Bepl}) \\ &= 9{,}5 \cdot 21{,}0/(10{,}5 + 15{,}6 + 21{,}0 + 3{,}9) \\ &= 3{,}91 \ \text{kN} < \text{zul}\,D_{Rr} = 21{,}0 \ \text{kN}\end{aligned}$$

Die Nachweise für die Beulsicherheit der Beplankung sowie für die Aufnahme der Windlast w durch die Beplankung werden hier unter Hinweis auf das Rechenbeispiel in Abschn. 5.7 nicht geführt.

4.6.6 Bemessung für Belastung $F_V + F_H$ (Bild 4.35)

4.6.6.1 Stabilitätsnachweis für Randrippe R_r

Rippendruckkraft infolge F_H (Gl 4.6)
Mit $\alpha_1 = 3/4$ aus Tafel 4.1:

$$D_{Rr} = \alpha_1 \cdot F_H \cdot h/b_{s1} = 3/4 \cdot 3{,}0 \cdot 2{,}70/1{,}25 = 4{,}86 \ \text{kN}$$

Infolge F_V (s. Abschn. 4.6.5.5) + F_H:

D_{Rr} = 3,91 + 4,86 = 8,77 kN
$\sigma_D(HZ)$ = D_{Rr}/A_{2Rr} = 8,77 · 10^{-3}/(0,06 · 0,14) = 1,04 MN/m² < zul $\sigma_k(HZ)$
        = 1,25 · 4,67 = 5,84 MN/m²

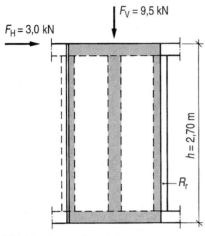

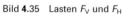

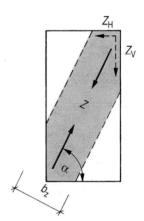

Bild **4.35** Lasten F_V und F_H Bild **4.36** Streben-Zugkraft Z in der einseitigen Beplankung

4.6.6.2 Schwellenpressung Randrippe R_r

Infolge $F_V + F_H$:

D_{Rr} = 8,77 kN < zul $D_{Rr}(HZ)$ = 1,25 · 21,0 kN

4.6.6.3 Spannungsnachweis für Beplankung infolge F_H (Bild 4.36)

$\tan \alpha$ = 2,70/1,25 = 2,16; α = 65,2°
Z = $F_H/\cos \alpha$ = 3,0/0,42 = 7,14 kN

Ohne Nachweis gewählt: b_Z = 0,50 m

σ_{Z1} = $Z/(b_Z \cdot d_1)$ = 7,14 · 10^{-3}/(0,5 · 0,016) = 0,89 MN/m² < zul σ_Z = 2,25 MN/m²

4.6.6.4 Verbindungsmittel für Anschluß von Z

Z_H = F_H = 3,0 kN;
Z_V = $F_H \cdot h/b_s$ = 3,0 · 2,70/1,25 = 6,48 kN

Anschluß von $F_H(Z_H)$ über gesamte Länge b_s mit Nägeln 2,5 × 50 im Abstand e_N = 80 mm

n_N = 1,25/0,08 = 15 Nägel
zul F_H = 15 · 0,25 = 3,75 kN > F_H = 3,0 kN

Anschluß von Z_V mit e_N = 80 mm über gesamte Länge h, n_N = 2,50/0,08 = 31 Nägel
zul Z_V = 31 · 0,25 = 7,75 kN > Z_V = 6,48 kN

4.6.6.5 Zugverankerung der Zweiraster-Tafel

Vereinfachung ohne Berücksichtigung von entlastenden Eigenlasten:

$Z_A = F_H \cdot h/b_s$ = 6,0 · 2,70/2,50 = 6,48 kN (Bild **4.37**)

gew. (Bild **4.38**): Flachstahldübel (FD), einseitig, $d/b/l$ = 14/40/60 mm

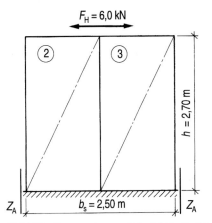

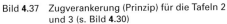

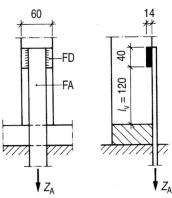

Bild 4.37 Zugverankerung (Prinzip) für die Tafeln 2 und 3 (s. Bild 4.30)

Bild 4.38 Gewählte Zugverankerung: Flachstahlanker (FA) und Flachstahldübel (FD) (Maße in mm); konstruktive Lagesicherung des Ankers, z.B. durch Schrauben

Die Auswirkung des Anschlusses auf die Tafel kann vernachlässigt werden.

Flächenpressung Holz

$$\sigma_{DII} = Z_A/(d \cdot l) = 6{,}48 \cdot 10^{-3}/(0{,}014 \cdot 0{,}06) = 7{,}7 \text{ MN/m}^2 < \text{zul}\,\sigma_{DII} = 8{,}5 \text{ MN/m}^2$$

Abscheren

$$\tau_a = Z_A/(b_{2R} \cdot l_V) = 6{,}48 \cdot 10^{-3}/(0{,}06 \cdot 0{,}12) = 0{,}9 \text{ MN/m}^2 = \text{zul}\,\tau_a$$

Die Nachweise für den Flachstahlanker (FA) $4{,}0 \times 40 \text{ mm}^2$ und für die Schweißverbindung FD-FA sowie für die Weiterleitung der Kräfte F_H und w in die Deckenkonstruktion sind zusätzlich zu führen.

4.7 Beispiel für vereinfachte Bemessung ohne Berücksichtigung des Verbunds [13]

4.7.1 Allgemeines

Der Vorteil aus der Nichtberücksichtigung der Verbundwirkung liegt in dem stark vereinfachten Nachweis, ohne daß sich daraus wirtschaftliche Nachteile ergeben.

Gegenüber dem Beispiel nach Abschn. 4.6 (mit Verbundwirkung) wird hier der Stabilitätsnachweis für $F_V + w$ sowie für $F_V + F_H$ unter Vernachlässigung der Beplankung geführt. Somit entfallen auch die Nachweise für die Beplankung infolge $F_V + w$. Ferner verändern sich die Nachweise für die Rippe. Alle übrigen Nachweise bleiben gegenüber Abschn. 4.6 unverändert; s. auch Bild 4.20 b) und c).

4.7.2 Stabilitätsnachweis Rippe

$$A_2 = b_2 \cdot d_2 = 0{,}13 \cdot 0{,}14 = 0{,}0182 \text{ m}^2$$
$$W_2 = b_2 \cdot d_2^2/6 = 0{,}13 \cdot 0{,}14^2/6 = 425 \cdot 10^{-6} \text{ m}^3$$
$$i_x = 4{,}04 \text{ cm}; \ \lambda_x = h/i_x = 66{,}8; \ \omega = 1{,}80$$
$$\text{zul}\,\sigma_k(H) = \text{zul}\,\sigma_D/\omega = 8{,}5/1{,}80 = 4{,}72 \text{ MN/m}^2$$

Infolge $F_V + w$: $F_V = 9,5$ kN; $M(w) = 0,57$ kNm

$F_V/(A_2 \cdot \text{zul}\,\sigma_k(\text{HZ})) + M/(W_2 \cdot \text{zul}\,\sigma_B(\text{HZ}))$
$$= 9,5 \cdot 10^{-3}/(0,0182 \cdot 1,25 \cdot 4,72) + 0,57 \cdot 10^{-3}/(425 \cdot 10^{-6} \cdot 1,25 \cdot 10)$$
$$= 0,088 + 0,107 = 0,20 < 1,0$$

Infolge $F_V + F_H$: Randrippe R_r

$\quad D_{Rr} \quad = 8,77$ kN (s. Abschn. 4.6.6.1)
$\quad A_{2Rr} = 0,06 \cdot 0,14 = 8,4 \cdot 10^{-3}$ m^2
$\quad \sigma_D \quad = D_{Rr}/A_{2Rr} = 8,77 \cdot 10^{-3}/(8,4 \cdot 10^{-3}) = 1,04$ MN/m$^2 < \text{zul}\,\sigma_k(\text{HZ})$
$\qquad\quad = 1,25 \cdot 4,72 = 5,9$ MN/m^2

4.7.3 Schubspannung in der Rippe (vgl. Abschn. 4.6.5.3)

$\quad \max \tau = 1,5 \cdot Q/A_2 = 1,5 \cdot 1,13 \cdot 10^{-3}/0,0182$
$\qquad\quad = 0,093$ MN/m$^2 < \text{zul}\,\tau(\text{HZ})$
$\qquad\quad = 1,25 \cdot 0,9$

4.8 Statische Typenberechnung für Wandtafeln

4.8.1 Zweck

In der Serien-Anwendung einer Wandkonstruktion, z. B. im Fertigteil- oder Fertighaus-bau oder allgemein für den Holzhausbau, interessiert oft die Frage, wie groß die zuläs-sige lotrechte Last F_V je Wandraster ist, und zwar in Abhängigkeit vom jeweiligen Ein-satz als Innen- oder Außenwand.

Bei Innenwänden liegen nur 2 Belastungsarten vor:

1. $\quad F_V \qquad$ (Lastfall H)
2. $\quad F_V + F_H \qquad$ (Lastfall HZ)

Bei Außenwänden sind folgende Belastungen nachzuweisen:

1. $\quad F_V \qquad$ (Lastfall H)
2. $\quad F_V + F_H \qquad$ (Lastfall HZ)
3. $\quad F_V + w \qquad$ (Lastfall HZ)

Die Belastung „Wind über Eck" mit F_V und reduzierten Lasten F_H und w braucht dage-gen nicht berücksichtigt zu werden, vgl. Abschn. 4.4.1.

Für die Größe von zulF_V ist die jeweils ungünstigste Belastungsart zugrunde zu legen. Bei Außenwänden ist die Belastung $F_V + w$ äußerst selten maßgebend. Die Belastung $F_V + F_H$ (LF HZ) wird es gegenüber F_V (LF H) immer erst dann, wenn die zusätzliche Beanspruchung der Rippen infolge F_H größer ist als der Unterschied der zulässigen Spannungen des Holzes zwischen den Lastfällen HZ und H, d. h. wenn sie größer wird als 25%.

Alle nachfolgenden Nachweise werden vereinfacht geführt, d. h. ohne Berücksichti-gung der Verbundwirkung zwischen Rippe und Beplankung, die sich nur auf die Größe der Knickzahl sowie bei der Belastung $F_V + w$ auf die Größe der Biegespannungen günstig auswirken würde.

4.8.2 Belastung F_V (Lastfall H)

Löst man Gl (4.2) in Abschn. 4.3.2 nach zul $F_V = \Sigma F_{Vi}$ auf, dann folgt:

$$\text{zul } F_V = \Sigma \text{ zul } D_i (\text{H}) + \text{zul } D_{\text{Bepl}} (\text{H}) \tag{4.11}$$

Die zulässige Gesamtlast eines Wandrasters ergibt sich also aus der Addition der Einzelglieder »Rippen i« und »Beplankung«. Die Einzelglieder können wie nachstehend aufgeführt ermittelt werden.

4.8.2.1 zul D_i

Der kleinere Wert aus der Einhaltung der zulässigen Schwellenpressung und der zulässigen Knickspannung ist maßgebend. Gemeinsame Rippen (Rasterrippen RS) zweier benachbarter Raster werden je Raster mit ihrer halben Querschnittsfläche A/2 in Rechnung gestellt (vgl. Bild **4.39**).

Schwellenpressung (S)

$$\text{zul } D_{i,S} = A_i \cdot k_{D\perp} \cdot \text{zul } \sigma_{D\perp} \tag{4.12}$$

Knicken Rippe (K)

$$\text{zul } D_{i,K} = A_i \cdot \text{zul } \sigma_D / \omega \tag{4.13}$$

4.8.2.2 zul D_{Bepl}

$$\text{zul } D_{\text{Bepl}} (\text{H}) = n \cdot \text{zul } N_1 (\text{H}) \tag{4.14}$$

n = Gesamtanzahl der Nägel für den Anschluß der ein- oder beidseitigen Beplankung an die Fußrippe je Rasterbreite b_s

zul N_1 = zulässige Tragfähigkeit eines Nagels

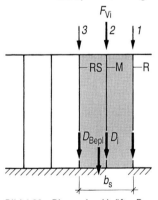

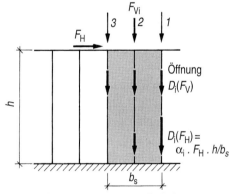

Bild **4.39** Rippendruckkräfte D_i und Beplankungskraft D_{Bepl} innerhalb eines Rasters für Belastung F_V; Rippenbezeichnung s. Bild **4.42**

Bild **4.40** Rippendruckkräfte D_i für Belastung $F_V + F_H$

4.8.3 Belastung $F_V + F_H$ (Lastfall HZ)

Aus Gl (4.10) in Abschn. 4.5.8 folgt:

$$\text{zul } F_{Vi} = (\text{zul } D_i (\text{HZ}) - F_H \cdot \alpha_i \cdot h/b_s) \cdot (\Sigma \text{ zul } D_i (\text{HZ}) + \text{zul } D_{\text{Bepl}} (\text{H}))/\text{zul } D_i (\text{HZ}) \tag{4.15}$$

Für zul D_i ist wieder der jeweils kleinere Wert aus den Gln (4.12) und (4.13) einzusetzen. Die Gl (4.15) zur Ermittlung von zul F_V eines Rasters ist für jede Rippe i anzuwenden; in aller Regel ergibt sich jedoch der maßgebende kleinste Wert für zul F_V aus der infolge F_H druckbeanspruchten Randrippe (Bild **4**.40).

Für die Mitwirkung der Beplankung an der Ableitung von F_V wird die zulässige Tragfähigkeit der Verbindungsmittel nur für den Lastfall H eingesetzt, da die Verbindungsmittel durch F_H gleichzeitig auch noch waagerecht beansprucht werden.

4.8.4 Belastung $F_V + w$ (Lastfall HZ)

Die Gln (4.11), (4.12) und (4.14) bleiben unverändert, lediglich Gl (4.13) wird ersetzt durch Gl (4.16), die sich ergibt aus:

$$D_{i,K}/(A_i \cdot \text{zul}\,\sigma_D\,(HZ)/\omega_i) + M_i\,(w)/(W_i \cdot \text{zul}\,\sigma_B\,(HZ)) \leq 1,0$$

$$\text{zul}\,D_{i,K} = (\text{zul}\,\sigma_D\,(HZ) - \text{zul}\,\sigma_D\,(HZ)/\text{zul}\,\sigma_B(HZ) \cdot M_i\,(w)/W_i) \cdot A\,/\omega \qquad (4.16)$$

Darin sind $M_i\,(w)$ das je Rippenbereich i anfallende Moment aus Wind w und W_i das Widerstandsmoment je Rippenbereich, d. h. – da ohne Verbundwirkung gerechnet wird – das Widerstandsmoment der Rippe i.

4.8.5 Beispiel

4.8.5.1 Konstruktion

Die gewählte Wandkonstruktion ist in Bild **4**.41 dargestellt: Beidseitig mit 13 mm dicken Spanplatten beplankte Tafel mit Randrippen R und Rasterrippen RS b/d = 100/140 mm und Mittelrippen M b/d = 50/140 mm (Bezeichnungen s. Bild **4**.42), Nägel d_n = 2,5 mm, Nagelabstände umlaufend e = 100 mm (= zul e = 40 · d_n), auf den Mittelrippen e = 200 mm (= zul e = 80 · d_n) (Bild **4**.43). Es wird unterstellt, daß Ein-, Zwei- und Dreiraster-Tafeln zur Anwendung kommen (Bild **4**.44).

Die nach DIN 1052 Teil 1 anzusetzenden α_i-Werte (vgl. Tafel **4**.1) sind in Bild **4**.45 zusammengestellt.

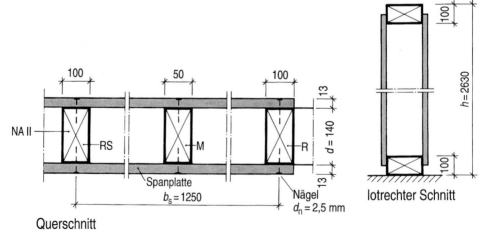

Bild **4**.41 Gewählte Konstruktion, Querschnittsmaße (nicht maßstabsgerecht gezeichnet)

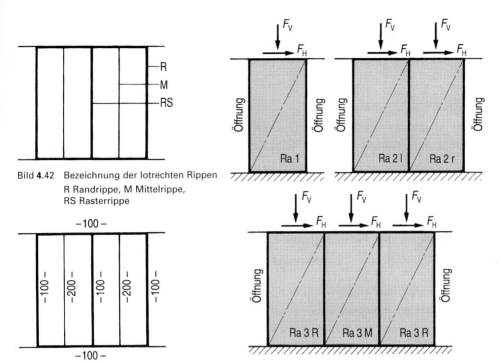

Bild **4.42** Bezeichnung der lotrechten Rippen
R Randrippe, M Mittelrippe,
RS Rasterrippe

Bild **4.43** Gewählte Nagelabstände e_n
in mm

Bild **4.44** Untersuchte Rastertypen und Bezeichnungen

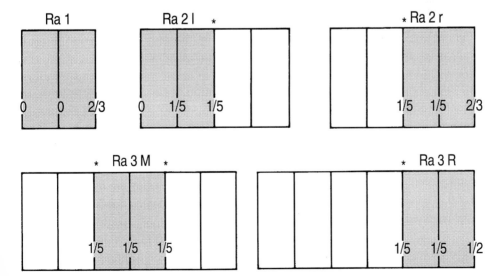

Bild **4.45** α_i-Werte nach DIN 1052-1 für Ableitung der Last F_H
*: Die Querschnittsfläche A_i der Rasterrippe (im Prinzip auch der zugehörige Wert α_i = 1/5) ist
je zur Hälfte auf die beiden angrenzenden Raster zu verteilen

Bezüglich der Fußrippe werden zwei Varianten untersucht (Bild **4**.46):

1. Im Randbereich der Tafeln durchgehende, d. h. auch unterhalb von Öffnungen verlaufende Fußrippe, so daß $k_{D\perp} \le 1{,}0$ eingesetzt werden darf.

2. An einem (dem ungünstigeren) Rand endende Fußrippe, z. B. an Gebäudeecken, d. h. $\ddot{u} = 0$, so daß hier $k_{D\perp} = 0{,}8$.

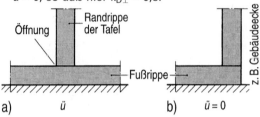

a) $\ddot{u}$ b) $\ddot{u} = 0$

Bild **4**.46
a) Ausreichender Überstand $\ddot{u}$ der Fußrippe zu beiden Seiten der Tafel, b) nicht ausreichender Überstand $\ddot{u} = 0$ an einer Seite der Tafel

4.8.5.2   zul F_H

Die je Wandraster aufnehmbare Horizontallast zul F_H wird zu allererst begrenzt durch die Tragfähigkeit der Verbindungsmittel zwischen Beplankung und waagerechter Kopf- oder Fußrippe. Im vorliegendem Fall folgt:

Anzahl der Nägel je Raster $b_s = 1{,}25$ m bei beidseitiger Beplankung:

$n = 2 \cdot 13 = 26$ Stück

Tragfähigkeit eines Nagels

zul $N_1 = 500 \cdot d_n^2/(10 + d_n) = 500 \cdot 2{,}5^2/(10 + 2{,}5) = 250 \; N = 0{,}25$ kN

zul $F_H = n \cdot$ zul $N_1 = 26 \cdot 0{,}25 = 6{,}5$ kN/Raster

Soll ein größeres F_H je Raster aufgenommen werden, so ist der Nagelabstand entsprechend zu verringern.

4.8.5.3   zul $D_{i,S}$

1. Mittelrippen $b/d = 50/140$ mm

A $= 5 \cdot 14 = 70$ cm^2

$k_{D\perp}$ $= \sqrt[4]{150/50} = 1{,}31$ für $\ddot{u}$

zul $\sigma_{D\perp}$ $= 2{,}0$ MN/m^2

$\ddot{u}$: zul $D_{i,S}(H) = 70 \cdot 10^{-4} \cdot 1{,}31 \cdot 2{,}0 \cdot 10^3 = 18{,}34$ kN

$\ddot{u} = 0$: zul $D_{i,S}(H) = 70 \cdot 10^{-4} \cdot 0{,}8 \cdot 2{,}0 \cdot 10^3 = 11{,}20$ kN

2. Randrippen $b/d = 100/140$ mm

A $= 10 \cdot 14 = 140$ cm^2

$\ddot{u}$: $k_{D\perp} = \sqrt[4]{150/100} = 1{,}10$
         zul $D_{i,S}(H) = 140 \cdot 10^{-4} \cdot 1{,}10 \cdot 2{,}0 \cdot 10^3 = 30{,}8$ kN

$\ddot{u} = 0$: $k_{D\perp} = 0{,}8$
         zul $D_{i,S}(H) = 140 \cdot 10^{-4} \cdot 0{,}8 \cdot 2{,}0 \cdot 10^3 = 22{,}4$ kN

4.8.5.4   zul $D_{i,K}$

1. Rippen $b/d = 50/140$ mm

$H = 2{,}63$ m; $\lambda = 263/(0{,}289 \cdot 14) = 65{,}0$; $\omega = 1{,}75$

zul $\sigma_D = 8{,}5$ MN/m^2; zul $\sigma_k =$ zul $\sigma_D/\omega = 8{,}5/1{,}75 = 4{,}86$ MN/m^2

zul $D_{i,K}(H) = 70 \cdot 10^{-4} \cdot 4{,}86 \cdot 10^3 = 34{,}0$ kN $>$ zul $D_{i,S} = 18{,}34$ kN

$\rightarrow$ Schwellenpressung gegenüber Knicken maßgebend.

2. Rippen b/d = 100/140 mm

$\text{zul}\,\sigma_k$ = 4,86 MN/m²

$\text{zul}\,D_{i,K}(H)$ = 140 · 10⁻⁴ · 4,86 · 10³ = 68,0 kN > $\text{zul}\,D_{i,S}$ = 30,8 kN

→ Schwellenpressung maßgebend

4.8.5.5 zul $D_{i,K}$ für Belastung F_V + w

Windlast w = c_p · q = 0,8 · 0,5 = 0,4 kN/m²

1. Mittelrippen b/h = 50/140 mm

B_M = 0,625 m (Bild **4.**47); w' = w · B = 0,4 · 0,625 = 0,25 kN/m

M = w' · $h^2/8$ = 0,25 · 2,63²/8 = 0,22 kNm

A = 70 cm²; W = 5 · 14²/6 = 163,3 cm³

Mit Gl (4.16):

$\text{zul}\,D_{i,K}$ = [1,25 · 8,5 – 1,25 · 8,5/(1,25 · 10) · 0,22 · 10⁻³/(163,3 · 10⁻⁶)] · 70 · 10⁻⁴/1,75

$\qquad$ = 0,038 MN = 38 kN > 18,34 kN (vgl. 4.8.5.3)

→ Belastung F_V + w gegenüber Belastung F_V nicht maßgebend.

2. Randrippen b/h = 100/140 mm

B_R = (2,50 + 0,625)/2 = 1,56 m (Bild **4.**47)

w' = 1,56 · 0,4 = 0,624 kN/m

M = 0,624 · 2,63²/8 = 0,54 kNm

A = 140 cm²; W = 327 cm³

Mit Gl (4.8.6): $\text{zul}\,D_{i,K}$ = 0,074 MN = 74 kN > 30,8 kN (4.8.5.3)

→ Belastung F_V + w gegenüber F_V nicht maßgebend.

4.8.5.6 Ergebnis

Die zulässige Vertikallast F_V je Wandraster in Abhängigkeit von der Horizontallast F_H ist für die untersuchten Rastertypen und für die beiden Situationen der Fußrippe nach Bild **4.**46 in Tafel 4.2 zusammengestellt. Das Diagramm in Bild **4.**48 soll zur zusätzlichen Information dienen.

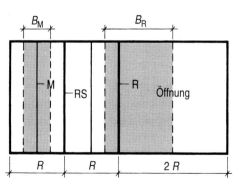

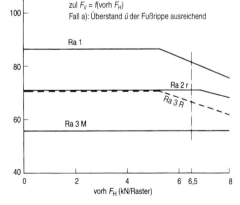

Bild **4.**47 Einflußbreiten B_M und B_R für die Windlast w auf Mittel- bzw. Randrippe; für B_R wurde eine anschließende Zweiraster-Öffnung angenommen

Bild **4.**48 Zeichnerische Darstellung des Ergebnisses für zul F_V nach Tafel 4.2 in Abhängigkeit von F_H

Tafel **4.2** Zulässige Vertikallast F_V in kN je Wandraster (b_s = 1,25 m) für Außenwand nach Bild **4.41** in Abhängigkeit von der Horizontallast F_H für die Rastertypen nach Bild **4.44** und für 2 Schwellensituationen, Nagelung nach Bild **4.43**

a) Schwellenüberstand $\ddot{u}$ ausreichend

Raster-Typ	F_H in kN für b_s = 1,25 m				
	0	2	4	6	8
Ra1	86,4	(98,7)	(91,0)	83,2	((75,5))
Ra2r	71,0	(80,8)	(74,5)	68,2	((61,8))
Ra2l	Für 2Raster-Tafeln ist Typ Ra2r maßgebend				
Ra3M	55,6	(65,0)	(62,0)	(59,0)	((56,1))
Ra3R	71,0	(82,4)	(77,7)	(72,9)	((68,2))

b) Schwellenüberstand an einem Tafelrand nicht ausreichend: $\ddot{u}$ = 0

Ra1	78,0	(86,3)	76,7	67,1	((57,6))
Ra2r	62,6	(69,0)	61,3	53,7	((46,0))
Ra3R	62,6	(70,9)	65,2	59,4	((53,7))

Werte in () oder (()) nicht maßgebend, nur zur Interpolation:
():   Nicht maßgebend gegenüber zul F_V für F_H = 0 (LF H)
(()): Unzulässig wegen F_H = 8 kN > zul F_H = 6,5 kN

Für die gewählte Konstruktion ist festzustellen:
1. Die Belastung F_V + w ist in keinem Fall maßgebend (Gln 4.11 und 4.16).
2. Die zulässige Vertikallast wird überwiegend durch die Belastung F_V (Lastfall H) bestimmt (Gl 4.11).
3. Erst bei größeren Lasten F_H ergibt sich zul F_V aus der Belastung F_V + F_H (Lastfall HZ) (Gl 4.15).
4. Größere Werte als F_H = 6,5 kN dürfen nicht in Ansatz gebracht werden; anderenfalls müßte die Nagelanzahl vergrößert werden.

Die Angaben in Tafel **4.2** und Bild **4.48** gelten zumindest näherungsweise auch dann, wenn für die Beplankungen anstelle der hier gewählten 13 mm dicken Spanplatten z. B. 12,5 mm dicke Gipskartonplatten oder Gipsfaserplatten mit allgemeiner bauaufsichtlicher Zulassung verwendet werden, da für diese Platten entsprechend der Zulassung die gleichen Nageltragfähigkeiten eingesetzt werden dürfen wie für Spanplatten und auch sonst die Berechnungsgrundlagen für Tafeln nach DIN 1052 unverändert gelten. Lediglich die α-Faktoren (s. Tafel **4.1**) sind etwas ungünstiger, und der Wert für zul F_H eines Rasters, der der jeweiligen Zulassung zu entnehmen ist, darf nicht überschritten werden (s. auch Abschn. 4.9).

In Abschnitt 4.10 wird das Ergebnis einer Typenberechnung für Wandscheiben mit Variation der konstruktiven Parameter Rasterart, Rippenquerschnitt und Nagelabstand mitgeteilt.

4.9 Wandscheiben mit allgemeiner bauaufsichtlicher Zulassung

4.9.1 Aufgabe der Zulassungen

Die durch das Deutsche Institut für Bautechnik erteilten allgemeinen bauaufsichtlichen Zulassungen dienen dazu, daß auch solche Wandkonstruktionen in Holztafelbauart auf der Grundlage von DIN 1052 eingesetzt werden können, die in dieser Norm nicht erfaßt sind, weil entweder

1. die verwendeten Beplankungswerkstoffe
   a) nicht genormt sind oder
   b) bei genormten Werkstoffen die jeweiligen Güte-Normen in DIN 1052 nicht enthalten sind oder
2. die Tragfähigkeit der Konstruktion allein an Hand der Berechnungsgrundlagen in DIN 1052 nicht beurteilt werden kann.

Wandtafeln mit bauaufsichtlicher Zulassung haben denselben Status wie solche, die aus Holz und Holzwerkstoffen bestehen und nach DIN 1052 bemessen worden sind, d.h. es gibt keine Unterschiede hinsichtlich der bauaufsichtlichen Behandlung. Die Zulassungen werden von den Zulassungsinhabern (Plattenhersteller) auf Anfrage zugesandt.

4.9.2 Wandscheiben mit Zulassung

Die bisher erteilten Zulassungen für Wandscheiben in Holztafelbauart beziehen sich ausnahmslos auf Konstruktionen unter Verwendung von Holzrippen und von Beplankungswerkstoffen, die in DIN 1052 weder im Teil 1 noch im Teil 3 erfaßt sind, z.B. mineralisch gebundene Spanplatten, Gipskartonplatten, Gipsfaserplatten.

Nachfolgend werden am Beispiel der beiden letztgenannten Beplankungswerkstoffe, die überdies in der Praxis immer häufiger eingesetzt werden, die wesentlichen Merkmale solcher bauaufsichtlich zugelassenen Wandtafeln gestreift.

Solche Wandtafeln dürfen grundsätzlich nur dann eingesetzt werden, wenn alle in den jeweiligen »Besonderen Bestimmungen« genannten Festlegungen eingehalten sind.

Dazu gehören insbesondere Anforderungen
a) an die verwendeten Baustoffe, d.h. Holzrippen, Beplankungen, Verbindungsmittel
b) an die Herstellung und Ausbildung der Tafeln in Anlehnung an oder in Abweichung von DIN 1052
c) an Transport, Lagerung und Montage der Tafeln.

Die Bemessung der Tafeln erfolgt nach den gleichen Regeln und mit den gleichen Berechnungsgrundlagen nach DIN 1052 wie für Tafeln mit Beplankungen aus genormten Holzwerkstoffen, lediglich mit folgenden Abweichungen:
1. Die zulässige Horizontallast F_H je Raster ergibt sich nicht aus der zulässigen Tragfähigkeit der Verbindung waagerechte Kopfrippe – Beplankung oder bei einseitiger Beplankung zusätzlich aus der zulässigen ideellen Streben-Zugkraft, sondern ist auf

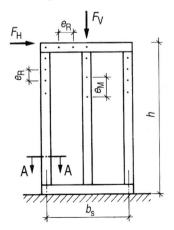

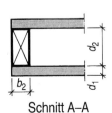

Schnitt A–A

Bild **4**.49
Konstruktionsprinzip für Tafeln mit allgemeiner bauaufsichtlicher Zulassung unter Verwendung von Beplankungen aus Gipskarton- oder Gipsfaserplatten

Grund von Tragfähigkeitsversuchen je nach Konstruktion fest vorgegeben. Ein Nachweis, daß zul F_H von einer solchen Beplankung auch tatsächlich aufgenommen werden kann, braucht also nicht geführt zu werden.

2. Die in der Zulassung ebenfalls genannten α_i-Werte sind etwas größer (ungünstiger) als jene nach DIN 1052.

Ansonsten sind alle Nachweise nach DIN 1052 mit den dort enthaltenen zulässigen Werten auch bei diesen Tafeln mit Zulassung anzuwenden.

Auch das Konstruktionsprinzip solcher Tafeln ist mit der Ausbildung nach DIN 1052 praktisch identisch. Bei den einzelnen konstruktiven Parametern ergeben sich folgende Variationsbereiche (Bild **4.**49):

— Rasterbreite b_s = 600 bis 1250 mm
— Tafelhöhe $h \leq$ 3500 mm
— Rippenquerschnitt $b_2/d_2 \geq$ 40/50 mm, jedoch Querschnittsfläche $A_2 \geq$ 30 cm^2, oder $b_2 \geq$ 30 mm und $A_2 \geq$ 24 cm^2
— die Tafeln dürfen sowohl werksseitig als auch an der Baustelle gefertigt werden
— Beplankungsdicke $d_1 \geq$ 10 mm oder $d_1 \geq$ 12,5 mm
— bei beidseitig beplankten Tafeln ist auch eine Gipskarton- oder Gipsfaserplatte auf der einen und eine Holzwerkstoffbeplankung auf der anderen Seite zulässig
— als Verbindungsmittel sind runde Drahtstifte, für Gipsfaserplatten zusätzlich Sondernägel oder Klammern möglich
— der Anwendungsbereich erstreckt sich gleichermaßen auf Innen- und Außenwände.

Die maximal zulässige Horizontallast F_H je Raster solcher Tafeln ist derzeit

— bei einseitig beplankten Tafeln mit zul $F_H \leq$ 4,3 kN
— bei beidseitig beplankten Tafeln mit zul $F_H \leq$ 7,5 kN

festgelegt; der jeweilige zul F_H-Wert ergibt sich dabei in Abhängigkeit von der Tafelhöhe h, der Rasterbreite b_s, dem Rippenquerschnitt b_2/d_2, der Beplankungsdicke d_1, der Anzahl der Beplankungen sowie vom Abstand e_R der Verbindungsmittel.

4.10 Tragfähigkeits-Tabellen für Wandscheiben

4.10.1 Allgemeines zur Konstruktion

Die nachfolgenden Tafeln (Auszug aus [14]) für die zulässige Tragfähigkeit von Wandscheiben – ausgedrückt durch die zulässige lotrechte Last zul F_V in Abhängigkeit von der vorhandenen Horizontallast F_H – für 1 Wandraster bei Variation einzelner konstruktiver Parameter sollen ein Gefühl für die Größenordnung der Tragfähigkeit solcher Konstruktionen vermitteln.

Gewählt wurde die Ausbildung nach Bild **4.**50 mit folgenden Daten:

— Rasterbreite b_s = 1,25 m
— Wandhöhe h = 2,60 m
— Breite b_2 von Rand- und Rasterrippe/Mittelrippe
   b_{2R}/b_{2M} = 60 mm/40 mm; 60 mm/60 mm; 80 mm/40 mm
— Rippenhöhe d_2 = 80 mm/120 mm/160 mm
— beidseitige Beplankung mit Spanplatten DIN 68763, d_1 = 13 mm
— Nagelabstände untereinander
   Randrippe e_R = 50 mm/100 mm
   Rasterrippe e_{RS} = 100 mm
   Mittelrippe e_M = 200 mm

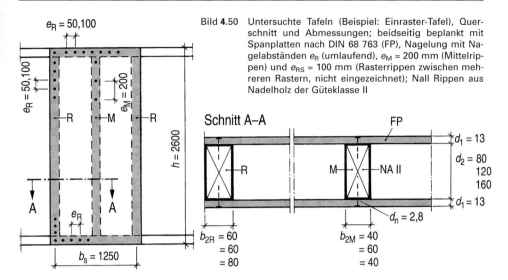

$e_R = 50,100$

$e_R = 50,100$

$e_M = 200$

R   M   R

$h = 2600$

A   A

e_R

$b_s = 1250$

Bild **4.50** Untersuchte Tafeln (Beispiel: Einraster-Tafel), Querschnitt und Abmessungen; beidseitig beplankt mit Spanplatten nach DIN 68 763 (FP), Nagelung mit Nagelabständen e_R (umlaufend), $e_M = 200$ mm (Mittelrippen) und $e_{RS} = 100$ mm (Rasterrippen zwischen mehreren Rastern, nicht eingezeichnet); Näll Rippen aus Nadelholz der Güteklasse II

Schnitt A–A   FP

R   M — NA II

$d_1 = 13$

$d_2 = 80$
120
160

$d_1 = 13$

$d_n = 2,8$

$b_{2R} = 60$
$= 60$
$= 80$

$b_{2M} = 40$
$= 60$
$= 40$

— Nägel $d_n = 2,8$ mm
— im Kopf- und Fußpunkt der Tafel durchgehende waagerechte Rippen; auf den Sonderfall des einseitig nicht ausreichenden Schwellenüberstandes – z. B. bei Tafeln an Gebäudeecken – wurde bereits in Abschn. 4.8 eingegangen.

Untersucht wurden wieder, analog zu Bild **4**.44, Ein-, Zwei- und Dreiraster-Tafeln (Bild **4**.51), wobei die Tafeln Ra2L und Ra3L für die Bemessung ausscheiden, da sie für die Belastung „Wind von links" zu günstige Werte liefern, tatsächlich aber auch durch „Wind von rechts" beansprucht werden können.

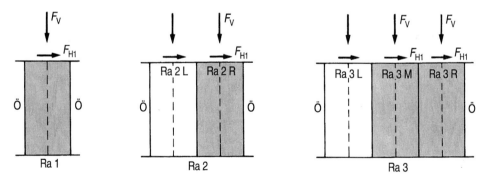

F_V F_{H1}

Ö   Ö

Ra 1

F_V F_{H1}

Ra 2 L   Ra 2 R

Ö   Ö

Ra 2

F_V F_{H1} F_{H1}

Ra 3 L   Ra 3 M   Ra 3 R

Ö   Ö

Ra 3

Bild **4**.51 Untersuchte Rastertypen mit ausreichendem Überstand der oberen und unteren waagerechten Rippen (über anschließende Öffnungen Ö durchlaufend); die Tafeln Ra2L und Ra3L bleiben unberücksichtigt, da sie für die vorgegebene Belastung größere zul F_V-Werte ergeben als Ra2R bzw. Ra3R

4.10.2 Vorgehen

Die zulässige Tragfähigkeit wurde auf der Grundlage der in Abschn. 4.8 dargestellten Gleichungen ermittelt. Eine Verbundwirkung zwischen Rippe und Beplankung wurde nicht in Rechnung gestellt, d.h. die Mitwirkung der Beplankung erstreckt sich rechnerisch nur auf die Aufnahme und Ableitung von F_H, auf die Beteiligung an der Ableitung von F_V im Bereich der waagerechten Kopf- und Fußrippen sowie auf die Knickaussteifung der lotrechten Rippen um die z-Achse (s. z. B. Bild **4.20** b) und c)).

4.10.3 Ergebnis

Die zul F_V-Werte sind in den Tafeln **4.3** bis **4.5** (für Nagelabstand $e_R = 50$ mm) und **4.6** bis **4.8** (Nagelabstand $e_R = 100$ mm) zusammengestellt.

Die maximal zulässige Horizontallast je Raster beträgt

— zul $F_{H1} = 15,9$ kN für $e_R = 50$ mm
— zul $F_{H1} = 7,95$ kN für $e_R = 100$ mm

Trotzdem wird die vorhandene Horizontallast für $e_R = 50$ mm (Tafeln **4.3** bis **4.5**) nur bis $F_{H1} = 10$ kN angegeben, da größere Lasten bei üblicher Ausbildung der Zugverankerung der Tafeln praktisch nicht aufnehmbar sind.

Die zul F_{V1}-Werte sind für folgende Lasten bzw. Lastkombinationen angegeben (vgl. Bild **4.52**):

a) F_V (Lastfall H)
b) $F_V + F_H$ (Lastfall HZ)
c) $F_V + w = 0,5$ kN/m^2 (Lastfall HZ)

Maßgebend sind folgende zul F_V-Werte:

1.Innenwände

Der kleinere Wert aus der

— Spalte a (ohne Scheibenbeanspruchung, $F_{H1} = 0$) und der
— Spalte b mit der vorhandenen Last F_{H1}

Tafel **4.3** Zulässige Vertikallast F_{V1} in kN je Wandraster ($b_s = 1,25$ m) für Außenwand nach Bild **4.50** in Abhängigkeit von der Horizontallast F_{H1} für die Rastertypen nach Bild **4.51**; Rand- und Rasterrippe $b_{2R} = 60$ mm; Mittelrippe $b_{2M} = 40$ mm; Nagelabstand $e_R = 50$ mm; zul $F_{H1} = 15,9$ kN

a) Rippenhöhe $d_2 = 80$ mm

Belastung nach Bild **4.52**	a	b						c
F_{H1} (kN)	0	2	4	5	6	8	10	0
Ra1	44,5	41,0	30,3	24,9	19,6	8,9	− 1,7	33,9
Ra2	39,1	35,6	26,3	21,7	17,1	7,8	− 1,4	31,7
Ra3R	39,1	38,0	31,0	27,5	24,0	17,1	10,1	31,7
Ra3M	33,8	34,7	31,1	29,3	27,6	20,4	20,4	29,4

b) Rippenhöhe $d_2 = 120$ mm

F_{H1} (kN)	0	2	4	5	6	8	10	0
Ra1	65,4	68,3	58,7	54,0	49,2	39,7	30,1	65,4
Ra2	56,4	58,4	50,2	46,1	42,0	33,9	25,7	56,4
Ra3R	56,4	60,4	54,3	51,2	48,2	42,0	35,9	56,4
Ra3M	47,3	52,4	49,7	48,3	46,9	44,2	41,4	47,3

c) Rippenhöhe $d_2 = 160$ mm

F_{H1} (kN)	0	2	4	5	6	8	10	0
Ra1	82,0	89,4	80,4	75,8	71,3	62,3	53,2	82,0
Ra2	69,9	75,7	68,1	64,2	60,4	52,7	45,1	69,9
Ra3R	69,9	77,6	71,9	69,0	66,1	60,4	54,6	69,9
Ra3M	57,8	65,8	63,2	61,9	60,6	58,1	55,5	57,8

Tafel **4.4**   Zulässige Vertikallast F_{V1} in kN je Wandraster (b_s = 1,25 m) für Außenwand nach Bild **4.**50 in Abhängigkeit von der Horizontallast F_{H1} für die Rastertypen nach Bild **4.**51; Rand- und Raster- rippe b_{2R} = 60 mm, Mittelrippe b_{2M} = 60 mm; Nagelabstand e_R = 50 mm; zul F_{H1} = 15,9 kN

a) Rippenhöhe d_2 = 80 mm

Belastung nach Bild **4.**52	a	b						c
F_{H1} (kN)	0	2	4	5	6	8	10	0
Ra1	48,1	44,5	32,9	27,1	21,3	9,7	−1,8	38,4
Ra2	42,7	39,2	29,0	23,9	18,8	8,5	−1,6	36,1
Ra3R	42,7	41,7	34,1	30,2	26,4	18,8	11,1	36,1
Ra3M	37,3	40,1	37,4	36,1	34,8	32,1	29,5	33,8

b) Rippenhöhe d_2 = 120 mm

F_{H1} (kN)	0	2	4	5	6	8	10	0
Ra1	70,2	73,5	63,2	58,1	53,0	42,7	32,4	70,2
Ra2	61,1	63,6	54,7	50,2	45,8	36,9	28,0	61,1
Ra3R	61,1	65,8	59,1	55,8	52,5	45,8	39,1	61,1
Ra3M	52,1	58,9	56,6	55,5	54,4	52,1	49,9	52,1

c) Rippenhöhe d_2 = 160 mm

F_{H1} (kN)	0	2	4	5	6	8	10	0
Ra1	88,3	96,6	86,8	81,9	77,1	67,3	57,5	88,3
Ra2	76,2	82,9	74,5	70,3	66,1	57,7	49,3	76,2
Ra3R	76,2	85,0	78,7	75,6	72,4	66,1	59,8	76,2
Ra3M	64,1	74,1	72,0	71,0	69,9	67,8	65,7	64,1

Tafel **4.5**   Zulässige Vertikallast F_{V1} in kN je Wandraster (b_s = 1,25 m) für Außenwand nach Bild **4.**50 in Abhängigkeit von der Horizontallast F_{H1} für die Rastertypen nach Bild **4.**51; Rand- und Raster- rippe b_{2R} = 80 mm; Mittelrippe b_{2M} = 40 mm; Nagelabstand e_R = 50 mm; zul F_{H1} = 15,9 kN

a) Rippenhöhe d_2 = 80 mm

Belastung nach Bild **4.**52	a	b						c
F_{H1} (kN)	0	2	4	5	6	8	10	0
Ra1	51,7	51,2	41,8	37,1	32,4	23,0	13,6	42,9
Ra2	44,5	43,6	35,6	31,6	27,6	19,6	11,6	38,4
Ra3R	44,5	45,6	39,6	36,6	33,6	27,6	21,6	38,4
Ra3M	37,3	38,7	34,8	32,8	30,8	26,8	22,8	33,8

b) Rippenhöhe d_2 = 120 mm

F_{H1} (kN)	0	2	4	5	6	8	10	0
Ra1	74,2	80,0	71,2	66,8	62,4	53,7	44,9	74,2
Ra2	62,9	67,3	59,9	56,2	52,5	45,2	37,8	62,9
Ra3R	62,9	69,2	63,6	60,8	58,1	52,5	47,0	62,9
Ra3M	51,7	57,6	54,6	53,1	51,6	48,5	45,5	51,7

c) Rippenhöhe d_2 = 160 mm

F_{H1} (kN)	0	2	4	5	6	8	10	0
Ra1	93,6	104,6	96,3	92,1	87,9	79,5	71,1	93,6
Ra2	78,6	87,3	80,3	76,8	73,3	66,3	59,4	78,6
Ra3R	78,6	89,1	83,8	81,2	78,6	73,3	68,1	78,6
Ra3M	63,6	72,7	69,9	68,5	67,1	64,3	61,4	63,6

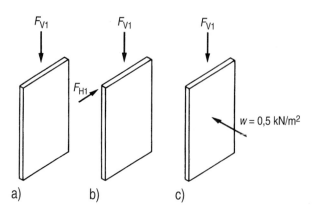

F_{V1} F_{V1} F_{V1}

F_{H1}

$w = 0,5$ kN/m^2

a)   b)   c)

Bild 4.52
Zugrunde gelegte Belastungsarten für Typennachweis, Ergebnisse s. Tafeln **4.3** bis **4.8**

2.Außenwände

Der kleinste Wert aus der

— Spalte a ($F_{H1} = 0$)
— Spalte b ($F_{H1} > 0$)
— Spalte c ($F_{H1} = 0$, jedoch $w = 0,5$ kN/m^2).

Zwischen den zul F_V-Werten für zwei vorh F_H-Werte innerhalb der Spalte b darf geradlinig interpoliert werden. Dieses Verfahren ergibt genaue Werte, oder es liegt auf der sicheren Seite, wenn zwischen den beiden F_H-Werten ein Kriteriumswechsel (Änderung des maßgebenden Lastfalls) stattfindet.

Tafel **4.6** Zulässige Vertikallast F_{V1} in kN je Wandraster ($b_s = 1,25$ m) für Außenwand nach Bild **4.50** in Abhängigkeit von der Horizontallast F_{H1} für die Rastertypen nach Bild **4.51**; Rand- und Rasterrippe $b_{2R} = 60$ mm; Mittelrippe $b_{2M} = 40$ mm; Nagelabstand $e_R = 100$ mm; zul $F_{H1} = 7,95$ kN

a) Rippenhöhe $d_2 = 80$ mm

Belastung nach Bild **4.52**	a	b					c
F_{H1} (kN)	0	2	4	5	6	8	0
Ra1	36,5	34,7	25,6	21,1	16,6	7,5	26,0
Ra2	31,2	29,3	21,7	17,9	14,0	6,4	23,7
Ra3R	31,2	31,2	25,5	22,6	19,8	14,0	23,7
Ra3M	25,8	27,5	24,6	23,2	21,8	19,0	21,4

b) Rippenhöhe $d_2 = 120$ mm

F_{H1} (kN)	0	2	4	5	6	8	0
Ra1	57,5	61,3	52,7	48,5	44,2	35,6	57,5
Ra2	48,4	51,4	44,2	40,6	37,0	29,8	48,4
Ra3R	48,4	53,2	47,8	45,1	42,4	37,0	48,4
Ra3M	39,4	44,9	42,5	41,3	40,2	37,8	39,4

c) Rippenhöhe $d_2 = 160$ mm

F_{H1} (kN)	0	2	4	5	6	8	0
Ra1	74,0	82,2	73,9	69,7	65,6	57,2	74,0
Ra2	61,9	68,5	61,6	58,1	54,6	47,7	61,9
Ra3R	61,9	70,2	65,0	62,4	59,8	54,6	61,9
Ra3M	49,9	58,1	55,8	54,7	53,6	51,3	49,9

Tafel **4.7** Zulässige Vertikallast F_{V1} in kN je Wandraster (b_s = 1,25 m) für Außenwand nach Bild **4.50** in Abhängigkeit von der Horizontallast F_{H1} für die Rastertypen nach Bild **4.51**; Rand- und Rasterrippe b_{2R} = 60 mm; Mittelrippe b_{2M} = 60 mm; Nagelabstand e_R = 100 mm; zul F_{H1} = 7,95 kN

a) Rippenhöhe d_2 = 80 mm

Belastung nach Bild **4.52**	a	b					c
F_{H1} (kN)	0	2	4	5	6	8	0
Ra1	40,1	38,2	28,2	23,3	18,3	8,3	30,4
Ra2	34,7	32,9	24,3	20,0	15,7	7,1	28,2
Ra3R	34,7	35,0	28,6	25,4	22,2	15,7	28,2
Ra3M	29,4	32,6	30,4	29,4	28,3	26,1	25,9

b) Rippenhöhe d_2 = 120 mm

F_{H1} (kN)	0	2	4	5	6	8	0
Ra1	62,2	66,5	57,2	52,6	47,9	38,6	62,2
Ra2	53,2	56,6	48,7	44,7	40,8	32,9	53,2
Ra3R	53,2	58,6	52,6	49,7	46,7	40,8	53,2
Ra3M	44,1	51,2	49,3	48,3	47,3	45,3	44,1

c) Rippenhöhe d_2 = 160 mm

F_{H1} (kN)	0	2	4	5	6	8	0
Ra1	80,3	89,4	80,3	75,8	71,3	62,2	80,3
Ra2	68,3	75,7	68,0	64,2	60,4	52,7	68,3
Ra3R	68,3	77,6	71,9	69,0	66,1	60,4	68,3
Ra3M	56,2	66,4	64,5	63,6	62,6	60,7	56,2

Tafel **4.8** Zulässige Vertikallast F_{V1} in kN je Wandraster (b_s = 1,25 m) für Außenwand nach Bild **4.50** in Abhängigkeit von der Horizontallast F_{H1} für die Rastertypen nach Bild **4.51**; Rand- und Rasterrippe b_{2R} = 80 mm; Mittelrippe b_{2M} = 40 mm; Nagelabstand e_R = 100 mm; zul F_{H1} = 7,95 kN

a) Rippenhöhe d_2 = 80 mm

Belastung nach Bild **4.52**	a	b					c
F_{H1} (kN)	0	2	4	5	6	8	0
Ra1	43,7	44,5	36,3	32,2	28,1	20,0	34,9
Ra2	36,5	36,9	30,1	26,7	23,4	16,6	30,4
Ra3R	36,5	38,6	33,5	31,0	28,4	23,4	30,4
Ra3M	29,4	31,5	28,3	26,7	25,0	21,8	25,9

b) Rippenhöhe d_2 = 120 mm

F_{H1} (kN)	0	2	4	5	6	8	0
Ra1	66,2	72,8	64,8	60,8	56,8	48,8	66,2
Ra2	55,0	60,1	53,5	50,2	46,9	40,4	55,0
Ra3R	55,0	61,8	56,8	54,4	51,9	46,9	55,0
Ra3M	43,7	50,1	47,4	46,1	44,8	42,2	43,7

c) Rippenhöhe d_2 = 160 mm

F_{H1} (kN)	0	2	4	5	6	8	0
Ra1	85,6	97,3	89,5	85,6	81,7	73,9	85,6
Ra2	70,7	79,9	73,5	70,3	67,1	60,7	70,7
Ra3R	70,7	81,5	76,7	74,3	71,9	67,1	70,7
Ra3M	55,7	65,1	62,6	61,3	60,0	57,5	55,7

4.11 Verankerung von Wandtafeln

4.11.1 Allgemeines

Der Anschluß der Wandtafeln an die Unterkonstruktion (Bild **4**.53) muß so ausgebildet sein, daß dort die Reaktionskräfte aus der

a) lotrechten Last F_V
b) Windlast w rechtwinklig zur Wand
c) Scheibenbeanspruchung F_H

aufgenommen werden können.

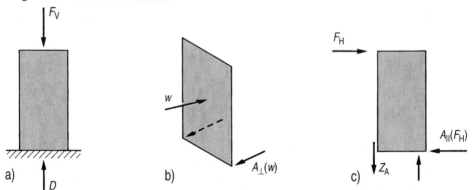

Bild **4**.53   Belastung von Wandtafeln und Ableitung der Kräfte in die Unterkonstruktion
a) lotrechte Last F_V, b) Windlast w senkrecht auf Wandfläche, c) waagerechte Last F_H in Wandebene (Scheibenbeanspruchung)

Die Weiterleitung von F_V (a) in die Unterkonstruktion über Kontaktpressung bereitet keine Schwierigkeiten und bedarf in aller Regel keines rechnerischen Nachweises.

Die Aufnahme von $A_\perp(w)$ infolge Wind senkrecht zur Wandfläche (b) (Bild **4**.54a) erfolgt im Standardfall unter Verwendung von Stahlteilen. Für Holzhäuser in Tafelbauart
darf – abweichend von den Regelungen für den übrigen Holzbau – auf der Grundlage
des Kommentars zu DIN 1052-3 [13] beim Nachweis der Aufnahme von $A_\perp(w)$ (wie
aber auch für $A_\parallel(F_H)$) der günstige Einfluß der Reibung berücksichtigt werden. Hierbei
sind alle auf die jeweilige Tafel einwirkenden Eigenlasten des Gebäude mit dem 0,8fa-
chen Rechenwert einzusetzen, ungünstig wirkende Verkehrslasten zu berücksichtigen,
günstig wirkende Verkehrslasten nicht anzusetzen. Als Reibungsbeiwert darf $\mu = 0,6$
verwendet werden. Ausgenommen von dieser Regelung sind Ausbildungen, bei denen
zwischen Wandtafel und Unterkonstruktion zwei Sperrschichten, Folien oder dgl. unmittelbar übereinanderliegen.

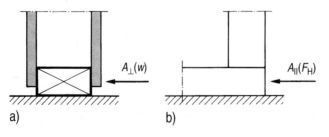

Bild **4**.54
Prinzip der Einleitung der
Reaktionskräfte
a) $A_\perp(w)$, b) $A_\parallel(F_H)$

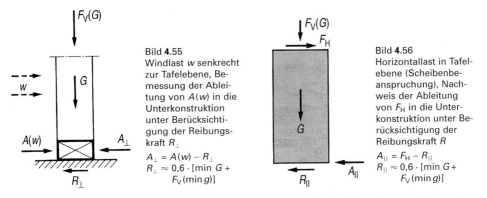

Bild **4.55**
Windlast w senkrecht zur Tafelebene, Bemessung der Ableitung von $A(w)$ in die Unterkonstruktion unter Berücksichtigung der Reibungskraft $R_\perp$

$A_\perp = A(w) - R_\perp$
$R_\perp \approx 0,6 \cdot [\min G + F_V(\min g)]$

Bild **4.56**
Horizontallast in Tafelebene (Scheibenbeanspruchung), Nachweis der Ableitung von F_H in die Unterkonstruktion unter Berücksichtigung der Reibungskraft R

$A_\| = F_H - R_\|$
$R_\| \approx 0,6 \cdot [\min G + F_V(\min g)]$

Der Nachweis der Weiterleitung von $A_\perp(w)$ und $A_\|(F_H)$ in die Unterkonstruktion unter Berücksichtigung der Reibungskräfte ist in den Bildern 4.55 bzw. 4.56 prinzipiell dargestellt.

Für die Aufnahme von $A_\|(F_H)$ (c) gilt das zu $A_\perp(w)$ Gesagte sinngemäß (Bild **4.54**b). Diese beiden Kriterien sind für die Praxis nicht problematisch.

Anders dagegen die Verankerung der Zugkraft Z_A infolge F_H, die nachfolgend behandelt wird. Diese Verankerung entscheidet oft über die Größe der zulässigen Horizontallast F_H. Bezüglich ihrer Anordnung vgl. auch Bild **4.23**.

4.11.2 Ausbildung der Zugverankerung Z_A

Die Berechnungsgrundlagen für Wandtafeln nach DIN 1052-1 basieren auf der Ausbildung nach Bild **4.57**, d. h. die Ankerzugkraft Z_A wird unmittelbar an die lotrechte Wandrippe angeschlossen. Dagegen liegen für den Anschluß von Z_A an die untere waagerechte Rippe nach Bild b sowie für die im angelsächsischen Raum beliebte Ausbildung nach Bild c in Deutschland keine Erkenntnisse über die Aufnahme größere Z_A-Werte unter Vermeidung unzulässiger Verformungen vor.

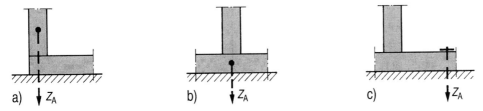

a) $\downarrow Z_A$ b) $\downarrow Z_A$ c) $\downarrow Z_A$

Bild **4.57**   Prinzip des Anschlusses von Z_A an die Tafel
a) nach DIN 1052 geforderte direkte Einleitung in die lotrechte Rippe, b) und c) ohne besonderen Nachweis (z. B. Prüfung) unzulässige Einleitung in die untere waagerechte Rippe im Rippen- bzw. Gefachbereich

Für den Anschluß von Z_A an die lotrechte Rippe kommen überwiegend 2 Ausbildungen zur Anwendung (Bild **4.58**):

a) Genagelte Lochbleche
b) Flachstähle mit angeschweißtem Flachstahldübel

Für die Verankerung in der darunterliegenden Massivdecke haben sich ebenfalls zwei Prinzipien in der Praxis herausgeschält (Bild **4.59**):

a) Die reine Zugverankerung; Vorteil: Geringster Materialaufwand; Nachteil: Ausspa-

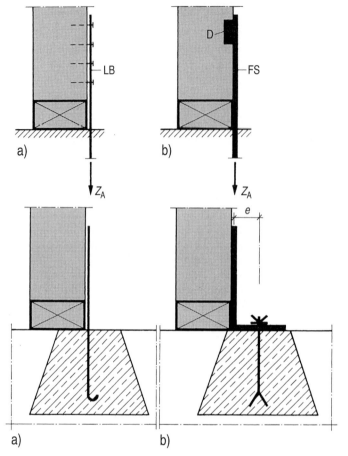

Bild **4**.58
Prinzipbeispiele für Einleitung von Z_A in die lotrechte Rippe

a) uber Lochblech (LB) und Nagelung, b) über Flachstahl (FS) mit angeschweißtem Flachstahldübel (D), für große Anschlußkräfte geeignet

Bild **4**.59
Prinzipbeispiele für Weiterleitung von Z_A in die Unterkonstruktion

a) reine Zugbeanspruchung bei in nachträglich zu verfüllende Deckenaussparung eingelassenem Lochblech oder Flachstahl, b) winkelförmige Ankerausbildung mit zusätzlichem Versatzmoment $M = Z_A \cdot e$ bei Befestigung mit Spezialankern

rung in der Massivdecke, die nachträglich verfüllt werden muß, erstreckt sich teilweise unter die Wand

b) Verwendung von Spezialankern mit allgemeiner bauaufsichtlicher Zulassung; Vorteil: Deckenbereich wird nicht gestört; Nachteil: Größerer Materialaufwand durch Aufnahme des Versatzmomentes $Z_A \cdot e$

Nachfolgend werden 2 Rechenbeispiele für die Ermittlung der zulässigen Ankerzugkraft zul Z_A in Abhängigkeit von der Ausbildung des Anschlusses aufgeführt.

4.11.3 Vorhandene und zulässige Ankerzugkraft Z_A

Da die Ausbildung der Zugverankerung in der Praxis oft konstruktive Schwierigkeiten macht, sollte man beim rechnerischen Nachweis möglichst wenig „verschenken". So sollte die günstige Wirkung der Auflast F_V aus den oberen (minimalen) Eigenlasten und der (minimalen) Eigenlast der Tafel im Bedarfsfall nicht vernachlässigt werden.

Zum Beispiel folgt für die Einraster-Tafel nach Bild **4**.60 die vorhandene Anker-Zugkraft Z_A aus:

— Durchgehende Schwelle (a)

$$Z_A = F_{H1} \cdot h/b_s - 0{,}5 \cdot [\min G_1 + F_{V1}(\min g)]$$

— Schwelle endet an der infolge F_H druckbeanspruchten Rippe (b):
$$Z_A = 1{,}1 \cdot F_{H1} \cdot h/b_s - 0{,}5 \cdot [\min G_1 + F_{V1}(\min g)]$$

Die minimalen Eigenlasten ergeben sich nach DIN 1055-3 aus der 0,8fachen Rohdichte (für Stoffe mit einer einzigen Rohdichte-Angabe) oder aus dem kleineren Wert (für Stoffe mit 2 Angaben). Verkehrslasten, die eine Abminderung von F_V bewirken, sind zu berücksichtigen.

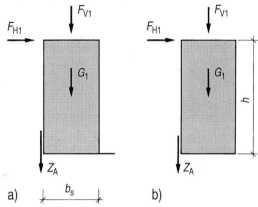

Bild **4.60**
Günstige Wirkung der lotrechten Lasten auf die Größe der Ankerzugkraft Z_A (Prinzip)
a) durchgehende Schwelle, b) Schwelle endet mit der infolge F_{H1} druckbeanspruchten Randrippe

4.11.4 Anschluß von Z_A an Rippe

Nachstehend sind 2 Beispiele für die Ausbildung des Anschlusses von Z_A an die lotrechte Rippe einschließlich der Ermittlung der zulässigen Ankerzugkraft zul Z_A dargestellt.

Beispiel 1   Ausbildung nach Bild **4.61**
Gew.: Lochblech 2,5/60 mm, zul σ_{ZB} = 110 MN/m², angeschlossen mit 14 Nägeln 4 × 40 mm
zul $N_N = n \cdot$ zul $N_1 = 14 \cdot 1{,}25 \cdot 500 \cdot 4{,}0^2/(10 + 4{,}0) \cdot 10^{-3} = 10{,}0$ kN
zul $Z_B =$ zul $\sigma_{ZB} \cdot A_n = 110 \cdot 10^3 \cdot 2{,}5 \cdot 10^{-3} \cdot (60 - 2 \cdot 4{,}0) \cdot 10^{-3} = 14{,}3$ kN > 10,0
Nageltragfähigkeit maßgebend

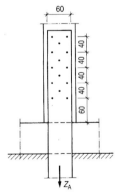

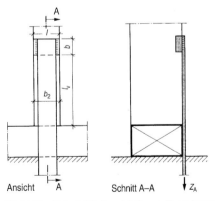

Bild **4.61**   Beispiel 1: Anschluß von Z_A an lotrechte Rippe über Lochblech 2,5/60 mm mit 14 Nägeln 4 × 40 mm

Bild **4.62**   Beispiel 2: Anschluß von Z_A an lotrechte Rippe über Flachstahlanker mit angeschweißtem Flachstahldübel $d/B/l$ = 16/40/60 mm

Beispiel 2   Ausbildung nach Bild **4.62**: Gew.: Flachstahlanker mit angeschweißtem Flachstahldübel $d/b/l$ = 16/40/60 mm; zul Z_A = zul $\sigma_{D\parallel} \cdot d \cdot l = 8{,}5 \cdot 16 \cdot 10^{-3} \cdot 60 \cdot 10^{-3} \cdot 10^3 = 8{,}16$ kN
Erforderliche Vorholzlänge bei zul Z_A: l_V = zul $Z_A/($zul $\tau_a \cdot b_2) = 8{,}16 \cdot 10^{-3}/(0{,}9 \cdot 60 \cdot 10^{-3}) \cdot 10^3 = 150$ mm

4.12 Wandscheiben in mehrgeschossigen Gebäuden

Grundsätzlich ist die Weiterleitung der Lasten F_V und F_H bis in den Untergrund zu verfolgen. So sind z. B. bei Gebäuden mit 2 Vollgeschossen die Wände des unteren Geschosses zusätzlich mit den Reaktionskräften aus den oberen Wandscheiben zu belasten (Bild **4.63**).

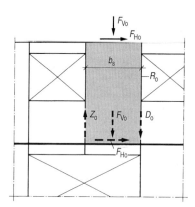

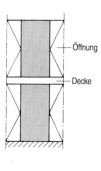

Bild **4.63** Belastung einer oberen Einraster-Wandtafel durch F_{Vo} und F_{Ho} (ausgezogen) sowie entsprechende Aktionen für die untere Wand (gestrichelt);

D_o Druckkraft im oberen Wandfußpunkt infolge F_{Ho}; Annahme: Durchgehende Schwelle, d. h. D_o liegt unter der oberen Randrippe R_o; Z_o Zugkraft infolge F_{Ho} (übrige Lasten und Kräfte aus Übersichtsgründen nicht eingezeichnet)

Lasten aus oberer Tafel (siehe Bild **4.63**):
F_{Vo}, F_{Ho}, Z_o, D_o
Lasten aus der Decke:
F_{Vu}, F_{Hu}
Mit
$D_u = D(\text{inf. } F_{Ho} + F_{Hu})$
$Z_u = Z(\text{inf. } F_{Ho} + F_{Hu})$:
ergeben sich insgesamt
$F_V = F_{Vo} + F_{Vu}$
$F_H = F_{Ho} + F_{Hu}$
$D = D_o + D_u$
$Z = Z_o + Z_u$

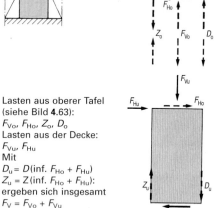

Bild **4.64** Zu berücksichtigende Lasten und Kräfte bei der Bemessung von 2 übereinanderstehenden, durch die Decke unterbrochenen Einraster-Wandscheiben

a) Situation, b) äußere Lasten (ausgezogen) und Reaktionskräfte (gestrichelt) für die obere und untere Tafel, Eigenlasten der Tafeln nicht eingezeichnet

Anmerkung zu Bild **4.64**: Die Reaktionskräfte infolge F_H ergeben wegen der α-Werte in der Regel kein Gleichgewichtssystem.

Am Beispiel zweier übereinanderstehender, durch das Deckenauflager unterbrochener Einraster-Wandscheiben nach Bild **4.64** wird gezeigt, welche Lasten und ggfs. Reaktionskräfte bei der Bemessung der Tafeln und ihrer Anschlüsse am jeweiligen Kopf- und Fußpunkt zu berücksichtigen sind. Die Reaktionskräfte für die obere Wandscheibe sind die Aktionskräfte für die untere und hinsichtlich ihrer Größe und Lage identisch (Ausnahme: Ist die Anzahl der Wandscheiben unten z. B. größer als oben, dann darf die Aktion F_{Ho} für die untere Tafel entsprechend dem Verhältnis der Rasteranzahl reduziert werden). In Bild **4.64** ist mit Z ausschließlich die Reaktionskraft infolge F_{Ho} und F_{Hu} bezeichnet. Die für den Nachweis der Verankerung maßgebende Zugkraft Z_A darf unter der günstigen Mitwirkung der lotrechten (Minimal-)Lasten ermittelt werden.

5   Decken und Dächer in Holztafelbauart; Bemessung

5.1   Allgemeines

Auf die allgemeinen Grundlagen, Anforderungen und speziellen Berechnungsgrundlagen für die Holztafelbauart wurde bereits in Abschn. 4 – Wände in Holztafelbauart – eingegangen, ausgenommen die Angaben für die mitwirkende Beplankungsbreite b', die vor allem für auf Biegung beanspruchte Bauteile von besonderer Bedeutung ist.

5.2   Mitwirkende Beplankungsbreite

5.2.1   Allgemeines

Die Beplankungen beteiligen sich über ihre mitwirkende Breite b' (vgl. Bild **5.**1) an der Aufnahme von Spannungen und an der Biegesteifigkeit des Querschnitts. Die Größe von b' kann entweder nach

a) DIN 1052-1   (allgemeine Anwendung) oder
b) DIN 1052-3   (nur für Holzhäuser in Tafelbauart, wenn der Achsabstand der Rippen
$\qquad\qquad\quad$ $a \leq 0,625$ m beträgt)

ermittelt werden.

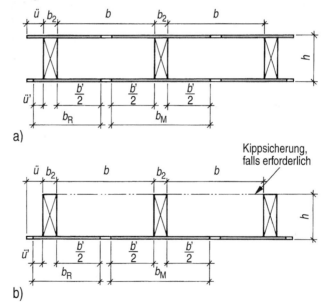

Bild **5.**1
Mitwirkende Beplankungsbreiten
(aus DIN 1052-1)

a) beidseitige Beplankung,
b) einseitige Beplankung

Mistler [15] hat durch theoretische Ableitung entwickelte Näherungsformeln zur Bestimmung von b' angegeben, die sich mit Versuchsergebnissen [16] weitgehend decken. Diese Formeln wurden durch weitere Vereinfachung in Beziehungen umgeformt [17], die für die praktische Anwendung besser geeignet und mit den Gln (81) bis (86) in DIN 1052-1, hier Gln (5.1) bis (5.6), identisch sind. Noch einfacher ist die Ermittlung von b' für Holzhäuser in Tafelbauart, s. Abschn. 5.2.2.1. – Ein genauerer Nachweis, der jedoch in der Praxis nicht erforderlich ist, kann auf der Grundlage von [15] geführt werden.

5.2.2 Ermittlung von *b'*

Bei der Ermittlung von *b'* ist zwischen »Gleichstreckenlast« (Linienlast in Spannrichtung der Tafel) und »Einzellast« (Linienlast quer zur Spannrichtung) zu unterscheiden (siehe Bild **5.2**); im letzteren Fall findet unter der Einzellast eine Einschnürung der mitwirkenden Breite (b_F') statt, die um so stärker ist, je kleiner die Lasteinleitungslänge $c_F = l_A + 2h$ der Einzellast im Verhältnis zur Feld- oder Teilfeldlänge *l* der Tafel ist, wobei *h* die Querschnittshöhe der Tafel bedeutet (s. Bild **5.1**). »Punktförmige« Einzellasten, aus Stielen von Pfettendächern oder dergleichen, sollten vermieden und z.B. durch Zwischenschalten von Schwellen in Linienlasten quer zur Tafelspannrichtung umgewandelt werden.

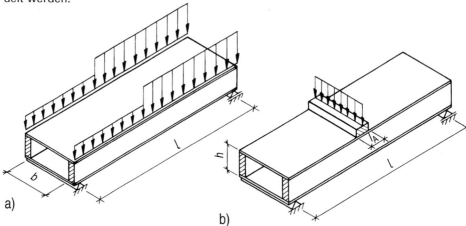

Bild **5.2** Einflußgrößen für die mitwirkenden Beplankungsbreiten *b'* und b_F' bei auf Biegung beanspruchten Tafeln auf zwei Stützen

a) »Gleichstreckenlast« (Linienlast in Spannrichtung), b) »Einzellast« (Linienlast quer zur Spannrichtung)

Die mitwirkende Beplankungsbreite hängt vor allem vom Verhältnis *b/l* ab, wobei *b* die lichte Gefachweite, *l* die Feld- oder Teilfeldlänge bedeutet (vgl. Abschn. 5.2.3). Voraussetzung ist stets, daß das Verhältnis

$$b/l \leq 0,4$$

eingehalten wird, anderenfalls darf die Beplankung nicht als mitwirkend in Rechnung gestellt werden.

5.2.2.1 Gleichstreckenlast (mitwirkende Breite *b'*)

Bei »Gleichstreckenlast« gelten unter der Voraussetzung $b/l \leq 0,4$ folgende Beziehungen für Spanplatten (FP) und Bau-Furniersperrholz (BFU):

Allgemein (DIN 1052-1)

$$\text{FP:} \quad b'/b = 1,06 - 0,6 \cdot b/l \tag{5.1}$$

$$\text{BFU:} \quad b'/b = 1,06 - 1,4 \cdot b/l \tag{5.2}$$

Für Holzhäuser in Tafelbauart (DIN 1052-3)

$$\text{FP:} \quad b'/b = 0,9$$

$$\text{BFU:} \quad b'/b = 0,7$$

Dabei ist b' für Bau-Furniersperrholz wegen des weitgehend orthotropen Verhaltens und der „weicheren" Querrichtung dieses Werkstoffes trotz ansonsten höherer Festigkeitswerte der Platte kleiner als für die „richtungslose" Flachpreßplatte.

5.2.2.2 Einzellast (mitwirkende Breite b_F')

Für »Einzellast« ergibt sich b_F' unter der Voraussetzung $b/l \leq 0,4$ wie folgt:

Nach DIN 1052-1

FP:	$b_F'/b = 1 - 0,9 \cdot b/l$	für	$l/c_F \leq 5$	(5.3)
	$b_F'/b = 1 - 1,4 \cdot b/l$	für $5 < l/c_F \leq 20$		(5.4)
BFU:	$b_F'/b = 1 - 1,8 \cdot b/l$	für	$l/c_F \leq 5$	(5.5)
	$b_F'/b = 1 - 2,6 \cdot b/l$, jedoch $\geq 0,2$, für $5 < l/c_F \leq 20$			(5.6)

Nach DIN 1052-3

FP: $b_F'/b = 0,8$

BFU: $b_F'/b = 0,55$

5.2.2.3 Gesamte mitwirkende Breite

Die gesamte mitwirkende Breite (s. Bild **5**.1) darf für den Mittelbereich zu

$$b_M = b' + b_2 \tag{5.7}$$

für den Randbereich zu

$$b_R = b'/2 + b_2 + ü' \tag{5.8}$$

angenommen werden.

Darin sowie in den vorangegangenen Gleichungen sind:

b_M, b_R	mitwirkende Beplankungsbreite je Rippe im Mittel- bzw. Randbereich
b	lichter Abstand der Rippen
b'	mitwirkende Breite zwischen den Rippen
b_2	Rippenbreite
$ü$	seitlicher Überstand
$ü'$	mitwirkende Breite des seitlichen Überstandes
h	Gesamtquerschnittshöhe
l	Feldlänge oder Teilfeldlänge

Mitwirkende Breite $ü'$ des seitlichen Überstandes $ü$: Es ist $ü' \leq b_2$, wenn $ü$ nicht durch Nachbarelemente gehalten wird, z.B. über Nagelung, ansonsten Ermittlung von $ü'/ü$ wie b'/b, wobei $b/l = 2 ü/l$ zu setzen ist.

5.2.3 Feldlängen und Teilfeldlängen

Werden die Beplankungen bei Einfeldträgern und Wandtafeln nicht gestoßen, sind die Feldlängen Bild **5**.2 bzw. Bild **5**.3a zu entnehmen, d.h. für Einfeldträger ist die Stützweite, für knickbeanspruchte Tafeln (Wandtafeln) die maßgebende Knicklänge einzusetzen.

Die Teilfeldlängen bei Einfeldträgern mit Beplankungsstoß und bei Durchlaufträgern (= Abstand der Momentennullpunkte) sowie die zugehörenden mitwirkenden Beplankungsbreiten b' und b_F' sind an Hand von Beispielen aus Bild **5**.3b und c ersichtlich. Bei der Ermittlung der Momentennullpunkte braucht die feldweise Veränderung von Verkehrslasten jedoch nicht berücksichtigt zu werden.

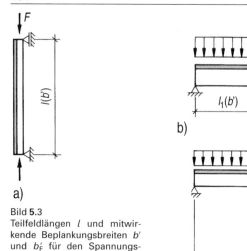

Bild 5.3
Teilfeldlängen l und mitwirkende Beplankungsbreiten b' und b_F' für den Spannungsnachweis

a) Wandtafel, b) Einfeldträger mit Beplankungsstößen S, c) Durchlaufträger mit Momentennullpunkten

5.3 Beplankungsstöße

5.3.1 Spannungsnachweis

Beim Spannungsnachweis müssen stumpfe Beplankungsstöße berücksichtigt werden. Dazu zählen auch verleimte Plattenstöße (gespundete Platten oder Nut-Feder-Verbindungen), da in diesen Bereichen nicht nur die Längszugfestigkeit stark reduziert ist, sondern auch – verformungsbedingt – eine Kontaktpressung nicht ständig gewährleistet werden kann.

Da der Verbundquerschnitt mit der Steifigkeit $E \cdot I_{R+BP}$ (Bild **5.4**) erst von der Stelle ab voll wirksam sein kann, an der sich die rechnerisch mitwirkende Beplankungsbreite

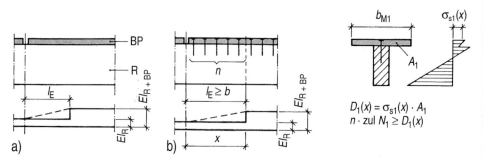

$$D_1(x) = \sigma_{s1}(x) \cdot A_1$$
$$n \cdot \text{zul } N_1 \geq D_1(x)$$

Bild 5.4 Rechnerischer Einfluß von Beplankungsstößen auf die Biegesteifigkeit EI der Tafel über der Eintragungslänge l_E

a) verleimte Tafel: $l_E = b$; b) genagelte Tafel, hierfür folgt l_E aus $D_1(x) = \sigma_{s1}(x) \cdot A_1$ und $n \cdot \text{zul } N_1 \geq D_1(x)$

ausgebildet hat, ist der Tafelquerschnitt auf der »Eintragungslänge« l_E beiderseits des Stoßes im allgemeinen als unbeplankt anzusehen (Bild a). Bei verleimten Tafelquerschnitten ist vereinfachend $l_E = b$ (lichte Weite zwischen den Rippen) einzusetzen; bei mit mechanischen Verbindungsmitteln befestigten Beplankungen bedeutet l_E jene Länge, die zur Einleitung der Längskraft $D_1(x)$ aus der Rippe über die Verbindungsmittel in die Beplankung erforderlich ist (mindestens ist jedoch auch hier $l_E = b$ einzuhalten) (Bild b). Näherungsweise kann allgemein auch mit einem linearen Anstieg der Steifigkeit im Bereich der Eintragungslänge l_E gerechnet werden.

5.3.2 Durchbiegungsnachweis

Beim Durchbiegungs- und Knicknachweis dürfen Beplankungsstöße im allgemeinen vernachlässigt werden. Sobald jedoch der Abstand zwischen den Stößen einer Beplankung zu gering ist (mittlerer Abstand über die Gesamtlänge der Tafel kleiner als etwa 2 m), sollten die Stöße entsprechend Bild **5.4** berücksichtigt werden.

5.4 Rippenabstände

Der zulässige lichte Rippenabstand b bei Holzwerkstoffbeplankungen ist mit

$$b \leq 1{,}25 \cdot d \cdot \sqrt{E_{Bv}/\sigma_{Dx}} \qquad (5.9)$$

festgelegt, wobei

$$b \leq 50 \cdot d \qquad (5.10)$$

betragen muß.

Hierin bedeuten für die Beplankung:

d	Dicke
$E_{Bv} = \sqrt{E_{Bx} \cdot E_{By}}$	Vergleichs-Biegeelastizitätsmodul, für Spanplatten $E_{Bx} = E_{By} = E_{Bv}$ mit $E_{Bx,y}$ für Biegung senkrecht zur Plattenebene
σ_{Dx}	Vorhandene Druckspannung (ohne Knickzahl)

Bei unterschiedlicher Beplankung zu beiden Seiten der Tafel ist der kleinere Wert für b maßgebend.

Gl (5.9) wurde durch vereinfachende Annahmen aus der in [17] veröffentlichten genauen Formel für Druckbeulen von Wandtafeln entwickelt, die jedoch für die praktische Handhabung schlecht geeignet ist. Bei Ausnutzung der zulässigen Druckspannungen ergibt sich ein Beulsicherheitskoeffizient von etwa 1,25 bis 1,5.

Der Höchstwert für den lichten Rippenabstand nach Gl (5.10) wurde zur Vermeidung unzuträglich großer Formänderungen der Holzwerkstoffbeplankungen aus Klimaeinflüssen festgelegt. Deshalb ist dieser Wert generell einzuhalten, d.h. auch bei zugbeanspruchten sowie bei lediglich aussteifenden Beplankungen. In der Praxis wird dieses Verhältnis wegen der tatsächlich möglichen, feuchtetechnisch bedingten Aufwölbungen der Plattenwerkstoffe nicht ausgenutzt.

5.5 Querschnittswerte von Tafeln

Die Querschnittswerte für den Mittel(M)- oder Randbereich(R) von Tafeln mit Holzrippen und ein- oder beidseitiger Beplankung sind unter Berücksichtigung der Verhältnisse

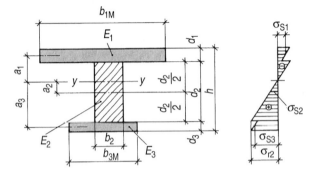

Bild 5.5
Unsymmetrischer Querschnitt
mit beidseitiger Beplankung
und zugehörendem Verlauf
der Biegespannungen

$$n_i = E_i/E_2$$

zu ermitteln; Beispiel für einen dreiteiligen Querschnitt s. Bild **5.5**.
Darin sind:

$E_{1,3}$ Druck- bzw. Zug-Elastizitätsmodul der Beplankung
E_2 Elastizitätsmodul der Holzrippe

Die Beplankungen dürfen mit den Breiten b_M oder b_R nach Abschn. 5.2.2.3 als mitwirkend in Rechnung gestellt werden.

Werden Beplankungen und Rippen miteinander verleimt, so darf die Verbindung als starr angesehen werden ($\gamma = 1$). Bei Verwendung mechanischer Verbindungsmittel ist deren Nachgiebigkeit zu berücksichtigen.

Wegen Ihrer geringen Dicke haben die Beplankungen aus ihrer Mitwirkung im Verbundquerschnitt auch bei auf Biegung beanspruchten Tafeln überwiegend Längskräfte aufzunehmen, während die zusätzlichen Biegespannungen relativ gering sind. Daher sind hier für die Ermittlung der Verhältniswerte $n_{1,3}$ die Druck- oder Zug-E-Moduln der Beplankungen einzusetzen.

Für den Durchbiegungsnachweis allgemein sowie für die Berechnung der Schnittkräfte bei statisch unbestimmten Systemen darf stets die mitwirkende Breite für Gleichstreckenlast eingesetzt werden; darüber hinaus ist es bei Tafeln mit Beplankungsstößen zumeist ausreichend, einen sinnvoll gewählten, konstanten Querschnitt über die gesamte Tafellänge zugrunde zu legen.

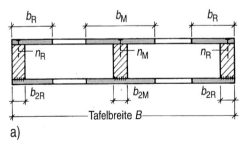

a)

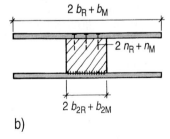

b)

Bild **5.6**   Bei gleichmäßig verteilter Last quer zur Tafelspannrichtung dürfen Rand- und Mittelbereiche einer Tafel zu einem einzigen Verbundquerschnitt zusammengefaßt werden; *n* Anzahl der Verbindungsmittel
    a) Rand- und Mittelbereiche, b) Gesamtquerschnitt

Die einzelnen Bereiche einer Tafel dürfen, auch bei Linienlasten quer zur Spannrichtung (z. B. unter Trennwänden oder durch Schwellen unterlegte Stiele), zu einem einzigen Verbundquerschnitt (s. Bild **5.**6) zusammengefaßt werden.

Beplankungen, die zugleich auch als auf Biegung beanspruchte Schalungen wirksam sind (bei Decken- und Dachtafeln), sind auch für diese Belastung zu bemessen. Eine Superposition der beiden Beanspruchungen ist jedoch nicht erforderlich (vgl. auch Beispiel, Abschn. 5.7.2).

5.6 Durchbiegung

Die Durchsenkung aus der Schubverformung von auf Biegung beanspruchten Tafeln braucht nicht berücksichtigt zu werden, da dieser Anteil an der Gesamtdurchbiegung im allgemeinen unter 10% liegt und damit geringer ist als z. B. die mögliche Ungenauigkeit des Rechenergebnisses infolge der Abweichung des tatsächlichen E-Moduls der Vollholzrippen vom Rechenwert oder durch klimabedingte Formänderungen der Beplankung.

5.7 Beispiel für Bemessung einer Flachdach-Tafel [13]

5.7.1 Querschnitt

Verleimter Querschnitt mit beidseitiger Beplankung nach Bild **5.**7.

(1) Beplankung: Spanplatten nach DIN 68763, $d_1 = 19$ mm
                    $E_B = 2800$ MN/m², $E_{D,Z} = 2000$ MN/m²
(2) Rippen: Nadelholz II, $b_2/d_2 = 60/200$ mm; $E = 10000$ MN/m²
Verbindungsmittel Beplankung – Rippe: Verleimung.

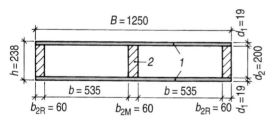

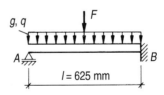

Bild **5.**7 Gewählter Querschnitt, Maße in mm
            1 Beplankung aus Flachpreßplatten nach DIN 68 763,
            2 Rippe aus Nadelholz der Güteklasse II

Bild **5.**8 Angenommenes statisches System der oberen Beplankung als Schalung

5.7.2 Bemessung der Beplankung als Schalung

Eine Superposition mit der Beanspruchung aus der gleichzeitigen Funktion als Beplankung braucht nicht vorgenommen zu werden, da die einzelnen Spannungen rechtwinklig zueinander verlaufen.

Statisches System, Querschnittsgrößen: Wegen verleimter Tafel angenommenes System nach Bild **5.**8.

gew.: Obere Spanplatte, d_1 = 19 mm;
W = 1,0 · 0,019²/6 = 60,2 · 10⁻⁶ m³/m;
I = 1,0 · 0,019³/12 = 572 · 10⁻⁹ m⁴/m; zulσ_B = 4,0 MN/m²

Belastung

Ständige Last (Auflast aus Dach) g = 1,30 kN/m²; Schneelast s = 0,75 kN/m²;
Gesamtlast $q = g + s$ = 2,05 kN/m²; Einzelverkehrslast (Mannlast) F = 1,0 kN

Schnittgrößen

Biegemoment: $M_B(q)$ = $- ql^2/8$ = $- 2,05 · 0,625^2/8$ = $- 0,10$ kNm/m

Auf die Lasteintragungsbreite t = 0,70 m bezogen (s. DIN 1052-1, Abschn. 8.1.4):

$M_B(g + F) = - g · t · l^2/8 - 3/16 · F · l$
$= - 1,30 · 0,7 · 0,625^2/8 - 3/16 · 1,0 · 0,625$
$= - 0,162$ kNm/(0,7 m)

Bemessung

Maßgebend:

$\sigma_B(g + F) = M_B(g + F)/(t · W)$ = 0,162 · 10⁻³/(0,7 · 60,2 · 10⁻⁶)
$= 3,8$ MN/m² $<$ zulσ_B = 4,0 MN/m²

Durchbiegung unter Berücksichtigung der Kriechverformungen
(Annahme: $u < 15\%$), siehe Abschn. 2.4.1.5:

g/q = 1,30/2,05 = 0,634 > 0,5, d. h. Kriechen ist zu berücksichtigen
η_k = 1,5 – g/q = 0,866 (Gl 2.4.2)
φ = 1/η_k – 1 = 1/0,866 – 1 = 0,155

Mit Gl (2.2):

$f(q)$ = [(1 + φ) · g + s] · l^4/(185 · E_B · I)
= [(1 + 0,155) · 1,3 · 10⁻³ + 0,75 · 10⁻³] · 0,625⁴/(185 · 2800 · 572 · 10⁹)
= 1,2 · 10⁻³ m = 1,2 mm < zul$f(q)$ = l/200 = 3,1 mm < 10 mm
(s. DIN 1052-1, Abschn. 8.5.10)
$f(g + F)$ = (1 + φ) · g · l^4/(185 · E_B · I) + F · l^3/(107 · t · E_B · I)
= 0,8 + 2,0 = 2,8 mm < zul$f(g + F)$ = l/100 = 6,3 mm < 20 mm

5.7.3   Querschnittsgrößen der Tafel

5.7.3.1   Mitwirkende Beplankungsbreiten

Das statische System geht aus Bild **5.9** hervor. Die einzelnen Bereiche mit den unterschiedlichen mitwirkenden Beplankungsbreiten sind in Bild **5.10** dargestellt. Lediglich in den schraffierten Bereichen IV und VI ist rechnerisch die volle mitwirkende Beplankungsbreite vorhanden.

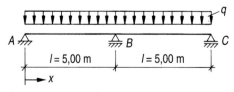

Bild **5.9**   Statisches System der Tafel

Bei den Bereichen I, III und V handelt es sich um den Einleitungsbereich l_E im Auflagerbereich oder im Bereich von Beplankungsstößen (S), in denen weder die Breite b_2 der Beplankung über den

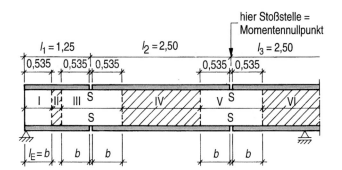

Bild 5.10
Querschnittsbereiche mit unterschiedlichen mitwirkenden Beplankungsbreiten (Maße in m)

Rippen (s. Bild **5.1**) noch der lineare Anstieg der Steifigkeit (Bild **5.4**) berücksichtigt wird, d. h. $b_M = b_R = 0$.

Im Bereich II ist der Gültigkeitsbereich $b/l \leq 0,4$ für Gl (5.1) überschritten, da $b/l_1 = 0,535/1,25 = 0,43 > 0,4$, d. h. auch hier ist $b_M = b_R = 0$.

Bereich IV:
Gleichstreckenlast mit $l_2 = 2,50$ m; $b/l_2 = 0,535/2,50 = 0,214 < 0,4$

Nach Gl (5.1):

$$b'/b = 1,06 - 0,6 \cdot b/l_2 = 0,932; \quad b' = 0,932 \cdot 0,535 = 0,498 \text{ m}$$

$$b_M = b' + b_{2M} = 0,498 + 0,06 = 0,56 \text{ m}$$

$$b_R = b'/2 + b_{2R} = 0,498/2 + 0,06 = 0,31 \text{ m}$$

Bereich VI:
Einzellast (Linienlast) mit $l_3 = 2,50$ m (aus Stoßabstand der Beplankungen und zugleich aus Abstand der Momentennullpunkte)

$$c_F = l_B + 2h = 0,10 + 2 \cdot 0,238 = 0,576 \text{ m (s. Bild 5.11)}$$

$$l_3/c_F = 4,34 < 5,0$$

Nach Gl (5.3): $b'_F/b = 1 - 0,9 \cdot b/l_3 = 0,807$

$$b'_F = 0,807 \cdot 0,535 = 0,432 \text{ m}$$

$$b_M = 0,432 + 0,06 = 0,49 \text{ m}$$

$$b_R = 0,432/2 + 0,06 = 0,28 \text{ m}$$

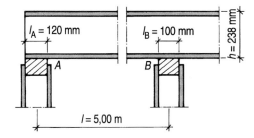

Bild 5.11
Auflagerlängen l_A und l_B

5.7.3.2 Querschnittswerte

Bereiche I, II, III, V:
Wegen $b_M = b_R = 0$ (unter Vernachlässigung der Beplankungsbreite b_2) wird für den Spannungsnachweis nur der Rippenquerschnitt in Rechnung gestellt; für die 3 Rippen des Querschnitts ergibt sich:

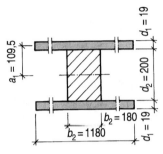

Bild 5.12
Rechnerischer Gesamt-
Verbundquerschnitt
(Maße in mm)

$$I_2 = 3 \cdot b_2 \cdot d_2^3/12 = 3 \cdot 0{,}06 \cdot 0{,}2^3/12 = 120 \cdot 10^{-6} \text{ m}^4$$

$$W_2 = 3 \cdot b_2 \cdot d_2^2/6 = 3 \cdot 0{,}06 \cdot 0{,}2^2/6 = 1{,}2 \cdot 10^{-3} \text{ m}^3$$

Bereich IV (s. Bild **5.12**):

$$n_1 = E_{D,Z1}/E_2 = 2000/10000 = 0{,}20$$

$$b_1 = 2\,b_R + b_M = 1{,}18 \text{ m}; \quad b_2 = 3 \cdot b_2 = 0{,}18 \text{ m}$$

$$I_1 = b_1 \cdot d_1^3/12 = 1{,}18 \cdot 0{,}019^3/12 = 0{,}67 \cdot 10^{-6} \text{ m}^4$$

$$A_1 = b_1 \cdot d_1 = 1{,}18 \cdot 0{,}019 = 22{,}4 \cdot 10^{-3} \text{ m}^2$$

$$A_2 = b_2 \cdot d_2 = 0{,}18 \cdot 0{,}20 = 36 \cdot 10^{-3} \text{ m}^2$$

$$I = 2\,n_1 \cdot I_1 + 2\,n_1 \cdot A_1 \cdot a_1^2 + I_2$$

$$= 2 \cdot 0{,}2 \cdot 0{,}67 \cdot 10^{-6} + 2 \cdot 0{,}2 \cdot 22{,}4 \cdot 10^{-3}$$

$$\cdot (0{,}10 + 0{,}019/2)^2 + 120 \cdot 10^{-6}$$

$$= 0{,}268 \cdot 10^{-6} + 107 \cdot 10^{-6} + 120 \cdot 10^{-6}$$

$$= 227 \cdot 10^{-6} \text{ m}^4$$

Bereich VI (Ermittlung analog Bereich IV):

$$b_1 = 2 \cdot 0{,}28 + 0{,}49 = 1{,}05 \text{ m}$$

$$I_1 = 0{,}60 \cdot 10^{-6} \text{ m}^4; \quad A_1 = 19{,}9 \cdot 10^{-3} \text{ m}^2; \quad I = 215 \cdot 10^{-6} \text{ m}^4$$

$$S_1 = A_1 \cdot a_1 = 19{,}9 \cdot 10^{-3} \cdot (0{,}10 + 0{,}019/2) = 2{,}18 \cdot 10^{-3} \text{ m}^3$$

$$S_2 = b_2 \cdot h_2^2/8 = 0{,}18 \cdot 0{,}2^2/8 = 0{,}9 \cdot 10^{-3} \text{ m}^3$$

5.7.4 Belastung und Schnittgrößen der Tafel (B = 1,25 m)

Ständige Last, einschließlich Eigenlast der Tafel $g = 2{,}11$ kN/m; Schneelast $s = 0{,}94$ kN/m; Gesamtlast $q = g + s = 3{,}05$ kN/m

Auflagerkräfte: $A = 5{,}72$ kN; $B = 19{,}1$ kN

Maßgebende Querkräfte (Abminderung nach DIN 1052-1, Abschn. 8.2.1.2):

$$Q_A = A - q \cdot (I_A + h)/2 = 5{,}72 - 3{,}05 \cdot (0{,}12 + 0{,}238)/2 = 5{,}18 \text{ kN}$$

$$Q_{Bl} = -B/2 + q \cdot (I_B + h)/2 = -19{,}1/2 + 3{,}05 \cdot (0{,}10 + 0{,}238)/2 = -9{,}03 \text{ kN}$$

Stützmoment

$$M_B = -9{,}53 \text{ kNm}$$

Feldmoment max $M_F = 5{,}36$ kNm an der Stelle $x = 1{,}88$ m

Momentennullpunkt (für Teilfeldlängen): $x = 3{,}75$ m

Übergang III/IV: $x = 1{,}25 + b = 1{,}25 + 0{,}535 = 1{,}785$ m

$M(x = 1{,}785$ m$) = A \cdot x - q \cdot x^2/2 = 5{,}35$ kNm $\approx$ max M_F

Übergang V/VI: $x = 3{,}75 + 0{,}535 = 4{,}285$ m

$$Q(x = 4{,}285 \text{ m}) = A - q \cdot x = -7{,}35 \text{ kN}$$

5.7.5 Bemessung der Tafel

5.7.5.1 Biegerandspannung Rippe

Stützmoment (Bereich VI):

$$M_B = -9{,}53 \text{ kNm}; \quad I = 215 \cdot 10^{-6} \text{ m}^4$$

$$\sigma_{r2} = M/I \cdot d_2/2 = 9{,}53 \cdot 10^{-3}/(215 \cdot 10^{-6}) \cdot 0{,}10 = 4{,}5 \text{ MN/m}^2 < \text{zul}\,\sigma_{B2}$$

$$= 1{,}1 \cdot 10 \text{ MN/m}^2$$

Auflager- und Stoßbereich (Bereiche I, III, V) sowie Bereich II:

$$\max M = 5,35 \text{ kNm}; \quad W_2 = 1,2 \cdot 10^{-3} \text{ m}^3$$
$$\sigma_{r2} = M/W_2 = 5,35 \cdot 10^{-3}/(1,2 \cdot 10^{-3}) = 4,46 \text{ MN/m}^2 < \text{zul}\,\sigma_{B2} = 10 \text{ MN/m}^2$$

5.7.5.2 Schwerpunktsspannungen in den Beplankungen

Maßgebend Stützmoment (Bereich VI):

$$M = -9,53 \text{ kNm}; \quad I = 215 \cdot 10^{-6} \text{ m}^4$$
$$\sigma_{s1} = \pm M/I \cdot n_1 \cdot a_1 = \pm 9,53 \cdot 10^{-3}/(215 \cdot 10^{-6}) \cdot 0,2 \cdot (0,10 + 0,019/2)$$
$$= \pm 0,97 \text{ MN/m}^2 < \text{zul}\,\sigma_{Z1} = 2,25 \text{ MN/m}^2 < \text{zul}\,\sigma_{D1} = 2,5 \text{ MN/m}^2$$

5.7.5.3 Schubspannungen in der Leimfuge (Bereich VI)

$$Q = 9,03 \text{ kN}; \quad S_1 = 2,18 \cdot 10^{-3} \text{ m}^3; \quad I = 215 \cdot 10^{-6} \text{ m}^4; \quad b_2 = 0,18 \text{ m}$$
$$\tau_{12} = Q \cdot n_1 \cdot S_1/(I \cdot b_2) = 9,03 \cdot 10^{-3} \cdot 0,2 \cdot 2,18 \cdot 10^{-3}/(215 \cdot 10^{-6} \cdot 0,18)$$
$$= 0,10 \text{ MN/m}^2 < \text{zul}\,\tau = 0,4 \text{ MN/m}^2$$

5.7.5.4 Schubspannungen in der Rippe

Bereich VI

$$S_1 = 2,18 \cdot 10^{-3} \text{ m}^3; \quad S_2 = 0,9 \cdot 10^{-3} \text{ m}^3$$
$$\tau_2 = Q \cdot (n_1 \cdot S_1 + S_2)/(I \cdot b_2) = 9,03 \cdot 10^{-3} \cdot (0,2 \cdot 2,18 + 0,9)$$
$$\cdot 10^{-3}/(215 \cdot 10^{-6} \cdot 0,18) = 0,31 \text{ MN/m}^2 < \text{zul}\,\tau = 1,2 \text{ MN/m}^2$$

Endauflager (Bereich I):

$$Q_A = 5,18 \text{ kN}; \quad A_2 = 36 \cdot 10^{-3} \text{ m}^2$$
$$\tau_2 = 1,5 \cdot Q/A_2 = 1,5 \cdot 5,18 \cdot 10^{-3}/(36 \cdot 10^{-3}) = 0,22 \text{ MN/m}^2$$
$$< \text{zul}\,\tau_2 = 0,9 \text{ MN/m}^2$$

Stelle V/VI: $Q = -7,35 \text{ kN}$;

$$\tau_2 = 1,5 \cdot 7,35 \cdot 10^{-3}/(36 \cdot 10^{-3}) = 0,31 \text{ MN/m}^2 < \text{zul } \tau_2 = 1,2 \text{ MN/m}^2$$

5.7.5.5 Beulnachweis für die Beplankung

Nach Gl (5.9): $\text{zul}\,b = 1,25 \cdot d_1 \cdot \sqrt{E_{Bv1}/\sigma_{D1}}$

mit $d_1 = 19 \text{ mm}$, $E_{Bv1} = 2800 \text{ MN/m}^2$, $\sigma_{D1} = 0,97 \text{ MN/m}^2$ (5.7.5.2)

$\text{zul}\,b = 1,25 \cdot 0,019 \cdot \sqrt{2800/0,97} = 1,27 \text{ m} > 50 \cdot 0,019 = 0,95 \text{ m} > \text{vorh } b = 0,535 \text{ m}$

5.7.5.6 Durchbiegungsnachweis

Wegen $g/q = 2,11/3,05 = 0,692 > 0,5$ Berücksichtigung der Kriechverformungen. Annahme: $u \leq 18\%$.

$$\eta_k = 1,5 - g/q = 0,808; \quad \varphi = 1/\eta_k - 1 = 0,24$$

Flächenmoment 2. Grades für Gleichstreckenlast unter Vernachlässigung der Beplankungsstöße (Bereich IV): $I = 227 \cdot 10^{-6} \text{ m}^4$

$$f = (1 + \varphi) \cdot f(g) + f(q - g)$$
$$= 0,0052 \cdot [(1 + \varphi) \cdot g + (q - g)] \cdot l^4/(EI)$$
$$= 0,0052 \cdot [(1 + 0,24) \cdot 2,11 + (3,05 - 2,11)] \cdot 10^{-3} \cdot 5,0^4/(10^4 \cdot 227 \cdot 10^{-6})$$
$$= 5,1 \cdot 10^{-3} \text{ m} = 5,1 \text{ mm} < \text{zul } f = 5000/300 = 16,7 \text{ mm}$$

5.7.5.7 Flächenpressung

Endauflager A: $A = 5{,}72$ kN; $b_2 = 0{,}18$ m; $l_A = 0{,}12$ m

$$\sigma_{D\perp} = A/(b_2 \cdot l_A) = 5{,}72 \cdot 10^{-3}/(0{,}18 \cdot 0{,}12) = 0{,}27 \text{ MN/m}^2 < \text{zul}\,\sigma_{D\perp 2}$$
$$= 0{,}8 \cdot 2{,}0 = 1{,}6 \text{ MN/m}^2 < \text{zul}\,\sigma_{D\perp 1} = 2{,}5 \text{ MN/m}^2$$

Stützbereich B: $B = 19{,}1$ kN; $b_2 = 0{,}18$ m; $l_B = 0{,}10$ m

$$k_{D\perp} = \sqrt[4]{150/l_B} = \sqrt[4]{150/100} = 1{,}11$$
$$\sigma_{D\perp} = B/(b_2 \cdot l_B) = 19{,}1 \cdot 10^{-3}/(0{,}18 \cdot 0{,}10) = 1{,}06 \text{ MN/m}^2$$
$$< k_{D\perp} \cdot \text{zul}\,\sigma_{D\perp 2} = 1{,}1 \cdot 2{,}0 = 2{,}2 \text{ MN/m}^2 < \text{zul}\,\sigma_{D\perp 1} = 2{,}5 \text{ MN/m}^2$$

5.8 Decken- und Dachscheiben

5.8.1 Anwendungsbereiche

Decken- und Dachscheiben aus Tafeln, die durch mechanische Verbindungsmittel – z.B. Schrauben, Nägel, Stabdübel, Paßbolzen – miteinander verbunden sind, haben sich seit mehreren Jahrzehnten in vielen tausend Wohngebäuden in Holztafelbauart, aber auch im Hallenbau bewährt. Ihr besonderer Vorzug ist die für Holzbauteile extrem große Steifigkeit.

Nach DIN 1052 dürfen solche Scheiben bis zu einer Stützweite von 30 m für die Aufnahme und Weiterleitung von vorwiegend ruhenden Lasten in Scheibenebene, einschließlich Windlasten und Erdbebenkräften, rechnerisch herangezogen werden.

5.8.2 Konstruktionsprinzipien

Aus Bild 5.13 gehen die Anordnung der Tafeln und die Belastung der Scheibe hervor. Tafeln mit ungestoßener Beplankung (a) sind praktisch nur in der Werksfertigung oder – unter Voraussetzung gemäßigter Klimabedingungen im eingebauten Zustand – mit verleimten Plattenstößen möglich. Allgemein überwiegt aber die Anwendung von Tafeln mit schwebenden, d.h. nicht unterstützten Stößen (rechtwinklig zur Tafelrichtung)

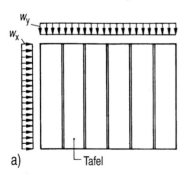
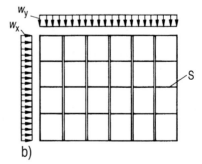

Bild 5.13 Decken- oder Dachscheiben aus genagelten oder verleimten Holztafeln; Anordnung der Tafeln und Belastung (Prinzip)

a) Tafeln mit auf ganzer Tafellänge durchlaufender Beplankung

b) Tafeln mit schwebenden, d.h. nicht unterstützten Stößen S in den Beplankungen

in der Beplankung (b). Die Tafelquerschnitte können verleimt (Werksfertigung oder Na-gelpreßleimung) oder mit mechanischen Verbindungsmitteln hergestellt sein, in der Praxis überwiegt heute jedoch die Nagelung.

5.8.3 Spannungsnachweise

5.8.3.1 Konstruktive Bedingungen

Die Scheiben dürfen vereinfachend als Balken berechnet werden. Voraussetzung ist, daß die Scheibenhöhe h_s mindestens $^1/_4$ der Stützweite l_s beträgt (Bild **5.14**). Scheiben-höhen $h_s \geq l_s$ dürfen höchstens mit $h_s = l_s$ in Rechnung gestellt werden.

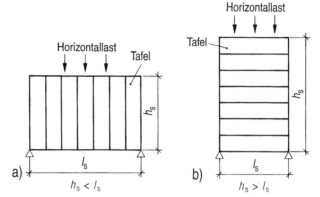

Bild **5.14**
Beispiele für Dach- oder Dek-kenscheiben aus Tafeln (Drauf-sicht); Maße, Lasten

a) Ungestoßene Beplankungen

Die rechnerischen Nachweise für die Scheibe unter Annahme eines Balkens bereiten keine Schwierigkeiten, solange die Beplankungen über die gesamte Tafellänge unge-stoßen durchlaufen. Dazu gehören auch Tafeln mit allseitig unterstützten Beplankungs-stößen (diese Ausführung ist allerdings praktisch kaum anzutreffen), wenn Beplankung und Unterstützung miteinander verleimt sind sowie näherungsweise auch solche mit Nagelverbindung.

b) Schwebende Beplankungsstöße

Das Tragverhalten von Tafeln mit schwebenden Stößen ist rechnerisch noch nicht all-gemein hinreichend wirklichkeitsnah zu erfassen.

Bei verleimten Tafelquerschnitten kann auf Grund der umfangreichen, langjährigen Er-fahrungen unterstellt werden, daß Tragfähigkeit und Steifigkeit nicht wesentlich beein-trächtigt werden, solange der Stoßabstand a_s mindestens etwa dreimal so groß ist wie der Achsabstand a_R der Rippen, im Mittel jedoch mindestens etwa 1,5 m beträgt (s. Bild **5.15**), s. auch die Festlegungen bezüglich a_s in Abschnitt 5.8.5. Unter diesen Vor-aussetzungen dürfen bei verleimten Tafeln die Rechenverfahren für Tafeln ohne Be-plankungsstöße angewendet werden (s. z.B. Bilder **5.18** und **5.19**).

Bei genagelten Querschnitten können Tragfähigkeit und Steifigkeit der Scheibe durch schwebende Beplankungsstöße dagegen stark reduziert werden. Die Nagelverbindung zwischen Rippe und Beplankung ist nämlich weit weniger als die starre und wesentlich tragfähigere Verleimung in der Lage, die Schubkräfte ΔZ, die wegen der schwebenden Stöße nicht mehr über die Platten direkt übertragen werden, indirekt über die Rippen weiterzuleiten (s. Bild **5.16**).

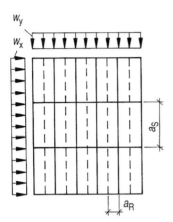

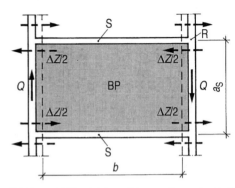

Bild **5.15** Voraussetzungen zum Tragfähigkeits-
nachweis für verleimte Tafelquerschnitte
mit Beplankungsstoß ($a_\mathrm{S} \geq 3\ a_\mathrm{R}$, jedoch
$a_\mathrm{S} \geq 1{,}5$ m)

Bild **5.16** Kräftegleichgewicht an einem durch Q
beanspruchten Beplankungsfeld BP

Nachfolgend werden die in der Praxis üblichen Spannungsnachweise dargestellt, und
zwar zum einen für die Belastung rechtwinklig, zum anderen für die Belastung in Tafelrichtung, wobei für letztere zwei unterschiedliche Nachweismethoden gebräuchlich
sind.

5.8.3.2 Belastung rechtwinklig zur Tafelrichtung

Für die Aufnahme der Belastung w_x rechtwinklig zur Tafelrichtung (s. Bild **5.17**) können
eine Tafel oder – bei entsprechender Kopplung – mehrere hintereinanderliegende Tafeln, die jeweils nachgiebig verbundene (bei Nagelung) oder starr zusammengesetzte
Querschnitte (bei geleimten Tafeln) darstellen, herangezogen und als Biegeträger betrachtet werden.

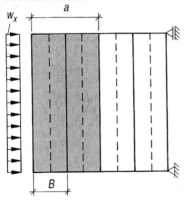

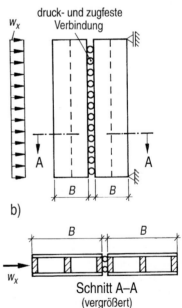

a)

Bild **5.17** Rechenmodell für eine Scheibe mit Belastung rechtwinklig zur Tafelrichtung: Biegeträger, hintereinanderliegend
a) Ansicht der Scheibe; die Tafeln im Bereich a werden in Rechnung gestellt
b) Rechenmodell, Schnitt A–A

5.8.3.3 Belastung in Tafelrichtung: Statisches Modell 1

Für die Belastung w_y in Tafelrichtung kann der Nachweis am einfachsten unter Annahme von »Schubfeldern« erfolgen (s. Bild **5**.18), wobei das Biegemoment durch Längskräfte in zusätzlichen Gurten (z. B. durchlaufende Wandrähme als Auflager der Tafel), die Querkraft von der Beplankung aufgenommen wird. Bei der Bemessung sind die Kräfte innerhalb der Scheibe bis zur Ableitung in die Scheibenauflager zu verfolgen. Zwischen den Tafeln sowie zwischen den Tafeln und den Gurten sind lediglich Schubkräfte zu übertragen.

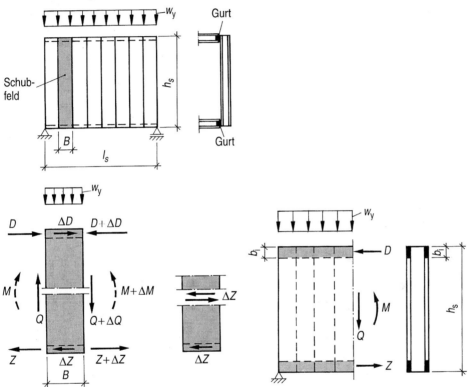

Bild **5**.18 Rechenmodell für eine Scheibe ohne schwebende Beplankungsstöße mit Belastung w_y in Tafelrichtung: Biegeträger aus Gurten und Schubfeldern

Bild **5**.19 Rechenmodell (Variante): Vollwandiger Biegeträger mit ideellen Gurten (Breite b_i) in der Beplankung

5.8.3.4 Belastung in Tafelrichtung: Statisches Modell 2

Ein etwas aufwendigerer Nachweis besteht darin, die Randstreifen der Beplankungen als Gurte aufzufassen und entsprechend zu bemessen (s. Bild **5**.19). Damit werden Gurte außerhalb der Scheibe entbehrlich. Es wird empfohlen, die ideelle Gurtbreite der Beplankung mit etwa $^1/_{10}$ der Tafellänge anzunehmen. In diesem Fall sind die Tafeln untereinander druck-, zug- und schubfest zu verbinden.

Dieses Rechenverfahren ist praktisch nur für geleimte Tafeln geeignet. Begründung: Zum einen werden hierbei die Rippen auf Querzug beansprucht. Zum anderen müssen im Bereich der Fugen zwischen den einzelnen Tafeln die Gurtkräfte (D oder Z) aus der

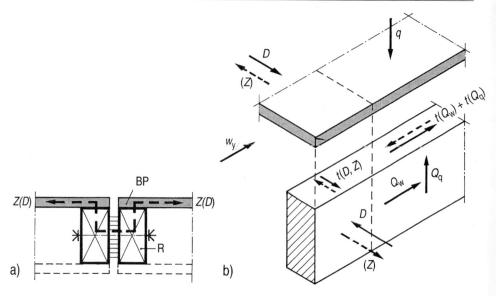

Bild 5.20 Fugenbereich zwischen den Tafeln nach Bild 5.19
  a) Umleitung der Gurtkräfte D und Z in den Beplankungen BP über die Tafelfuge hinweg (zwi-
     schen den Rippen R werden die Druckkräfte über Kontaktpressung, die Zugkräfte über Bol-
     zenverbindungen, die Querkräfte über Nagelung oder dgl. übertragen)
  b) Gurt-Längskräfte D und Z aus den Beplankungen, Querkräfte infolge lotrechter Belastung (Q_q)
     und Wind (Q_w) sowie Schubflüsse zwischen Beplankung und Rippe $t(D,Z)$, $t(Q_w)$ und $t(Q_q)$

Beplankung über die Rippe der einen Tafel auf die Rippe der benachbarten Tafel und
von dort in deren Beplankung geleitet werden (Bild 5.20a). Eine Nagelverbindung zwischen Beplankung und Rippe ist bei einer solchen Beanspruchung überfordert, zumal
auch noch der Schubfluß t aus der Querkraft Q infolge lotrechter Belastung q der Tafel
hinzukommt (Bild b).

5.8.3.5 Superposition von Beanspruchungen

Die Beanspruchungen der Tafeln aus der Abtragung vertikaler Lasten einerseits und
aus der Scheibenwirkung andererseits sind beim rechnerischen Nachweis zu überla-
gern. Die genaue Ermittlung für die verschiedenen Bereiche mit jeweils unterschiedlicher Auslastung der Werkstoffe und Verbindungsmittel kann allerdings sehr aufwendig
sein. Deshalb wird empfohlen, näherungsweise davon auszugehen, daß die zulässige
Tragfähigkeit der Tafel bereits infolge Biegebeanspruchung aus Hauptlasten an jeder
Stelle erreicht ist und für die Abtragung von Windlasten oder dergleichen in Scheibenebene nur noch die Tragfähigkeitsreserve zwischen den Lastfällen HZ und H (25%) zur
Verfügung steht.

5.8.4 Scheiben mit Öffnungen

Bei Störungen der Scheiben durch Öffnungen (für Treppen, Schornsteine, Dachflächenfenster und dergleichen) kann bis zum Vorliegen eines genaueren Rechenverfahrens ein vereinfachter Nachweis unter der Annahme erfolgen, daß der durch die Öffnung geschwächte Scheibenbereich b nicht berücksichtigt wird (s. Bild 5.21).

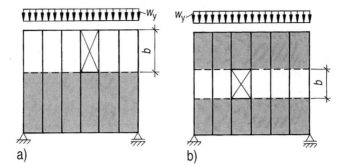

Bild **5.21**
Vereinfachende Annahme für
wirksame Bereiche (unterlegt)
von Scheiben mit Öffnungen;
Prinzip   a)   b)

5.8.5 Nachweis der Durchbiegungen

Nach DIN 1052 darf die Durchbiegung in Scheibenebene höchstens $^1/_{1000}$ der Stützweite l_s betragen, wobei die Schubverformung zu berücksichtigen ist. Der Nachweis braucht nicht geführt zu werden, wenn die Scheibenhöhe h_s mindestens gleich der halben Stützweite l_s ist. Die Einhaltung der zulässigen Durchbiegung bereitet bei Scheiben mit nachgewiesener Tragfähigkeit praktisch keine Schwierigkeiten.

Die Gesamtverformung ges f einer Scheibe setzt sich aus folgenden Anteilen zusammen:

1. Geleimte Tafeln (Bild **5.22**)

a) Durchbiegung $f(\sigma)$ infolge Aufnahme des Biegemoments durch die Beplankung

b) Schubdurchsenkung $f(\tau)$ in der Beplankung

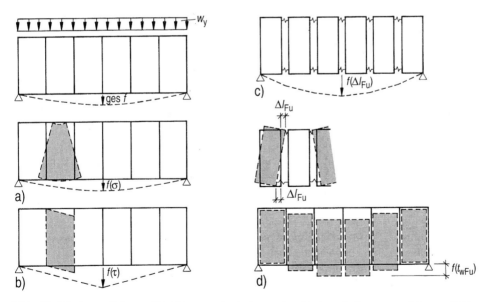

Bild **5.22** Wind parallel zur Tafelrichtung; Auslenkung der Deckenscheibe aus geleimten Tafeln (schematisch)

c) Nachgiebigkeit der Druck- und Zugverbindung zwischen den Tafeln im Rippenbereich $f(\Delta l_{Fu})$

d) Nachgiebigkeit der Verbindung zwischen den Tafeln parallel zur Tafelrichtung $f(t_{wFu})$

2. Genagelte Tafeln (Bild **5.23**)

a) Durchbiegung infolge Aufnahme des Biegemoments durch externe Gurte $f(\sigma_G)$

b) Schubdurchsenkung $f(\tau)$ wie bei geleimten Tafeln b)

c) $f(t_{wFu})$ wie bei geleimten Tafeln d)

d) Nachgiebigkeit $f(t_w)$ der Verbindung Beplankung (BP) – Rippe (R)

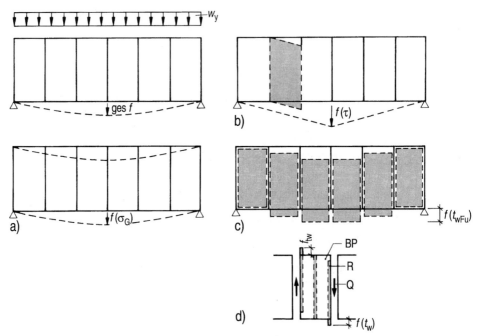

Bild **5.23** Wind parallel zur Tafelrichtung; Auslenkung der Deckenscheibe aus genagelten Tafeln (schematisch)

Bei genagelten Tafeln überwiegt dabei der Anteil aus der Nachgiebigkeit der Nägel sowie bei Belastung in Tafelrichtung zusätzlich aus der nachgiebigen Verbindung zwischen den einzelnen Tafeln.

Für genagelte Tafeln mit schwebenden Beplankungsstößen ist ein befriedigender rechnerischer Nachweis auch für die Durchbiegung derzeit noch nicht möglich.

Die Festlegungen in DIN 1052 zum Abstand der Beplankungsstöße (s. Bild **5.24**) gehen auf Tragfähigkeitsversuche an ausschließlich verleimten Tafelquerschnitten zurück [12] und gelten daher strenggenommen auch nur für solche Querschnitte. Stoßabstände a_s $< l_s/8$ im Auflagerbereich sind unzulässig (die Biegesteifigkeit der Tafel ist dann zu Null anzunehmen), da sie sich als besonders ungünstig herausgestellt haben. Tritt dagegen $a_s < l_s/8$ z.B. lediglich einmal im mittleren Bereich der Tafel auf, während die übrigen Stöße mindestens $l_s/4$ voneinander entfernt sind, dann ist auf Grund der Versuche eine Abminderung auf lediglich $^2/_3 \cdot E \cdot I$ vertretbar (s. Bild d).

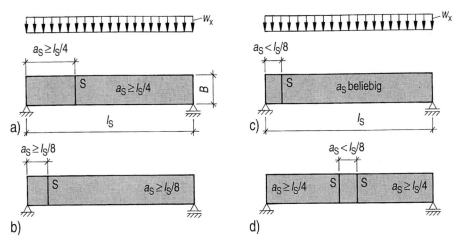

Bild **5.24** Rechnerische Biegesteifigkeiten von Tafeln (Scheiben) in Abhängigkeit von der Anordnung der Beplankungsstöße S

a) $1{,}0 \cdot E \cdot I$, b) $2/3 \cdot E \cdot I$, c) $E \cdot I = 0$, d) Empfehlung für $a_S < l_S/8$ im mittleren Bereich: $2/3 \cdot E \cdot I$

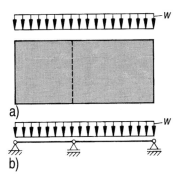

Von besonderem Vorteil für die Bemessung von stützenden Innenwandscheiben ist die mit starren Körpern vergleichbare große Steifigkeit solcher Deckenscheiben, so daß nach DIN 1052-3 die Möglichkeit besteht, die horizontalen Auflager-Reaktionen auch bei durchlaufend angeordneten Scheiben wie für einen über den Innenstützen gelenkig gestoßenen, frei drehbar gelagerten Balken zu ermitteln (Bild **5.25**).

Bild **5.25** Bei Holzhäusern in Tafelbauart dürfen die horizontalen Auflagerkräfte von über mehrere Felder durchlaufenden Decken- oder Dachscheiben wie für einen starren Körper nach den Hebelarm-Gesetz, d.h. unter Annahme eines über den Innenstützen gelenkig gestoßenen, frei drehbaren Balkens ermittelt werden

a) Draufsicht, b) statisches System

6 Dach- und Deckenschalungen; Bemessung

6.1 Allgemeines

Dach- und Deckenschalungen aus Holz (Bretter, Bohlen) mindestens der Güteklasse II oder Holzwerkstoffen (z. B. Spanplatten, Bau-Furniersperrholz) sind nach DIN 1052 als biegebeanspruchte Teile zu bemessen. Als »Schalungen« in diesem Sinne gelten nur unmittelbar belastete Bauglieder, s. auch Abschn. 3.2.1.3 und Bild **3**.8. Bei Holzwerkstoffen ergibt sich die erforderliche Holzwerkstoffklasse in Abhängigkeit vom Anwendungsbereich aus den Anforderungen nach DIN 68 800-2, s. Abschn. 3.7.4.

Werden obere Beplankungen von Decken oder Dächern zusätzlich unmittelbar auf Biegung beansprucht, so sind von ihnen auch die Anforderungen an Schalungen zu erfüllen (s. Beispiel in Abschn. 5.7.2).

Schalungen dürfen als Durchlaufträger berechnet werden, aber nur wenn sichergestellt ist, daß sie auch als solche verlegt werden. Müssen sie innerhalb einer Decken- oder Dachfläche, z. B. bedingt durch Zuschnitt, teilweise auch als Einfeldträger angeordnet werden, dann empfiehlt es sich, diese lediglich im Randbereich der Bauteile vorzusehen und dort den Unterstützungsabstand entsprechend zu verringern; anderenfalls ist die größte erforderliche Schalungsdicke für die gesamte Fläche anzusetzen.

Werden die konstruktiven Randbedingungen nach DIN 1052-1,10.4, eingehalten, dann dürfen Schalungen zugleich auch für die seitliche Abstützung gedrückter Stäbe (z. B. Bindergurte) herangezogen werden.

Darüber hinaus dürfen nach DIN 1052-1,10.3, Schalungen aus Holzwerkstoffen auch für scheibenartige Beanspruchungen, d. h. für die Aufnahme und Weiterleitung von Windlasten in ihrer Ebene, herangezogen werden (s. Abschn. 6.4).

Bestimmungen für die Ausführung von Dachschalungen sind in DIN 1052-1, 13.2, enthalten (s. Bild **6**.1).

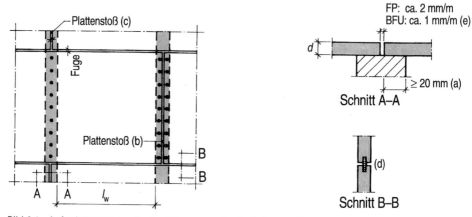

Bild **6**.1 Anforderungen an die Ausführung von Dachschalungen (Auszug aus DIN 1052)
   a) Auflagertiefe, sofern die Verbindungsmittel (Randabstände) nicht größere Abmessungen erfordern; b) parallel zu den Auflagern verlaufende Plattenstöße nur auf den unterstützenden Bauteilen; c) versetzte Stöße (keine Kreuzfugen); d) an den rechtwinklig zur Unterstützung verlaufenden Stößen sollten (bzw. müssen bei einem Verhältnis $l_w/d \geq 30$) die Werkstoffe querkraftschlüssig miteinander verbunden sein (z. B. Spundung, Nut + Feder); e) bei Dachschalungen Fugen zur Aufnahme feuchtebedingter Längenänderungen

6.2 Bemessung

6.2.1 Erforderliche Nachweise

Bei der Bemessung sind für die jeweilige Belastung folgende Nachweise zu führen:

a) Einhaltung der zulässigen Biegespannungen zul σ_B

Deckenschalung

1. $q = g + p$ (LF H)

2. $g + F$ (LF HZ)

Dachschalung

1. $q = g + s$ (LF H)

2. $q = g + s + w$ (LF HZ oder bei Anwendung der »Kombinationsregel« LF H)

3. $g + F$ (LF HZ)

b) Einhaltung der zulässigen Durchbiegung zul f (kleinerer Wert ist maßgebend)

1. q: $l/200$ oder 10 mm

2. $g + F$: $l/100$ oder 20 mm

3. Bei gleichzeitiger Wirkung als Scheibe, infolge q: $l/400$

Erläuterungen:

— Mannlast $F = 1$ kN

— Bei über mehrere Felder durchlaufenden Schalungen aus Holzwerkstoffen dürfen die zulässigen Biegespannungen über den Innenstützen nicht erhöht werden

— Beim Durchbiegungsnachweis ist erforderlichenfalls der Kriecheinfluß, in besonderen Fällen unter Beachtung der Holzfeuchte, zu berücksichtigen; das gilt wegen g/q > 0,5 praktisch nur für Flachdächer mit Auflast (z. B. Kies), da geneigte Wohnhausdächer ausgenommen sind und bei Deckenschalungen in aller Regel $g/q \leq 0,5$ bleibt (s. auch Abschn. 2.4.1.5)

6.2.2 Mitwirkende Lasteintragungsbreite *t* für Schalungen

Beim Spannungs- und Durchbiegungsnachweis für die Einzellast $F = 1$ kN (Mannlast) ist die mitwirkende Schalungsbreite (Lasteintragungsbreite t) einzusetzen, die in DIN 1052-1, 8.1.4, für Schalungen aus Holz und Holzwerkstoffen festgelegt ist.

Sie beträgt für Bretter oder Bohlen einheitlich, d. h. unabhängig von der Brettbreite b und von der Stützweite l (Bild **6.2** a):

$t = 35$ cm bei miteinander verbundenen Brettern

$t = 16$ cm für miteinander nicht verbundene Bretter

Für Holzwerkstoffe darf in Abhängigkeit von der Plattenbreite b und der Stützweite l für miteinander verbundene Platten – in ( ) für nicht verbundene Platten – verwendet werden (Bild **6.2**b):

Kleinerer Wert aus

$t = 0,7 \cdot b$ (0,35 $\cdot$ b) oder $t = 0,7 \cdot l$ (0,35 $\cdot$ l),

mindestens jedoch

für $b \geq 0,35$ m: $t = 0,35$ m, für $b \geq 1,0$ m: $t = 0,70$ m (0,35 m)

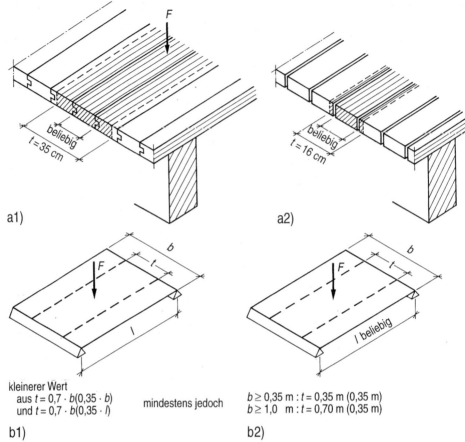

kleinerer Wert
aus $t = 0,7 \cdot b(0,35 \cdot b)$
und $t = 0,7 \cdot b(0,35 \cdot l)$ mindestens jedoch $b \geq 0,35$ m : $t = 0,35$ m (0,35 m)
                                                                              $b \geq 1,0$ m : $t = 0,70$ m (0,35 m)

b1)   b2)

Bild **6.2**   Lasteintragungsbreite t für Einzellast F bei Dach- oder Deckenschalungen
              a) Bretter oder Bohlen, a1) miteinander verbunden, a2) nicht miteinander verbunden
              b) Holzwerkstoffe, b1) in Abhängigkeit von b und l, b2) in Abhängigkeit von b bei beliebigem l

Als miteinander verbundene Platten können z. B. die Ausbildungen nach Bild **6.3** a und b, bei Deckenschalungen auch nach c angesehen werden. Bei Dachschalungen sind nicht miteinander verbundene Bretter, Bohlen oder Platten nur bei einem Verhältnis $l_w/d \leq 30$ zulässig, mit l_w = lichte Weite, s. Bild **6.1**.

Nicht miteinander verbundene Bretter oder Platten sollten – unabhängig von l_w/d – nur dann verlegt werden, wenn sichergestellt ist, daß es nicht infolge klimatischer Einflüssen zu unzuträglichen Relativverformungen zwischen benachbarten Teilen kommt.

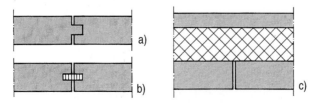

Bild **6.3**
Beispiele für miteinander verbundene Bretter, Bohlen oder Platten

a) Spundung, b) Nut + Fremdfeder, c) Unterboden auf nicht miteinander verbundener Schalung

6.3 Erforderliche Mindestdicken für Dachschalungen aus Spanplatten

In Tafel **6.**1 werden für einige Anwendungssituationen die erforderlichen Mindestdikken d für Dachschalungen aus Spanplatten nach DIN 68763 unter Einhaltung der oben genannten Bemessungskriterien genannt, beachte jedoch auch Tafel **6.**2. Die Werte gelten unter folgenden Annahmen:
— Verlegung als Einfeldplatte (jeweils 1. Wert), Zweifeldplatte (2. Wert)
— ohne/mit Scheibenwirkung der Platten
— Plattenbreite $b \geq 1{,}0$ m
— quer zu den Unterstützungen verlaufende Plattenränder miteinander verbunden
— 3 Holzfeuchtebereiche: $u \leq 15\%$, $u > 15$ bis 18%, $u > 18$ bis 21%
— Stützweite $l = 0{,}50$ m; 0,75 m; 1,0 m; 1,25 m
— Eigenlast, einschließlich Auflast, $g = 0{,}50$ kN/m²; 1,5 kN/m²
— Schneelast $s = 0{,}75$ kN/m²; 1,75 kN/m²

Tafel **6.**1   Erforderliche Mindestdicken d in mm für Dachschalungen aus Spanplatten nach DIN 68763, Auszug aus [33]
1. Wert für Einfeld-, 2. Wert für Zweifeldverlegung

u	l	s	Ohne Scheibenwirkung der Platten g (kN/m²)		Mit Scheibenwirkung der Platten g (kN/m²)	
(%)	(m)	(kN/m²	0,5	1,5	0,5	1,5
≤ 15	0,50	0,75	15/13	17/15	15/13	19/15
		1,75	15/13	17/15	19/13	23/16
	0,75	0,75	20/18	24/19	24/18	32/23
		1,75	23/18	29/19	31/22	39/25
	1,0	0,75	28/23	37/25	37/23	–/32
		1,75	35/23	45/29	49/31	–/38
	1,25	0,75	36/29	–/32	50/31	–/47
		1,75	49/30	–/39	–/45	–/–
>15 bis 18	0,50	0,75	15/13	17/15	15/13	20/15
		1,75	15/13	18/15	19/13	23/16
	0,75	0,75	20/18	25/19	24/18	36/23
		1,75	23/18	29/19	31/22	40/27
	1,0	0,75	28/23	38/25	37/24	–/36
		1,75	35/23	46/29	49/31	–/39
	1,25	0,75	36/29	–/35	50/31	–/49
		1,75	49/30	–/39	–/45	–/–
>18 bis 21	0,50	0,75	19/17	20/18	19/17	25/18
		1,75	19/17	20/18	22/17	29/19
	0,75	0,75	25/22	32/24	29/22	47/29
		1,75	28/22	37/24	38/25	–/32
	1,0	0,75	32/28	50/31	46/29	–/46
		1,75	45/29	–/38	–/38	–/50
	1,25	0,75	46/35	–/46	–/39	–/–
		1,75	–/40	–/–	–/–	–/–

– genormte Größtdicke 50 mm nicht ausreichend

Tafel **6.**1 soll nicht nur Hilfestellung bei der Vorbemessung solcher Teile geben, sondern auch einen Eindruck vermitteln, inwieweit der Kriecheinfluß bei unterschiedlicher Plattenfeuchte sowie die zusätzliche Scheibenfunktion in die erforderliche Plattendicke eingehen.

6.4 Scheiben aus Holzwerkstoffen

6.4.1 Scheiben mit rechnerischem Nachweis

Seit der letzten Ausgabe von DIN 1052-1 ist es grundsätzlich möglich, Schalungen aus Flachpreßplatten oder Bau-Furniersperrholz für die Scheibenbeanspruchung zur Abtragung von Windlasten in ihrer Ebene sowie für die Abstützung knick- oder kippgefährdeter Bauteile in Rechnung zu stellen. Die Scheibenstützweite darf dabei bis zu $l_s = 30$ m betragen.

Bei der Bemessung sind die Beanspruchungen aus der Funktion als Dachschalung einerseits und als Scheibe andererseits zu superponieren. Für die Dachschalung werden in diesem Fall schärfere Anforderungen an die zulässige Durchbiegung gestellt (vgl. Abschn. 6.2.1). Die Durchbiegung der Scheibe in ihrer Ebene darf $l_s/1000$ nicht überschreiten.

In der Praxis werden weitestgehend Scheiben mit nicht unterstützten (»schwebenden«) Stößen angeordnet, d. h. an den quer zu den Unterstützungen verlaufenden Plattenstößen (s. Bild **6.**1 d)) kann keine Übertragung der Scheiben-Querkräfte (in Plattenebene) erfolgen. Dadurch treten Probleme auf, weniger für die Bemessung der Holzwerkstoffe als vielmehr für den Nachweis ihres Anschlusses an die Unterkonstruktion. Leider enthält DIN 1052-1 hierüber noch keine hilfreichen Angaben.

6.4.2 Scheiben ohne rechnerischen Nachweis

DIN 1052-1 nennt alle Voraussetzungen, bei deren Einhaltung weitere Nachweise für die Tragfähigkeit und Steifigkeit der Scheibe entfallen können:
— Scheibenstützweite $\max l_s = 30$ m; bei mehr als 2 schwebenden Stößen rechtwinklig zur Belastungsrichtung $\max l_s = 12{,}50$ m (Bild **6.**4)
— Scheibenhöhe/Scheibenstützweite: $h_s/l_s \geq 0{,}25$
— Seitenlängen der Platten: $l_p \geq 1{,}0$ m, $b_p \geq 1{,}0$ m (Bild **6.**5a)
— erforderliche Mindestdicken der Platten für die Scheibenwirkung nach Tafel **6.**2; unabhängig davon sind die erforderlichen Plattendicken für die Funktion als Dachschalung einzuhalten (z. B. nach Tafel 6.1)
— Nagelabstände e_N nach Tafel **6.**2; die Werte sind über die gesamte Scheibenfläche einzuhalten; sie beziehen sich auf Nageldurchmesser $d_N = 3{,}4$ mm; bei Verwendung anderer Nageldurchmesser ($d_N \leq 4{,}2$ mm) sind die einzuhaltenden Nagelabstände

Tafel **6.**2 Bedingungen für Scheiben aus Holzwerkstoffen ohne rechnerischen Nachweis nach DIN 1052-1

l_s (m)	$\max q_h$ (kN/m)	$\min d$ (mm)		$\max e_N$[1] (mm) für h/l			
		FP	BFU	$\geq 0{,}25$	$\geq 0{,}50$	$\geq 0{,}75$	$1{,}0$
≤ 25	$\leq 2{,}5$	19	12	60	120	180	200
≤ 30	$\leq 3{,}5$	22	12	40	90	130	180

[1] Für Nageldurchmesser $d_N = 3{,}4$ mm

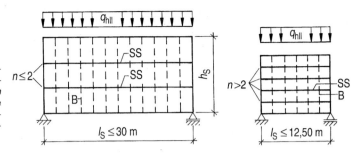

Bild 6.4
Höchstwerte der Scheibenstützweite l_s in Abhängigkeit von der Anzahl n der schwebenden Stöße (SS) rechtwinklig zur Belastungsrichtung q_h; B Balken, Pfetten oder dgl.

entsprechend den zulässigen Nageltragfähigkeiten umzurechnen, jedoch gilt max e_N = 200 mm
— Nagelabstände rechtwinklig Plattenrand s. Bild **6.5**b
— die Breite b_R der Randbalken muß mindestens 50% größer sein als b_M der mittleren Balken (Bild a).

Unter diesen Voraussetzungen dürfen bei der Bemessung der Holzwerkstoffe als Schalung sowie der Unterkonstruktion die Beanspruchungen aus der Scheibenwirkung vernachlässigt werden, ausgenommen die Zusatzbedingung zul $f(g + s) \leq l/400$ (s. Abschn. 6.2.1).

Leider enthält DIN 1052-1 weder Berechnungsgrundlagen noch vereinfachende Festlegungen für Scheiben aus Schalungen mit schwebenden Stößen in Belastungsrichtung (s. Bild **6.6**). Auch hierüber werden hoffentlich in naher Zukunft Aussagen und Bemessungsvorschläge vorliegen.

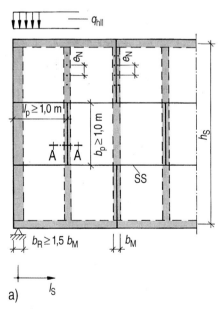

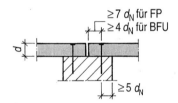

b) Schnitt A–A

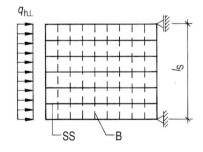

Bild **6.5** Einzelheiten zur Ausbildung von Scheiben ohne rechnerischen Nachweis (s. auch Tafel **6.2**); SS schwebender Stoß

a) Ausbildung (Prinzip) und Abmessungen, Draufsicht, b) Nagel-Randabstände

Bild **6.6** Dach- oder Deckenscheiben mit schwebenden Stößen (SS) in der Schalung parallel zur Belastungsrichtung q_h; B Balken, Pfetten oder dgl.

7 Außenwände

7.1 Konstruktionsprinzipien

Die heute überwiegend zur Anwendung kommenden Wandaufbauten lassen sich – und zwar entsprechend ihrem Wetterschutz – wie folgt zusammenfassen (Bild **7.**1):

a) Wärmedämm-Verbundsystem

b) Holzwolle-Leichtbauplatten mit mineralischem Putz

c) Vorhangschale

d) Mauerwerk-Vorsatzschale

Dagegen sind die beiden in Bild **7.**2 dargestellten Ausbildungen heute nur noch selten (a) beziehungsweise überhaupt nicht mehr (b) anzutreffen.

Für die Wände kommt weitestgehend die Holztafelbauart zur Anwendung, und zwar unabhängig davon, ob sie werksseitig vorgefertigt oder an Ort und Stelle hergestellt werden; dagegen ist die immer mehr in Mode kommende Bezeichnung »Rahmen-

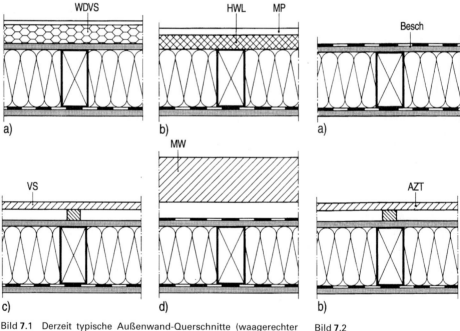

Bild **7.**1 Derzeit typische Außenwand-Querschnitte (waagerechter Schnitt) entsprechend ihrem Wetterschutz

a) Wärmedämm-Verbundsystem WDVS, b) Holzwolle-Leichtbauplatten HWL mit mineralischem Putz MP, s. jedoch Anmerkung hierzu in Abschn. 7.5.1, c) Vorhangschale VS (z.B. Bretterschalung, Plattenwerkstoffe), d) Mauerwerk-Vorsatzschale MW

Bild **7.**2
Weitere, früher übliche Ausbildungen von Außenwänden

a) außenliegende Spanplatte, direkt wetterfest beschichtet (Besch), heute nur noch vereinzelt angewandt; b) Vorhangschale unter Verwendung von Asbestzement-Tafeln AZT heute nicht mehr zulässig

bauart« für solche Konstruktionen sachlich nicht korrekt (s. auch Abschn. 3.2.1.1). Bei Gebäuden in Holzskelettbauart können auch Wände in Ständerbauart, z. B. für Ausfachungen, eingesetzt werden. Dagegen ist die Fachwerkbauart für solche modernen Wandquerschnitte konstruktiv äußerst nachteilig und deshalb auch kaum anzutreffen.

Die Verbindung Beplankung – Rippe oder Bekleidung – Ständer erfolgt in aller Regel mit Nägeln oder Klammern, während die Verleimung selten ist.

Die am häufigsten eingesetzten Materialien sind:

Tragende oder aussteifende Beplankungen:

— Holzwerkstoffe (im wesentlichen Spanplatten DIN 68763)

— Gipskartonplatten DIN 18180 (entsprechend der bauaufsichtlichen Zulassung nur raumseitig)

— Gipsfaserplatten mit bauaufsichtlicher Zulassung, weitgehend auch außenseitig möglich

Raumseitige Bekleidungen, ein- oder zweilagig, direkt oder über Querlattung mit der Holzunterkonstruktion verbunden oder vollflächig auf einer Beplankung angeordnet:

— Gipskartonplatten

— Gipsfaserplatten

— Brettschalungen; wegen nicht gewährleisteter Luftdichtheit und damit großer Tauwassergefahr durch Wasserdampf-Konvektion nur als zusätzliche Lage auf einer vorhandenen luftdichten Beplankung oder Bekleidung

Wetterschutz

— Wärmedämm-Verbundsystem, in der Regel aus Hartschaumplatten DIN 18164-1, auf Beplankung aus Holzwerkstoffen oder Gipsfaserplatten oder auf Brettschalung

— Holzwolleleichtbauplatten nach DIN 1101 mit mineralischem Putz, direkt mit der Holzunterkonstruktion befestigt oder auf Brettschalung (die Anordnung auf einer Holzwerkstoffschalung kann nicht allgemein empfohlen werden, da dort die Gefahr unzulässig großer, feuchtebedingter Formänderungen besteht)

— Vorhangschale aus Brettschalung, Faserzementtafeln oder dgl.

— Mauerwerk-Vorsatzschale (Sichtmauerwerk) auf der Grundlage von DIN 1053-1, 8.4.3

Dämmschicht in den Gefachen

— Mineralische Faserdämmstoffe nach DIN 18165-1 oder vergleichbare Materialien

— Hartschaumplatten nach DIN 18154-1: Diese Dämmstoffe sind wegen der möglichen Toleranzen der Holzteile und der denkbaren, feuchtebedingten Formänderungen der Holzteile einerseits und ihrer geringen Elastizität andererseits für die Dämmung im Gefach im allgemeinen nicht geeignet

— Schüttmaterialien auf organischer oder anorganischer Basis: Gegen ihren Einsatz spricht nichts, wenn dauerhaft sichergestellt ist, daß sie a) raumstabil bleiben, d. h. sich infolge Erschütterungen keine Hohlräume bilden können, und daß sie b) im Fall außerplanmäßig im Querschnitt vorhandener Feuchte deren rasche Austrocknung nicht durch ein ungünstig großes Feuchtespeichervermögen behindern

Dampfsperre

Hier hat sich in den zurückliegenden Jahrzehnten vor allem die 0,2 mm Polyethylen-Folie wegen ihrer Großflächigkeit, unkomplizierten Verarbeitung und mechanischen Robustheit bewährt.

7.2 Tragfähigkeit

Die Tragfähigkeit von Wänden ist bereits in den Abschnitten 3.2 (allgemeine Angaben sowie Nachweis für Wände in Ständerbauart) und 4 (Wände in Holztafelbauart) enthalten, so daß hier darauf nicht mehr eingegangen zu werden braucht.

7.3 Baulicher und chemischer Holzschutz

Auch dieses Kriterium wurde bereits an anderer Stelle umfassend, also auch für Außenwände gültig, behandelt, wobei bezüglich des baulichen Holzschutzes bereits die Neufassung von DIN 68800-2 zugrunde gelegt wurde, die bei Redaktionsschluß dieses Buches zwar bereits zum Weißdruck verabschiedet war, deren Ausgabedatum (1996) jedoch noch nicht feststand. Im einzelnen wird auf folgende Abschnitte verwiesen.

a) Schutz der Vollholzteile
Der Zusammenhang zwischen „vorhandenem baulichen Holzschutz und eventuell noch erforderlichem chemischen Holzschutz" geht aus Abschn. 3.7.3.3, 1), hervor. Für die darin genannten Situationen darf auf den vorbeugenden chemischen Holzschutz verzichtet werden, d.h. die Gefährdungsklasse GK 0 zugrunde gelegt werden.
Für davon abweichende Ausbildungen gilt diese Erleichterung – sofern kein genauerer Nachweis für die Gleichwertigkeit der Konstruktion geführt wird – nicht, d.h. in solchen Fällen ist nach wie vor die Gefährdungsklasse GK 2 entsprechend DIN 68800-3 anzunehmen. Das gilt auch für in GK 0 eingestufte Konstruktionen, wenn bei ihnen eine wesentliche Voraussetzung, nämlich gegen eindringende Niederschläge dauerhaft dichte Anschlüsse zwischen Wand und Fenster oder Türen, nicht gegeben ist (Bild 7.3a).
Daß in allen Fällen – also unabhängig vom Wandaufbau – für die Fußschwelle, sofern sie in der Nähe eines vorhandenen oder später möglichen Terrassen- oder Balkonbe-

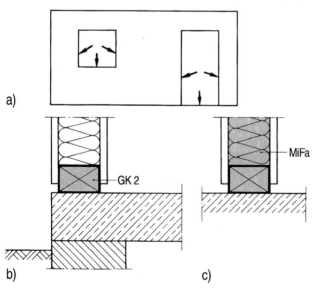

a)

b)   c)

Bild 7.3
Allgemeine Voraussetzungen für die Anwendung der GK 0 bei Außenwänden (schematisch)

a) außenseitig wasserdichte Anschlüsse zwischen Wand und Fenster oder Tür; b) GK 2 für Fußschwellen auf Massivdecken im vorhandenen oder möglichen Terrassen- oder Balkonbereich (bei Wahl geeigneter Hölzer auch ohne chemischen Holzschutz möglich); c) mineralische Faserdämmstoffe MiFa in den Gefachen (derzeit)

reichs angeordnet ist, die Gefährdungsklasse GK 2 angenommen werden muß (Bild 7.3 b sowie Bild **3**.76), beruht auf den in der Praxis vorliegenden Erfahrungen, wonach bei unsachgemäßem Anschluß von Terrassen- oder Balkon-Belägen an den Wandfußpunkt, z. B. später in Eigenleistung durch den Bauherren hergestellt, selbst bei chemisch einwandfrei geschützten Hölzern Schäden durch Pilzbefall (Moderfäule!) entstanden sind, s. hierzu auch Abschn. 15.7.8.

Die GK 2 für den Wandfußpunkt bedeutet jedoch nicht automatisch den Einsatz chemischer Holzschutzmittel (Iv,P-Präparate). Nach DIN 68 800-3, Abschn. 2.2.2, darf bei Verwendung „splintfreier Farbkernhölzer der Resistenzklassen 1, 2 oder 3 nach DIN 68 364" auf den Einsatz chemischer Mittel verzichtet werden. Diese Voraussetzung ist z. B. bei solchermaßen sortierten Schwellenhölzern aus Douglasie (Oregon Pine) oder Lärche erfüllt.

Auch hier wird nochmals darauf hingewiesen, daß die Gefährdungsklasse GK 0 für die Konstruktionen in DIN 68 800-2 derzeit nur unter der Voraussetzung gilt, daß im Gefach mineralische Faserdämmstoffe nach DIN 18 165 verwendet werden (Bild 7.3 c), da bisher nur für dieses Material das Austrocknungsverhalten der Querschnitte untersucht worden ist (siehe [4] und [6]). Bei Einsatz anderer Materialien, z. B. Schüttstoffe oder organische Faserdämmstoffe, ist nachzuweisen, daß sich dadurch die Austrocknungskapazität des Querschnitts gegenüber der Verwendung mineralischer Faserdämmstoffe nicht verringert (s. auch Abschn. 2.6.1 und Bild **2**.14). Ein solcher Eignungsnachweis kann z. B. im Rahmen einer allgemeinen bauaufsichtlichen Zulassung für den jeweiligen Dämmstoff, jedoch bezogen auf den beabsichtigten Anwendungsfall, geführt werden.

b) Anforderungen an Holzwerkstoffe

Nach Abschn. 3.7.4 (siehe vor allem Tafel **3**.17 und Bild **3**.84 d) darf für raumseitige Beplankungen aus Holzwerkstoffen die Klasse 20, für Außenbeplankungen, für die bisher überwiegend die Klasse 100 G (mit Pilzschutz) gefordert wurde, die Klasse 100 verwendet werden. Damit ist sichergestellt, daß die Raumluft nicht mit Schadstoffen aus pilzgeschützten Holzwerkstoffen belastet werden kann, was bei Verwendung solcher Werkstoffe auch dann möglich wäre, wenn die Wände raumseitig durch eine Dampfsperre abgesperrt sind, da die z. B. dafür überwiegend verwendeten Polyethylen-Folien zwar ausreichend wirksam gegen den Wasserdampfdurchgang, aber im hohen Maße unwirksam gegen die Diffusion anderer Gase sind!

7.4 Wärmeschutz

Für das in Bild **7**.4 dargestellte System einer Außenwand werden nachfolgend für mehrere, in der Praxis derzeit typische Querschnittsausbildungen die mittleren Wärmedurchgangskoeffizienten k für die gesamte Wand angegeben, um die Größenordnung des Wärmeschutzes solcher Ausbildungen zu zeigen.

Folgende Varianten wurden dabei jeweils berücksichtigt:

— Unterschiedlicher Flächenanteil a_1 des Rippenbereichs an der Gesamtfläche:
  $a_1 = 0,10$; $a_1 = 0,20$

— Unterschiedliche Wärmeleitfähigkeitsgruppe der Dämmschicht im Gefach:
  WLG 040 und WLG 035

— Unterschiedliche Dämmschichtdicke im Gefach: $s_{Dä} = 140$ mm und $s_{Dä} = 180$ mm

In allen Fällen wurde beidseitig eine einlagige Beplankung aus 16 mm dicken Spanplatten ohne zusätzliche Bekleidung angenommen (ausgenommen Querschnitt nach Bild **7**.7).

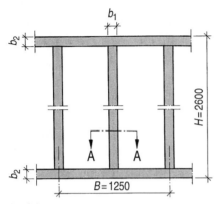

Schnitt A–A

Ansicht

Bild 7.4 Für den Nachweis des Wärmeschutzes der Wände zugrunde gelegte Abmessungen der Holzkonstruktion

B Beplankung aus 16 mm Spanplatten

a) Querschnitt nach Bild 7.5: Mit hinterlüftetem Wetterschutz

Für die untersuchten Varianten ist der Wärmedurchgangskoeffizient k in Tafel **7.1** zusammengestellt.

Tafel **7.1** Wärmedurchgangskoeffizient k der Außenwand mit hinterlüftetem Wetterschutz (Bild **7.5**)

Dämmschicht im Gefach		k $W/(m^2K)$	
Dicke $s_{Dä}$ (mm)	WLG	$a_1 = 0,1$	$a_1 = 0,2$
140	040	0,293	0,333
	035	0,267	0,309
180	040	0,236	0,271
	035	0,216	0,252

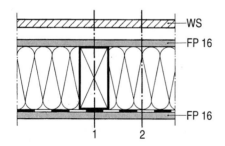

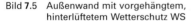

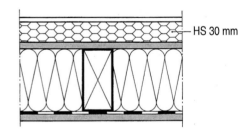

Bild 7.5 Außenwand mit vorgehängtem, hinterlüftetem Wetterschutz WS

Bild 7.6 Außenwand mit außenliegendem Wärmedämm-Verbundsystem

b) Querschnitt nach Bild 7.6: Mit Wärmedämm-Verbundsystem

Angenommen wurden 30 mm dicke Hartschaumplatten HS der WLG 040 mit Kunstharzputz; k-Werte s. Tafel **7.2**.

Tafel 7.2 Wärmedurchgangskoeffizient k der Außenwand mit Wärmedämm-Verbundsystem (Bild 7.6)

Dämmschicht im Gefach		k W/(m²K)	
Dicke $s_{Dä}$ (mm)	WLG	$a_1 = 0,1$	$a_1 = 0,2$
140	040	0,237	0,260
	035	0,219	0,244
180	040	0,198	0,219
	035	0,182	0,206

c) Querschnitt nach Bild 7.7: Holzwolle-Leichtbauplatten HWL mit mineralischem Putz

Bei diesem Aufbau wurde auf die äußere Beplankung verzichtet, s. auch Anmerkungen zum Wetterschutz in Abschn. 7.1; k-Werte s. Tafel 7.3.

Tafel 7.3 Wärmedurchgangskoeffizient k der Außenwand mit Holzwolle-Leichtbauplatten (Bild 7.7)

Dämmschicht im Gefach		k W/(m²K)	
Dicke $s_{Dä}$ (mm)	WLG	$a_1 = 0,1$	$a_1 = 0,2$
140	040	0,273	0,307
	035	0,250	0,286
180	040	0,222	0,252
	035	0,212	0,242

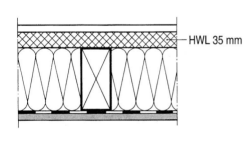

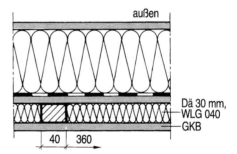

Bild 7.7 Außenwand mit Holzwolle-Leichtbauplatten und mineralischem Putz, s. jedoch Anmerkung hierzu in Abschn. 7.5.1

Bild 7.8 Außenwand mit raumseitiger, wärmegedämmter Vorhangschale (evtl. Installationsebene)

Dä 30 mm Dämmstoff WLG 040, GKB 12,5 mm Gipskartonplatte

d) Querschnitt nach Bild 7.8: Mit raumseitiger, wärmegedämmter Vorhangschale

Innerhalb der Vorhangschale, z. B. mit Gipskartonplatten GKB, wurden eine Lattenbreite 40 mm und ein Lattenachsabstand 400 mm angenommen, was einem Flächenanteil des Holzes $a_3 = 0,1$ bedeutet. Der k-Wert der gesamten Wand wurde nach DIN 4108-5 „naiv", d. h. unter Zugrundelegung von 4 Flächenanteilen ermittelt, deren Größe vereinfacht aus den Flächenanteilen a_1, $a_2 = 1 - a_1$ innerhalb der Wand und a_3, $a_4 = 1 - a_3$ innerhalb der Vorhangschale durch jeweilige Multiplikation ermittelt wurde, also z. B. für $a_1 = 0,1$:

$$a_{13} = 0,1 \cdot 0,1 = 0,01; \quad a_{14} = 0,1 \cdot 0,9 = 0,09$$

$$a_{23} = 0,9 \cdot 0,1 = 0,09; \quad a_{24} = 0,9 \cdot 0,9 = 0,81; \quad \Sigma\, a_i = 1,00$$

Ergebnis s. Tafel 7.4.

Tafel **7.**4   Wärmedurchgangskoeffizient *k* der Außenwand mit raumseitiger Vorhangschale (Bild **7.**8)

Dämmschicht im Gefach		*k* W/(m²K)	
Dicke $s_{Dä}$ (mm)	WLG	$a_1 = 0,1$	$a_1 = 0,2$
140	040	0,235	0,258
	035	0,217	0,242
180	040	0,196	0,217
	035	0,180	0,203

Die raumseitige Vorhangschale ist dem außenliegenden Wärmedämm-Verbundsystem (Tafel **7.**2) zwar wärmeschutztechnisch gleichwertig, die Wand benötigt aber immer noch einen gesonderten Wetterschutz. Ihr Vorteil liegt vielmehr darin, daß sie neben der Verbesserung des Wärmeschutzes eine gesonderte Installationsebene an der Raumseite schafft, also eine 100%ige Sicherung des Wandquerschnitts gegenüber Wasserdampf-Konvektion ermöglicht.

Die Dampfsperre kann entweder (raumseitig) vor oder (außenseitig) hinter der Innenbeplankung der Wand angeordnet werden. Der auch für Außenwände sinngemäß geltende Abschn. 3.2.3.2.1 der DIN 4108-3 (Wärmedurchlaßwiderstand der raumseitig vor der Dampfsperre angeordneten Schichten darf im Gefachbereich ohne weiteren Nachweis 20% des Gesamtwertes nicht überschreiten) ist eingehalten. Ferner ergibt der rechnerische Tauwassernachweis für den Rippenbereich der Wand und den Gefachbereich der Vorhangschale, der aber nach DIN 4108-3 nicht gefordert wird, daß auch dort die zulässige Tauwassermasse W_T = 1,0 kg/m² nicht überschritten wird.

Die obigen Tafeln zeigen also, daß es ohne größeren konstruktiven Aufwand möglich ist, auch für Außenwände Wärmedurchgangskoeffizienten *k* = 0,20 W/(m²K) oder noch bessere zu erzielen.

7.5   Feuchteschutz

7.5.1   Wetterschutz

Die Herstellung eines ausreichenden, dauerhaften Wetterschutzes von Außenwänden in Holzbauart ist – welches System dabei auch angewandt wird – allgemeiner Stand der Technik und heute kein Problem mehr, zumindest was die eigentliche Fläche der Außenwand anbetrifft. DIN 4108-3, Abschn. 4 (Schlagregenschutz von Wänden), sollte jedoch beachtet werden, auch wenn es sich dort nur um Empfehlungen handelt.

Bei einem Wetterschutz aus verputzten Holzwolle-Leichtbauplatten (z. B. Bild **7.**1 b) kann auf eine dahinterliegende wasserableitende (und gleichzeitig diffusionshemmende) Schicht verzichtet werden, wenn durch einen entsprechend aufgebauten oder nachträglich außenseitig behandelten mineralischen Putz oder aber durch planerische Maßnahmen, z. B. ausreichend großer Dachüberstand, eine stärkere Feuchteanreicherung im Putz im Sommer infolge Schlagregen verhindert wird, die bei anschließender Sonneneinstrahlung zu einer Befeuchtung des raumseitigen Bauteilbereiches infolge Wasserdampfdiffusion führen könnte. Bei Fortfall dieser Schicht ergibt sich ein Querschnitt mit größerer Austrocknungsfähigkeit, die noch etwas verbessert wird, wenn auch noch die raumseitige Dampfsperre entfällt (s. auch Tafel **7.**8).

Bei Holzwänden mit Mauerwerk-Vorsatzschale kann auf Grund des derzeitigen Erfahrungsstandes die Ausführung mit Kerndämmung nach DIN 1053-1, 8.4.3.4, die auch nach DIN 4108-3 zumindest für die Beanspruchungsgruppen 1 und 2 zulässig ist, allgemein nicht empfohlen werden, da dieser Aufbau sehr empfindlich gegen Ausführungsfehler ist, wie auch in Abschn. 15.7.9 nachgelesen werden kann.

Im Anschlußbereich von Wänden an Fenster oder Terrassentüren ist allergrößte Sorgfalt darauf zu verwenden, daß an diesen Stellen keine Niederschlagsfeuchte (Schlagregen) von oben oder seitlich in den Wandquerschnitt eindringen kann, also in die Dämmschicht zwischen den beiden Wandschalen gelangt, von wo aus sie – zumindest bei den Querschnitten mit beiderseits weitgehend dampfdichter Abdeckung – nur äußerst langsam wieder entweichen kann. Aber auch dieses Problem existiert in der Praxis des Holzhausbaus heute im allgemeinen nicht mehr.

Zum Beispiel läuft es bei waagerechten Fensterbänken darauf hinaus, ihre seitliche Aufkantung so weit in die Wand einzubinden, daß sie – von außen gesehen – hinter der wasserableitenden Schicht der Wand (z. B. Putz, Außenbekleidung) liegt, so daß Niederschlagswasser einwandfrei nach außen geführt werden kann und nicht in die Wand eindringt (Bild **7.9**).

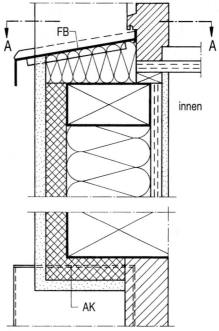

innen

Schnitt A–A

Bild **7.9** Prinzip der Ausbildung des Anschlusses der Fensterbank FB am Beispiel einer Außenwand mit außenliegender, verputzter Holzwolle-Leichtbauplatte; weitere Schichten, z. B. Dampfsperre, nicht eingezeichnet
AK seitliche Aufkantung

7.5.2 Wasserdampf-Konvektion

Eine Tauwassergefahr infolge Wasserdampf-Konvektion besteht grundsätzlich selbstverständlich auch bei Außenwänden. Die Ausführungen im Abschn. 3.4.3 gelten hier also sinngemäß.

7.5.3 Wasserdampfdiffusion

Die jüngste Entwicklung hinsichtlich der Reduzierung des chemischen Holzschutzes (siehe Abschn. 3.7.3) hat zur Folge, daß auch bei Außenwänden die früheren Maßstäbe für die Bemessung des Feuchteschutzes – hier vor allem bezüglich der Tauwassergefahr im Bauteilquerschnitt – neu überdacht werden müssen.

Alleiniges Kriterium darf nicht nur sein, daß entsprechend DIN 4108-3

a) die zulässige Tauwassermasse W_T (im Winter) rechnerisch nicht überschritten wird und

b) die mögliche Verdunstungsmasse W_V (im Sommer) rechnerisch mindestens ebenso groß ist wie die Tauwassermasse W_T (im Winter), sondern daß der Bauteilquerschnitt, weil ein chemischer Holzschutz möglichst vermieden werden soll, auch

c) dauerhaft robust gegen „Unvorhergesehenes" ist, d. h. er muß also in der Lage sein, auch außerplanmäßig im Querschnitt vorhandene Feuchte innerhalb eines bezüglich des Pilzwachstums ungefährlich kurzen Zeitraums wieder abzugeben, was eine genügend große Austrocknungskapazität dieses Bauteils voraussetzt.

Tauwassergefahr für die raumseitige Oberfläche von Außenwänden

Diese Gefahr, die bei höheren Raumluftfeuchten insbesondere im Bereich der geometriebedingten Warmebrücken besteht, ist in Abschn. 3.4.1.5 eingehend behandelt.

7.5.4 Austrocknungskapazität von Außenwand-Querschnitten

7.5.4.1 Allgemeines

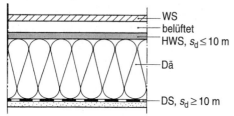

WS
belüftet
HWS, $s_d \leq 10$ m
Dä

DS, $s_d \geq 10$ m

Bild 7.10 Außenwand in Holzbauart, für die nach DIN 4108-3 kein Nachweis des Tauwasserschutzes für den Querschnitt erforderlich ist (idealisiertes Beispiel)
DS Dampfsperre, HWS Holzwerkstoffbeplankung, WS Wetterschutz, Dä 140 mm mineralischer Faserdämmstoff WLG 040

Ein Musterbeispiel für die Gegenläufigkeiten der oben genannten Kriterien a)/b) und c) stellt der Wandquerschnitt nach Bild 7.10 dar, für den nach DIN 4108-3, Abschn. 3.2.3.1.9, kein rechnerischer Nachweis des Tauwasserschutzes gefordert wird. Tatsächlich folgt nach DIN 4108-5 auch rechnerisch, daß die zulässige Tauwassermasse mit vorh $W_T = 0{,}073$ kg/m² weit unterschritten wird und die Verdunstungsmasse mit $W_V = 0{,}120$ kg/m² größer ist als die Tauwassermasse.

Man ersieht hieraus aber sofort, daß bei diesem Aufbau die Austrocknungskapazität W_A – wenn man sie als Differenz zwischen möglicher Verdunstungsmasse W_V im Sommer und aufgetretener Tauwassermasse W_T im Winter definiert, also

$$W_A = W_V - W_T = 0{,}120 - 0{,}073 = 0{,}05 \text{ kg/m}^2$$

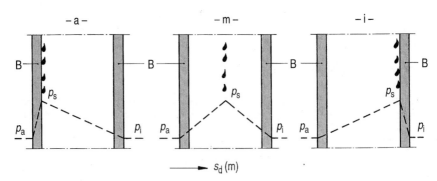

Bild 7.11 Drei angenommene, fiktive Feuchteebenen innerhalb des Querschnitts zur rechnerischen Abschätzung der Austrocknungskapazität W_A für den Gefach- und den Rippenbereich und prinzipieller Dampfdruckverlauf über s_d-Abszisse während der Austrocknung
Feuchte a im äußeren, m im mittleren, i im inneren Bereich; B Beplankung, Bekleidung

gegen Null geht, der Querschnitt also bei einer außerplanmäßigen Feuchtebelastung keine Möglichkeit einer schnellen Wiederabgabe besitzt. Daran kann auch der Hinweis nichts ändern, daß für diese Betrachtung die stark vereinfachten Klima- und Rechenannahmen nach DIN 4108 gewählt wurden, denn zumindest in der Größenordnung liefern sie mit Sicherheit ein zutreffendes Ergebnis.

Geht man einmal stark schematisiert davon aus, daß außerplanmäßige Feuchte an 3 verschiedenen Stellen innerhalb des Bauteilquerschnitts auftritt (Bild 7.11) und betrachtet diese Stellen als vorangegangene Tauwasserebenen, dann läßt sich mit dem vereinfachten Nachweisverfahren nach DIN 4108 für die Verdunstungsmasse W_V die mögliche Feuchteabgabe W_A (Austrocknungskapazität) zumindest in erster, grober Annäherung rechnerisch ermitteln. Diese Abschätzung wird nur für den Gefachbereich vorgenommen, da er den größten Flächenanteil ausmacht und bei außerplanmäßiger Feuchte sofort und unmittelbar beansprucht wird; desweiteren würde ein solches Verfahren wegen der komplizierten Vorgänge des Feuchtetransports im Vollholz nicht einmal annähernd genaue Ergebnisse liefern.

Das Ergebnis eines solchen Nachweises entsprechend Bild 7.11 ist für den „Norm"-Querschnitt nach Bild 7.10 äußerst ungünstig, da sich für alle 3 Beanspruchungsebenen (a, m, i) eine rechnerische Austrocknungskapazität von lediglich $W_A = 0{,}12$ kg/m² ergibt.

Bei einem derart schlechten Austrocknungsverhalten kann ein Verzicht auf den chemischen Holzschutz für die Tragkonstruktion guten Gewissens nicht mehr empfohlen werden. Wie sich ein solcher Querschnitt tatsächlich bei einem „Unfall" in der Praxis verhält, kann an mehreren Stellen in Abschn. 15.7 nachgelesen werden.

Diese Betrachtungsweise, die im Hinblick auf den Umwelt- und Gesundheitsschutz zukünftig berücksichtigt werden sollte, wird nachstehend am Beispiel mehrerer Querschnittsvarianten demonstriert, in dem der Einfluß des Querschnitts und ggf. der Dampfsperre auf die Austrocknungskapazität W_A und damit auf die feuchtetechnische Robustheit der Konstruktion untersucht wird.

7.5.4.2 Beispiele

Bei jedem Querschnitt sind folgende Schichten gleich (Bild 7.12):
— Raumseitige Beplankung, zweilagig aus 16 mm Spanplatten und 9,5 mm Gipskarton-platten
— im Gefachbereich 140 mm dicke Dämmschicht aus mineralischen Faserdämmstoffen der WLG 040.

Variiert werden jeweils die Außenschale sowie die dampfsperrende Wirkung der Raumseite, wobei für die Dampfsperre, die hier ggf. zwischen Gipskartonplatte und Spanplatte angeordnet werden soll, nur 3 Möglichkeiten angenommen werden:

— keine Dampfsperre DS, also $s_d(DS) =$ 0 m, sofern zulässig

— $s_d(DS) = 0{,}5$ m oder $s_d(DS) = 1$ m

— $s_d(DS) = 20$ m

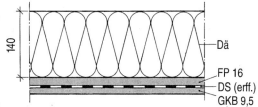

Bild 7.12 Basis-Querschnitt der Außenwände nach Bild 7.13 bis 7.17

Aufbau von innen nach außen: GKB 9,5 mm Gipskartonplatte, DS Dampf-sperre (erforderlichenfalls), FP 16 mm Spanplatte, Dä 140 mm mineralischer Faserdämmstoff, im Rippenbereich 140 mm Vollholz

1) Querschnitte nach Bild 7.13 mit Außenbeplankung und vorgehängtem, hinterlüftetem Wetterschutz (Tafel 7.5)

a) Außenbeplankung aus Spanplatten

Dieser Querschnitt ist ohne raumseitige Dampfsperre nicht zulässig, da die im Gefach an der außenliegenden Spanplatte ausfallende Tauwassermasse mit $W_T = 0,77$ kg/m^2 größer ist als die zulässige nach DIN 4108-3, Abschn. 3.2.1c), nämlich zul $W_T = 0,03 \cdot 0,016 \cdot 700 = 0,34$ kg/m^2. Erst bei einer Dampfsperre mit $s_d = 1$ m ergeben sich einwandfreie Verhältnisse im Sinne der Norm, da dann $W_T = 0,36$ kg/m^2 < zul W_T bei einer möglichen Verdunstungsmasse $W_V = 0,68$ kg/m^2 > W_T. Die für die 3 Beanspruchungsebenen nach Bild 7.11 ermittelten rechnerischen Austrocknungskapazitäten sind jedoch, vor allem wenn eine Dampfsperre mit $s_d = 20$ m verwendet wird, äußerst klein und somit ungünstig.

b) Außenbeplankung aus Gipsfaserplatten

Bei dieser Ausbildung ist eine Dampfsperre nicht erforderlich, da $W_T = 0,39$ kg/m^2 hier als zulässig angesehen werden kann (ca. 2,6 M.-% der Platte), bei $W_V = 4,4$ kg/m^2. Dadurch, vor allem aber auch wegen des wesentlich kleineren s_d-Wertes dieser Platte gegenüber der Spanplatte ($s_d = 0,0125 \cdot 11 = 0,14$ m anstatt $s_d = 0,016 \cdot 100 = 1,6$ m) ergibt sich hierfür eine sehr große Austrocknungskapazität und damit ein robuster Querschnitt bezüglich des Feuchteschutzes.

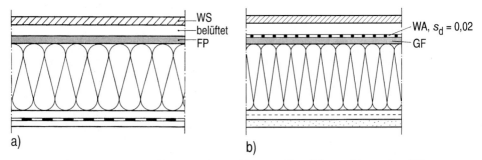

Bild 7.13   Wandquerschnitt nach Bild 7.12 mit vorgehängtem, hinterlüftetem Wetterschutz WS
a) Außenbeplankung aus 16 mm Spanplatten FP, b) Außenbeplankung aus 12,5 mm Gipsfaserplatten GF mit wasserableitender Schicht WA (extrem diffusionsoffene Folie mit $s_d = 0,02$ mm), keine Dampfsperre

Tafel 7.5   Austrocknungskapazität W_A für die Wandquerschnitte nach Bild 7.13 Außenbeplankung:
a) 16 mm Spanplatte, b) 12,5 mm Gipsfaserplatte, Abdeckung mit s_d (Folie) = 0,02 m

Dampfsperre DS	Feuchteebene (Bild 7.11)	W_A kg/m^2 Außenbeplankung	
		Spanplatte	Gipsfaserplatte
keine	a m i	Ausbildung unzulässig	4,3 3,2 2,6
s_d (DS) = 1 m	a m i	0,67 0,66 0,66	–
s_d (DS) = 20 m	a m i	0,40 0,39 0,37	–

2) Querschnitte nach Bild 7.14 mit äußerer Abdeckung der Wand und vorgehängtem, hinterlüftetem Wetterschutz (Tafel 7.6)

Im Gegensatz zu 1) ist hier die äußere Abdeckung statisch unwirksam, und auch die schall- und brandschutztechnischen Eigenschaften der Wände sind geringer einzustufen. Trotzdem sind solche Ausführungen auch für tragende Wände möglich, wenn z. B.

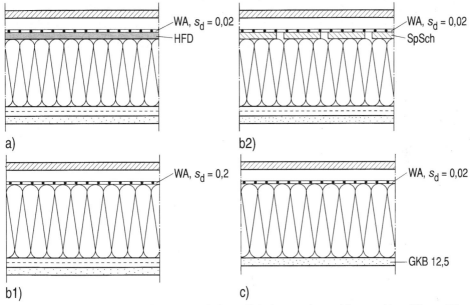

Bild 7.14 Wandquerschnitt nach Bild 7.12 mit äußerer Abdeckung und vorgehängtem, hinterlüftetem Wetterschutz; Abdeckung aus a) Holzfaserdämmplatten HFD mit wasserableitender Schicht WA (extrem diffusionsoffene Folie mit $s_d = 0{,}02$ m), b1) Folie mit $s_d = 0{,}2$ m, b2) Sparschalung SpSch mit extrem diffusionsoffener Folie mit $s_d = 0{,}02$ m, ges $s_d = 0{,}2$ m; c) extrem diffusionsoffene Folie mit $s_d = 0{,}02$ m, raumseitige Beplankung zweilagig aus 9,5 mm Gipskartonplatte auf 16 mm Spanplatte oder einlagig aus 12,5 mm Gipskartonplatte

Tafel 7.6 Austrocknungskapazität W_A für die Wandquerschnitte nach Bild 7.14; äußere Abdeckung:
 a) Holzfaserdämmplatte + wasserableitende Folie (extrem diffusionsoffen)
 b) Folie mit $s_d(F) = 0{,}2$ m (b1) oder Sparschalung + Folie mit $s_d(F) = 0{,}02$ m (b2)
 c) Folie mit $s_d(F) = 0{,}02$ m (extrem diffusionsoffen); raumseitige Beplankung zweilagig (Spanplatte + Gipskartonplatte) oder einlagig (Gipskartonplatte)

Äußere Abdeckung	Raumseitige Beplankung (ohne Dampfsperre)	Feuchteebene (Bild 7.11)	W_A	kg/m²
a) Holzfaserdämmplatte	zweilagig	a		5,6
		m		3,8
		i		3,0
b) Folie $s_d = 0{,}2$ m oder Sparschalung + Folie ges $s_d = 0{,}2$ m	zweilagig	a		3,6
		m		2,8
		i		2,4
c) Folie $s_d(F) = 0{,}02$ m	zweilagig	a		30,6
		m		7,3
		i		4,4
	einlagig	a		32,5
		m		10,2
		i		9,7

die erforderliche Scheibenwirkung der Wand allein schon durch die raumseitige Beplankung sichergestellt ist, was oft der Fall ist. Die getroffene Wahl der äußeren Abdeckungen für die Wand erfolgte ausschließlich im Hinblick auf ein möglichst günstiges Austrocknungsverhalten, ohne Rücksicht auf andere Qualitätsansprüche.

a) Abdeckung aus Holzfaserdämmplatten

Zur Verbesserung des Feuchteschutzes sollen die Dämmplatten außen eine extrem diffusionsoffene Folie (s_d = 0,02 m) als wasserableitende Schicht erhalten. Das sehr günstige Austrocknungsverhalten ist vergleichbar mit dem des Querschnitts nach Bild 7.13b, also wesentlich besser als für Bild 7.13a.

b) Abdeckung mit Folie oder dgl. mit s_d = 0,2 m

Diese Ausbildung kann entweder allein mit einer Folie mit s_d = 0,2 m (b1) oder z. B. mit einer extrem diffusionsoffenen Folie (s_d = 0,02 m) auf einer Sparschalung (b2) erreicht werden (s. auch Abschn. 8.5.7.2). Die vorhandene Tauwassermasse W_T = 0,53 kg/m² > 0,5 kg/m² ist nach DIN 68800-2 unbedenklich, da die Verdunstungsmasse mit W_V = 3,6 kg/m² mehr als das in solchen Fällen geforderte 5fache von W_T beträgt. Zum Austrocknungsverhalten sowie zu den übrigen Merkmalen der Wand gilt das zum Querschnitt a) Gesagte in gleicher Weise.

c) Extrem diffusionsoffene Abdeckung mit s_d = 0,02 m

Diese Ausbildung entspricht der Ausführung b), ist aber an der Außenseite noch wesentlich diffusionsoffener. Sie ist – wegen der bereits oben genannten Nachteile als Folge der „Ausdünnung" der äußeren Schale – nicht als allgemeine Empfehlung für die Praxis gedacht, sondern eher als theoretisches Beispiel dafür, daß es auch bei Außenwänden möglich ist, wie bei geneigten Dächern extrem große Austrocknungskapazitäten zu erreichen. Deshalb kann bei dieser Wand nicht nur auf eine Dampfsperre verzichtet werden, sondern – zumindest bezüglich des Tauwasserschutzes – auch die zweilagige Beplankung (16 mm Spanplatte + 9,5 mm Gipskartonplatte) durch eine einlagige (z. B. 12,5 mm Gipskartonplatte) ersetzt werden. Während die Wand mit einer solchen zweilagigen Beplankung tauwasserfrei bleibt, folgt bei der einlagigen W_T = 0,36 kg/m² < zul W_T = 1,0 kg/m² sowie mit W_V = 32,8 kg/m² eine Verdunstungsmasse, die praktisch nicht mehr zu überbieten ist. Aber auch eine solche Wand könnte noch als tragend im Sinne der Holztafelbauart eingesetzt werden. – Der Unterschied im Austrocknungsverhalten zwischen der ein- und zweilagigen, raumseitigen Beplankung liegt nicht in der Feuchteebene »a« nach Bild 7.11 (Differenz 6%) oder »m« (40%), als vielmehr in der Ebene »i« (120%!).

3) Querschnitte nach Bild 7.15 mit außenliegendem Wärmedämm-Verbundsystem (Tafel 7.7)

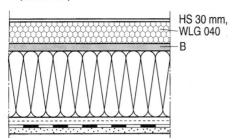

HS 30 mm,
WLG 040
B

Auch hier werden bezüglich der Außenbeplankung 2 Varianten untersucht, die Spanplatte und die Gipsfaserplatte.

a) Außenbeplankung aus Spanplatten

Eine Dampfsperre ist erforderlich, da sonst die Tauwassermasse mit W_T = 0,64 kg/m² > zul W_T = 0,34 kg/m² (s. 1a) zu groß ist, während W_V = 0,76 kg/m² > W_T ausreichend wäre. Mit s_d (DS) = 1 m ergeben sich einwandfreie Verhältnisse, da W_T = 0,29 kg/m² und W_V = 0,47 kg/m² sind. Man erkennt sofort, daß die Austrocknungsmöglichkeiten für die Varianten s_d (DS) = 1 m

Bild 7.15 Querschnitt nach Bild 7.12 mit außenliegendem Wärmedämm-Verbundsystem; äußere Beplankung B aus 16 mm Spanplatten oder aus 12,5 mm Gipsfaserplatten

Tafel **7.7**   Austrocknungskapazität W_A für die Wandquerschnitte nach Bild **7.15**; Außenbeplankung:
a) 16 mm Spanplatte, b) 12,5 mm Gipsfaserplatte

Dampfsperre DS	Feuchteebene (Bild **7.11**)	W_A kg/m^2	
		Spanplatte	Gipsfaserplatte
s_d(DS) = 1 m	a	0,74	0,86
	m	0,78	0,89
	i	0,83	0,93
s_d(DS) = 20 m	a	0,19	0,31
	m	0,19	0,30
	i	0,19	0,29

und 20 m bei weitem nicht so günstig sind wie bei den Querschnitten nach 2), sondern in der Größenordnung von 1) liegen. Trotzdem sind solche Ausbildungen aber eindeutig besser zu bewerten als jene nach 1), da hier wegen des vorgesetzten Wärmeschutzes die Gefahr außerplanmäßiger Feuchte aus Sorptionseinflüssen von der Außenseite her, vor allem aber infolge Wasserdampf-Konvektion aus dem Raum wesentlich geringer einzustufen ist.

b) Außenbeplankung aus Gipsfaserplatten

Da das günstige Verhalten dieser diffusionsoffeneren Platte durch den außenliegenden Wärmeschutz weitgehend überdeckt wird, entspricht diese Wand im Prinzip der vorhergehenden, wenn auch beim Nachweis nach DIN 4108 das Verhältnis $W_T = 0,29$ kg/m^2 zu $W_V = 1,06$ kg/m^2 hier günstiger ist. Die Vorteile dieser Platte gegenüber der Spanplatte liegen vielmehr auf anderen Gebieten (s. z. B. Abschn. 2.5.2).

4) Querschnitte nach Bild 7.16 mit außenliegender Holzwolle-Leichtbauplatte (Tafel 7.8)

Bei dieser Ausbildung wird hier zwischen zwei Feuchteschutzschichten hinter der Leichtbauplatte unterschieden (Varianten a und b).

a) Bitumenbahn oder dgl. mit $s_d = 5$ m

Eine raumseitige Dampfsperre ist erforderlich, da sonst $W_T = 0,76$ kg/m$^2 > 0,5$ und $W_V = 0,7$ kg/m$^2 < 5 \cdot W_T$. Bereits mit s_d(DS) = 0,5 m ergeben sich einwandfreie Verhältnisse im Sinne der DIN 4108, da dann $W_T = 0,5$ kg/m^2 und $W_V = 0,5$ kg/m$^2 = W_T$ folgt. Auch bei einer Dampfsperre mit s_d(DS) = 20 m wird die Norm erfüllt, da $W_T = 0,02$ kg/m^2 und $W_V = 0,13$ kg/m^2, jedoch verfügt die Ausbildung dann kaum noch über eine Austrocknungsmöglichkeit, wie Tafel **7.8** zeigt.

b) Extrem diffusionsoffene Folie mit s_d = 0,02 m

Hier ergibt sich ohne Dampfsperre $W_T = 0,67$ kg/m^2, so daß DIN 4108 nur bei Verzicht auf die Folie (zul $W_T = 1,0$ kg/m^2) er-

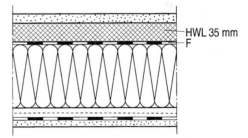

HWL 35 mm
F

Bild 7.16   Querschnitt nach Bild **7.12** mit verputzter Holzwolle-Leichtbauplatte, s. jedoch Anmerkung hierzu in Abschn. 7.5.1

a) Feuchteschutzschicht F hinter der Leichtbauplatte aus Bitumenbahn oder dgl. mit $s_d = 5$ m (Annahme), b) aus extrem diffusionsoffener Folie mit s_d = 0,02 m

füllt wäre, nicht dagegen mit Folie (zul $W_T = 0,5$ kg/m^2), zumal dann mit $W_V = 1,75$ kg/m$^2 < 5 \cdot W_T = 5 \cdot 0,67$ auch die Zusatzbedingung nach DIN 68800-2 nicht eingehalten ist. Bereits bei einer Dampfsperre mit $s_d = 0,5$ m besteht Tauwasserfreiheit. Dieser Querschnitt besitzt grundsätzlich wesentlich bessere Austrockungsmöglichkeiten als der nach a).

Tafel **7.8**   Austrocknungskapazität W_A für die Wandquerschnitte nach Bild **7.16**; Feuchteschutzschicht hinter der Holzwolle-Leichtbauplatte:

a) Bitumenbahn oder dgl. mit $s_d(F) = 5$ m, b) extrem diffusionsoffene Folie mit $s_d(F) = 0,02$ m

Dampfsperre DS	Feuchteebene (Bild **7.11**)	W_A kg/m²	
		$s_d(F) = 5$ m	$s_d(F) = 0,02$ m
keine	a m i	unzulässig	(1,41) (1,38) (1,36)
$s_d(DS) = 0,5$ m	a m i	0,50 0,51 0,53	1,22 1,17 1,12
$s_d(DS) = 20$ m	a m i	0,13 0,13 0,13	0,86 0,85 0,73

5) Querschnitte nach Bild 7.17 mit raumseitiger, wärmegedämmter Vorhangschale und äußerem, hinterlüftetem Wetterschutz (Tafel 7.9)

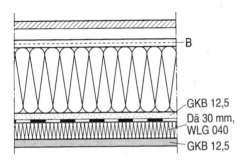

Bild **7.17**   Querschnitt nach Bild **7.12** mit raumseitiger, wärmegedämmter Vorhangschale und hinterlüftetem Wetterschutz

Außenbeplankung B aus 16 mm Spanplatten oder aus 12,5 mm Gipsfaserplatten

Der Tauwasserschutz nach DIN 4108 ist erst mit einer Dampfsperre mit $s_d = 1,5$ m gegeben, bei der sich $W_T = 0,4$ kg/m² $<$ 0,5 und $W_V = 0,7$ kg/m² $> W_T$ einstellen. Hier wird die Dampfsperre außenseitig hinter der inneren Dämmschicht angenommen, vor allem um damit die Möglichkeit einer Installationsebene zu schaffen und die Dampfsperre vor Beschädigungen zu schützen, die eine Wasserdampf-Konvektion ermöglichen könnten. Dabei wird bewußt in Kauf genommen, daß der Querschnitt im Bereich der Wandrippen rechnerisch tauwassergefährdet ist. – Aus Tafel **7.9** geht wieder eindeutig hervor, daß die Variante mit der äußeren Gipsfaserplatte zumindest feuchteschutztechnisch die bessere Lösung ist, da ihre W_A-Werte wesentlich größer sind.

Tafel **7.9**   Austrocknungskapazität W_A für die Wandquerschnitte nach Bild **7.17**; Außenbeplankung:

a) 16 mm Spanplatte, b) 12,5 mm Gipsfaserplatte, Abdeckung mit $s_d(F) = 0,02$ m

Dampfsperre DS	Feuchteebene (Bild **7.11**)	W_A kg/m²	
		a)	b)
$s_d(DS) = 20$ m	a m i	0,40 0,39 0,37	4,3 2,9 2,1

7.5.5   Schutz gegen aufsteigende Feuchte; Außenwand-Fußpunkt

Durch eine waagerechte Abdichtung mit einer geeigneten Sperrschicht (Bitumenbahn oder dgl.) ist dafür zu sorgen, daß keine Feuchteleitung von einer feuchten Massivdecke in die aufstehende Holzkonstruktion stattfindet. Das gilt deshalb auch für Innenwände auf frischen Massivdecken.

Beim Fußpunkt von Außenwänden ist ferner besonders darauf zu achten, daß an diesen Stellen keine Niederschläge eindringen können, wobei der Anschluß an einen Terrassen- oder Balkonbereich stark gefährdet sein kann, wenn er nachträglich – z. B. in Selbsthilfe – nicht fachmännisch erfolgt, wie einige Schäden in der Vergangenheit gezeigt haben (s. Abschn. 15.7.8).

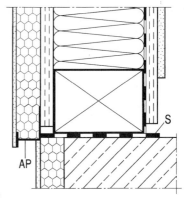

Nachfolgend sind Beispiele für zwei typische Ausbildungen des Anschlusses sowie für eine besondere Situation dargestellt:

a) Anschluß an Kellerdecke bei Wärmedämm-Verbundsystem

Eine solche Ausbildung bereitet keine Schwierigkeiten (Bild **7.18**).

Bild **7.18** Außenwand-Fußpunkt mit Wärmedämm-Verbundsystem auf Massiv-Kellerdecke (Prinzip)

AP Abschlußprofil, S Sperrschicht

b) Anschluß an Terrasse oder Balkon

In der Regel liegt ein Höhenversprung zwischen den beiden angrenzenden Decken vor. Dann ist die Abdichtung unter Verwendung einer hochpolymeren Dichtungsbahn (Kunststoffdachbahn) relativ einfach (Bild **7.19**). – Ist dagegen ein Versprung nicht vorhanden, dann erfordert das einen größeren Aufwand, vor allem hinsichtlich der Ausführungssorgfalt (Bild **7.20**).

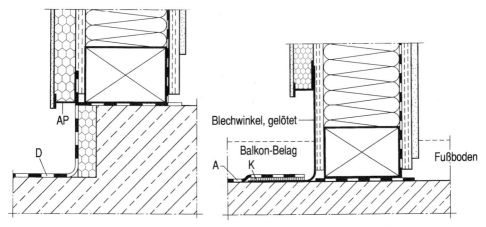

Bild **7.19** Anschluß Außenwand mit Wärmedämm-Verbundsystem an Massivdecke im Terrassen- oder Balkonbereich bei Höhenversprung in der Decke (Prinzip)

AP Abschlußprofil, D Dichtungsbahn

Bild **7.20** Anschluß Außenwand – Massivdecke ohne Höhenversprung in der Decke (Prinzip)

A Abdichtung, K Verklebung

7.5.6 Anschluß an Holz-Skelettkonstruktion

In Bild **7.21** ist ein gutes Beispiel eines Fertighausbauers für den Anschluß einer Ausfachung an eine Holz-Skelettkonstruktion dargestellt, die ausreichend sicher gegen eindringende Niederschläge sowie luftdicht ist und sich langjährig bewährt hat.

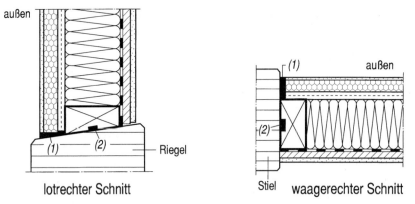

Bild **7.**21   Anschluß einer Außenwand-Ausfachung mit Wärmedämm-Verbundsystem an Stiel und Riegel
einer Holz-Skelettkonstruktion aus Brettschichtholz
(1) Feuchtesperre, (2) „Windsperre"

7.6   Schallschutz

7.6.1   Aufgaben für Außenwände

Im Bedarfsfall haben Außenwände von Aufenthaltsräumen zwei Aufgaben zu erfüllen:
a) Als Außenbauteil Schallschutz gegenüber Außenlärm
b) als flankierendes Bauteil von Innenwänden oder Decken Beitrag zur Schalldämmung
zwischen Aufenthaltsräumen im Gebäudeinnern

Beim Schallschutz gegenüber Außenlärm handelt es sich um den direkten Schalldurchgang durch die Wand, ausgedrückt durch ihren R'_w-Wert. Im Fall eines erforderlichen Nachweises des Schallschutzes ist jedoch nicht allein die Schalldämmung der Außenwand von Bedeutung, sondern das resultierende Schalldämm-Maß aller an der Schallübertragung von außen in den Raum beteiligten Bauteile, d.h. auch der Fenster, Türen oder dgl., s. auch Abschnitte 3.5.4 und 7.6.2.6 (Bild **7.**22 a).

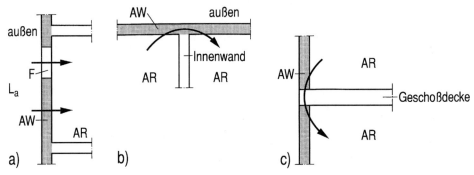

Bild **7.**22   Schallschutztechnische Aufgaben für Außenwände
a) Schalldämmung gegenüber Direktdurchgang auf Grund des Außenlärmpegels L_a, b) Schall-Längsdämmung in horizontaler Richtung als flankierendes Bauteil von Innenwänden, c) Schall-Längsdämmung in vertikaler Richtung als flankierendes Bauteil von Geschoßdecken
AR Aufenthaltsraum, AW Außenwand, F Fenster

Daneben muß die Außenwand erforderlichenfalls als flankierendes Bauteil von trennenden Innenbauteilen einen wesentlichen Beitrag zur Schalldämmung zwischen Aufenthaltsräumen leisten, und zwar in horizontaler Richtung (bei Innenwänden, Bild b), ggf. aber auch in vertikaler (bei Geschoßdecken, Bild c).

7.6.2 Schalldämmung gegen Außenlärm

7.6.2.1 Allgemeines

Wie bereits in Abschn. 3.5.4.2 ausgeführt, kann zumindest bei Holzbauteilen wegen ihrer gelenkigen Anbindung untereinander die Übertragung über raumseitig flankierende Bauteile vernachlässigt werden (Bild 7.23). Man liegt somit bei Holzkonstruktionen auf der sicheren Seite, wenn man für den Nachweis die bewerteten Schalldämm-Maße R'_{wR} (300), wie sie in Prüfständen mit im Massivbau üblichen Nebenwegen ermittelt wurden, direkt einsetzt.

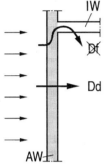

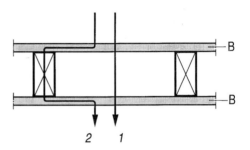

Bild 7.23 Bei Außenwänden AW in Holzbauart braucht nur die Direktübertragung (Weg Dd), nicht dagegen die Nebenwegübertragung über Innenwände IW (Weg Df) berücksichtigt zu werden; es ist jedoch unzulässig, deshalb für Außenwände die höheren nebenwegfreien R_{wR}-Werte einzusetzen

Bild 7.24 Typischer Querschnitt im Holzbau, Schallübertragungswege 1 und 2; die biegeweichen Schalen B (Bekleidungen, Beplankungen) sind über Ständer, Rippen oder dgl. je nach konstruktiver Ausbildung mehr oder weniger stark miteinander gekoppelt

7.6.2.2 Konstruktionsprinzip von Holzbauteilen

Der im Holzbau vorherrschende Querschnitt für Wände nach Bild 7.24 besteht im akustischen Sinne aus zwei biegeweichen Schalen (Bekleidungen oder Beplankungen), die miteinander mehr oder weniger steif gekoppelt sind (z.B. durch Stiele, Rippen oder dgl.). Der Schalldurchgang durch ein solches Bauteil erfolgt daher auf den Wegen 1 (Gefachbereich, über die Schalen und den Zwischenraum) und 2 (im Vollholzbereich, über die Koppelung).

Einwandfreie Schalldämmwerte lassen sich ohne großen zusätzlichen Aufwand nur mit biegeweichen Schalen, also mit Werkstoffen erzielen, deren Grenzfrequenz f_g oberhalb 2000 Hz liegt, bei denen also der „Einbruch" in der Schalldämmung (s. Bild 7.25) erst in einem für die Bewertung des Schallschutzes und damit für das Hörempfinden uninteressanten Bereich erfolgt. Ohne weiteren Nachweis können als biegeweich eingestuft werden:

— Gipskartonplatten und Gipsfaserplatten mit $d \leq 15$ mm

— Spanplatten mit $d \leq 16$ mm

— Holzwolle-Leichtbauplatten, einseitig verputzt, auf Unterkonstruktion (nicht angemörtelt oder dgl.).

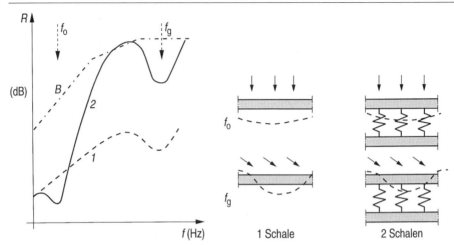

Bild 7.25 Qualitativer Verlauf des Schalldämm-Maßes *R* über den gesamten Frequenzumfang *f* für den Gefachbereich für eine biegeweiche Schale (*1*) sowie für ein Masse-Feder-System aus zwei biegeweichen Schalen (*2*); f_0 Resonanzfrequenz, f_g Grenzfrequenz (oder »Koinzidenzfrequenz« oder »Spuranpassung«); B Bezugskurve; aus [21]

Die Schalldämmung des gesamten Bauteils ist um so besser, je weniger die Dämmung des Gefachbereiches durch die (ungünstige) Koppelung im Rippenbereich beeinträchtigt wird, d. h. je „weicher" die Koppelung ist.

Die Schalldämmung des Masse-Feder-Systems im Gefachbereich, gebildet durch die beiden Schalen (Massen) und die eingeschlossene Luftschicht (Feder), wird erst oberhalb der Eigenfrequenz f_0 (Resonanzfrequenz) dieses Systems wesentlich besser als die einer gleichschweren, einzelnen Schale (s. Bild **7.25**). Große Nachteile ergeben sich jedoch, wenn f_0, in deren Nähe sich die Schalldämmung gegenüber einer einzelnen Schale sogar verschlechtert, im wichtigen Frequenzbereich oberhalb 100 Hz liegt; deshalb ist durch Wahl des biegeweichen Plattenwerkstoffs (Mindestwert seiner Masse m') und der Konstruktion (Mindestwert für Schalenabstand s) dafür zu sorgen, daß $f_0 < 100$ Hz ist. Für den Querschnitt nach Bild **7.26** läßt sich f_0 nach folgender Gleichung ermitteln:

$$f_0 \approx 85/\sqrt{m' \cdot s} \quad \text{(Hz)} \tag{7.1}$$

mit
m' flächenbezogene Masse einer biegeweichen Schale in kg/m^2
s lichter Schalenabstand in m

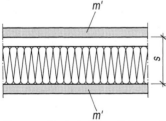

Bild 7.26 Zweischaliges Holzbauteil (Gefachbereich) aus biegeweichen Schalen mit weichfedernder, schallabsorbierender Einlage mit $\varXi \geq 5$ kN · s/m^4, z. B. aus Faserdämmstoffen nach DIN 18165-1

m' Masse einer Schale, s lichter Schalenabstand

Aus Gl (7.1) folgt, daß für solche Bauteile z. B. $f_0 \leq 85$ Hz beträgt, wenn das Produkt

$$m' \cdot s \geq 1$$

ist, also z. B. für $m' = 10$ kg/m^2 und $s = 0,10$ m.

Mit Gl (7.1) läßt sich nur die ungefähre Lage der Eigenfrequenz für den Gefachbereich ermitteln, woraus man lediglich erkennen kann, ob die Voraussetzungen für die Schalldämmung günstig ($f_0 < 100$ Hz) oder ungünstig ($f_0 > 100$ Hz) sind. Dagegen läßt sich daraus nicht einmal nähe-

rungsweise die zu erwartende Schalldämmung des gesamten Bauteils ableiten, die –
vor allem schon wegen der verschiedenartigsten Möglichkeiten der Koppelung – nur
durch Prüfung festgestellt werden kann.

7.6.2.3 Einflußgrößen

Nachfolgend werden die für die Schalldämmung von Außenwänden in Holzbauart wesentlichen konstruktiven Einflußgrößen erläutert, die im Prinzip auch für die Luftschalldämmung anderer, vergleichbarer Holzbauteile zutreffen.

In Bild **7**.27 sind die wesentlichen Einflußgrößen einer zweischaligen Wand in Holzbauart unter Verwendung biegeweicher Schalen markiert, auf die nachstehend näher
eingegangen werden soll.

Bild **7**.27
Wesentliche Einflußgrößen für die
Schalldämmung von zweischali-
gen Holzbauteilen

(a) Werkstoff und Ausbildung der
biegeweichen Schale, (b) Schalenabstand s, (c) Art und Dicke des
Dämmstoffes, (d) Unterstützungsabstand, (e) Art der Koppelung

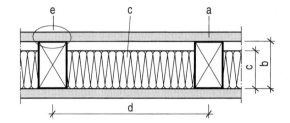

a) Biegeweiche Schalen

Wie aus Gl (7.1) und Bild **7**.25 hervorgeht, ist die Eigenfrequenz f_0 um so kleiner und
damit die Voraussetzung für eine gute Schalldämmung – zumindest erst einmal für den
Gefachbereich – um so besser, je größer die einzelnen Massen m' bei gleicher, geringer
Biegesteifigkeit der Platte sind. Deshalb
sind z.B. 2 nicht miteinander verklebte
9,5 mm Gipskartonplatten (Bild **7**.28 b)
besser als eine 18 mm Platte (Bild a). In
besonderen Situationen (allerdings kaum
bei Außenwänden) kann es sich lohnen,
die Beplankung oder Bekleidung einseitig
derart zu beschweren, daß sich die Biegesteifigkeit dieser Schale dadurch nicht
vergrößert (Bild c).

Der Unterschied zwischen 1- und 2lagiger
Bekleidung ist z.B. an Hand der Querschnitte in Bild **7**.35 erkennbar.

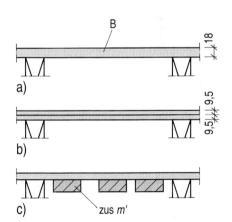

b) Schalenabstand s

Gl (7.1) zeigt: Je größer der lichte Schalenabstand s (also je weicher die „Feder"
der eingeschlossenen Luftschicht), desto
kleiner ist die Eigenfrequenz f_0 und desto
besser ist somit die Schalldämmung (im
Gefachbereich). Die allgemein praktizierte
Vergrößerung der Hohlraumdicke von Außenwänden aus Gründen des Wärmeschutzes wirkt sich zusätzlich positiv auf
die Schalldämmung aus. Wie stark dieser

Bild **7**.28 Verbesserung der Schalldämmung
durch Veränderung der biegeweichen
Schale B gegenüber dem Ausgangszustand (Beispiel, schematisch)

a) Ausgangszustand: 18 mm Gipskartonplatten, b) Verbesserung durch Änderung in zwei 9,5 mm Platten, c) größere
Verbesserung durch einseitige »biegeweiche« Beschwerung

Einfluß ist, kann später bei Doppelwänden als Innenwände (s. Abschn. 10.3.5) direkt abgelesen werden, bei denen wegen der fehlenden Koppelung die Schalldämmung des Gefachs nicht verfälscht wird.

c) Art und Dicke der Dämmschicht

In Gl (7.1) sind schallabsorbierende Dämmstoffe vorausgesetzt (s. Bild **7.26**). Sollen dagegen Dämmstoffe mit hoher dynamischer Steifigkeit, z. B. Hartschaumplatten, im Gefach verwendet werden, wird sich die Schalldämmung erheblich verschlechtern, da dann nicht nur der Strömungswiderstand nicht mehr vorhanden ist, also keine Schallenergie abgebaut wird, sondern auch die verbleibende Luftschichtdicke wesentlich kleiner wird oder gegen Null geht und somit die „Feder" steif wird. Daher ist die Schalldämmung z. B. eines Querschnitts mit Faserdämmstoff-Einlage besser als ohne, aber der Querschnitt ohne Einlage besser als der mit »harter« Dämmschicht (Bild **7.29**).

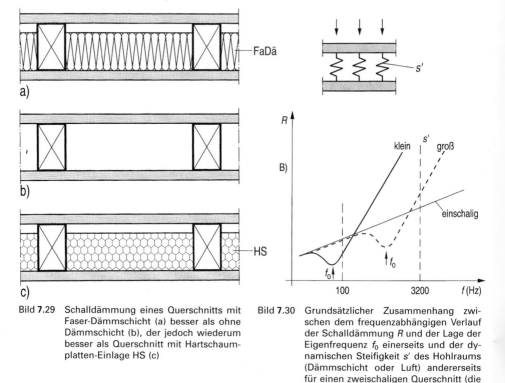

Bild **7.29** Schalldämmung eines Querschnitts mit Faser-Dämmschicht (a) besser als ohne Dämmschicht (b), der jedoch wiederum besser als Querschnitt mit Hartschaumplatten-Einlage HS (c)

Bild **7.30** Grundsätzlicher Zusammenhang zwischen dem frequenzabhängigen Verlauf der Schalldämmung R und der Lage der Eigenfrequenz f_0 einerseits und der dynamischen Steifigkeit s' des Hohlraums (Dämmschicht oder Luft) andererseits für einen zweischaligen Querschnitt (die dynamische Steifigkeit s' einer Schicht ist umgekehrt proportional zur Schichtdicke) [21]

Der grundsätzliche Zusammenhang für Bauteil-Querschnitte mit zwei biegeweichen Schalen, die vollflächig mit einer Dämmschicht mit der dynamischen Steifigkeit s' verbunden sind (z. B. verklebt), geht aus Bild **7.30** hervor. Hierfür folgt die Eigenfrequenz f_0 annähernd aus

$$f_0 \approx 225 \cdot \sqrt{s'/m'} \quad \text{(Hz)} \tag{7.2}$$

mit

s' dynamische Steifigkeit der Dämmschicht in MN/m³; m' Masse einer Schale in kg/m²

Beispiele Für $m' = 10$ kg/m^2 und eine Hartschaum-Einlage mit z.B. $s' = 15$ MN/m^3 ergibt sich nach Gl (7.2) die Eigenfrequenz $f_0 = 275$ Hz > 100 Hz (äußerst ungünstig).

Für $m' = 10$ kg/m^2 und eine Faserdämmstoff-Einlage mit z.B. $s' = 2$ MN/m^3 folgt dagegen $f_0 = 100$ Hz.

Aus Schallschutzgründen braucht die (schallabsorbierende) Dämmschicht nicht fugenfrei eingelegt zu werden; bei Außenwänden muß jedoch wegen des Wärmeschutzes darauf größter Wert gelegt werden. Wie Messungen gezeigt haben, erscheint es auch nicht notwendig, das Gefach vollständig auszufüllen; vielmehr genügt etwa ein Füllgrad $s_{Dä}/s$ von etwa 0,7 bis 0,8, um den Höchstwert zu erhalten (s. Bild 7.31). Im vorliegenden Fall beträgt die Verbesserung durch die Dämmstoff-Einlage 6 dB. Der Einfluß des Füllgrads ist auch in den Rechenwerten R'_{wR} nach Beiblatt 1 zu DIN 4109 erkennbar.

Bild 7.31
Beispiel für Verbesserung der Schalldämmung (ohne Nebenwege) durch Hohlraumdämpfung mit mineralischem Faserdämmstoff in Abhängigkeit vom Füllgrad $s_{Dä}/s$; zweilagige Beplankung aus 16 mm Spanplatten und 9,5 mm Gipskartonplatten (interne Messungen OKAL)

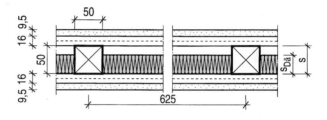

Ergebnis	$s_{Dä}/s$	0	0,2	0,4	0,6	0,8	1
	R_w (dB)	42	44	46	47	48	48

d) Unterstützungsabstand der Beplankungen

Mit größer werdendem Unterstützungsabstand a für die Beplankungen nimmt der nachteilige Einfluß der Koppelung ab und somit die Schalldämmung zu. Daher gelten die Rechenwerte nach Beiblatt 1 nach DIN 4109 überwiegend nur für vorgegebene Mindestabstände a.

In Bild 7.32 sind Meßergebnisse für ein Beispiel wiedergegeben. Man erkennt, daß sich allein durch Vergrößerung von $a = 1,25$ m/3 auf $a = 1,25$ m/2 in diesem Fall eine Verbesserung des R_w-Wertes um 5 dB ergibt. Dagegen ist $a = 1,25$ m praktisch nicht verwendbar, da hierbei die Beplankungen mechanisch überfordert sind.

Bild 7.32
Beispiel für Verbesserung der Schalldämmung (ohne Nebenwege) durch Vergrößerung des Unterstützungsabstands a (interne Messungen OKAL);
FP Spanplatte, MiFa mineralischer Faserdämmstoff

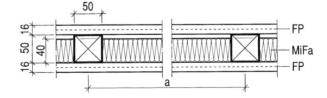

Ergebnis	a (mm)	415	625	1250
	R_w (dB)	33	38	40

e) Koppelung der Schalen im Bereich der Unterstützungen

Die Art der Koppelung der biegeweichen Schalen bei zweischaligen Bauteilen entscheidet darüber, ob oder wie stark die für den Gefachbereich (Weg 1) erreichbare Schalldämmung verschlechtert wird. Die beiden, konstruktiv bedingten Grenzen lassen sich folgendermaßen angeben:

Idealzustand: Doppelwand, jeweils einseitig beplankt, völlige Trennung beider Wände voneinander, auch im Kopf- und Fußpunktbereich (Bild **7.33** a): Die Schalldämmung des Gefachs (Weg *1*) bleibt für die gesamte Wand in voller Größe erhalten.

Schlechtester Fall: Beide Beplankungen werden mit gemeinsamen Holzrippen durch Verleimung starr verbunden: Hier ist die Schalldämmung des Gefachs nicht mehr wiederzuerkennen (Bild e).

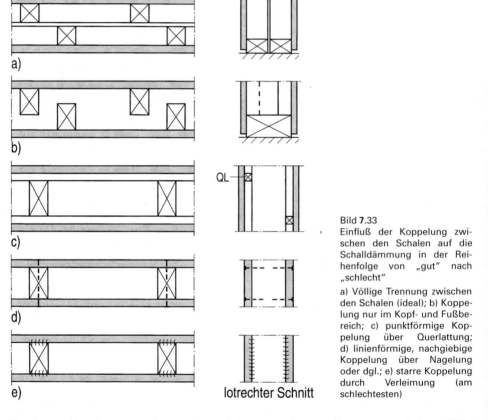

lotrechter Schnitt

Bild **7.33**
Einfluß der Koppelung zwischen den Schalen auf die Schalldämmung in der Reihenfolge von „gut" nach „schlecht"

a) Völlige Trennung zwischen den Schalen (ideal); b) Koppelung nur im Kopf- und Fußbereich; c) punktförmige Koppelung über Querlattung; d) linienförmige, nachgiebige Koppelung über Nagelung oder dgl.; e) starre Koppelung durch Verleimung (am schlechtesten)

Die in der Praxis verwendeten Konstruktionen umfassen die gesamte Palette (Bild **7.33**):

(a) Doppelwand mit völliger Trennung

(b) Doppelwand mit gemeinsamem Kontakt der Beplankungen lediglich im Kopf- und Fußbereich

(c) Punktförmige Koppelung über Querlattung QL. Bei Verwendung von elastischen Federschienen anstelle der üblichen Querlattung lassen sich wesentliche Verbesserungen erzielen.

(d) Linienförmige Koppelung bei direkter Verbindung Schale – Unterkonstruktion über mechanische Verbindungsmittel

(e) Starre Koppelung bei verleimten Bauteilen

Aus den Konstruktionen nach Beiblatt 1 zu DIN 4109 und den zugehörenden Rechenwerten geht der große Einfluß der Koppelung eindeutig hervor.

f) Zusammenfassung

In Bild **7.34** sind die vorher genannten konstruktiven Ausbildungen und ihre Auswirkung auf die Schalldämmung des Bauteils zusammengefaßt schematisch dargestellt.

Mit einer zusätzlichen biegeweichen Vorhangschale läßt sich die Schalldämmung einer
Wand – je nach bereits vorhandener Schalldämmung sowie je nach Ausbildung der
Vorsatzschale unterschiedlich stark – verbessern. Hierfür sind Federschienen wegen
ihrer größeren Elastizität besser geeignet als Holzlatten.

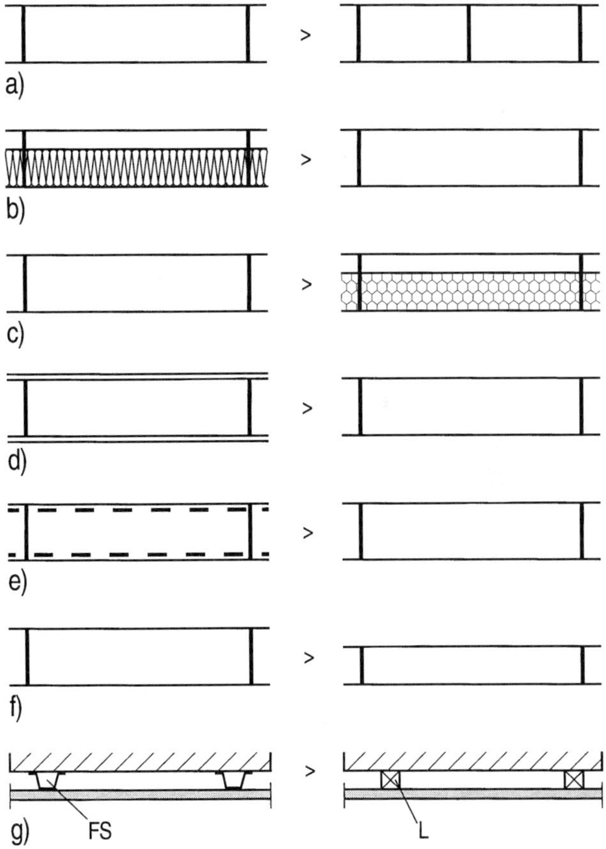

Bild **7.34**
Zusammenstellung der we-
sentlichen Einflußgrößen für
die Schalldämmung von Holzbauteilen, ausgenommen die
Koppelung, und verglei-
chende Bewertung; linke Ausführung jeweils besser als
rechte:

a) Größerer Unterstützungsabstand besser als kleinerer
b) mit Hohlraumdämpfung
(z.B. Faserdämmstoff) besser als ohne
c) ohne Hohlraumdämpfung
besser als Hartschaumplatten im Gefach
d) zweilagige Beplankung aus
biegeweichen Schalen bes-
ser als einlagige
e) Beplankung mit »biegeweicher« Beschwerung besser
als ohne
f) größerer Schalenabstand
besser als kleinerer
g) Vorhangschale mit Federschiene FS (oder mit Lat-
tung und Federbügel) bes-
ser als mit direkt befestig-
ter Lattung L

7.6.2.4 Rechenwerte nach DIN 4109

In Bild **7.35** sind die im Beiblatt 1 zu DIN 4109 erfaßten Außenwand-Konstruktionen und
die zugehörenden Rechenwerte R'_{wR} für das bewertete Schalldämm-Maß schematisch
zusammengestellt. Ergänzend dazu werden folgende Angaben gemacht:

1. Für die Befestigung der Beplankung auf der Unterkonstuktion werden ausschließlich
mechanische Verbindungsmittel verwendet, z.B. Nägel oder Klammern.

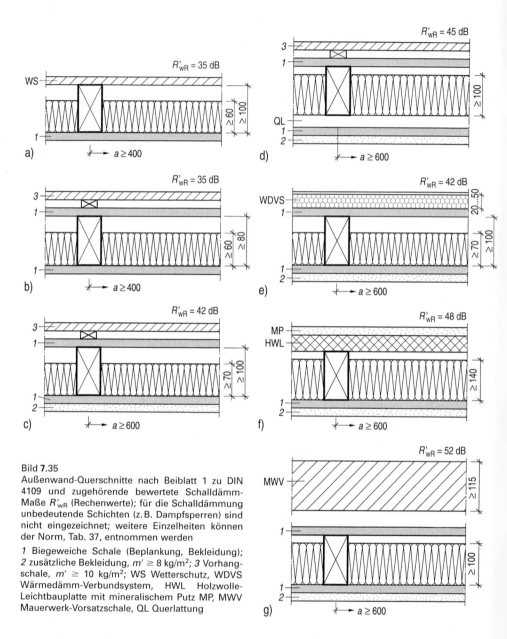

Bild 7.35
Außenwand-Querschnitte nach Beiblatt 1 zu DIN 4109 und zugehörende bewertete Schalldämm-Maße R'_{wR} (Rechenwerte); für die Schalldämmung unbedeutende Schichten (z. B. Dampfsperren) sind nicht eingezeichnet; weitere Einzelheiten können der Norm, Tab. 37, entnommen werden

1 Biegeweiche Schale (Beplankung, Bekleidung); *2* zusätzliche Bekleidung, $m' \geq 8$ kg/m²; *3* Vorhangschale, $m' \geq 10$ kg/m²; WS Wetterschutz, WDVS Wärmedämm-Verbundsystem, HWL Holzwolle-Leichtbauplatte mit mineralischem Putz MP, MWV Mauerwerk-Vorsatzschale, QL Querlattung

2. Als Dämmstoffe in den Gefachen werden ausschließlich Faserdämmstoffe nach DIN 18 165-1 mit $\Xi \geq 5$ kN · s/m⁴ vorausgesetzt.

An Hand der dargestellten Querschnitte kann man den Einfluß der einzelnen konstruktiven Parameter – wenn auch nicht jeweils einzeln für sich herausgefiltert – erkennen, z. B. den Unterstützungsabstand *a*, die zweilagige Beplankung, die Entkoppelung einer Schale (Bild d).

7.6.2.5 Weitere Ergebnisse

Nach Abschn. 6.3 der DIN 4109 darf der Nachweis über akustische Prüfungen auch für Konstruktionen geführt werden, die im Beiblatt 1 enthalten sind, wenn von den dort festgelegten Rechenwerten R'_{wR} abgewichen werden soll; jedoch sind dann die abweichenden oder zusätzlichen konstruktiven Merkmale verbindlich zu nennen.

In [18] sind für mehrere Außenwandquerschnitte Meßergebnisse sowie vorsichtig geschätzte Werte zusammengetragen, die zwar nicht verbindlich sind, aber z. B. im Rahmen von Vorbemessungen dienlich sein können.

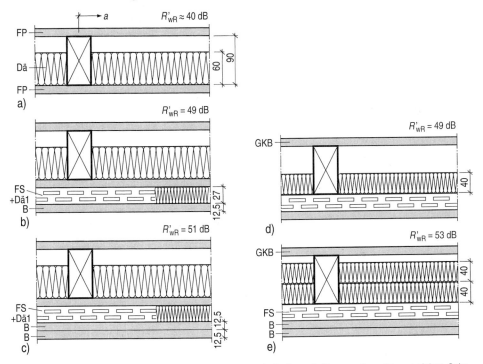

Bild **7.36** Schallschutztechnische Verbesserung einer zweischaligen Außenwand aus biegeweichen Schalen durch raumseitige Vorhangschale unter Verwendung von Federschienen FS und ein-oder zweilagiger Bekleidung B aus 12,5 mm Gipskartonplatten (a bis c) sowie durch zusätzliche Entkoppelung (d und e); Achsabstand der Unterstützungen a = 625 mm

FP 13 mm Spanplatte nach DIN 68763, Dä mineralischer Faserdämmstoff, Dä1 mineralischer Faserdämmstoff 30 mm zwischen den Federschienen; GKB 18 mm Gipskartonplatte (Messungen im Auftrag der Fa. Gebr. Knauf)

In Bild **7.36** wird gezeigt, daß man eine vorhandene zweischalige Wand (a) mit ca. R'_{wR} = 40 dB mit Hilfe einer einseitigen Vorhangschale unter Verwendung von Federschienen und Gipskartonplatten nachträglich schallschutztechnisch wesentlich verbessern kann (b und c). Die Bilder d und e zeigen den zusätzlichen Einfluß der raumseitigen Entkoppelung durch Entfernen der urprünglich vorhandenen Schale.

Bei allen nachfolgenden Angaben ist vorausgesetzt, daß die Schalen, auch im Bereich ihrer Anschlüsse an andere Bauteile, z. B. Fenster, schallschutztechnisch dicht ausgeführt sind. So sind z. B. komprimierte Weichschaumstreifen allein nicht ausreichend, ganz im Gegensatz zu Fugenfüllern, dauerelastischen Dichtungsmitteln oder dgl.

7.6.2.6 Resultierende Schalldämmung von Außenwand und Fenster

Außenwände können in aller Regel nicht allein, sondern müssen im Zusammenwirken mit den eingebauten Fenstern bezüglich der Einhaltung der erforderlichen resultierenden Schalldämmung $R'_{w,res}$ betrachtet werden. Somit ist der erforderliche R'_{wR}-Wert der Außenwand auch vom Flächenanteil und der Qualität des Fensters abhängig. In Tafel 7.10 wird am Beispiel für geforderte $R'_{w,res}$-Werte 35 dB und 40 dB gezeigt, wie groß R'_{wR} der Wand sein muß, wenn Fenster mit R_{wR} = 32 dB, 37 dB und 42 dB mit einem Flächenanteil A(Fenster)/A(gesamt) zwischen 20% und 80% geplant sind (Grundlagen siehe Abschn. 3.5.4.2).

Die genannten Schalldämm-Maße der Fenster setzen nach Beiblatt 1 z. B. folgende Ausführungen voraus:

R_{wR} = 32 dB: Einfachfenster, Isolierverglasung 4/12/4 mm

R_{wR} = 37 dB: Einfachfenster, Isolierverglasung mit R_{wR} ≥ 37 dB der Verglasung

R_{wR} = 42 dB: Verbundfenster, 2 Einfachscheiben je 8 mm und Scheibenzwischenraum 50 mm

Aus Tafel 7.10 erkennt man den großen Einfluß der Fenster auf die erforderliche Schalldämmung der Außenwände und ferner, daß bei zu geringer Fensterqualität oder zu großem Fensterflächenanteil die Anforderung an die Gesamtschalldämmung selbst bei noch so guter Außenwand nicht mehr erfüllbar ist, da die allein durch die Fenster eindringende Schallenergie größer ist als die zulässige Gesamtenergie.

Anmerkung Dezimalstellen sind für die Schalldämmung nicht üblich; sie werden hier nur wegen des besseren Einblicks verwendet.

Tafel 7.10   Erforderliches bewertetes Schalldämm-Maß erf R'_{wR}(W) der Wand in Abhängigkeit von R_{wR}(F) der Fenster und vom Fensterflächenanteil A_F/A_{ges} für erf $R'_{w,res}$ = 35 dB und 40 dB

erf $R'_{w,res}$ (dB)	R_{wR}(F) (dB)	erf R'_{wR}(W) in dB für A_F/A_{ges} (%)			
		20	40	60	80
35	32	36,2	39,7	–	–
	37	34,6	34,0	33,1	31,1
	42	34,2	33,1	31,6	28,8
40	32	–	–	–	–
	37	41,2	44,7	–	–
	42	39,6	39,0	38,1	36,1

–: Anforderung nicht erfüllbar.

7.6.3 Schall-Längsdämmung von Außenwänden

Der Einfluß der Schall-Längsleitung über die Außenwände (s. Bild 7.22) auf die resultierende Schalldämmung von Innenbauteilen (Innenwände, Geschoßdecken) kann – je nach konstruktiver Ausbildung des Anschlusses – erheblich sein. Im einzelnen wird darauf in den Abschn. 10.3.8 (Innenwände) und 11.6.3 (Decken) näher eingegangen.

7.7 Brandschutz

7.7.1 Allgemeines

Der größte Teil des für Außenwände in Holzbauart interessanten Anwendungsbereiches kann hinsichtlich des Brandschutzes abgedeckt werden, wenn die Konstruktionen feuerhemmend ausgebildet sind, also der Feuerwiderstandsklasse F 30-B nach DIN 4102 entsprechen (Anforderungen s. Abschn. 3.6.2.2). Es sind jedoch durchaus auch Holzwände der Feuerwiderstandsklasse F 60-B oder F 90-B realisierbar, s. DIN 4102-4.

Der Nachweis der Einhaltung der Anforderungen kann entweder direkt über DIN 4102-4 erfolgen oder – falls die vorgesehene Konstruktion z.B. hinsichtlich der konstruktiven Randbedingungen von der Norm abweicht – über ein Prüfzeugnis oder evtl. über ein Gutachten.

Auch bei Außenwänden werden raumabschließende und nicht raumabschließende Wände unterschieden, je nachdem ob das Bauteil im Brandfall einseitig oder gleichzeitig beidseitig beansprucht werden kann. Definitionsgemäß gelten Wände mit einer Breite bis 1,0 m als nicht raumabschließend, über 1,0 m als raumabschließend (Bild 7.37).

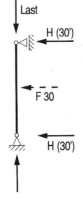

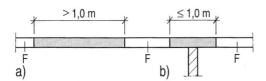

Bild 7.37 Schematisches Beispiel für a) raumabschließende und b) nicht raumabschließende Außenwand; F Fenster

Bild 7.38 Die vorgegebene Feuerwiderstandsklasse eines Bauteils ist erst dann gewährleistet, wenn auch seine Lagerung oder Halterung (H) über den Klassifizierungszeitraum sichergestellt ist

Die Feuerwiderstandsklasse einer Konstruktion im praktischen Anwendungsfall gilt erst dann als erreicht, wenn nicht nur das eigentliche tragende, raumabschließende oder nicht raumabschließende Bauteil (z.B. Wand) die Anforderungen erfüllt, sondern auch seine seitlichen Halterungen (bei Holzwänden im Kopf- und Fußpunkt) über den Klassifizierungszeitraum funktionsfähig sind. Das ist bei Wänden z.B. durch Decken gewährleistet, die derselben Feuerwiderstandsklasse angehören oder aber nur über den entsprechenden Zeitraum die Aussteifung im Brandfall sicherstellen (Bild 7.38); auch hierzu enthält DIN 4102-4 Angaben, s. z.B. Abschn. 12.4.

7.7.2 Tragende Außenwände F 30-B ohne weiteren Nachweis

Die nachfolgenden Beispiele sind DIN 4102-4 entnommen, die eine Vielzahl von klassifizierten Konstruktionen enthält. Umfangreiche Erläuterungen sind in *Kordina, Meyer-Ottens* „Holz Brandschutz Handbuch" [3] enthalten, so daß hier auf detaillierte Angaben verzichtet werden kann.

7.7.2.1 Raumabschließende Außenwände F 30-B

In Bild 7.39 sind zwei Beispiele für typische Außenwandkonstruktionen dargestellt, die ohne weiteren Nachweis F 30-B entsprechen, wenn folgende Voraussetzungen erfüllt sind:

— Zulässige Druckspannungen in den Holzständern oder -rippen zulσ_D = 2,5 N/mm^2 (Schwellenpressung)
— Rohdichte der Holzwerkstoff-Beplankung (Spanplatten) $\rho \geq$ 600 kg/m^3
— Achsabstand der Ständer oder Rippen $a \leq$ 625 mm
— Erforderliche Dämmschicht in den Gefachen: Mineralische Faserdämmstoffe nach DIN 18165-1, Baustoffklasse A nach DIN 4102 und Schmelzpunkt $\geq$ 1000 °C; ferner mit Überbreite stramm eingepaßt; stumpfe Stöße sind fugendicht auszubilden
— Steckdosen dürfen (zumindest bei Außenwänden) an beliebiger Stelle angeordnet werden; in solchen Bereichen darf eine brandschutztechnisch erforderliche Dämmschicht auf 30 mm zusammengedrückt werden
— Dampfsperren oder dgl. beeinträchtigen das Brandverhalten der Wand nicht
— Die Beplankungen oder Bekleidungen müssen – Steckdosen oder dgl. ausgenommen – eine geschlossene Fläche aufweisen; bei mehrlagiger Anordnung sind die Stoßfugen der einzelnen Lagen zu versetzen
— Zusätzliche Bekleidungen dürfen – mit Ausnahme von Stahlblech – aufgebracht werden

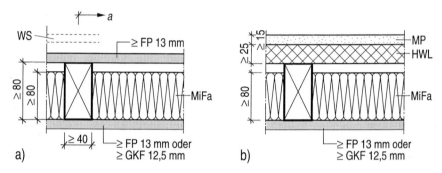

Bild 7.39   Beispiele für tragende raumabschließende Außenwände F 30-B (feuerhemmend) in Holzbauart nach DIN 4102-4 ohne weiteren Nachweis; Mindestabmessungen Holz b_1/d_1 = 40/80 mm; MiFa mineralischer Faserdämmstoff nach DIN 18165-1, Rohdichte $\geq$ 30 kg/m^3;

Art- und Mindestdicke der Beplankungen:

a) Wetterschutz WS beliebig: 13 mm Spanplatte FP oder 12,5 mm Gipskarton-Feuerschutzplatte GKF (derzeit nur raumseitig zulässig, wenn die Außenbeplankung statisch berücksichtigt werden soll)

b) Wetterschutz aus mineralischem Putz MP auf Holzwolle-Leichtbauplatte HWL: raumseitig 13 mm Spanplatte FP oder 12,5 mm Gipskarton-Feuerschutzplatte GKF

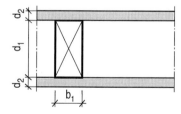

Bild 7.40   Beispiel für tragende nicht raumabschließende Außenwand F 30-B in Holzbauart nach DIN 4102-4 ohne weiteren Nachweis; zulässige Druckspannung 2,5 N/mm^2; die Wahl der Dämmschicht ist freigestellt

7.7.2.2 Nicht raumabschließende Außenwände F 30-B

Bild 7.40 zeigt ein Ausführungsbeispiel mit einlagiger Beplankung. Je nach Beplankung ergeben sich unterschiedlich große erforderliche Holzquerschnitte b_1/d_1.

Erforderliche Mindestabmessungen b_1/d_1 der Hölzer in Abhängigkeit von der Art und Dicke d_2 Beplankung:

Beplankung (mm)	GKF 18	GKF 15 oder FP 25	GKF 12,5
b_1/d_1 (mm)	40/80	50/80	100/100

7.8 Gebäudetrennwände

7.8.1 Allgemeines

Wie bereits in Abschn. 3.6.2.6 dargelegt, werden Gebäudetrennwände (oder Gebäude-abschlußwände) in Holzbauart in zunehmendem Maße für Einfamilien-Reihenhäuser in Holztafelbauart verwendet, weil sie dort bautechnisch weniger problematisch als Massivwände sind. Allerdings lassen sich die besonderen Anforderungen an den Brand- und an den Schallschutz in aller Regel nur mit Doppelwänden erfüllen.

7.8.2 Schallschutz

Zwischen Einfamilien-Doppel- oder -Reihenhäusern sind nach DIN 4109 folgende Anforderungen in waagerechter oder schräger Richtung einzuhalten:

— Luftschalldämmung R'_w = 57 dB
— Trittschalldämmung TSM = 15 dB oder L'_{nw} = 48 dB

In Bild 7.41 ist die im Beiblatt 1 zu DIN 4109 hierfür vorgesehene Wandausbildung mit einem Rechenwert R_{wR} = 57 dB (ohne Nebenwege) dargestellt, bei der sinnvollerweise die brandschutztechnischen Erfordernisse bereits weitestgehend berücksichtigt sind.

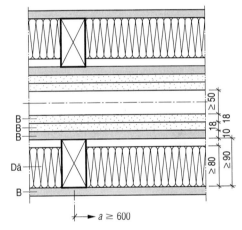

Ohne besonderen Nachweis kann hier R_{wR} = 57 dB = R'_{wR}, d.h. auch für das resultierende Schalldämm-Maß zwischen beiden Gebäuden angenommen werden, wenn die beiden Gebäude im Trennwandbereich auf gesamter Fläche voneinander getrennt sind, wenn also auch die Außenwände unterbrochen sind und der Stoß im Wetterschutz entsprechend ausgebildet ist (z.B. dauerelastisch oder mit Abdeckprofilen geschlossen).

Bild 7.41 Doppelwand als Gebäudetrennwand mit R_{wR} = 57 dB nach Beiblatt 1 zu DIN 4109
B Biegeweiche Schale, Spanplatte, Gipskartonplatte oder dgl., s. Abschn. 7.6.2.2;
Dä Faserdämmstoff nach DIN 18 165-1 mit $\Xi \geq$ 5 kN · s/m⁴

7.8.3 Brandschutz

Im Regelfall wird bei Einfamilien-Reihenhäusern an die gesamte Doppelwand die Anforderung F 30-B (Brandbeanspruchung von innen) + F 90-B (Brandbeanspruchung von außen) gestellt (s. Abschn. 3.6.2.6).

Bild 7.42 zeigt eine Konstruktion nach DIN 4102-4, für die die genannte Anforderung ohne weiteren Nachweis als erfüllt gilt, wenn die vorgegebenen konstruktiven Randbedingungen eingehalten sind.

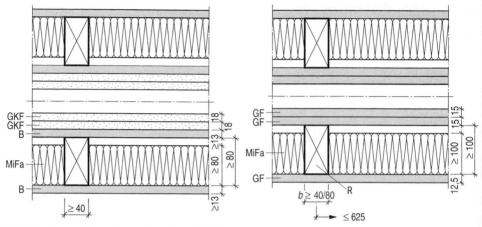

Bild 7.42 Symmetrische Doppelwand als Gebäudeabschlußwand F 30-B + F 90-B nach
DIN 4102-4 ohne weiteren Nachweis

B Beplankung oder Bekleidung aus Holzwerkstoffen (Spanplatten), $d \geq$ 13 mm,
Rohdichte mindestens 600 kg/m³, oder
aus 12,5 mm Gipskarton-Feuerschutzplatten GKF; MiFa Mineralischer Faserdämmstoff nach DIN 18 165-1, Baustoffklasse A nach DIN 4102 und Schmelz-
punkt $\geq$ 1000 °C, $\rho \geq$ 30 kg/m³; GKF Gipskarton-Feuerschutzplatte

Bild 7.43 Gebäudeabschlußwand F 30-B + F 90-B
(Prüfzeugnis FELS-Werke)

GF Gipsfaserplatten; R Rippen, Achsabstand $a \leq$ 625 mm, Rasterrippen $b \geq$
80 mm, Mittelrippen $b \geq$ 40 mm; MiFa
mineralischer Faserdämmstoff entsprechend Bild 7.42

Bei Verwendung von Gipsfaserplatten für die Beplankungen ist auf Grund eines Nachweises über Prüfzeugnis auch die Ausbildung nach Bild **7.43** möglich.

8 Geneigte Dächer

8.1 Konstruktionsprinzipien

Nachfolgend werden nur bauphysikalische Gesichtspunkte betrachtet sowie die grundsätzlichen Ausführungsprinzipien erläutert, da für die Konstruktion und statische Bemessung von Dächern und bezüglich spezieller Ausführungsdetails (Traufen- und Firstausbildung, Anschlüsse Dach – Dachflächenfenster und dgl. mehr) bereits umfangreiche Fachliteratur zur Verfügung steht.

Ferner werden lediglich gedämmte Dächer über Aufenthaltsräumen behandelt, da an Dächer über nicht ausgebauten Dachgeschossen keine bauphysikalischen Anforderungen gestellt werden.

Hinsichtlich der Lage der Wärmedämmschicht erhält man (s. Bild **8**.1) Dächer mit

a) Zwischensparrendämmung
b) Aufsparrendämmung
c) Untersparrendämmung (allein praktisch kaum anzutreffen)
d) Kombination aus Zwischen- und Aufsparrendämmung
e) Kombination aus Zwischen- und Untersparrendämmung.

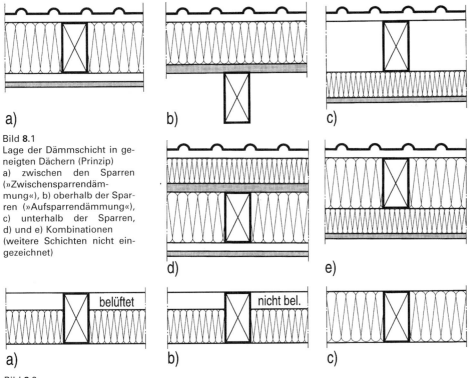

Bild **8**.1
Lage der Dämmschicht in geneigten Dächern (Prinzip)
a) zwischen den Sparren
(»Zwischensparrendämmung«), b) oberhalb der Sparren (»Aufsparrendämmung«),
c) unterhalb der Sparren,
d) und e) Kombinationen
(weitere Schichten nicht eingezeichnet)

Bild **8**.2
Belüftete/nicht belüftete Dächer (gilt nur für den Bereich zwischen den Sparren)
a) belüftet, b) nicht belüftet (stehende Luft im Hohlraum), c) Sparrenvolldämmung

Bei der Zwischensparrendämmung sowie bei den Ausbildungen nach Bild c) und e)
unterscheidet man entsprechend Bild **8.2** zwischen
— belüfteten und
— nicht belüfteten
Querschnitten. Dabei bezieht sich belüftet/nicht belüftet nur auf den Hohlraum innerhalb des Gefaches, nicht dagegen auf den vorhandenen Hohlraum zwischen oberer
Abdeckung und Dachhaut, der stets belüftet sein sollte.

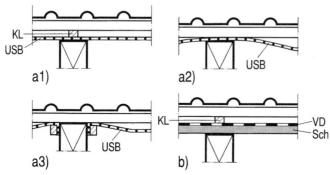

Bild **8.3**
Obere Abdeckung der Sparren
a) mit Unterspannbahn USB,
a1) mit Konterlattung KL, a2)
ohne Konterlattung, a3) ohne
Konterlattung bei nachträglicher Anbringung der Unterspannbahn (z.B. bei nachträg-
lichem Ausbau von Dachge-
schossen), b) mit Vordeckung
VD auf Schalung Sch oder Unterdach

Die oberseitige Abdeckung der Sparren kann bei Verwendung von Dachsteinen oder
-ziegeln für die Dachdeckung unterschiedlich ausgebildet sein (Bild **8.3**):
a) Mit Unterspannbahn (z.B. Folien oder dünne Platten)
    a1)   mit Konterlattung
    a2)   ohne Konterlattung bei garantiertem Durchhang der Unterspannbahn
    a3)   wie a2), z.B. im speziellen Fall des nachträglichen Dachgeschoßausbaus
b) Vordeckung auf Schalung oder Unterdach
    Bei Spezialdeckung (z.B. Blech, Schiefer) sind u.a. die Ausbildungen nach Bild **8.4**
    möglich

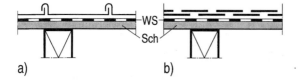

Bild **8.4**
Schalung mit Vordeckung WS
oder dgl. bei Spezialdeckung
a) Blechdeckung, b) Schieferdeckung

Für die Ausführung sind die Fachregeln des Zentralverbands des Deutschen Dachdek-
kerhandwerks zu beachten, z.B. „Regeln für Dachdeckungen mit Dachziegeln und
Dachsteinen".
Eine Konterlattung zwischen wasserableitender Schicht (z.B. Unterspannbahn) und
Dachlattung ist immer erforderlich, wenn unter der Dachhaut auftretendes Wasser
(Niederschläge, Schmelzwasser, aus Flugschnee oder dgl.) nicht ungehindert ablaufen
kann. Das ist dann der Fall, wenn Hohlräume unter der Querlattung nicht vorhanden
sind, also z.B. dann, wenn die Unterspannbahn im Winter straff gespannt ist oder eine
Schalung vorliegt (Bild **8.3**). Auch in solchen Fällen muß zum einen eine höhere Feuchtebelastung der Querlattung durch stehendes Wasser vermieden und zum anderen verhindert werden, daß dieses Wasser über zu kurze Überlappungen der wasserableitenden Schicht in die darunterliegende Konstruktion gelangt. Hängt dagegen die Unterspannbahn auch während der kalten Jahreszeit zwischen den Sparren durch, dann ist
eine Konterlattung – wie die Praxis gezeigt hat – im allgemeinen nicht erforderlich.

8.2 Baulicher und chemischer Holzschutz (Übersicht)

Hierauf wird vor allem in Abschn. 3.7.3 ausführlich eingegangen.

Auch bei geneigten Dächern sollten alle konstruktiven Möglichkeiten ausgeschöpft werden, um auf einen vorbeugenden chemischen Holzschutz nach DIN 68 800-3 für das Bauteil vollständig verzichten zu können. Nach DIN 68 800-2 gehören hierzu im wesentlichen folgende Voraussetzungen (vgl. Bild **8.**5):

(1) Nicht belüfteter Querschnitt (zwischen den Sparren) zur Vermeidung eines unkontrollierbaren Insektenbefalls des Sparrens (Bild a); diese Voraussetzung gilt nicht für die übrigen Holzteile, z.B. Schalung, Konterlattung und Dachlattung, s. Abschn. 3.7.3.3,7); der nicht belüftete Querschnitt ist bei Sparrenvolldämmung automatisch gegeben (Bild b).

(2) Bei einem Hohlraum im Gefach (Bild a) ist der Zutritt von Insekten zu diesem Bereich zu verhindern, an der Oberseite durch eine insektenundurchlässige Abdeckung, an den beiden Enden des Gefachs (z.B. Traufen- und Firstbereich) u.a. durch Verschließen des Hohlraums mit mineralischen Faserdämmstoffen. Bei der Sparrenvolldämmung sind beide Maßnahmen nicht erforderlich; desweiteren darf der Hohlraum zwischen Dachdeckung und oberer Abdeckung insektenzugänglich bleiben, s. Abschn. 3.7.3.3,7).

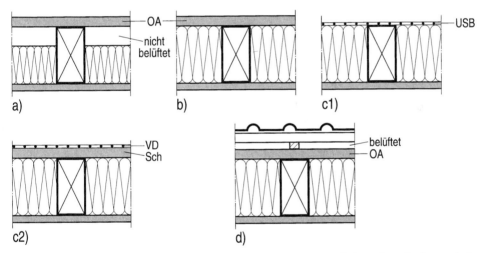

Bild **8.**5 Voraussetzungen für den Verzicht auf den chemischen Holzschutz bei geneigten Dachquerschnitten mit unterseitiger Bekleidung (schematisch)
a) Querschnitt mit nicht belüftetem Hohlraum, insektenunzugänglich ausgebildet, d.h. auch obere Abdeckung OA insektenundurchlässig; b) Sparrenvolldämmung mit oberer Abdeckung; c) Beispiele für obere Abdeckungen OA, c1) Unterspannbahn USB, c2) Vordeckung VD auf Schalung Sch, d) unterlüftete Dachdeckung, obere Abdeckung dicht gegen ablaufendes Wasser

(3) Die äquivalente Luftschichtdicke der oberen Abdeckung (Unterspannbahn, Vordeckung auf Schalung oder dgl.) darf den Wert $s_d = 0,2$ m nicht überschreiten.

(4) Als Dämmstoffe im Gefach sind mineralische Faserdämmstoffe zu verwenden. Für andere Dämmstoffe ist ein besonderer Eignungsnachweis zu führen, z.B. im Rahmen einer allgemeinen bauaufsichtlichen Zulassung für den vorgesehenen Anwendungsbereich.

Werden die Bedingungen (1) bis (4) nicht eingehalten, dann muß die Gefährdungsklasse 2 zugrunde gelegt werden, d. h. es sind chemische Holzschutzmaßnahmen anzuwenden. Das bedeutet:

Ein Verzicht auf den chemischen Holzschutz ist beim **belüfteten** Dach, das in der Vergangenheit überwiegend zur Ausführung kam, allgemein **nicht möglich!**

Darüber hinaus sind weitere Einzelheiten zu beachten:

(5) Die obere Abdeckung ist so auszubilden, daß auf ihr ablaufendes Wasser nicht in
die darunterliegende Konstruktion gelangt; am häufigsten ist die Verwendung von Unterspannbahnen (Bild c1) oder Vordeckung auf Schalung (Bild c2).

(6) Der Hohlraum zwischen der oberen Abdeckung und der Dachdeckung (Bild d) ist
über Zu- und Abluftöffnungen zu belüften.

(7) Die Holzfeuchte der Sparren oder dgl. im Einbauzustand sollte $u = 20\%$ möglichst
nicht überschreiten, Holzfeuchten $u > 30\%$ sind grundsätzlich zu vermeiden.

(8) Wird für die obere Abdeckung $s_d \leq 0,02$ m eingehalten, dann darf die unterseitige
Dampfsperre nur entfallen, wenn es der übrige Querschnittsaufbau bezüglich des Tauwasserschutzes nach DIN 4108-3 zuläßt; damit ergäbe sich zusätzlich der Vorteil einer
noch größeren Austrocknungskapazität des Dachquerschnitts gegenüber außerplanmäßig vorhandener Feuchte (Abschn. 8.5.4 und 8.5.5).

Wie aus den obigen Punkten (1) bis (8) ersichtlich, entscheidet – abgesehen von der
Gefährdung des Querschnitts durch Insekten – im wesentlichen der Tauwasserschutz,
vor allem aber die Austrocknungskapazität des Querschnitts darüber, ob ein chemischer Holzschutz für das Holz erforderlich ist oder nicht. Hierauf wird in den nachstehenden Abschnitten näher eingegangen.

Zusammengefaßt ergibt sich somit die in Bild **8.6** dargestellte Situation.

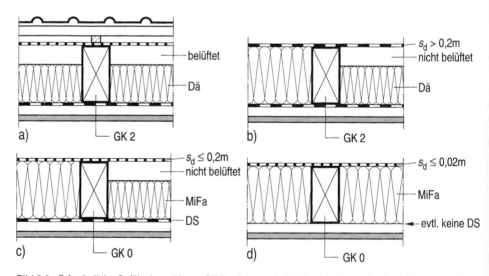

Bild **8.6**   Erforderliche Gefährdungsklasse GK für Sparren in Abhängigkeit von der Ausbildung des Dachquerschnitts
a) GK 2 für belüfteten Querschnitt, b) GK 2 für nicht belüfteten Querschnitt mit $s_d > 0,2$ m der
oberseitigen Abdeckung, c) GK 0 (kein chemischer Holzschutz erforderlich) für nicht belüfteten
Querschnitt mit $s_d < 0,2$ m und mit Dämmschicht aus mineralischen Faserdämmstoffen MiFa, d)
GK 0 und möglicher Verzicht auf unterseitige Dampfsperre (mit Nachweis nach DIN 4108-3) bei
nicht belüftetem Querschnitt mit $s_d \leq 0,02$ m

8.3 Belüftetes oder nicht belüftetes Dach

Der Unterschied zwischen beiden Ausbildungen ergibt sich nur daraus, ob im Gefach-bereich oberhalb der Dämmschicht ein Hohlraum existiert, der über Zu- und Abluftöff-nungen mit der Außenluft in Verbindung steht oder nicht, d.h. ob die Situation nach Bild **8.**2a) einerseits oder b) oder c) andererseits vorliegt. Dagegen geht es nicht um den Hohlraum zwischen Dachhaut und oberer Sparrenabdeckung, der stets belüftet sein sollte.

An DIN 4108-3 wäre aus heutiger Sicht folgendes zu bemängeln:

1. Im Gegensatz zur Wasserdampfdiffusion wird viel zu wenig über die Wasserdampf-Konvektion gesagt, zumal die Schäden in der Praxis nahezu ausschließlich auf Kon-vektion zurückzuführen sind.

2. Im Gegensatz zum belüfteten Dach wird zu wenig über das nicht belüftete Dach ge-sagt. Oft war fälschlicherweise sogar das Argument zu hören, daß das nicht belüftete Dach nach DIN 4108 unzulässig wäre.

3. Die einheitliche Forderung, wonach Dampfsperren bei nicht belüfteten Dächern ge-nerell $s_d \geq 100$ m aufweisen müssen, sofern kein rechnerischer Nachweis geführt wird, hätte zur Vermeidung von Mißverständnissen je nach Bauart differenzierter ausfallen können; allerdings kann dieses scheinbare Manko schnell durch einen rech-nerischen Nachweis beseitigt werden.

In den letzten Jahrzehnten wurde in Deutschland – zumindest planmäßig – fast aus-schließlich das belüftete Dach angewandt. Zweifellos hat es sich auch stets bewährt, wenn bei der Planung und Ausführung keine gravierenden Fehler gemacht wurden. Und trotzdem ist in der Zukunft aus folgendem Grunde seine Ablösung zu erwarten:

a) Nicht – wie vielfach argumentiert wird – wegen der erhöhten Anforderungen an den Wärmeschutz der Bauteile, auf den sich ein belüfteter Hohlraum angeblich sehr nachteilig auswirken soll; tatsächlich läßt sich vor allem bei geneigten Dächern die-ser Nachteil durch eine andere Anordnung der Dämmschichten mühelos ausglei-chen (Abschn. 8.6).

b) Der eigentliche, schwerwiegende Nachteil des belüfteten Querschnitts liegt in der Gefahr des unkontrollierbaren Insektenbefalls, so daß der Einsatz chemischer Holz-schutzmittel erforderlich wird! Und auf diese sollte man – auch auf Grund der in letzter Zeit in zunehmendem Maße aufgetretenen Symptome – überall dort verzich-ten, wo die Gefahr von Bauschäden allein mit baulichen Mitteln ausgeschaltet wer-den kann, um einen wirksamen Beitrag zum Schutz unserer Gesundheit und der Umwelt zu leisten.

Aber auch bei Einsatz chemischer Holzschutzmittel wäre noch keinesfalls sicher, daß ein dauerhafter Schutz gegen Insekten vorliegt. Da bei Hölzern, die mit Iv,P-Mitteln (GK 2) behandelt wurden, im allgemeinen nur eine Eindringtiefe der Wirkstoffe von etwa 1 bis 2 mm vorliegt, nachträglich auftretende Schwindrisse, die für eine Eiablage geeignet sind, jedoch wesentlich tiefer reichen können (Bild **8.**7), kann die Wirksamkeit der chemischen Maßnahmen stark reduziert, wenn nicht sogar praktisch aufgehoben sein.

Bild **8.**7
Bei nachträglich auftretenden Schwindrissen kann die Wirk-samkeit der Holzschutzmittel gegenüber Insekten- oder Pilz-befall reduziert oder aufgeho-ben sein

8.4 Belüftetes Dach

Hierauf soll nur kurz eingegangen werden, da es zum einen aus heutiger Sicht wegen des erforderlichen chemischen Holzschutzes einen schwerwiegenden Nachteil aufweist (s. Abschn. 8.3), zum anderen aber sowohl in DIN 4108 als auch in der Fachliteratur ausgiebig behandelt wird.

8.4.1 Anforderungen nach DIN 4108

Ein belüftetes Dach im Sinne der DIN 4108-3 liegt vor, wenn je nach Dachneigung die in Bild **8**.8 dargestellten Zu- und Abluftöffnungen A_L vorhanden sind und an jeder Stelle des Gefachbereiches die erforderliche Dicke der belüfteten Luftschicht s_L eingehalten ist. Unter diesen Voraussetzungen braucht für den Dachquerschnitt nach Bild **8**.9 kein Nachweis mehr geführt zu werden, wenn folgende Bedingungen eingehalten sind:

1) Der belüftete Hohlraum befindet sich unmittelbar über der Dämmschicht. Hierdurch soll verhindert werden, daß zwischen Dämmschicht und belüftetem Hohlraum weitere, unter Umständen dampfsperrende Schichten eingeschaltet werden, die zu einer unzulässigen Tauwasserbildung führen könnten.

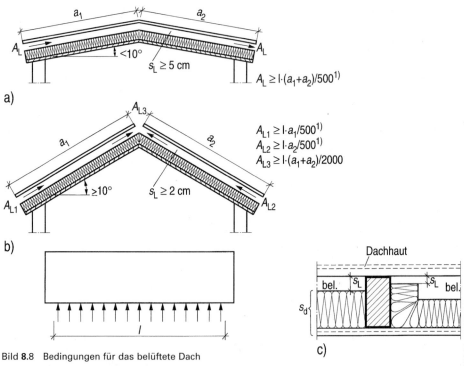

Bild **8**.8 Bedingungen für das belüftete Dach
a) Dach mit $\alpha < 10°$, b) Dach mit $\alpha \geq 10°$, c) Hohlraumhöhe s_L
A_L Querschnitt der Zu- und Abluftöffnungen

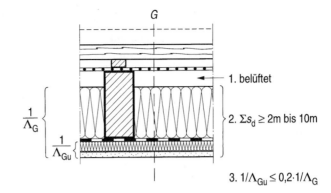

Bild 8.9
Belüftetes Dach über Wohngebäuden oder dgl. ohne Nachweis nach DIN 4108-3, Be-
dingungen für den Gefachbereich G
1. Jedoch $A_{Li} > 200$ cm²/m
2. erf s_d in Abhängigkeit von
Länge a und Dachneigung α

G

1. belüftet

$\dfrac{1}{\Lambda_G}$

$\dfrac{1}{\Lambda_{Gu}}$

2. $\Sigma s_d \geq$ 2m bis 10m

3. $1/\Lambda_{Gu} \leq 0{,}2 \cdot 1/\Lambda_G$

2) Die äquivalente Luftschichtdicke Σs_d aller unterhalb des belüfteten Hohlraumes angeordneten Schichten hat mindestens folgende Größe:

$\alpha < 10°$: Σs_d = 10 m
$\alpha \geq 10°$: Σs_d =   2 m für $a \leq$ 10 m
          Σs_d =   5 m für $a \leq$ 15 m
          Σs_d = 10 m für $a >$ 15 m

Hierdurch soll die Diffusionsstromdichte in den Hohlraum verringert werden, da
Feuchteschäden – vor allem bei Flachdächern mit sehr dampfdurchlässiger unterer
Bekleidung – gezeigt hatten, daß insbesondere bei geringer Dachneigung und größerer Hohlraumlänge der Luftstrom im Hohlraum auf Grund seiner geringen Geschwindigkeit nicht mehr in der Lage ist, größere Wasserdampfmassen ohne Beeinträchtigung der Dachkonstruktion nach außen abzuführen.

3) Bei Anordnung einer Dampfsperre beträgt im Gefachbereich der Wärmedurchlaßwiderstand aller Schichten unterhalb der Dampfsperre höchstens 20% des Gesamt-
durchlaßwiderstandes. Hierdurch soll Tauwasser an der Unterseite der Dampfsperre
verhindert werden.

Aus rein bauphysikalischer Sicht hat sich das belüftete Dach, wie bereits erwähnt, zweifellos millionenfach bewährt, wenn es einwandfrei konstruiert und ausgeführt wurde.
Daß ein geneigtes, ausreichend belüftetes Dach, bei dem auch die übrigen konstruktiven Bedingungen eingehalten sind (z.B. Luftdichtigkeit), feuchtetechnisch empfindlicher sein soll als das nicht belüftete, was nachgelesen werden kann, läßt sich zumindest aus praktischer Sicht nicht nachvollziehen.

Trotzdem ist Vorsicht angeraten, wenn man unbedingt das belüftete Dach haben, also
den chemischen Holzschutz in Kauf nehmen will, da dieser kein Allheilmittel ist (s. z.B.
Bild 8.7). Daher sind die nachfolgenden Bedingungen einzuhalten, die zwar theoretisch
selbstverständlich sind, praktisch aber oft nicht beachtet werden, wie böse Überra-
schungen gezeigt haben, die letztendlich bei planmäßig belüfteten Dächern aufgetreten
sind, da planmäßig unbelüftete Dächer bis vor kurzem selten waren:

a) Eine ausreichende Belüftung an jeder Stelle muß nicht nur auf der Konstruktions-
zeichnung, sondern auch nach Fertigstellung des Daches tatsächlich vorhanden sein,
d.h. der belüftete Hohlraum darf an keiner Stelle unzulässig eingeengt oder vollständig dicht gemacht werden (z.B. im Bereich von Sparrenauswechselungen an Dach-
fenstern oder Dachaufbauten, Dachdurchdringungen sowie bei nicht sorgfältiger
Verlegung der Dämmschicht).

b) Durchgehende luftdichte Schicht (auch im Bereich von Anschlüssen und Durchdringungen) unterhalb der Dämmschicht zur Vermeidung der Wasserdampf-Konvektion.

c) Ausreichende dampfsperrende Wirkung der Schichten unterhalb des belüfteten Hohlraums zur Begrenzung der durch Diffusion in den Hohlraum eindringenden Wasserdampfmasse; DIN 4108-3 enthält hierüber ausreichende Angaben (Bild **8.**9).

Während dem Verfasser die Bedingung c) als sekundär erscheint, solange a) und b) eingehalten sind, da ihm unter diesen Voraussetzungen bisher kein einziger Schadensfall bekannt geworden ist, sind a) und b) von großer Bedeutung. So sind Schäden in der Praxis immer wieder dann aufgetreten, wenn man an der Unterseite weniger sorgfältig gearbeitet hat, weil man sich auf die große Leistung des belüfteten Hohlraums verlassen hat, dieser aber bezüglich des Wasserdampfanfalls (infolge Konvektion) überfordert war oder aber durch Unachtsamkeit (z. B. hochgedrückte Wärmedämmschicht) überhaupt nicht mehr vorhanden war (Schadensbeispiele s. Abschn. 15.3).

Als besonders schadensträchtig hat sich in früheren Jahren die Verwendung einer Profilbrettschalung mit aufliegender, alukaschierter sog. »Randleistenmatte« erwiesen, die nicht luftdicht war, wodurch die Transportkapazität des belüfteten Hohlraums oft überfordert war.

8.4.2 Chemischer Holzschutz

Die Notwendigkeit des chemischen Holzschutzes für das belüftete Dach wurde u. a. in Abschn. 8.3 erläutert. Nun könnte man meinen, daß in jedem Fall ein Schutz entsprechend der GK 1 (vorbeugend gegen Insekten) ausreicht, da es sich ja um ein feuchteschutztechnisch 'sicheres' Dach handelt, so daß Schäden infolge Pilzeinwirkung ausgeschlossen werden können, somit also nicht die GK 2 maßgebend wird.

Im Gegensatz dazu vertritt der Verfasser – nicht nur im Hinblick auf die heutigen „Dach-Landschaften", sondern vor allem in Kenntnis der bei planmäßig belüfteten Dächern in der Vergangenheit aufgetretenen Schäden – folgende Meinung: Für solche Dächer sollte die gleiche Betrachtung wie für unbelüftete Dächer angestellt werden, nämlich (vgl. Bild **8.**10):

a) Es genügt die GK 1, wenn für die obere Abdeckung $s_d \leq 0{,}2$ m eingehalten wird, da dann bei Ausführungsfehlern, durch die das belüftete Dach zum unbelüfteten werden könnte, infolge einer ausreichend großen Austrocknungskapazität des Querschnitts keine Gefahr des Pilzwachstums besteht; allerdings ist man aber auch bei der GK 1 immer noch auf den Einsatz von Bioziden angewiesen;

b) die GK 2 wird erforderlich, wenn eine obere Abdeckung mit $s_d > 0{,}2$ m vorliegt, da dann bei Abweichung vom planmäßigen Zustand des Daches die gleiche Situation wie beim unbelüfteten vorliegen kann.

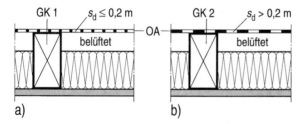

Bild **8.**10
Bei belüfteten Dächern für den chemischen Holzschutz nach Ansicht des Verfassers zugrunde zu legende Gefährdungsklasse in Abhängigkeit vom s_d-Wert der oberen Sparrenabdeckung OA
a) GK 1 bei s_d(OA) $\leq 0{,}2$ m; b) GK 2 bei s_d(OA) $> 0{,}2$ m

Nun mag der grundsätzlich berechtigte Einwand kommen, daß eine Norm nicht dazu da ist, auch „Schlampereien auszubügeln", die z. B. bei der Herstellung von Bauteilen auftreten können. Beim belüfteten Dach liegen jedoch besondere Verhältnisse in vielerlei Hinsicht vor, so daß hier oft auch beim besten Willen aller Beteiligten Pannen einfach nicht auszuschließen sind.

8.5 Nicht belüftetes Dach

8.5.1 Allgemeines

Dieser Querschnittstyp, bei dem im Gefachbereich der Hohlraum entweder nicht belüftet oder nicht vorhanden ist (Bild **8.**2), weist folgende feuchteschutztechnische Merkmale auf:

a) Der zukünftig besondere Vorteil gegenüber dem belüfteten Dach liegt im möglichen Verzicht auf den chemischen Holzschutz.

b) Bei einwandfreier Konstruktion und Ausführung ergeben sich keine Nachteile.

c) Das Dach ist gegenüber einer nicht luftdichten Schicht an der Unterseite zumindest ebenso empfindlich wie ein belüftetes, mit zunehmenden Dampfdurchlaßwiderstand (oder s_d-Wert) der oberen Sparrenabdeckung wird es jedoch wesentlich empfindlicher.

d) Mit abnehmendem s_d-Wert der oberen Abdeckung läßt sich die Austrocknungskapazität des Querschnitts, d.h. die Fähigkeit, zusätzlich auch außerplanmäßig im Querschnitt vorhandene Feuchte abzugeben, vergrößern.

e) Umgekehrt wird bei zunehmendem s_d-Wert der oberen Abdeckung bei vorhandener unterseitiger Dampfsperre der Querschnitt immer empfindlicher gegen außerplanmäßig vorhandene Feuchte im Dachquerschnitt (eingebaute oder nachträglich eingedrungene Feuchte, z.B. über Konvektion oder Niederschläge über Leckagen). Die Gefahr für den nicht holzkundigen Anwender besteht in solchen Fällen vor allem darin, daß die feuchteschutztechnische Bemessung nach DIN 4108 ein einwandfreies Ergebnis liefert!

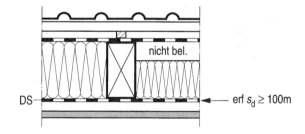

Bild **8.**11
Beispiel für erforderliche Dampfsperre mit $s_d \geq 100$ m bei nicht belüftetem Dach, wenn kein rechnerischer Nachweis nach DIN 4108-3 geführt werden soll (praktisch indiskutabel)

Nicht belüftete Dächer sind nach DIN 4108-3 und -5 feuchteschutztechnisch zu bemessen. Auf einen solchen Nachweis kann verzichtet werden, wenn folgende Bedingungen eingehalten werden (Bild **8.**11):

1) Dampfsperre $s_d \geq 100$ m mit vollflächig dichter Verlegung, auch im Bereich von Anschlüssen. Hierdurch soll erreicht werden, daß die Tauwassermasse in jedem Fall – auch bei dampfundurchlässigen Dachabdichtungen – innerhalb der zulässigen Grenzen bleibt und daß diese sehr dichte Dampfsperre an keiner Stelle in ihrer Funktion beeinträchtigt wird.

2) Wie Bedingung 3) bei belüfteten Dächern (Abschn. 8.4.1)

Die Bedingung 1), die für den ungünstigsten Fall, das Flachdach mit Dachabdichtung, gedacht ist, ist bei geneigten Dächern praktisch nicht zu erfüllen und ist bisher wohl in keinem einzigen Fall angewandt worden. Bei der Bemessung von geneigten Dächern wird in der Praxis stets der rechnerische Nachweis des ausreichenden Tauwasserschutzes zugrunde gelegt.

Wasserdampf-Konvektion

Die Wasserdampf-Konvektion hat in der Vergangenheit insbesondere bei geneigten Dächern – vor allem bei planmäßig belüfteten! – zu vielen Schäden geführt. Deshalb ist
auf diesen Feuchteschutz besonderer Wert zu legen. Einzelheiten hierzu s. z. B. Abschn.
3.4.3, 9.5.2 und 15.3.4.

8.5.2 Dampfdurchlässigkeit der oberseitigen Abdeckung und Einfluß auf die Austrocknungskapazität des Querschnitts

Nach der unterseitigen luftdichten Schicht (s. Abschn. 3.4.3.2) ist der Dampfdurchlaßwiderstand der oberseitigen Abdeckung (Unterspannbahn oder Vordeckung auf Schalung) die zweite wichtige Einflußgröße bezüglich der dauerhaften Funktionstüchtigkeit
geneigter Dächer in Holzbauart. Je niedriger dieser s_d-Wert ist, desto robuster wird
die Konstruktion. Dies gilt nicht so sehr bezüglich der Tauwassergefahr; diese kann –
unabhängig vom s_d-Wert der oberen Abdeckung – durch eine entsprechend bemessene Dampfsperre an der Unterseite ausgeschaltet werden.

Vielmehr ist die Austrocknungskapazität des Querschnitts von Bedeutung, die vom s_d-
Wert der oberen Abdeckung entscheidend beeinflußt wird. Und allein hierauf beruhen
die in Abschn. 8.2 genannten Kriterien für den chemischen Holzschutz (s. Bild **8.6**):

$s_d > 0{,}2$ m: chemischer Holzschutz erforderlich
$s_d \leq 0{,}2$ m: chemischer Holzschutz nicht erforderlich
$s_d \leq 0{,}02$ m: chemischer Holzschutz nicht erforderlich, auf eine Dampfsperre kann – bei
Nachweis nach DIN 4108 – verzichtet werden

Die letztgenannte Ausbildung steht im Einklang mit DIN 4108-3, auch wenn die Bedingung $s_d \geq 2$ m für die unterhalb des belüfteten Bereiches (Konterlatten-Ebene) angeordneten Bauteilschichten formal nicht eingehalten ist. Diese Abweichung ist aber unbedenklich, da ungünstigstenfalls, wenn die Belüftung unter der Dachhaut in extremen
Situationen nicht ausreicht, die durch Diffusion anfallende Wasserdampfmasse ausreichend schnell abzuführen, eine (äußerst geringe) Tauwassermasse oberhalb der Unterspannbahn auftritt, also in einem Bereich, wo man ohnehin mit unterschiedlichen, auch
direkten Feuchtebeanspruchungen rechnen muß.

Als Austrocknungskapazität W_A wird hier die Differenz zwischen der während der warmen Jahreszeit möglichen Verdunstungsmasse W_V und der während der kalten Jahres-

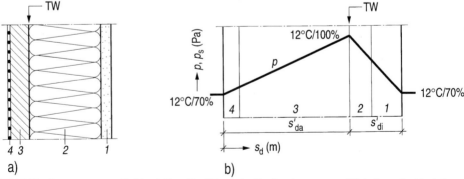

Bild **8.12** Angenommenes Holzbauteil zur Ermittlung der Verdunstungsmasse W_V (schematisch); a) Querschnitt (ohne Dampfsperre) mit Tauwasserebene TW an der Schichtgrenze 2/3, b) Verlauf des
Wasserdampfteildrucks p im Sommer über den Bauteilquerschnitt unter den klimatischen Bedingungen nach DIN 4108-3

zeit ausgefallenen Tauwassermasse W_T bezeichnet, also jene Feuchtemasse, die während des Sommers über die Tauwassermasse hinaus durch Wasserdampfdiffusion aus dem Querschnitt abgeführt werden könnte:

$$W_A = W_V - W_T \quad \text{kg/(m}^2\text{Sommer)} \tag{8.1}$$

Die rechnerische Verdunstungsmasse W_V in Gl (8.1) ergibt sich für einen im Holzbau üblichen Bauteilquerschnitt, der schematisch in Bild **8**.12a) dargestellt ist, unter den in DIN 4108-3 für den Sommer vereinfacht angenommenen klimatischen Bedingungen $\vartheta_{Li} = \vartheta_{La} = +12\,°C$, $\varphi_i = \varphi_a = 70\%$, $T = 2160$ h (90 Tage) zu

$$\begin{aligned} W_V &= 2160 \cdot (1403 - 982)/(1,5 \cdot 10^6) \cdot (1/s'_{di} + 1/s'_{da}) \\ &= 0,606 \cdot (1/s'_{di} + 1/s'_{da}) \quad \text{kg/(m}^2\text{Sommer)} \\ &\approx 600 \cdot (1/s'_{di} + 1/s'_{da}) \quad \text{g/(m}^2\text{Sommer)} \end{aligned} \tag{8.2}$$

Darin folgen s'_{di} und s'_{da} aus der Lage der Tauwasserebene (TW). Bei Dächern kann wahlweise auch eine höhere äußere Oberflächentemperatur ($\vartheta_{Oa} = +20\,°C$) eingesetzt werden, wodurch sich in aller Regel höhere Verdunstungsmassen W_V als nach Gl (8.2) ergeben.

Aus Gl (8.2) ist sofort ersichtlich, daß – z. B. bei raumseitig angeordneter Dampfsperre mit $1/s_{di} \to 0$ – die Verdunstungsmasse W_V und damit die Austrocknungskapazität W_A um so größer werden, je kleiner der s_{da}-Wert der oberen Abdeckung ist.

8.5.3 Dampfsperre

Daß zwischen dem in DIN 4108-3 vorgegebenen erforderlichen Wert $s_d = 100$ m für die Dampfsperre bei Verzicht auf den rechnerischen Nachweis und dem auf Grund dieses Nachweises tatsächlich erforderlichen s_d-Wert Größenordnungen liegen, zeigt Bild **8**.13, aus dem für einen einfachen Bauteilquerschnitt der erforderliche s_{di}-Wert der Dampfsperre in Abhängigkeit vom s_{da}-Wert der oberseitigen Abdeckung zur Einhaltung einer vorgegebenen Tauwassermasse W_T hervorgeht. Man erkennt deutlich, daß der erforderliche s_d-Wert der Dampfsperre selbst bei einer nahezu dampfdichten oberseitigen Abdeckung ($s_{da} = 1000$ m) nicht größer ist als 2 m, d. h. im Bereich der Werte liegt, wie sie für belüftete Querschnitte gefordert werden.

Selbstverständlich muß auch noch nachgewiesen werden, daß bei einem gewählten Querschnitt die Verdunstungsmasse $W_V \geq W_T$ ist. Diese 2. Bedingung für den Nachweis des Tauwasserschutzes nach DIN 4108 wird z. B. im Falle des genannten Verhältnisses

Bild 8.13
Erforderlicher s_{di}-Wert der unterseitigen Dampfsperre in Abhängigkeit vom s_{da}-Wert der oberseitigen Abdeckung und von der einzuhaltenden Tauwassermasse W_T für ein fiktives Beispiel (vereinfachte Klimabedingungen für Wohngebäude nach DIN 4108-3); aus [22] Dä Faserdämmstoff mit $\lambda_R = 0,04$ W/(mK), $\mu = 1$

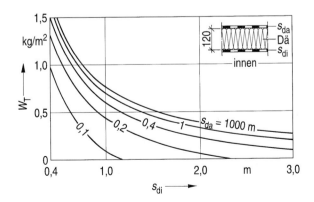

s_{di}/s_{da} = 2 m/1000 m nicht erfüllt, wie sich bei Anwendung der Gl (8.2) leicht erkennen läßt, nämlich: W_V = 600 · 1/2,0 = 300 g/m² $<$ W_T = 400 g/m² (aus Bild **8**.13 abgelesen). Allerdings bezieht sich Gl (8.2) auf die ungünstigere Austrocknung von Wandquerschnitten, so daß sich das Ergebnis für W_V bei Anwendung eines Dachquerschnitts durchaus noch verbessern kann.

Aus Bild **8**.13 sieht man, daß mit zunehmendem s_{da}-Wert der Unterschied im erforderlichen s_{di}-Wert immer kleiner wird und z. B. zwischen s_{da} = 0,1 m und 0,2 m größer ist als zwischen s_{da} = 1 m und 1000 m. Daraus darf jedoch nicht der Schluß gezogen werden, daß die Dampfdurchlässigkeit der oberen Abdeckung unbedeutend ist. Vielmehr geht dort nur der Einfluß auf die Tauwassermasse W_T hervor, nicht jedoch auf die Verdunstungsmasse W_V, die nach Gl (8.2) für s_{da} = 1 m um ein Vielfaches größer ist als für s_{da} = 1000 m.

Man erkennt ferner, daß bei diffusionsoffener Unterspannbahn mit s_d $<$ 0,2 m an der Unterseite nur eine Dampfsperre mit s_d = 1 m erforderlich ist. Bei Einhaltung dieser Werte ergäbe sich bereits eine beträchtliche Austrocknungskapazität, vor allem wenn man nicht nur an die Wiederabgabe von Tauwasser aus der Tauwasserebene (nach DIN 4108-3), sondern auch von außerplanmäßig im Querschnitt vorhandener Feuchte denkt, worauf später eingegangen wird. Das Problem ist nur, daß bezüglich des s_d-Wertes für die Unterseite in der Praxis bisher in der Regel eine große Lücke klafft, nämlich zwischen s_d ≈ 0,1 m (für übliche Gipskarton- und Gipsfaserplatten ohne Dampfsperre) und s_d = 20 m (bei Verwendung einer Dampfsperre aus 0,2 mm PE-Folie).

8.5.4 Verzicht auf die Dampfsperre

Mit der zwischenzeitlichen Entwicklung extrem diffusionsoffener Unterspannbahnen mit s_d-Werten im cm-Bereich läßt sich Bild **8**.13 neu zeichnen: Das Ergebnis ist für den gleichen Querschnittsaufbau in Bild **8**.14 für die Dämmschichtdicke $s_{Dä}$ = 120 mm und $s_{Dä}$ = 200 mm dargestellt. Jetzt zeigt sich, daß zum Beispiel die zulässige Tauwassermasse W_T = 0,5 kg/m² bei Verwendung von s_d(USB) = 0,02 m auch dann eingehalten wird, wenn an der Unterseite nur s_d = 0,1 m vorhanden ist (z. B. 12,5 mm Gipskartonplatte mit $s_d = \mu \cdot s$ = 8 · 0,0125 = 0,1 m), ohne daß eine zusätzliche Dampfsperre erforderlich wird. Im angenommenen Fall folgt für $s_{Dä}$ = 200 mm sogar W_T = 0.

In den Diagrammen des Bildes **8**.14 handelt es sich bei den Parametern s_d(USB) um die gesamte äquivalente Luftschichtdicke zwischen Dämmschicht und belüftetem Hohlraum oberhalb der Unterspannbahn, also unter Einschluß einer evtl. vorhandenen stehenden Luftschicht unterhalb der Unterspannbahn. Ist also z. B. eine extrem diffusionsoffene Unterspannbahn mit s_d = 0,02 m und unter ihr eine 40 mm dicke stehende Luftschicht vorhanden (Bild 8.15), dann ergibt sich oben ein gesamtes s_d = 0,02 + 0,04 = 0,06 m. Aus Bild **8**.14 erkennt man sofort, daß dann die Tauwasssermasse W_T unzulässig groß wird, auf eine Dampfsperre also nicht mehr verzichtet werden kann.

Läßt sich ein Hohlraum (stehende Luft) innerhalb des Gefaches nicht vermeiden, z. B. auf Grund der vorliegenden Sparrenabmessungen, dann könnte man durch einen Trick den eben erwähnten Nachteil sogar noch in einen Vorteil umwandeln, nämlich dadurch, daß man den Hohlraum nicht ober-, sondern unterhalb der Dämmschicht anordnet (Bild 8.16). Dadurch verbessert sich – zumindest für die Diffusion – die Situation erheblich, wie man an Hand des gewählten Beispiels aus den Bildern **8**.13 und **8**.14 leicht ersehen kann: Ergibt sich beim Hohlraum oberhalb noch eine wesentliche Verschlechterung gegenüber der Ausbildung ohne Hohlraum, weil man für denselben Abszissenwert s_{di} = s_d(B) = 0,1 m von s_{da} = s_d(USB) = 0,02 m bis zum Schnittpunkt mit s_{da} = s_d(SL) + s_d(USB) = 0,04 + 0,02 = 0,06 m nach oben gehen muß, so folgt dagegen

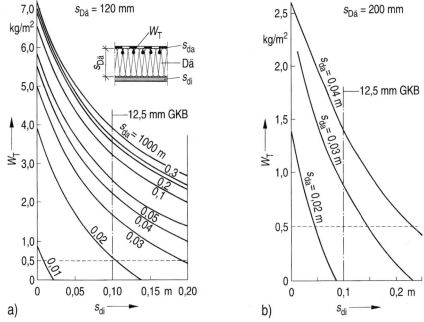

Bild 8.14 Rechnerische Tauwassermasse W_T nach DIN 4108-3 für Beispiel mit diffusionsoffener unterseitiger Bekleidung (s_{di}) ohne Dampfsperre in Abhängigkeit vom s_{da}-Wert der oberen Abdeckung a) Dämmschichtdicke (Faserdämmstoff mit $\lambda_R = 0,04$ W/(mK), $\mu = 1$) $s_{Dä} = 120$ mm, b) $s_{Dä} = 200$ mm; aus [23]
GKB Gipskartonplatte als unterseitige Bekleidung

beim Hohlraum unterhalb der Dämmschicht sogar Tauwasserfreiheit, weil man jetzt auf der Abszisse von $s_{di} = s_d(B) = 0,1$ m waagerecht bis $s_{di} = s_d(B) + s_d(SL) = 0,14$ m weitergeht. – Ein weiterer Vorteil dieser Anordnung ist, daß man wegen des fehlenden oberen Hohlraums keine besondere Sorgfalt auf eine insektenundurchlässige obere Abdeckung verwenden muß. – Leider hat die ganze Sache aber auch gleich 2 Haken, so daß der

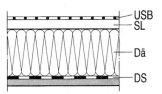

Bild 8.15 Ist eine stehende Luftschicht SL ($\mu = 1$) vorhanden, dann läßt sich auch unter einer extrem diffusionsoffenen Unterspannbahn USB eine Dampfsperre DS an der Unterseite im allgemeinen nicht vermeiden

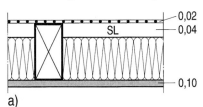

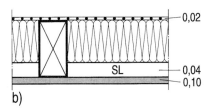

Bild 8.16 2 Möglichkeiten für die Anordnung eines nicht belüfteten Hohlraums SL innerhalb eines Gefachs a) oberhalb der Dämmschicht (übliche Ausbildung), b) unterhalb der Dämmschicht

Beispiel: Angenommene äquivalente Luftschichtdicken s_d der Schichten, unterseitige Bekleidung $s_d(B) = 0,10$ m, 40 mm Luftschicht mit $s_d(SL) = 0,04$ m, extrem diffusionsoffene Unterspannbahn $s_d(USB) = 0,02$ m

obige Hinweis nur grundsätzlicher Art sein kann: Zuerst muß man sicherstellen, daß die Dämmschicht auf Dauer auch tatsächlich fest in der vorgesehenen oberen Lage bleibt. Desweiteren ist ein solcher Querschnitt gegen eine nicht sorgfältige Verlegung der Dämmschicht empfindlich (Kaltluftunterwanderung bei innerhalb der Dämmschicht oder zwischen Dämmschicht und Sparren vorhandenen Fugen (s. auch Bild **3.**31).

Der Vorteil des Verzichtes auf eine Dampfsperre bei extrem diffusionsoffener Unterspannbahn ist weniger hinsichtlich einer Kostenersparnis zu sehen, als vielmehr darin, daß ein Querschnitt ohne unterseitige Dampfsperre eine noch größere Austrocknungskapazität besitzt und somit feuchteschutztechnisch vor allem bei außerplanmäßigen Feuchtebeanspruchungen, die nicht durch DIN 4108-3 erfaßt werden können, robuster wird (s. Abschn. 8.5.5).

Immer wieder aber wird eindringlich darauf hingewiesen, daß an der Dachunterseite eine luftdichte Schicht vorhanden sein muß, entweder als Bekleidung (Gipskarton- oder Gipsfaserplatten) oder mit Hilfe einer zusätzlichen Schicht (entsprechend dicht verlegte Folie, Bahn oder dgl.).

8.5.5 Austrocknungskapazität von Dachquerschnitten (Beispiele)

Die Austrocknungskapazität eines Holzbauteils, d.h. die Fähigkeit des Querschnitts, über die im Winter evtl. angefallene Tauwassermasse hinaus zusätzliche Feuchte über Dampfdiffusion wieder abzugeben, ist ein Maß für die Robustheit des Querschnitts und damit für die dauerhafte Funktionstüchtigkeit des Bauteils. Deshalb sollte grundsätzlich im Holzbau so konstruiert werden, daß möglichst große „Reserven für Unvorhergesehenes" vorhanden sind. Auch ist es noch lange nicht ausreichend, nur auf die Einhaltung der feuchteschutztechnischen Bedingungen der DIN 4108 zu achten, da damit nur der planmäßige „Normalfall" abgedeckt ist, nicht jedoch außerplanmäßige „Störungen", z.B. erhöhte Einbaufeuchte, Niederschläge während der Bauphase, spätere Feuchtebeanspruchungen von oben durch Leckagen, von unten durch Wasserdampf-Konvektion.

Nachstehend soll das Austrocknungsverhalten eines Dachquerschnitts gegenüber diesen beiden unterschiedlichen Beanspruchungen erläutert werden (Bild 8.17):

a) Gegenüber Tauwasser in der Tauwasserebene

b) gegenüber außerplanmäßig vorhandener Feuchte, vereinfacht angenommen als Feuchte an der Unterseite der Dämmschicht.

Man muß sich bewußt sein, daß das äußerst komplizierte Austrocknungsverhalten solcher Querschnitte über die getroffene Annahme zweier Feuchteebenen an der Dämm-

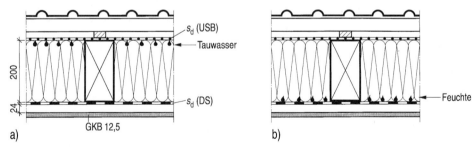

Bild **8.**17 Angenommene Situationen (Prinzip) zur Ermittlung der Austrocknungskapazität W_A für einen Bauteilquerschnitt
a) aus der Tauwasserebene nach DIN 4108-3: $W_A = W_V - W_T$
b) für außerplanmäßig vorhandene Feuchte an der Dämmschichtunterseite: $W_A = W_V$

schichtober- und -unterseite nur sehr ungenau erfaßt werden kann. Trotzdem läßt sich damit zumindest eine größenordnungsmäßige Bewertung und ein Vergleich zwischen verschiedenen Ausführungen vornehmen.

In Abhängigkeit von den gewählten s_d-Werten für die Unterspannbahn einerseits und für die Dampfsperre andererseits sind

— in Tafel **8.1** die Tauwassermasse W_T (Winter) und die Austrocknungskapazität W_A (Sommer) = $W_V - W_T$ (vgl. Gl 8.1),

— in Tafel **8.2** die Austrocknungskapazität W_A (hier $W_A = W_V$, da an dieser Stelle kein Tauwasser W_T auftritt) dargestellt.

Es handelt sich dabei ausschließlich um Rechenwerte auf der Grundlage der vereinfachten Klimabedingungen nach DIN 4108-3 für die kalte und warme Jahreszeit. Für die Ermittlung von W_V wurde das Bauteil »Wand« nach Abschn. 3.2.2.2a) der Norm zugrunde gelegt ($\vartheta_{Li} = \vartheta_{La} = + 12\,°C$), womit man auf der sicheren Seite liegt; das Bauteil »Dach« nach Abschn. b) ($\vartheta_{Oa} = + 20\,°C$) ist auch weniger zutreffend, da hier stets von einer unterlüfteten Dachhaut ausgegangen wird, so daß auf der oberen Abdeckung wieder $\vartheta_{La} = + 12\,°C$ anzunehmen sind.

Tafel **8.1**　Rechnerische Tauwassermasse W_T nach DIN 4108 sowie Austrocknungskapazität W_A aus der Tauwasserebene heraus für den Dachquerschnitt nach Bild 8.17a in Abhängigkeit von den s_d-Werten der Dampfsperre (DS) und der Unterspannbahn (USB)

s_d (USB)	s_d (DS) = 0 m[1)]		s_d (DS) = 1 m		s_d (DS) = 10 m	
	W_T	W_A	W_T	W_A	W_T	W_A
m	kg/m²					
0,02	0	32,1	0	30,8	0	30,3
0,2	–	–	0,35	3,1	0	3,4
1,0	–	–	–	–	0,03	0,64
10	–	–	–	–	0,08	0,04

1) Keine Dampfsperre vorhanden.
— Keine Angabe, da Ausbildung nach DIN 4108-3 unzulässig, wegen $W_T > $ zul $W_T = 0,5$ kg/m²

Tafel **8.2**　Austrocknungskapazität W_A in kg/(m² Sommer) bei außerplanmäßiger Feuchte an der Dämmschichtunterseite nach Bild 8.17b in Abhängigkeit von den s_d-Werten der Dampfsperre (DS) und der Unterspannbahn (USB)

s_d (USB)	s_d (DS)		
m	0 m[1)]	1 m	10 m
0,02	7,4	3,3	2,8
0,2	–	2,0	1,5
1,0	–	–	0,5
10	–	–	0,1

1) Keine Dampfsperre vorhanden.
— Keine Angabe, da Ausbildung nach Tafel 8.1 unzulässig.

Die Tafeln **8.1** und **8.2** zeigen folgendes:

1. Die Austrocknungskapazität aus der Tauwasserebene ist um so größer, je kleiner s_d der Unterspannbahn ausfällt. Für diesen Fall ist es unbedeutend, ob eine und wenn ja welche Dampfsperre an der Unterseite vorhanden ist.

2. Die Austrocknungskapazität für außerplanmäßig vorhandene Feuchte (an der Dämmschichtunterseite) ist ebenfalls um so größer, je geringer s_d der Unterspannbahn ist, jedoch sind hier die Unterschiede wesentlich kleiner als nach 1. Dagegen macht sich hier der s_d-Wert der Dampfsperre stark bemerkbar.

3. Querschnitte mit beidseitig weitgehend dampfdichter Abdeckung sind hochempfindlich gegenüber außerplanmäßiger Feuchtebeanspruchung, obwohl sie die Bedingungen nach DIN 4108-3 erfüllen, nämlich z.B. im Fall s_d (USB) = s_d (DS) = 10 m : $W_T = 0,08$ kg/m² = 80 g/m² < 500 g/m² und $W_V > W_T$, da $W_A = W_V - W_T = 0,04$ kg/m² > 0. Ein solcher Querschnitt besitzt – zumindest rechnerisch – mit $W_A = 40$ g/(m² Sommer) praktisch keine Reserve für die Wiederabgabe von außerplanmäßig vorhandener Feuchte! Ähnlich traurig sieht es für denselben Querschnitt und der Situation nach Tafel 8.2 mit $W_A = 0,1$ kg/m² = 100 g/m² aus.

Konsequenz: Von solchen Querschnitten sollte der Holzbauer die Finger lassen, obwohl nach DIN 4108-3 alles einwandfrei erscheint!

8.5.6   Neue Überlegungen zur zulässigen Tauwassermasse W_T

Nach DIN 4108-3 beträgt die zulässige Tauwassermasse im Querschnitt $W_T = 0,5$ kg/m², wenn Tauwasser an der Grenzschicht zwischen kapillar nicht wasseraufnahmefähigen Schichten ausfällt (z. B. an der Schichtgrenze Dämmschicht – Unterspannbahn oder stehende Luft – Unterspannbahn). Desweiteren wird die Einhaltung der Bedingung W_V (Sommer) $\geq W_T$ (Winter) gefordert. – Nach der Neuausgabe von DIN 68800-2 ist auch in solchen Fällen eine Anhebung auf den in DIN 4108-3 für Bauteilquerschnitte allgemein gültigen Wert

$$\text{zul}\, W_T = 1,0 \text{ kg/m}^2$$

zulässig, aber nur dann, wenn die Bedingung

$$W_V \geq 5 \cdot W_T$$

eingehalten ist. Hierin fließt die praktische Erfahrung ein, wonach Dachquerschnitte mit größerer Austrocknungskapazität in der Lage sind, schon während der kalten Jahreszeit – bei instationären äußeren Klimabedingungen – zwischenzeitlich angefallenes Tauwasser durch Verdunstung wieder abzugeben. Dagegen ist die zulässige, massebedingte Tauwassermasse für Holz und Holzwerkstoffe unverändert geblieben.

8.5.7   Dächer mit Vordeckung auf Schalung

8.5.7.1   Bisherige Ausführung

Die bisherige, in den Sparrengefachen belüftete Regelausführung mit einer bituminösen Vordeckung (z. B. V13) auf Schalung hat sich bei sachgerechter Ausbildung ohne jeden Zweifel bewährt (Bild **8**.18). Sie hat aber aus heutiger Sicht einen schwerwiegenden Nachteil: Sie erfordert nach DIN 68 800-3 einen chemischen Holzschutz der Sparren (Gefährdungsklasse GK 2).

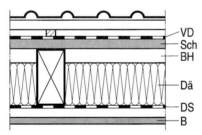

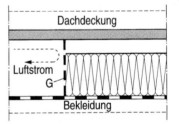

Bild **8**.18 Bisher typische Konstruktion des belüfteten Daches mit Vordeckung auf Schalung VD Vordeckung (z. B. Bitumenbahn), Sch Schalung, BH belüfteter Hohlraum, Dä Dämmschicht, DS Dampfsperre, B Bekleidung

Bild **8**.19 Ungeeignete Ausbildung eines „belüfteten" Dachquerschnittes, da engmaschiges Gewebe (G) keine ausreichende Belüftung des Dachquerschnitts gewährleistet (Dachdeckung und unterseitige Bekleidung nicht eingezeichnet)

Die Forderung der GK 2 in DIN 68800-3 für belüftete Dächer liegt darin begründet, daß zum einen ein unkontrollierbarer Insektenbefall möglich ist (hierfür würde zunächst auch die Gefährdungsklasse GK 1, d. h. die Anwendung von Iv-Mitteln, ausreichen) und daß zum anderen ganz allgemein, d. h. unabhängig vom jeweiligen Aufbau, z. B. bei behinderter Belüftung, eine Feuchtegefährdung und damit Pilzwachstum nicht ausgeschlossen werden kann (s. auch Abschn. 8.4.2).

Deshalb bringt es z. B. nichts, die belüfteten Sparrengefache an ihrem unteren und oberen Ende durch engmaschige, insektenundurchlässige Gewebe abzudecken, da hierbei der Hohlraum – wenn überhaupt – vielleicht noch anfangs, jedoch bereits nach kurzer Zeit nicht mehr als „belüftet" angesehen werden kann (Bild **8.**19).

8.5.7.2 Vorschlag für zukünftige Ausbildung

Bei geneigten Dächern darf neuerdings auf den chemischen Holzschutz verzichtet werden (GK 0), wenn u. a. ein nicht belüfteter Querschnitt mit einer diffusionsoffenen oberseitigen Abdeckung mit einer äquivalenten Luftschichtdicke $s_d \leq 0{,}2$ m gewählt wird. Bei einer Unterspannbahn oder dgl. kommt es nur darauf an, ein Material mit einem solchen Wert zu verwenden.

Bei der Vordeckung auf Schalung muß aber $s_d \leq 0{,}2$ m von diesen beiden Schichten zusammen eingehalten werden. Für eine fugenlos angenommene, 20 mm dicke Holzschalung folgt nach DIN 4108-4 jedoch bereits $s_d = 0{,}02 \cdot 40 = 0{,}8$ m $> 0{,}2$ m, so daß hierfür die Forderung in keinem Fall erfüllt werden kann, unabhängig welches Material für die Vordeckung gewählt wird.

Die einzige, kurzfristig greifende Möglichkeit – wenn man also den langwierigen Brauchbarkeitsnachweis, z. B. über Freilandversuche, vermeiden will – besteht darin, die Kombination »Schalung + Vordeckung« so auszubilden, daß sich der Nachweis $s_d \leq 0{,}2$ m rechnerisch nach DIN 4108 führen läßt.

Eine solche Ausbildung ist grundsätzlich nur möglich, wenn man für die Vordeckung ein extrem diffusionsoffenes Material verwendet und die Schalung durch Anordnung von Fugen wasserdampfdurchlässiger macht. In Bild **8.**20 ist ein Beispiel dargestellt: 20 mm dicke Holzschalung mit glatten Rändern, Brettbreite 100 mm, Fugenbreite 10 mm, aufliegende Folie extrem diffusionsoffen mit $s_d = 0{,}02$ m. Der rechnerische Mittelwert s_{dm} für die obere Abdeckung ergibt sich nach DIN 4108 – mit den Flächenanteilen a_1 und a_2 für den Fugen- bzw. Schalungsbereich – in grober Näherung zu

$$1/s_{dm} = a_1/s_{d1} + a_2/s_{d2}$$
$$= (10/110)/0{,}02$$
$$+ (100/110)/(0{,}8 + 0{,}02) = 5{,}65 \text{ m}^{-1}$$
$$s_{dm} = 1/5{,}65 = 0{,}18 \text{ m} \leq 0{,}2 \text{ m}$$

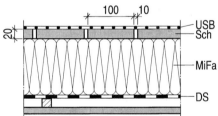

Die Bedingung für den Verzicht auf den chemischen Holzschutz ist also erfüllt. Durch Untersuchungen in einer Doppel-Klimakammer im Auftrag der Fa. Klöber, Ennepetal, wurde inzwischen nachgewiesen, daß $s_{dm} \leq 0{,}2$ m auch noch bei einer Fugenbreite von 5 mm eingehalten ist, vgl. [24].

Bild 8.20   Ausbildung der Kombination »Vordeckung auf Schalung« mit $s_{dm} \leq 0{,}2$ m (Dachdeckung nicht eingezeichnet) USB extrem diffusionsoffene Unterspannbahn mit $s_d = 0{,}02$ m, Sch offene Schalung, besäumte Bretter, Fugenbreite 10 mm, MiFa mineralischer Faserdämmstoff, DS Dampfsperre

8.5.7.3 Austrocknungskapazität

Aus Tafel **8.**3 gehen für den in Bild **8.**21 dargestellten, stark vereinfachten Querschnitt die Tauwassermasse W_T (Winter) sowie die Austrocknungskapazität W_A (Sommer) in Abhängigkeit vom s_d-Wert der Vordeckung hervor. Dabei wurde Rauhspund unter Vernachlässigung des günstigen Fugeneinflusses angenommen. Als weiterer Parameter wurde die Lage der Austrocknungsebene gewählt:

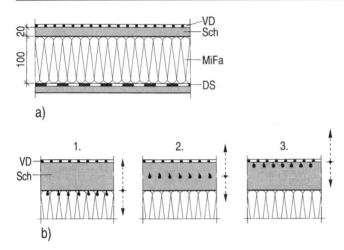

a)

b)

Bild **8.21**
Vereinfacht angenommener Querschnitt mit Vordeckung auf Schalung zur Ermittlung der Austrocknungskapazität für die Schalung in Abhängigkeit von der Austrocknungsebene a) Querschnitt, b) angenommene Austrocknungsebenen, 1. Unterseite Schalung (Tauwasserebene nach DIN 4108), 2. Schalungsmitte (*Annahme:* eingebaute Holzfeuchte), 3. Oberseite Schalung (*Annahme:* Niederschläge vor Aufbringen der Vordeckung) VD Vordeckung, Sch Schalung (Rauhspund), MiFa mineralischer Faserdämmstoff, DS Dampfsperre mit $s_d(DS) = 20$ m

1. Unterseite Rauhspund als Tauwasserebene
2. Rauhspundmitte unter Annahme einer feucht eingebauten Schalung
3. Oberseite Rauhspund unter Annahme von Niederschlagsfeuchte vor Abdeckung der Schalung

Auch bei dieser Ausbildung ist wieder der günstige Einfluß diffusionsoffener Materialien für die Vordeckung auf die Austrocknungskapazität zu erkennen. Ferner zeigt sich erneut, daß nicht belüftete Konstruktionen mit ober- und unterseitiger, weitgehend dampfdichter Abdeckung – hier s_d (DS) = s_d (VD) = 20 m – gefährlich sein können, da sie – obwohl sie die Bedingungen nach DIN 4108-3 erfüllen – nahezu über keine Austrocknungskapazität verfügen.

Tafel **8.3** Rechnerische Tauwassermasse W_T nach DIN 4108 sowie Austrocknungskapazität W_A in kg/m² für den Dachquerschnitt nach Bild **8.21** in Abhängigkeit vom s_d-Wert der Vordeckung sowie bei Variation der Austrocknungsebene im Schalungsbereich

$s_d(V)$	W_T	W_A		
		Austrocknungsebene nach Bild b		
		1.	2.	3.
0,02 m	0	0,8	1,5	30
0,2 m	0	0,6	1,0	3,0
20 m	0,04	0,02	0,02	0,02

8.5.8 Dächer mit Sonderdeckung auf Schalung

8.5.8.1 Bisherige Ausführung

Bei Blechdeckung (Stehfalzdeckung) oder Schieferdeckung – oder aber einer anderen Sonderdeckung – auf Schalung ist der belüftete Querschnitt bisher die Regelausführung (Bild **8.22**) gewesen. Ein vorbeugender chemischer Holzschutz entsprechend Gefährdungsklasse GK 2 (Iv,P-Mittel) ist hierfür erforderlich.

In Sonderfällen wurden diese Dachdeckungen auch über nicht belüfteten Dachkonstruktionen eingesetzt (Bild **8.23**). Hier ist zwar die Gefahr eines unkontrollierbaren Insektenbefalls nicht mehr gegeben, jedoch ist diese Ausbildung hoch empfindlich gegenüber eingebauter oder nachträglich eindringender Feuchte, da eine Austrocknung nach oben oder unten wegen der nur sehr wenig dampfdurchlässigen Schichten stark behindert wird. Daher ist – wie auch DIN 68 800-3 grundsätzlich vorgibt – unbedingt die Gefährdungsklasse GK 2 zugrunde zu legen. Ferner ist auch die Gefährdung durch Wasserdampfdiffusion, vor allem aber durch Wasserdampf-Konvektion zu beachten.

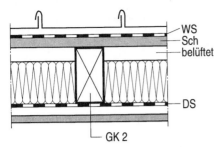
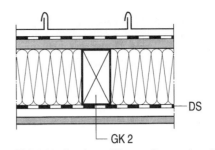

Bild **8.22** Bisherige Regelausführung für geneigte Dächer mit Blechdeckung oder Schiefer-deckung, belüftet; nach DIN 68 800-3 für die Sparren erforderlich: Holzschutz entsprechend der Gefährdungsklasse GK 2 WS wasserableitende Schicht oder dgl., Sch Schalung, DS Dampfsperre

Bild **8.23** Sonderausführung für geneigte Dächer mit Blech- oder Schieferdeckung, nicht belüftet; nach DIN 68 800-3 erforderlich: Holzschutz entsprechend GK 2 Anmerkung: Wegen ober- und unterseitiger, weitgehend dampfdichter Abdeckung kann die Konstruktion trotz chemischen Holzschutzes gegenüber außerplanmäßig einwirkender Feuchte (z. B. Wasserdampf-Konvektion, eingebaute erhöhte Material-feuchte, nachträglich eingedrungenes Wasser) stark gefährdet sein!

8.5.8.2 Ausbildung ohne chemischen Holzschutz: »Universaldach«

Nachstehend soll an Hand des Beispiels „Dach mit Blech- oder Schieferdeckung auf Schalung" demonstriert werden, wie ein „besonderer" baulicher Holzschutz entsprechend Abschnitt 3.7.3 aussehen kann, bei dessen Anwendung trotz zunächst ungünstiger konstruktiver Randbedingungen auf den chemischen Holzschutz verzichtet werden kann, aus [25].

Daß diese besonderen baulichen Maßnahmen Geld kosten und es auch dürfen, ist bei dem Gegenwert, den man dafür erhält, wohl einleuchtend. Und daß der zukünftige Holzschutz nicht so aussehen kann, daß baulich alles beim alten bleibt und man einfach nur die „Chemie" wegläßt, wird wohl ebenso verständlich sein.

Bild 8.24 soll – beispielhaft für viele Holzbauteile – zeigen, wie man mit etwas Nachdenken die beiden heute wesentlichsten Aufgabenstellungen für Holz-Außenbauteile unter einen Hut bringt:

1. Den weitestgehenden Verzicht auf chemische Holzmaßnahmen
2. den energiesparenden Wärmeschutz

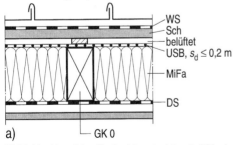
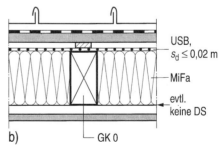

Bild **8.24** Vorschlag für Dachkonstruktion bei Blech- oder Schieferdeckung auf Brettschalung ohne chemischen Holzschutz (GK 0)
Voraussetzungen: Mineralischer Faserdämmstoff für die Sparrenvolldämmung, diffusionsoffene Unterspannbahn, belüfteter Hohlraum in Konterlatten-Ebene
a) mit Unterspannbahn $s_d \leq 0,2$ m und Dampfsperre
b) bei Unterspannbahn $s_d \leq 0,02$ m auch ohne Dampfsperre möglich; aus [25]

Um bei der tragenden Dachkonstruktion auf den chemischen Holzschutz verzichten zu können, sind folgende Bedingungen einzuhalten:

1. Kein unkontrollierbarer Insektenbefall, d. h. im Gefachbereich entweder ein (nicht belüfteter) insektenunzugänglicher Hohlraum oder noch besser die Sparrenvolldämmung und

2. ein feuchtetechnisch robuster Querschnitt, d. h. eine möglichst große Austrocknungskapazität des Querschnitts zumindest nach oben hin.

Aus Gründen des energiesparenden Wärmeschutzes bietet sich die Sparrenvolldämmung an. Übrig bleibt also die 2. Bedingung, die bei der Ausbildung nach Bild **8**.23 nicht gegeben war, so daß hierfür unbedingt die GK 2 zugrunde gelegt werden mußte. Verwendet man dagegen den neuartigen Querschnitt nach Bild **8**.24, dann sind bei etwas größerem konstruktiven Aufwand – eine Konterlattung und eine Unterspannbahn kommen hinzu – die wesentlichsten Probleme gelöst:

1) Für den energiesparenden Wärmeschutz kann die gesamte Sparrenhöhe ausgenutzt werden (Sparrenvolldämmung).

2) Die Sparren sind für Insekten nicht mehr zugänglich, d. h. es kann keine Eiablage und somit kein Insektenbefall erfolgen.

3) Oberseitig werden Sparren und Gefache durch eine Unterspannbahn abgedeckt. Wird für die Unterspannbahn s_d(USB) $\leq$ 0,2 m eingehalten, dann darf auf den chemischen Holzschutz der Sparren verzichtet werden (Bild a), ist s_d (USB) $\leq$ 0,02 m, dann darf evtl. – bei Nachweis – auch die unterseitige Dampfsperre entfallen (Bild b).

Bedingung 3) greift nur, wenn sich oberhalb der Unterspannbahn ein belüfteter Hohlraum befindet, der die dorthin transportierte Wasserdampfmasse (infolge Diffusion aus den Aufenthaltsräumen, Austrocknung von eingebauter oder eingedrungener Feuchte aus dem Dachquerschnitt) ins Freie transportieren kann. Dieser Hohlraum entsteht durch Zwischenschaltung einer ausreichend dicken und ausreichend breiten Konterlattung für die Befestigung der Schalung. Der bisher belüftete Hohlraum (s. Bild **8**.22) zwischen den Sparren ist jetzt also nur eine Etage höher angesiedelt. Damit ergibt sich auch bei diesen Dachdeckungen ein feuchtetechnisch ähnlich robuster Querschnitt wie im Falle der Ausbildungen nach den Bildern **8**.6c und d.

Der Einwand, daß Konterlattung und darüberliegende Schalung wegen des belüfteten Hohlraums insektengefährdet sind, kann wieder entkräftet werden (s. auch Abschn. 3.7.3.3, 7)):

1. Zunächst könnte man sich formal auf DIN 68 800-3 zurückziehen, die nur Anforderungen an den Schutz von tragenden Teilen enthält, zu denen Konterlattung und Schalung in diesem Fall nicht gehören, da bei ihrem Versagen die allgemeine Sicherheit nicht gefährdet ist (z. B. im Gegensatz zu einer Flachdachschalung im Hallenbau). Vielmehr wird aber als maßgebendes Gegenargument angesehen, daß

2. diese Teile zwar einer Eiablage ungeschützt ausgesetzt sind, daß aber ihre Schädigung durch die Larven infolge extrem ungünstiger klimatischer Bedingungen in Grenzen bleiben wird und selbst bei einem örtlich vorhandenen Tragfähigkeitsverlust kein Schaden für die Konstruktion, geschweige denn für Personen entsteht.

Vergleicht man Bild **8**.24 mit den Bildern **8**.6c und d, dann fällt sofort auf, daß
— einerseits die Querschnitte von der Untersicht bis zur Oberkante Konterlattung,
— andererseits die zugehörenden Merkmale, nämlich die GK 0 mit bzw. ohne Dampfsperre,

jeweils identisch sind. Das bedeutet:

Wird dieser »Universal«-Querschnitt verwandt, dann ist der Aufbau der nach oben folgenden Dachdeckung unbedeutend: Die tragende Dachkonstruktion darf in jedem Fall in die Gefährdungsklasse GK 0 eingestuft werden!

8.6 Wärmeschutz von nicht belüfteten Dächern

8.6.1 Gewählte Querschnitte

Die nachstehenden Angaben zum Wärmeschutz in den Tafeln **8.4** bis **8.7** sollen dazu dienen, möglichst schnell den mittleren Wärmedurchgangskoeffizient k_m eines Dachquerschnitts zu finden, z. B. im Rahmen einer Vorbemessung, um den gewählten Aufbau sofort mit der Vorgabe, z. B. nach der Wärmeschutzverordnung, vergleichen zu können.

Gewählt wurden – als Querschnitte mit nebeneinanderliegenden Bereichen unterschiedlicher Wärmedämmung – die Zwischensparrendämmung für sich sowie kombiniert mit der Untersparrendämmung (s. Bild **8.1**a und e). Die Kombination mit der Aufsparrendämmung wurde nicht erfaßt, da sie selten ist (Bild d). Die reine Aufsparrendämmung (Bild b) ist für den Nachweis des Wärmeschutzes problemlos, da sie über der gesamten Fläche einen einheitlichen Wärmeschutz aufweist, der unabhängig von der Sparrengeometrie ermittelt werden kann.

Aus den bereits in den Abschn. 3.3.4 und 3.4.2 (s. auch Bilder **3**.17 und **3**.31) beschriebenen Gründen wurden nur Querschnitte mit einer einzigen Luftschicht (ober- oder unterhalb der Dämmschicht) gewählt.

Für die obere Abdeckung der Sparren wurden 2 Ausbildungen angenommen:
— Unterspannbahn
— Vordeckung auf Schalung (Vollholz, 20 mm dick)
Die Dachdeckung besteht aus Dachsteinen oder -ziegeln auf Quer- und Konterlattung; der Hohlraum innerhalb der Dachdeckung wird als belüftet angenommen.

An der Dachunterseite wird eine Bekleidung, befestigt an einer querlaufenden Traglattung, vorausgesetzt, wobei der Lattenzwischenraum im Fall der zusätzlichen Untersparrendämmung mit Dämmschicht ausgefüllt wird.

8.6.2 Erläuterungen zu den Tafeln 8.4 bis 8.7

Angegeben wird der mittlere Wärmedurchgangskoeffizient k_m des Dachquerschnittes in Abhängigkeit von den einzelnen Parametern und den getroffenen Annahmen, die nachstehend erläutert werden.

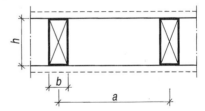

Bild **8**.25 Dachquerschnitt: Geometrische Angaben zu den Tafeln **8.4** bis **8.7**

a) Verhältnis *b*/*a*

Das Verhältnis Sparrenbreite *b*/Sparrenachsabstand *a* (Bild **8.25**) wird zu 0,06 bis 0,20 angenommen, womit der praktisch übliche Bereich abgedeckt ist. Zwischenwerte können geradlinig interpoliert werden. Aber auch für Verhältnisse *b*/*a* außerhalb dieser Grenzen darf geradlinig extrapoliert werden, da *b*/*a* in die Beziehung für k_m linear eingeht.

b) Dämmschichten

Vorausgesetzt werden sowohl für den Gefachbereich als auch ggf. an der Unterseite zwischen den Latten Dämmstoffe mit $\lambda_R = 0,04$ W/(mK). Die Dämmschichtdicke s_1 in den Gefachen variiert zwischen 100 mm und 240 mm; die Dicke s_2 der evtl. zusätzlichen Dämmschicht an der Unterseite beträgt 30 mm, 40 mm und 60 mm.

c) Unterseitige Bekleidung

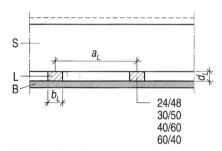

Der Achsabstand a_L der Traglattung beträgt 1250 mm/3 (Bild **8.**26). Der Lattenquerschnitt d_L/b_L wird wie folgt variiert:

— 24/48 mm bei nicht ausgefülltem Hohlraum

— 30/50 mm, 40/60 mm, 60/40 mm für die zusätzlichen Dämmschichtdicken s_2 = 30 mm, 40 mm und 60 mm.

Bild **8.**26 Ausbildung und Abmessungen der unterseitigen Bekleidung
S Sparren, L Lattung, B Bekleidung

Als Bekleidung wird eine luftdichte Schicht aus 12,5 mm Gipsfaserplatten, λ_R = 0,36 W/(mK), angenommen, da diese Ausbildung von den üblicherweise eingesetzten den geringsten Wärmeschutz ergibt.

d) Hohlraum im Gefach

Die Ausbildungen in den Tafeln **8.**5 und **8.**7 weisen einen 40 mm dicken Hohlraum oberhalb der Dämmschicht auf, der insektenundurchlässig abgeschlossen ist, um die Voraussetzungen für den Verzicht auf den chemischen Holzschutz zu schaffen. Da es bei den Querschnitten mit Unterspannbahn durchaus möglich ist, daß dieser Hohlraum zwar insektenundurchlässig, nicht aber winddicht ausgebildet ist, also keine stehende Luft vorhanden ist, wird bei der Ermittlung von k_m sicherheitshalber von einem belüfteten Querschnitt ausgegangen (Bild **8.**27a). Somit gelten die angegebenen k_m-Werte auch für jede andere Hohlraumdicke. Dagegen wird bei der Vordeckung auf Schalung der Hohlraum als nicht belüftet angenommen, d. h. der gesamte Dachquerschnitt in Rechnung gestellt (Bild b).

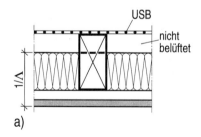

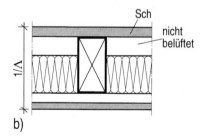

Bild **8.**27 Mitwirkung des planmäßig nicht belüfteten Gefachhohlraums oberhalb der Dämmschicht für den Wärmeschutz wird
a) bei Unterspannbahn USB nicht in Rechnung gestellt, b) bei Vordeckung auf Schalung Sch berücksichtigt
1/Λ zu berücksichtigende Schichten im Sparren- und Gefachbereich

e) Wärmedämmbereiche

Wegen der 2 Dämmebenen (Sparren mit Gefach, Lattung mit Zwischenraum) ergeben sich bei den untersuchten Querschnitten jeweils 4 Bereiche unterschiedlicher Wärmedämmung (Bild **8.**28). Der k_m-Wert wurde „naiv" nach DIN 4108-5 ermittelt, d. h. es wurde vereinfacht angenommen, daß sich die einzelnen Bereiche hinsichtlich ihrer Wärmeströme nicht gegenseitig beeinflussen. Voraussetzung für diese Annahme nach der Norm ist, daß sich die einzelnen Wärmedurchlaßwiderstände $1/\Lambda$ der benachbarten Bereiche höchstens um den Faktor 5 unterscheiden, was hier eingehalten ist.

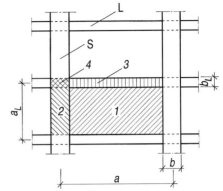

Bild **8.28** Vier unterschiedliche Wärmedämm-Bereiche innerhalb des Dachquerschnitts, s. auch Bilder **8.25** und **8.26**

Tafel **8.4** Mittlerer Wärmedurchgangskoeffizient k_m für Dachquerschnitt nach Bild **8.29**

s_2	s_1	b/a							
mm	mm	0,06	0,08	0,10	0,12	0,14	0,16	0,18	0,20
24[1]	100	0,373	0,383	0,393	0,403	0,413	0,423	0,433	0,443
	120	0,320	0,329	0,338	0,347	0,356	0,365	0,374	0,383
	140	0,280	0,288	0,297	0,305	0,313	0,322	0,330	0,338
	160	0,249	0,257	0,264	0,272	0,280	0,287	0,295	0,303
	180	0,225	0,232	0,239	0,246	0,253	0,260	0,267	0,274
	200	0,204	0,211	0,217	0,224	0,230	0,237	0,243	0,250
	220	0,187	0,193	0,200	0,206	0,212	0,218	0,224	0,230
	240	0,173	0,179	0,184	0,190	0,196	0,202	0,207	0,213
30[2]	100	0,310	0,316	0,322	0,329	0,335	0,341	0,347	0,353
	120	0,272	0,278	0,284	0,290	0,295	0,301	0,307	0,313
	140	0,243	0,248	0,254	0,259	0,265	0,270	0,276	0,281
	160	0,219	0,224	0,229	0,235	0,240	0,245	0,250	0,256
	180	0,199	0,204	0,209	0,214	0,219	0,224	0,229	0,234
	200	0,183	0,188	0,193	0,197	0,202	0,207	0,212	0,216
	220	0,169	0,174	0,178	0,183	0,187	0,192	0,196	0,201
	240	0,157	0,162	0,166	0,170	0,175	0,179	0,183	0,188
40[2]	100	0,291	0,296	0,302	0,307	0,312	0,317	0,322	0,327
	120	0,257	0,262	0,267	0,272	0,277	0,282	0,287	0,292
	140	0,230	0,235	0,240	0,245	0,250	0,255	0,259	0,264
	160	0,209	0,213	0,218	0,223	0,227	0,232	0,237	0,241
	180	0,191	0,195	0,200	0,204	0,209	0,213	0,218	0,222
	200	0,176	0,180	0,184	0,189	0,193	0,197	0,201	0,206
	220	0,163	0,167	0,171	0,175	0,179	0,183	0,188	0,192
	240	0,152	0,156	0,160	0,164	0,168	0,172	0,176	0,180
60[2]	100	0,254	0,257	0,261	0,265	0,268	0,272	0,276	0,279
	120	0,227	0,231	0,235	0,238	0,242	0,245	0,249	0,253
	140	0,206	0,210	0,213	0,217	0,220	0,224	0,227	0,231
	160	0,188	0,192	0,195	0,199	0,202	0,206	0,209	0,213
	180	0,173	0,177	0,180	0,184	0,187	0,191	0,194	0,198
	200	0,161	0,164	0,168	0,171	0,174	0,178	0,181	0,184
	220	0,150	0,153	0,157	0,160	0,163	0,166	0,170	0,173
	240	0,141	0,144	0,147	0,150	0,153	0,156	0,160	0,163

1) Hohlraumdicke (Bild **8.29**a).
2) Dämmschichtdicke (Bild **8.29**b).

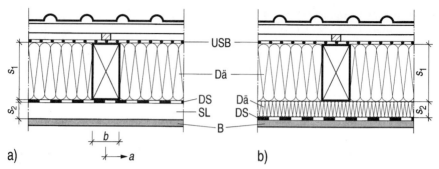

a)   b)

Bild 8.29 Zu Tafel **8.4**: Dachquerschnitt mit Sparrenvolldämmung; a) ohne, b) mit unterseitiger Dämmschicht

USB Unterspannbahn, Dä mineralischer Faserdämmstoff, $\lambda_R = 0,04$ W/(mK), DS Dampfsperre, SL stehende Luft, B Bekleidung

Tafel 8.5 Mittlerer Wärmedurchgangskoeffizient k_m für Dachquerschnitt nach Bild **8.30**

s_2	s_1	b/a							
mm	mm	0,06	0,08	0,10	0,12	0,14	0,16	0,18	0,20
30	60	0,433	0,439	0,445	0,452	0,458	0,465	0,471	0,477
	80	0,361	0,367	0,374	0,380	0,386	0,393	0,399	0,405
	100	0,310	0,316	0,322	0,329	0,335	0,341	0,347	0,353
	120	0,272	0,278	0,284	0,290	0,295	0,301	0,307	0,313
	140	0,243	0,248	0,254	0,259	0,265	0,270	0,276	0,281
	160	0,219	0,224	0,229	0,235	0,240	0,245	0,250	0,256
	180	0,199	0,204	0,209	0,214	0,219	0,224	0,229	0,234
	200	0,183	0,188	0,193	0,197	0,202	0,207	0,212	0,216
40	60	0,398	0,403	0,408	0,413	0,419	0,424	0,429	0,434
	80	0,336	0,341	0,347	0,352	0,357	0,362	0,368	0,373
	100	0,291	0,296	0,302	0,307	0,312	0,317	0,322	0,327
	120	0,257	0,262	0,267	0,272	0,277	0,282	0,287	0,292
	140	0,230	0,235	0,240	0,245	0,250	0,255	0,259	0,264
	160	0,209	0,213	0,218	0,223	0,227	0,232	0,237	0,241
	180	0,191	0,195	0,200	0,204	0,209	0,213	0,218	0,222
	200	0,176	0,180	0,184	0,189	0,193	0,197	0,201	0,206
60	60	0,332	0,336	0,339	0,342	0,346	0,349	0,353	0,356
	80	0,288	0,291	0,295	0,298	0,302	0,305	0,309	0,313
	100	0,254	0,257	0,261	0,265	0,268	0,272	0,276	0,279
	120	0,227	0,231	0,235	0,238	0,242	0,245	0,249	0,253
	140	0,206	0,210	0,213	0,217	0,220	0,224	0,227	0,231
	160	0,188	0,192	0,195	0,199	0,202	0,206	0,209	0,213
	180	0,173	0,177	0,180	0,184	0,187	0,191	0,194	0,198
	200	0,164	0,166	0,168	0,171	0,174	0,178	0,181	0,184

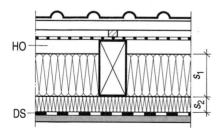

Bild 8.30
Zu Tafel **8.5**: Dachquerschnitt mit nicht belüftetem Hohlraum HO oberhalb der Dämmschicht (wird für Wärmeschutz als belüftet angenommen)

Tafel **8.6**   Mittlerer Wärmedurchgangskoeffizient k_m für Dachquerschnitt nach Bild **8.31**

s_2	s_1	b/a							
mm	mm	0,06	0,08	0,10	0,12	0,14	0,16	0,18	0,20
$24^{1)}$	100	0,351	0,359	0,368	0,376	0,385	0,393	0,401	0,410
	120	0,303	0,311	0,319	0,327	0,335	0,342	0,350	0,358
	140	0,267	0,275	0,282	0,289	0,296	0,304	0,311	0,318
	160	0,239	0,246	0,252	0,259	0,266	0,273	0,279	0,286
	180	0,216	0,222	0,229	0,235	0,241	0,248	0,254	0,260
	200	0,197	0,203	0,209	0,215	0,221	0,227	0,233	0,238
	220	0,181	0,187	0,192	0,198	0,204	0,209	0,215	0,220
	240	0,168	0,173	0,178	0,184	0,189	0,194	0,199	0,205
$30^{2)}$	100	0,295	0,301	0,306	0,311	0,317	0,322	0,327	0,333
	120	0,261	0,266	0,271	0,276	0,281	0,286	0,291	0,297
	140	0,233	0,238	0,243	0,248	0,253	0,258	0,263	0,268
	160	0,211	0,216	0,221	0,225	0,230	0,235	0,240	0,244
	180	0,193	0,197	0,202	0,207	0,211	0,216	0,220	0,225
	200	0,178	0,182	0,186	0,191	0,195	0,199	0,204	0,208
	220	0,165	0,169	0,173	0,177	0,181	0,185	0,190	0,194
	240	0,153	0,157	0,161	0,165	0,169	0,173	0,177	0,181
$40^{2)}$	100	0,278	0,283	0,287	0,292	0,296	0,301	0,306	0,310
	120	0,247	0,251	0,256	0,260	0,265	0,269	0,274	0,278
	140	0,222	0,226	0,231	0,235	0,239	0,244	0,248	0,252
	160	0,202	0,206	0,210	0,214	0,219	0,223	0,227	0,231
	180	0,185	0,189	0,193	0,197	0,201	0,205	0,209	0,214
	200	0,171	0,175	0,179	0,183	0,187	0,190	0,194	0,198
	220	0,159	0,162	0,166	0,170	0,174	0,178	0,181	0,185
	240	0,148	0,152	0,155	0,159	0,163	0,166	0,170	0,174
$60^{2)}$	100	0,244	0,247	0,250	0,254	0,257	0,260	0,264	0,267
	120	0,219	0,223	0,226	0,229	0,232	0,236	0,239	0,242
	140	0,199	0,203	0,206	0,209	0,212	0,216	0,219	0,222
	160	0,183	0,186	0,189	0,192	0,196	0,199	0,202	0,205
	180	0,169	0,172	0,175	0,178	0,181	0,185	0,188	0,191
	200	0,157	0,160	0,163	0,166	0,169	0,172	0,175	0,179
	220	0,146	0,149	0,152	0,156	0,159	0,162	0,165	0,168
	240	0,137	0,140	0,143	0,146	0,149	0,152	0,155	0,158

1) Hohlraumdicke (Bild **8.**31 a).
2) Dämmschichtdicke (Bild **8.**31 b).

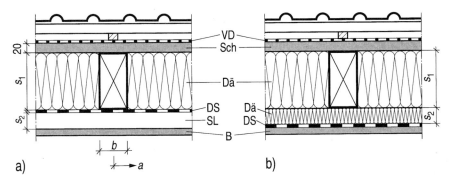

Bild **8.31**   Zu Tafel **8.6**: Dachquerschnitt mit Vordeckung VD auf Schalung Sch und Vollsparrendämmung;
a) ohne, b) mit unterseitiger Dämmschicht

Tafel **8.7** Mittlerer Wärmedurchgangskoeffizient k_m für Dachquerschnitt nach Bild **8.32**

s_2	s_1	b/a							
mm	mm	0,06	0,08	0,10	0,12	0,14	0,16	0,18	0,20
30	60	0,375	0,379	0,382	0,386	0,390	0,393	0,397	0,400
	80	0,320	0,324	0,327	0,331	0,335	0,339	0,343	0,347
	100	0,279	0,283	0,287	0,291	0,295	0,299	0,303	0,307
	120	0,247	0,251	0,255	0,259	0,263	0,267	0,271	0,275
	140	0,222	0,226	0,230	0,234	0,238	0,242	0,246	0,250
	160	0,202	0,206	0,210	0,214	0,217	0,221	0,225	0,229
	180	0,185	0,189	0,193	0,196	0,200	0,204	0,208	0,211
	200	0,171	0,175	0,178	0,182	0,185	0,189	0,193	0,196
40	60	0,349	0,352	0,355	0,358	0,361	0,364	0,367	0,370
	80	0,300	0,303	0,307	0,310	0,313	0,317	0,320	0,323
	100	0,263	0,267	0,270	0,274	0,277	0,281	0,284	0,288
	120	0,235	0,239	0,242	0,246	0,249	0,253	0,256	0,260
	140	0,212	0,216	0,219	0,223	0,226	0,230	0,233	0,237
	160	0,194	0,197	0,200	0,204	0,207	0,211	0,214	0,218
	180	0,178	0,181	0,185	0,188	0,192	0,195	0,198	0,202
	200	0,165	0,168	0,171	0,175	0,178	0,181	0,185	0,188
60	60	0,298	0,300	0,302	0,304	0,306	0,308	0,310	0,313
	80	0,261	0,264	0,266	0,268	0,271	0,273	0,276	0,278
	100	0,233	0,235	0,238	0,240	0,243	0,246	0,248	0,251
	120	0,210	0,213	0,215	0,218	0,221	0,223	0,226	0,229
	140	0,192	0,194	0,197	0,200	0,202	0,205	0,208	0,210
	160	0,176	0,179	0,182	0,184	0,187	0,190	0,192	0,195
	180	0,163	0,166	0,168	0,171	0,174	0,176	0,179	0,182
	200	0,152	0,154	0,157	0,160	0,162	0,165	0,169	0,170

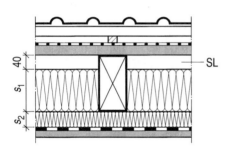

Bild **8.32**
Zu Tafel **8.**7: Dachquerschnitt mit Vordeckung auf Schalung mit Hohlraum (stehende Luft SL, für Wärmeschutz berücksichtigt) und unterseitiger Dämmschicht

8.7 Schallschutz

8.7.1 Aufgaben für geneigte Dächer

Dächer über Aufenthaltsräumen haben im Bedarfsfall zwei Aufgaben zu erfüllen:
a) Beitrag zum Schallschutz gegenüber Außenlärm
b) Beitrag zur Schalldämmung zwischen Aufenthaltsräumen.

Beim Schallschutz gegenüber Außenlärm handelt es sich um den direkten Schalldurchgang durch das Dach, ausgedrückt durch dessen R'_w-Wert (vgl. Abschn. 3.5.4.2). Maßgebend im Fall eines erforderlichen Nachweises des Schallschutzes für einen Aufenthaltsraum im Dachgeschoß ist jedoch nicht die Schalldämmung des Dachquerschnitts allein, sondern das Zusammenwirken aller in der jeweiligen Situation beteiligten Bauteile (Beispiel siehe Abschn. 3.5.4.3).

Unabhängig vom Schallschutz gegenüber Außenlärm beeinflußt das geneigte Dach auch die Schalldämmung zwischen nebeneinanderliegenden Aufenthaltsräumen im Dachgeschoß, nämlich als flankierendes Bauteil für Trennwände, ausgedrückt durch sein bewertetes Schall-Längsdämm-Maß R_{Lw}.

8.7.2 Schalldämmung gegenüber Außenlärm (R'_w)

8.7.2.1 Einflußgrößen

Wie bei anderen trennenden Holzbauteilen auch hängt die Schalldämmung von Dächern vor allem von folgenden konstruktiven Parametern ab: Schalenabstand, Hohlraumdämpfung, d.h. Art und Dicke der Dämmschicht im Gefach, Koppelung der Schalen, d.h. Sparrenabstand und Befestigung vor allem der unteren Schale, Masse und Biegesteifigkeit dieser Schale. Weitere Einzelheiten hierzu sind in Abschn. 7.6.2.3 dargelegt.

8.7.2.2 Konstruktionen nach DIN 4109, Rechenwerte R'_{wR}

In den Bildern **8.33** und **8.34** sind die Ausführungen nach DIN 4109 Beiblatt 1 mit den zugehörigen Rechenwerten R'_{wR} dargestellt, die ohne weiteren Nachweis eingesetzt werden dürfen, wenn die vorgegebenen konstruktiven Bedingungen (Materialien, Ab-

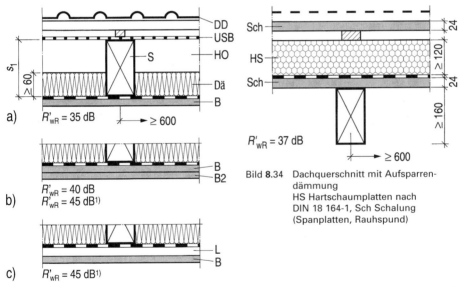

Bild **8.34** Dachquerschnitt mit Aufsparrendämmung
HS Hartschaumplatten nach DIN 18 164-1, Sch Schalung (Spanplatten, Rauhspund)

Bild **8.33** Belüftete oder nicht belüftete Dachquerschnitte nach DIN 4109 Bbl. 1 mit den zugehörigen R'_{wR}-Werten
a) Bekleidung 1lagig, an den Sparren direkt befestigt, s_1 beliebig; b) wie a) jedoch 2lagig, $s_1 \geq 160$ mm
c) Bekleidung auf Lattung, $s_1 \geq 160$ mm
DD Dachdeckung auf Trag- und erff. Konterlattung, USB Unterspannbahn oder andere obere Abdeckung, S Sparren, HO Hohlraum, belüftet oder nicht belüftet, Dä Faserdämmstoff, Strömungswiderstand $\Xi > 5$ kN · s/m⁴, B Bekleidung, B2 zusätzliche Bekleidung mit $m' \geq 6$ kg/m², L Lattung
1) R'_{wR}-Wert gilt für dichtere Dachdeckung, z.B. Falzdachziegel nach DIN 456 oder Betondachsteine nach DIN 1115

messungen) eingehalten werden. Die genannten Werte sind – da sie allgemein gelten sollen – naturgemäß mit einem größeren Vorhaltemaß behaftet. Daher lohnt es sich im Bedarfsfall schon bei geringfügigen Abweichungen durchaus (s. Abschn. 8.7.2.3), bauakustische Prüfungen vornehmen zu lassen, die bei Dachkonstruktionen praktisch nur im Prüfstand erfolgen können.

8.7.2.3 Weitere Ergebnisse

In den Bildern **8.35** und **8.36** wird für die dort dargestellten Konstruktionen angedeutet, welche Rechenwerte R'_{wR} – abweichend von DIN 4109 Bbl. 1 – bei Durchführung bauakustischer Prüfungen möglich sind. Bei den angegebenen Werten handelt es sich um vorsichtige Schätzungen, teilweise unter Auswertung interner Messungen.

$R'_{wR} \approx 38$ bis 43 dB[1)]

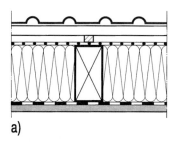

a)

$R'_{wR} \approx 45$ bis 48 dB[1)]

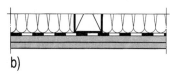

b)

Bild **8.35** Dachquerschnitte mit vorsichtigen Schätzwerten für R'_{wR}
a) analog Bild 8.33a)
b) analog Bild 8.33b)
1) Siehe Bild 8.33

$R'_{wR} \approx 45$ bis 48 dB[1)]

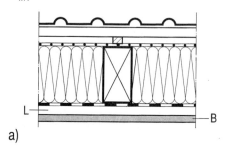

L

B

a)

$R'_{wR} \approx 45$ bis 50 dB[1)]
$R'_{wR} = 54$ dB[1)2)]

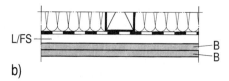

L/FS

B
B

b)

Bild **8.36** Dachquerschnitte mit Schätzwerten für R'_{wR}
a) analog Bild 8.33c), Bekleidung 1lagig,
b) Bekleidung 2lagig
1) Siehe Bild 8.33
2) Aus Meßwert (Vorhaltemaß 2 dB abgezogen), Federschienen FS anstatt Lattung L

Wie aus den Werten in Bild **8.36**b hervorgeht, wirkt sich die „weichere" Koppelung bei Verwendung von Federschienen für die Befestigung der unterseitigen Bekleidung auf das Ergebnis äußerst positiv aus.

In Bild **8.37** sind noch einmal die wesentlichen Befestigungsmöglichkeiten zusammengestellt. Bild a) zeigt die härteste, d. h. schallschutztechnisch ungünstigste Koppelung; die nur noch punktförmige Verbindung der Querlattung in b) bringt schon eine Verbesserung, wie die vorangegangenen Beispiele zeigen. Eine weitere Verbesserung ergibt die Federschiene an Stelle der Lattung (c), wegen ihrer geringeren Steifigkeit und wegen des Schlupfes in ihrem Anschluß; noch bessere Werte sind bei der Verwendung einer Lattung zu erreichen, die über spezielle Blech-Abhänger mit dem Sparren verbun-

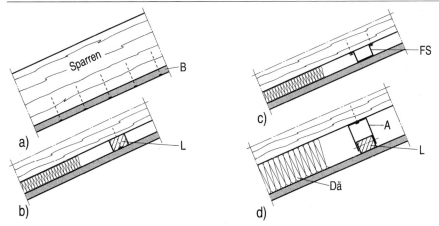

Bild **8.**37 Häufigste Befestigungsarten für die unterseitige Bekleidung
a) direkter, linienförmiger Anschluß der Bekleidung B an den Sparren, b) punktförmiger Anschluß über Lattung L, c) Federschiene FS, d) Lattung mit speziellen Blech-Abhängern A Dä Dämmschicht (evtl.)

den ist (Bild d), zumal hier zusätzlich noch eine Vergrößerung des Schalenabstands möglich ist, unabhängig von der weiteren Verbesserung der Hohlraumdämpfung durch Ausfüllen des Hohlraums mit Faserdämmstoffen.

8.7.3 Schall-Längsdämmung des Daches (R_{Lw})

8.7.3.1 Einflußgrößen

Da die resultierende Schalldämmung zwischen 2 benachbarten Räumen auch von der Schall-Längsdämmung der flankierenden Bauteile abhängt (s. Abschn. 3.5.5.3) und z.B. ein kleines Schall-Längsdämm-Maß R_{Lw} der Dachschräge eine für sich hervorragende Schalldämmung einer Trennwand entscheidend verschlechtern kann, hat das Dach eine zusätzliche schallschutztechnische Aufgabe zu erfüllen, wenn es um den Schallschutz innerhalb eines Gebäudes oder zwischen benachbarten Gebäuden geht.

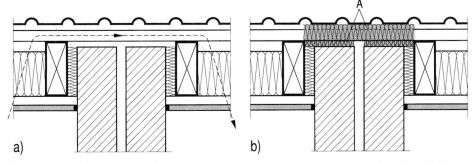

Bild **8.**38 a) Drastische Verschlechterung der sehr guten Schalldämmung einer zweischaligen Gebäudetrennwand (R'_{wR} = 67 dB) durch schallschutztechnisch ungünstigen Anschluß an Dachschräge (R_{LwR} = 51 dB), so daß die Anforderung R'_w = 57 dB von der resultierenden Schalldämmung R'_{wR} = 51 dB weit unterschritten wird; nach Gl (3.25):
$R'_{wR} = -10 \cdot \lg(10^{-6,7} + 10^{-5,1}) = 51$ dB
b) Verbesserung durch Anordnung eines Absorbers A, Annahme ΔR_{LwR} = 10 dB, so daß R_{LwR} = 51 + 10 = 61 dB und somit $R'_{wR} = -10 \cdot \lg(10^{-6,7} + 10^{-6,1}) = 60$ dB > 57 dB

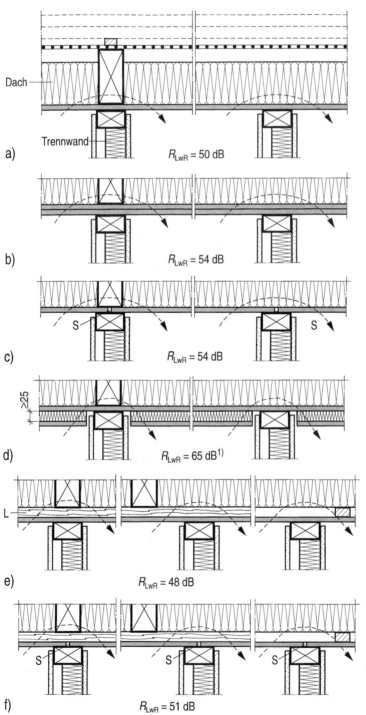

a) $R_{LwR} = 50 \text{ dB}$

b) $R_{LwR} = 54 \text{ dB}$

c) $R_{LwR} = 54 \text{ dB}$

d) $R_{LwR} = 65 \text{ dB}^{1)}$

e) $R_{LwR} = 48 \text{ dB}$

f) $R_{LwR} = 51 \text{ dB}$

Bild **8.39**
Rechenwerte R_{LwR} des bewerteten Schall-Längsdämm-Maßes für den Anschluß flankierendes Dach – Trennwand, sinngemäß nach DIN 4109 Bbl. 1, jeweils links Trennwand parallel zum Sparren, rechts Trennwand quer zum Sparren
a) Bekleidung 1lagig, direkt befestigt; b) Bekleidung 2lagig, direkt befestigt; c) Bekleidung 1lagig, direkt befestigt, Stoßfuge S über Trennwand; d) wie a), jedoch mit raumseitiger Vorsatzschale aus mineralischem Faserdämmstoff und Gipsbauplatte, im Trennwandbereich unterbrochen; e) Bekleidung 1lagig, auf Lattung L; f) wie e), jedoch mit Bekleidungsstoß oberhalb Trennwand

Das in dieser Situation bedeutsame Schall-Längsdämm-Maß R_{Lw} des Daches hängt dabei weniger von seiner Eigenschaft bezüglich des direkten Schalldurchgangs ab (R'_w) als vielmehr von der Ausbildung des Anschlusses an das trennende Bauteil. Nach den grundlegenden Ausführungen in Abschn. 3.5.5.3 kann das resultierende Schalldämm-Maß R'_w zwischen den beiden Räumen nie größer sein als das schwächste Glied in der Kette, so daß – sofern es wirtschaftlich sinnvoll ist – alles versucht werden sollte, den Anschluß Dach – Trennwand nicht zum schwächsten Glied werden zu lassen.

Ein krasses Beispiel aus der Praxis ist in Bild **8.**38 dargestellt: Als Gebäudetrennwand wurde eine zweischalige Ausführung in Massivbauart mit einem besonders guten Rechenwert $R'_{wR} = 67$ dB gewählt, so daß die Anforderung $R'_w = 57$ dB scheinbar mühelos erreichbar war. Allerdings wurde der Anschluß an die Dachschräge dermaßen ungünstig ausgebildet, daß dort nur ein Schall-Längsdämm-Maß von ca. $R_{LwR} = 51$ dB (analog Tafel **10.**7, Zeile 2, s. auch Bild **8.**39 c)) vorhanden war, so daß die Anforderung jetzt weit unterschritten wurde ($R'_{wR} = 51$ dB $<$ erf $R'_w = 57$ dB).

8.7.3.2 Ausbildungen nach DIN 4109 Bbl. 1

Zwar sind im Beiblatt 1 die Anschlüsse Dach – Wand nicht gesondert aufgeführt, jedoch lassen sich hierfür die Angaben für die gleichartigen Anschlüsse Wand – obere Decke und Wand – untere Decke näherungsweise übertragen, wenn die Ausbildungsprinzipien gleich sind.

In Bild **8.**39 sind verschiedenartige Situationen dargestellt, die den weitaus größten Teil der in der Praxis vorhandenen Ausbildungen abdecken. Sie gelten selbstverständlich wieder unter der Voraussetzung, daß die Anschlüsse schallschutztechnisch dicht ausgeführt sind. Bedingung ist ferner, daß für sämtliche Dämmstoffe mineralische Faserdämmstoffe DIN 18 165-1 mit $\Xi \geq 5$ kN · s/m^4 sowie für die Bekleidungen 12,5 oder 15 mm Gipsbauplatten oder 13 bis 16 mm Spanplatten nach DIN 68 763 verwendet werden.

8.7.3.3 Weitere Ergebnisse

Erwähnenswerte Meßergebnisse für die Längsschalldämmung von Dächern, die die aus DIN 4109 Bbl. 1 ableitbaren R_{LwR}-Werte vervollständigen könnten, sind – zumindest für die Zwischensparrendämmung – nicht allgemein bekannt geworden.

8.8 Brandschutz

8.8.1 Allgemeines

Wie bereits in Abschnitt 3.6.2 ausgeführt, ergeben sich die brandschutztechnischen Anforderungen aus den Vorschriften der Bauordnungen der einzelnen Ländern (LBO) und den zugehörenden Ausführungsverordnungen.

Bei freistehenden Wohngebäuden werden im allgemeinen keine Anforderungen an die Dachkonstruktionen gestellt. Dagegen wird in den meisten Ländern folgendes gefordert:

a) Bei aneinandergebauten, giebelständigen Gebäuden (z. B. Einfamilien-Reihenhäusern, vgl. Bild **8.**40) sind die Dächer für eine Brandbeanspruchung von innen mindestens feuerhemmend (Feuerwiderstandsklasse F30-B nach DIN 4102-2) auszubilden, wobei Öffnungen in den Dachflächen mindestens 2 m von der Gebäudetrennwand entfernt liegen müssen. Damit soll hier – wo eine Brandübertragung auf das Nachbargebäude wesentlich leichter möglich ist als bei freistehenden Gebäuden – verhindert werden, daß eine Entflammung der Dachoberfläche oder ein Versagen der Dachkonstruktion auftritt, bevor die Bekämpfungsmaßnahmen wirksam werden.

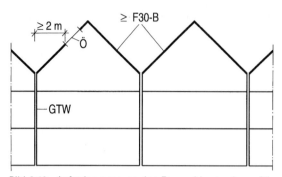

Bild **8.40** Anforderungen an den Feuerwiderstand von Dächern bei aneinandergebauten, giebelständigen
Gebäuden
GTW Gebäudetrennwand, Ö Öffnung (z.B. Dachflächenfenster)

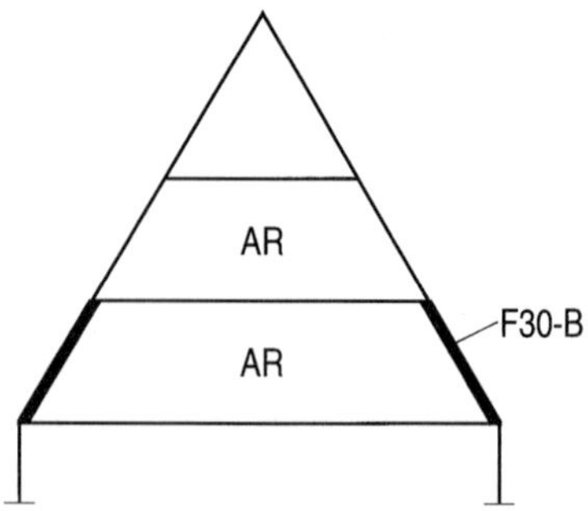

Bild **8.41** Aufenthaltsräume AR in 2
Dachgeschossen, Anforde-
rungen an den Feuerwider-
stand des Daches im unte-
ren Geschoß

b) Sofern sich Aufenthaltsräume in mehr als in einem Dachgeschoß befinden (Bild
8.41), ist die Dachkonstruktion des unteren Geschosses mindestens in der Feuerwiderstandsklasse F30-B auszuführen.

8.8.2 Harte Bedachung

Im Regelfall wird für Dächer eine harte Bedachung, d.h. gegen Flugfeuer und strahlende Wärme widerstandsfähig, gefordert. Nach DIN 4102-4 kommen dafür z.B. folgende Bedachungen ohne weiteren Nachweis in Frage (s. Bild **8.42**):
— Aus natürlichen und künstlichen Steinen der Baustoffklasse A sowie aus Beton oder
Ziegel (Bild a)
— mit oberster Lage aus mindestens 0,5 mm Metallblech (Bild b)
— fachgerecht verlegte Bahnen, mindestens 2lagig, auch auf Wärmedämmstoffen mindestens der Klasse B2, unter Verwendung von
1. Bitumen-Dachbahnen DIN 52 128, -Dachdichtungsbahnen DIN 52 130, -Schweiß-
bahnen DIN 52 131
2. Glasvlies-Bitumen-Dachbahnen DIN 52 143 (Bilder c und d)
— beliebige Bedachung mit vollflächiger Abdeckung aus mindestens 5 cm dicker
Schüttung aus Kies 16/32, aus mindestens 4 cm Betonwerksteinplatten oder anderen
mineralischen Platten.

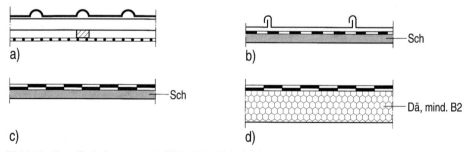

Bild **8.42** Harte Bedachungen nach DIN 4102-4 (Beispiele)
a) Dachsteine oder -ziegel, b) Blechdeckung, c) Dachbahnen 2lagig auf Schalung Sch, d) Dachbahnen 2lagig auf Wärmedämmstoffen Dä (mindestens Klasse B2)

8.8.3 Dachkonstruktionen F 30-B ohne weiteren Nachweis

Nachfolgend werden für die in der Praxis am häufigsten eingesetzten Dachkonstruktionen die konstruktiven Bedingungen genannt, die nach DIN 4102-4 bei Dächern „F30-B für Brandbeanspruchung von innen" einzuhalten sind, sofern kein gesonderter Nachweis erfolgen soll.

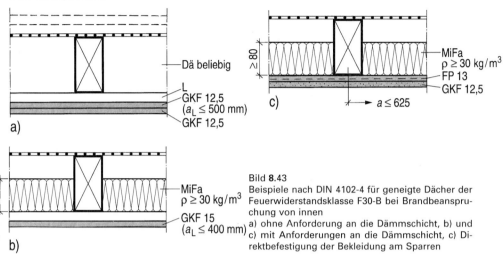

Bild 8.43
Beispiele nach DIN 4102-4 für geneigte Dächer der Feuerwiderstandsklasse F30-B bei Brandbeanspruchung von innen
a) ohne Anforderung an die Dämmschicht, b) und c) mit Anforderungen an die Dämmschicht, c) Direktbefestigung der Bekleidung am Sparren

Bild 8.43 zeigt 3 Möglichkeiten für die Ausbildung von geneigten Dächern mit unterseitiger Bekleidung, die jeweils für belüftete oder unbelüftete Querschnitte gelten:

a) Hierbei existieren keine Anforderungen bezüglich einer Dämmschicht im Gefach; die Bekleidung (mit den Sparren direkt oder über Lattung L befestigt) besteht aus 2 Gipskarton-Feuerschutzplatten GKF 12,5 mm bei einem Unterstützungsabstand (Lattung) $l \leq 500$ mm

b) unterseitige Bekleidung 1lagig aus Gipskartonplatten GKF 15 mm, Unterstützungsabstand $l \leq 400$ mm, erforderliche Zwischensparrendämmung aus mineralischen Faserdämmstoffen mit $s_{Dä} \geq 80$ mm und $\varrho \geq 30$ kg/m^3

c) 2lagige Bekleidung aus Spanplatten FP 13 mm und Gipskartonplatten GKF 12,5 mm, direkt befestigt, Unterstützungsabstand $l \leq 625$ mm, erforderliche Dämmschicht aus mineralischen Faserdämmstoffen mit $s_{Dä} \geq 80$ mm und $\varrho \geq 30$ kg/m^3

Folgende konstruktive Randbedingungen sind dabei einzuhalten:

1. Die Bekleidungen müssen eine in brandschutztechnischer Hinsicht geschlossene Schicht bilden, z.B. müssen die Fugen von Gipskartonplatten gespachtelt sein.

2. Im Falle von Bild b) und c) muß der Mineralfaserdämmstoff der Baustoffklasse A angehören und einen Schmelzpunkt $\geq 1000°$C besitzen.

3. Mineralfaserdämmplatten sind durch strammes Einpassen und durch zusätzliches Anleimen an die Sparren gegen Herausfallen zu sichern. Auf das zusätzliche Anleimen darf verzichtet werden, wenn die Dämmplatten auf einer Querlattung liegen (Bild b).

Grundsätzlich läßt sich die Brandschutz-Anforderung F30-B auch bei Dachquerschnitten mit freiliegenden Sparren (Aufsparrendämmung) erfüllen, jedoch ist damit ein wesentlich größerer konstruktiver Aufwand verbunden, s. DIN 4102-4, Abschn. 5.4.4.

9 Flachdächer

9.1 Konstruktionsprinzipien und Merkmale

9.1.1 Querschnittstypen

Folgende Querschnittstypen sind im Holzbau üblich (Bild **9**.1):

a) Belüfteter Querschnitt

Noch vor wenigen Jahrzehnten wurde diese Ausbildung im Holzhausbau am häufigsten angewandt. Aber schon damals, also noch lange vor der heutigen Holzschutz-Diskussion, machten sich einige gravierende Mängel bemerkbar, die dazu geführt haben, daß der belüftete Querschnitt heute weitgehend durch nicht belüftete Ausbildungen ersetzt wird, s. auch Abschn. 9.2.

b) Nicht belüfteter Querschnitt mit Zwischendämmung

Dieser Querschnitt mit stehender Luftschicht (b1) oder Volldämmung (b2) kann bezüglich des Feuchteschutzes nach DIN 4108-3 mühelos bemessen und rechnerisch als „einwandfrei" klassifiziert werden. Trotzdem ist von seiner Anwendung dringend abzuraten, da er bei außerplanmäßiger, z. B. eingeschlossener erhöhter Materialfeuchte oder nachträglich eindringender Feuchte, stark gefährdet ist, s. Abschn. 9.2.

c) Nicht belüfteter Querschnitt mit oberseitiger Dämmung

Diese Ausbildung, ob als Regelkonstruktion (c1) oder als »Umkehrdach« (c2) ausgeführt, ist feuchteschutztechnisch wesentlich robuster als die zuvor genannten und wird heute vor allem im Fertighausbau gern angewandt. Eine zusätzliche Dämmschicht aus mineralischen Faserdämmstoffen im Gefach kann darüber hinaus die schall- und brandschutztechnischen Eigenschaften dieses Querschnittes u. U. wesentlich verbessern.

d) Querschnitt mit sichtbaren Balken

Hinsichtlich des Feuchteschutzes ist diese Ausbildung (Bild d1) unkompliziert; sie hat dafür aber gegenüber den vorangegangenen Querschnitten Nachteile hinsichtlich des Schall- und Brandschutzes, wobei letzterer allerdings nur selten maßgebend wird. Bei einem solchen »Umkehrdach« (Bild d2) ist es nicht ausgeschlossen, daß sich während der warmen Jahreszeit bei schwüler Witterung nach einem kalten Gewitterguß infolge der Unterwanderung der Dämmschicht durch Niederschläge an der Unterseite der Dachschalung vorübergehend Tauwasser einstellt, da wegen der geringen Wärmespeicherkapazität der Schalung dort schnell die Taupunkttemperatur der Raumluft unterschritten werden kann. Irgendwelche Schäden aus dieser Beanspruchung sind bisher jedoch nicht bekannt geworden.

9.1.2 Dachdichtung und Schalung

Die Herstellung der Dachabdichtung erfolgt nach den „Richtlinien für die Planung und Ausführung von Dächern mit Abdichtungen – Flachdachrichtlinien –" des Zentralverbands des Deutschen Dachdeckerhandwerks. Die Anforderungen an die Ausführung sind vor allem von der Dachneigung abhängig, wobei die Dachneigungsgruppen I ($\leq 3°$) bis IV ($> 20°$) unterschieden werden. In aller Regel kommen Ausführungen mit

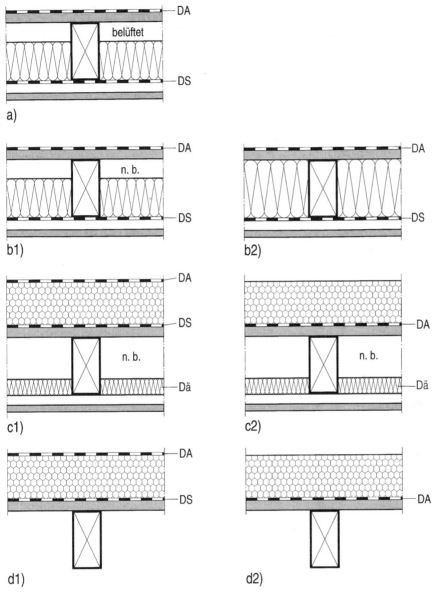

a) belüftet

DA

DS

b1) n. b.

DA

DS

b2)

DA

DS

c1) n. b.

DA

DS

Dä

c2) n. b.

DA

DA

Dä

d1)

DA

DS

d2)

DA

DA

Bild **9.1** Beispiele für Konstruktionstypen von Flachdächern in Holzbauart, schematische Darstellung, u. a. sind keine Einzelheiten zur Dachabdichtung (z. B. Kiesauflage) oder zur unteren Bekleidung (z. B. Querlattung) eingezeichnet

a) belüftet; b) nicht belüftet, mit Zwischendämmung, Anmerkung: diese Ausbildung ist gegenüber außerplanmäßig einwirkender Feuchte im Bauteilquerschnitt hoch empfindlich (s. auch Bild **9.**6), b1) Teildämmung, b2) Vollsparrendämmung; c) mit oberseitiger Dämmung, c1) Standard-Ausbildung, c2) »Umkehrdach« (*Anmerkung:* die zusätzliche Dämmschicht im Gefach ist nicht grundsätzlich erforderlich); d) sichtbare Balken, d1) Standard-Ausbildung, d2) »Umkehrdach«

DA Dachabdichtung, DS Dampfsperre, n.b. nicht belüftet, Dä evtl. zusätzliche Dämmschicht im Gefach

Bitumenbahnen (mehrlagig) oder hochpolymeren Dachbahnen (einlagig) sowie ihre Kombinationen zur Anwendung. Die in früheren Jahren aufgetretenen Schäden bei einlagigen Kunststoffdachbahnen infolge Versprödung des Materials durch Weichmacherwanderung gehören wohl der Vergangenheit an.

Leider besteht bezüglich der Mindestdachneigung bei Schalungen aus Holzwerkstoffen immer noch eine Diskrepanz zwischen den Flachdachrichtlinien und der für die statische Bemessung maßgebenden DIN 1052 als bauaufsichtlich eingeführte Norm und somit als „allgemein anerkannte Regel der Technik". Während die Richtlinien für Spanplatten und Bau-Furniersperrholz – nicht jedoch für Holzschalungen – eine Mindestdachneigung von 3° vorgeben, liegt dieser Wert nach DIN 1052-1 bei 2%, d. h. bei ca. 1°, der überdies nicht eingehalten zu werden braucht, d. h. auch 0° sind möglich, wenn beim statischen Nachweis eine evtl. auftretende Wassersackbildung berücksichtigt wird.

Hinsichtlich der statisch-konstruktiven Ausbildung von Flachdächern unterscheidet man im wesentlichen (s. Bild **9.2**):

a) Balkendecken mit aufliegender Dachschalung, die zur Aufnahme lotrechter Lasten dient und erforderlichenfalls zugleich Bestandteil der Dachscheibe ist, sowie

b) Decken in Tafelbauart mit einseitiger (b1) oder beidseitiger Beplankung (b2), wobei die Beplankung nicht nur als Schalung, sondern auch im Verbund mit den Deckenrippen statisch mitwirkt. Wegen der letztgenannten Funktion kommen hierfür nur Holzwerkstoffe in Frage, während Brettschalungen nicht geeignet sind.

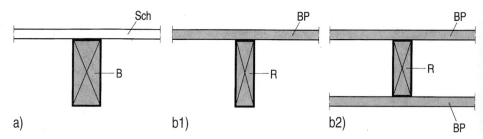

Bild **9.2**   Tragende Querschnitte von Flachdächern in Holzbauart
      a) Balken B mit aufliegender Schalung Sch; b) Decken in Holztafelbauart aus Rippen R und Beplankungen BP, b1) einseitig beplankt, b2) beidseitig beplankt

9.2   Belüfteter oder nicht belüfteter Querschnitt

Wenn heute das nicht belüftete Dach (Bild **9.**1) weitestgehend angewandt wird oder nach Feuchteschäden oft eine „Umrüstung" von einem belüfteten Dach in ein nicht belüftetes erfolgt, dann geschieht das vor allem auf Grund folgender, zum Teil schwerwiegender Nachteile des belüfteten Querschnitts:

1. Mit den gestiegenen Anforderungen an den Wärmeschutz wurde die erforderliche Dämmschichtdicke im Gefach immer größer, die Dicke des belüfteten Hohlraums und damit die vorhandene Strömungsgeschwindigkeit immer geringer; dadurch ergibt sich eine wachsende Tauwassergefahr für die Unterseite der oberen Schalung.

2. Im Bereich von Durchdringungen des Flachdach-Querschnitts (z. B. Schornstein, Rohrdurchführungen) kann eine unzulässig starke Beeinträchtigung der Belüftung mit anschließender Tauwasserbildung erfolgen (s. auch Abschn. 15.4.5).

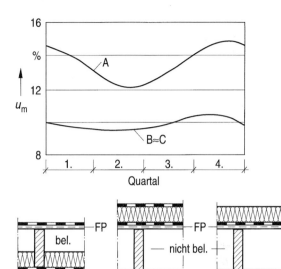

Bild **9.3**
Flachdächer; gemessener jahreszeitlicher Verlauf der mittleren Holzfeuchte u_m für die obere Spanplatten-Schalung FP-V100G (Messungen OKAL, aus [7])

a) belüftet, b) nicht belüftet, c) Umkehrdach

3. Auch im „planmäßigen" Zustand (d. h. ohne Tauwasserbildung) können größere, hygroskopisch bedingte Feuchteänderungen der oberen unterlüfteten Schalung auftreten, die bei Spanplatten V 100 G (vor allem bei den früher verwendeten phenolharzverleimten Platten) größere Formänderungen in Plattenebene und damit auch Aufwölbungen senkrecht dazu bewirkten. Bild **9.3** zeigt einen typischen, gemessenen Feuchteverlauf in der oberen Spanplatte für belüftete und nicht belüftete Querschnitte.

Die Folge war, daß belüftete Dächer sehr „unruhig" waren (oftmalige Knackgeräusche durch Schwind- und Quellverformungen der Spanplatten). Wurde ferner vergessen, zwischen den einzelnen Spanplatten oder Dachelementen Dehnungsfugen anzuordnen, dann konnten sich die Verformungen der Spanplatten quer zur Spannrichtung der Balken summieren und an den Gebäudeenden Größenordnungen erreichen, die in fest angeschlossenen, starren Bauteilen (z. B. Mauerwerk) zu Schäden führten (Bild **9.4**).

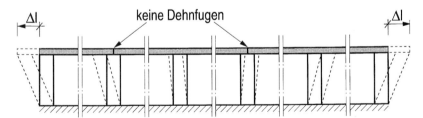

Bild **9.4** Längenänderung Δl der oberen Spanplatten-Schalung bei belüfteten Flachdächern, allein infolge hygroskopisch bedingter Feuchteänderungen der Platten (schematisch)

4. Bei belüfteten Dächern sind, allerdings unter extremen klimatischen Bedingungen, Feuchteschäden durch größere Flugschneemassen im Hohlraum aufgetreten (s. Abschn. 15.4.2);

5. Die Deckenunterseite muß in allen Fällen genügend dampfsperrend, vor allem aber dauerhaft luftdicht ausgebildet sein, da der Querschnitt sonst infolge Wasserdampf-Konvektion stark tauwassergefährdet wäre. Auch hier ist – konstruktionbedingt – das nicht belüftete Dach (Bild **9.**1c) gegenüber dem belüfteten (Bild a) eindeutig im Vorteil, da beim unbelüfteten die Funktion der luftdichten Schicht (hier = Dampfsperre) durch evtl. Undichtigkeiten in der unteren Bekleidung, z. B. infolge Rohrdurchführungen oder im Anschlußbereich an andere Bauteile, nicht beeinträchtigt wird. Dieser Nachteil des belüfteten Daches könnte nur durch einen größeren baulichen Aufwand, z. B. in Form einer zusätzlichen »Installationsebene« an der Unterseite (s. z. B. Bild **12.**3), beseitigt werden.

6. Auch bei einwandfrei belüfteten Querschnitten kann Tauwasserbildung an der Unterseite der oberen Schalung generell nicht ausgeschlossen werden, wenn die Dachabdichtung unmittelbar auf der Schalung angeordnet ist. Die Ursache liegt in der sog. »Sekundär«-Tauwasserbildung infolge nächtlicher Abkühlung der Dachoberfläche unter die Außenlufttemperatur (Einzelheiten hierzu s. Abschn. 15.4.7).

7. Auch bezüglich des chemischen Holzschutzes weist das belüftete Dach große Nachteile auf (Abschn. 9.3).

Aus den genannten Gründen beziehen sich die nachfolgenden Ausführungen überwiegend auf den nicht belüfteten Querschnitt.

9.3 Holzschutz

In DIN 68800 wird jetzt nach der Neufassung des Teils 2 (s. auch Abschn. 3.7.3) auch beim Flachdach – auf Grund der großen Unterschiede im feuchteschutztechnischen Verhalten beider Querschnittstypen – bezüglich vorbeugender chemischer Maßnahmen sehr stark zwischen dem belüfteten und dem nicht belüfteten Dach unterschieden (Bild **9.**5):

a) Belüftetes Dach
Balken: Gefährdungsklasse GK 2 (Iv,P-Mittel) nach DIN 68 800-3
Dachschalung aus Brettern: GK 2
Dachschalung aus Holzwerkstoffen: V 100 G nach DIN 68 800-2 (pilzgeschützt)

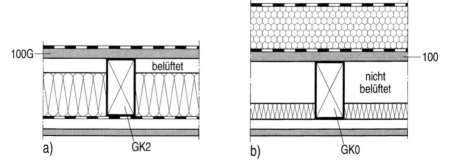

Bild **9.**5   Erforderlicher vorbeugender Holzschutz nach DIN 68800 für Flachdächer
a) belüftet, Balken und Dachschalung mit chemischem Holzschutz; b) nicht belüftet, kein chemischer Holzschutz für Balken und Dachschalung

b) Nicht belüftetes Dach (DIN 68800-2)

Balken: GK 0 (ohne chemischen Holzschutz)
Dachschalung aus Brettern: GK 0
Dachschalung aus Holzwerkstoffen: V 100 (d.h. ohne chemischen Holzschutz)

Allein mit diesem Argument des eliminierten chemischem Holzschutzes dürfte ein Wechsel vom belüfteten zum nicht belüfteten Dach nicht schwerfallen.

9.4 Wärmeschutz

Der rechnerische Nachweis des vorhandenen Wärmeschutzes von Flachdächern nach DIN 4108 bereitet keine Schwierigkeiten. Problematisch kann jedoch beim belüfteten Querschnitt die Einhaltung des zulässigen bzw. gewünschten k-Wertes (z.B. nach der Wärmeschutzverordnung oder bei »Niedrigenergiehäusern«) werden, da bei der Zwischendämmung im allgemeinen nur die (statisch bedingte) Gefachhöhe abzüglich der für die Belüftung erforderlichen Hohlraumdicke 50 mm zur Verfügung steht. Grundsätzlich bestünde dann durchaus die Möglichkeit, an der Dachunterseite eine zusätzliche Dämmschicht anzubringen, jedoch werden damit nicht die sonstigen Nachteile des belüfteten Querschnitts (s. Abschn. 9.2 und 9.3) aufgehoben.

Beim nicht belüfteten Dach nach Bild **9.**1c bestehen im Prinzip keine Zwänge bezüglich der Dämmschichtdicke oberhalb der Schalung. In jedem Fall sollte hier die Dampfsperre auf der oberen Schalung verlegt werden, um dem eigentlichen Dachquerschnitt die Möglichkeit zu geben, evtl. auftretende außerplanmäßige Feuchte nach unten abzugeben. Diese Anordnung der Dampfsperre bedingt, daß im Gefachbereich mindestens 2/3 des gesamten Wärmedurchlaßwiderstandes oberhalb der Dampfsperre angeordnet sein müssen, um in der Schalung Tauwasser infolge Wasserdampfdiffusion zu vermeiden.

Ein vollständiges Ausfüllen des Gefaches mit Dämmstoff und Anordnung der Dampfsperre an der Unterseite entsprechend Bild **9.**6 ist zwar auf der Grundlage von DIN 4108 möglich und kann den k-Wert nochmals wesentlich reduzieren, sollte jedoch unbedingt vermieden werden, da dieser Querschnitt – wie bereits in Abschn. 9.1 ausgeführt, vor

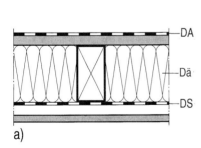
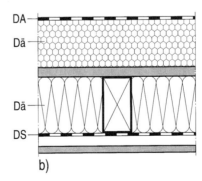

Bild **9.**6 Nicht belüftetes Flachdach mit voll gedämmtem Gefachbereich, a) ohne, b) mit zusätzlicher oberseitiger Dämmschicht: Von diesem beidseitig weitgehend dampfdicht abgesperrten Querschnitt muß abgeraten werden, da er über keine Austrocknungskapazität gegenüber eingeschlossener oder nachträglich eindringender Feuchte verfügt

Dä Wärmedämmschicht, DS Dampfsperre, DA Dachabdichtung

allem aber in Abschn. 8.5.5 rechnerisch nachgewiesen – keinerlei Austrocknungsmöglichkeit besitzt und somit gegen ungewollt auftretende Feuchte hochempfindlich ist.
Nachfolgend wird an Hand der beiden Ausbildungen nach Bild **9**.7 unter Verwendung nur weniger Zahlenwerte gezeigt, welche Unterschiede bezüglich des Wärmeschutzes zwischen einem belüfteten (a) und einem nicht belüfteten Querschnitt (b) im Prinzip möglich sind. Selbstverständlich ließe sich der belüftete Querschnitt durch eine zusätzliche unterseitige Dämmung verbessern, jedoch sind dieser Dämmschichtdicke wegen der Auswirkung auf die Geschoßhöhe und damit auf die Baukosten Grenzen gesetzt.
Bei der Ermittlung der k-Werte für die gewählten Beispiele, s. Tafeln **9**.1 und **9**.2, wurde der Wärmeschutz der übrigen Baustoffschichten nicht berücksichtigt.

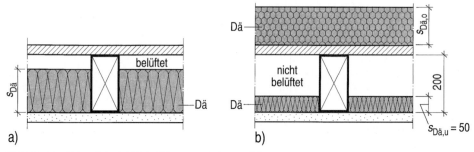

Bild **9**.7   Gewähltes Beispiel für belüftetes und nicht belüftetes Flachdach für rechnerischen Vergleich des Wärmeschutzes (schematisch, nicht alle Schichten eingezeichnet)
a) belüftet, Dämmschichtdicke $s_{Dä}$; b) nicht belüftet, oberseitige Dämmschichtdicke $s_{Dä,o}$, Zusatzdämmung im Gefach $s_{Dä,u}$ = 50 mm, angenommene Gefachhöhe 200 mm

Aus den Zahlenangaben ersieht man sofort den großen Vorteil des nicht belüfteten Querschnitts – auch bei gleichem Dämmstoffeinsatz, nämlich 200 mm nach Tafel **9**.1 einerseits und 50 + 150 mm nach Tafel **9**.2 –, da der Balkenbereich als Wärmebrücke durch die obere Zusatzdämmung entschärft ist. Wie man ferner sieht, ist z. B. auch $k = 0,15$ W/(m²K) bei einem nicht belüfteten Flachdach ohne weiteres realisierbar.

Tafel **9**.1   Wärmedurchgangskoeffizient k des belüfteten Flachdaches nach Bild **9**.7a) in Abhängigkeit von der Dämmschichtdicke $s_{Dä}$ (WLG 040) und vom Flächenanteil a des Balkenbereiches

$s_{Dä}$	k W/(m²K)	
mm	$a = 0,1$	$a = 0,2$
100	0,434	0,500
150	0,301	0,349
200	0,230	0,268

Tafel **9**.2   Wärmedurchgangskoeffizient k des nicht belüfteten Flachdaches nach Bild **9**.7b) in Abhängigkeit von der Dämmschichtdicke $s_{Dä,o}$ (WLG 040) und vom Flächenanteil a des Balkenbereiches

$s_{Dä,o}$	k W/(m²K)	
mm	$a = 0,1$	$a = 0,2$
100	0,243	0,243
150	0,187	0,186
200	0,152	0,151

9.5   Feuchteschutz

9.5.1   Dachabdichtung

9.5.1.1   Zusätzliche Maßnahmen für das belüftete Dach

Wenn auf Grund einer außergewöhnlichen Situation das belüftete Flachdach trotz seiner erwähnten schwerwiegenden Nachteile verwendet werden soll, dann ist daran zu denken, daß bei diesem Dach besondere Feuchtebeanspruchungen auftreten können, die – sofern überhaupt möglich – vermieden oder reduziert werden sollten:

a) Verbesserung der Belüftung

Bei 0°-Dächern mit größerer Belüftungslänge (mehr als etwa 10 m) empfiehlt sich die Anordnung von zusätzlichen Abluftöffnungen in Gebäudemitte (Bild **9.**8a). Eine gute Lösung ist auch, durch Anordnung eines Gefällekeils auf jedem Deckenbalken und Abluftöffnungen im First aus dem 0°-Dach ein schwach geneigtes Dach zu machen, wobei eine Dachneigung von etwa 1,5° bis 2° in aller Regel bereits ausreichend ist (Bild **9.**8b).

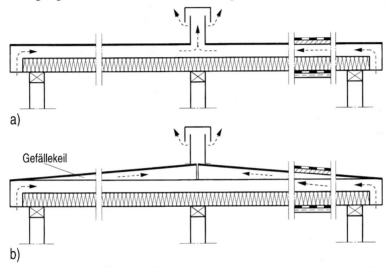

a)

Gefällekeil

b)

Bild **9.**8 Verbesserung der Belüftung von Flachdächern mit größeren Längen (schematisch)
a) durch zusätzliche Abluftöffnungen in Gebäudemitte; b) durch Herstellen eines geneigten Flachdaches (Neigung ca. 2°) mit zusätzlichen Abluftöffnungen im First

b) Dachschalung

Bei 0°-Dächern Verwendung einer auch bezüglich feuchtebedingter Formänderungen möglichst unempfindlichen Dachschalung, am besten Rauhspund, sofern aus statischen Gründen nichts dagegenspricht, d.h. sofern die Schalung nicht zusätzlich die Scheibenfunktion übernehmen muß.

c) Vermeidung von Sekundär-Tauwasser an der Unterseite der Dachschalung

S. hierzu Abschn. 15.4.7.

d) Flugschnee

Bei einer „guten" Belüftung und extremer Wettersituation (Flugschnee bei sehr tiefen Außentemperaturen) sind Schneeablagerungen im Dachquerschnitt oft nicht zu vermeiden, s. Abschn. 15.4.2.

9.5.2 Hinweise zum nicht belüfteten Flachdach

Alle Nachteile nach Abschn. 9.2, wie auch die bereits vorher erwähnten, können bei der nicht belüfteten Ausführung praktisch problemlos ausgeschaltet werden. Dafür ist bei diesem Dachtyp – wie auch beim belüfteten(!) und bei anderen Außenbauteilen –

jedoch große Sorgfalt bezüglich der Planung und Ausführung des Tauwasserschutzes erforderlich, und zwar a) bezüglich Wasserdampfdiffusion, vor allem aber b) bezüglich Wasserdampf-Konvektion (s. Abschn. 3.4.3).

Bei dem Schutz gegen die unbedingt zu vermeidende Wasserdampf-Konvektion kommt es wieder allein darauf an, die raumseitige Oberfläche oder eine oberflächennahe Schicht dauerhaft luftdicht auszubilden, und zwar sowohl in der Fläche als auch im Bereich von Durchdringungen und Anschlüssen an andere Bauteile. Ist diese Bedingung nur schwer einzuhalten, z.B. bei einer Anhäufung von Elektroinstallationen an der Dachunterseite, dann empfiehlt sich wieder eine gesonderte Installationsebene entsprechend Bild **9.9**. Erneut muß darauf hingewiesen werden, daß die Wasserdampf-Konvektion auch bei einem belüfteten Flachdach ernst genommen werden muß, um Bauschäden zu vermeiden.

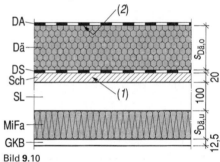

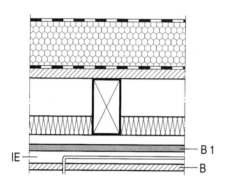

Bild **9.9**
Prinzip der zusätzlichen „Installationsebene" IE an der Unterseite des Flachdachs zur Aufnahme von Elektrokabeln oder dgl.
B1 Bekleidung, luftdicht; B Bekleidung, beliebig

Bild **9.10**
Gewählter Flachdachaufbau zur Ermittlung des maximalen Dickenverhältnisses $s_{Dä,u}/s_{Dä,o}$ der beiden Dämmschichten

GKB Gipskartonplatte, SL stehende Luft, DS Dampfsperre mit s_d = 100 m (vereinfachende Annahme, auf der sicheren Seite), DA Dachabdichtung mit s_d = 100 m (vereinfachende Annahme), MiFa mineralischer Faserdämmstoff WLG 040, Dä Dämmschicht WLG 040, Sch Holzschalung

Die luftdichte Schicht sollte möglichst unter Verwendung eines mechanisch robusten Baustoffes, z.B. Gipskartonplatten (mit verspachtelten Fugen), hergestellt werden. Nur in Sonderfällen sollte statt dessen eine Folie mit luftdicht ausgebildeten Überlappungen verwendet werden. Der besondere Vorteil der luftdichten Oberfläche an der sichtbaren Unterseite gegenüber einer Folie liegt in ihrer Kontrollierbarkeit; Leckagen in der Bauphase (z.B. infolge Beschädigungen) oder während des späteren Nutzungszustandes (z.B. infolge von Rissen) werden schnell offensichtlich und können umgehend beseitigt werden.

Dagegen läßt sich der Nachweis des Feuchteschutzes gegenüber Wasserdampfdiffusion nach DIN 4108-3 und -5 (grafische Methode des Verfahrens nach Glaser) ohne Schwierigkeiten führen. Eine Besonderheit liegt beim nicht belüfteten Flachdach jedoch dann vor, wenn zur Verbesserung des Wärme- und Schallschutzes, in Sonderfällen auch des Brandschutzes, neben der oberseitigen Dämmung zusätzlich auch noch Dämmstoffe im Gefach angeordnet werden (Bild **9.10**).

Für einen solchen Dachquerschnitt braucht nach DIN 4108-3, 3.2.3.2.1, kein Nachweis des Feuchteschutzes geführt zu werden, wenn die Dampfsperre eine äquivalente Luftschichtdicke von $s_d \geq 100$ m besitzt und solange im Gefachbereich der Wärmedurchlaßwiderstand unterhalb der Dampfsperre höchstens 20% des gesamten Wärmedurchlaßwiderstandes beträgt, d.h. solange die Dämmschicht unterhalb höchstens etwa 1/4 derjenigen oberhalb der Dampfsperre beträgt. Mit einem rechnerischen Nachweis nach

DIN 4108 läßt sich jedoch schnell ermitteln, daß die Dämmschichtdicke im Gefach durchaus 50% und mehr der oberseitig angeordneten betragen darf.

Das soll am Beispiel der schematischen Ausbildung nach Bild **9**.10 demonstriert werden: Für zwei Dicken der oberseitigen Dämmschicht ($s_{Dä,o}$ = 100 mm und 200 mm) wurden in Abhängigkeit von der Dämmschichtdicke $s_{Dä,u}$ im Gefach die Tauwassermasse W_T sowie die Verdunstungsmasse W_V nach DIN 4108 ermittelt und in Tafel **9**.3 zusammengestellt. Tauwasser fällt dabei jeweils innerhalb der Schalung (*1*) und an der Grenzschicht Dämmschicht – Dachabdichtung (*2*) aus. Geht man vereinfachend von einer zulässigen Tauwassermasse W_T = 0,5 kg/m² aus, die 2. Bedingung $W_V \geq W_T$ ist in allen Fällen eingehalten, dann erkennt man, daß für das gewählte Beispiel das Verhältnis $s_{Dä,u}/s_{Dä,o}$ durchaus 60 mm/100 mm sowie mindestens 120 mm/200 mm, d. h. also 60%, betragen darf.

Aus den großen W_V-Werten ist sofort ein weiterer wesentlicher Vorteil dieser Ausbildung erkennbar: Die große Austrocknungskapazität des Querschnitts unterhalb der Dampfsperre gegenüber außerplanmäßiger Feuchte. Die extrem kleinen W_V-Werte für die Ausbildung ohne Dämmschicht im Gefach ($s_{Dä,u}$ = 0) sind insofern etwas irreführend, da es sich hierbei nur um die Verdunstung nach DIN 4108 aus dem Bereich oberhalb der Dampfsperre handelt, da bei dieser Variante nur dort Tauwasser ausfällt. Die Austrocknungsmöglichkeit aus dem eigentlichen Dachquerschnitt unterhalb der Dampfsperre ist dagegen wieder von gleicher Größenordnung wie bei den übrigen Varianten.

Tafel **9**.3 Nach DIN 4108 ermittelte Tauwassermasse W_T und Verdunstungsmasse W_V für den Flachdach – Querschnitt nach Bild **9**.10

$s_{Dä,o}$ mm	$s_{Dä,u}$ mm	W_T kg/(m²Winter)	W_V kg/(m²Sommer)
100	0	0,01	0,02
	50	0,11	4,17
	60	0,45	4,21
	80	0,85 > 0,5	6,21
	100	1,25	5,92
200	0	0,01	0,02
	100	0,03	0,95
	120	0,23	3,33
	160	0,64 > 0,5	4,32
	200	0,89	3,98

9.6 Schallschutz

9.6.1 Aufgaben des Flachdachs

Flachdächer über Aufenthaltsräumen können zwei Aufgaben zu erfüllen haben:

a) Als Außenbauteil Beitrag zum Schallschutz des Raumes gegenüber Außenlärm
b) als flankierendes Bauteil von Innenwänden Beitrag zur Schalldämmung innerhalb des Gebäudes.

Gegenüber Außenlärm ist nach DIN 4109 nachzuweisen, daß die Anforderungen von der resultierenden Schalldämmung aller an der Einwirkung beteiligten Bauteile (Bild **9**.11a) erfüllt werden. Darin geht auch das Flachdach mit seinem bewerteten Schalldämm-Maß R'_{wR} und seinem Flächenanteil ein. Rechenbeispiel für die Ermittlung der resultierenden Schalldämmung eines Raumes s. Abschn. 3.5.4.3.

Unabhängig davon beeinflußt das Flachdach auch die resultierende Schalldämmung zwischen 2 Räumen (Bild **9**.11b). Für einen solchen Nachweis muß das bewertete Schall-Längsdämm-Maß R_{LwR} des Flachdachs unter Berücksichtigung seines Anschlusses an die Trennwand bekannt sein.

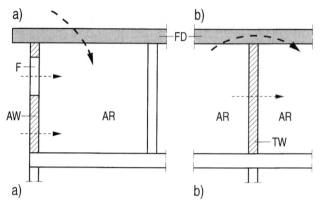

Bild **9.**11
Einfluß eines Flachdachs auf die resultierende Schalldämmung eines Aufenthaltsraumes AR

a) als Außenbauteil gegenüber Außenlärm, b) als flankierendes Bauteil bei Schallübertragung im Gebäudeinnern

AW Außenwand, F Fenster, FD Flachdach, TW Trennwand

9.6.2 Schalldämmung gegenüber Außenlärm (R'_w)

9.6.2.1 Einflußgrößen

Die konstruktiven Einflußgrößen für die Schalldämmung von Holzbauteilen sind in Abschn. 7.6.2.3 dargestellt.

9.6.2.2 Konstruktionen nach DIN 4109

Die in Beiblatt 1 genannten Ausbildungen mit Angabe der Rechenwerte R'_{wR} (ohne weiteren Nachweis) gehen aus Bild **9.**12 und Tafel **9.**4 hervor. Nachteilig ist, daß dabei – entsprechend dem seinerzeitigen Kenntnisstand – nur belüftete oder unbelüftete Querschnitte mit Zwischendämmung erfaßt wurden, die heutigen Regelausführungen also noch nicht enthalten sind.

Aus Tafel **9.**4 ist deutlich erkennbar, daß sich bei beidseitig beplankten, verleimten Tafeln mit engerem Rippenabstand wegen der wesentlich steiferen Kopplung der beiden Schalen nur kleinere Schalldämm-Maße ergeben.

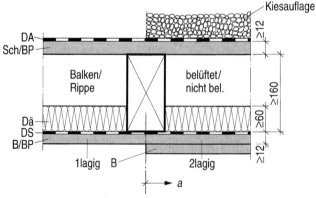

Bild **9.**12
Flachdach-Varianten nach DIN 4109 Beiblatt 1

B/BP   Bekleidung oder Beplankung aus Holzwerkstoffen, Gipskartonplatten, N+F-Schalung; jeweils ohne/mit Querlattung;

B   zusätzliche Bekleidung aus Holzwerkstoffen, Gipskartonplatten; Bretterschalung; $m' \geq 8$ kg/m²

Sch/BP Schalung oder Beplankung aus Holzwerkstoffen, N+F-Schalung;

DS Dampfsperre, Dä Faserdämmstoff nach DIN 18165-1, $\varXi \geq 5$ kN · s/m⁴; DA Dachabdichtung

Tafel **9.**4 Rechenwerte R'_{wR} nach Beiblatt 1 zu DIN 4109 für Flachdach-Querschnitte nach Bild **9.**12 in Abhängigkeit von mehreren konstruktiven Parametern

Zeile	Bekleidung	Verbindung[1]	a mm	Kiesauflage ≥ 30 mm	R'_{wR} dB
1		beliebig[2]	≥ 400	ohne	35
2	1lagig			mit	40
3		mechanisch	≥ 600	mit	45
4	2lagig				50

1) Verbindungsmittel für den Anschluß Beplankung – Rippe
2) auch Verleimung

9.6.2.3 Weitere Ergebnisse

Allgemein verwertbare Angaben über die Schalldämmung anderer Flachdach-Konstruktionen sind derzeit nicht bekannt, ausgenommen die vorsichtig geschätzten Werte in [18], aus denen zumindest andeutungsweise erkennbar ist, daß z. B.

a) von einer zusätzlichen, direkt befestigten Unterdecke unter einem belüfteten Dach (im Sanierungsfall) oder

b) bei einer zusätzlichen oberseitigen Dämmung im Regelfall des nicht belüfteten Flachdachs

hinsichtlich der Verbesserung gegenüber den Werten nach Tafel **9.**4 keine „Wunder" zu erwarten sind.

9.6.3 Schall-Längsdämmung des Flachdachs (R_{Lw})

Da hierbei sowohl bezüglich der Einflußgrößen als auch der Bewertung der Anschlußausbildungen die gleiche Situation wie für die Längsdämmung geneigter Dächer vorliegt, können die Angaben in Abschn. 8.7.3 auf Flachdächer sinngemäß übertragen werden.

9.7 Brandschutz

9.7.1 Anforderungen

An den Brandschutz von Dächern über Aufenthaltsräumen werden nur in besonderen Fällen Anforderungen gestellt (s. auch Abschn. 8.8.1). Werden niedrigere Anbauten an bestehenden Gebäuden errichtet, deren Wände Fenster aufweisen (Bild **9.**13), dann müssen die Dächer solcher Anbauten bis zu einem Abstand von 5 m von diesen Wänden so widerstandsfähig sein wie die Decken des Gebäudes.

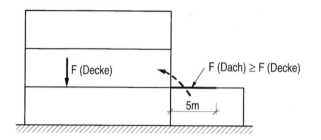

9.7.2   Konstruktionen nach DIN 4102-4

In dieser Norm werden Ausbildungen in Holzbauart der Feuerwiderstandsklassen F30-B und F60-B genannt, die ohne weiteren Nachweis verwendet werden dürfen, wenn die dort genannten konstruktiven Randbedingungen eingehalten werden. In Bild **9**.14 werden auszugsweise einige Möglichkeiten für die Klasse F30-B gezeigt. Die darin angegebenen zulässigen Spannweiten a für die untere Beplankung oder Bekleidung beziehen sich bei direktem Anschluß auf den Achsabstand der Balken oder Rippen, bei zwischengeschalteter Querlattung auf den Achsabstand der Latten.

Bei den Querschnitten a) und b) ist die Art und Anordnung einer Dämmschicht, bei c) und d) einer zusätzlichen Dämmschicht freigestellt, jedoch muß es sich um Dämmstoffe mindestens der Baustoffklasse B2 (normalentflammbar) handeln.

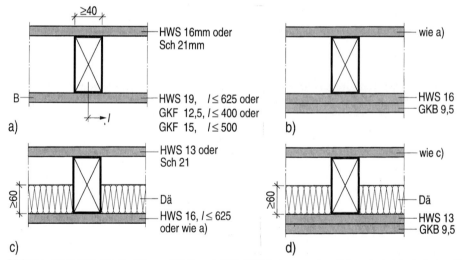

Bild **9**.14   Flachdach-Konstruktionen F30-B nach DIN 4102-4 ohne sowie mit brandschutztechnischer Mitwirkung einer Dämmschicht im Gefach

    a) ohne Dämmschicht, unterseitige Bekleidung B einlagig
    b) Bekleidung zweilagig
    c) mit erforderlicher Dämmschicht, unterseitige Bekleidung einlagig
    d) Bekleidung zweilagig

HWS Holzwerkstoffplatten, Mindestrohdichte 600 kg/m³; Sch Bretterschalung, gespundet; GKB Gipskarton-Bauplatten; GKF Gipskarton-Feuerschutzplatten; Dä Dämmschicht nach 4102-4, 5.3.4.3: Mineralischer Faserdämmstoff, Baustoffklasse A, Schmelzpunkt ≥ 1000 °C; Mindestrohdichte 30 kg/m³; Einbau unter Beachtung der Norm (weitere Schichten, z. B. Dampfsperre, Dachabdichtung, wurden nicht eingezeichnet)

10 Innenwände

10.1 Allgemeines

Was das Konstruktionsprinzip angeht, so gilt für Innenwände das zu Außenwänden Gesagte sinngemäß (Abschn. 7.1), d.h. im Regelfall kommt für tragende Innenwände – je nach statischer Situation – die Holztafelbauart oder die Ständerbauart zur Anwendung. Nichttragende Innenwände werden dagegen in Abschn. 13 behandelt.

Besondere Anforderungen an den Wärmeschutz von Innenwänden werden in DIN 4108-2 nicht gestellt. Desgleichen ergeben sich hierfür – im Gegensatz zu Außenwänden – keine Probleme aus der Wasserdampfdiffusion oder Wasserdampf-Konvektion. Trotzdem darf – zumindest in Teilbereichen – der bauliche Feuchteschutz nicht völlig ausgeklammert werden, z.B. was die Wandfläche in Naßbereichen (Abschn. 13.7) sowie den Schutz des Wandfußpunktes gegen aufsteigende Feuchte aus baufeuchten Massivdecken allgemein oder gegen von oben eindringende Feuchte (Fußbodenanschlüsse in Bädern) anbetrifft.

Abgesehen von ihrem Beitrag zur Standsicherheit des Gebäudes (Abschn. 4) und vom auf spezielle Bereiche beschränkten Feuchteschutz (Abschn. 10.2) haben Innenwände oft brandschutztechnische (Abschn. 10.5), im besonderen Maße aber schallschutztechnische Aufgaben (10.3) zu erfüllen.

10.2 Holzschutz

Auf die entsprechenden Anforderungen in DIN 68 800-2 und -3 wurde bereits früher ausführlich eingegangen, nämlich bezüglich des baulichen und chemischen Schutzes der Holzteile in Abschn. 3.7.3 bzw. 3.7.2 sowie bezüglich der erforderlichen Holzwerkstoffklassen in Abschn. 3.7.4. Zusammenfassend läßt sich feststellen, daß in Wohngebäuden sowie in Gebäuden mit vergleichbarem Raumklima bei Innenwänden grundsätzlich – d.h. auch in Naßbereichen – kein chemischer Holzschutz mehr für das Vollholz gefordert wird, wobei selbstverständlich die konstruktiven Bedingungen für einen dauerhaften Feuchteschutz erfüllt sein müssen, und tragende oder aussteifende Holzwerkstoffe in Naßbereichen nicht mehr eingesetzt werden dürfen. Auf den notwendigen Feuchteschutz in Naßbereichen wird in 13.7 näher eingegangen.

Bei baufeuchten Massivdecken ist die Schwelle im Wandfußpunkt durch eine feuchtesperrende Zwischenlage (Bitumenbahn oder dgl.) vor aufsteigender Feuchte zu schützen. In Naßbereichen (Fußböden) ist dafür zu sorgen, daß im Anschlußbereich keine Nutzungsfeuchte von oben her eindringen kann (s. Abschn. 13.7, Bild **13.14**).

10.3 Schallschutz

10.3.1 Aufgaben für Innenwände

Werden im Gebäudeinnern Anforderungen an den Schallschutz zwischen Aufenthaltsräumen gestellt, dann können Innenwände wie folgt wirken (Bild **10.**1):

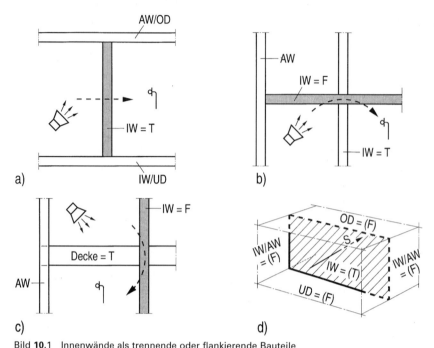

Bild **10.**1   Innenwände als trennende oder flankierende Bauteile

a) trennendes Bauteil T bei horizontaler Schallübertragung in Gebäuden, Gesamtsituation siehe d); b) flankierend F bei horizontaler Übertragung; c) flankierend F bei vertikaler Übertragung; d) Innenwand als Trennwand und ihre flankierenden Bauteile, IW Innenwand, AW Außenwand, OD obere Decke, UD untere Decke

— Bei waagerechter Schallübertragung a) als trennende oder b) als flankierende Bauteile von Wänden,

— bei vertikaler Schallübertragung c) als flankierende Bauteile von Decken

10.3.2 Anforderungen und Nachweise

Die Anforderungen an den Schallschutz (DIN 4109) oder Empfehlungen (Beiblatt 2) sind zwar den jeweiligen Einzelbauteilen zugeordnet, gemeint ist aber immer die resultierende Schalldämmung R'_w zwischen den beiden Räumen, also unter Einbeziehung der Übertragungen über die flankierenden Bauteile. In der Norm werden z.B. folgende R'_w-Werte gefordert bzw. empfohlen (Abschn. 3.5.5.2):

— Wohnungstrennwände 53 dB

— Treppenraumwände 52 dB

— Wände innerhalb des eigenen Wohnbereichs (Empfehlung) 40 dB

— Wände zwischen Unterrichtsräumen oder dgl. 47 dB

Für den rechnerischen Nachweis, daß die Anforderungen von einer gewählten Konstruktion erfüllt werden, kann im wesentlichen zwischen 2 Verfahren gewählt werden (s. 3.5.5.3):

a) Genaueres Verfahren über die energetische Addition der einzelnen Schallübertragungswege nach Gl (3.25):

$$R'_{wR} = -10 \cdot \lg \left(10^{-R_{wR}/10} + \sum_{i=1}^{n} \cdot 10^{-R'_{LwRi}/10} \right) \geq \text{erf}\, R'_w$$

b) Vereinfachter Nachweis über

$R_{wR} \geq \text{erf}\, R'_w + 5\,\text{dB}.$ \hfill (3.26 a)

$R'_{LwRi} \geq \text{erf}\, R'_w + 5\,\text{dB}$ \hfill (3.26 b)

Darin bedeuten R_{wR} das bewertete Schalldämm-Maß des trennenden Bauteils (Innenwand) unter Ausschluß der Übertragung über flankierende Bauteile, R'_{LwRi} das jeweilige bewertete Schall-Längsdämm-Maß eines einzelnen flankierenden Bauteils (Innenwand, Außenwand, obere und untere Decke). Vereinfacht kann dabei zumeist $R'_{LwRi} = R_{LwRi}$ gesetzt werden (vgl. Abschn. 3.5.5.3).

Der Vorteil des vereinfachten Nachweises nach b) ist die größere Schnelligkeit, der des genaueren Verfahrens nach a) die bessere Ausnutzung, die gegenüber b) durchaus 2 dB bis 3 dB betragen kann.

10.3.3 Konstruktionsprinzipien und Einflußgrößen

Hierfür gelten die zu Außenwänden gemachten Aussagen in den Abschn. 7.6.2.2 und 7.6.2.3 in gleicher Weise.

10.3.4 Rechenwerte R'_{wR} nach DIN 4109

Rechenwerte R'_{wR} für die resultierende Schalldämmung sind im Beiblatt 1 zu DIN 4109 für Innenwände in Holzbauart nur für den Fall angegeben, daß die Wände in Massivbauten eingesetzt werden und die mittlere flächenbezogene Masse aller flankierenden Bauteile $m'_{Lm} = 300\,\text{kg/m}^2$ beträgt (s. auch Tafel **10.1**).

Was die Ermittlung des Wertes m'_{Lm} anbetrifft, so besteht hier ein großer Unterschied zwischen Trennwänden in Holz- und in Massivbauart. Der Anschluß massiver Trennwände an massive flankierende Bauteile ist in aller Regel im akustischen Sinne biegesteif ausgebildet, so daß hier die Stoßstellendämmung wirksam wird; daher ist in solchen Fällen m'_{Lm} das arithmetische Mittel aus allen vier flankierenden Bauteilen:

$$m'_{Lm} = 1/n \cdot \sum_{i=1}^{n} m'_{Li} \qquad (\text{kg/m}^2)$$ \hfill (10.1)

Dagegen liegt bei Trennwänden in Holzbauart ein gelenkiger Anschluß vor, so daß die Längsübertragung über flankierende massive Bauteile wegen der fehlenden Stoßstellendämmung unbehindert erfolgen kann (s. auch Abschn. 3.5.5.3). Daher ist dann m'_{Lm} folgendermaßen zu ermitteln:

$$m'_{Lm} = \left[1/n \cdot \sum_{i=1}^{n} (m'_{Li})^{-2,5} \right]^{-0,4} \qquad (\text{kg/m}^2)$$ \hfill (10.2)

Rechenbeispiel:

Gegeben seien die Massen der einzelnen flankierenden Bauteile:

$m'_{L1} = 150\,\text{kg/m}^2$, $m'_{L2} = 250\,\text{kg/m}^2$, $m'_{L3} = 350\,\text{kg/m}^2$, $m'_{L4} = 450\,\text{kg/m}^2$

Ermittlung von m'_{Lm}

a) bei massiver Trennwand
   $m'_{Lm} = 1/4 \cdot (150 + 250 + 350 + 450) = 300\,\text{kg/m}^2$

b) bei Trennwand in Holzbauart
   $m'_{Lm} = [1/4 \cdot (150^{-2,5} + 250^{-2,5} + 350^{-2,5} + 450^{-2,5})]^{-0,4} = 224\,\text{kg/m}^2$

Tafel **10.**1   Rechenwerte $R'_{wR}(300)$ von Trennwänden in Holzbauart unter Verwendung biegeweicher Schalen B [1] mit Berücksichtigung der flankierenden Bauteile mit $m'_{Lm} = 300$ kg/m² (aus Beiblatt 1 zu DIN 4109)

Zeile	Querschnitt [2]	s [3] mm	$s_{Dä}$ [3] mm	Beidseitige Beplankung B 1lagig	Beidseitige Beplankung B 2lagig
1		60	40	38	46
2		100	60	44	–
3		125	40	49	–
4		160	40	49	–
5		200	40 [5]	–	50

QL: Querlattung, $a \geq 500$ mm
1) s. Abschn. 7.6.2.2 und 7.6.2.3a)
2) nicht maßstäblich gezeichnet; Unterstützungsabstand $a \geq 600$ mm; Holzbreite $b_1 \leq 60$ mm; Dämmschicht Dä: Faserdämmstoff nach DIN 18 165-1 mit $\varXi \geq 5$ kN · s/m⁴
3) Mindestwerte
4) Doppelwand mit über gesamter Wandfläche durchgehender Trennfuge ≥ 5 mm
5) oder zwischen den beiden Wänden zentrische Dämmschicht mit $s_{Dä} \geq 80$ mm

Bei der hier angenommenen Situation ist also der Unterschied erheblich: Während bei einer Trennwand in Massivbauart $m'_{Lm} = 300$ kg/m² beträgt, also die Rechenwerte nach Beiblatt 1 zu DIN 4109 (z.B. Tabelle 1) ohne jeden Abzug verwendet werden dürfen, müssen die entsprechenden Werte für Wände in Holzbauart (Tabelle 9 im Beiblatt 1) um den Korrekturwert K_{L1} reduziert werden, der von m'_{Lm} = 300 kg/m² abweichende Fälle erfaßt und im vorliegenden Fall bei einem angenommenen R'_{wR} (300) = 50 dB der Trennwand K_{L1} = – 3 dB beträgt (Beiblatt 1, Tabelle 14, Zeile 1).

Wie bereits früher erwähnt, soll hier dieses „Nachweisverfahren analog zur Massivbauart" für Holzbauteile wegen der fehlenden gedanklichen Nachvollziehbarkeit nicht weiter behandelt werden. Vielmehr wird empfohlen, auch die Kombination Holzbauteile – Massivbauteile mit Hilfe des genaueren Verfahrens oder des vereinfachten Nachweises zu erfassen, vgl. Abschn. 10.3.2.

Ein weiteres Argument für diese Nachweise sind die vorhandenen Rechenwerte im Beiblatt 1 für die verschiedenartigsten konstruktiven Ausbildungen.

Aus Tafel **10.**1 erkennt man – unter Hinweis auf die in Abschn. 7.6.2.3 behandelten Einflußgrößen – z. B. den positiven Einfluß der zweilagigen Beplankung gegenüber der einlagigen, der Dämmschichtdicke, des Schalenabstands sowie der reduzierten Koppelung (durch Querlattung in Zeile 2) sowie der aufgelösten Koppelung bei den Doppelwänden.

Tafel **10.**1 hat hier eher symbolischen Charakter, da sich ihre Werte in praktischen Situationen nur bei Anwendung des Rechenverfahrens analog zur Massivbauart unter Berücksichtigung der Korrekturwerte K_{L1} und ggf. K_{L2} verwerten lassen. Im Bedarfsfall kann man jedoch über den Zuschlag Z nach Tafel 10.3 unter Anwendung der Gl (10.3) aus diesen R'_{wR}-Werten die R_{wR}-Werte der Wände ableiten.

10.3.5 Rechenwerte R_{wR} nach DIN 4109

Das bewertete Schalldämm-Maß R_w kennzeichnet die Schalldämmung zwischen den beiden Räumen bei alleiniger Übertragung über das trennende Bauteil, also unter Ausschaltung der Längsübertragungen über die flankierenden Bauteile. Die Messung erfolgt in Sonder-Prüfständen, bei denen die Schallübertragung über die flankierenden Bauteile durch eine umlaufende Fuge beiderseits des trennenden Bauteils verhindert wird (Bild **10.**2):

Im Gegensatz zu den R'_{wR}-Werten nach Abschn. 10.3.4 haben die R_{wR}-Werte im Holzbau größte praktische Bedeutung, da unter gleichzeitiger Berücksichtigung der Längsschalldämmung der einzelnen flankierenden Bauteile sofort die resultierende Schalldämmung zwischen beiden Räumen ermittelt werden kann, egal ob mit dem genaueren Verfahren oder über den vereinfachten Nachweis. Im Beiblatt 1 zu DIN 4109 werden die zugehörenden Rechenwerte R_{wR} (trennendes Bauteil) und R_{LwR} (flankierende Bauteile) angeboten, und zwar für die unterschiedlichsten konstruktiven Situationen, mit denen der größte Teil der im Holzbau auftretenden praktischen Fälle abgedeckt werden kann.

In Tafel **10.**2 sind die Rechenwerte R_{wR} für mehrere Konstruktionstypen zusammengestellt, die ohne weiteren Nachweis verwendet werden dürfen, wenn die in der Norm vorgegebenen konstruktiven Randbedingungen eingehalten sind. Sollen höhere Werte verwendet werden, dann muß ein entsprechender Nachweis über akustische Prüfungen geführt werden; in solchen Fällen sind die abweichenden oder zusätzlichen konstruktiven Merkmale verbindlich anzugeben. Die Möglichkeit, bessere Werte zu erzielen, ist

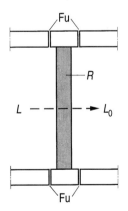

Bild **10.**2
Alleinige Schallübertragung zwischen zwei Räumen über trennendes Bauteil;
Fu umlaufende Fuge in allen flankierenden Bauteilen
Schallpegel $L_0 = L - R \rightarrow R_w$

Tafel **10.2** Rechenwerte R_{wR} von Trennwänden in Holzbauart unter Verwendung biegeweicher Schalen B[1] ohne Berücksichtigung von flankierenden Bauteilen (aus Beiblatt 1 zu DIN 4109)

Zeile	Querschnitt[2]	s[3] mm	$s_{Dä}$[3] mm	Beidseitige Beplankung B 1lagig	2lagig
1	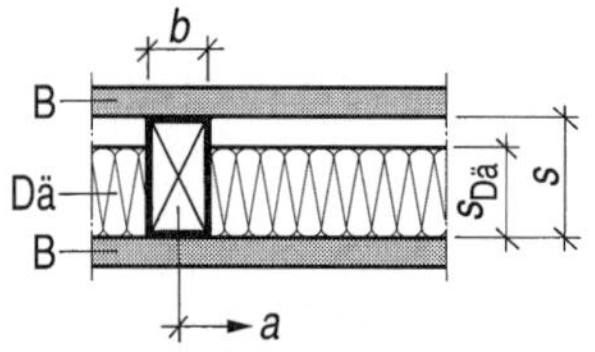	60	40	38	46
2	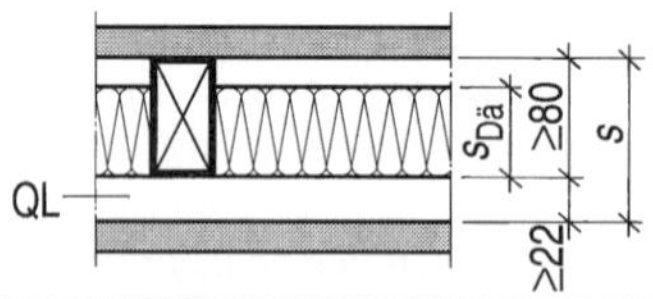	100	60	43	–
3	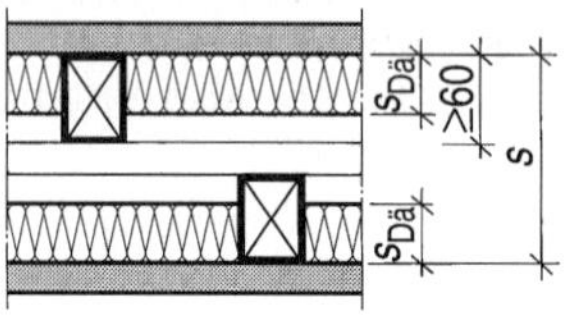	125	40	53	60
4	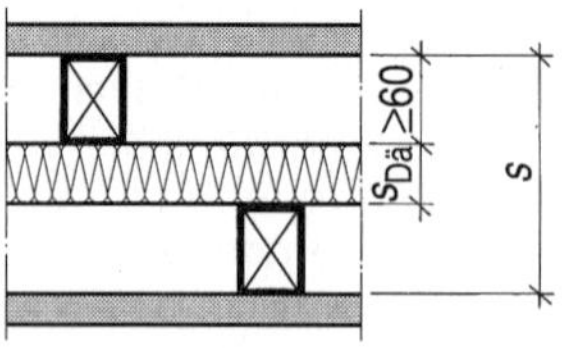	160	40	53	–
5	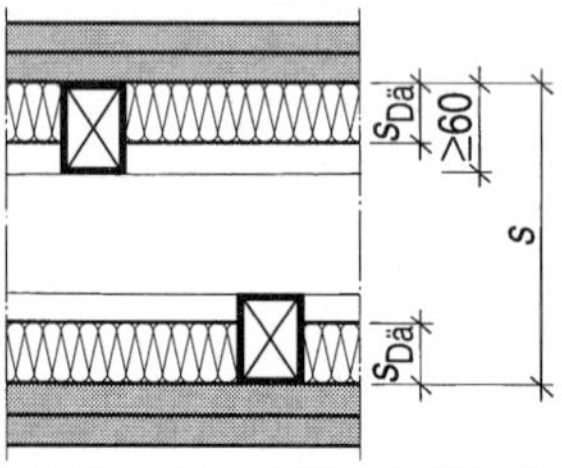	200	40[5]	–	65

Fußnoten s. Tafel **10.1**.

grundsätzlich gegeben, da die Werte in der Norm die allgemeine Situation berücksichtigen müssen und daher teilweise mit einem größeren Sicherheitsabschlag über das Vorhaltemaß hinaus behaftet sind, der im nachgewiesenen speziellen Einzelfall nicht notwendig ist.

Rein theoretisch unterscheidet sich für einen vorgegebenen Wandaufbau der R_{wR}-Wert nach Tafel **10.2** vom R'_{wR}-Wert nach Tafel **10.1** nur dadurch, daß bei R_{wR} der ungünstige Einfluß aus der Längsleitung R_{Lw} im Prüfstand – in DIN 4109 vereinfachend durch die Angabe $m'_{Lm} = 300 \ kg/m^2$ gekennzeichnet – herausgefiltert ist.

Beiblatt 1 zu DIN 4109 bietet grundsätzlich – d. h. nicht nur bei den Rechenwerten nach der Norm, sondern auch bei durch Prüfstandmessung für Holzbauteile ermittelten Werten – die Möglichkeit, einen $R'_{wR}(300)$-Wert für die Massivbauart in einen R_{wR}-Wert für die Holzbauart umzuwandeln, nämlich über die Beziehung:

$$R_{wR} = R'_{wR}(300) + Z \qquad\qquad (10.3)$$

Der Zuschlag Z spiegelt darin den Einfluß der gesamten resultierenden Schalldämmung des Prüfstands (ΣR_{LwRi}) wider. In der Norm wird vereinfachend für diesen Zweck $\Sigma R_{LwRi} = 56$ dB (zukünftig vorgesehen: 55 dB) für den Prüfstand angenommen, so daß sich aus Gl (3.25) für den genaueren Nachweis ergibt:

$$R'_{wR} = -10 \cdot \lg (10^{-R_{wR}/10} + 10^{-5,6}) \qquad\qquad (10.4)$$

Hierauf beruhen die in der Norm genannten Werte für den Zuschlag Z (s. Tafel **10.3**).

Tafel **10.3**   Zuschlagswerte Z für die Umwandlung von $R'_{wR}(300)$ in R_{wR} nach Gl (10.3)

$R'_{wR}(300)$ dB	≤ 48	49	51	53	≥ 54
Z dB	0	1	2	3	4

Zahlenmäßige Erläuterung zu Tafel **10.3**: Bekannt sind die resultierende Längsdämmung des Prüfstandes $\Sigma R_{LwRi} = 56$ dB sowie die beiden nachstehend angenommenen R_{wR}-Werte 50 dB und 56 dB. Dann folgt mit Gl (10.4):

$$
\begin{array}{llll}
R_{wR} + R_{LwRi} & \rightarrow R'_{wR} & \text{mit Tafel \textbf{10.3} folgt:} & R'_{wR} + Z = R_{wR} \\
50 \;+ 56 & \rightarrow 49 & & 49 \;+ 1 = 50 \\
56 \;+ 56 & \rightarrow 53 & & 53 \;+ 3 = 56
\end{array}
$$

Betrachtet man jedoch die R'_{wR}- und R_{wR}-Werte für vergleichbare Konstruktionen nach den Tafeln **10.1** bzw. **10.2**, dann stellt man fest, daß dort das von der Norm selbst vorgegebene Prinzip nach Gl (10.3) nicht immer eingehalten ist. Dazu gehört auch, daß für den Querschnitt nach Zeile 2 der R_{wR}-Wert versehentlich kleiner ist als R'_{wR}.

10.3.6   Weitere Meßergebnisse für R_{wR}

Im Abschn. 7.6.2.5 werden in Bild **7.36** Meßergebnisse für die Verbesserung der Schalldämmung von Außenwänden durch biegeweiche Vorsatzschalen unter Verwendung von Federschienen gezeigt, die gleichermaßen auch auf Innenwände übertragbar sind.

Aus den Bildern **10.3** und **10.4** wird wieder der in Abschn. 7.6.2.3a) erwähnte Einfluß der Art der Bekleidungen als biegeweiche Schalen auf die Schalldämmung eines Bauteils deutlich.

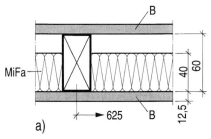 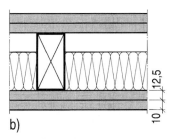

Bild **10.3**   Bewertete Schalldämm-Maße $R'_{wR}(300)$ und Feuerwiderstandsklassen F von Wänden mit biegeweicher Bekleidung B aus Gipsfaserplatten GF (Messungen im Auftrag der FELS-Werke)
a) einlagige Bekleidung aus GF 12,5 mm, $R'_{wR} = 42$ dB, F 30-B;
b) zweilagige Bekleidung aus GF 12,5 + GF10 mm, $R'_{wR} = 48$ dB, F 90-B
MiFa mineralischer Faserdämmstoff nach DIN 18 165-1 mit $\Xi \geq 5$ kN · s/m⁴

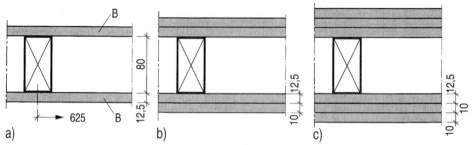

Bild **10.4** Bewertete Schalldämm-Maße $R'_{wR}(300)$ und Feuerwiderstandsklassen F von Wänden mit biegeweicher Bekleidung B aus Gipsfaserplatten GF ohne Hohlraumdämpfung durch Dämmstoffe
(Messungen im Auftrag der FELS-Werke)
a) einlagige Bekleidung aus GF 12,5 mm, R'_{wR} = 37 dB, F 30-B;
b) zweilagige Bekleidung aus GF 12,5 + GKF 10 mm, R'_{wR} = 46 dB, F 60-B;
c) dreilagige Bekleidung aus GF 12,5 + 2 · GKF 10 mm, R'_{wR} = 50 dB, F 90-B

Aus Bild **10.3** erkennt man sofort, daß sich z.B. die in Tafel **10.1**, Zeile 1, genannten
Werte bei entsprechender Wahl der Materialien durchaus noch erhöhen lassen.

Daß man zur Erzielung einer gewünschten Schalldämmung nicht unbedingt auf den
Einsatz von Faserdämmstoffen im Gefach zur Hohlraumdämpfung angewiesen ist, soll
mit Bild **10.4** dokumentiert werden. Darin werden die Schalldämmwerte für Querschnitte ohne jede Dämmstoffeinlage genannt. Anzumerken ist hierzu ferner, daß mit
solchen Wänden auch hohe Anforderungen an das Brandverhalten erfüllt werden können. Allerdings dürfen diese Werte – unter Hinweis auf 7.6.2.3c) und Bild **7.29** – z.B.
nicht auf Wände mit »harter« Dämmstoffeinlage in den Gefachen übertragen werden.

10.3.7 Rechenwerte R_{LwR} nach DIN 4109 für flankierende Bauteile in Massivbauart

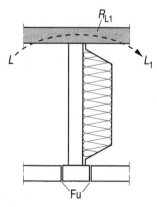

Bild **10.5**
Alleinige Schallübertragung zwischen zwei Räumen über ein einziges flankierendes Bauteil; Fu
umlaufende Fuge in den drei restlichen flankierenden Bauteilen
Schallpegel $L_1 = L - R_{L1} \rightarrow R_{Lw1}$

Das bewertete Schall-Längsdämm-Maß R_{Lwi} eines Bauteils kennzeichnet die Schalldämmung zwischen 2 Räumen bei ausschließlicher Längsübertragung über ein
einziges flankierendes Bauteil i. Die Messung erfolgt in
einem Sonder-Prüfstand, wobei nur die Übertragung
über das betreffende flankierende Bauteil möglich ist.
Dabei muß die praktische Anschlußsituation zum trennenden Bauteil vorhanden sein, während die Übertragung über das trennende Bauteil durch eine sehr starke
schallschutztechnische Verbesserung in seiner Fläche
weitestgehend reduziert und über die 3 restlichen flankierenden Bauteile durch Anordnung von Fugen ausgeschaltet ist (Bild **10.5**).

Entsprechend den in der Praxis vielfältigen Situationen
werden nachstehend die einzelnen Anschlüsse von
Trennwänden in Holzbauart an flankierende Massivbauteile mit ihren Rechenwerten R_{LwR} nach Beiblatt 1 zu
DIN 4109 jeweils gesondert behandelt.

1. Flankierende Massivwände

In Tafel **10.4** sind die Rechenwerte R_{LwR} für die einzelnen Anschlußsituationen an Massivwände

— ohne Vorhangschale
— mit durchgehender Vorhangschale
— mit im Tennwandbereich unterbrochener Vorhangschale

in Abhängigkeit von der flächenbezogenen Masse m'_L der flankierenden Wand zusammengestellt (aus Beiblatt 1 zu DIN 4109).

Tafel **10.**4   Rechenwerte R_{LwR} für den Anschluß von Holztrennwänden an flankierende Wände in Massivbauart nach Beiblatt 1

Zeile	Anschluß (schematisch)	R_{LwR} (dB) für m'_L in kg/m²			
		100	200	300	400
1		43	53	58	62
2		53	57	58	58
3		63	70	72	73

Die Vorhang- oder Vorsatzschale besteht aus biegeweichen Schalen, auch auf einer Unterkonstruktion, und einem eingelegten Faserdämmstoff nach DIN 18165-1 mit einem längenbezogenen Strömungswiderstand $\Xi \geq 5$ kN · s/m⁴ und – bei angesetzter Vorsatzschale – mit einer dynamischen Steifigkeit $s' \geq 5$ MN/m³. Ein schallschutztechnisch dichter Anschluß der Trennwand an die Massivwand oder an die Vorhangschale ist vorausgesetzt.

Man erkennt, daß a) die Schall-Längsdämmung einer einfachen Massivwand erst bei größerer Masse m'_L befriedigt, b) die Verbesserung durch eine durchgehende Vorhangschale nur bei kleinen m'_L-Werten von Bedeutung ist und c) der in die freistehende Vorsatzschale einbindende Trennwandanschluß extrem gute Werte bringt.

Wie hervorragend der Einfluß solcher biegeweicher Vorhangschalen – ganz im Gegensatz zu biegesteifen Materialien – auf die Längsdämmung ist, wird durch Vergleich mit dem schwimmenden Estrich unter 3. gezeigt.

2. Flankierende obere Massivdecke

Für diesen Anschluß kann sinngemäß der Anschluß Trennwand – flankierende Massivwand nach 1. herangezogen werden, wobei alle Werte der Tafel **10.**4, Zeile 1, um jeweils 2 dB zu ermäßigen sind.

3. Flankierende untere Massivdecke

Tafel **10.**5 zeigt zum einen den Trennwand-Anschluß an Massivdecken ohne Deckenauflage, z. B. mit Verbundestrich, die in besonderen Situationen, nicht aber im Wohnungsbau, zum Einsatz kommen. Desweiteren sind 3 unterschiedliche Fälle für die Anordnung des Wandfußpunktes erfaßt:

— durchgehender schwimmender Estrich
— Estrich mit Trennfuge unterhalb der Wand
— durch die Wand getrennter Estrich.

Tafel **10.5** Rechenwerte R_{LwR} für den Anschluß von Holztrennwänden an flankierende untere Decken in Massivbauart nach Beiblatt 1

Zeile	Anschluß (schematisch)	R_{LwR} (dB) für m'_L in kg/m^2			
		100	200	300	400
1	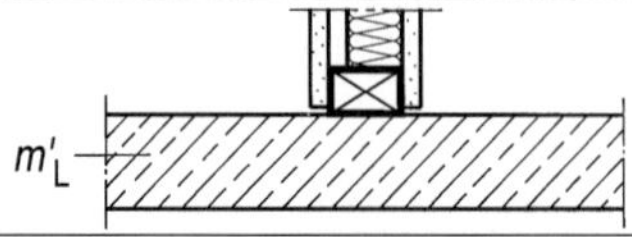 m'_L	41	51	56	60
2	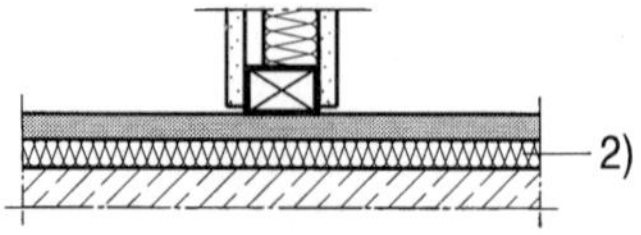 2)	38/44 [1]			
3	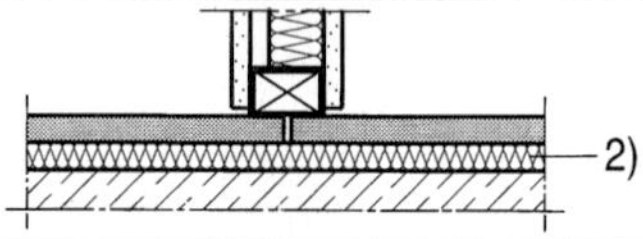 2)	55			
4	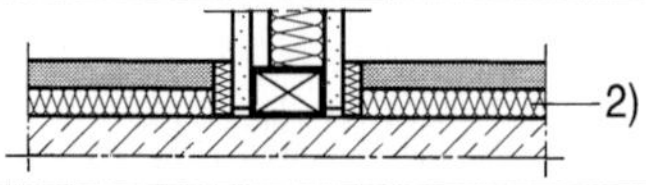 2)	70			

1) 1. Wert für Zement-, Anhydrit- oder Magnesia-Estrich, 2. Wert für Gußasphaltestrich.
2) Faserdämmstoff nach DIN 18 165-2, Anwendungstyp T oder TK.

Während die letztgenannte Ausführung einen hervorragenden Längs-Dämmwert (70 dB), der Estrich mit Trennfuge einen mittelmäßigen (55 dB) ergibt, kommt der unter der Trennwand durchlaufende schwimmende Estrich mit R_{LwR} = 38/44 dB einer „Katastrophe" gleich. Bei Anwendung des vereinfachten Nachweises erkennt man sofort, daß die resultierende Schalldämmung zwischen beiden Räumen wegen dieser Ausbildung nicht besser als R'_{wR} = R_{wR} – 5 dB = 38/44 – 5 = 33/39 dB sein kann!

Im Gegensatz zur durchlaufenden biegeweichen Vorsatzschale, die z.B. bei m'_L = 300 kg/m^2 immerhin R_{LwR} = 58 dB bringt (vgl. Tafel **10.4**), ist der durchlaufende biegesteife schwimmende Estrich um Größenordnungen schlechter, was darauf zurückzuführen ist, daß seine Abstrahlung der Biegewellen in den leisen Raum wesentlich größer ist (Bild **10.6**).

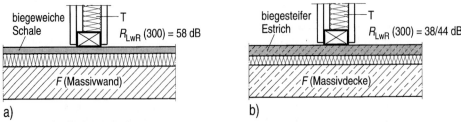

biegeweiche Schale — T R_{LwR} (300) = 58 dB   F (Massivwand)
a)

biegesteifer Estrich — T R_{LwR} (300) = 38/44 dB   F (Massivdecke)
b)

Bild **10.6** Im Anschluß von Trennwänden T an flankierende Bauteile F bewirken durchgehende biegeweiche Vorsatzschalen (a) eine wesentlich größere Schall-Längsdämmung als durchgehende schwimmende Estriche (b)

10.3.8 Rechenwerte R_{LwR} für flankierende Wände in Holzbauart

Tafel **10**.6 enthält die Rechenwerte R_{LwR} nach Beiblatt 1 zu DIN 4109, die unabhängig davon sind, ob die Trennwand im Rippen- oder im Gefachbereich angeschlossen wird. Vorausgesetzt werden wieder biegeweiche Schalen, Faserdämmstoffe nach DIN 18165-1 mit $\Xi \geq 5\,\text{kN} \cdot \text{s/m}^4$ sowie dauerhaft schallschutztechnisch dichte Anschlüsse zwischen Trennwand und flankierender Wand. Bei allen Trennwänden handelt es sich um Querschnitte auf der Grundlage von Tafel **10**.2.

Tafel **10**.6   Rechenwerte R_{LwR} für den Anschluß von Trennwänden an flankierende Wände im Holzbau nach Beiblatt 1

Zeile	Anschluß (schematisch)	R_{LwR} (dB)
1	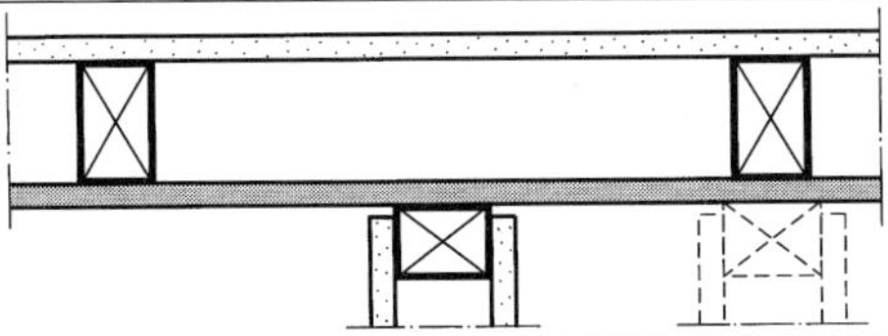	48
2	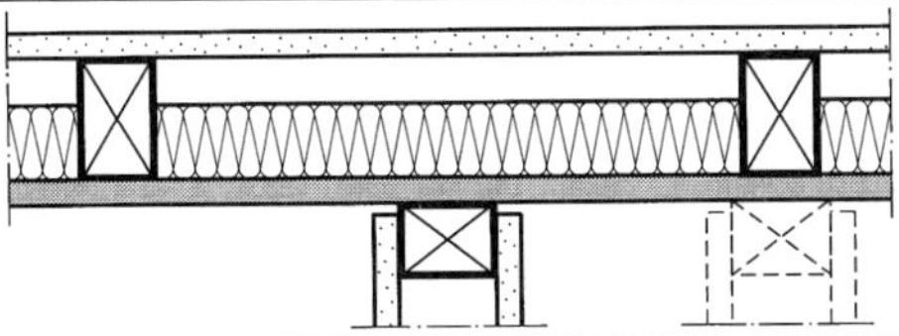	50
3	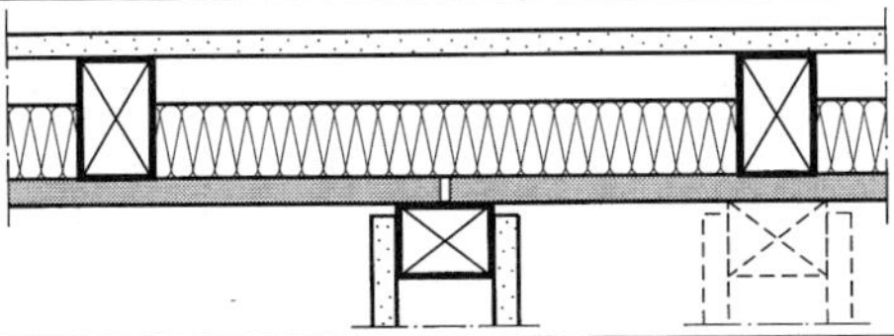	54
4	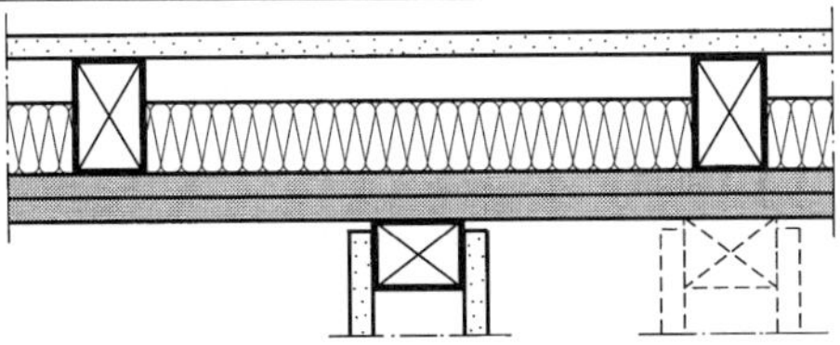	54
5	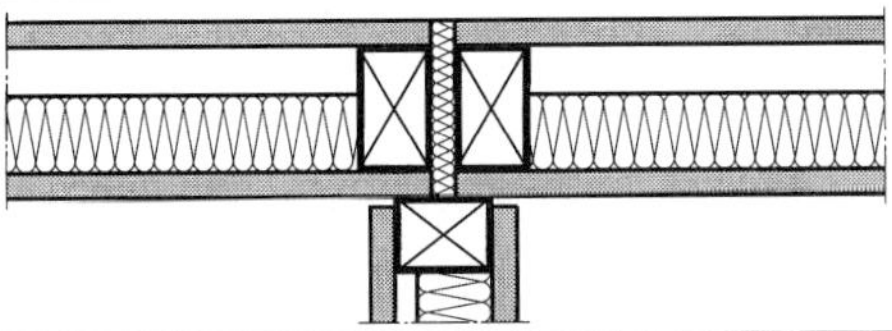	54
6	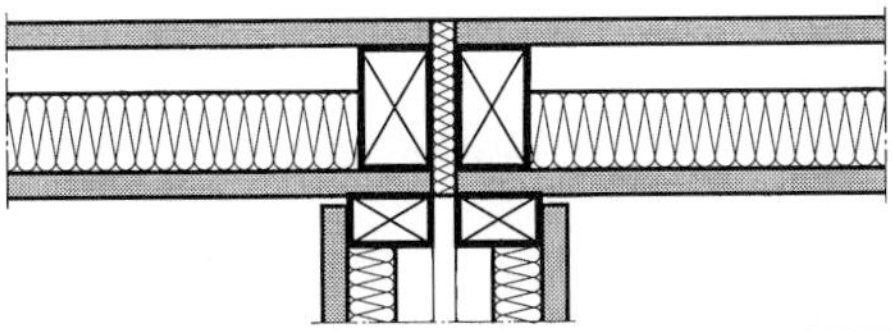	62

Folgendes ist sofort ersichtlich:

a) Die Anschlüsse nach Zeile 1 und 2 können nur bescheidenen Ansprüchen genügen, d. h. bei entsprechender Ausbildung der übrigen Übertragungswege etwa für $R'_{wR} =$ 43 dB bis 45 dB (nach vereinfachtem Nachweis) bzw. etwa $R'_{wR} = 45$ dB bis 47 dB (nach genauerem Verfahren).

b) Die Ausbildungen mit $R_{LwR} = 54$ dB mit durchgehender zweilagiger Beplankung (Zeile 3) oder einlagiger, im Anschlußbereich aufgetrennter Beplankung (Zeile 4) oder mit durchgehender Trennfuge über die gesamte flankierende Wand (Zeile 5) ermöglichen bereits R'_{wR}-Werte bis etwa 50 dB.

c) Der hervorragende Wert $R_{LwR} = 62$ dB läßt sich mit einer Doppelwand als Trennwand und einer durchgehenden Trennfuge in der flankierenden Wand erreichen. Die Breite dieser Fuge ist beliebig, sie soll lediglich den direkten Kontakt innerhalb der flankierenden Wand verhindern; daher ist z. B. das Einlegen eines Faserdämmstoffes zweckmäßig.

Daß gegenüber den Rechenwerten der Norm nach Tafel **10.6**, die naturbedingt teilweise mit größeren Sicherheiten behaftet sind, noch wesentliche Steigerungen möglich sind, zeigt Bild 10.7, in der einige Ergebnisse von Industriemessungen zusammengestellt sind. Es handelt sich dabei um den unterschiedlichen Anschluß einer Doppelwand an eine zweischalige Einfachwand unter Verwendung von Gipsfaserplatten.

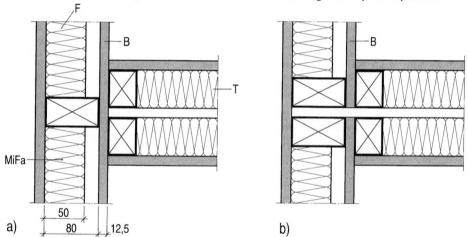

a)   b)

Bild **10.7** Bewertete Schall-Längsdämm-Maße R_{LwR} für den Anschluß einer Doppel-Trennwand T an eine zweischalige Einfachwand als flankierende Wand F unter Verwendung von Bekleidungen B aus 12,5 mm Gipsfaserplatten (Messungen im Auftrag der FELS-Werke)

    a) raumseitige Bekleidung B der flankierenden Wand durchgehend
        B einlagig: $R_{LwR} = 57$ dB
        B zweilagig: $R_{LwR} = 61$ dB
    b) flankierende Wand im Anschlußbereich unterbrochen, ausgenommen Außenbekleidung, Schwelle und Rähm
        B einlagig: $R_{LwR} = 61$ dB
        B zweilagig: $R_{LwR} = 64$ dB
        MiFa mineralischer Faserdämmstoff nach DIN 18 165-1 mit $\varXi \geq 5$ kN · s/m⁴

10.3.9 Rechenwerte R_{LwR} für flankierende obere Holzbalkendecken

In Tafel **10.7** sind die Rechenwerte R_{LwR} aus Beiblatt 1 zu DIN 4109 zusammengefaßt. Dabei ist wieder vorausgesetzt, daß die bereits vorher erwähnten konstruktiven Bedingungen eingehalten sind. Die Werte gelten unabhängig davon, ob die Trennwand bei Anordnung parallel zum Deckenbalken unter dem Balken oder unter dem Gefachbereich, bei Anordnung rechtwinklig zum Deckenbalken unter einer Querlatte oder daneben angeordnet ist.

Tafel **10.**7 Rechenwerte R_{LwR} für den Anschluß von Trennwänden T an flankierende obere Decken F in Holzbauart nach Beiblatt 1

Zeile	Anschluß (schematisch)	R_{LwR} (dB)
1	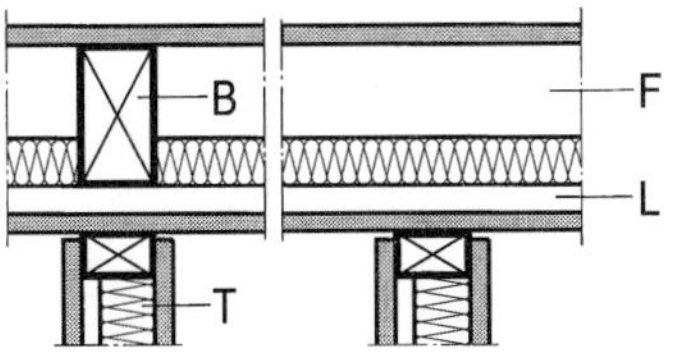 B, F, L, T	48
2	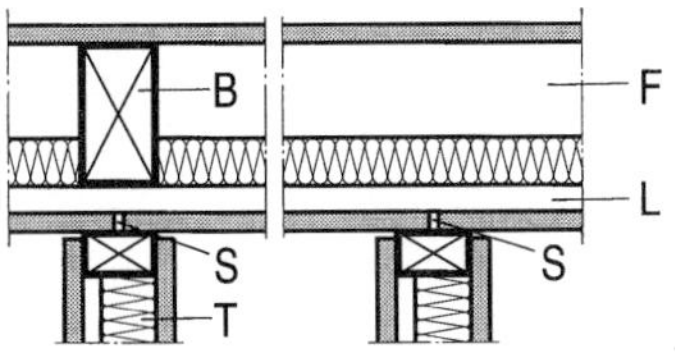 B, F, L, S, S, T	51
3	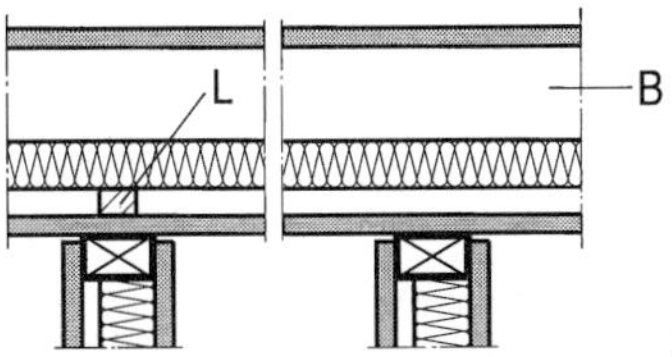 L, B	48
4	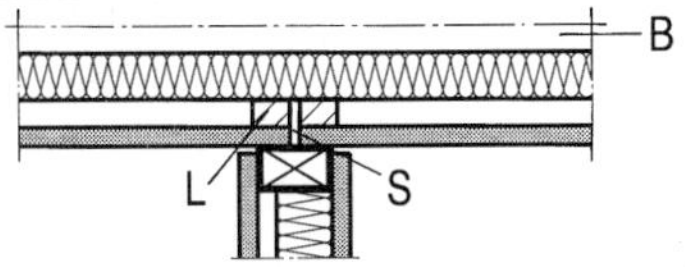 B, L, S	51

B Deckenbalken, L Lattung, S durchgehende, offene Stoßfuge in der Deckenbekleidung

Die Werte R_{LwR} = 48 bis 51 dB sind als äußerst schwach zu bezeichnen, so daß diese Ausbildungen bei höheren Ansprüchen ungeeignet sind. In solchen Fällen besteht aber auch bei Decken die Möglichkeit, zumindest bei parallel zu den Deckenbalken angeordneten Trennwänden das Prinzip des Anschlusses Trennwand – flankierende Wand nach Tafel 10.6, Zeilen 5 und 6, unter Verwendung der dort genannten Werte R_{LwR} = 54 dB bzw. 62 dB aufzugreifen.

Auch im Fall der quer zur Balkenrichtung verlaufenden Trennwand läßt sich zumindest bei einer Doppelwand – und nur bei ihr sind im allgemeinen auch besonders gute Längsdämmungen sinnvoll – die völlige Trennung der oberen flankierenden Decke in diesem Bereich ermöglichen, wenn das auch mit einem größeren konstruktiven Aufwand verbunden ist. Zunächst werden die einseitig beplankten Wände der Doppelwand zu tragenden Wänden für die Deckenauflagerung, was jedoch für die Tafelbauart auch bei Verwendung biegeweicher Beplankungen kein Problem ist. Zusätzlich muß jedoch dafür gesorgt werden, daß die Längsübertragung im Deckenhohlraum stark reduziert wird, damit nicht die Situation nach Tafel **10.**7, Zeile 4, mit R_{LwR} = 51 dB ent-

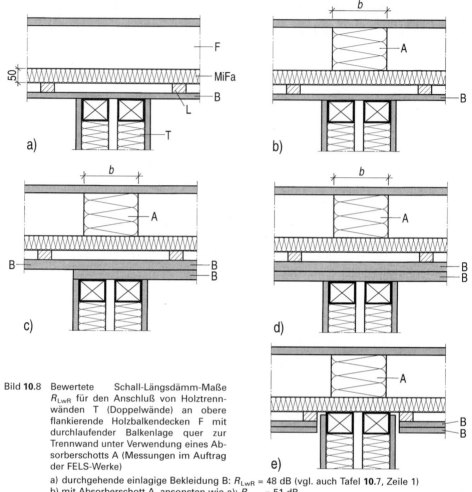

Bild **10**.8 Bewertete   Schall-Längsdämm-Maße R_{LwR} für den Anschluß von Holztrennwänden T (Doppelwände) an obere flankierende Holzbalkendecken F mit durchlaufender Balkenlage quer zur Trennwand unter Verwendung eines Absorberschotts A (Messungen im Auftrag der FELS-Werke)

a) durchgehende einlagige Bekleidung B: R_{LwR} = 48 dB (vgl. auch Tafel **10**.7, Zeile 1)
b) mit Absorberschott A, ansonsten wie a): R_{LwR} = 51 dB
c) einseitige Aufdoppelung der Bekleidung B: R_{LwR} = 54 dB
d) durchgehende zweilagige Bekleidung B: R_{LwR} = 57 dB
e) zweilagige Bekleidung B, im Anschlußbereich unterbrochen: R_{LwR} = 61 dB
B Bekleidung aus Gipsfaserplatten GF 10 mm; L Lattung; MiFa mineralischer Faserdämmstoff
mit $\varXi \geq$ 5 kN · s/m^4, auch für Absorberschott A mit b = 100 mm

steht. Hierzu eignet sich z. B. die Anordnung eines »Absorberschotts«, wie es in DIN 4109 Beiblatt 1 für Unterdecken ausführlich behandelt wird.

Erfreulicherweise liegen jetzt Ergebnisse von Industriemessungen auch für solche Ausbildungen vor, die nicht nur Auskunft geben über die in diesen Fällen erreichbare Verbesserung durch Absorberschotts, sondern auch ergänzend zu den Angaben in der Norm über die Wirkung weiterer konstruktiver Varianten (Bild **10**.8). Als Trennwand wurden Doppelwände eingesetzt.

Man erkennt, daß die Verbesserung durch ein bescheiden ausgeführtes Absorberschott im vorliegenden Fall 3 dB beträgt (Vergleich der Bilder a) und b)) und daß eine einseitig von der Trennwand vorgenommene Verbesserung, in diesem Fall durch eine Aufdoppelung der unterseitigen Deckenbekleidung c), schallschutztechnisch die halbe Verbesserung einer beidseitig vorgenommenen Maßnahme bewirkt d). Mit der im Trennwandbereich unterbrochenen zweilagigen Bekleidung e) läßt sich mit R_{LwR} = 61 dB also auch bei dieser Balkenrichtung ein hervorragender Wert erreichen.

10.3.10 Rechenwerte R_{LwR} für flankierende untere Holzbalkendecken

Die Rechenwerte R_{LwR} nach der Norm gehen aus Bild **10**.9 hervor. Sie gelten gleichermaßen für Trennwände parallel und rechtwinklig zu den Deckenbalken. Der Fall b) gilt für vollflächig schwimmende Unterböden aus 25 mm Spanplatten auf mineralischen Faserdämmstoffen nach DIN 18 165-1, kann aber auch für schwimmende Estriche (Zement, Gußasphalt) herangezogen werden. Dagegen kann die Anordnung der Trennwand auf einem durchgehenden schwimmenden Unterboden (Bild c) weder schallschutztechnisch noch aus mechanischen Gründen (Schwingungen beim Begehen des schwimmenden Unterbodens) allgemein empfohlen werden.

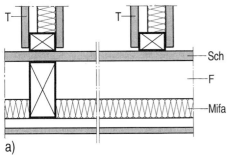

a)

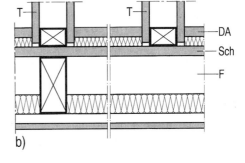

b)

Bild 10.9
Bewertete Schall-Längsdämm-Maße R_{LwR} für den Anschluß von Holztrennwänden T an untere flankierende Holzbalkendecken F nach Beiblatt 1

a) Flankierende Decke ohne Fußbodenauflage: R_{LwR} = 48 dB
b) Deckenauflage im Bereich der Trennwand unterbrochen: R_{LwR} = 65 dB
c) unter der Trennwand durchlaufende Deckenauflage kann allgemein nicht empfohlen werden
DA vollflächig schwimmende Deckenauflage, z.B. unter Verwendung von Spanplatten, schwimmender Estrich; Sch Schalung aus Spanplatten nach DIN 68 763, gespundet oder mit Nut und Feder verlegt; MiFa mineralischer Faserdämmstoff mit $\Xi \geq$ 5 kN · s/m⁴

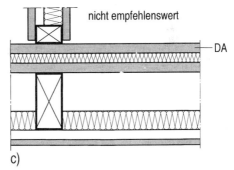

c)

10.4   Resultierende Schalldämmung

10.4.1   Allgemeines

Nachfolgend wird an Hand von 2 Beispielen – Holztrennwand im Massivgebäude, Holztrennwand im Holzhaus – gezeigt, wie sich die resultierende Schalldämmung zwischen den beiden Räumen zum einen sehr schnell über den vereinfachten Nachweis (Gln 3.26) sowie mit einem nur geringfügig größeren rechnerischen Aufwand mit Hilfe des genaueren Verfahrens (Gl 3.25) rechnerisch ermitteln läßt (Abschn. 10.3.2).

Voraussetzung ist, daß die Rechenwerte aller 5 beteiligten Bauteile, also R_{wR} für das trennende Bauteil, 4 R_{LwRi}-Werte für die flankierenden Bauteile, bekannt sind. Hier wird vereinfachend $R'_{LwRi} = R_{LwRi}$ angenommen, d. h. normale geometrische Verhältnisse (bezgl. Trennwandfläche, Kantenlängen) vorausgesetzt.

Wie aus den Gln (3.25) und (3.26) ersichtlich, bestimmt das schwächste Glied in der Kette die resultierende Schalldämmung; R'_{wR} kann definitionsgemäß nie besser sein als der kleinste Wert aus R_{wR} und R_{LwRi}. Deshalb wird ebenfalls gezeigt, daß es bei einer erforderlichen Verbesserung von R'_{wR} wirtschaftlich am sinnvollsten ist, mit der Verbesserung des schwächsten Gliedes zu beginnen.

10.4.2 Holztrennwand im Massivgebäude

1. Vorhandene Situation (Bild 10.10)

  a) Trennwand: Doppelständer-Wand nach Tafel **10.2**, Zeile 5, mit $R_{wR} = 65$ dB (Bild a)
  b) Flankierende Bauteile
    F1: einschalige biegesteife Wand mit $m'_{L1} = 200$ kg/m² und $R_{LwR1} = 53$ dB nach Tafel **10.4**, Zeile 1 (Bild b); F2: einschalige biegesteife Wand mit $m'_{L2} = 400$ kg/m² und $R_{LwR2} = 62$ dB (Bild c); F3: obere Massivdecke mit $m'_{L3} = 350$ kg/m² und $R_{LwR3} = 58$ dB durch geradlinige Interpolation aus Tafel **10.5**, Zeile 1 (Bild d); F4: Massivdecke mit schwimmendem Estrich, durch Trennwandanschluß vollständig getrennt mit $R_{LwR4} = 70$ dB nach Tafel **10.5**, Zeile 4 (Bild e).

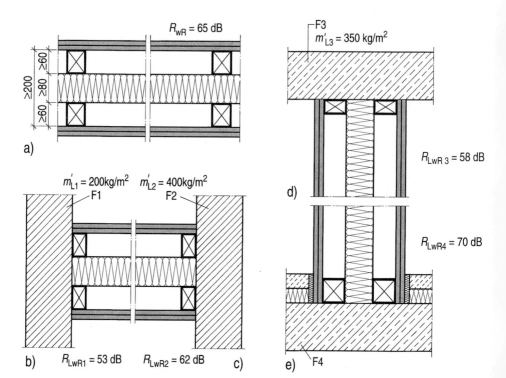

Bild **10.10** Holztrennwand im Massivgebäude, Beispiel; a) Trennwand; Anschlüsse an flankierende Bauteile: b) und c) flankierende Wände, d) und e) flankierende Decken

2. Genauerer Nachweis nach GI (3.25):

$$R_{wR} = -10 \cdot \lg (10^{-65/10} + 10^{-53/10} + 10^{-62/10} + 10^{-58/10} + 10^{-70/10}) = 51 \text{ dB}$$

3. Vereinfachter Nachweis nach GI (3.26):

$$R'_{wR} = \min R_{wR}/R_{LwRi} - 5 \text{ dB} = R_{LwR1} - 5 \text{ dB} = 53 - 5 = 48 \text{ dB}$$

4. Diskussion

Man erkennt, daß trotz einiger hervorragender Einzelwerte das flankierende Bauteil F1 als „schwächstes Glied" das Ergebnis bestimmt. Ferner liefert der vereinfachte Nachweis hier ein um 3 dB schlechteres Ergebnis als der genauere.

5. Verbesserungsmaßnahmen

Da die ursprünglich gute Schalldämmung (nebenwegfrei) der Trennwand mit $R_{wR} = 65 \text{ dB}$ vor allem durch das Bauteil F1 (min $R_{LwRi} = 53 \text{ dB}$) stark verschlechtert wurde, muß zuallererst dieses Bauteil verbessert werden, wofür sich eine raumseitige biegeweiche Vorsatzschale auf der flankierenden Massivwand zu beiden Seiten der Trennwand anbietet. Das Ergebnis einer solchen Verbesserung ist in Bild 10.11 dargestellt, und zwar mit zwei Varianten:

a) Durchgehende biegeweiche Vorsatzschale bei F1: $R_{LwR1} = 53 \text{ dB} \rightarrow 57 \text{ dB}$; hiermit folgt analog 2.: $R'_{wR} = 51 \text{ dB} \rightarrow 53 \text{ dB}$.

b) Vorsatzschale im Trennwandbereich vollständig unterbrochen: $R_{LwR1} = 53 \text{ dB} \rightarrow 70 \text{ dB}$; hiermit folgt $R'_{wR} = 51 \text{ dB} \rightarrow 55 \text{ dB}$.

Nach der Maßnahme b) wird das Ergebnis durch das nun schwächste Glied F3 mit $R_{LwR} = 58 \text{ dB}$ bestimmt. Eine weitere Verbesserung kann also zunächst nur über die Verbesserung dieses flankierenden Bauteils erfolgen.

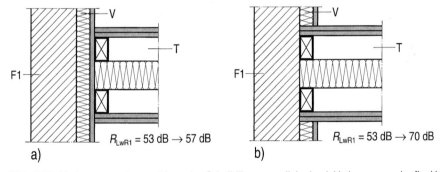

Bild 10.11 Verbesserung der resultierenden Schalldämmung allein durch Verbesserung der flankierenden Wand F1 mit Hilfe einer biegeweichen Vorsatzschale V

a) Vorsatzschale durchgehend, b) im Trennwandbereich unterbrochen

6. Einfluß des unteren Wandanschlusses

Wie schnell eine ansonsten schallschutztechnisch gute Gesamtkonstruktion allein durch einen einzigen ungünstigen Anschluß erheblich verschlechtert werden kann, wird in Bild 10.12 am Beispiel der Fußpunktausbildung der Trennwand demonstriert:

— Mit der besten Ausbildung ($R_{LwR4} = 70 \text{ dB}$) ergab sich $R'_{wR} = 55 \text{ dB}$, s. 5b

— bei einem Estrich mit Trennfuge ($R_{LwR4} = 55 \text{ dB}$ nach Tafel **10.5**, Zeile 3) folgt nur noch $R'_{wR} = 52 \text{ dB}$

— bei einem durchgehenden Zement-/Asphaltestrich ($R_{LwR4} = 38/44 \text{ dB}$ nach Tafel **10.5**, Zeile 2) folgt die „Katastrophe" mit $R'_{wR} = 38/43 \text{ dB}$!

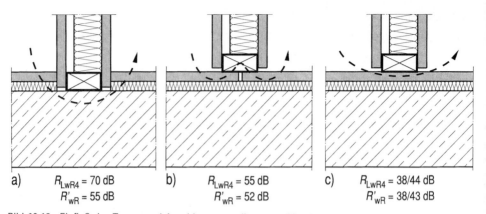

a) $R_{LwR4} = 70\,dB$ b) $R_{LwR4} = 55\,dB$ c) $R_{LwR4} = 38/44\,dB$
   $R'_{wR} = 55\,dB$ $R'_{wR} = 52\,dB$ $R'_{wR} = 38/43\,dB$

Bild **10**.12   Einfluß des Trennwand-Anschlusses an die untere Massivdecke mit schwimmendem Estrich
auf die resultierende Schalldämmung im Beispiel nach Bild **10**.10 und **10**.11 b)
a) Estrich durch Trennwand unterbrochen, b) Estrich mit Trennfuge, c) Estrich durchlaufend

7. Vergleich der Nachweise für die Massivbauart und die Holzbauart

Nachfolgend soll – am Beispiel der in Abschn. 10.3.4 gewählten Konstruktion – kurz gezeigt werden, daß das resultierende Schalldämm-Maß unabhängig davon ist, ob es analog zur Massivbauart, die hier nicht näher erläutert wurde, oder nach dem genaueren Verfahren für die Holzbauart ermittelt wird.

Gegeben sei die Ausbildung nach Abschn. 10.3.4 mit einer Holztrennwand mit R'_{wR} (300) = 50 dB nach Tafel **10**.1, Zeile 5, und massiven flankierenden Bauteilen ohne Vorsatzschale mit den Massen m'_L = 150/250/350/450 kg/m².

a) Beim Nachweis analog zur Massivbauart (s. Abschn. 10.3.4) ergaben sich: m'_{Lm} = 224 kg/m², daraus K_{L1} = $-$ 3 dB und somit R'_{wR} = 50 $-$ 3 = 47 dB

b) Beim Verfahren für die Holzbauart sind für dieselbe Konstruktion einzusetzen:
— Trennwand nach Tafel **10**.2, Zeile 5: R_{wR} = 65 dB
— flankierende Wände (m'_L = 150/450 kg/m²) nach Tafel **10**.4, Zeile 1, über Interpolation: $R_{LwR1,2}$ = 48 dB bzw. 62 dB
— flankierende Decken (m'_L = 250/350 kg/m²) nach Tafel **10**.5, Zeile 1: über Interpolation: $R_{LwR3,4}$ = 54 dB bzw. 58 dB

Daraus folgt:

$$R'_{wR} = -10 \cdot \lg\,(10^{-6,5} + 10^{-4,8} + 10^{-6,2} + 10^{-5,4} + 10^{-5,8}) = 46,5 \approx 47\,dB\;(\text{Wert nach a})$$

10.4.3   Trennwände in Holzhäusern

An Hand der nachfolgenden Beispiele soll gezeigt werden, daß

a) man bei einer Einfachwand die resultierende Schalldämmung R'_{wR} schon mit sehr einfachen Maßnahmen an den flankierenden Bauteilen durchaus um 2 dB oder mehr erhöhen kann,

b) es sich lohnen kann, das genaue Nachweisverfahren anzuwenden und daß

c) es bei einer Doppelwand und einer hochwertigen Ausbildung der Anschlüsse an die flankierenden Bauteile möglich ist, selbst höchste Ansprüche an die resultierende Schalldämmung zu erfüllen.

10.4.3.1 Beispiel 1

Konstruktion

Gegeben ist die Situation nach Tafel **10.8**:

— Trennwand (Bild **10.13**) als Einfachwand nach Tafel **10.2**, Zeile 1, mit $R_{wR} = 46$ dB
— beiderseitiger Anschluß an flankierende Wände F1 und F2

Tafel **10.8** Trennwand im Holzhaus; Ermittlung von R'_{wR} für die 3 gewählten Konstruktionen

Zeile	Bauteil	1a)	1b)	2
1	TW	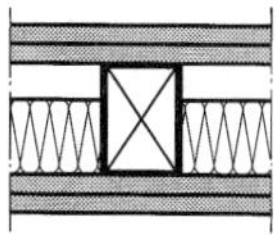 $R_{wR} = 46$ dB		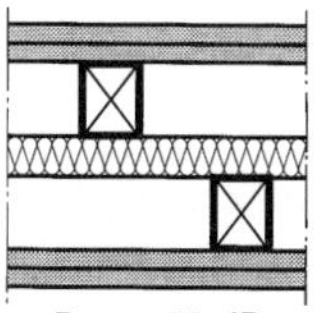 $R_{wR} = 65$ dB
2	F1 und F2	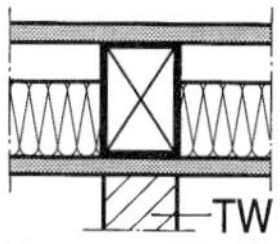 $R_{LwR1,2} = 50$ dB	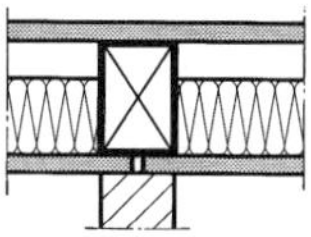 54 dB	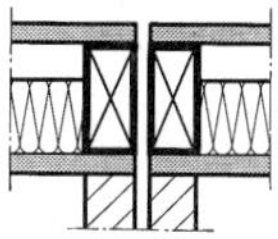 62 dB
3	F3	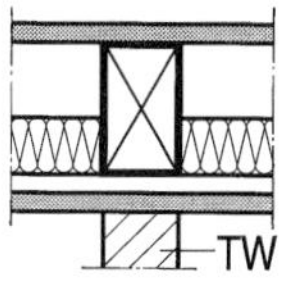 $R_{LwR3} = 48$ dB	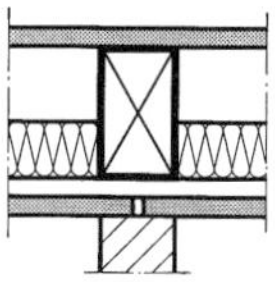 51 dB	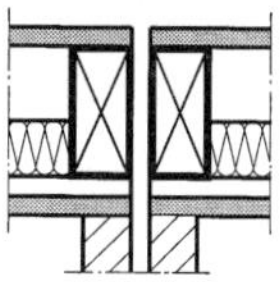 ≈ 62 dB
4	F4	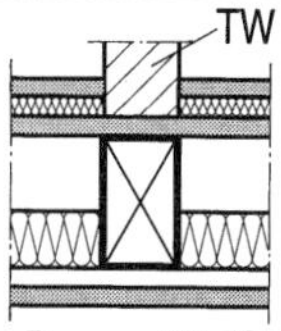 $R_{LwR4} = 65$ dB		
5	vereinfacht genau	Resultierende Schalldämmung R'_{wR} (dB)		
	vereinfacht	41	41	57
	genau	42	44	56

a) mit durchgehender Beplankung und $R_{LwR1,2} = 50$ dB (10.6, Z 2) sowie

b) mit durchtrennter Beplankung und $R_{LwR1,2} = 54$ dB (Z 3)

— Anschluß an obere flankierende Holzbalkendecke F3 mit

a) durchgehender Bekleidung und $R_{LwR3} = 48$ dB (10.7, Z 1) sowie

b) mit durchtrennter Bekleidung und $R_{LwR3} = 51$ dB (Z 2)

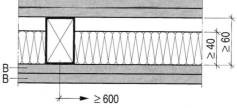

Bild **10.13** Gewählte Trennwand mit $R_{wR} = 46$ dB nach Beiblatt 1 zu DIN 4109
B biegeweiche Schale

− Anschluß an untere Holzbalkendecke F4 mit unterbrochener schwimmender Deckenauflage und R_{LwR4} = 65 dB (Bild **10**.9b).

Ergebnis

Der vereinfachte Nachweis bringt in beiden Fällen R'_{wR} = 41 dB, da jeweils min R_{wR} = 46 dB ist:

$$R'_{wR} = 46 - 5 = 41 \text{ dB}$$

Beim genaueren Nachweis ergeben sich dagegen bessere Werte, nämlich

a) $R'_{wR} = -10 \cdot \lg (10^{-4,6} + 2 \cdot 10^{-5,0} + 10^{-4,8} + 10^{-6,5} + 10^{-4,8}) = 42 \text{ dB}$

b) $R'_{wR} = -10 \cdot \lg (10^{-4,6} + 2 \cdot 10^{-5,4} + 10^{-5,1} + 10^{-6,5}) = 44 \text{ dB}$

Die Verbesserung im Fall b) hält sich deshalb in Grenzen, weil das schwächste Glied, nämlich die Trennwand mit R_{wR} = 46 dB, nicht verbessert worden ist. Wird diese Verbesserung nachgeholt, z.B. durch R_{wR} = 46 dB → 52 dB, erhöht sich die resultierende Schalldämmung R'_{wR} um weitere 2 dB:

$$R'_{wR} = -10 \cdot \lg (10^{-5,2} + 2 \cdot 10^{-5,4} + 10^{-5,1} + 10^{-6,5}) = 46 \text{ dB}$$

10.4.3.2 Beispiel 2

Konstruktion

Gegeben sind:

− Doppelwand nach Tafel **10**.2, Zeile 5, mit R_{wR} = 65 dB (vgl. Bild **10**.10a)
− Anschluß an flankierende Wände F1 und F2 entsprechend **10**.6, Z 6, mit $R_{LwR1,2}$ = 62 dB
− Anschluß an obere flankierende Decke mit voneinander getrennten Doppelbalken, ca. R_{LwR3} = 62 dB analog zum gleichartigen Anschluß an die flankierenden Wände
− Anschluß an untere Holzbalkendecke wie im Beispiel 1 mit R_{LwR4} = 65 dB

Ergebnis

Einfacher Nachweis: R'_{wR} = 62 − 5 = 57 dB

Genauerer Nachweis: $R'_{wR} = -10 \cdot \lg (2 \cdot 10^{-6,5} + 3 \cdot 10^{-6,2}) = 56 \text{ dB}$

Bei diesem Beispiel ergibt sich der seltene Fall, daß der vereinfachte Nachweis ein besseres Ergebnis für R'_{wR} liefert als der genauere. Die Ursache liegt darin, daß alle beteiligten Einzelglieder nahezu die gleiche Schalldämmung aufweisen. In einem solchem Fall müßte zumindest theoretisch der einfache Nachweis etwas anders aussehen als nach DIN 4109, nämlich:

$$R'_{wR} = \min R_{wR} - 7 \text{ dB}$$

Das ist jedoch nicht beunruhigend, da selbst dann, wenn diese Situation in der Praxis tatsächlich gegeben ist, die vorhandenen Schall-Längsdämm-Maße R_{LwR} der beiden flankierenden Wände durch in ihnen in Trennwandnähe vorhandene Fenster oder Türen größer sind als in DIN 4109 für die ungestörten Wände festgelegt.

10.4.4 Ermitteln von R'_{wR} durch „Kopfrechnen"

Obwohl der genauere Nachweis nach Gl (3.25) tatsächlich sehr einfach ist und äußerst schnell geht, sofern man nur einen Taschenrechner mit der „lg-" und „10^x"-Funktion hat, ist es oft hilfreich, den genauen Nachweis ohne jedes Hilfsmittel 'im Kopf' zu führen. Man braucht nur die 5 vorliegenden Einzelwerte R_{wR} und R_{LwRi} derart zum späteren R'_{wR} zu addieren, daß man jeweils 2 Einzelwerte zusammenfaßt, wobei man lediglich folgende Beziehungen anzuwenden hat, die sich definitionsgemäß ergeben und mit Hilfe der Gl (3.25) leicht nachzuprüfen sind, vgl. auch Abschn. 3.5.2.4, c):

$$R + R = R - 3\,\text{dB}$$
$$R + \geq (R + 2\,\text{dB}) = R - 2\,\text{dB}$$
$$R + \geq (R + 6\,\text{dB}) = R - 1\,dB$$
$$R + \geq (R + 10\,\text{dB}) \approx R$$

Beispiele (in Klammern die rechnerisch genaueren Werte):

$$50\,\text{dB} + 50\,\text{dB} = 47\,\text{dB}$$
$$50 + 52 = 48\,\text{dB}\ (47{,}9\,\text{dB})$$
$$50 + 56 = 49\,\text{dB}$$
$$50 + 60 \approx 50\,\text{dB}\ (49{,}6\,\text{dB})$$

Nachstehend wird die Kopfrechnung auf einige der bereits behandelten Beispiele angewandt. Man geht zweckmäßigerweise derart vor, daß man möglichst die Kombination zweier solcher Werte nimmt, die den oben genannten Fällen entsprechen, damit die Abweichung zum exakten rechnerischen Ergebnis gering bleibt. Sofern sich dabei die angegebenen Kombinationen ergeben, beträgt die Übereinstimmung 100%.

a) Beispiel nach Abschn. 10.4.2, 1.:

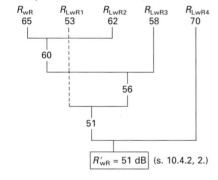

$R'_{wR} = 51\,\text{dB}$ (s. 10.4.2, 2.)

b) Beispiel nach Abschn. 10.4.2, 5a):

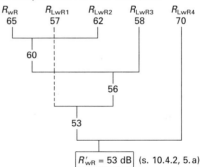

$R'_{wR} = 53\,\text{dB}$ (s. 10.4.2, 5.a)

c) Beispiel nach Tafel **10**.8, Spalte 1a)

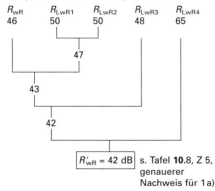

$R'_{wR} = 42\,\text{dB}$ s. Tafel **10**.8, Z 5, genauerer Nachweis für 1a)

d) Beispiel nach Tafel **10**.8, Spalte 1b)

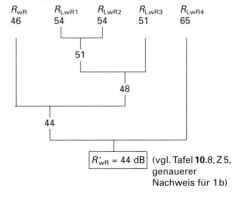

$R'_{wR} = 44\,\text{dB}$ (vgl. Tafel **10**.8, Z 5, genauerer Nachweis für 1b)

10.5 Brandschutz

10.5.1 Allgemeines

Hierzu gilt auch für Innenwände das zu den Außenwänden in Abschn. 7.7.1 Gesagte. Lediglich die Unterscheidung zwischen raumabschließenden und nicht raumabschließenden Innenwänden folgt situationsbedingt anderen Kriterien (s. Abschn. 3.6.2.3).

10.5.2 Tragende Innenwände F 30-B ohne weiteren Nachweis

Die nachfolgenden Beispiele sind DIN 4102-4 entnommen, die eine Vielzahl von klassifizierten Konstruktionen enthält. Umfangreiche Erläuterungen sind in *Kordina, Meyer-Ottens* „Holz Brandschutz Handbuch" [3] enthalten, so daß hier auf detaillierte Angaben verzichtet werden kann.

10.5.2.1 Raumabschließende Innenwände F 30-B

Bild **10.**14 zeigt 2 typische Beispiele für Innenwände in Holztafelbauart, die ohne weiteren Nachweis F 30-B entsprechen, wenn die in Abschn. 7.7.2.1 genannten konstruktiven Voraussetzungen erfüllt sind.

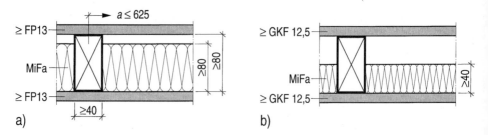

Bild **10.**14 Beispiele für tragende, raumabschließende Innenwände F 30-B in Holzbauart nach DIN 4102-4 ohne weiteren Nachweis; Mindestabmessungen Holz b_1/d_1 = 40/80 m; MiFa mineralischer Faserdämmstoff nach DIN 18 165-1, Rohdichte $\geq$ 30 kg/m³; Mindestdicke der Beplankungen:

a) 13 mm Spanplatte FP, b) 12,5 mm Gipskarton-Feuerschutzplatte GKF

Darüber hinaus enthält DIN 4102-4 auch eine Vielzahl von Konstruktionen der Feuerwiderstandsklassen F 60-B und F 90-B, allerdings bei teilweise stark reduzierter zulässiger Druckspannung in den Holzrippen.

10.5.2.2 Nicht raumabschließende Innenwände F 30-B

Hierzu gelten die Angaben in Abschn. 7.7.2.2 in gleicher Weise.

11 Geschoßdecken

11.1 Anwendungsbereiche

Der heute überwiegende Anwendungsbereich für Geschoßdecken in Holzbauart, d.h. für Decken zwischen Aufenthaltsräumen, sind Holzhäuser in konventioneller oder in Fertigbauart. Dagegen wird auch bei Holzhäusern für Kellerdecken oder für Decken über Kriechkellern in der Regel die Massivbauart angewandt.

Bei Gebäuden in Massivbauart, z.B. im Mauerwerksbau, ist ihr Einsatz ausgesprochen selten geworden und dort zumeist auf Decken unter nicht ausgebauten oder nicht ausbaufähigen Räumen beschränkt. Dies steht ganz im Gegensatz zur Zeit vor dem 2. Weltkrieg, wo Holzbalkendecken landauf, landab und unabhängig von der Größe des Wohngebäudes die weitaus am häufigsten eingesetzte Konstruktion darstellten, die aber dann im Feuersturm der alliierten Bombenangriffe im wahrsten Sinne des Wortes „untergegangen" ist.

Auf die Verbesserung von Holzbalkendecken im Rahmen von Modernisierungsmaßnahmen im Altbau wird in Abschn. 14.4 eingegangen.

11.2 Konstruktionsprinzipien

Abgesehen von neuartigen Entwicklungen, die sich aber derzeit noch in der Phase der Erprobung befinden, kommen für Holzdecken in Wohnhäusern oder für vergleichbare Gebäude praktisch nur zwei Ausbildungen zur Anwendung (Bild **11.**1):

a) Holzbalkendecke

b) Decke in Holztafelbauart als Verbundkonstruktion von Rippen und statisch mitwirkenden Beplankungen.

Die statisch-konstruktive Durchbildung und ihre Bemessung ist bei Holzbalkendecken allgemein bekannt, so daß hier darauf nicht eingegangen zu werden braucht, bezüglich der Holztafelbauart s. Abschn. 5.

In Holzhäusern könnten – im Gegensatz zu Decken in Tafelbauart – bei Holzbalkendecken dann Probleme entstehen, wenn sie zur Aussteifung des Gebäudes herangezogen

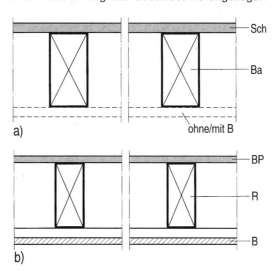

Bild **11.**1
Deckensysteme in Holzbauart;
a) Holzbalkendecke, b) Decke in Holztafelbauart, hier mit einseitiger Beplankung BP
Ba Balken, R Deckenrippe, Sch Schalung, B Bekleidung

werden sollen, aber keine Holzwerkstoff-Schalung aufweisen, mit denen sich der Nachweis nach DIN 1052-1, Abschn. 11.3, mühelos führen ließe, sondern, wie es bei sichtbaren Deckenbalken aus optischen Gründen oft der Fall ist, an der Oberseite eine Bretterschalung haben. Wenn man zusätzliche Verbände in Fußbodenebene vermeiden will, bietet sich grundsätzlich eine Scheibe an, die durch Aufnageln von Holzwerkstoff- oder Gipsbauplatten unmittelbar auf der Brettschalung hergestellt wird (Bild **11.**2). Leider ist diese Anregung von der einschlägigen Industrie bisher nicht aufgegriffen worden, um einen solchen Brauchbarkeitsnachweis, z. B. über eine bauaufsichtliche Zulassung, zu liefern. Diese Ausbildung wird ohnehin dann oft erforderlich, wenn der Trittschallschutz einer solchen Decke, der durch die Brettschalung sehr ungünstig beeinflußt wird, verbessert werden muß.

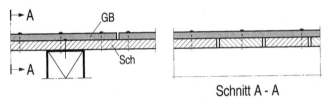

Schnitt A - A

Bild **11.**2
Herstellen einer Deckenscheibe bei Holzbalkendecken mit Brettschalung Sch durch aufgenagelte Gipskarton- oder Gipsfaserplatten GB (Vorschlag)

Die Konstruktion von Holzdecken hat sich gegenüber früher grundlegend verändert. Während noch nach Kriegsende der Einschub unter Verwendung verschiedenartiger, schwererer Schüttmaterialien vorherrschend war, wurde er mit dem Vordringen moderner, leichter Dämmstoffe immer mehr zurückgedrängt und ist praktisch in der Versenkung verschwunden. Daß damit – ganz nebenbei – auch das Gefahrenpotential für die Holzdecke drastisch reduziert wurde, kann in Abschn. 14.4 nachgelesen werden. Die dadurch erreichte Gewichtsreduzierung der Decke muß aber keinesfalls eine Verschlechterung ihrer Schalldämmung bewirken.

11.3 Wärmeschutz

DIN 4108 stellt keine Anforderungen an den Wärmeschutz von Geschoßdecken. Deshalb kann es hier allgemein auch keine Probleme geben.

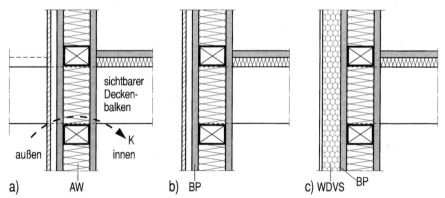

Bild **11.**3 Anschluß sichtbarer Deckenbalken an Außenwand AW (schematisch), lotrechter Schnitt
a) vollständige Durchdringung (kritisch wegen Kaltlufteinfall K), b) luftdichter Abschluß der Balkenstirnseite durch außenliegende Wandbeplankung BP, c) wie b), jedoch mit zusätzlichem Wärmedämm-Verbundsystem WDVS (am besten geeignet)

Besondere Aufmerksamkeit verdient jedoch bei Decken mit sichtbaren Balken ihr Anschluß an die Außenwand, denn hier gilt es, erhöhte Wärmeverluste, unangenehme Zuglufterscheinungen sowie Wasserdampf-Konvektion zu verhindern. Zu allererst ist unbedingt zu vermeiden, daß der Deckenbalken die Außenwand vollständig durchdringt (Bild **11.**3a), da diese Nahtstelle im Holzbau nur unter großen Anstrengungen dauerhaft dicht zu bekommen ist. Wesentlich bessere Voraussetzungen sind gegeben, wenn der Balken in die Wand lediglich einbindet und an der Außenseite eine durchgehend luftdichte Schicht vorhanden ist (Bild b). Noch bessere Bedingungen sind bei einem außenliegenden Wärmedämm-Verbundsystem vorhanden (Bild c).

11.4 Feuchteschutz und Holzschutz

Für diese Kriterien gilt im Prinzip ähnliches wie das zum Wärmeschutz Gesagte, nämlich keine allgemeinen Probleme, jedoch einen kritischen Bereich unter Bädern. Auf Fußböden in Naßbereichen wird in Abschn. 11.9 näher eingegangen.

Eine weitere Problemzone früherer Jahre, der Balkenkopf in frischen Mauerwerks-Außenwänden, hat sich von selbst erledigt, da diese Ausbildung kaum noch angewandt wird. Dagegen bereiten gesunde Balkenköpfe in alten Wänden bei Modernisierungsmaßnahmen keine Schwierigkeiten, sofern dabei nicht gravierende Fehler gemacht werden.

Wie empfindlich Holzbalkendecken mit dem früher üblichen, schweren, d.h. feuchtespeichernden Einschub – im Gegensatz zu der modernen Ausbildung mit mineralischen Faserdämmstoffen – gegenüber von oben eindringender, außerplanmäßiger Feuchte sind (z.B. bei „Unfällen" mit Waschmaschinen oder dgl.), wird in Abschn. 13.5.3 am Beispiel von Schäden gezeigt. Dagegen dürfen Decken mit mineralischen Faserdämmstoffen jetzt auch unter Naßbereichen ohne chemischen Holzschutz eingesetzt werden. Aus dem gleichen Grund wird man auch im Beiblatt 1 zu DIN 4109 keine Deckenkonstruktion mit Einschub finden, obwohl hierüber umfangreiche Meßergebnisse vorliegen.

11.5 Schallschutz, Allgemeines

11.5.1 Aufgaben für Decken

Zur Sicherstellung des im Innern von Gebäuden geforderten oder gewünschten Schallschutzes können Geschoßdecken folgende Aufgaben haben (Bild **11.**4):

Bild **11.**4
Schallschutzaufgaben für Decken (schematisch)

a) als trennendes Bauteil T, Luft(LS)- und Trittschallschutz (TS), b) als flankierendes Bauteil F von Trennwänden (Luftschallschutz)

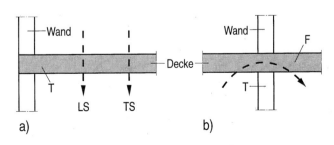

a) Luft- und Trittschallschutz zwischen Aufenthaltsräumen in vertikaler, schräger oder horizontaler Richtung (Decke als trennendes Bauteil)

b) Beitrag zur Schalldämmung in horizontaler Richtung (Decke als flankierendes Bauteil von Wänden).

11.5.2 Anforderungen und Nachweise

Die Anforderungen an die Luftschalldämmung nach DIN 4109 sowie die Empfehlungen nach Beiblatt 1 beziehen sich immer auf die resultierende Schalldämmung zwischen den beiden Räumen, beinhalten also bei Decken auch die Übertragung über die flankierenden lotrechten Wände (Bild **11.**5). Dagegen wird beim Trittschallschutz die Übertragung über flankierende Holzbauteile rechnerisch vernachlässigt.

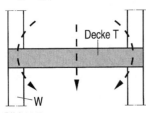

Bild 11.5
Luftschallübertragung über die trennende Decke und die flankierenden Wände W

Geordert bzw. empfohlen werden in der Norm für Geschoßdecken u. a. folgende Werte, s. Tafel **3.**10:

— Wohnungstrenndecken in Gebäuden mit

2 Wohnungen $R'_w = 52$ dB; $TSM = 10$ dB* oder
$L'_{nw} = 53$ dB*

> 2 Wohnungen $R'_w = 54$ dB; $TSM = 10$ dB oder
$L'_{nw} = 53$ dB

— innerhalb des eigenen Bereiches, z.B. Einfamilienhäuser (Empfehlung)

$R'_w = 50$ dB; $TSM = 7$ dB* oder
$L'_{nw} = 56$ dB*

Zum Nachweis der Einhaltung der Anforderungen oder Empfehlungen gilt bezüglich des Luftschallschutzes das in Abschn. 10.3.2 zu Innenwänden sowie das in 3.5.5, bezüglich des Trittschallschutzes das in 3.5.6 Gesagte.

11.5.3 Konstruktionsprinzipien und Einflußgrößen

a) Luftschalldämmung

Naturgemäß gilt das in den Abschn. 7.6.2.2 und 7.6.2.3 zu Wänden Ausgeführte ohne jede Einschränkung auch für Decken.

In praktisch allen Fällen sind schallschutztechnisch einwandfreie Holzdecken zweischalige Bauteile, egal ob eine Konstruktion mit oberseitiger Schalung und unterseitiger

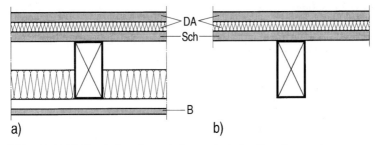

a)   b)

Bild 11.6   Holzbalkendecken als zumindest zweischalige Bauteile

a) vorherrschende Ausführung mit unterseitiger Bekleidung B, oberer Schalung Sch und zusätzlicher Deckenauflage DA (für Trittschallschutz), b) sichtbare Balken mit Schalung und Deckenauflage

* weichfedernde Bodenbeläge dürfen angerechnet werden

Bekleidung (Bild **11.**6a) oder mit sichtbaren Balken (Bild b) vorliegt, wobei bei letzterer die obere Schale durch die schwimmende Deckenauflage gebildet wird. Bei Ausführungen nach Bild a wirkt sich die Deckenauflage, ohne die es keinen befriedigenden Trittschallschutz geben kann, als zusätzliche Vorsatzschale in jedem Fall auch positiv auf die Luftschalldämmung aus.

Koppelung der Schalen

Von besonderer Bedeutung ist eine möglichst weiche Koppelung zwischen den beiden Schalen, s. Abschn. 7.6.2.3. Bild **11.**7 zeigt, daß zwischen der schallschutztechnisch schlechtesten Rohdecke – verleimte Holztafel mit beidseitiger Holzwerkstoffbeplankung – und einer guten Ausführung – oberseitig aufgenagelte Schalung, unterseitig über Federschiene entkoppelte Bekleidung – Größenordnungen liegen.

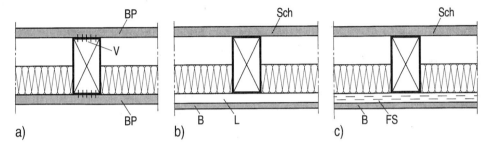

Bild **11.**7 Schematischer Vergleich der Schalldämmung von Rohdecken unterschiedlicher Ausbildung, aus [2]
a) beidseitig verleimte Holztafel : $R'_{wR} = 35$ dB
b) Balkendecke mit Lattung L: $R'_{wR} = 46$ dB
c) Balkendecke mit Federschiene FS: $R'_{wR} = 54$ dB
V Verleimung, BP Beplankung, B Bekleidung, Sch Schalung

Einschub in Decken

Auf den klassischen Einschub von Holzbalkendecken soll hier nicht näher eingegangen werden, da er in kritischen Feuchtesituationen äußerst nachteilig ist (Abschn. 15.6.3). Überhaupt wurde er früher in seiner schallschutztechnischen Wirkung weit überschätzt; in [2] kann nachgelesen werden, daß er praktisch keine besseren Werte ergibt als eine einfache Hohlraumdämpfung mit mineralischen Faserdämmstoffen.

b) Trittschalldämmung

Gösele [2] weist grundsätzlich sowie an Hand vieler Beispiele nach, daß weniger die Luft- als vielmehr eine einwandfreie Trittschalldämmung das konstruktive Problem bei Holzdecken ist und daß eine einwandfreie Luftschalldämmung – zumindest in Holzhäusern – automatisch gewährleistet ist, wenn man den Trittschallschutz im Sinne der DIN 4109 gelöst hat.

Der Trittschallschutz der gesamten Decke ist um so besser, je schwächer die 3 Übertragungseinflüsse ausgeprägt sind (Bild **11.**8):

— Oberseitige Körperschallanregung der Decke

— Weiterleitung (auch Luftschall) durch die Decke nach unten

— Unterseitige Abstrahlung

Oberseitige Anregung

Die oberseitige Anregung kann durch weichfedernde Gehbeläge (z. B. Teppiche) reduziert und damit das Trittschallschutzmaß der Decke verbessert werden. Da diese Beläge

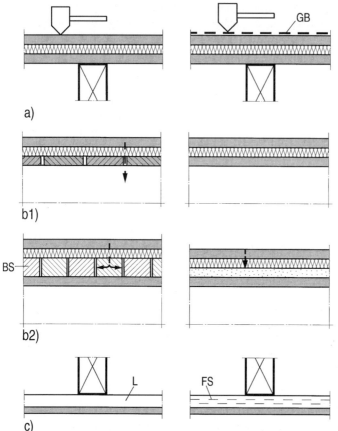

Bild **11**.8
Drei wesentliche Einflüsse für die Übertragung von Trittschall durch Holzdecken

a) Obere Anregung durch Körperschall, wird z.B. durch weichfedernde Gehbeläge GB abgeschwächt;
b1) Weiterleitung des hohen Luftschallpegels unter der schwimmenden Deckenauflage durch die obere Schale in den Deckenquerschnitt, bei Brettschalungen wegen der Fugen besonders ungünstig, bei geschlossenen Schalungen geringer; b2) Weiterleitung kann durch biegeweiche Beschwerung der oberen Schale (z.B. Sand oder kleinformatige, aufgeklebte Betonsteine BS) noch weiter verringert werden;
c) untere Abstrahlung in den Raum um so geringer, je weicher die Koppelung zwischen unterer Bekleidung und Deckenbalken (z.B. Federschiene FS oder Lattung + Federbügel besser als direkt angeschlossene Lattung L)

im wesentlichen bei hohen Frequenzen wirksam sind (und damit bei Massivdecken, die in diesen Bereichen schwach sind, große Verbesserungen ermöglichen), Holzbalkendecken dagegen aber bei tiefen Frequenzen verbesserungsbedürftig sind, fällt bei ihnen die Erhöhung des Trittschallschutzes durch solche Beläge bescheidener aus. Nach Beiblatt 1 zu DIN 4109 dürfen folgende Verbesserungsmaße *VM* (Rechenwerte) bei Holzdecken eingesetzt werden (s. auch Tafel **14**.2):

VM_R (Massivdecken) = 20 dB → VM_R (Holzdecken) = 2 dB (Tafel **11**.2)
VM_R (Massivdecken) = 26 dB → VM_R (Holzdecken) = 7 dB (Tafel **11**.1)

Bezüglich der Verbesserung des Trittschallschutzes durch geeignete Deckenauflagen (schwimmende Estriche oder dgl.) gilt grundsätzlich das zu den weichfedernden Gehbelägen Gesagte ebenfalls: Die Verbesserung ist bei Holzdecken wesentlich geringer als bei Massivdecken. *Gösele* [2] nennt für die häufigsten Ausführungen folgende Rechenwerte für die Verbesserungsmaße *VM*, in Klammern Rechenwerte für *VM* bei Massivdecken nach Beiblatt 1 (Bild **11**.9):

— Unterboden (sog. »Trockenestrich«) auf Hartschaumplatten *VM* = 4 dB bis 6 dB
— Unterboden auf Mineralfaserplatten *VM* = 9 dB (25 dB)
— Schwimmender Zement- oder Asphaltestrich *VM* = 16 dB (20 dB bis 30 dB)

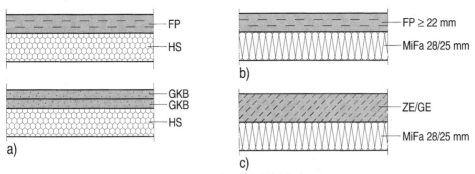

Bild **11**.9 Beispiele für schwimmende Deckenauflagen bei Holzdecken
a) Unterboden aus Spanplatten FP oder sog. Trockenestrich aus Gipskartonplatten GKB auf Hartschaumplatten, b) Unterboden aus Spanplatten FP auf Mineralfaser-Dämmplatten MiFa 28/25 mm, c) schwimmender Zement(ZE)- oder Gußasphaltestrich (GE) auf Mineralfaser-Dämmplatten 28/25 mm

Ein zumindest theoretisch interessanter Vorschlag wurde von *E. Veres* und *H.M. Fischer* gemacht, bei dem ein sogenannter »elementierter«, d.h. biegeweicher Estrich aus einzelnen Betonplatten im Gegensatz zu bisher angewandten Ausbildungen nicht unter, sondern auf der Dämmschicht angeordnet und der Unterboden direkt aufgelegt wird (Bild **11**.10), was eine erhebliche Reduzierung des dortigen Luftschallpegels und somit eine entsprechende Verbesserung der Decke zur Folge hat. Leider ist die allgemeine Funktionstüchtigkeit einer solchen Konstruktion noch nicht ausreichend gelöst.

Bild **11**.10
Vorschlag für Verbesserung des Trittschallschutzes von Holzdecken durch umgekehrte Schichtenfolge der Deckenauflage, nämlich Betonplatten („elementierter" Estrich E) auf Mineralfaserdämmschicht auf Schalung; aus [28]

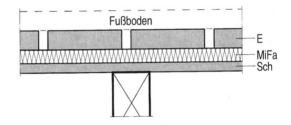

Weiterleitung

Hierbei geht es vor allem um die Luftschallübertragung durch die Rohdecke, da sich im Regelfall unterhalb der schwimmenden Deckenauflage infolge der Trittschallanregung ein größerer Luftschallpegel einstellt. Deshalb können hier die gleichen konstruktiven Regeln wie in 7.6.2.2 und 7.6.2.3 für Wände genannt angewandt werden. Aus diesem Grund scheidet hier eine Bretterschalung aus, da sie im Gegensatz zu großformatigen Holzwerkstoffen (Spanplatten) zu viele Fugen enthält, es sei denn, sie wird an der Oberseite durch einen dünnen Plattenwerkstoff abgedeckt (s. Bild **11**.2).

Die Weiterleitung in der Decke ist wieder – wie bereits bei der Luftschalldämmung erläutert – um so geringer, je weicher die Koppelung der Schalen ist, was sich bei Decken konstruktiv am einfachsten mit der unterseitigen Bekleidung realisieren läßt. Wie stark dieser Einfluß ist, wurde nicht nur bereits in Bild **11**.7 für R'_w gezeigt, sondern geht für *TSM* prinzipiell aus Bild **11**.11, ansonsten aus den Tafeln **11**.1 und **11**.2 sowie aus weiteren Meßwerten nach Bild **11**.12 hervor. *Gösele* gibt in [2] viele Anregungen, wie sich im Bedarfsfall die Schalldämmung verbessern läßt.

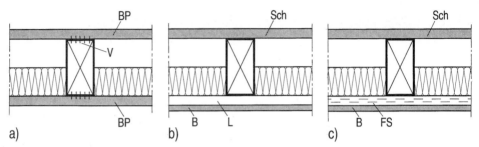

a)   b)   c)

Bild 11.11 Beispiele für den großen Einfluß der Koppelung biegeweiche Schale – Deckenbalken auf den Trittschallschutz von Holzdecken, nach *Gösele*

a) verleimte Deckentafel mit $TSM_{eqH} = -18$ dB,
b) genagelte Ausführung, unterseitige Bekleidung an Querlattung, $TSM_{eqH} = -6$ dB,
c) unterseitige Bekleidung an Federschiene, $TSM_{eqH} = +1$ dB

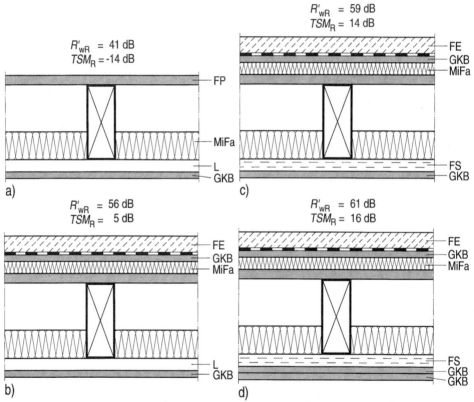

Bild 11.12 Im Sonderprüfstand mit flankierenden Holzbauteilen gemessene Holzbalkendecken (Auftraggeber Gebr. Knauf)

a) Rohdecke: VH Vollholz 100/240 mm, MiFa mineralischer Faserdämmstoff 100 mm, FP Spanplatte 22 mm, L Lattung, direkt befestigt, GKB Gipskartonplatte 12,5 mm
b) Decke a) + Deckenauflage, von oben nach unten: 40 mm Fließestrich FE, 9,5 mm Gipskartonplatte GKB zum Schutz gegen durchlaufenden Fließmörtel, Trittschalldämmplatte MiFa 25/20 mm
c) wie Decke b), jedoch unterseitig Federschiene FS anstatt Lattung, Bekleidung einlagig
d) wie Decke c), jedoch Bekleidung zweilagig

11.6 Schalldämmung von Holzdecken in Holzhäusern

11.6.1 Rechenwerte nach DIN 4109

In Tafel **11.**1 sind für mehrere Deckenkonstruktionen die Rechenwerte nach Beiblatt 1 aufgeführt, die ohne weiteren Nachweis verwendet werden dürfen, wenn die vorgegebenen konstruktiven Randbedingungen eingehalten sind. Vorausgesetzt wird dabei die Anwendung in Holzhäusern, also mit flankierenden Wänden z. B. nach Abschn. 10.3.8. Wie stark dagegen die Luftschalldämmung solcher Decken in Massivgebäuden durch den ungünstigen Einfluß der flankierenden biegesteifen Wände verschlechtert wird, kann durch Vergleich mit den Rechenwerten in Tafel **11.**2 schnell festgestellt werden.

Demgegenüber sind für die Trittschalldämmung einer Decke für beide Bauarten dieselben Werte festgelegt.

Tafel **11.**1   Rechenwerte nach DIN 4109 Beiblatt 1 für Holzbalkendecken in Holzhäusern

Zeile	Konstruktion	Decken-auflage DA	Bekleidung B		R_{wR} (dB)	R'_{wR} (dB)	TSM_R/L'_{nwR} (dB)	
			Anzahl der Lagen	Befesti-gung			ohne	mit Gehbelag [1]
1a 1b		UB SE	1	L [2]	53 60	50 54	−1/64 7/56	7/56 14/49
2a 2b		UB	1 2	FB [3] oder FS [4]	57 62	54 57	7/56 10/53	14/49 17/46
2c		SE	1		65	57	12/51	19/44
3		UB	–	–	63	55	10/53	17/46

1) Gehbelag mit $VM_R \geq 26$ dB für Massivdecken
2) Direkter Anschluß Lattung L – Balken
3) Anschluß Lattung L – Balken über Federbügel FB
4) Direkter Anschluß Federschiene FS – Balken

UB   Vollflächig schwimmender Unterboden aus Spanplatten 19 mm bis 25 mm auf mineralischem Faserdämmstoff ≥ 25 mm nach DIN 18165-2, T oder TK, mit $s' \leq 15$ MN/m³
SE   Schwimmender Zementestrich 50 mm auf Dämmstoff wie bei UB
B   Biegeweiche Bekleidung, z. B. aus Gipskartonplatten 12,5 oder 15 mm nach DIN 18180
MiFa   Mineralischer Faserdämmstoff 100 mm nach DIN 18165-1 mit $\Xi \geq 5$ kN · s/m⁴
Sch   Schalung aus Spanplatten 16 bis 25 mm nach DIN 68763, gespundet oder mit Nut und Feder verlegt
BP   Biegeweiche Beschwerung aus Betonplatten oder -steinen, mit Fugen, auf Schalung geklebt, $m' \geq 140$ kg/m²

Tafel 11.1 enthält folgende Rechenwerte:

— Resultierende Luftschalldämmung R'_{wR} für die direkte Anwendung in Holzhäusern

— Schalldämmung R_{wR} der Decke allein (ohne flankierende Wände) für den rechnerischen Nachweis von R'_{wR} in besonderen Fällen, auch bei flankierenden Massivwänden oder wenn z. B. höhere Werte angestrebt werden

— Trittschallschutzmaß *TSM* und bewerteter Norm-Trittschallpegel L'_{nwR} für die Decke ohne sowie mit weichfederndem Bodenbelag.

Da die Rechenwerte der Tafel **11**.1 mit den Anforderungen an die resultierende Schalldämmung unmittelbar verglichen werden können, erkennt man sofort folgendes:

1. Bereits der einfachste Deckenaufbau nach Zeile 1a entspricht – bei dem angenommenen Gehbelag – den Empfehlungen für den eigenen Wohnbereich, da

R'_{wR} = 50 dB = erf R'_{w} und
TSM = *7 dB = erf TSM*   bzw. L'_{nwR} = 56 dB = zul L'_{nw}

2. Die Ausbildung nach Zeile 1b ist – ebenfalls mit Gehbelag – bereits für Wohnungstrenndecken in Zweifamilienhäusern (auch Einfamilienhäuser mit Einliegerwohnung) geeignet, da

R'_{wR} = 54 dB > erf R'_{w} = 52 dB und
TSM = 14 dB > erf *TSM* = 10 dB   bzw. L'_{nwR} = 49 dB < zul L'_{nw} = 53 dB

3. Schon die Decke nach Zeile 2b genügt den Anforderungen in Wohngebäuden allgemein, da ohne Gehbelag:

R'_{wR} = 57 dB > erf R'_{w} = 54 dB und
TSM = 10 dB = erf *TSM*   bzw. L'_{nwR} = 53 dB = zul L'_{nw}

4. Darüber hinaus kommt dieselbe Decke – mit Gehbelag – bereits in den Bereich des erhöhten Schallschutzes, da

R'_{wR} = 57 dB > erh R'_{w} = 55 dB und
TSM = 17 dB = erh *TSM*   bzw. L'_{nwR} = 46 dB = erh L'_{nw}

Diese Hinweise machen deutlich, daß für den Einsatz von Holzdecken in Holzhäusern grundsätzlich günstige Voraussetzungen gegeben sind.

11.6.2   Weitere Meßergebnisse

Über die oben dargestellten Festlegungen der DIN 4109 hinaus läßt sich mit den Angaben in [2] eine Vielzahl von praktischen Konstruktionen schallschutztechnisch bemessen, da dort auch im Hinblick auf den Trittschallschutz für die Einzelbestandteile »Rohdecke«, »Deckenauflage« und »Gehbelag« jeweils eine Anzahl von Rechenwerten aufgeführt sind, so daß beliebige Kombinationen möglich sind. Deshalb soll hier darauf nicht weiter eingegangen werden.

Dagegen werden nachstehend – in Ergänzung zu den in 11.6.1 erwähnten Norm-Werten – interessante Ergebnisse von Industriemessungen mitgeteilt, die in einem Sonderprüfstand unter ausschließlicher Verwendung von flankierenden Holzbauteilen durchgeführt wurden und die zeigen sollen, daß es auch ohne großen konstruktiven Aufwand möglich ist, einen hervorragenden Schallschutz von Holzbalkendecken zu erzielen, insbesondere was den schwierigen Trittschallschutz anbetrifft. Geprüft wurden die Ausbildungen nach Bild **11**.12, wobei sich folgende Rechenwerte ergaben (aus den Prüfwerten unter Abzug des Vorhaltemaßes 2 dB):

a) Rohdecke (mit Querlattung): R'_{wR} = 41 dB; *TSM* = – 14 dB

b) Rohdecke + Deckenauflage: R'_{wR} = 56 dB; *TSM* = 5 dB

c) Mit Federschiene, einlagig: R'_{wR} = 59 dB; *TSM* = 14 dB

d) Mit Federschiene, zweilagig: R'_{wR} = 61 dB ; *TSM* = 16 dB

11.6.3 Rechenwerte für flankierende Wände von Decken

Die Standard-Situationen im Holzbau sind in Bild **11**.13 dargestellt: Die Decken lagern auf den Wänden der jeweils darunterliegenden Geschosse auf, ein direkter Kontakt zwischen der unteren und oberen Wand besteht nicht. Für eine solche Ausbildung wird im Beiblatt für das bewertete Schall-Längsdämm-Maß allgemein der Rechenwert R_{LwR} = 65 dB angegeben.

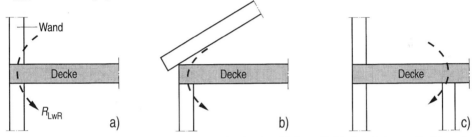

Bild **11**.13   Rechenwerte R_{LwR} = 65 dB nach Bbl. 1 für den Anschluß von Holzbalkendecken an flankierende Wände in Holzbauart;
resultierende Schalldämm-Maße R'_{wR} = 58 dB unter der Annahme von R_{wR} = 65 dB für die Holzbalkendecke und daß alle 4 flankierenden Wände denselben R_{LwR}-Wert aufweisen

Dieser Wert kann näherungsweise auch für den Anschluß der obersten Geschoßdecke (unter dem ausgebauten oder nicht ausgebauten Dachgeschoß) an die darunterliegende Außenwand verwendet werden (Bild b), so daß sich hier – ganz im Gegensatz zu den Verhältnissen in Massivbauten (s. Abschn. 11.7.3) – rechnerisch jeweils annähernd dieselbe Situation ergibt wie bei Decken zwischen Vollgeschossen nach Bild a) oder c).

Eine schallschutztechnisch schlechte Ausbildung liegt jedoch dann vor, wenn die Decke nicht in die aufgehenden Wände einbindet (Bild **11**.14a). Hier sind, analog zum Anschluß Trennwand – flankierende Wand (vgl. Tafel **10**.6) nach der Norm, nur Werte R_{LwR} = 50 dB oder 54 dB einzusetzen, sofern man nicht über zusätzliche Maßnahmen, z. B. raumseitig biegeweiche Vorsatzschalen an den Wänden beiderseits der Decke (Bild b), höhere Werte bekommt. Aber auch dann sind solche Konstruktionen allgemein nicht zu empfehlen, da sich an den einzelnen Deckenrändern – bedingt durch verschiedenartige Auflagerbedingungen – unterschiedlich große Schwindverformungen mit entsprechenden Folgen einstellen können (s. Abschn. 15.7.6).

Bild **11**.14
Äußerst ungünstige Situation: Über beide Geschosse durchgehende Wand wird durch Decke nicht unterbrochen (a), Verbesserung durch beiderseits der Decke auf der Wand raumseitig aufgebrachte biegeweiche Vorsatzschale V (b)

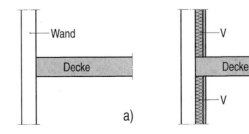

11.6.4   Resultierende Luftschalldämmung von Holzdecken

Die Ermittlung der resultierenden Schalldämmung R'_{wR} erfolgt bei Trenndecken in gleicher Weise wie in Abschn. 3.5.5.3 beschrieben und in 10.4.3 für Trennwände an Beispielen praktiziert. Es müssen nur die Einzelglieder R_{wR} der Decke (z. B. Tafel **11**.1) und die R_{LwR}-Werte der flankierenden Wände (Abschn. 11.6.3) bekannt sein.

Beispiel 1   *Gegeben:* Holzbalkendecke nach Tafel **11**.1, Zeile 2c, mit R'_{wR} = 57 dB (in Holzhäusern), R_{wR} = 65 dB (nebenwegfrei); 4 flankierende Wände nach Bild **11**.13a) mit je R_{LwR} = 65 dB. Somit ergibt sich das resultierende Schalldämm-Maß zu

$$R'_{wR} = -10 \cdot \lg (5 \cdot 10^{-6,5}) = 58 \text{ dB}$$

Dieser Wert darf, da er auf dem genaueren Nachweis nach DIN 4109 unter Benutzung von Rechenwerten nach der Norm beruht, anstelle des Wertes 57 dB verwendet werden. Die Rechenwerte nach Tafel **10**.1 für den Trittschallschutz der Decke gelten unabhängig von der Ausbildung der flankierenden Bauteile. – Durch Vergleich dieses Ergebnisses mit dem für dieselbe Decke in einem Massivgebäude (s. Abschn. 11.7.3) erkennt man sofort den großen Unterschied zwischen beiden Einbau-Situationen.

Beispiel 2   Hier soll gezeigt werden, wie sehr die resultierende Schalldämmung derselben Decke verschlechtert wird, wenn nur an zwei Wänden die Auflagerung nach Bild **11**.13a) vorliegt, an den beiden anderen aber die flankierenden Wände unglücklicherweise über beide Geschosse ohne Zusatzmaßnahmen durchgehen (Bild **11**.14).
Gegeben: Decke und 2 flankierende Wände wie im Beispiel 1, die restlichen 2 Wände entsprechend Tafel **10**.6, Zeile 2, mit R_{LwR} = 50 dB.
Jetzt ergibt sich

$$R'_{wR} = -10 \cdot \lg (3 \cdot 10^{-6,5} + 2 \cdot 10^{-5,0}) = 47 \text{ dB (!)} \ll 58 \text{ dB}$$

Bezüglich der Luftschalldämmung liegen also Welten zwischen den beiden Konstruktionen. Dagegen ist der Trittschallschutz in beiden Fällen zumindest rechnerisch gleich groß.

11.7   Luftschalldämmung von Holzdecken in Massivgebäuden

Auch für diese Situationen enthält DIN 4109 ausreichende Angaben für die schallschutztechnische Bemessung von Holzbalkendecken. Auf den Trittschallschutz dieser Decken in Massivgebäuden braucht hier nicht mehr eingegangen zu werden, da er sich von dem in Holzhäusern praktisch nicht unterscheidet, so daß auf Abschn. 11.6 verwiesen wird.

11.7.1   Rechenwerte nach DIN 4109

Tafel **11**.2 enthält für 2 Deckenkonstruktionen folgende Rechenwerte:

– R'_{wR} (300), also für die resultierende Schalldämmung unter der Voraussetzung, daß die mittlere flächenbezogene Masse der 4 flankierenden Wände m'_{Lm} = 300 kg/m² beträgt; bei Abweichungen vom letztgenannten Wert könnte die Korrektur analog zur Massivbauart erfolgen (s. Abschn. 10.3.4 für Innenwände), jedoch ist auch in solchen Fällen das genauere Verfahren für die Holzbauart eleganter und vor allem anschaulicher (s. 11.7.3)

– TSM_R und L'_{nwR}

– Verbesserung von TSM und L'_{nw} durch Verwendung weichfedernder Gehbeläge

Tafel **11.2**   Rechenwerte nach DIN 4109 Beiblatt 1 für Holzbalkendecken in Massivgebäuden

Zeile	Konstruktion	Decken-Auflage DA	Bekl. B[2] Anz. der Lagen	$R'_{wR}(300)$[1] (dB)	TSM_R/L'_{nwR} (dB)		
					ohne Gehbelag	Gehbelag mit VM_R[3] $\geq$ 20 dB	$\geq$ 25 dB
1a	➤DA	UB	1		7/56	9/54	13/50
1b			2	50	10/53	12/51	16/47
2	L+FB oder FS	SE	1		12/51	14/49	18/45

1) Mittlere flächenbezogene Masse der flankierenden Bauteile: m'_L = 300 kg/m²
2) Anschluß Lattung L – Balken über Federbügel FB oder direkter Anschluß Federschiene FS – Balken
3) Werte VM_R für Massivdecken

UB   Vollflächig schwimmender Unterboden aus Spanplatten 19 mm bis 25 mm auf mineralischem Faserdämmstoff $\geq$ 25 mm nach DIN 18165-2, T oder TK, mit $s' \leq$ 15 MN/m³
SE   Schwimmender Zementestrich $\geq$ 40 mm auf Dämmstoff wie bei UB
B   Biegeweiche Bekleidung, z. B. aus Gipskartonplatten 12,5 oder 15 mm nach DIN 18180
MiFa   Mineralischer Faserdämmstoff $\geq$ 100 mm nach DIN 18165-1 mit $\Xi \geq$ 5 kN · s/m⁴
Sch   Schalung aus Spanplatten 16 bis 25 mm nach DIN 68763, gespundet oder mit Nut und Feder verlegt

11.7.2   Rechenwerte für flankierende Massivwände

Für lotrechte flankierende Massivwände von Holzbalkendecken können im Prinzip dieselben R_{LwR}-Werte wie für die waagerechten flankierenden Massivwände von Holztrennwänden verwendet werden (vgl. Abschn. 10.3.7, Tafel **10.4**).

11.7.3   Resultierende Schalldämmung von Decken und Verbesserungsmaßnahmen

Bei Anwendung des genaueren Verfahrens wird – und zwar auch quantitativ – sofort klar, warum Holzdecken in Holzhäusern bezüglich der Luftschalldämmung wesentlich besser abschneiden als in Massivgebäuden, vergleiche die nachfolgenden Beispiele. Andererseits sind Holzdecken in Massivgebäuden (wenn man gleichgroße R_{wR}-Werte annimmt) schlechter als Massivdecken, was darin begründet liegt, daß bei letzteren wegen der biegesteifen Anbindung an die Wände (s. Abschn. 3.5.5.3) die zusätzliche, günstig wirkende Stoßstellendämmung wirksam wird, die bei Holzdecken auf Grund der gelenkigen Anbindung nicht auftreten kann.

Beispiel 1 (Bild **11.15**)

Gegeben: Decke nach Tafel **11.2**, Zeile 2, mit $R'_{wR}(300)$ = 50 dB. Praktisch dieselbe Decke bringt in Holzhäusern R'_{wR} = 57 dB (Tafel **11.1**, Z 2c) bzw. 58 dB (Beispiel 1 in 11.6.4)!

Mit dem genaueren Verfahren ermittelt man mit R_{wR} = 65 dB für die Decke (Tafel **11.1**, Z 2c) sowie mit $R_{LwR}(300)$ = 58 dB für jede der 4 flankierenden Wände (Tafel **10.4**) lediglich:

$$R'_{wR} = -10 \cdot \lg(10^{-6,5} + 4 \cdot 10^{-5,8}) \approx 52 \text{ dB} < 54 \text{ dB}$$

Für Wohnungstrenndecken in Gebäuden mit mehr als 2 Wohnungen wird R'_{wR} = 54 dB verlangt. Diese Anforderung wird von der gewählten Decke in Holzhäusern erfüllt, nicht dagegen in Massivgebäuden!

In den weiteren Beispielen soll die Wirkung unterschiedlicher Verbesserungsmaßnahmen an der vorgegebenen Konstruktion erläutert werden. Ein solcher Fall könnte z. B. bei einer Nutzungsänderung oder im Rahmen der Modernisierung von Altbauten oder aber bei deren Verbesserung des Wärmeschutzes interessant sein.

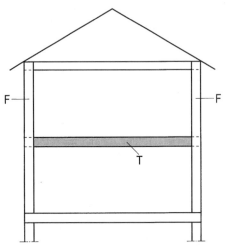

Bild **11.15** Wohnungstrenndecke T und 4 flankierende Wände F, Annahme:
$m'_L = 300 \text{ kg/m}^2$: $R_{LwRi} = 58$ dB

Bild **11.16** Verbesserung aller 4 flankierenden
Wände in beiden Geschossen durch
raumseitige Vorsatzschale V:
$R_{LwRi} = 72$ dB

Beispiel 2 (Bild **11.**16)

Bei der Ausbildung nach Beispiel 1 sollen alle 4 flankierenden Massivwände in beiden angrenzenden Geschossen raumseitig eine geeignete biegeweiche Vorsatzschale erhalten, so daß
dann nach Tafel **10.**4 jeweils R_{LwR} (300) = 72 dB eingesetzt werden darf. Dann ergibt sich

$$R'_{wR} = -10 \cdot \lg (10^{-6,5} + 4 \cdot 10^{-7,2}) = 62 \text{ dB} > 54 \text{ dB}$$

Beispiel 3 (Bild **11.**17)

Hier sollen alle 4 flankierenden Wände die biegeweiche Vorsatzschale nur jeweils in einem
Geschoß erhalten. In einem solchen Fall kann in 1. Annäherung angenommen werden, daß die
Verbesserung des Schallschutzes, die durch eine nur einseitig von der Trenndecke angeordnete

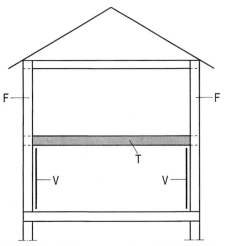

Bild **11.**17 Verbesserung aller 4 flankierenden
Wände durch raumseitige Vorsatz-
schale V nur in einem Geschoß:
$R_{LwRi} \approx 65$ dB

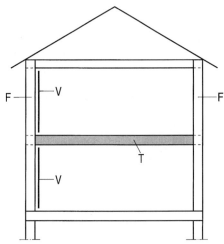

Bild **11.**18 Verbesserung von nur 2 flankierenden
Wänden durch Vorsatzschale V in bei-
den Geschossen

Bekleidung erzielt wird, halb so groß ist wie bei einer beidseitig von der Decke aufgebrachten. Dann folgt also

R_{LwR} (einseitig) $\approx [R_{LwR}$ (unbekl.) $+ R_{LwR}$ (beidseitig)]/2 = (58 + 72)/2 = 65 dB und somit

$R'_{wR} = -10 \cdot \lg (10^{-6,5} + 4 \cdot 10^{-6,5}) = 58$ dB > 54 dB

Beispiel 4 (Bild **11**.18)

Jetzt sollen 2 flankierende Wände beidseitig der Decke eine Vorsatzschale erhalten (R_{LwR} = 72 dB), die beiden anderen im ursprünglichen Zustand bleiben (R_{LwR} = 58 dB). Dann ergibt sich

$R'_{wR} = -10 \cdot \lg (10^{-6,5} + 2 \cdot 10^{-7,2} + 2 \cdot 10^{-5,8}) = 54$ dB = erf R'_w

Man erkennt, daß die Verbesserung nach Beispiel 3 bei etwa gleichem konstruktiven Aufwand schallschutztechnisch wirksamer ist als jene nach Beispiel 4.

Weitere Angaben hierzu können Abschn. 14.4.8 entnommen werden, in dem der Schallschutz im Rahmen des nachträglichen Dachausbaus behandelt wird.

11.8 Brandschutz

11.8.1 Allgemeines

Der größte Teil des für Decken in Holzbauart interessanten Anwendungsbereiches kann abgedeckt werden, wenn die Decken feuerhemmend sind, also der Feuerwiderstandsklasse F 30-B nach DIN 4102 entsprechen, s. auch Abschn. 3.6.2.4. Eine besondere Situation kann aber beim nachträglichen Ausbau von Dachgeschossen unter Beibehaltung der vorhandenen Holzbalkendecken dann entstehen, wenn sich durch den Ausbau die Gebäudekategorie ändert und daraus schärfere Anforderungen folgen, s. hierzu Abschn. 14.2.

Wie tragende oder aussteifende Wände haben auch Decken in aller Regel zwei unterschiedliche brandschutztechnische Aufgaben zu erfüllen:

— Verhinderung der Weiterleitung des Brandes in darüber- oder darunterliegende Räume

— seitliche Halterung brandschutztechnisch bedeutsamer Wände im Kopf- und Fußpunkt

Der Nachweis, daß die bauaufsichtlichen Anforderungen eingehalten sind, kann wieder direkt unter Anwendung der DIN 4102-4 geführt werden, anderenfalls aber auch über ein Prüfzeugnis oder evtl. sogar über ein Gutachten.

11.8.2 Decken F 30-B

Die nachfolgenden Beispiele stellen einen Auszug aus DIN 4102-4 dar. Wie bei den anderen, nach dieser Norm klassifizierten Holzbauteilen dürfen auch diese Ausbildungen ohne weiteren Nachweis verwendet werden, wenn die jeweils vorgegebenen konstruktiven Randbedingungen eingehalten werden. Weitere Erläuterungen können sowohl der Norm als auch [3] entnommen werden.

Bezüglich der Konstruktion von Geschoßdecken zwischen Aufenthaltsräumen (z. B. Wohnungstrenndecken) unterscheidet DIN 4102-4 neben anderen vor allem folgende Ausbildungen (Bild **11**.19):

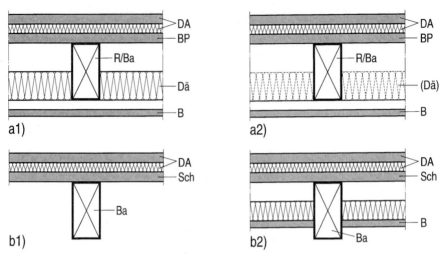

Bild **11**.19   Konstruktionsprinzip einiger in DIN 4102-4 klassifizierter Holzdecken
a) Decken in Holztafelbauart oder Holzbalkendecken, a1) mit »notwendiger« Dämmschicht in
den Gefachen, a2) mit beliebiger, also auch ohne Dämmschicht; b) Holzbalkendecken mit freiliegenden Balken, b1) dreiseitig freiliegend, b2) teilweise freiliegend
R Deckenrippe (Holztafelbauart), Ba Balken, B untere Beplankung oder Bekleidung, BP obere
Beplankung oder Schalung, Sch Schalung, DA Deckenauflage, Dä notwendige Dämmschicht,
(Dä) keine oder beliebige Dämmschicht

a) Decken in Holztafelbauart
— mit notwendiger Dämmschicht (a1)
— mit beliebiger oder ohne Dämmschicht (a2)
b) Holzbalkendecken
— mit gleichartigem Aufbau wie Decken in Holztafelbauart (a1,a2)
— mit dreiseitig freiliegenden Balken (b1)
— mit teilweise freiliegenden Balken (b2)

Decken in Holztafelbauart
Nachfolgend wird nur auf diese Bauart eingegangen; bei gleichem Konstruktionsprinzip gelten die Angaben auch für Holzbalkendecken. Dagegen wird bezüglich Decken
mit freiliegenden Balken oder mit speziellen, brandschutztechnisch bemessenen Unterdecken auf die Norm verwiesen.
Bei den genannten Beispielen ist folgendes vorausgesetzt:
— Breite der Deckenrippen (R) $b_R \geq 40$ mm
— obere Beplankung oder Schalung (BP) aus genormten Holzwerkstoffen (HWS) (z.B.
Spanplatten nach DIN 68763) mit Rohdichte $\varrho \geq 600$ kg/m³ oder aus Bretterschalung,
gespundet
— untere Beplankung oder Bekleidung (B) aus genormten HWS mit $\varrho \geq 600$ kg/m³ oder
z.B. Gipskartonplatten nach DIN 18180; zwischen Rippe (oder Balken) und Beplankung (oder Bekleidung) darf auch eine Traglattung angeordnet werden
— „notwendige" Dämmschicht aus mineralischen Faserdämmstoffen nach DIN 18165-1,
Baustoffklasse A nach DIN 4102, Schmelzpunkt $\geq 1000\,°C$; ferner sind diese Dämmstoffe entsprechend den Angaben in der Norm einzubauen

Decke mit »notwendiger« Dämmschicht (Bild 11.20)

Voraussetzungen:

1. Unterseitige Beplankung oder Bekleidung, mit den Rippen direkt oder über Traglattung verbunden, der Achsabstand a_B der Unterstützungen bezieht sich auf die Rippen oder ggf. auf die Lattung:

   — einlagig, aus Holzwerkstoffen HWS mit $s_B \geq 16$ mm, $a_B \leq 625$ mm
   — einlagig aus Gipskarton-Feuerschutzplatten GKF mit $s_B \geq 12,5$ mm und $a_B \leq 500$ mm
   — zweilagig aus HWS mit $s_{B1} \geq 13$ mm + Gipskartonplatten GKB mit $s_{B2} \geq 9,5$ mm mit $a_B \leq 625$ mm

2. Notwendige Dämmschicht mit $s_{Dä} \geq 60$ mm und $\varrho \geq 30$ kg/m^3

3. Obere Beplankung oder Schalung aus
   — HWS mit $s_{BP} \geq 13$ mm oder
   — gespundeter Bretterschalung mit $s_{BP} \geq 21$ mm

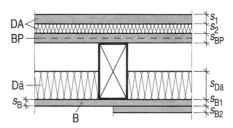

Bild 11.20   Decke F 30-B nach DIN 4102-4 in Holztafelbauart mit »notwendiger« Dämmschicht

4. Schwimmende Deckenauflage aus
   — HWS mit $s_1 \geq 16$ mm oder GKB mit $s_1 \geq 9,5$ mm oder Asphalt mit $s_1 \geq 20$ mm auf
   — mineralischem Faserdämmstoff mindestens der Klasse B2, mit $s_2 \geq 15$ mm und $\varrho \geq 30$ kg/m^3

Decke ohne oder mit beliebiger Dämmschicht

Gegenüber der Ausführung mit Dämmschicht nach Bild **11.20** ergeben sich folgende Änderungen:

1. Unterseitige Beplankung oder Bekleidung (ohne oder mit Lattung)
   — einlagig, aus HWS mit $s_B \geq 19$ mm, $a_B \leq 625$ mm
   — einlagig aus GKF mit $s_B \geq 12,5$ mm, $a_B \leq 400$ mm oder mit $s_B \geq 15$ mm, $a_B \leq 500$ mm
   — zweilagig aus HWS mit $s_{B1} \geq 16$ mm + Gipskartonplatten GKB mit $s_{B2} \geq 9,5$ mm, $a_B \leq 625$ mm

2. Dämmschicht beliebig

3. Obere Beplankung oder Schalung aus
   — HWS mit $s_{BP} \geq 16$ mm oder
   — gespundeter Bretterschalung mit $s_{BP} \geq 21$ mm

4. Schwimmende Deckenauflage unverändert

11.8.3   Decken F 60-B

Strenggenommen stehen solche Konstruktionen – zumindest für Wohngebäude – im bauaufsichtlichen „Niemandsland" zwischen den Anforderungen F 30 und F 90. Es sind aber im Einzelfall durchaus Situationen denkbar, wo zur Vermeidung unangemessener Härten, z. B. bei einer Forderung F 30-A, eine Konstruktion F 60-B angeboten und akzeptiert werden könnte. Nach DIN 4102-4 kommen hierfür u. a. folgende Ausbildungen in Frage:

Decken mit »notwendiger« Dämmschicht

Konstruktion nach Bild **11.**20 mit den nachstehenden Änderungen:

1. Unterseitige Bekleidung zweilagig aus GKF mit $s_{B2} \geq 12{,}5$ mm, $a_B \leq 500$ mm
4. Schwimmende Deckenauflage aus
   - HWS mit $s_1 \geq 25$ mm auf Dämmschicht nach Bild **11.**20 mit $s_2 \geq 30$ mm
   - GKB mit $s_1 \geq 18$ mm (z.B. $2 \cdot$ GKB 9,5 mm) oder Asphalt mit $s_1 \geq 20$ mm auf Dämmschicht mit $s_2 \geq 15$ mm

Decken ohne oder mit beliebiger Dämmschicht

Gegenüber der eben beschriebenen Ausbildung ergeben sich folgende Änderungen:

1. Unterseitige Bekleidung mit $a_B \leq 400$ mm
2. Dämmschicht beliebig
3. Obere Beplankung oder Schalung aus HWS mit $s_1 \geq 19$ mm oder gespundeter Bretterschalung mit $s_1 \geq 27$ mm

11.9 Unterböden mit Fliesenbelag in Naßbereichen

11.9.1 Allgemeines

Unterböden unter Verwendung von Plattenwerkstoffen mit PVC-Belag oder Teppich-Auflage werden seit vielen Jahren angewandt und sind – auch im privaten Bad – problemlos, wenn ein auf die Nutzung abgestimmter Feuchteschutz vorhanden ist. Deshalb wird auf solche Ausbildungen hier nicht eingegangen. Dagegen treten bei Unterböden mit Fliesenbelag immer wieder Schäden auf, die bei richtiger Planung und sorgfältiger Ausführung zu vermeiden gewesen wären. Daher sollen hier – um diese Schäden zukünftig verhindern zu helfen – im wesentlichen aus der Erfahrung im Fertighausbau wie aber auch gutachtlicher Tätigkeit einige Anregungen zur richtigen Ausbildung dieses Bauteils gegeben werden. Dabei wird nur der private Bereich (z.B. Küchen, Bäder, Flure) behandelt, wobei Fußböden mit Fußbodenheizung nicht erfaßt werden.

Es wird vorausgesetzt, daß bei der Herstellung der Böden die einschlägigen Verarbeitungsregeln der Plattenhersteller eingehalten werden. Ferner wird angenommen, daß ausschließlich Steinzeug-Fliesen verwendet werden.

11.9.2 Unterböden

Unterböden aus plattenförmigen Werkstoffen können vollflächig schwimmend verlegt oder aber auf Lagerhölzern angeordnet werden (Bild **11.**21). Sie eignen sich als Deckenauflage in gleicher Weise für Massivdecken wie für Holzbalkendecken. In der Praxis kommen überwiegend folgende Materialien zum Einsatz:

- Spanplatten (FP) DIN 68 763

- Gipskartonplatten (GKB) DIN 18 180

- Gipsfaserplatten (GF).

Während Spanplatten in statisch-konstruktiver Hinsicht generell einsetzbar sind, werden Gipsbauplatten wegen ihrer geringeren Biegefestigkeit nur für vollflächig schwimmende Böden in 1-, 2- oder 3lagiger Anordnung verwendet.

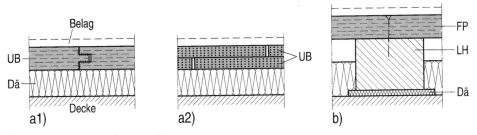

Bild **11.**21 Unterboden-Systeme (Prinzip)

    a) vollflächig schwimmend verlegt, einlagig (a1) aus Holzwerkstoffen (in der Regel Spanplatten) oder Gipsbauplatten, jeweils mit verklebten Stößen, oder mehrlagig (a2), praktisch nur bei Gipsbauplatten, b) auf Lagerhölzern (nur mit Holzwerkstoffen FP möglich)

    Dä Dämmschicht, LH Lagerholz, UB Unterboden

11.9.3 Anforderungen an den Feuchteschutz von Fußböden

Die Funktionstüchtigkeit des Fußbodens muß dauerhaft gewährleistet sein. Deshalb müssen vor allem vermieden werden:

— Unzulässige Feuchtebeanspruchungen der Plattenwerkstoffe mit nachfolgenden Gefügezerstörungen und somit Tragfähigkeitsabfall oder -verlust; diese Gefahr ist bei allen 3 genannten Werkstoffen gegeben;

— unzulässige Formänderungen (Aufwölbungen) der Fußbodenoberfläche, die nicht nur die Nutzung beeinträchtigen, sondern auch eine Zerstörung des Fliesenbelages bewirken können, wodurch eine nachfolgende Schädigung des Unterbodens infolge Feuchtezutritt eingeleitet wird; diese Gefahr der Aufwölbung ist bei Spanplatten besonders groß (s. auch Abschn. 2.4.1.7), bei Gipsbauplatten i.allg. gering.

Deshalb müssen bei solchen Fußböden mit Fliesenbelag folgende Bedingungen erfüllt werden:

1. Alle genannten Plattenwerkstoffe dürfen nicht mit Wasser in Berührung kommen, d.h.

    a) wasserdichter Fliesenbelag, einschließlich Verfugung, oder
    b) vollflächig wasserdichte Schutzschicht zwischen Fliesenbelag und Unterboden.

    Eine absolut wasserundurchlässige Verfugung kann derzeit nicht garantiert werden. Deshalb kann Lösung a) unter Verzicht auf die zusätzliche Schutzschicht nach b) nur dort empfohlen werden, wo eine Beanspruchung der Oberfläche durch Wasser nur selten und nur geringfügig auftritt.

2. Bei Spanplatten muß wegen ihrer möglichen Aufwölbung nach dem Aufbringen des Fliesenbelags zusätzlich eingehalten sein:

    a) Änderung der über die Plattendicke gemittelten Holzfeuchte so klein wie möglich

    b) möglichst gleichmäßige Holzfeuchte über die Plattendicke (s. Bild **2.**11); diese Forderung ist oft nicht zu erfüllen, wie die Praxis leider immer wieder zeigt; deshalb

    c) geringe Empfindlichkeit des Fliesenbelages gegen oft einfach nicht zu vermeidende Aufwölbungen des Unterbodens durch Wahl kleinster Fliesenformate und eines möglichst elastischen Fliesenklebers.

11.9.4 Konstruktionsvorschläge für geflieste Fußböden

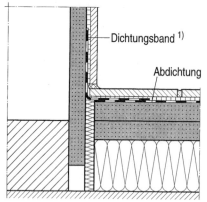

Bild **11.22**
Wasserundurchlässiger Anschluß Wand–Fußboden
(Prinzip), z.B. mit Fugendichtungsband nach Bild
13.13 (übrige Sperrschichten in Fußboden und
Wand nicht eingezeichnet)

[1] Anbringung derart, daß keine Beeinträchtigung
der Abdichtung infolge Bewegungen des Fußbodens möglich ist (z.B. keine Verklebung im unmittelbaren Kantenbereich)

Die Vorschläge werden für die beiden
Werkstoffgruppen getrennt gemacht. Sie
gelten nicht für Aufbauten mit Fußbodenheizung. Bezüglich des klimabedingten
Feuchteschutzes (Tauwasser) sind für alle
Konstruktionen die Bedingungen der DIN
4108 einzuhalten (z.B. bei nicht unterkellerten Böden u.U. Anordnung einer
Dampfsperre innerhalb des Fußbodens
erforderlich). Das gleiche gilt bezüglich
der Bauwerksabdichtung, z.B. auf der
Grundlage von DIN 18 195-4.

Es wird vorausgesetzt, daß z.B. im Badbe-
reich der Anschluß Wand – Fußboden
derart erfolgt, daß an dieser Stelle keine
Nutzungsfeuchte in die Fußbodenkon-
struktion gelangen kann, z.B. über einen
im Eckbereich eingelegten Dichtungs-
streifen (Bild **11.22**).

11.9.5 Unterböden aus Spanplatten

Die nachstehenden Aussagen gelten im wesentlichen für vollflächig schwimmend angeordnete Böden (Bild **11.23**). Bei Anordnung auf Lagerhölzern besteht im Bereich der
Plattenstöße die Gefahr kritischer Formänderungen (Bild **11.24**); deshalb sollten so wenig Plattenstöße wie möglich angeordnet werden. Für die Verlegung sind die Angaben
der DIN 68 771 sowie der Spanplattenhersteller zu beachten. In der Praxis sind z.B.
immer wieder Schäden aufgetreten, wenn die Spanplatten in baufeuchten oder nicht
beheizten Rohbauten gelagert oder eingebaut wurden und der endgültige Belag nicht
unverzüglich aufgebracht wurde.

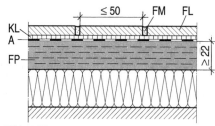

Bild **11.23**
Vorschlag für vollflächig schwimmenden Fußboden unter Verwendung von Spanplatten (FP) (evtl.
erforderliche Dampfsperre oder Abdichtung der
Decke nicht eingezeichnet)

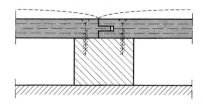

Bild **11.24**
Aufwölbungen im Bereich von Plattenstößen auf
der Unterkonstruktion von Wänden und Fußböden
(Prinzip)

A Absperrung (vollflächig durchgehende Zweikomponenten-Polyurethan-Schicht 2K-PU); KL Kleber auf
Kunstharzbasis, bewährt haben sich 2K-PU-Kleber; FM handelsüblicher, zementhaltiger Fugenmörtel mit
elastifizierendem Zusatz (Dispersion) allgemein ausreichend

Soll für die Zwischenschicht unter dem Unterboden – z.B. zur Verbesserung der Tritt-schalldämmung der Decke – ein mineralischer Faserdämmstoff DIN 18165 verwendet werden, dann sind dafür mindestens Platten der Rohdichte 90 kg/m^3 vorzusehen, um die Durchsenkung des Bodens bei Begehen oder dgl. und damit die Gefahr der Beein-trächtigung des Fliesenbelags kleinzuhalten. Bei Verwendung von Hartschaum-Platten nach DIN 18 164 empfiehlt sich die Type PS-WD mit einer Rohdichte von mindestens 20 kg/m^3. Die Spanplattendicke sollte im allgemeinen mindestens 22 mm betragen.

In jedem Fall und unabhängig von der verwendeten Art des Fliesenklebers ist vor Auf-bringen des Klebers die Spanplattenoberfläche mit einer vollflächigen, dauerhaft wirk-samen Schutzschicht gegen von oben eindringende Feuchte zu versehen, wofür sich 2Komponenten-Polyurethan-Materialien (2K-PU) anbieten.

Als Fliesenkleber haben sich Kunstharzkleber, insbesondere die relativ elastischen 2K-PU-Kleber, seit langem bewährt. Der Anteil der Benetzungsfläche des Klebers an der Fliese sollte nach den einschlägigen Handwerksregeln je nach Art der Fliesen und Größe der zu erwartenden Belastung etwa zwischen 80% und 100% betragen. Die Ver-arbeitung der verseifungsarm eingestellten 2K-PU-Materialien für Sperrschicht und Kleberbett hat aber unbedingt in 2 Arbeitsgängen zu erfolgen. Zunächst wird die Feuchtesperre als ebene, dickere Schicht vollflächig aufgebracht. Erst nach ihrem Er-härten wird der Kleber mit einem Zahnspachtel aufgezogen.

Die Abmessungen der Fliesen (Steinzeug) sind bei Spanplatten-Unterböden wegen der möglichen Formänderungen von großer Bedeutung. Die Erfahrungen zeigen, daß man – unter Voraussetzung einer sachgemäßen Ausbildung des gesamten Fußbodens – bei Verwendung der Formate 50 × 50 mm^2, evtl. auch noch 50 × 75 mm^2, vor Schaden relativ sicher ist. Größere Fliesenabmessungen sind bedenklich. Bei Formaten ab 150 × 150 mm^2 ist dagegen eine hohe Wahrscheinlichkeit von auftretenden Rissen bereits gegeben.

Im privaten Bereich sind für die Verfugung der Fliesen wegen der abgesperrten Span-plattenoberfläche handelsübliche, zementhaltige Fugenmörtel mit elastifizierendem Zusatz ausreichend. Bei größeren Feuchtebeanspruchungen empfehlen sich Fugen-mörtel auf Epoxid-Basis, die hinsichtlich ihrer Verarbeitung heute i.allg. nicht mehr problematisch sind.

11.9.6 Unterböden aus Gipsbauplatten

Unterböden aus Gipskartonplatten DIN 18 180 oder Gipsfaserplatten werden praktisch nur vollflächig schwimmend verlegt, wobei – im Gegensatz zur Spanplatte – neben dem 1-lagigen auch ein mehrlagiger Aufbau zum Einsatz kommt (Bild **11.25**). Die Verar-beitungsanweisungen der Plattenhersteller sind zu beachten. Die mehrlagige Verle-gung kann entweder an der Baustelle über die einzelnen Lagen getrennt oder aber über werksseitig vorgefertigte Elemente erfolgen.

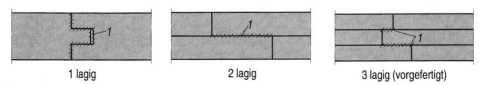

| 1 lagig | 2 lagig | 3 lagig (vorgefertigt) |

Bild **11.25** Möglichkeiten für die Verlegung von Unterböden aus Gipsbauplatten (Prinzipbeispiele)
(1) Verklebung bauseits

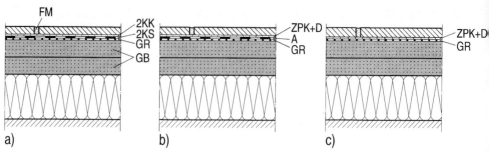

a)   b)   c)

Bild **11.**26 Vorschläge für vollflächig schwimmenden Fußboden unter Verwendung von Gipsbauplatten
            (GB)
            a) und b) geeignet für Bereiche mit ständiger Feuchtebeanspruchung (z.B. Bad, Eingangsflur),
            c) nur für Bereiche ohne besondere Feuchtebeanspruchung (z.B. Wohnräume, Küche)
            GR werksseitige Grundierung (zur Verringerung der Saugfähigkeit gegenüber aufzubringen-
            den Schutzschichten)
            2KK 2Komponenten-Polyurethan-Kleber
            2KS 2K-PU als Sperrschicht
            A Absperrung (z.B. mit ZPK + D oder Kunstharzdispersionen)
            ZPK + D Zementpulverkleber mit elastifizierendem Dispersionszusatz
            FM handelsüblicher, zementhaltiger Fugenmörtel mit elastifizierendem Zusatz (Dispersion) all-
            gemein ausreichend, ansonsten Epoxid-Material

Wegen der geringeren Biegefestigkeit im Vergleich zu Spanplatten ist darauf zu achten,
daß der Untergrund möglichst unnachgiebig ist, daß also

— größere Unebenheiten in der Rohdecke nicht vorhanden sind oder aber vor Aufbringen der Dämmschicht ausgeglichen werden und

— abgesehen von Sonderfällen keine Mineralfaserplatten als Dämmschicht zum Einsatz
  kommen (z.B. sind Hartschaumplatten PS-WD mit einer Rohdichte $\geq$ 20 kg/m^3 geeignet).

Als Fliesenkleber hat sich im Fertighausbereich z.B. der 2K-PU-Kleber (Abschn. 11.9.5)
bewährt, seine Anwendung (Bild **11.**26a) ist aber nicht allgemeiner Stand der Praxis.
Von den Gipsbauplatten-Herstellern wird zusätzlich folgender Aufbau empfohlen (Bild
b):

— feuchtesperrende Schutzschicht A auf der Plattenoberfläche, z.B. Kunststoff-Zement
  (Mörtel)-Kombination (Zementpulverkleber mit Dispersionszusatz) oder Kunstharzdispersionen

— Verklebung mit Zementpulverkleber mit Dispersionszusatz.

Für Bereiche ohne wesentliche Feuchtebeanspruchung des Fußbodens (z.B. Wohn-
räume, Küchen) erscheint auch die Ausbildung nach Bild c) geeignet, bei der auf eine
besondere Absperrung der Gipsbauplatten verzichtet wird.

Für die Kleber-Verarbeitung (Benetzungsfläche) sowie für die Fliesenfugenvermörte-
lung gilt das in Abschn. 11.9.5 Gesagte.

Hinsichtlich der Fliesen-Abmessungen besteht ein wesentlicher Unterschied zu Spanplatten-Unterböden. Aufgrund der geringen, hygrisch bedingten Formänderungen der
Gipsbauplatten sind bei Einhaltung der Arbeitsanweisungen auch bei großen Fliesen-
abmessungen bis zu etwa 300 × 300 mm^2 Schäden in der Praxis nicht bekannt geworden.

12 Decken unter nicht ausgebauten Dachgeschossen

12.1 Übersicht

Anwendung und Konstruktion

Bei diesen Bauteilen sind im wesentlichen folgende Situationen denkbar (s. Bild **12**.1): Decken unter aus Platzgründen nicht ausbaufähigen Dachgeschossen (Bild a), Decken unter zunächst nicht ausgebauten, aber ausbaufähigen Dachgeschossen (Bild b), oberer Raumabschluß als Bestandteil von Fachwerk-Dachbindern (Bild c). Auf die letztgenannten Bauteile wird im Rahmen dieser Veröffentlichung nicht näher eingegangen, da es sich hierbei um eine spezielle Bauart handelt; bezüglich des vorbeugenden Holzschutzes bei ihnen wird jedoch auf Abschn. 3.7.3.3,5) verwiesen.

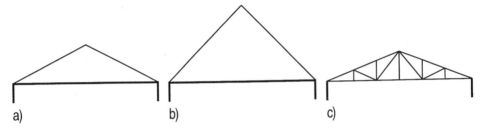

Bild **12**.1 Übliche Situationen für Decken unter nicht ausgebauten Dachgeschossen
a) Dachgeschoß nicht ausbaufähig, b) Dachgeschoß ausbaufähig, aber noch nicht von Beginn an ausgebaut, c) oberer Raumabschluß unter Verwendung von Fachwerkbindern

Zwei Beispiele für Deckentypen sind in Bild **12**.2 dargestellt. Typ b) wird im wesentlichen nur im Einfamilienhausbau eingesetzt, wobei es zur Nutzung des Dachbodenraumes oft ausreicht, die oberseitigen Hartschaumplatten mit einem provisorischen Gehbelag, z.B. vereinzelten losen Bohlen, abzudecken.

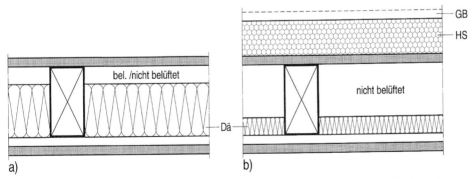

Bild **12**.2 Typische Ausbildungen von Deckenquerschnitten unter nicht ausgebauten Dachgeschossen nach Bild **12**.1a) und b)
a) belüfteter oder nicht belüfteter Querschnitt mit oberseitiger Abdeckung, b) nicht belüfteter Querschnitt mit zusätzlicher Dämmstoffauflage (z.B. Hartschaumplatten HS) und provisorischem Gehbelag GB; Dä Dämmschicht

Tragfähigkeit

In der Situation nach Bild **12.**1b) sind bei der statischen Bemessung der Decke bereits die späteren Verhältnisse zu berücksichtigen, also z. B die zusätzlichen Eigenlasten aus der erforderlichen Deckenauflage sowie der Trennwand-Zuschlag. Unter Hinweis auf umfangreich vorhandene Fachliteratur erübrigen sich hier weitere Angaben dazu.

Wärmeschutz

Die Bemessung des Wärmeschutzes bereitet keine Probleme. Die Anforderungen an solche Decken, egal ob belüftete oder nicht belüftete, sind bezüglich des Mindestwärmeschutzes nach DIN 4108-2 die gleichen wie für belüftete Dächer. In der Wärmeschutzverordnung werden sie mit Dächern generell gleichgestellt, sowohl hinsichtlich der einzuhaltenden k-Werte als auch bei der Ermittlung des Transmissionswärmebedarfs Q_T.

Ein erster Eindruck über den vorhandenen Wärmeschutz kann aus Abschn. 9.4 (Flachdächer), Tafeln **9.**1 und **9.**2, gewonnen werden, da die Konstruktionstypen beider Bauteile in der Praxis ähnlich sind. Bei der Ausbildung nach Bild **12.**2a) sollte beim Nachweis des Wärmeschutzes auch für den nicht belüfteten Querschnitt sicherheitshalber der belüftete zugrunde gelegt werden, da im Gegensatz zum Flachdach mit Dachabdichtung bei diesen Decken die obere Abdeckung (Schalung oder dgl.) praktisch nicht luftdicht ausgeführt wird. Auf weitere Angaben zum Wärmeschutz wird hier verzichtet.

Schallschutz

Hierauf muß noch näher eingegangen werden, da sich für solche Decken in Abhängigkeit von der Gebäudesituation sehr unterschiedliche Anforderungen und damit bauliche Konsequenzen ergeben können, und zwar für die Decke als trennendes Bauteil, während sich für ihre Funktion als flankierendes Bauteil von Trennwänden die gleichen Merkmale wie für unterseitig gleichartig aufgebaute Geschoßdecken einstellen (s. Abschn. 10.3.9).

Brandschutz

Bei diesen Decken kann, zusätzlich zu dem bereits in Abschn. 11.8 für Geschoßdecken behandelten Brandschutz, noch eine andere Situation auftreten, die in Abschn. 12.4 erläutert wird.

Holzschutz und Feuchteschutz

Diese beiden Bereiche, die im Holzbau nie voneinander getrennt betrachtet werden dürfen, lösen bei keinem anderen Holzbauteil dermaßen oft Probleme aus, wie es bei Decken unter nicht ausgebauten Dachgeschossen bisher der Fall gewesen ist (s. Abschn. 15.5). Daß bei diesen Decken auch ein einwandfreier Feuchteschutz gegenüber Wasserdampfdiffusion entsprechend DIN 4108-3 nachzuweisen ist, wobei sie klimatisch sicherheitshalber wie Außenbauteile zu behandeln sind, braucht hier nicht erläutert zu werden.

12.2 Feuchteschutz und Holzschutz

Daß es bei diesem Bauteil hinsichtlich des Feuchte- und Holzschutzes oft Probleme gibt, liegt daran, daß sich hier – und zwar rein konstruktionsbedingt – mehrere Dinge „beißen", worauf nachstehend eingegangen wird. Diese Ausführungen sollen helfen, solche Schwierigkeiten zukünftig zu vermeiden.

Zunächst muß die obere Deckenbeplankung oder -schalung oftmals die Scheibenwirkung zur Gewährleistung der Gebäudesteifigkeit sicherstellen. Daraus folgt, daß praktisch nur großflächige Schalungen aus Holzwerkstoffen (Spanplatten) zur Anwendung kommen. Bretterschalungen scheiden in aller Regel aus, da sie hierfür zu weich sind. Vielleicht sind eines Tages – im Rahmen von bauaufsichtlichen Zulassungen – auch Bretterschalungen im Verbund mit einer zusätzlichen Plattenauflage, z. B. aus Gipsfaserplatten, möglich (s. Bild **11.**2).

Eine solche obere Abdeckung weist aber bereits eine äquivalente Luftschichtdicke s_d von etwa 2 m auf. Wird ein nicht belüfteter Querschnitt gewählt, so ist an der Deckenunterseite eine entsprechend bemessene Dampfsperre erforderlich, um die zulässige Tauwassermasse im Winter einzuhalten. Ein solcher Querschnitt kann aber wegen seines ungünstigen Austrocknungsverhaltens gegenüber außerplanmäßiger Feuchte außerordentlich empfindlich sein (s. auch Abschn. 8.5.5 ff.). Das wurde durch viele Schäden in der Praxis, vor allem infolge Wasserdampf-Konvektion aus den unteren Aufenthaltsräumen, leider hinreichend bestätigt (Abschn. 15.5).

Die einfachste Abhilfe zur Erlangung einer feuchtetechnisch robusten Konstruktion wäre nun, einen belüfteten Hohlraum zwischen Dämmschicht und oberer Schalung anzuordnen. Dieser hat aber den entscheidenden Nachteil, daß dann für den Deckenquerschnitt die Gefahr eines unkontrollierbaren Insektenbefalls besteht, wodurch ein vorbeugender chemischer Holzschutz erforderlich wird, auf den heute aber aus Gründen des Umwelt- und Gesundheitsschutzes so weit wie irgend möglich zu verzichten ist.

Die nachfolgenden Vorschläge gehen sämtlich davon aus, daß – auf der Grundlage von DIN 68 800 – für den Deckenquerschnitt kein chemischer Holzschutz erforderlich ist, also die Gefährdungsklasse GK 0 zugrunde gelegt werden darf. Im einzelnen handelt es sich dabei um folgende Prinzipien, s. auch Abschn. 3.7.3.3:

1) Nicht belüfteter Querschnitt mit zusätzlicher oberseitiger Dämmschichtauflage (s. Bild **12.**2b)

Diese Konstruktion ist ebenso unkompliziert wie feuchteschutztechnisch robust, dürfte aber nicht von jedem Bauherrn akzeptiert werden. Bei einer Dämmstoffauflage (Hartschaumplatten eignen sich hierfür am besten) mit einem Wärmedurchlaßwiderstand von mindestens etwa $1/\Lambda = 1{,}0 \text{ m}^2\text{K/W}$, d. h. also bei Dämmstoffen der WLG 040 mit einer Dicke von mindestens 40 mm, wird Tauwasser innerhalb des Querschnitts (infolge Wasserdampf-Konvektion) vermieden, da die Unterseite der oberen Schalung als einzige gefährdete Stelle dann eine ausreichend hohe Oberflächentemperatur aufweist. Eine weitere Voraussetzung bei diesem Querschnitt mit beidseitig relativ dampfdichter Abdeckung ist die Verwendung trockenen Holzes ($u \leq 20\%$) für die Deckenbalken.

2) Nicht belüfteter Querschnitt mit garantiert dauerhafter luftdichter Schicht an der Deckenunterseite zur Ausschaltung der gefährlichen Wasserdampf-Konvektion (Bild **12.**3)

Neben dem Einsatz trockenen Holzes für die Balken ist hier entscheidend, daß die gefährliche Wasserdampf-Konvektion aus dem unteren Raum durch eine luftdichte Ausbildung dauerhaft ausgeschaltet wird. Am sichersten ist hierfür – zusätzlich zur eigentlichen Deckenbekleidung – eine luftdichte Schicht in Plattenform (z. B. Gipskarton- oder Gipsfaserplatten mit gespachtelten Stößen), die gegen nachträgliche, nicht mehr sichtbare Beschädigungen bei Installationsarbeiten oder dgl. unempfindlich ist (Bild a). Ein weiterer Vorteil dieser etwas aufwendigen Ausbildung ist die sog. Installationsebene. – Nur wenn sichergestellt ist, daß die luftdichte Schicht, die das entscheidende Detail dieses Querschnitts darstellt, bei sorgfältigster Arbeit auch mit Hilfe einer Folie (z. B. der vorhandenen Dampfsperre) geschaffen werden kann, wobei vor allem auch auf

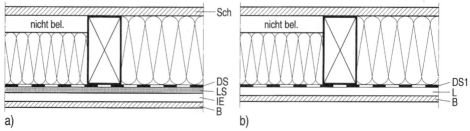

Bild **12.3** Nicht belüfteter Querschnitt mit luftdichter Unterseite

a) luftdichte Schicht aus Gipskarton- oder Gipsfaserplatten, gespachtelt, oder dgl., b) luftdichte Schicht aus dicht verlegter Dampfsperre

B Bekleidung, beliebig; IE Installationsebene; LS luftdichte, plattenförmige Schicht; Sch Schalung oder dgl.; L Lattung, DS Dampfsperre; DS1 Dampfsperre, vollflächig luftdicht ausgebildet, auch im Bereich von Überlappungen, Anschlüssen, Durchdringungen

ihre Überlappungen, Anschlüsse und Durchdringungen geachtet werden muß, und eine anschließende Beschädigung ausgeschlossen ist, kann auch eine solche Ausbildung eingesetzt werden (Bild b).

3) Zeitlich abwechselnd belüfteter und nicht belüfteter Querschnitt (Bild **12.4**)

Die Überlegung zu diesem Vorschlag [29] war, die Gefährdung des Querschnitts infolge

1. Tauwasser durch eine Belüftung des Hohlraums im Winter und infolge

2. Insektenbefall durch Verhinderung der Eiablage während der Flugzeit im Sommer

auszuschalten. Das kann am einfachsten dadurch erfolgen, daß die für eine ausreichende Belüftung der Decke erforderlichen Öffnungen während der kalten Jahreszeit offen bleiben, aber während der Sommermonate durch die Bewohner insektenundurchlässig abgedeckt werden, am besten mit Abschnitten weicher Dämmstoffe (um Tauwasser an ihrer Unterseite zu vermeiden, falls sie einmal während des Winters versehentlich nicht weggenommen werden), die etwas beschwert werden.

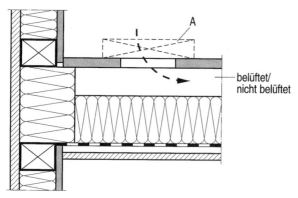

Bild **12.4**
Querschnitt temporär belüftet / nicht belüftet; A Abdeckung der Belüftungsöffnungen, im Sommer vorhanden, im Winter entfernt

4) Belüfteter Querschnitt mit insektenundurchlässiger Abdeckung der Deckenbalken (Bild **12.5**)

Ein Idealfall für die Decke ist zweifellos der unter 3) beschriebene Zustand, nämlich während des Winters belüftet, im Sommer geschlossen. Der Nachteil des dort genannten Vorschlags ist jedoch die Gefahr seiner zu geringen Akzeptanz durch die Bewohner.

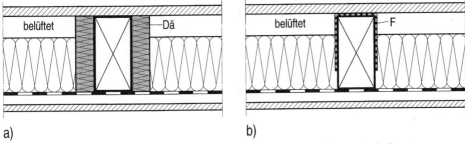

a)   b)

Bild **12.**5   Belüfteter Querschnitt mit insektenundurchlässiger Abdeckung der Deckenbalken
a) Abdeckung durch bis zur Unterkante der oberen Schalung seitlich hochgezogene oder hoch-
kant angeordnete Dämmschicht Dä; b) Abdeckung durch dreiseitig um den Balken gelegte Folie
F, diffusionsoffen ($s_d \le 0{,}2$ m), noch besser extrem diffusionsoffen ($s_d \le 0{,}02$ m)

Daher werden in Bild **12.**5 zwei weitere Konstruktionen vorgestellt, bei denen der Idealzustand permanent vorhanden ist, also nicht von irgendeiner Mithilfe abhängt, d.h. es
liegt ein ständig belüfteter Querschnitt vor, bei dem jedoch die Insekten trotzdem keinen Zugang zum Holz für eine Eiablage haben.

a) Seitliche Abdeckung mit Dämmstoffen

Geeignet sind grundsätzlich Mineralfaserdämmplatten, Hartschaumplatten oder dgl.,
wobei jedoch das Austrocknungsverhalten des Balkens um so besser ist, je diffusionsoffener der Dämmstoff ist. Es ist dafür zu sorgen, daß die Abdeckung keine Fugen
aufweist, die den direkten Anflug des Holzes durch die Insekten ermöglichen, weder
lotrechte zwischen den einzelnen Dämmstreifen noch waagerechte zur oberen Schalung.

b) Seitliche Abdeckung mit diffusionsoffener Folie

Diese Ausbildung erscheint in der Praxis noch leichter handhabbar als jene nach a).
Geeignet sind hierfür z.B. Unterspannbahnen mit möglichst vorkonfektionierter Rollen-
breite, die – vor dem Einbringen der Dämmschicht und dem Aufbringen der oberen
Schalung – über die gesamte Deckenlänge durchgehend verlegt werden können. Bei
Verwendung extrem diffusionsoffener Bahnen mit $s_d = 0{,}02$ m wird das Austrocknungsverhalten des Holzes gegenüber dem nicht abgedeckten Zustand praktisch nicht reduziert. Ein bündiger Abschluß der Folie mit der Balkenunterseite ist nicht erforderlich.

12.3   Schallschutz

12.3.1   Anforderungen

Wie man an Hand der nachstehenden Werte (aus Abschn. 3.5.6.1, Tafel **3.**10) erkennt,
sind die Anforderungen an den Trittschallschutz stark unterschiedlich, je nachdem welche Gebäudesituation vorliegt: Gebäude mit

2 Wohnungen: $R'_w = 52$ dB ; $TSM = \;\;0$ dB bzw. $L'_{nw} = 63$ dB
mehr als 2 Wohnungen: $R'_w = 53$ dB ; $TSM = 10$ dB bzw. $L'_{nw} = 53$ dB

Während also bei Gebäuden mit mehr als 2 Wohnungen an solche Decken nahezu die
gleichen Anforderungen wie an Wohnungstrenndecken in diesen Gebäuden gestellt
werden, was verständlich ist, da dort der Bodenraum von mehreren Parteien genutzt
werden kann und für die darunterliegende Wohnung sowohl die Intimsphäre gewahrt

bleiben (Luftschallschutz) als auch eine Belästigung vermieden werden muß (Tritt-schallschutz), macht man bei 2 Wohnungen beim Trittschallschutz starke Abstriche, da hier nur eine einzige fremde Partei den Bodenraum über der Wohnung nutzen kann, so daß man eine nur gelegentliche Beanspruchung, vor allem aber eine entsprechende Rücksichtnahme voraussetzen kann. – Empfehlungen für den Schallschutz solcher Dek-ken in Einfamilienhäusern existieren dagegen verständlicherweise nicht.

12.3.2 Konstruktionen

Die nachfolgenden Ausführungen beziehen sich auf Decken in Holzhäusern. Für Holz-decken in Massivgebäuden können die Angaben in den Abschn. 11.7 und 14.4.4 ff. ver-wendet werden.

Gebäude mit mehr als 2 Wohnungen

Aus dem oben Gesagten geht hervor, daß dieselben Konstruktionen erforderlich sind wie für Geschoßdecken in solchen Gebäuden, s. also Abschn. 11.7.

Gebäude mit 2 Wohnungen

Wegen des wesentlich geringeren erforderlichen Trittschallschutzes sind einfachere Ausbildungen möglich, vor allem wenn man berücksichtigt, daß auch hier weichfe-dernde Bodenbeläge angerechnet werden dürfen, wenn auch darauf in DIN 4109 nicht besonders hingewiesen wird.

Stellvertretend für viele Möglichkeiten werden nachstehend nur 2 Typen genannt, näm-lich mit und ohne schwimmende Deckenauflage.

Querschnitt nach Bild 12.6. Diese Ausbildung nach Beiblatt 1 zu DIN 4109 (Tab. 34, Z 1) weist mit R_{wR} = 53 dB und – wenn die flankierenden Wände durch die Decke unter-brochen werden oder diese Wände in Deckenhöhe enden – mit R_{LwR} = 65 dB für jede flankierende Wand eine resultierende Schalldämmung R'_{wR} = 52 dB = erf R'_w auf (53 + 4 · 65 → 52 dB). Der Trittschallschutz beträgt TSM = – 1 dB (nach [2] TSM = + 1 dB), kann also durch Auflegen eines geeigneten weichfedernden Bodenbelags leicht auf TSM = 0 dB verbessert werden, z. B. schon durch einen PVC-Verbundbelag mit VM = 16 dB (nach Beiblatt 1 für Massivdecken), der durch Umrechnung nach [2] für die hier angenommene Decke mit VM = 1 dB einzusetzen ist.

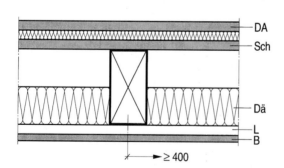

Bild **12.**6
Querschnitt mit Deckenauflage DA

DA: vollflächig schwimmender Unterboden aus Spanplatten 19 mm bis 25 mm auf mi-neralischem Faserdämmstoff ≥ 25 mm nach DIN 18 165-2, T oder TK, mit s' ≤ 15 MN/m³; Sch Schalung aus Spanplatten 16 bis 25 mm nach DIN 68 763, gespundet oder mit Nut und Feder verlegt; Dä mineralischer Faserdämmstoff ≥ 100 mm nach DIN 18 165-1 mit $\varXi$ ≥ 5 kN · s/m⁴ ; L Lattung, di-rekt befestigt; B biegeweiche Bekleidung, z. B. aus Gipskartonplatten 12,5 oder 15 mm nach DIN 18 180

Querschnitt nach Bild 12.7. Bei dieser Ausbildung mit unterseitiger Federschiene an-stelle der Holzlattung kann man auf die schwimmende Deckenauflage verzichten, da sich nach [2] R'_{wR} = 54 dB und TSM = 1 dB ergeben. Ein zusätzlicher Bodenbelag wie oben mit VM = 16 dB (nach Beiblatt 1) würde hier – wegen anderer Voraussetzungen – eine weitere Verbesserung um VM = 3 dB bringen.

Bild **12.7**
Querschnitt ohne Deckenauflage

Sch Schalung aus Spanplatten 16 bis 25 mm nach DIN 68763, gespundet oder mit Nut und Feder verlegt; FS Federschiene; Dä mineralischer Faserdämmstoff $\geq$ 100 mm nach DIN 18165-1 mit $\Xi \geq 5$ kN · s/ m^4 ; B Bekleidung aus Gipskarton- oder Gipsfaserplatten 12,5 mm

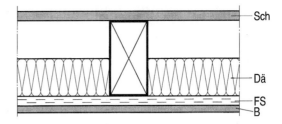

12.4 Brandschutz

Sofern an solche Decken überhaupt Brandschutz-Anforderungen gestellt werden, können zumindest für Querschnitte mit Deckenauflage (Bild **12.6**) die Ausführungen zu Geschoßdecken in Abschn. 11.8. verwendet werden.

Bei fehlender Deckenauflage (Bild **12.7**) ist – für Brandbeanspruchung von oben – zwischen mehreren Fällen zu unterscheiden (Bild **12.8**):

a) Die Decke muß den Raumabschluß gewährleisten (nur noch seltene Anforderung)

a1) Ohne schwimmende Deckenauflage sind – zusätzlich zu den übrigen, bereits bei Geschoßdecken behandelten Bedingungen – 2 Anforderungen zu beachten:
    1. größere Dicke der oberen Beplankung oder Schalung, d.h. mindestens FP 19 mm (Spanplatten mit $\varrho \geq 600$ kg/m^3) oder Bretter ≥ 21 mm und
    2. Verkehrslast $p \leq 1,0$ kN/m^2, d.h. diese Ausbildung ist nur in Dachbereichen mit einer Raumhöhe $H \leq 2$ m zulässig

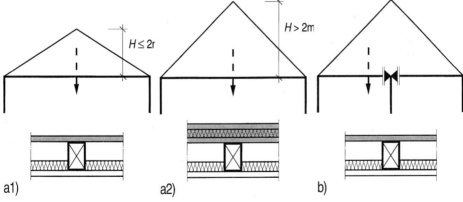

a1)   a2)   b)

Bild **12.8** Unterschiedliche Situationen für Decken unter nicht ausgebauten Dachgeschossen, wenn Anforderungen gegenüber Brandbeanspruchung von oben gestellt werden, und Auswirkungen auf die Deckenkonstruktion

    a) Wahrung des Raumabschlusses unter Dachräumen mit Höhen a1) $H \leq 2$ m, a2) $H > 2$ m; b) nur Aussteifung der tragenden Wände des unteren Geschosses

a2) Wird eine dieser Bedingungen nicht erfüllt, z.B. wegen $H > 2$ m, dann ist eine zusätzliche Deckenauflage erforderlich (s. Abschn. 11.8.2, Bild **11.20**)

b) Die Decke muß im Brandfall lediglich die seitliche Abstützung im Kopfpunkt der unteren tragenden Wände sicherstellen. In diesen Fällen ist – unabhängig von der Dachgeometrie – nur die unter 1. genannte dickere obere Beplankung notwendig.

13 Nichttragende Innenwände

13.1 Vorbemerkungen

Nichttragende Innenwände sind für den Nachweis der Standsicherheit eines Gebäudes ohne Bedeutung, da sie rechnerisch für die Lastabtragung nicht in Ansatz gebracht werden. Trotzdem kommen ihnen im Einzelfall wesentliche bautechnische Funktionen zu, z.B. hinsichtlich des Schall- und Brandschutzes. Ferner müssen sie, einschließlich ihrer Anschlüsse, die möglichen mechanischen Beanspruchungen schadensfrei aufnehmen und weiterleiten, die bei ihrer eigentliche Aufgabe – der Wahrung des Raumabschlusses – auftreten können.

Nachfolgend werden die Standsicherheit, der Brandschutz sowie der Feuchteschutz der Wände in Naßbereichen behandelt. Dabei sind gegebenenfalls auch feuchtebedingte Formänderungen der Materialien mit einzubeziehen; in solchen Bereichen sollte auch DIN 68 800-2 und 68 800-3 beachtet werden, obwohl diese Normen für nichttragende Wände nicht bindend sind.

Der Schallschutz kann dagegen hier ausgeklammert werden, da die Anforderungen und Eigenschaften in dieser Hinsicht unabhängig davon sind, ob es sich um tragende oder nichttragende Wände handelt, so daß die Ausführungen in Abschn. 10.3 und 10.4 auch für nichttragende Wände uneingeschränkt gelten.

13.2 Standsicherheit (aus [31])

13.2.1 Anforderungen und Nachweise

Die baustoff- und bauartübergreifende Fachgrundnorm DIN 4103-1 legt die Anforderungen an nichttragende Innenwände fest. Diese Norm ist bauaufsichtlich nicht eingeführt, so daß ihre Anwendung im Einzelfall zu vereinbaren ist. Dagegen unterliegen nichttragende Innenwände, die einen Höhenunterschied zwischen Verkehrsflächen von mehr als 1 m sichern (z.B. Treppenraumwände), der als Technische Baubestimmung eingeführten ETB-Richtlinie „Bauteile, die gegen Absturz sichern" (Ausgabe 1985), deren Festlegungen nahezu identisch mit denen der DIN 4103-1 sind.

Nichttragende Innenwände müssen, im Zusammenwirken mit den angrenzenden Bauteilen, die im Gebrauchsfall auftretenden statischen Lasten und leichten Konsollasten sowie stoßartigen Belastungen aufnehmen und weiterleiten. Entsprechend der Größe der Beanspruchung werden die beiden Einbaubereiche 1 (z.B. Wohnungen) und 2 (z.B. größere Versammlungsräume) unterschieden. Das Anforderungsniveau der Norm ist u.a. so festgelegt, daß Wandkonstruktionen, die sich über Jahrzehnte in der Praxis bewährt haben, nicht nachträglich am „grünen Tisch" ausgeschlossen werden. Der Nachweis der Eignung ist nicht mehr erforderlich für Konstruktionen, die den Fachnormen entsprechen, z.B. DIN 4103-4 (Unterkonstruktion in Holzbauart).

13.2.2 Statische Belastung

Im Gebrauchsfall können statische Seitenlasten, z.B. durch anlehnende Personen oder bei Gedränge, auftreten. Es ist der Nachweis zu führen, daß die Wand und ihre Anschlüsse die Beanspruchungen durch eine horizontale Seitenlast von p_1 = 0,5 kN/m (Einbaubereich 1) bzw. 1,0 kN/m (Einbaubereich 2) ausreichend sicher aufnehmen können (s. Bild **13.**1).

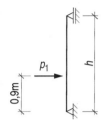

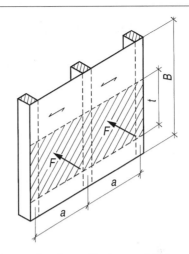

Bild **13.**1 Statische Belastung, horizontale Streifenlast p_1

Bild **13.**2 Annahmen für den vereinfachten rechnerischen Nachweis für Holzwerkstoffbeplankungen zur Aufnahme der Linienlast p_1: Einzellast(en) $F = p_1 \cdot a$ und Lasteintragungsbreite t nach DIN 1052-1 (s. auch Abschn. 6.2.2)

Der Nachweis für die Wand kann entweder rechnerisch oder aber durch mindestens 3 Versuche erfolgen, wobei die maßgebende Bruchlast mindestens das 1,5fache der Gebrauchslast betragen muß. Bei Holzwänden ist zusätzlich nachzuweisen, daß die horizontale Streifenlast p_1 von der Beplankung ausreichend sicher aufgenommen wird. Dieser Nachweis kann rechnerisch an Hand der zulässigen Spannungen für die Beplankungswerkstoffe geführt werden, z. B. für Holzwerkstoffe auf der Grundlage von DIN 1052-1 und -3. Dabei kann z. B. die Streifenlast p_1 vereinfacht durch Einzellasten $F = p_1 \cdot a$ ersetzt und auf die Lasteneintragungsbreite t verteilt werden (Bild **13.**2). Bei Beplankungen mit der Abmessung $B \geq$ 1,0 m darf unabhängig vom Unterstützungsabstand t = 0,7 m angenommen werden (DIN 1052-1, 8.1.4).

Die Trennwand muß ferner leichte Konsollasten (Bücherregale oder dgl.) von p_K = 0,4 kN/m Wandlänge an jeder Stelle aufnehmen können. Ansonsten sind diese Konsollasten nur noch beim Nachweis der Halterung der Wand am Kopf- und Fußpunkt (zusammen mit der Seitenlast p_1) zu berücksichtigen.

13.2.3 Stoßartige Belastung

Nach DIN 4103-1 müssen nichttragende Trennwände gegenüber stoßartigen Belastungen nachgewiesen werden; sie dürfen sowohl beim „weichen" als auch beim „harten" Stoß nicht insgesamt zerstört oder örtlich durchstoßen werden. – Unter einem weichen Stoß wird z. B. der Aufprall eines menschlichen Körpers durch Stolpern mit kleiner Aufprallgeschwindigkeit ($\leq$ 2 m/s) verstanden. – Harte Stöße entstehen, wenn kleine Lasten mit größerer Geschwindigkeit auf kleine Flächen aufprallen (z. B. umfallende Haushaltsleiter u. ä.). Dabei darf die Trennwand nicht insgesamt durchstoßen werden, und es dürfen dabei Menschen nicht durch herabfallende Wandteile ernsthaft verletzt werden. Die entsprechenden Nachweise sind durch Versuche nach DIN 4103-1 zu führen.

13.3 Ausbildung der Wände

Die Wände bestehen aus der Holzunterkonstruktion sowie einer ein- oder beidseitigen
Bekleidung oder Beplankung (Begriffe s. Abschn. 3.2.1.2) aus im schallschutztechnischen Sinne »biegeweichen« Schalen (Bild **13.3**). Nachfolgend wird nur noch der Begriff »Beplankung« verwendet, zumal DIN 18 183 abweichend von den Begriffen nach
DIN 1052 Gipskartonplatten auch in diesem Anwendungsbereich grundsätzlich als Beplankung bezeichnet. Verputzte Holzwolleleichtbauplatten nach DIN 1101 sind bei solchen Wänden nur noch selten anzutreffen, so daß sie nicht weiter behandelt werden.
Auch Bretterschalungen werden nicht berücksichtigt

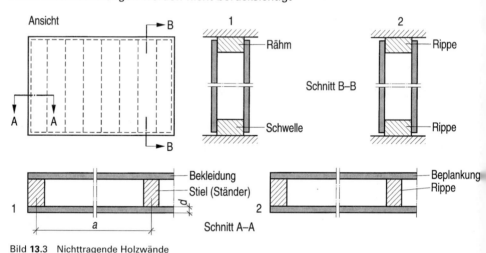

Bild **13.3** Nichttragende Holzwände
           1 Holzständerwand, *2* Wand in Holztafelbauart

Waagerechter Schnitt

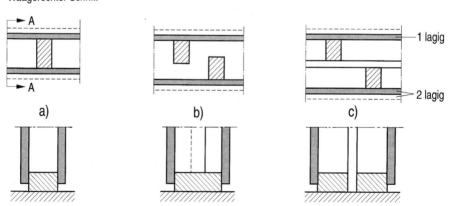

Lotrechter Schnitt A–A

Bild **13.4** Konstruktionsprinzipien für Wände in Holzbauart

           a) Einfachwand mit beidseitiger, ein- oder zweilagiger Beplankung; b) Doppelwand mit gemein-
           samer Schwelle und Rähm; c) Doppelwand mit über gesamter Wandfläche (einschließlich
           Schwelle und Rähm) durchgehender Trennung

Für die Holzteile wird praktisch ausnahmslos Vollholz der Sortierklasse 10 nach DIN 4074-1 (entspricht der Güteklasse II nach DIN 1052-1) verwendet. Als Beplankungen kommen Spanplatten (FP) DIN 68 763 und Gipskartonplatten nach DIN 18 180 zur Anwendung, ferner Werkstoffe, deren Brauchbarkeit nachgewiesen ist, z.B. als Beplankungswerkstoff für tragende Wände in Holztafelbauart mit allgemeiner bauaufsichtlicher Zulassung (Gipsfaserplatten u.a.). Für die Verarbeitung der Werkstoffe einschließlich der Verbindungsmittel sollten u.a. DIN 1052 (für Wände in Holzbauart), obwohl für nichttragende Bauteile nicht verbindlich, DIN 18 181 (für Gipskartonplatten) sowie die Verarbeitungsanweisungen der einschlägigen Plattenhersteller beachtet werden.

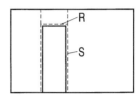

Bild 13.5
Anordnung von Ständern S und Riegeln R im Bereich von Türöffnungen

Die üblichen, in Bild **13.**4 dargestellten Konstruktionen basieren im wesentlichen auf unterschiedlichen Schallschutzanforderungen (von a) nach c) steigende Schalldämmung). Die Lagenanzahl der Beplankungen (bis zu 3 je Seite) beeinflußt nicht nur die Schalldämmung, sondern auch die Feuerwiderstandsdauer der Wände.

Im Randbereich von Öffnungen (z.B. Türen) sind über die gesamte Wandhöhe durchgehende lotrechte Ständer sowie waagerechte Riegel anzuordnen (Bild **13.**5).

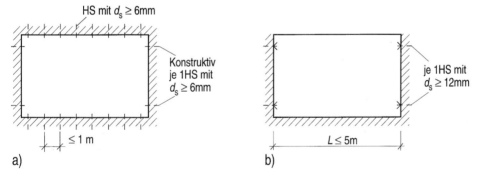

Bild **13.**6 Befestigung nach DIN 4103-4 von nichttragenden Wänden in Holzbauart an angrenzenden Bauteilen ohne weiteren Nachweis

a) allgemein; b) mit beidseitiger Beplankung aus Holzwerkstoffen oder Gipsbauplatten; HS Holzschraube mit Durchmesser d_s

Die Befestigung der Wände an den angrenzenden Bauteilen ist in Bild **13.**6 dargestellt. Der Anschluß nach b) kann gewählt werden, wenn die Wand am Fußpunkt aufsitzt. Diese Ausbildung, die insbesondere für den Fertigteilbau interessant ist, wurde auf Grund von Stoßversuchen aufgenommen. Beispiele für die Anschlußdetails solcher Wände gehen aus Bild **13.**7 hervor. Bei größeren Verformungen nach dem Einbau der nichttragenden Wände, z.B. Deckendurchbiegungen ca. ≥ 10 mm, sollten gleitende Anschlüsse ausgebildet werden. Weitere Angaben zur Konstruktion können in Abhängigkeit von Schall- und Brandschutzanforderungen DIN 4109 Beiblatt 1 bzw. DIN 4102-4 entnommen werden.

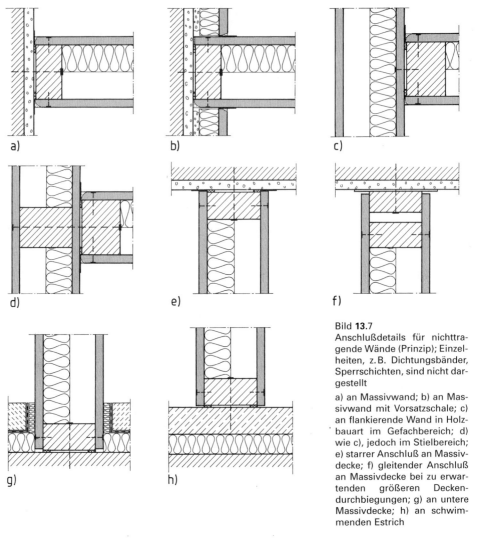

a)   b)   c)

d)   e)   f)

g)   h)

Bild **13**.7
Anschlußdetails für nichttragende Wände (Prinzip); Einzelheiten, z.B. Dichtungsbänder,
Sperrschichten, sind nicht dargestellt

a) an Massivwand; b) an Massivwand mit Vorsatzschale; c)
an flankierende Wand in Holzbauart im Gefachbereich; d)
wie c), jedoch im Stielbereich;
e) starrer Anschluß an Massivdecke; f) gleitender Anschluß
an Massivdecke bei zu erwartenden   größeren   Deckendurchbiegungen; g) an untere
Massivdecke; h) an schwimmenden Estrich

13.4   Konstruktionen mit nachgewiesener Standsicherheit

DIN 4103-4 enthält Angaben für die Ausbildung von Wänden in Holzbauart mit unterschiedlichen Beplankungswerkstoffen. Die Abmessungen der Hölzer gehen auf Berech-
nungen nach DIN 1052 sowie auf Tragfähigkeitsversuche (statische Belastung sowie
Stoßversuche) zurück; ihre Querschnitte sind jedoch aus konstruktiven Gründen wie
auch zur Vermeidung größerer, klimatisch bedingter Formänderungen der Wände (Aufwölbungen) überwiegend größer angegeben als aus Standsicherheitsgründen erforderlich (Tafel **13**.1). Dabei sind ein Achsabstand a der Stiele oder Rippen von 625 mm
sowie die Befestigung der Beplankungen mit mechanischen Verbindungsmitteln vorausgesetzt (s. Bild **13**.8). Auf die Einhaltung der erforderlichen Randabstände (e_1, e_2)
für die Verbindungsmittel nach DIN 1052-2 ist zu achten, insbesondere bei Beplan-

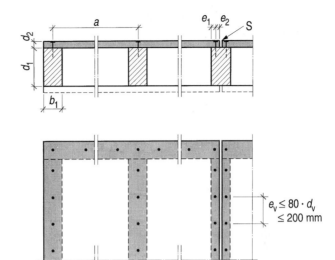

Bild **13**.8
Wand in Holzbauart; Angaben
zur Konstruktion
S Beplankungsstoß auf ge-
meinsamem Stiel

$$e_v \le 80 \cdot d_v$$
$$\le 200 \text{ mm}$$

kungsstößen auf gemeinsamen Stielen. Bei geleimten Querschnitten (mit Holzwerk-stoff-Beplankungen) sind rechnerisch noch kleinere Querschnittsabmessungen mög-lich; einseitig beplankte, geleimte Querschnitte, z. B. als Bestandteile von Doppelwän-den (s. Bild **13**.4c), sind allgemein jedoch nicht zu empfehlen, da die Gefahr klimatisch bedingter, unzuträglicher Formänderungen zu groß ist.

Tafel **13**.1 Erforderliche Mindestquerschnitte b_1/d_1 in mm der Stiele (Rippen) für Wände in Holzbauart, Achsabstand $a \le 625$ mm (Auszug aus DIN 4103-4)

Einbaubereich	1		2	
Wandhöhe h (m)	2,60	3,10	2,60	3,10
Beplankung beliebig	60/60			
Beidseitige Beplankung aus Holzwerkstoffen	40/40	40/60	40/60	
Einseitige Beplankung aus Holzwerkstoffen oder Gipsbauplatten	40/60		60/60	

Die Beplankungsdicke muß – vor allem bei Holzwerkstoffen – zur Vermeidung klima-tisch bedingter Formänderungen wesentlich größer sein als sich aus den Anforderun-gen nach DIN 4103-1 ergibt. Tafel **13**.2 enthält in Abhängigkeit vom Achsabstand a der Unterstützungen sowohl die Mindestdicken d_2 nach DIN 4103-4 als auch die für die Praxis empfohlenen Werte.

Tafel **13**.2 Mindestdicken d_2 in mm für Beplankungen

Beplankung	Mindestdicke nach DIN 4103-4 a (mm)		empfohlene Mindestdicke a (mm)	
	400	625	400	625
Holzwerkstoffe ohne zusätzliche Bekleidung mit zusätzlicher Bekleidung[1]	10 8	13 10	13 10	16 13
Gipsbauplatten	12,5			

[1] z. B. aus Profilbrettschalung oder Gipsbauplatten

Der Abstand mechanischer Verbindungsmittel (Nägel, Klammern, Schnellbauschrauben o. dgl.) untereinander darf $80 \cdot d_V$, mit d_V als Durchmesser des Verbindungsmittels, nicht überschreiten, jedoch nicht größer als 200 mm sein.

Unter den oben genannten Voraussetzungen sind nach DIN 4103-1 Wände in Holzbauart ohne weiteren Nachweis auch für die Aufnahme leichter Konsollasten an beliebiger Stelle geeignet. Lediglich bei Bretterschalungen ist die Befestigung der Konsolen unmittelbar auf den Stielen vorzunehmen, wenn nicht andere geeignete konstruktive Maßnahmen gewählt werden.

13.5 Brandschutz

13.5.1 Anforderungen

Die Anforderungen an den Brandschutz von nichttragenden Innenwänden sind je nach der vorliegenden Situation sehr unterschiedlich. Sie können sich sowohl auf die Feuerwiderstandsdauer der Wand erstrecken (ausgedrückt durch die Feuerwiderstandsklasse F) als auch zusätzlich auf das Brandverhalten der Baustoffe (ausgedrückt durch die Zusätze A für nichtbrennbare, B für brennbare Stoffe sowie AB), jeweils auf der Grundlage von DIN 4102-2. Im allgemeinen reichen die Anforderungen für solche Wände von F 30-B (feuerhemmend, unter Verwendung brennbarer Stoffe) bis F 90-A (feuerbeständig, unter Verwendung nichtbrennbarer Stoffe).

Anforderungen an nichttragende Wände werden – abgesehen von solchen mit Feuerschutzabschlüssen – nur gestellt, wenn sie raumabschließend sind (z. B. Wände an Rettungswegen, Treppenraumwände). Mindestens der gleichen Feuerwiderstandsklasse müssen auch die unterstützenden und haltenden Bauteile sowie die Anschlußausbildungen entsprechen.

Ein Nachweis der Einhaltung der geforderten Feuerwiderstandsklasse durch die vorgesehene Konstruktion ist nicht erforderlich, wenn Bauteile nach DIN 4102-4 gewählt werden und die dort vorgegebenen Randbedingungen eingehalten werden (z. B. Einbauten, wie Steckdosen, Dämmschichten in Anschlußfugen).

13.5.2 Konstruktionen ohne weiteren Nachweis

Tafel **13**.3 enthält einige nach DIN 4102-4 klassifizierte Ausführungen, für die ein weiterer Nachweis nicht mehr geführt zu werden braucht.

Tafel **13**.3   Feuerwiderstandsklassen nach DIN 4102-4 von nichttragenden, raumabschließenden Wänden in Holzbauart (s. Bild **13**.9)

$d_{Dä}$ in mm	$\varrho_{Dä}$[1] in kg/m³	Beplankung[2] 2	Beplankung[2] 3	Feuerwiderstandsklasse
80	30	FP 13	–	F30-B
60	30	GFK 12,5	–	F30-B
40		GFK 12,5	–	F30-B
40	40	GFK 12,5	GFK 12,5	F60-B
80	100	GFK 12,5	GFK 12,5	F90-B

[1] $\varrho_{Dä}$ Mindestrohdichte des mineralischen Faserdämmstoffes
[2] FP 13   13 mm Spanplatte, GKF 12,5   12,5 mm Gipskarton-Feuerschutzplatte

Bild **13.9**
Querschnitte von Holzwänden
nach Tafel **13**.3; Voraussetzungen und Bedingungen (z.B.
für Werkstoffe) siehe DIN
4102-4

a) Einfachwand, b) Doppelwand

Dä   mineralischer Faser-
dämmstoff

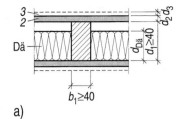

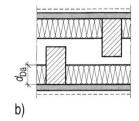

a)   b)

13.6   Freistehende biegeweiche Vorsatzschalen

Vorsatzschalen dienen allgemein der Verbesserung der bautechnischen, vor allem
schallschutztechnischen Eigenschaften von Wänden, zumeist in Massivbauart. Hier
werden nur freistehende Vorsatzschalen behandelt, da an sie hinsichtlich der Standsicherheit – es entfällt lediglich die Beanspruchung durch den harten Stoß – die gleichen
Anforderungen zu stellen sind wie an nichttragende Wände.

Das Konstruktionsprinzip solcher Vorsatzschalen – Wände in Ständerbauart mit einseitiger Beplankung – geht aus Bild **13**.10 hervor. Bezüglich der konstruktiven Einzelheiten,
einschließlich der Befestigung an den angrenzenden Bauteilen, gelten die Ausführungen des Abschnittes 13.3 gleichermaßen.

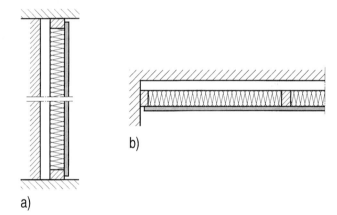

Bild **13.10**
Konstruktionsprinzip für frei-
stehende Vorsatzschalen in
Ständerbauart

a) Lotrechter Schnitt, b) waagerechter Schnitt

Hier soll nur die Verbesserung der Schalldämmung von massiven Wänden gestreift
werden. Wie groß die Verbesserung des bewerteten Schalldämm-Maßes R'_{wR} durch
solche Vorsatzschalen ohne jeden Kontakt zur Wand ist, wird in Tafel **13**.4 gezeigt.

Tafel **13**.4   Rechenwerte R'_{wR}(dB) nach DIN 4109 Beiblatt 1 für einschalige, biegesteife Wände ohne und
mit freistehender, biegeweicher Vorsatzschale unter Voraussetzung einer mittleren flächenbezogenen Masse der flankierenden Bauteile m'_{Lm} = 300 kg/m²

m' (Wand) kg/m²	100	200	300	400	500
ohne Vorsatzschale	36	44	49	52	55
mit Vorsatzschale	49	50	54	56	58

Darüber hinaus wirken sich solche Vorsatzschalen an flankierenden Wänden günstig
aus:

— durch positive Korrekturwerte $K_{L,2}$ (Zuschläge zum Rechenwert der vorhandenen Schalldämmung) bei mehrschaligen trennenden Bauteilen in Massivbauart;

— durch wesentliche Erhöhung der bewerteten Schall-Längsdämm-Maße R_{LwR} bei trennenden Holzbauteilen.

13.7 Trennwände in Naßbereichen von Wohngebäuden

Trennwände in Naßbereichen, z. B. Duschwände, können feuchtetechnisch gefährdet sein, vor allem wenn Baustoffe eingesetzt werden, die zum einen ein geringes Feuchtespeichervermögen besitzen, zum anderen feuchteempfindlich sind. Deshalb kommt bei solchen Bauteilen dem Feuchteschutz eine überragende Bedeutung zu.

Nachstehend werden einige Detailvorschläge gezeigt. Vorausgesetzt wird dabei der gegenüber Verformungen des Untergrundes empfindlichste Oberflächenschutz der Wand: der keramische Fliesenbelag. Für solche Oberflächen sind z. B. Spanplatten – von Sonderfällen abgesehen – nicht geeignet, da ihre hygrisch bedingten Verformungen (Abschn. 2.4.1.7) für den spröden Oberflächenbelag zu groß sind.

Dagegen haben sich Gipsbauplatten – Gipskartonplatten oder Gipsfaserplatten – auch für dieses kritische Einsatzgebiet bewährt, wenn der Feuchteschutz einwandfrei ausgeführt wurde.

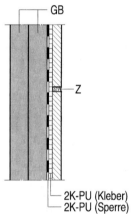

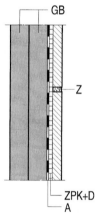

Bild **13**.11 Duschwand mit Gipsbauplatten GB; handelsüblicher Fugenmörtel auf Zementbasis Z; Verklebung und Abdichtung mit 2 Komponenten-Polyurethan-Material 2K-PU, verseifungsarm eingestellt

Bild **13**.12 Duschwand mit Gipsbauplatten GB; handelsüblicher Fugenmörtel auf Zementbasis Z; Abdichtung A mit Kunstharzdispersionen oder mit anderen, mit dem verwendeten Kleber verträglichen Dichtungsanstrichen; kunstharzvergüteter Zementpulverkleber mit Dispersionszusatz (Elastifizierungsmittel) ZPK+D

Beispiele für die Oberflächenausbildung s. Bilder **13**.11 und **13**.12; darin sind zweilagige Bekleidungen mit Plattendicken d = 12,5 mm vorausgesetzt; einlagige sind ebenfalls möglich, z. B. mit d = 12,5 mm oder 15 mm für Rippenabstände $a \leq 400$ mm sowie mit d = 18 mm für $a \leq 600$ mm. Eine sorgfältige Ausführung nach den einschlägigen Verarbeitungshinweisen der verschiedenen Hersteller (Plattenwerkstoffe, Kleber) ist jedoch immer Voraussetzung. Geeignete Eckausbildungen der Duschwände gehen aus

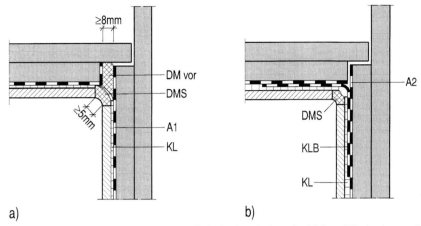

Bild **13**.13 Eckverbindung Duschwand am Beispiel der 2lagigen Ausbildung (1lagig sinngemäß)
a) für Duschwände mit 2K-PU-Absperrung nach Bild **13**.11
b) für Duschwand mit Absperrung nach Bild **13**.12
A1 Absperrung mit 2K-PU; A2 Absperrung mit Kunstharzdispersionen oder dgl.; DM dauerelastische Dichtungsmasse, vor: vor Verfliesen aufgebracht (z.B. im Flachdachbau bewährte Lösungsmittelacrylat-Dichtstoffe); DMS dauerelastische Dichtungsmasse auf Silikon-Basis; KLB Klebeband, spezielles, elastisches Dichtband mit Glasvlies-Einlage (Gesamtbreite 150 mm), im Eckbereich möglichst mit kleiner Schlaufe verlegen, aus [32]

Bild **13**.13, des Anschlusses Duschtasse – Wand aus Bild **13**.14 hervor. Der wasserdichte Anschluß zum Badfußboden wird in Abschn. 11.9.4 behandelt. Weitere Einzelheiten, z.B. Ausbildung von Durchdringungen der Duschwand durch Armaturen, sind in [32] enthalten.

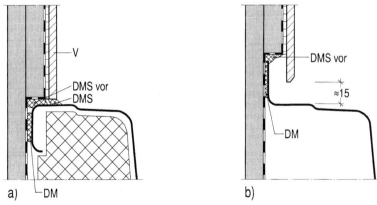

Bild **13**.14 Vorschläge für Anschluß Duschwand – Duschtasse bei 2lagiger Wandbekleidung, aus [32];
a) konventionelle Duschtasse, b) hochgezogener Duschtassenrand (sehr sichere Ausbildung)
V Verfliesung, DM dauerelastische Dichtungsmasse, z.B. im Flachdachbau bewährte Lösungsmittelacrylat-Dichtstoffe, DMS dauerelastische Dichtungsmasse auf Silikonbasis, vor: vor Verfliesen aufgebracht

14 Nachträglicher Ausbau von Dachgeschossen

14.1 Allgemeines

Die Schaffung von zusätzlichem Wohnraum in Deutschland ist ein ernstzunehmendes Problem unserer Zeit. Mit dem nachträglichen Ausbau von bisher ungenutzten oder nicht ausreichend genutzten Dachräumen in bestehenden Gebäuden existiert auf Grund der Vielzahl solcher Gebäude die Möglichkeit, die Situation nachhaltig zu verbessern. Hinzu kommt, daß solcher Wohnraum kurzfristig zur Verfügung stehen könnte.

Nachstehend wird in knapper Form versucht, für die an solchen Bauvorhaben Beteiligten, vor allem für den Planer, einen „Leitfaden" für das Vorgehen, insbesondere bei der Bemessung der wesentlichen Bauteile, aufzustellen. Es soll Hilfestellung geleistet werden, und zwar sowohl in der Entwicklung neu zu errichtender Bauteile als auch in der Verbesserung bereits vorhandener, jeweils auf der Grundlage der heutigen bauaufsichtlichen Vorschriften bezüglich Tragfähigkeit und bauphysikalischer Eigenschaften.

Nicht behandelt werden Fragen des technischen Ausbaus sowie Detailfragen der Planung, da die einzelnen Bestandteile des Baugenehmigungsverfahrens mit den u.U. möglichen, vielschichtigen Erleichterungen und Befreiungen von dermaßen vielen Voraussetzungen abhängen, daß sie nur für jede einzelne Situation direkt beurteilt werden können.

Hinweise zur Planung [35], [36]

Zu allererst sollte eine gründliche Bestandsaufnahme erfolgen, wenn möglich durch Einschaltung eines Architekten, der am besten beurteilen kann, ob ein Ausbau des Dachraumes sinnvoll ist.

Auch für den nachträglichen Ausbau von Wohnraum in Dachgeschossen gelten die Vorschriften der jeweiligen Landesbauordnung uneingeschränkt, jedoch sind darin bereits Ausnahmemöglichkeiten für die Schaffung von Wohnraum in vorhandener Bausubstanz eingearbeitet, z.B. bezüglich lichter Raumhöhe, Wohnungsausstattung, Brandschutzanforderungen, ausgenommen jedoch Rettungswege. Wesentliche Erleichterungen – z.B. auf der Grundlage der Baunutzungsverordnung und durch das „Gesetz zur Erleichterung des Wohnungsbaues im Planungs- und Baurecht sowie zur Änderung mietrechtlicher Vorschriften" (Wohnungsbau-Erleichterungsgesetz) – sind auch in anderen Punkten möglich, wenn bei dringendem Wohnraumbedarf Gründe des Wohls der Allgemeinheit als Befreiungsvoraussetzung ausdrücklich vorliegen.

Vor Beginn der Baumaßnahme ist die Frage der Baugenehmigungspflicht zu prüfen. Genehmigungspflichtig sind alle Baumaßnahmen, soweit sie nicht von der Genehmigungspflicht freigestellt sind. Selbstverständlich müssen auch genehmigungsfreie Vorhaben den Vorschriften der Bauordnungen oder dgl. entsprechen. Irrig ist die Meinung, Genehmigungsfreiheit bedeute „Bauen ohne Vorschriften". Vielmehr ist dann eine stärkere Eigenverantwortung der am Bau Beteiligten und damit auch der Unternehmer gefordert [35].

14.2 Bauaufsichtliche Anforderungen

An die beim nachträglichen Ausbau entstehenden Bauteile werden im Grundsatz die gleichen statischen und bauphysikalischen Anforderungen gestellt wie für Neubauten. Abweichungen oder Ausnahmen bestehen lediglich hinsichtlich des energiesparenden

Wärmeschutzes sowie bezüglich des Brandschutzes, bei dem von Fall zu Fall Erleichterungen möglich sind.

Wärmeschutz

Die derzeitigen Anforderungen an den energiesparenden Wärmeschutz für den nachträglichen Dachgeschoßausbau sind in der 3. Wärmeschutzverordnung vom 16. 8. 1994 geregelt.

Brandschutz

Die brandschutztechnischen Anforderungen sind auch beim Ausbau einzelner Geschosse immer auf das Gesamtgebäude zu beziehen. Schwierigkeiten entstehen besonders dann, wenn sich durch den Dachgeschoßausbau die Gebäudekategorie (z. B. Wohngebäude geringer Höhe, sonstige Gebäude geringer Höhe, sonstige Gebäude) ändert und somit an das Gesamtgebäude höhere brandschutztechnische Anforderungen zu stellen sind als vor dem Ausbau.

Für Baden-Württemberg besteht z. B. nach § 57 Abs. 3 LBO die

„Möglichkeit, gerade für Vorhaben zur Schaffung von zusätzlichem Wohnraum durch Ausbau Ausnahmen zu erteilen, soweit insbesondere keine Bedenken wegen des Brandschutzes bestehen. Angesichts der Tatsache, daß bei einem Dachgeschoßausbau in der Mehrzahl der Fälle die Grenze zur nächsthöheren Gebäudekategorie durch die Zahl der Wohnungen, die Höhe der Oberkante der Brüstung eines notwendigen Fensters oder die Höhe einer sonstigen, zum Anleitern bestimmten Stelle (vgl. § 2 Abs. 4 LBO) nur maßvoll überschritten wird, kann unter bestimmten Voraussetzungen bzw. bei ausgleichenden Maßnahmen von einer Vielzahl der Anforderungen eine Ausnahme zugelassen werden.

Keine Abstriche können im Bereich der erforderlichen Rettungswege gemacht werden; dafür ist das Risiko für die Rettung der Bewohner im Brandfall zu groß. Gleichzeitig sind sichere Rettungswege jedoch auch die wichtigste Voraussetzung für Ausnahmen von baulichen Anforderungen" (Zitat aus [37]).

Der Grundsatz zweier voneinander unabhängiger Rettungswege muß auch beim nachträglichen Dachausbau voll aufrecht erhalten werden, zumal wenn z. B. bei den Anforderungen an den Feuerwiderstand Erleichterungen gestattet werden.

Die geltenden Bauordnungen der Länder und der Stadtstaaten basieren zwar sämtlich auf der Musterbauordnung, können jedoch bezüglich der Brandschutzanforderungen an die einzelnen Bauteile mehr oder weniger große Unterschiede aufweisen. Es ist daher unerläßlich, daß sich der eingeschaltete Architekt in der Planungsphase schon frühzeitig mit den Bestimmungen der entsprechenden Bauordnung auseinandersetzt.

Standsicherheit

Für den Fall, daß die baulichen Maßnahmen im Rahmen des nachträglichen Dachausbaus einen Nachweis der Tragfähigkeit für die Dachkonstruktion oder für die Unterkonstruktion, z. B. für die darunterliegende Geschoßdecke, erforderlich machen, sind selbstverständlich die heute geltenden Vorschriften – u. a. DIN 1055 (Lastannahmen) und DIN 1052 (Holzbauwerke) – zugrunde zu legen.

Die Zusammenstellung einiger Bemessungsgrundlagen in [38] zeigt, inwieweit sich die einzelnen Bemessungskriterien in den zurückliegenden Jahrzehnten geändert haben und damit regeltechnische Erleichterungen oder aber Verschärfungen entstanden sind.

Beim nachträglichen Dachausbau erscheint es bezüglich der Lastannahmen vertretbar, für einige Stoffe von der derzeit geltenden Ausgabe 1978 zu DIN 1055-1 abweichende Rechenwerte der Eigenlast einzusetzen, z. B.:

Nach Norm
— Faserdämmstoffe DIN 18 165 generell   1 kN/m^3
— Kunststoffbahnen (Unterspannbahnen)   0,02 kN/m^2
Abweichend davon wird vorgeschlagen:
— Faserdämmstoffe DIN 18 165-1
   Typ W, WL (z. B. zwischen Sparren- und Balkenlagen)   0,30 kN/m^3
— Kunststoffbahnen
   (z. B. PE-Folien, Unterspannbahnen)   vernachlässigbar

Eine größere Lastminderung ist u. U. dann möglich, wenn die alte, schwere Dachdek-
kung wegen eines nicht mehr einwandfreien Zustands gegen eine leichtere ausgetauscht wird.

In [38] wird an Hand eines einfachen Beispiels gezeigt, daß es möglich ist, bei einer
Dachkonstruktion zusätzliche Ausbaulasten anzubringen, ohne mit den heute geltenden Vorschriften in Konflikt zu kommen, und zwar allein dadurch, daß sich die Anforderungen bezüglich Lastannahmen einerseits und Bemessung von Holzbauwerken andererseits in der Zwischenzeit zum Teil merklich geändert haben.

Es sollte in solchen Fällen auch zulässig sein, von den heutigen Bemessungskriterien
abzuweichen, wenn dadurch die Sicherheit der Konstruktion nicht in unzulässiger
Weise beeinträchtigt wird, z. B.:

a) Eine rechnerische Überschreitung der zulässigen Durchbiegung (einerseits infolge
   der zusätzlichen Ausbaulasten, andererseits durch die Verschärfung der Anforderung in DIN 1052 seit 1988) ist im allgemeinen harmlos, da die zulässige Durchbiegung bei solchen Dachkonstruktionen in aller Regel keine sicherheitstechnische,
   sondern eine qualitative Anforderung darstellt.

   Anmerkung Um spätere Gewährleistungsansprüche auszuschließen, sollte der Bauherr oder der Auftraggeber in solchen Fällen auf diesen Umstand hingewiesen und erforderlichenfalls sein schriftliches
   Einverständnis eingeholt werden.

b) Auch eine Überschreitung der zulässigen Flächenpressung zul $\sigma_{D\perp}$ nach dem Ausbau
   ist risikolos, da zum einem hierbei ein großer Sicherheitsabstand zur Festigkeit besteht, zum anderen in solchen Fällen trockenes Holz und damit eine besseres Quer-
   druckverhalten vorliegt.

Nachfolgend sollen nur die Bauteile »Dach« und »Holzbalkendecke unter Dachgeschoß« behandelt werden, da die Angaben für »Innenwände« in Abschn. 10 auch auf
den nachträglichen Dachausbau anwendbar sind.

14.3   Dachkonstruktion und Nachweise

14.3.1   Statisch-konstruktive Verbesserung des vorhandenen Daches

Bevor mit der Planung der Modernisierung der Dachkonstruktion begonnen wird, ist
das Dach durch einen Sachkundigen zu überprüfen, da es vom Zustand der wesentlichen Teile (Dachdeckung, Lattung, tragende Konstruktion) abhängt, welche weiteren
Maßnahmen zweckmäßig und erforderlich sind. Dabei ist zu prüfen, inwieweit diese
Teile noch gebrauchstauglich sind, d. h. ob oder in welchem Maße sie vor Beginn der
eigentlichen Arbeiten zum Dachausbau instandgesetzt oder u. U. sogar ausgewechselt
werden müssen.

Die Frage, ob oder inwieweit die Konstruktion zu verändern ist, muß in jedem Einzelfall vom zuständigen Architekten oder Ingenieur geklärt werden. Hier sollen aus der Vielzahl von Möglichkeiten nur einige wenige erwähnt werden ([38]):

1) Ersatz der im Bereich von späteren Türen oft störenden Kopfbänder beim Pfettendach durch Anordnung von tragenden Holztafeln als Bestandteil von Ausbauwänden

2) Deckenscheibe in der Ebene von Zangen zur Entlastung der Pfetten in horizontaler Richtung

3) Umwandlung eines Sparrendaches in ein Kehlbalkendach

4) Umwandlung eines verschieblichen Kehlbalkendaches in ein unverschiebliches

5) Zusätzliches Sparrenauflager auf der Abseitenwand.

14.3.2 Vorschläge für Dachquerschnitt

In Bild **14**.1 sind 3 Beispiele für den endgültigen Querschnittstyp dargestellt:

a) Mit Zwischendämmung (Sparrenvolldämmung)

b) mit Zwischendämmung und zusätzlicher unterseitiger Dämmung

c) mit Aufsparrendämmung

Im Gegensatz zu a) und b), bei denen die Dachhaut nicht entfernt zu werden braucht, ist der Typ c) nur dann sinnvoll, wenn die Dachhaut ohnehin erneuert werden muß.

Alle 3 Querschnitte sind unterhalb der Unterspannbahn, die hier zur Feuchteableitung grundsätzlich vorausgesetzt wird, unbelüftet, da nur dann auf den vorbeugenden chemischen Holzschutz verzichtet werden kann (s. Abschn. 3.7.3). Dagegen sollte stets ein belüfteter Hohlraum zwischen Unterspannbahn und Dachdeckung angeordnet werden.

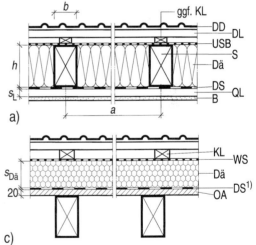

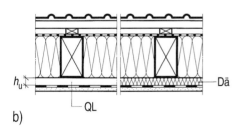

Bild **14**.1 Vorschläge für Dachquerschnitte
a) mit Zwischendämmung, b) mit zusätzlicher Unterdämmung, ansonsten wie a), links Schnitt durch Querlattung, rechts durch Dämmschicht, c) mit sichtbaren Hölzern und Aufsparrendämmung

zu a) und b):

DD Dachdeckung, DL Dachlattung, USB Unterspannbahn, S Sparren, Dä Dämmschicht (mineralischer Faserdämmstoff), DS Dampfsperre (sofern erforderlich), QL Querlattung, UB untere Bekleidung (Gipsbauplatte), KL ggf. Konterlattung, Hohlraum zwischen USB und Dachhaut belüftet

zu c):

WS wasserableitende Schicht, DS[1] Dampfsperre, falls notwendig; bei Brettschalung in jedem Fall vollflächig luftdichte Schicht erforderlich, OA obere Abdeckung, z.B. Sichtschalung

Bei den Querschnitten a) und b) ist der Gefachhohlraum zwischen den Sparren auf voller Höhe gedämmt. Vorgesehen sind dafür mineralische Faserdämmstoffe nach DIN 18 165-1. Die unterseitige Bekleidung besteht aus Gipsbauplatten (Gipskartonplatten nach DIN 18 180 oder Gipsfaserplatten) unter einer Querlattung, wobei erforderlichenfalls vor Aufbringen der Querlattung ein Höhenausgleich an der Sparrenunterseite vorzunehmen ist, s. auch Bild **8**.37 d).

Für den Fall, daß bei der Ausbildung a) der geforderte oder gewünschte Wärmeschutz infolge einer zu geringen Sparrenhöhe nicht erreicht wird, bietet es sich an, den durch die Querlattung unterhalb des Sparrens gebildeten Hohlraum zusätzlich zu dämmen, u. U. bei Wahl einer höheren Querlattung. Eine weitere Verbesserung ist möglich, wenn man an der Unterseite ein Lattenkreuz aus Quer- und Längslattung (Sprachgebrauch nach DIN 18 181: Grund- und Traglattung) anordnet und die Hohlräume wiederum mit mineralischem Faserdämmstoff ausfüllt, s. aber auch Bild **8**.37 d).

Bei der Ausbildung c) mit der sog. »Aufsparren-Dämmung« bleiben die vorhandenen Sparren sichtbar, und der Dachraum wird nicht eingeengt. Sie kann dann zweckmäßig sein, wenn die vorhandene Dachdeckung und Dachlattung auf Grund eines schlechten Zustands ohnehin erneuert werden müssen. Für die obere Abdeckung der Sparren bietet sich Rauhspund aus mehreren Gründen an (Optik, Eigenlast). Ein Nachteil dieser Konstruktion gegenüber a) und b) ist die geringere Schalldämmung und daß sie bei giebelständigen Reihenhäusern die Anforderung F30-B (bei Brandbeanspruchung von innen) nicht erfüllt.

In aller Regel ist zwischen Oberkante Sparren und Unterkante Dachlattung eine Schicht (z. B. in Form der Unterspannbahn) erforderlich, die Wasser ableiten kann, ohne daß die darunterliegende Konstruktion dadurch gefährdet wird. Da die bestehenden, nachträglich auszubauenden Dächer in den meisten Fällen keine Unterspannbahn aufweisen, ist sie – abgesehen von Ausnahmefällen – nachträglich einzubauen.

Die übliche Anordnung der Unterspannbahn oberhalb der Sparren ist in solchen Fällen zumeist nur dann sinnvoll, wenn die ursprüngliche Lattung ohnehin ausgetauscht werden muß. Ansonsten bietet sich eine Anordnung zwischen den Sparren an (Bild **14**.2).

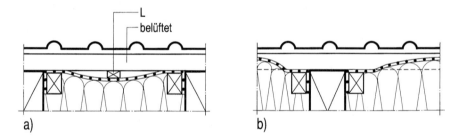

Bild **14**.2   Nachträglich zwischen den Sparren angeordnete Unterspannbahn (Prinzip)
        a) Vorschlag für Sicherstellung der Belüftungs- und Entwässerungsebene oberhalb der Unterspannbahn durch unter die Dachlattung geschraubte Längsleiste L; b) gefährliche Aufwölbung der Unterspannbahn durch später eingebrachte Mineralfaserdämmschicht, die unbedingt vermieden werden muß

Zu jeder Jahreszeit muß ein Durchhang der Unterspannbahn unter der Querlattung (eine Konterlattung ist in solchen Fällen nicht vorhanden) von im Mittel mind. 20 mm vorhanden sein; er kann z.B. durch eine in Gefachmitte unter die Dachlatten geschraubte, parallel zu den Sparren verlaufende Leiste (oder Spannplattenstreifen) erreicht werden (Bild a). Die fehlende Abdeckung der Sparrenoberseiten ist in aller Regel feuchteschutztechnisch unbedenklich. Für die Dachkonstruktion ist von größter Bedeutung, daß diese Unterspannbahn nicht beim späteren Einbringen des mineralischen Faserdämmstoffes nach oben gedrückt wird und dadurch ein Gefälle zum Sparren hin entsteht (Bild b).

14.3.3 Holzschutz

In den meisten Fällen kann davon ausgegangen werden, daß bei der bestehenden Dachkonstruktion der heute nach DIN 68800-3 für geneigte Dächer grundsätzlich geforderte chemische Holzschutz entsprechend der Gefährdungsklasse GK 2 (Iv,P-Mittel) von Anfang an nicht vorhanden war oder aber – infolge Diffusion der Wirkstoffe – nicht mehr vorhanden ist.

Trotzdem ist eine nachträgliche chemische Ausrüstung solcher Dachhölzer nicht erforderlich, wenn die konstruktiven Bedingungen der DIN 68800-2 eingehalten werden (vgl. Abschn. 3.7.3), zumal in solchen Situationen eine »Einbaufeuchte« von $u \leq 20\%$ stets vorhanden sein dürfte. Das gilt z. B. für die Querschnitte a) und b) nach Bild **14.**1, wenn die Unterspannbahn eine äquivalente Luftschichtdicke $s_d \leq 0,2$ m aufweist. Das gleiche trifft für die Ausbildung c) für den Bereich der Dämmung zu, während Schalung und Sparren als sichtbare Teile nach DIN 68800-3 ohnehin der GK 0 zugeordnet werden dürfen. Auch eine vorhandene Dachlattung braucht nicht mehr nachträglich vorbeugend geschützt zu werden, s. Abschn. 3.7.5.3, 7), sofern sie einwandfrei ist; anderenfalls wäre sie ohnehin auszutauschen.

Grundsätzlich sind Konstruktionshölzer aus Fichte, die älter als etwa 70 Jahre sind, weitgehend resistent gegen einen Befall durch den Hausbock geworden, so daß in solchen Fällen auch bei der Möglichkeit des unkontrollierbaren Befalls jegliche Schutzmaßnahmen gegen diesen Schädling entfallen können.

Ein unkontrollierbarer Insektenbefall „jüngerer" Sparren wird z. B. bei den Querschnitten nach Bild **14.**1 mit oberhalb der Sparren durchgehender Unterspannbahn verhindert. Bei Anordnung der Unterspannbahn zwischen den Sparren entsprechend Bild **14.**2 besteht für die nicht einsehbare Sparrenoberseite grundsätzlich die Gefahr des unkontrollierbaren Insektenbefalls. Da jedoch nur der Splintholzbereich gefährdet ist, kann man bei üblichen Sparrenquerschnitten einen unzulässigen Tragfähigkeitsabfall durch Insektenbefall nahezu ausschließen. Daher können auch solche Ausbildungen ohne chemischen Holzschutz der Sparren als praktisch unbedenklich eingestuft werden.

14.3.4 Wärmeschutz

Bezüglich des Wärmeschutzes gelten die Angaben in Abschn. 3.3 in gleicher Weise auch für den nachträglichen Dachausbau. Für einen schnelleren Überblick oder für eine erste Voreinschätzung sind in Bild **14.**3 für die Querschnitte nach Bild **14.**1 a) und b) die mittleren Wärmedurchgangskoeffizienten k in Abhängigkeit von mehreren Parametern in Form von Diagrammen dargestellt. Folgende Annahmen wurden getroffen:

— Sparren: Querschnittshöhe $h = 100$ bis 200 mm; Breite $b = 60$ bis 120 mm; Achsabstand $a = 60, 80, 100$ cm

— Sparrenvolldämmung, Dämmstoff der Wärmeleitfähigkeitsgruppe WLG 040

— unterseitige Bekleidung unter Querlattung beliebig

— bei b) Querlattung $b/h_u = 40/30$ und 40/60 mm mit Achsabstand $a_{QL} = 400$ mm, Zwischenräume ausgefüllt mit Dämmstoffen der WLG 040

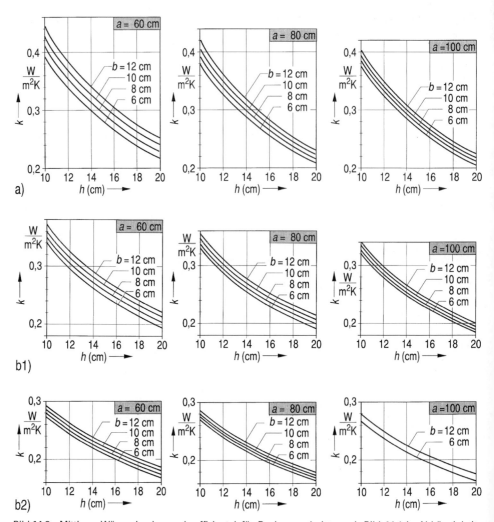

Bild **14.3** Mittlerer Wärmedurchgangskoeffizient k für Dachquerschnitte nach Bild **14.1** in Abhängigkeit vom Sparrenachsabstand a und vom Sparrenquerschnitt b/h

a) für Querschnitt nach Bild a); b) für Querschnitt nach Bild b), b1) Dämmschichtdicke h_u = 30 mm, b2) h_u = 60 mm

14.3.5 Weitere bauphysikalische Merkmale

Was die übrigen bauphysikalischen Daten anbetrifft, so können die früheren, für Dächer allgemein gemachten Angaben ohne jede Einschränkung auch auf solche nachträglich hergestellten Dachquerschnitte übertragen werden, d.h. für den

— klimabedingten Feuchteschutz nach DIN 4108-3 s. Abschn. 3.4 und 8.5

— Schallschutz nach DIN 4109 s. Abschn. 8.7

— Brandverhalten nach DIN 4102-4 s. Abschn. 8.8.

14.4 Holzbalkendecken unter Dachgeschossen und Nachweise

14.4.1 Vorhandene Decke

Es wird vorausgesetzt, daß im Prinzip der in Bild **14.**4 dargestellte Querschnitt der »Rohdecke« vorhanden ist, d. h. eine Decke mit oberer Schalung, Einschub im Gefach und durchgehender unterseitiger Bekleidung, z. B. Putz auf Putzträger.

Bild **14.**4
Angenommene »Rohdecke«: obere Bretterschalung, Einschub E, unterseitige Bekleidung B, z. B. Putz auf Putzträger (Rohrmatten) oder verputzte Holzwolleleichtbauplatten auf Sparschalung oder Gipskartonplatten auf Lattung („moderne" Ausführung)

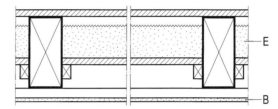

Bereits im Planungsstadium des nachträglichen Ausbaus ist der Zustand der Decke, insbesondere der Holzbalken, im Hinblick auf ihre Tragfähigkeit eingehend zu überprüfen. Dazu ist es erforderlich, die Decke an der Oberseite durch teilweises Entfernen der Schalung zu öffnen und stichprobenartig zu inspizieren. In aller Regel kann man sich auf die für die Holzbalken „kritischen" Stellen beschränken, nämlich auf ihren Auflagerbereich in Außenwänden, sowie z. B. auf den Bereich von Schornsteinen. Es ist nachzusehen, ob ein Befall durch holzzerstörende Pilze stattgefunden hat und ob ggf. der Balken augenscheinlich wesentlich geschädigt ist. Bei alten Konstruktionen dieser Bauart ist eine solche Gefahr infolge des stark feuchtespeichernden Einschubs gegeben, wenn in der Zwischenzeit durch „Unfälle" (z. B. undichte Dachhaut) größere Feuchtemengen in den Deckenhohlraum gelangen konnten. Liegt ein Befall offensichtlich vor und ist der Architekt überfordert, die Pilzart zu bestimmen und damit zu erkennen, ob das Pilzwachstum auch bei trockenem Holz weiter fortschreiten kann oder ob es inzwischen beendet ist, so sollte ein Sachkundiger hinzugezogen werden. Erforderlichenfalls sind Bekämpfungsmaßnahmen, in besonderen Fällen – wenn die Tragfähigkeit nicht mehr gewährleistet ist – Sanierungsmaßnahmen der Decke durchzuführen, bevor mit den eigentlichen Ausbauarbeiten begonnen wird.

14.4.2 Verbesserung der Decke; Allgemeines

14.4.2.1 Tragende Konstruktion

Im Gegensatz zur Dachkonstruktion, bei der wesentliche Veränderungen möglich sind, ist – um zusätzliche Ausbaulasten im Dachgeschoß besser aufnehmen zu können – bei Holzbalkendecken eine Änderung des statischen Systems praktisch nicht möglich, da die Unterkonstruktion (tragende Wände im bisher oberen Wohngeschoß) nicht verändert werden kann.

Dagegen kann die Tragfähigkeit der Decke selbst z. B. dadurch erhöht werden, daß man aus den Balken einseitig beplankte Holztafeln macht (Bild **14.**5). Eine beidseitig beplankte Tafel (Bild c) mit noch höherer Tragfähigkeit als die einseitig beplankte wird sich dagegen kaum realisieren lassen, da der damit verbundene bauliche Aufwand unangemessen groß ist, z. B. Entfernen der unterseitigen Putzschale in bewohnten Räumen. Außerdem hätte ein solcher Deckenquerschnitt eine fast irreparable Verschlechterung der Schalldämmung zur Folge. Vorschläge zur Erhöhung der Tragfähigkeit werden in [38] gemacht.

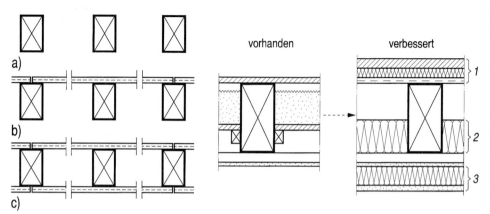

a)

b)

c)

vorhanden   verbessert

Bild **14.**5
Erhöhung der Tragfähigkeit von vorhandenen Holzbalken (a) durch nachträglich oberseitig angeordnete Spanplatten-Beplankung (einseitig beplankte Deckentafel) (b); die beidseitig beplankte Tafel (c) ist praktisch nicht zu realisieren und außerdem bezüglich der Schalldämmung äußerst nachteilig

Bild **14.**6
Prinzipiell mögliche Maßnahmen (*1*) bis (*3*) zur Verbesserung des Schallschutzes bei Umwandlung einer Holzbalkendecke unter nicht ausgebautem Dachgeschoß (links) in eine Wohnungstrenndecke (rechts)

14.4.2.2 Übriger Querschnitt

Hier sind – nahezu ausschließlich aus Gründen des Schallschutzes – wesentliche Veränderungen notwendig, auf die im einzelnen in Abschn. 14.4.4 eingegangen wird.

Die schallschutztechnisch bedingten Veränderungen des Deckenquerschnitts können sich auf folgende Einzelbereiche beziehen (Bild **14.**6):

(1) Fußboden/Deckenauflage

(2) Einschub

(3) Deckenunterseite: in der Praxis stark eingeschränkt
    (ein Ersatz des Putzes ist so gut wie nicht möglich, wohl aber u.U. – sofern es die Raumhöhe im Untergeschoß zuläßt – eine zusätzliche unterseitige Bekleidung)

14.4.3 Holzschutz

Wurde bei der Inspektion der vorhandenen Decke ein einwandfreier Zustand aller Holzteile festgestellt, dann sind chemische Holzschutzmaßnahmen auf Grund der vorgesehenen Nutzungsänderung des Dachgeschosses nicht erforderlich, wenn durch bauliche Maßnahmen eine unzulässige Feuchtebeanspruchung der Decke dauerhaft verhindert wird. Dazu gehört z.B. auch ein sorgfältiger Feuchteschutz unter späteren »Naßbereichen« im Dachgeschoß (s. Abschn. 11.9).

14.4.4 Schallschutz, Allgemeines

14.4.4.1 Anforderungen

An den Schallschutz von Wohnungstrenndecken werden je nach Anzahl der Wohnungen im Gebäude und je nach Zuordnung der übereinanderliegenden Räume unterschiedliche bewertete Schalldämm-Maße R'_w (Luftschalldämmung) und Trittschallschutzmaße *TSM* oder bewertete Norm-Trittschallpegel L'_{nw} (Trittschalldämmung) gefordert (vgl. Abschn. 3.5.6). Bei Gebäuden mit im Endzustand 2 Wohnungen dürfen darüber hinaus weichfedernde Gehbeläge bei der Ermittlung des vorhandenen Trittschallschutzmaßes in Rechnung gestellt werden.

14.4.4.2 Nachweise

Der Nachweis der resultierenden Luftschalldämmung zwischen den beiden übereinanderliegenden Räumen mit der Holzbalkendecke als trennendes Bauteil und 4 flankierenden Bauteilen (Wände) erfolgt am zweckmäßigsten mit Gl (3.25) nach Abschn. 3.5.5.3.

Der Nachweis des vorhandenen Trittschallschutzes wird nachstehend an Hand der Vorschläge in [2] gezeigt.

14.4.5 Schallschutz der ursprünglichen Decke

Auf Grund der Untersuchungen von *Gösele* können für die Schalldämmung einfacher Deckenkonstruktionen entsprechend Bild **14**.4, wie sie unter nicht ausgebauten Dachräumen überwiegend zum Einsatz gekommen sein dürften, näherungsweise folgende Werte im Mittel angenommen werden, wobei die Übertragung über die flankierenden Wände (allerdings unter Annahme von Vollgeschossen beiderseits der Decke) berücksichtigt ist, Spannweite der Einzelwerte in ( ):

R'_w = 48 dB (45 dB bis 54 dB)
TSM = –5 dB (–7 dB bis +5 dB)
L'_{nw} = 68 dB (70 dB bis 58 dB)

Um also die Anforderungen

R'_w ≥ 54 dB/52 dB
TSM ≥ 10 dB oder L'_{nw} ≤ 53 dB

zu erfüllen, bedarf es eines größeren baulichen Aufwands bei der Verbesserung der vorhandenen Decken.

14.4.6 Verbesserung des Schallschutzes, Allgemeines

14.4.6.1 Decke

Im folgenden wird vorausgesetzt, daß es sich um Gebäude mit gemauerten Wänden handelt. Bei Holzhäusern oder Fachwerkbauten liegen überwiegend günstigere Voraus-

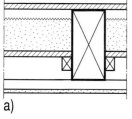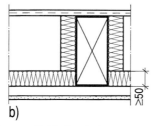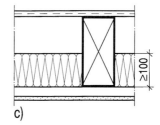

a)   b)   c)

Bild **14**.7   Ausbildung des Gefaches von Holzbalkendecken

      a) ursprünglich vorhandener Einschub, b) Ersatz der oberen Bretterschalung durch Spanplatten-Schalung und des Einschubs durch U-förmig eingelegten mineralischen Faserdämmstoff, c) eben eingelegter mineralischer Faserdämmstoff, ansonsten wie b)

setzungen vor. Ferner kann in 1. Näherung angenommen werden, daß eine „moderne" Rohdecke nach Bild **14.**7 b) oder c) schallschutztechnisch vergleichbar ist mit einer „alten" Decke nach Bild a.

Eine unterseitige Veränderung der ursprünglichen Decke (Entfernen des Putzes und Anbringen einer modernen, federnd abgehängten unterseitigen Bekleidung) kommt praktisch nicht in Frage, da diese Räume bewohnt sind.

Dagegen ließe sich im Sonderfall (bei geringerer Belästigung der Bewohner) unter der eigentlichen Decke eine zusätzliche, federnd abgehängte Unterdecke anbringen, zumal wenn es sich um Räume mit größerer lichter Höhe handelt.

Ein Ersatz des vorhandenen Einschubs durch eingelegte mineralische Faserdämmstoffe ist aus mehreren Gründen empfehlenswert (u. U. erhebliche Gewichtseinsparung, besserer Feuchteschutz, s. [34]).

Die eigentliche Verbesserung der Schalldämmung der Decke kann somit in den weitaus meisten Fällen nur oberhalb der Rohdecke stattfinden. Dabei liegt die Schwierigkeit nicht so sehr in der Verbesserung selbst, als vielmehr in der Beschränkung der zusätzlich aufzubringenden Eigenlast.

14.4.6.2 Flankierende Wände

Von größter Bedeutung für die resultierende Schalldämmung zwischen den beiden Geschossen sind die flankierenden Wände (Bild **14.**8). Hier existieren im Prinzip folgende Möglichkeiten:

a) Ungünstigster Fall: Die flankierende Wand (Mauerwerk) geht über beide Geschosse durch (z. B. Giebelwand): Das zugehörige Schall-Längsdämm-Maß beträgt z. B. für die beiden Werte m'_L = 200/300 kg/m^2 für die flächenbezogene Masse der flankierenden Wand R_{LwR} = 53/58 dB. Im Fall von 4 durchgehenden flankierenden Wänden (bei Dachgeschoßausbauten nur theoretischer Fall) könnte die Gesamt-Schalldämmung dann in keinem Fall besser sein als R'_{wR} = 47/52 dB, egal wie gut die Decke ist.

b) Eine Verbesserung der flankierenden Wand durch eine biegeweiche Vorsatzschale entsprechend Beiblatt 1 zu DIN 4109 beiderseits der Trenndecke ergäbe unter den obigen Annahmen R_{LwR} = 70/72 dB. Eine solche Verbesserung läßt sich aber nicht ausführen, da sie in den bestehenden Wohnbereich des unteren Geschosses eingreift.

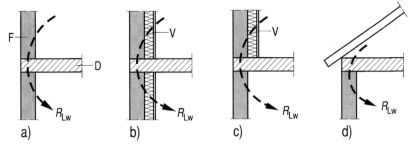

Bild **14.**8 Baupraktische Situationen bezüglich der Ausbildung Holzbalkendecke D – flankierende Massivwand F
  a) über beide Geschosse durchgehende Wand (Mauerwerk),
  b) über beide Geschosse durchgehende Wand, jedoch in beiden Geschossen mit raumseitig biegeweicher Vorsatzschale (praktisch nicht durchführbar),
  c) über beide Geschosse durchgehende Wand, jedoch im Dachgeschoß mit raumseitig biegeweicher Vorsatzschale,
  d) Wand endet in Deckenhöhe

c) Eine wenn auch geringere Verbesserung ist jedoch durch eine biegeweiche Vorsatzschale im Dachraum im Zuge der Ausbauarbeiten ohne weiteres möglich. Damit wären näherungsweise R_{LwR} = 60/64 dB erreichbar.

d) Die flankierende Wand endet in Höhe der Decke (oft anzutreffen). In Anlehnung an Beiblatt 1, 7.2.2(1), kann hierfür näherungsweise R_{LwR} = 65 dB eingesetzt werden. Damit ist also bereits geometrisch eine schallschutztechnisch günstige Situation gegeben.

Weitere Erläuterungen sind in Abschn. 11.7 enthalten.

14.4.7 Verbesserung des Trittschallschutzes durch Deckenauflage

14.4.7.1 Rohdecke

Bei allen nachfolgenden Verbesserungsvorschlägen wird vorausgesetzt, daß die oberseitige Deckenschalung fugenlos ausgebildet ist, d. h. ursprünglich vorhandene Bretterschalungen sind durch vollflächige Spanplatten-Schalungen (gespundet oder mit Nut-Feder-Verbindung) in der statisch erforderlichen Dicke, die im wesentlichen vom Balkenabstand abhängt und i.d.R. $\approx$ 16 bis 25 mm beträgt, ersetzt.

Aus Gründen der Übersichtlichkeit wird für die vorhandene Holzbalkendecke nur eine einzige Standardsituation (Bild **14**.7c) vorausgesetzt, bei der schon folgende Veränderungen der ursprünglichen Decke vorgenommen sind:

1. Ersatz des Einschubs durch eine 10 cm dicke Mineralfaserdämmschicht
2. Ersatz der Bretterschalung durch Spanplatten-Schalung

Durch diese Veränderung kann „nebenbei" die Eigenlast der Rohdecke durchaus wesentlich verringert werden.

Für diese »Rohdecke« werden folgende Rechenwerte angenommen:

$$R'_{wR} = 45 \text{ dB}$$
$$TSM_R = -8 \text{ dB oder } L'_{nwR} = 71 \text{ dB}$$
$$TSM_{eqR} = -6 \text{ dB oder } L_{nweqR} = 69 \text{ dB}$$

Alle Angaben gelten auch für Decken, bei denen zwar die obere Bretterschalung durch Spanplatten ersetzt wurde, der Einschub aber belassen wurde, weil die Zusatzlasten kein Problem darstellen.

Sollten in der Praxis Rohdecken vorliegen, die auf Grund einer aufwendigen Konstruktion offensichtlich höhere Schalldämm-Maße aufweisen, so sind jene abzuschätzen und für die weiteren Nachweise zu verwenden.

14.4.7.2 Deckenauflagen

Als praktikable Deckenauflagen für die Verbesserung der Rohdecke stehen – vor allem weil die dadurch entstehende Zusatzlast zumeist in Grenzen bleiben muß – folgende Ausbildungen zur Verfügung (Bild **14**.9), s. auch [2], [39]:

a) Spanplatten, d = 22 bis 25 mm, 1lagig, oder Gipskarton-Bauplatten, 2lagig, je d = 9,5 mm, vollflächig schwimmend verlegt auf Hartschaumplatten DIN 18164-1, Typ WD (z. B. Polystyrol-Hartschaumplatten 20 kg/m³), Gesamtgewicht der Deckenauflage ca. 20 kg/m²,
Verbesserungsmaß $VM_{HR1} = \Delta L_{wR1}$ = 5 dB;
diese Deckenauflage ist somit völlig ungeeignet

b) Spanplatten, d = 22 bis 25 mm, vollflächig schwimmend verlegt auf Mineralfaser-Dämmplatten DIN 18165-2, Typ TK, d = 28/25 mm, Gesamtgewicht ca. 20 kg/m²
$VM_{HR1} = \Delta L_{wR1}$ = 9 dB

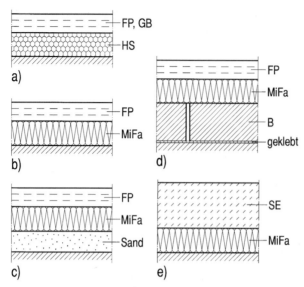

Bild **14**.9
Grundsätzlich mögliche Deckenauflagen für die Verbesserung des Trittschallschutzes von alten Holzbalkendecken (Beispiele)

a) vollflächig schwimmender Unterboden auf Hartschaumplatten HS
b) vollflächig schwimmende Spanplatten auf Mineralfaser-Dämmplatten
c) wie b), jedoch mit zusätzlicher
Sandschüttung auf der Deckenschalung
d) wie b), jedoch mit zusätzlicher,
»biegeweich« aufgebrachter Beschwerung B auf Deckenschalung
e) schwimmender Zementestrich SE
auf Mineralfaser-Dämmplatten

FP Spanplatten, GKB Gipskartonplatten, HS Hartschaumplatten,
MiFa Mineralfaser-Dämmplatten,
d = 28/25 mm, B Beschwerung, SE
schwimmender Zementestrich

Mit dieser Deckenauflage läßt sich der geforderte Trittschallschutz nur dann erreichen, wenn zusätzlich ein schallschutztechnisch hochwertiger Teppich zum Einsatz
kommt (vgl. Tafel **14**.2)

c) Fußboden nach b) auf durchgehender Sandschüttung, ca. $d = 30$ mm, Gesamtgewicht s. 70 kg/m²

$VM_{HR1} = \Delta L_{wR1} = 22$ dB

Diese Ausbildung hat ein besonders günstiges Verhältnis von Aufwand und Gewicht
einerseits zur Wirkung andererseits. Einzige Schwierigkeit: Der Sand ist so anzuordnen, daß er infolge Erschütterungen nicht „wandert" (z.B. durch Einpacken in spezi-
ell geformte Folien zu verhindern)

d) Fußboden nach b) auf kleinformatiger, »biegeweich« auf der Schalung der Rohdecke
aufgeklebter Beschwerung (Steine oder dgl.), Gesamtgewicht ca. 20 kg/m² + m'_B der
Beschwerung

Verbesserungsmaße in Abhängigkeit von m'_B s. Tafel **14**.1

Mit dieser Ausführung läßt sich die gewünschte Verbesserung der Rohdecke in jedem Fall erreichen.

e) Schwimmender Zementestrich, $d = 50$ mm, auf Mineralfaserdämmplatten, Typ T, $d = 30/25$ mm, Gesamtgewicht 120 kg/m²

$VM_{HR1} = \Delta L_{wR1} = 15$ dB;

trotz des sehr hohen Gewichtes erweist sich diese Deckenauflage als weitaus weniger wirkungsvoll als die Ausbildung nach d). Um sicherzugehen, daß die geforderte
Trittschalldämmung auch tatsächlich erreicht wird, ist hierbei also noch ein zusätzlicher Gehbelag erforderlich.

Tafel **14**.1 Verbesserungsmaß VM_{HR} oder ΔL_{wR}
von Deckenauflagen nach Bild **14**.9 d)
für Holzbalkendecken in Abhängigkeit
von der flächenbezogenen Masse m'
der Beschwerung B, nach [2]

m'_B (kg/m²)	25	50	75	100
$VM_{HR1}/\Delta L_{wR1}$ (dB)	17	22	26	31

Tafel **14**.2 Verbesserungsmaß $VM_{HR2}/\Delta L_{wR2}$ von
Holzbalkendecken durch weichfedernde
Gehbeläge auf Deckenauflagen in Abhängigkeit vom Verbesserungsmaß
$VM_R/\Delta L_{wR}$ des Belags, nach [2])

VM_R (dB)	20	22	23	24	25	26	30
$VM_{HR2}/\Delta L_{wR2}$ (dB)	2	3	4	5	6	7	12

Annähernd gleiche Verbesserungsmaße lassen sich mit schwimmend verlegten Asphaltestrichen erreichen, vgl. [2].

Die weitere Verbesserung des Trittschallschutzmaßes durch einen weichfedernden Gehbelag (z. B. Teppich) auf der Deckenauflage kann in Abhängigkeit vom Verbesserungsmaß *VM* des Belags nach Beiblatt 1, Tabelle 18 (gültig für die Verbesserung bei Massivdecken), aus Tafel **14**.2 abgelesen werden.

14.4.7.3 Trittschallschutz der gesamten Decke

Das vorhandene Trittschallschutzmaß *TSM* der gesamten Holzbalkendecke kann nach *Gösele* [2] anhand der folgenden Beziehungen mit befriedigender Annäherung errechnet werden (s. Bild **14**.10) (ohne Angabe des Index R „Rechenwert"):

a) Decke   = Rohdecke + Deckenauflage
   TSM = $TSM_{eq} + VM_{H1}$

b) Decke   = Decke + Deckenauflage + weichfedernder Gehbelag
   TSM = $TSM_{eq} + VM_{H1} + VM_{H2}$

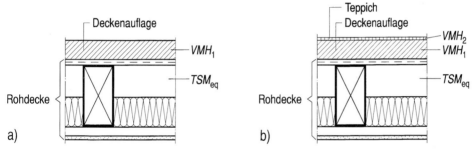

Bild **14**.10 Ermittlung des Trittschallschutzmaßes *TSM* der gesamten Decke durch Addition der Einzelglieder
a) ohne Teppich, b) mit Teppich

Aus Gründen der Übersichtlichkeit wird hier für die Bewertung des Trittschallschutzes der gesamten Decke lediglich das Trittschallschutzmaß *TSM* verwandt. Der entsprechende Norm-Trittschallpegel L'_{nw} kann daraus wieder leicht über die Beziehung

L'_{nw} (dB) = 63 dB − *TSM* (dB)

ermittelt werden.

Nachfolgend wird vorausgesetzt, daß die in Bild **14**.7 zugrunde gelegten Rohdeckenausbildungen a) (alter Einschub vorhanden) und b) oder c) (Einschub ersetzt durch mineralischen Faserdämmstoff) schallschutztechnisch näherungsweise gleich sind. Zur Diskussion stehen dann die nachfolgenden Ausbildungen.

Deckenaufbau 1 (Bild **14**.11)

Das gesamte Trittschallschutzmaß *TSM* ergibt sich für beide Ausbildungen a) und b) ohne Teppich sowie mit Teppichauflage (höchstes Verbesserungsmaß nach Beiblatt 1 VM_R = 24 dB eingesetzt), wobei der von *Gösele* empfohlene Sicherheitsabschlag von 3 dB noch nicht berücksichtigt ist:

— ohne Teppich:
   $TSM_R = TSM_{eq} + VM_{H1} = - 6 + 9 = 3$ dB $<$ 10 dB = erf *TSM*

— mit Teppich:
   $TSM_R = TSM_{eq} + VM_{H1} + VM_{H2} = - 6 + 9 + 5 = 8$ dB $<$ 10 dB

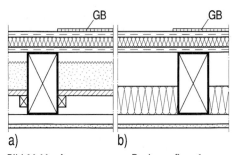

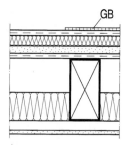

Bild **14**.11 Angenommener Deckenaufbau 1
Deckenauflage: Spanplatten schwimmend auf Mineralfaser-Dämmplatten
28/25 mm, ohne/mit weichfederndem
Gehbelag GB

a) Rohdecke mit Einschub, b) Rohdecke
mit Mineralfaser-Einlage

Bild **14**.12 Angenommener Deckenaufbau 2
Deckenauflage: Spanplatten schwimmend auf Mineralfaser-Dämmplatten
28/25 mm auf 30 mm Sandschüttung,
ohne/mit weichfederndem Gehbelag
GB

Dieser Aufbau scheidet also grundsätzlich aus, sofern nicht eine schallschutztechnisch
bessere Rohdecke vorliegt als die hier angenommene.

Deckenaufbau 2 (Bild **14**.12)

Folgende Trittschallschutzmaße ergeben sich für die gesamte Decke (noch ohne Berücksichtigung des von *Gösele* empfohlenen Sicherheitsabschlags 3 dB)

— ohne Teppich:
  $TSM = -6 + 22$ $= 16$ dB > 10 dB
— mit Teppich:
  $TSM = -6 + 22 + 5 = 21$ dB > 17 dB
  (Empfehlung für erhöhten Trittschallschutz nach Beiblatt 2 zu DIN 4109)

Deckenaufbau 3 (Bild **14**.13)

Die erreichbare Trittschalldämmung dieser Decke geht in Abhängigkeit von der Masse
m'_B der Beschwerung aus Tafel **14**.3 hervor.

Tafel **14**.3 Gesamtes Trittschallschutzmaß TSM_R
in dB für Deckenaufbau 3 nach Bild
14.13 in Abhängigkeit von der Masse
m'_B der Beschwerung (noch ohne Berücksichtigung des von *Gösele* empfohlenen Sicherheitsabschlags 3 dB)

m'_B (kg/m²)	25	50	75	100
Ohne Gehbelag	11	16	19[2]	21[2]
Mit Gehbelag [1]	16	21	24	26

[1] Annahme: $VM_R = 24$ dB nach Beiblatt 1, d.h.
$VM_{HR2} = 5$ dB nach Tafel **14**.2
[2] Hier ist die Abminderung nach [39], frühere Ausgabe 1982, bei Decken mit $TSM \geq 20$ dB berücksichtigt

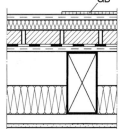

Bild **14**.13 Angenommener Deckenaufbau 3
Deckenauflage: Spanplatten schwimmend auf Mineralfaser-Dämmplatten 28/
25 mm auf »biegeweich« aufgebrachter
Beschwerung (z.B. Steine), ohne/mit
weichfederndem Gehbelag GB

Deckenaufbau 4 (Bild **14**.14)

Folgende Trittschalldämmung ist erreichbar für die Decke (Sicherheitsabschlag 3 dB
nach *Gösele* noch nicht berücksichtigt)

— ohne Teppich: $TSM_R = -6 + 15$ $= 9$ dB < 10 dB
— mit Teppich: $TSM_R = -6 + 15 + 5 = 14$ dB > 10 dB

Der schwimmende Zementestrich ist also trotz hoher Zusatzlast weitaus weniger wirkungsvoll als die Ausbildungen bei den Deckenaufbauten 2 und 3. Soll oder darf ein weichfedernder Gehbelag nicht berücksichtigt werden, ist diese Decke – zumindest unter den hier getroffenen Annahmen – nicht ausreichend.

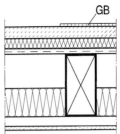

Bild **14.**14   Angenommener Deckenaufbau 4
Deckenauflage: schwimmender Zementestrich, ohne/mit weichfederndem Gehbelag GB

14.4.8   Verbesserung des Luftschallschutzes

14.4.8.1   Allgemeines

Der Nachweis der resultierenden Luftschalldämmung zwischen den Räumen beiderseits der Decke unterscheidet sich grundsätzlich vom Nachweis der Trittschalldämmung. Während bei der Trittschalldämmung der Einfluß der flankierenden Wände äußerst gering ist, kann er für die Luftschalldämmung von Holzbalkendecken sehr nachteilig sein. Deshalb müssen beim Nachweis der resultierenden Schalldämmung zwischen beiden Räumen – ausgedrückt durch das R'_{wR} der Decke – die Schall-Längsdämm-Maße R'_{wLRi} der flankierenden Wände mit einbezogen werden.

Die rechnerische Ermittlung von R'_{wR} kann wieder mit Hilfe des Rechenverfahrens nach Beiblatt 1 erfolgen, das in Abschn. 3.5.5.3 ausführlich behandelt wird.

14.4.8.2   Rechenwerte R_{wR} der Decke

Die nachfolgend angegebenen R_{wR}-Werte in Abhängigkeit von der Deckenauflage (Deckenaufbau 1 bis 4 nach Abschn. 14.4.7.3) sollen für die beiden Deckenausbildungen a) (Einschub) und b) (Mineralfaser-Dämmschicht im Gefach) gleichermaßen gelten und sind von der Ausbildung ohne/mit Gehbelag unabhängig:

Deckenaufbau 1 R_{wR} = 53 dB (aus Beiblatt 1)

Deckenaufbau 2 R_{wR} = 60 dB (aus [2])

Deckenaufbau 3, m'_B = 100 kg/m² R_{wR} = 65 dB

Deckenaufbau 4 R_{wR} = 60 dB (aus Beiblatt 1)

14.4.8.3   Rechenwerte R_{LwR} der flankierenden Wände

Es werden gemauerte Wände vorausgesetzt, für die sich die Rechenwerte R_{LwR} aus Beiblatt 1 in Abhängigkeit von der flächenbezogenen Masse m'_L der Wände ergeben:

Unter der Annahme, daß die Decke von 4 Wänden flankiert wird – eine Situation, die beim Dachgeschoßausbau für den einzelnen Aufenthaltsraum praktisch nicht vorkommt – ist die resultierende Schalldämmung R'_{wR} um mindestens 6 dB schlechter als der Einzelwert R_{LwR} (gleiche Massen m'_L vorausgesetzt), egal wie groß das R_{wR} der Decke ist, d. h. für m'_L = 100 bis 400 kg/m² jeder einzelnen flankierenden Wand mit R_{LwR} = 43 dB bis 62 dB nach Beiblatt 1, Tab. 25, ergibt sich höchstens R'_{wR} = 37 dB bis 56 dB.

Daher wird es, je nachdem wie viele flankierende Wände über beide Geschosse hindurchgehen (z.B. Giebelwand, Treppenhauswand) und welche Masse m'_L diese Wände haben, u. U. erforderlich werden, die Längsdämmung der vorhandenen Wände zu verbessern.

Dafür bieten sich biegeweiche Vorsatzschalen nach Beiblatt 1, Tab. 31, an (s. auch Abschn. 10.3.7), deren Wirkung am größten ist, wenn sie in beiden Geschossen angeordnet werden (Bild **14.**8). Das wird in der Praxis nicht möglich sein, wenn das Untergeschoß bewohnt ist. Durchführbar ist aber eine Verbesserung der Wand im Dachgeschoß (Bild c). Damit ist für m'_L = 100 bis 400 kg/m² R_{LwR} = 53 dB bis 67 dB erreichbar, wobei näherungsweise angenommen wird, daß die Verbesserung durch eine Vorsatzschale V im oberen Raum gleich der halben Verbesserung durch V auf beiden Seiten der Decke ist.

Eine besonders günstige, geometrisch bedingte Situation liegt bei Dachgeschossen dann vor, wenn möglichst viele flankierende Wände der Decke in Deckenhöhe enden (Bild d). Für solche Fälle wird hier sinngemäß nach Beiblatt 1, 7.2.2 (1),

$$R_{LwR} \approx 65 \text{ dB}$$

angenommen.

14.4.8.4 Rechenwerte R'_{wR} der resultierenden Schalldämmung

In Tafel **14.**4 sind die Rechenwerte R'_{wR} der resultierenden Schalldämmung für die Deckenaufbauten nach Bild **14.**11 bis **14.**14 mit Schalldämm-Maßen R_{wR} = 53 dB, 60 dB, 65 dB (ohne Nebenwegübertragung) in Abhängigkeit von der Anordnung und Ausbildung der flankierenden Wände angegeben.

Folgende Wand-Situationen werden zugrunde gelegt (s. Bild **14.**15):

a) Anordnung

4 W_u: Alle 4 flankierenden Wände enden unter der Decke, keine durchgehende flankierende Wand

3 W_u: 3 Wände enden unter der Decke, 1 durchgehende Wand

2 W_u: 2 Wände enden unter der Decke, 2 durchgehende Wände

1 W_u: 1 Wand endet unter der Decke, 3 durchgehende Wände

b) Ausbildung der flankierende Wände

Es werden gewählt: Wände ohne Vorsatzschale (W) und mit Vorsatzschale (WV) lediglich im Dachgeschoß. Für die Masse wird nur unterschieden zwischen m'_L = 200 kg/m² und 300 kg/m².

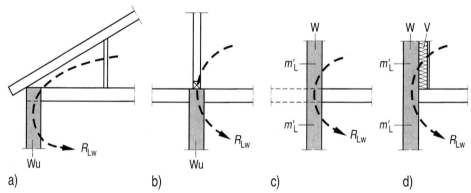

Bild **14.**15 Baupraktische Situationen für Anschluß Holzbalkendecke – flankierende Wände
   a) flankierende Außenwand endet in Deckenhöhe (W_u);
   b) flankierende Innenwand endet in Deckenhöhe (W_u), Wand im Dachgeschoß unter Verwendung biegeweicher Schalen;
   c) durchgehende Wand (W);
   d) durchgehende Wand mit biegeweicher Vorsatzschale V im Dachgeschoß (WV)

Für diese Situationen ergeben sich für die einzelnen flankierenden Bauteile folgende Rechenwerte R_{LwR} (Bild **14.**15):

a,b) W_u : $R_{LwR}(200,300) = 65$ dB

c) W : $R_{LwR}(200) = 53$ dB ; $R_{LwR}(300) = 58$ dB

d) WV : $R_{LwR}(200) = 61$ dB ; $R_{LwR}(300) = 65$ dB

Aus Tafel **14.**4 geht eindeutig hervor, daß der Deckenaufbau 1 auch bezüglich des Luftschallschutzes (s. auch 14.4.7.3) ungeeignet ist und nur unter besonderen Anstrengungen bei Gebäuden, die nach dem Dachausbau nicht mehr als 2 Wohnungen aufweisen, verwendet werden darf.

Bei den übrigen, für sich hochwirksamen Deckenkonstruktionen mit $R_{wR} \geq 60$ dB hängt es entscheidend von der Situation der flankierenden Wände ab, ob der erforderliche Wert $R'_{wR} = 54$ dB erreicht wird oder nicht.

Tafel **14.**4 Resultierende Schalldämm-Maße R'_{wR} der gewählten Decken in dB in Abhängigkeit vom Deckenaufbau und von der Anordnung und den Eigenschaften der flankierenden Wände

Decke	Aufbau[1]		1		2	4	2	3[2]
	R_{wR} (dB)		53		60		65	
	m'_L (kg/m²)		200	≥300	200	≥300	200	≥300
Flankierende Wände	4 W_u		52		56		58	
	3 W_u + 1 W + 1 WV		50 52	51 52	51 56	54 56	52 57	55 58
	2 W_u + 2 W + 2 WV		48 51	50 52	49 55	53 56	50 56	54 58
	1 W_u + 3 W + 3 WV		47 51	50 52	48 54	52 56	48 55	53 58

[1] Vgl. Bilder **14.**11 bis **14.**14
[2] Beschwerung mit $m'_B \geq 100$ kg/m²

m'_L Flächenbezogene Masse einer flankierenden Wand

W_u Wand nur im unteren Geschoß, endet unter der Decke (z.B. Traufenwand oder Innenwand) (Bild **14.**15a und b)

W Durchgehende Wand (z.B. Giebelwand) (Bild c)

WV Durchgehende Wand mit oberhalb der Decke angeordneter Vorsatzschale V (Bild d)

14.4.9 Brandschutz

Wie sich im Einzelfall durch Vergleich mit den konstruktiven Vorgaben nach DIN 4102-4 leicht nachweisen läßt, sind alle oben entwickelten Deckentypen, wie sie aus schallschutztechnischen Gründen erforderlich sind, allein schon wegen der i. allg. größeren Balkenquerschnitte zumindest der Feuerwiderstandsklasse F30-B zuzuordnen. Damit lassen sich wesentliche Anwendungsbereiche abdecken.

Es erscheint auch möglich, im Einzelfall die geforderte Feuerwiderstandsklasse F30-AB, bei der nichtbrennbare Baustoffe für die tragenden und wesentlichen Teile gefordert werden, dadurch zu erfüllen, daß man als „Kompensation" eine Decke der Feuerwiderstandsklasse F60-B anbietet. Der Nachweis, daß eine Feuerwiderstandsdauer von 60 Min. bei Brandbeanspruchung von oben oder unten auch tatsächlich erreicht wird, muß natürlich geführt werden. Dabei wirken sich bei der bestehenden oder verbesserten Deckenkonstruktion folgende Einzelheiten positiv aus:

1. Unterseitige Bekleidung der ursprünglichen Decke aus mineralischem Putz auf Putzträger.

2. Einschub der alten Decke oder entsprechend den Bedingungen der DIN 4102-4 neu eingelegte mineralische Faserdämmplatte, wodurch nach Zerstörung der Bekleidung für längere Zeit eine lediglich einseitige (unterseitige) Brandbeanspruchung des Deckenbalkens gewährleistet ist.

3. Die großen Balkenquerschnitte alter Holzbalkendecken (in der Größenordnung von z.B. *b/h* = 18/24 cm), die bereits für sich allein bei dreiseitiger Brandbeanspruchung eine Feuerwiderstandsdauer von $\geq$ 30 Min. aufweisen.

Fordert die Bauaufsicht dagegen die Feuerwiderstandsklasse F90-AB, dann läßt sich der Dachausbau in der hier beschriebenen Form nicht mehr realisieren!

15 Feuchtebedingte Schäden an Holzbauteilen, Abhilfe und Vermeidung

15.1 Vorbemerkung

Schäden an Holzbauteilen sind, wenn man von außergewöhnlichen Ereignissen, z.B. dem Brandfall, absieht, nahezu ausnahmslos direkt oder indirekt feuchtebedingt. Dazu gehören vor allem:

— Schäden an Baustoffen und Bauteilen sowie Beeinträchtigungen der bautechnischen Funktionen von Bauteilen durch behinderte oder nicht behinderte Formänderungen (Schwinden, Quellen) infolge Holzfeuchteänderungen
— Schäden an Holzteilen und Plattenwerkstoffen durch zu hohe Feuchte (Zerstörung des Stoffgefüges, holzzerstörende Pilze)
— gesundheitliche Risiken bei Schimmelpilzbefall, der jedoch nicht nur bei Holzbauteilen auftritt.

Nachfolgend werden mehr oder weniger typische Schadensfälle mitgeteilt und dargestellt, wie sie vor allem an Wohnhäusern in Holzbauart aufgetreten sind und im Rahmen einer früheren Befragung von Holzhaus-Herstellern ermittelt wurden ([5] und [40]). Diese Fälle sind übertragbar auf andere Gebäude in Holzbauart mit vergleichbarer Nutzung, z.B. Schulen und Kindergärten, sowie auf Einzelbauteile.

15.2 Auswirkungen unzulässiger Feuchte auf die Baustoffe

Die einzelnen bei Holzbauteilen zum Einsatz kommenden Stoffe können bei einer Feuchtebeanspruchung unzulässiger Größe unterschiedlich beeinträchtigt werden:

— Holz kann zum einen durch Pilzbefall gefährdet sein, zum anderen können Holzbauteile durch die entstehenden Formänderungen des Holzes in ihrer Funktionstüchtigkeit, z.B. Dichtigkeit in mehrerer Hinsicht, beeinträchtigt werden (Abschn. 2.2).
— Bei Holzwerkstoffen, insbesondere Spanplatten, besteht im allgemeinen die Gefahr eines Pilzbefalls, von Gefügezerstörungen, vor allem aber von Formänderungen beträchtlicher Größenordnung und damit von evtl. großen Zwängungskräften, da das Schwind- und Quellmaß der Platten verhältnismäßig groß ist, vor allem aber die Plattenabmessungen (Länge und Breite) beachtlich sind. Besonders unangenehm können sich dabei Aufwölbungen der Platten sowie des gesamten Bauteils senkrecht zur Bauteilebene auswirken (Abschn. 2.4).
— Bei Gipskarton- und Gipsfaserplatten machen sich kurzfristige Feuchteanreicherungen mit anschließender Wiederabgabe wegen der harmlosen Schwind- und Quellmaße dieser Werkstoffe wenig bemerkbar. Dagegen ist bei langfristiger, starker Befeuchtung eine Zerstörung des Plattengefüges und damit Tragfähigkeitsverlust – auch bei »imprägnierten« Platten – möglich.
— Dämmstoffe: Feuchteanreicherungen in Hartschaumplatten sind nicht beobachtet worden. Dagegen können bei der Befeuchtung von Mineralfaserdämmstoffen nachteilige Konsequenzen eintreten, z.B.:
  1. Reduzierung des Wärmeschutzes des Bauteils
  2. längerfristiges Wasserhaltevermögen, wenn das Wasser nicht ablaufen kann, so daß benachbarte Holzteile bezüglich Pilzwachstums gefährdet sein können.

15.3 Geneigte Dächer

15.3.1 Allgemeines

Behandelt werden nur geneigte Dächer über Aufenhaltsräumen, in denen bei der Mehrzahl der befragten Holzhaus-Hersteller zwar auch gelegentlich Feuchteschäden aufgetreten sind, aber bei weitem nicht in der Vielfalt und Anzahl wie bei Decken unter nicht ausgebauten Dachgeschossen. Die Ursache liegt vor allem darin, daß die Tauwasserebene – sofern Tauwasser ausfällt – bei Dächern an der Unterseite der oberen Abdeckung, zumeist der feuchteunempfindlichen Unterspannbahn, dagegen bei den Decken an der vor allem auf einseitige Feuchtebeanspruchungen sehr empfindlich reagierenden Spanplatten-Schalung liegt.

15.3.2 Dächer über nicht ausgebauten Dachräumen

Feuchteschäden in Dächern über nicht ausgebauten Dachgeschossen (Bild **15**.1) sind äußerst selten. Wohl sind an der Unterseite nicht wasseraufnahmefähiger Unterspannbahnen in der ersten Nutzungsphase (mit erhöhter Raumluftfeuchte infolge baufeuchter Massivbauteile) sowie später temporär bei plötzlichem, starkem Wechsel des Außenklimas Feuchteanreicherungen (Tauwasserbelag) mit teilweise abtropfendem Wasser festgestellt worden, jedoch sind dadurch keine Schäden an Baustoffen oder Bauteilen entstanden. Sichtbare Wassertropfen traten nicht auf, wenn eine feuchtespeicherfähige Unterspannbahn (z.B. harte Holzfaserplatten) verwendet oder der Dachraum gut durchlüftet wurde.

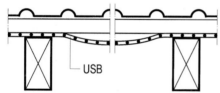

Bei sachgemäßer Ausbildung entsprechend den Dachdecker-Richtlinien mit im Firstbereich unterbrochener Unterspannbahn kam es gelegentlich zu (geringen) Anhäufungen von Flugschnee auf der darunterliegenden Decke. Zwar sind dadurch Befeuchtungen der Deckenoberseite aufgetreten, jedoch keine Feuchteschäden bekannt geworden.

Bild **15**.1 Nicht wärmegedämmtes Dach über nicht ausgebautem Dachgeschoß (Prinzipbeispiel, ohne Konterlattung); USB Unterspannbahn

15.3.3 Querschnittstypen und Details

Entsprechend der Lage der Dämmschicht werden im wesentlichen die zwei Typen
a) mit Zwischensparrendämmung (Bild **15**.2) und
b) mit Aufsparrendämmung (Bild **15**.3)
unterschieden.

Bei der Befragung wurden Feuchteschäden nur für die Ausbildung a) mitgeteilt. Obwohl der Anteil des Konstruktionstyps b) in den vergangenen Jahren noch gering war, scheint er auf Grund der bis jetzt vorliegenden Erfahrungen – was die Tauwassergefahr im Dachquerschnitt anbetrifft – sicherer zu sein, auch wenn z.B. Wasserdampf-Konvektion hier im Prinzip ebenfalls auftreten kann.

Zur Frage Dachdeckung auf Querlattung ohne/mit Konterlattung: Die Befragung hat gezeigt, daß auch jene Fertighaushersteller, die – bei garantiertem Durchhang der Unterspannbahn – ohne Konterlattung arbeiten (geschätzte Produktion bisher weit über

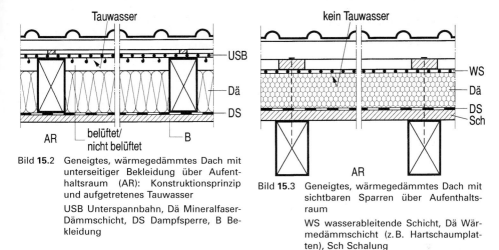

Tauwasser

AR · belüftet/nicht belüftet · B

Bild **15**.2 Geneigtes, wärmegedämmtes Dach mit unterseitiger Bekleidung über Aufenthaltsraum (AR): Konstruktionsprinzip und aufgetretenes Tauwasser

USB Unterspannbahn, Dä Mineralfaser-Dämmschicht, DS Dampfsperre, B Bekleidung

kein Tauwasser

WS · Dä · DS · Sch · AR

Bild **15**.3 Geneigtes, wärmegedämmtes Dach mit sichtbaren Sparren über Aufenthaltsraum

WS wasserableitende Schicht, Dä Wärmedämmschicht (z. B. Hartschaumplatten), Sch Schalung

100 000 Häuser) keine Schäden zu verzeichnen hatten, die auf diese Ausbildung zurückgehen. Dagegen kommt bei ebener Abdeckung (z. B. Vordeckung auf Schalung) nur die Ausbildung mit Konterlattung in Frage, um die Wasserableitung in dieser Ebene zu gewährleisten.

15.3.4 Schäden infolge Tauwasser

15.3.4.1 Allgemeines

Im Prinzip sind geneigte Dächer im oberen Querschnittsbereich ähnlich tauwassergefährdet wie Decken unter nicht ausgebauten Dachgeschossen. Trotzdem waren in der Praxis nur verhältnismäßig wenige Schäden zu verzeichnen, über die nachfolgend berichtet wird. Für die geringere Anfälligkeit sind vor allem folgende Gründe zu nennen:

— Eine obere Spanplatten-Schalung – wie bei den genannten Decken überwiegend – ist i. allg. nicht vorhanden; in aller Regel werden Unterspannbahnen oder Bretterschalungen angeordnet, so daß Befeuchtungen nicht zu wesentlichen Formänderungen führen

— ausgefallenes Tauwasser gelangt i. allg. nicht – wie bei der waagerechten Decke – direkt an die untere Bekleidung, sondern fließt schräg nach unten ab, entweder an der Unterseite der oberen Abdeckung oder auf der unterseitigen Dampfsperre

— bei schneefreien Dächern kommt es infolge der zwischenzeitlichen Sonnenwärmeeinstrahlung und damit Wiederverdunstung von Tauwasser i. allg. nicht zu einer größeren Ansammlung von Tauwasser oder Reif

— Beeinträchtigungen einzelner Bauteilschichten bleiben oft unentdeckt.

Diese Feststellung darf jedoch nicht darüber hinwegtäuschen, daß – wie die Erfahrung im allgemeinen Hochbau lehrt – auch bei Dächern viele Feuchteschäden, vor allem infolge Wasserdampf-Konvektion, aufgetreten sind. Nachfolgend werden einige typische mitgeteilte Schadensfälle genannt.

15.3.4.2 Überdicke der Dämmschicht

Probleme mit der Überdicke von Mineralfaser-Dämmfilzen (Lieferdicke wesentlich größer als Nenndicke) gab es vor der 1. Energiekrise nicht, da die verwendeten Dämmschichtdicken bei Dächern dermaßen klein waren, daß der belüftete Hohlraum durch eine Überdicke nicht beeinträchtigt werden konnte (Bild **15**.4).

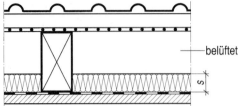

Bild **15.**4   Große Hohlraumdicke bei belüfteten Dächern mit geringer Dämmschichtdicke („Stand der Technik" bis etwa 1975: ca. s = 40 mm)

Bei in den Folgejahren erstellten Konstruktionen traten dagegen Tauwasserschäden des öfteren auf. Durch eine größere Dämmschichtdicke wurde der belüftete Hohlraum immer kleiner. Wenn dann Dämmfilze mit Überdicke, die durchaus mehrere cm betragen konnte, eingebaut wurden, wurde aus dem belüfteten ein schlecht oder nicht belüfteter Hohlraum. Die Folge: Vor allem bei Wasserdampf-Konvektion fiel Tauwasser an der Unterseite der Unterspannbahn oder der oberen Schalung, und zwar oft in erheblichen Mengen, aus (Bild **15.**5).

belüftet   nicht belüftet

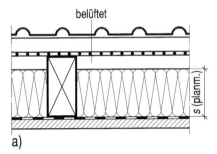
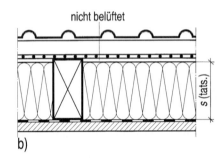

a)   b)

Bild **15.**5   Einfluß der Überdicke von Mineralfaser-Dämmfilzen auf die Belüftung und Folgen
a) planmäßiger Zustand (Nenndicke), b) tatsächlicher Zustand infolge Überdicke mit Tauwasserbildung

15.3.4.3   Unsachgemäß verlegte Dämmschicht

Bild **15.**6 zeigt einen Schaden, wie er bei Verwendung von sog. Randleisten-Filzen mit einheitlicher Breite bei belüfteten Dächern auftritt, wenn die Sparrenabstände stark differierten (Randleisten-Filz: Mineralfasermatte mit einseitiger Alu-Kaschierung, die an beiden Längsrändern zur besseren Befestigung übersteht).

Dabei traten zwei unterschiedliche Tauwasserbereiche auf, zum einen an der unteren Bekleidung, zum anderen an der Unterspannbahn. – Ursache für die feuchte Unterseite (Bild a): Wegen der zu großen Gefachweite Hohlraum zwischen Dämmschicht und Sparren, dadurch in diesem Bereich ungenügender Wärmeschutz (Wärmebrücke) mit Tauwasserbildung an der Unterseite. – Ursache für die Tauwasserbildung an der Unterspannbahn (Bild b): Wegen des zu geringen Sparrenabstands im anderen Feld wurde dort der Randleistenfilz unzulässig stark hineingestaucht, so daß er sich aufwölben mußte; dadurch wurde in diesem Bereich der belüftete zu einem unbelüfteten Querschnitt. In solchen Gefachen kam es des öfteren gleichzeitig zu Tauwasser im oberen Querschnitt und an der Dachunterseite, wenn an offenen Dämmschichtstößen durch unterschiedliche Aufwölbungen einerseits Warmluft (vor allem bei Konvektion durch eine unterseitige Profilbrettschalung) nach oben, andererseits Kaltluft von oben unter die Dämmschicht gelangen konnte (Schnitt A-A).

Abhilfe: Randleisten-Filze sollten grundsätzlich nur verwendet werden, wenn die lichte Gefachweite konstant ist und auf die Dämmschichtbreite abgestimmt ist (mit geringem Übermaß der Dämmschichtbreite). In allen anderen Fällen sind unkaschierte Mineralfa-

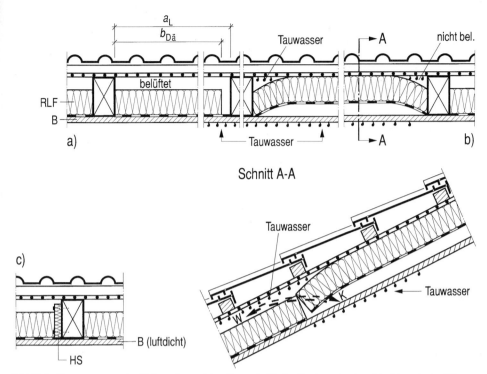

Bild **15**.6 Tauwasser an der Unterseite und im Querschnitt des Daches durch schlecht verlegte Dämmschicht

a) Tauwasser an der Unterseite der Bekleidung infolge Wärmebrücke bei zu geringer Dämmschichtbreite $b_{Dä} < a_L$, b) Tauwasser durch Warm(W)- und Kaltluft(K)-Austausch innerhalb des Querschnitts bei Dämmschicht-Überbreite $b_{Dä} > a_L$, c) Abhilfe an der Baustelle bei Dämmschicht-Unterbreite (Sonderfall)

RLF „Randleisten-Filz", B untere Bekleidung, HS Hartschaumplatte

ser-Dämmatten oder -platten einzusetzen und durch Zuschnitt entsprechend einzupassen. – Werden unterschiedliche Sparrenabstände erst an der Baustelle festgestellt, dann müssen Dämmschichtüberbreiten auf das erforderliche Maß zurückgeschnitten werden. Zu geringe Breiten können z.B. durch „Auffüttern" der Sparrenbreiten mit angehefteten Hartschaum-Platten (Bild c) ausgeglichen werden.

Auch hier sei noch einmal darauf hingewiesen: Randleisten-Filze sind für sich allein nicht geeignet, eine luftdichte Schicht zu bilden, wie sie z.B. bei luftdurchlässigen raumseitigen Bekleidungen zur Verhinderung der Wasserdampf-Konvektion in Außenbauteilen unbedingt erforderlich ist.

15.3.4.4 Nachträgliches Verschließen von Lüftungsöffnungen

Des öfteren ist der Fall nach Bild **15**.7 aufgetreten, bei dem das ursprünglich belüftete Dach vom Bauherrn zur „Verbesserung" des Wärmeschutzes nachträglich an den unteren Lüftungsöffnungen im Bereich der Abseitenwand mit Dämmaterial geschlossen wurde, wodurch sich ein nicht belüftetes Dach einstellte. Die Folge war zuweilen Tauwasser an der Unterspannbahn, das nach unten in den Drempelraum lief.

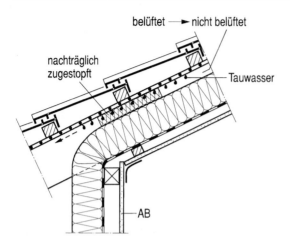

belüftet ──► nicht belüftet

nachträglich zugestopft

Tauwasser

AB

Bild **15**.7
Tauwasserbildung infolge des nachträglichen Verschließens eines ursprünglich belüfteten Daches durch den Bauherrn; AB Abseitenwand

15.3.5 Schäden infolge zu hoher Einbaufeuchte

Mit dem nachfolgenden Beispiel soll der Fall einer zu hohen Holzeinbaufeuchte gezeigt werden. – Bei einer modernen, konventionell errichteten Reihenhaus-Siedlung kamen gedämmte Pultdächer über den Dachbodenräumen zur Ausführung (Bild 15.8). Der Dachquerschnitt sollte ursprünglich belüftet sein, wurde dann aber auf Grund konstruktiver Zwänge als nicht belüftetes Dach ausgeführt.

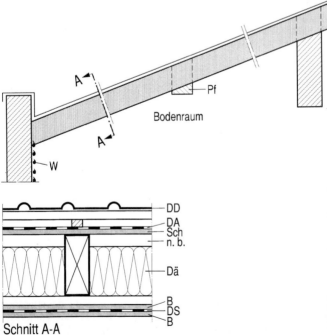

A

Pf

Bodenraum

A

W

DD
DA
Sch
n. b.

Dä

B
DS
B

Schnitt A-A

Bild **15**.8
Dachsituation (schematisch) über nicht direkt beheiztem Bodenraum: wärmegedämmtes, nicht belüftetes Pultdach mit Mittelpfette Pf; Wasseraustritt W, vor allem im unteren Traufenbereich;

B Bekleidung (Gipskartonplatte), DS Dampfsperre (0,2 mm PE-Folie), Dä mineralischer Faserdämmstoff, Sch Bretterschalung, DA Dachabdichtung (Kunststoffdichtungsbahn), DD Dachdeckung auf Trag- und Konterlattung, n.b. nicht belüftet

Schon nach kurzer Zeit trat bei einigen Häusern an mehreren Stellen im Bodenraum, vor allem an der Traufe, an der Unterseite des Daches Wasser aus. Nachdem man anschließend ständige Feuchtemessungen innerhalb des Dachquerschnitts vorgenommen hatte, ohne daraus verwertbare Erkenntnisse ableiten zu können, und auch im nächsten Jahr die gleichen Feuchteerscheinungen auftraten, wenn auch in etwas abgeschwächter Form, entschloß man sich zur Einschaltung des Verfassers als Gutachter.

Zwei Ursachen schieden sofort aus: a) Wasserdampfdiffusion, da bei dem vorliegenden Querschnitt größere Tauwassermassen rechnerisch nicht möglich waren, b) Wasserdampf-Konvektion, da luftdurchlässige Stellen in der Dachunterseite, auch in den Anschlußbereichen, nicht zu entdecken waren. Um Klarheit zu bekommen, wurde daher das Dach während der kalten Jahreszeit in einem repräsentativen Bereich von oben her geöffnet.

Dabei wurde folgendes offensichtlich (Bild **15.**9): In den jeweils höher gelegenen Bereichen des Dachhohlraums war die Schalung stark durchfeuchtet, desgleichen war dort zwischen Schalung und Dachabdichtung Tauwasser in erheblicher Menge vorhanden.

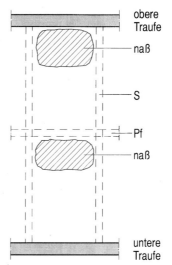

Bild **15.**9
Ungefähre Durchfeuchtungsbereiche der oberen Schalung innerhalb eines Sparrengefaches (schematisch), Draufsicht

Pf Pfette, S Sparren

Nach der festen Überzeugung des Gutachters konnte es sich hierbei nur um eine unzulässig große Einbaufeuchte eines oder mehrerer Materialien handeln. Erst jetzt wurde bauseits zugegeben, daß die Schalung naß eingebaut worden war und auch während der Bauphase noch durch Niederschläge beansprucht worden ist! Im fertigen Zustand kam es dann zur ständigen Wanderung der Feuchte zwischen der Ober- und Unterseite des Bauteilquerschnitts, je nach Außenklima. Bei großer Sonnenwärmeeinstrahlung folgte dann Tauwasserbildung auf der unteren Bekleidung, von wo aus es dann teilweise – praktisch über eine „Dränage" – in den Bodenraum abfloß. Wegen der beiderseits dampfsperrenden Abdeckung des Querschnitts hätte sich dieser Zustand jedoch noch länger hinziehen können.

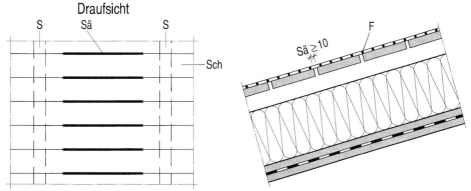

Bild **15.**10 Vorschlag für Abhilfe ohne Entfernen der vorhandenen Schalung
Sä Sägeschnitt zwischen den einzelnen Brettern, S Sparren, Sch Schalung, F Folie mit $s_d = 0,02$ m

Da es sich hier um einen nicht belüfteten Querschnitt handelt (aus aktueller Sicht zweckmäßig), bei dem nicht nur die noch eingeschlossene, überschüssige Feuchte so schnell wie möglich abzuführen ist, sondern der auch bezüglich späterer außerplanmäßiger Feuchtebeansprungen weitgehend robust sein soll, sind als Abhilfe alle Maßnahmen geeignet, mit denen die obere Abdeckung des Querschnitts weitgehend diffusionsoffen gemacht wird. Im vorliegenden Fall ist z. B. die Veränderung nach Bild **15.**10 zweckmäßig, wenn man auf das Abnehmen und Wiederaufbringen der Schalung verzichten will: Entfernen der Dachabdichtung, Anbringen von Sägeschnitten zwischen den einzelnen Brettern und Aufbringen einer Vordeckung aus einer extrem diffusionsoffenen Bahn (s_d = 0,02 m), so daß sich für die Kombination »offene« Schalung + Vordeckung ein s_d- Wert von etwa 0,2 m ergibt (s. Abschn. 3.7.3.3, 2)).

15.3.6 Rißbildung in Anschlußbereichen

Bei ausgebauten Dachgeschossen kann es im Anschlußpunkt der Dachschräge an den Kehlriegel (bei Kehlbalkendächern) oder an die Zange (bei Pfettendächern) zur Rißbildung in der unteren fugenlosen Bekleidung aus Gipskarton- oder -faserplatten kommen (Bild **15.**11), wenn die beidseitige Querlattung für die Bekleidung sehr nahe am Eckpunkt angeordnet ist. – *Ursache:* Zangen und Kehlriegel (in der Regel größere Holzquerschnitte) werden oft mit Holzfeuchten $u > 20\%$ eingebaut; dadurch ergeben sich größere Schwindverformungen (b), die von der Eckausbildung der Bekleidung nicht verkraftet werden können, auch wenn dort z. B. ein zusätzlicher Bewehrungsstreifen angeordnet wird.

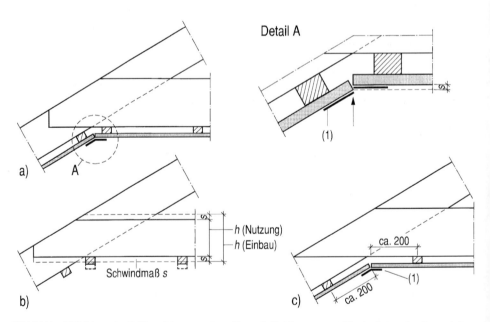

Bild **15.**11 Rißbildung im Eckbereich von unterseitigen Bekleidungen aus Gipskarton- oder -faserplatten infolge Schwindens vor allem der waagerechten Konstruktionshölzer und ihre Vermeidung; a) Einbauzustand mit Rißbildung (Detail A, Versatz *s*, (1) Eckbewehrungsstreifen für Gipskartonplatten); b) Schwindverformungen des Kehlriegels oder der Zange (idealisiert) c) Verminderung der Rißgefahr durch vom Eckpunkt weggerückte Querlattung (»schwebende« Verbindung)

Eine wesentliche Verbesserung kann schon allein dadurch erreicht werden, daß für die Bekleidung ein »nachgiebiger« Anschluß dadurch geschaffen wird, daß die jeweils erste Querlatte etwa 20 cm vom Eckpunkt entfernt angeordnet wird (Bild c). Mit einer solchen Ausbildung wurden in der Praxis gute Erfahrungen gemacht.

15.4 Flachdächer

15.4.1 Allgemeines

Da der Anteil des Flachdaches (gemeint sind hier Dächer mit Dachabdichtung, Neigung 0° bis ca. 3°) bei Holzhäusern klein ist, ist die Schadenshäufigkeit zumindest absolut gesehen gering. Schäden im Bauteil-Querschnitt infolge Wasserdampf-Konvektion waren bei planmäßig belüfteten Konstruktionen allerdings häufiger, da auch bei einwandfreier Ausbildung des belüfteten Hohlraums oft keine ausreichenden Strömungsverhältnisse vorliegen.

Auf die Nachteile des belüfteten Flachdaches gegenüber dem nicht belüfteten ist in Abschn. 9.2 näher eingegangen.

Nachfolgend wird nur auf einige gegenüber geneigten Dächern zusätzliche, für das Flachdach typische Schäden eingegangen, während die Wasserdampf-Konvektion infolge luftdurchlässiger unterer Bekleidungen, Durchdringungen und Anschlüsse sowie ihre Vermeidung in Abschn. 15.5 behandelt wird, die auch auf Flachdächer sinngemäß übertragbar ist.

15.4.2 Flugschnee bei belüfteten Dächern

An sehr kalten Tagen mit Schneefall ist es in einigen Fällen zu dem in Bild **15.**12 skizzierten Schaden gekommen. Durch den extrem leichten Schnee (infolge sehr niedriger Außentemperaturen) einerseits und die (hier „leider") gute Belüftung des Daches infolge starken Windanfalls andererseits kam es zu großen Schneeanhäufungen in den Gefachhohlräumen. Nach dem späteren Tauen des Schnees trat Schmelzwasser im Bereich der Stoßfugen der Dampfsperre konzentriert auf und führte an mehreren Stellen zu Feuchteschäden in der unteren Bekleidung.

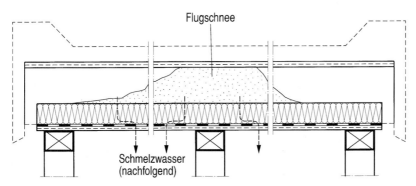

Bild **15.**12 Flugschnee im Gefachhohlraum belüfteter Flachdächer in Extremsituation, Durchtritt von Schmelzwasser (schematisch)

15.4.3 Mangelhafte Dachabdichtung und nachträgliche Umrüstung

Weil es nach einem Besitzerwechsel dem neuen Hausherrn in den Räumen zu „muffig"
roch, wurde der Dachdecker beauftragt, für eine bessere Belüftung des Flachdaches zu
sorgen (wodurch im vorliegenden Falle mit Sicherheit nicht die eigentliche Ursache
erfaßt und beseitigt wurde). An den Enden jedes Gefaches wurde oberseitig jeweils
ein Entlüftungsstutzen angeordnet, der zweifellos die Belüftung des Daches verbesserte (Bild **15**.13). Leider wurden aber die Abdichtungsarbeiten schlampig ausgeführt;
zu allem Überfluß waren auch noch die Dachentwässerungen (die – wie so oft – an den
„Hochpunkten" des Daches lagen!) verstopft, so daß sich auf dem Dach eine Wanne
bildete und an den meisten Stutzen große Niederschlagsmengen in den Deckenhohlraum eindringen konnten. Das Wasser floß unter der Dämmschicht in Gefällerichtung
(Deckendurchbiegung), gelangte an den Dampfsperrenstößen unter die Dampfsperre
und floß über die Stoßfugen der unteren Spanplatten-Beplankung an vielen Stellen in
die darunterliegenden Räume (Bild a).

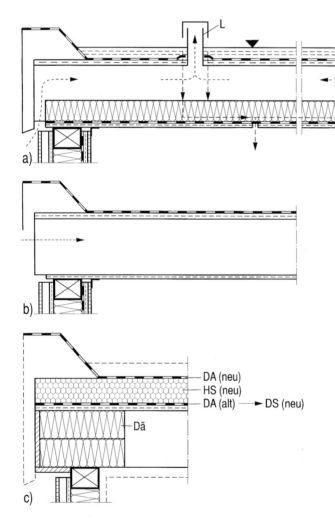

Bild **15**.13
Durch nachträgliche, schlecht
ausgeführte Dachdeckerar-
beiten (undichte Anschlüsse
der aufgesetzten Lüftungsstutzen L) aufgetretene Feuchteschäden und Sanierung

a) Ausgangssituation mit
Wannenbildung infolge ver-
stopfter Dach-Gullys, durch
die Decke abfließende Niederschläge; b) intensive Durchlüf-
tung der Decke nach Entfernen von Traufenbekleidung,
Dämmschicht und Dampf-
sperre; c) neuer Flachdachaufbau, nicht belüftet (weitere
Einzelheiten nicht dargestellt)

DA Dachabdichtung,
DS Dampfsperre,
HS Hartschaumplatten

Nach dem Schaden wurden sofort an beiden Dachenden die Traufenbekleidungen entfernt und die völlig durchnäßten Mineralfaser-Dämmplatten herausgenommen (Bild b). Anschließend wurden die Lüftungsstutzen entfernt und eine zusätzliche Bitumen-Dachbahn über der gesamten Dachfläche für den zwischenzeitlichen Feuchteschutz aufgebracht. Nach längerer Durchlüftungszeit des gesamten Deckenhohlraums waren die obere und untere Spanplatten-Beplankung wieder auf normale Holzfeuchtewerte zurückgetrocknet; eine Schädigung des Plattengefüges hatte noch nicht stattgefunden.

Bei der Sanierung wurde aus dem ursprünglich belüfteten Dach ein nicht belüftetes gemacht, indem man an der Dachoberseite eine Dämmschicht aus Hartschaumplatten mit aufliegender Dachabdichtung (einlagige Kunststoff-Dichtungsbahn) und Kiesauflage aufbrachte. Die ursprüngliche Dachabdichtung dient jetzt als Dampfsperre. An den Traufenseiten wurden die Gefachenden der Deckenelemente wärmedämmend und luftdicht abgeschlossen (Bild c).

Dieses Konstruktionsprinzip kann durchaus allgemein als ein Muster für die Umrüstung von belüfteten Flachdächern in Holzbauart in nicht belüftete angesehen werden.

15.4.4 Veränderung der Kunststoff-Dichtungsbahn

Des öfteren traten oder treten Feuchteschäden bei Flachdächern auf, die in den 70er Jahren unter Verwendung einer Kunststoff-Dichtungsbahn aus „PVC weich" hergestellt wurden, auch bei solchen mit Kiesauflage. – *Ursache:* Infolge UV-Einstrahlung kam es zu einer Versprödung der Bahnen, so daß sich – vor allem im Bereich der Dachrandbefestigungen – durch Schrumpfprozesse Risse in der Dichtungsbahn bildeten, wenn bei der Verlegung diese Längenänderungen nicht berücksichtigt worden waren. Solche Schäden treten bei der Verwendung moderner Dichtungsbahnen (PVC weich, ECB und dgl.) im allgemeinen nicht mehr auf.

Abhilfe wurde in früheren Jahren dadurch geschaffen, daß je nach entstandener Situation die geschädigte Bahn entweder ausgebessert oder vollständig ersetzt wurde.

Heute ist aber – vor allem aus Gründen der Energieeinsparung – zu überlegen, ob eine solche Sanierung nicht zugleich für eine wesentliche Verbesserung des Wärmeschutzes des Flachdaches ausgenutzt werden sollte, indem man wieder – analog Abschn. 15.4.3 – die Umrüstung von einem belüfteten in ein nicht belüftetes Dach vornimmt. Zumindest bietet sich eine solche Lösung vor allem dann an, wenn die Dämmschichtdicke im Gefach – wie in früheren Jahren üblich – nicht größer als etwa 80 mm ist. Dann sind bei den heute angestrebten Dicken für die oberseitige Dämmung die Deckengefache nur im Traufenbereich zu verändern (Bild **15.**13c), ohne daß die vorhandene Dämmschicht aus den Gefachen entfernt werden muß, wie man mit Hilfe eines rechnerischen Nachweises des Tauwasserschutzes nach DIN 4108-3 leicht nachweisen kann, s. auch Abschn. 9.5.2.

15.4.5 Auswechselungen in belüfteten Dächern

Bei ansonsten einwandfrei funktionierenden belüfteten Flachdächern trat in den Feldern, die z. B. durch den Schornstein unterbrochen wurden, Tauwasser des öfteren dann auf, wenn die Belüftung des Deckenhohlraums durch den Wechsel einseitig unterbunden wurde (Bild **15.**14). – In solchen Fällen muß die Belüftung nachträglich wiederhergestellt werden, z. B. durch Einsetzen eines Entlüftungsstutzens in jedem ausgewechselten Gefach (Bild b). – Beim Neubau – sofern ein belüftetes Flachdach überhaupt noch verwendet werden soll – wird man das Wechselholz entsprechend öffnen, da

Lüftungsöffnungen am Schornstein unproblematischer anzubringen sind als durch Stutzen im Feld (Bild c).

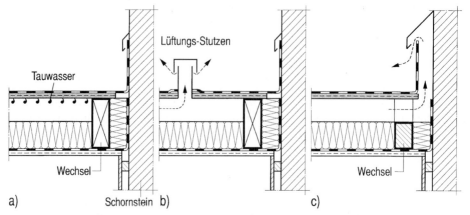

Bild **15.**14   Schornstein-Auswechselung in belüfteten Flachdächern
a) Ausgangssituation (unterbundene Belüftung) und Tauwasser, b) Abhilfe im Schadensfall (Beispiel), c) Vorschlag für Neubau (Prinzip)

15.4.6 Wasserdampf-Konvektion bei privaten Schwimmbädern

Des öfteren wurde von „abgesoffenen" Flachdächern über privaten Schwimmbädern berichtet, die in Eigenregie des Bauherrn fertiggestellt worden waren und als untere Deckenbekleidung eine Profilbrettschalung aufwiesen. – Ursache für die zuweilen extrem starke Tauwasserbildung an der Unterseite der oberen Dachschalung mit teilweise erheblichen Folgeschäden für die gesamte Konstruktion war (wieder einmal) die Wasserdampf-Konvektion, die in Abschn. 3.4.3 ausführlich beschrieben wird und bei Schwimmbädern wegen des hohen absoluten Feuchtegehalts der Raumluft besonders gefährlich ist.

15.4.7 Belüftete Dächer ohne/mit Holzfaserdämmplatte

Bei jenen Holzhausherstellern, die belüftete Flachdächer herstellten, war es seinerzeit i. allg. Stand der Technik, zur Verbesserung des Wärmeschutzes oberhalb des belüfte-

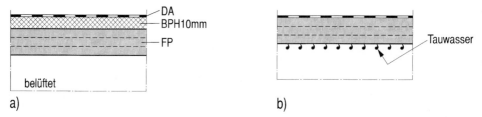

Bild **15.**15   Obere Spanplatten-Schalung FP über belüftetem Hohlraum mit/ohne Bitumen-Holzfaserplatte BPH DIN 68 752 (poröse Holzfaserplatte); a) mit BPH, tauwasserfrei; b) ohne BPH, temporäres Tauwasser an der Spanplattenunterseite
DA Dachabdichtung (Kunststoffbahn) unter Kiesauflage

ten Hohlraums eine Bitumen-Holzfaserplatte zwischen Spanplatten-Beplankung und aufliegender Dachabdichtung anzuordnen (Bild **15**.15a). Mehrere dieser Firmen hatten zwischenzeitlich auf Grund theoretischer Überlegungen auf die Holzfaserplatte verzichtet. *Ergebnis:* Wiederholte Tauwasserbildung an der Spanplattenunterseite (Bild b). – Die Ursache lag, wie anschließende, interne Untersuchungen ergeben haben, darin, daß der Wärmeschutz zwischen dem wärmeren (da nicht ausreichend belüfteten) Hohlraum und der Dachoberfläche nicht mehr ausreichend war, um bei instationären Wärmevorgängen (z. B. nächtliche Abkühlung der Dachoberfläche unter die Außenlufttemperatur) Tauwasser zu verhindern. – Nach diesen zwischenzeitlichen Erfahrungen wurde anschließend, zumindest bei Flachdächern mit oberer Spanplatten-Schalung, die Holzfaserplatte wieder verwendet. Dagegen erscheint sie nicht notwendig

— bei oberer Bretterschalung, da hierbei die möglichen Formänderungen infolge Tauwasser harmloser sind als bei Spanplatten, oder

— bei geneigten Flachdächern mit Abluftöffnungen im First, da hierbei die Belüftung des Hohlraums intensiver und somit der Temperaturunterschied zwischen Hohlraum und Außenluft kleiner ist als bei 0°-Dächern; daher ist bei solchermaßen einwandfrei belüfteten Dächern der Wärmeschutz der Spanplattenschalung allein ausreichend, um »Sekundär«-Tauwasser zu verhindern, das an der Unterseite der Schalung immer dann auftreten kann, wenn dort die Taupunkttemperatur der einströmenden Außenluft (mit hoher relativer Feuchte) unterschritten wird.

15.4.8   Weiterer Hinweis zu belüfteten Flachdächern

Im Gegensatz zu den heute überwiegend angewandten nicht belüfteten Flachdächern, die bei sorgfältiger Planung und einwandfreier Ausführung als problemlos einzustufen sind, besteht bei belüfteten Flachdächern mit 0°-Neigung eine latente Unsicherheit gegenüber „besonderen" Situationen. In der Praxis behilft man sich – auf Grund einschlägiger Erfahrungen – deshalb über die in den allgemein anerkannten Regeln der Technik enthaltenen Festlegungen hinaus u. a. mit den in Abschn. 9.5.1 behandelten Zusatzmaßnahmen.

15.5   Decken unter nicht ausgebauten Dachgeschossen

15.5.1   Allgemeines

Ganz allgemein läßt sich sagen, daß dieses Bauteil zumindest in der zurückliegenden Zeit das schadensträchtigste im gesamten Holzhaus gewesen ist. Nahezu bei allen befragten Holzhausherstellern sind bei diesem Bauteil Feuchteschäden infolge Tauwasser aufgetreten, und zwar ausschließlich in Konstruktionen mit unterer Bekleidung und Wärmedämmschicht in den Gefachen (Bild **15**.16a).

Tauwasserschäden bei Decken mit sichtbaren Balken (Bild b) wurden dagegen nicht festgestellt. Bei den hierfür üblichen Ausbildungen kann Wasserdampf-Konvektion in der Regel nicht auftreten.

Für die Darstellung des Anschlusses Decke – Dach wird nachfolgend aus Übersichtsgründen das Pfettendach zugrunde gelegt. Die Ausbildungen sind sinngemäß auch auf Sparren- und Kehlbalkendächer übertragbar (Bild **15**.17).

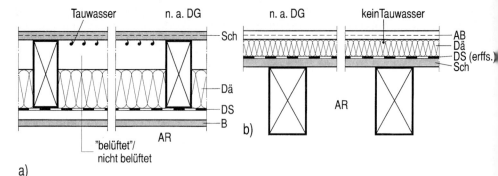

Bild **15**.16   Decken über Aufenthaltsräumen (AR) unter nicht ausgebauten Dachgeschossen (n. a. DG)
a) Geschlossene Decke, Konstruktionsprinzip und aufgetretenes Tauwasser; b) Decke mit sichtbaren Balken

Dä Dämmschicht, DS Dampfsperre, Sch Schalung, B Bekleidung, AB Abdeckung

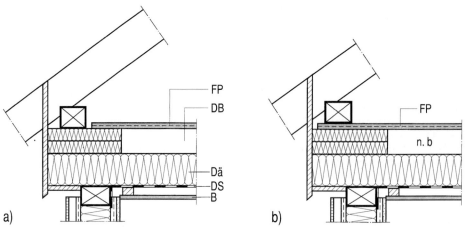

Bild **15**.17   Für nachfolgende Darstellungen zugrunde gelegter Anschluß Dach – Decke (**Beispiel:** nicht belüftete Decke n. b.)

a) Schwelle auf Deckenbalken DB, b) Schwelle auf oberer Deckenbeplankung, Spanplatte FP (z. B. bei vorgefertigten Deckentafeln)

Dä mineralischer Faserdämmstoff, DS Dampfsperre, B Bekleidung (luftdicht)

15.5.2 Tauwasser an der oberen Schalung

15.5.2.1 Ursachen

Sofern eine Tauwasserbildung stattfand, trat sie in den meisten Fällen an der Unterseite der oberen Schalung auf (Bild **15**.16a). An anderen Stellen der Decke aufgetretenes Tauwasser wird in Abschn. 15.5.3 beschrieben. Die Ursache lag in allen registrierten Fällen nicht in der Wasserdampfdiffusion, sondern in der Wasserdampf-Konvektion! Bevorzugte Stellen waren die Deckenbereiche über Küche und Bad.

Dieses Tauwasser trat immer dann auf, wenn zwei Mängel zugleich vorlagen:

1. Undichtigkeiten in der unteren Bekleidung, d.h. keine über die gesamte Deckenfläche, einschließlich der Durchdringungen und Anschlüsse, vorliegende luftdichte Schicht; luftdurchlässige Durchdringungen der Decken unter nicht ausgebauten Dachgeschossen gehörten bei der Befragung zu den primären Ursachen von Tauwasserschäden!

2. Ungenügende Belüftung des Gefach-Hohlraums zwischen Dämmschicht und oberer Schalung bei planmäßig belüfteten Querschnitten.

Diese Angaben gelten nur für die allgemein übliche Ausführung nach Bild **15.**16a, d.h. mit Dämmschicht im Gefach. Bei auf der oberen Schalung aufliegender Dämmschicht, die bei nicht ausgebauten Dachgeschossen derzeit noch zu den Ausnahmen gehört (Prinzip s. Bild b), liegen in dieser Hinsicht wesentlich günstigere Bedingungen vor.

15.5.2.2 Ursache 1: Luftdurchlässige Deckenunterseiten

Die Luftdurchlässigkeit der unteren Bekleidung, wodurch Wasserdampf-Konvektion erst ermöglicht wird, kann auf zweierlei Weise gegeben sein:

— Innerhalb der Bekleidung sowie, auch bei ansonsten luftdichter Bekleidung,

— im Bereich der Anschlüsse Decke – Wand oder

— an Durchdringungen der Decke (z.B. Kabel, Rohre).

Hierauf wird in Abschn. 3.4.3 ausführlich eingegangen. Auch an dieser Stelle sei nochmals darauf hingewiesen: »Randleisten-Filze« können zwar – bei luftdichter unterer Abdeckung – ausreichend dampfsperrend sein, stellen aber bei Verlegung auf luftdurchlässigen Bekleidungen keine luftdichte Schicht dar! Daher ist dieses spezielle Dämmaterial z.B. bei Profilbrettschalungen ohne zusätzliche luftdichte Schicht indiskutabel.

Einen anderen Fall von Tauwasserbildung an der Unterseite der oberen Deckenschalung durch Wasserdampf-Konvektion zeigt Bild **15.**18. Hier gelangte warme Raumluft über die Verteilerdose und die Elt-Kabelführung durch das ausgefräste Wandrähm in den Deckenhohlraum.

Bild **15.**18 Tauwasserbildung im Deckenhohlraum durch Wasserdampf-Konvektion über Verteilerdose und Elt-Kabelführung in der darunterliegenden Wand

15.5.2.3 Ursache 2: Ungenügende Belüftung des Deckenhohlraums

Typische Ursachen für die Tauwasserbildung im Deckenhohlraum sind in Bild **15.**19 dargestellt.

a) Zu geringe Hohlraumdicke zwischen Dämmschicht und oberer Schalung, z.B. durch vergrößerte Dämmschichtdicke infolge Sonderwunsch bezüglich besserer Wärmedämmung. Bei Belüftung ausschließlich über die Stirnseiten der Gefache an den beiden Enden der Decke, vor allem bei Belüftung von unten (a1), kam es zur Tauwasserbildung. Bei einer Belüftung über Stoßfugen in der oberen Schalung (s. Bild **15.**21) wäre dieses Tauwasser infolge des wesentlich verkürzten Strömungsweges kaum aufgetreten.

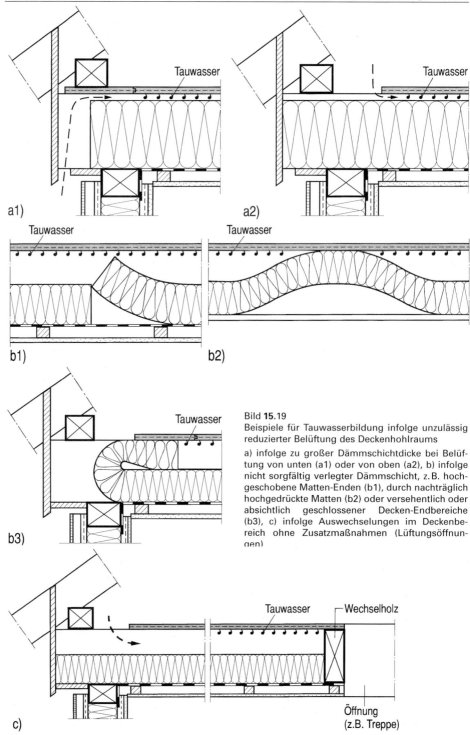

a1)

a2)

b1)

b2)

b3)

c)

Öffnung
(z.B. Treppe)

Tauwasser

Wechselholz

Bild **15**.19
Beispiele für Tauwasserbildung infolge unzulässig
reduzierter Belüftung des Deckenhohlraums

a) infolge zu großer Dämmschichtdicke bei Belüftung von unten (a1) oder von oben (a2), b) infolge
nicht sorgfältig verlegter Dämmschicht, z.B. hochgeschobene Matten-Enden (b1), durch nachträglich
hochgedrückte Matten (b2) oder versehentlich oder
absichtlich geschlossener Decken-Endbereiche
(b3), c) infolge Auswechselungen im Deckenbereich ohne Zusatzmaßnahmen (Lüftungsöffnungen)

b) Tauwasser durch Behinderung des Luftstroms im Deckenhohlraum infolge nicht sorgfältig verlegter Dämmschicht, z.B. hochgeschobene Dämmatten-Enden (b1), nachträglich örtlich hochgedrückte Dämmschicht (b2), z.B. bei anschließenden Elektroarbeiten, aus Transport- oder Montagegründen an den Enden hochgeklappte Dämmschicht versehentlich nicht wieder in die Ausgangslage gebracht (b3).

Eine erhebliche Anzahl von Tauwasserschäden hat es in der Praxis dadurch gegeben, daß die in Bild b3) dargestellte Situation des an den Enden durch die Dämmschicht geschlossenen Gefachs nicht versehentlich während der Herstellung des Gebäudes, sondern wesentlich später während der Nutzung bewußt – allerdings in Unkenntnis der bauphysikalischen Zusammenhänge – durch den Bauherrn hergestellt wurde, um Heizenergie einzusparen. Somit wurde dann oft (im wesentlichen über Bad und Küche) aus der ursprünglich einwandfreien Decke ein kritisches Bauteil.

c) Unterbundene Belüftung durch Wechselhölzer im Bereich von Deckenöffnungen, z.B. Treppen, Einschubtreppen, Schornsteine, s. Bild c).

Tauwasserschäden in bemerkenswerter Anzahl sind auch bei der in Bild **15**.20 dargestellten Situation entstanden. Ältere Decken mit schlechtem Wärmeschutz wurden mit einer Mineralfaserdämmschicht in den Gefachen und einer oberen Schalung aus großflächigen Spanplatten versehen. Dabei wurde versäumt, für eine ausreichende Belüftung des Gefachhohlraums zu sorgen oder unter der Dämmschicht eine Dampfsperre einzulegen, so daß an der Unterseite der Spanplatte eine unzulässige große Tauwassermasse – allein schon durch Wasserdampfdiffusion – auftrat.

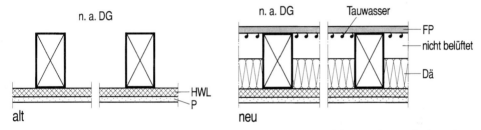

Bild **15**.20   Tauwasserschäden an früher tauwasserfreien Decken unter nicht ausgebauten Dachgeschossen durch nachträgliche Verbesserung des Wärmeschutzes; alt: früherer Zustand; neu: nachträglich „verbesserte" Decke, mit Dämmschicht Dä in den Gefachen und oberer Spanplattenschalung FP, Gefachhohlraum nicht belüftet; HWL Holzwolleleichtbauplatte, P mineralischer Putz

15.5.2.4 Abhilfe im Schadensfall

Macht sich Tauwasser auf eine der möglichen Arten (z.B. feuchte obere Schalung, feuchte untere Bekleidung, „moderiger" Geruch) bemerkbar, dann ist zunächst zu prüfen, ob Werkstoffe bereits geschädigt und unter Umständen zu entfernen sind.

Ferner ist die Konstruktion derart zu verändern, daß sie sich zukünftig feuchteschutztechnisch einwandfrei verhält, daß also bei Beibehaltung des belüfteten Querschnitts eine

— ausreichende Belüftung des Gefachhohlraums sowie zusätzlich
— eine luftdichte untere Bekleidung, einschließlich der Durchdringungen und Anschlüsse,

vorliegt. Mit welchen Mitteln das nach dem Schadensfall möglich ist, wird in Abschn. 3.4.3 (Neubau) beschrieben.

Da es sich bei früheren oder heutigen Schadensfällen an belüfteten Decken um Holzbauteile mit chemischem Holzschutz auf der Grundlage der DIN 68 800-3 handeln muß, braucht bei der Sanierung z.B. auf die Gefahr eines unkontrollierbaren Insektenbefalls

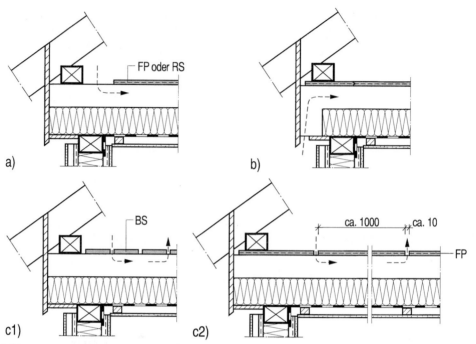

Bild 15.21 Vorschläge für einwandfrei belüftete Deckenquerschnitte unter nicht ausgebauten Dachgeschossen (Bilder d) und e) s. S. 361)

a) Oberseitige Zu- bzw. Abluftöffnungen an beiden Enden der Decke bei ausreichender Höhe
des belüfteten Hohlraumes, b) Lüftungsöffnungen unterseitig, nicht so wirksam wie a), c) Belüftung über offene Deckenschalung, c1) Bretterschalung BS mit Fugen, c2) Spanplattenschalung FP mit Fugen, d) oberseitige Öffnungen in Form von Aussparungen, z.B. mit Lüftungssieb
LS abgedeckt, wenn Spanplattenschalung für die Scheibenwirkung herangezogen werden soll,
e) Öffnungen wie d) im Bereich von Auswechselungen innerhalb der Decke (Treppen oder dgl.)
FP oder RS Spanplatte oder Rauhspund

keine Rücksicht genommen zu werden, wie es zukünftig bei nicht belüfteten Ausbildungen ohne chemischen Holzschutz (GK0) der Fall sein müßte.

Bei den in Bild **15.**21 dargestellten Beispielen kann eine einwandfreie Belüftung des
Deckenhohlraumes unterstellt werden. In Anbetracht der heutigen Bestrebungen, den
Einsatz chemischer Holzschutzmittel durch Verwendung nicht belüfteter Konstruktionen so weit wie möglich zu reduzieren, können aber diese Vorschläge praktisch nur
noch im Schadensfall bei früheren Ausführungen oder im Sonderfall – bei dem ein
chemischer Holzschutz geboten erscheint – Vorbildfunktion haben.

In besonderen Fällen, z.B. wenn man die Luftdichtheit nachträglich nur mit größerem
Aufwand oder mit wesentlichen optischen Veränderungen an der Deckenunterseite erreicht, lassen sich einwandfreie Verhältnisse auch dadurch schaffen, daß man die Gefache an beiden Stirnseiten der Decken luftdicht abschließt und auf der oberen Schalung
eine Wärmedämmschicht ausreichender Dicke (mindestens ca. 50 mm) zusätzlich
anordnet (Bild **15.**22a), damit die Taupunkttemperatur der in den Hohlraum durch Konvektion eingedrungenen Raumluft zukünftig nicht mehr unterschritten wird. In der Praxis hat sich z.B. auch das (seitlich sowie oben und unten) stramme Einpassen einer
Dämmstoff-„Wurst" in die Gefache als ausreichender luftdichter Abschluß der Gefach-
stirnseiten an Stelle der Ausbildung V in Bild a) erwiesen (Bild b). Als Dämmschicht-

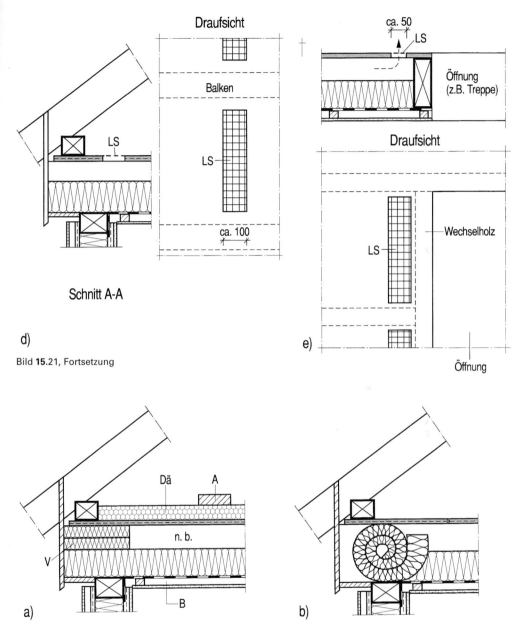

Bild **15.21**, Fortsetzung

Bild **15.22** Verbesserungsmöglichkeit für ursprünglich durch Tauwasser infolge Wasserdampf-Konvektion gefährdete Decken unter nicht ausgebauten Dachgeschossen

a) gesamter Aufbau; B nicht luftdichte untere Bekleidung; V nachträgliches, luftdichtes Verschließen der Gefache an beiden Stirnseiten der Decke, unter Vermeidung von Tauwasser an der Außenseite; Dä zusätzliche Dämmstoffauflage (z.B. Hartschaumplatten); A evtl. erforderliche lose Bohlenauflage; n.b. nicht belüfteter Hohlraum;
b) in der Praxis allgemein ausreichend luftdichter Abschluß der Gefachenden durch allseitig strammes Einpassen einer Dämmstoff-„Wurst", Variante zu V; ansonsten wie a)

Auflage sind Hartschaumplatten geeignet, die bei benutzbarem Dachbodenraum z.B. durch einzelne, lose aufgelegte Bohlen abgedeckt werden. In solchen Fällen ist nachzuweisen, daß der Deckenquerschnitt durch das luftdichte Verschließen der Gefache nicht durch Tauwasser an der Unterseite der oberen Schalung – jetzt aber infolge Wasserdampfdiffusion – erneut feuchtegefährdet ist, was aber bei eingelegter Dampfsperre kaum der Fall sein dürfte.

15.5.3   Tauwasser an anderen Stellen der Decke

Die in Abschn. 15.5.2 behandelte Unterseite der oberen Deckenschalung war der in der Praxis dominierende Ausgangsbereich für eine unzulässige Feuchteanreicherung, von wo aus sie sich aber durchaus auf andere Bereiche ausdehnen konnte (benachbarte Balken, vor allem aber darunterliegende Dämmschichten und Bekleidungen). Daneben traten – wenn auch nicht so häufig – noch andere, z.B. die nachfolgend beschriebenen Feuchteerscheinungen auf.

15.5.3.1   Tauwasser an der Deckenoberseite im Elementstoß

Bei Stößen von Deckenelementen in Holztafelbauart nach Bild **15.**23a trat zuweilen Tauwasser an der oberen Schalung sowohl an der Unterseite im Luftspalt als auch an der Oberseite im Schalungsstoß (b) auf. Die Ursache war wieder Wasserdampf-Konvektion. Abhilfe kann im Schadensfall durch nachträgliches Ausfüllen des lotrechten Luftspaltes zwischen den Elementen mit wärmedämmenden Stoffen (z.B. Ausschäumen über Bohrungen in der Schalung) erfolgen. Für den Neubau haben sich in der Praxis 2 waagerecht verlaufende, vorkomprimierte Schaumstoff-Dichtbänder bewährt (c).

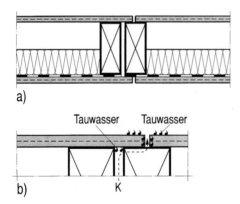

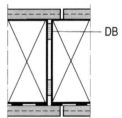

a)

Tauwasser   Tauwasser

b)   K

Bild **15.**23   c)
Stoßfugen-Ausbildung von vorgefertigten Deckenelementen
a) tauwassergefährdete Ausbildung, b) infolge Konvektion K aufgetretenes Tauwasser, c) Abhilfe (im Neubau) z.B. durch 2 waagerechte Schaumstoff-Dichtbänder DB

15.5.3.2   Nasse Oberfläche der oberen Spanplatten-Schalung

Auf diese in früheren Jahren relativ häufig aufgetretene Reklamation wurde bereits in Abschn. 2.4.1.3 eingegangen.

15.5.3.3   Tauwasser an der Deckenunterseite
a) An beliebiger Stelle der Deckenfläche
In Bild **15.**24 ist – als eine der vielen Möglichkeiten des zu geringen Wärmeschutzes – die mangelhafte Verlegung der Dämmschicht innerhalb des Deckengefachs dargestellt. Je nach Lage der Fehlstelle kann ihre Beseitigung unterschiedlich aufwendig sein.

b) In Außenwand-Nähe (Deckenrandbereich)

Die in Bild **15.**25 dargestellte Konstruktion soll stellvertretend auch für andere, vergleichbare Ausbildungen gelten. Tauwasser im Deckenrandbereich (a) ist – und zwar unabhängig von der Deckenkonstruktion – zuweilen aufgetreten. Die Ursache lag i. allg. in einer nicht sorgfältig verlegten Dämmschicht, wodurch es im Auflagerbereich zu einer Unterwanderung der Dämmschicht durch Kaltluft (b) und damit zu einer Unterschreitung

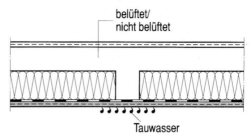

Bild **15.**24 Tauwasser an der Deckenunterseite infolge fehlerhaft verlegter Dämmschicht im Gefach

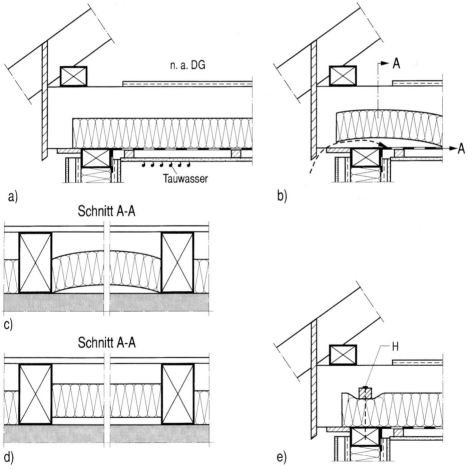

Bild **15.**25 Tauwasser an der Deckenunterseite im Außenwand-Bereich

a) Situation, b) Kaltluftunterwanderung bei nicht sorgfältig verlegter Dämmschicht, c) Dämmschicht aufgewölbt, d) Dämmschicht unten nicht angedrückt, e) Abhilfe: Halterung der Dämmschicht durch aufgenagelte Holzleiste H, vorgebohrt, Bohrdurchmesser $d_v \geq$ Nageldurchmesser d_n

der Taupunkttemperatur an der raumseitigen Oberfläche kam. Die Dämmschicht mit einer zu großen Breite war entweder in das Gefach eingepreßt worden, so daß sie sich aufwölben mußte (c), oder nicht ausreichend nach unten gedrückt worden (d).

Abhilfe kann erfolgen: Im Fall (c), indem man die Überbreite reduziert und die Dämmplatte wieder sorgfältig einpaßt, im Fall (d) durch Herunterdrücken der Dämmschicht. Beide Maßnahmen sind im Prinzip einfach, können aber schwierig werden, wenn dieser Bereich infolge oberer Schalung und Traufenbekleidung schwer zugänglich ist.

Für den Neubau reicht in aller Regel die bei d) erwähnte Handhabung aus. Will man jedoch sichergehen, dann empfiehlt sich eine Halterung der Dämmschicht, z. B. über aufgenagelte Holzleisten (e).

15.6 Geschoßdecken

15.6.1 Allgemeines

Gemeint sind Decken zwischen Aufenthaltsräumen, bei freistehenden Einfamilienhäusern in der Regel zwischen Erd- und Dachgeschoß, ansonsten auch zwischen Vollgeschossen.

Feuchtebedingte Schäden sind hierbei selten aufgetreten, da im Gegensatz zu Decken unter nicht ausgebauten Dachgeschossen auf Grund annähernd gleicher Klimate zu beiden Seiten vor allem Tauwasser infolge Wasserdampf-Konvektion nicht auftreten kann. Die wenigen mitgeteilten Schäden lassen sich bezüglich der Ursache wie folgt unterteilen:

— Baufeuchte Materialien für den Decken-Einschub
— Decken unter Naßbereichen (Duschen)
— „Betriebsunfälle"

15.6.2 Baufeuchte Materialien für den Decken-Einschub

Bild **15.**26 zeigt einen typischen Fall, vor allem früherer Jahre: Zur Modernisierung einer bis dahin einwandfreien Holzbalkendecke unter nicht genutzten Dachräumen (a) wurden die Gefache ausgefüllt und ein Fußboden aufgebracht (b). Für den Einschub

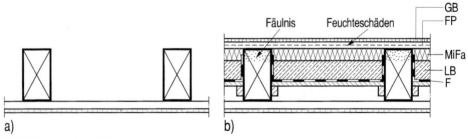

a)   b)

Bild **15.**26 Feuchteschäden durch nachträgliches Einbringen baufeuchter Materialien bei der Modernisierung von Holzbalkendecken

a) vorheriger, einwandfreier Zustand der Decke (Prinzip), b) neuer Deckenquerschnitt und aufgetretene Feuchteschäden

FP Spanplatte, MiFa mineralischer Faserdämmstoff, GB Gehbelag, LB Leichtbeton, F Folie

wurde (zur Verbesserung der Schalldämmung, die dadurch aber nicht erreicht wird) sog. „Leichtbeton" mit hoher Baufeuchte verwandt, z. B. Bimsbeton oder mit Sägespänen angereicherter Beton. Da mit solchem Beton eine extrem große Feuchtemasse eingebracht wurde, die bei der vorliegenden Konstruktion nur über einen sehr langen Zeitraum wieder entweichen konnte, wurden sowohl der Spanplatten-Unterboden stark geschädigt (Aufwölbungen, Gefügezerstörung) als auch die Holzbalken durch holzzerstörende Pilze angegriffen.

Solche Schäden passieren gelegentlich auch heute noch, wenn für den Einschub zwar trockene Schüttungen verwandt werden, diese aber auf Grund falscher Vorstellungen von der Verbesserung der Schalldämmung befeuchtet(!) und mit einer Zementschlämme gebunden werden. Wird diese Feuchte im Deckenhohlraum eingeschlossen, sind erhebliche Bauschäden vorprogrammiert.

15.6.3 Decken unter Naßbereichen

Decken und Fußböden unter Naßbereichen (vor allem unter Duschen) sind besonders gefährdet, wenn die Abdichtungsmaßnahmen sowohl innerhalb des Naßbereiches als auch an den Anschlüssen zu benachbarten Bauteilen nicht dauerhaft wirksam sind (s. z. B. Abschn. 11.9.4 und 13.7).

Unter Naßbereichen ist auch an die mögliche Gefährdung der Decken durch Schwindverformungen der Holzbalken und daraus resultierende Abrisse in der Abdichtung zu denken (s. Abschn. 15.7.6 und Bild **15**.49) Das gilt vor allem auch für den Abriß der Dichtung zwischen Duschtasse und Wand (s. Abschn. 13.7).

Unabhängig davon, daß sich die Schalldämmung einer Holzbalkendecke durch andere konstruktive Maßnahmen wesentlich wirtschaftlicher verbessern läßt als durch einen Einschub, ist dieser – auch bei Verwendung trockener Schüttmaterialien – in Decken unter Naßbereichen risikobehaftet. Kommt es nämlich zu einem Feuchteeintritt in die Decke (z. B. infolge einer Leckage im Duschenbereich), dann kann das für die Decke ernste Folgen haben, da die Befeuchtung auf Grund des großen Feuchtespeichervermögens des Einschubs lange Zeit unentdeckt bleibt und eine Wiederaustrocknung nur sehr langsam erfolgt (Bild **15**.27a). – Anders dagegen bei einer „modernen" Ausbildung ohne Einschub (Bild b), die schallschutztechnisch nicht schlechter abschneiden muß (s. Abschn. 14.4). Erfolgt hier eine stärkere Befeuchtung der Decke von oben, dann wird sie innerhalb kürzester Zeit an der Deckenunterseite sichtbar (Fleckenbildung), und der Schaden kann behoben werden, bevor es zur eigentlichen Gefährdung der Deckenkonstruktion kommt.

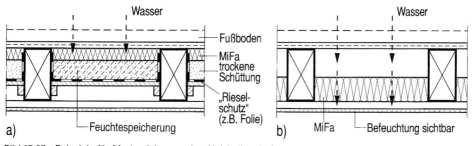

Bild **15**.27 Beispiele für Modernisierung alter Holzbalkendecken
a) mit Einschub (unter Naßbereichen wegen des eingebauten Feuchtespeichervermögens auch bei Verwendung trockener Schüttmaterialien im allgemeinen nicht zu empfehlen);
b) ohne Einschub; Hohlraumdämpfung mit mineralischem Faserdämmstoff; bei Wasserdurchtritt von oben wird dieser an der Deckenunterseite umgehend sichtbar

15.6.4 „Betriebsunfälle"

a) Allgemeines

Defekte Waschmaschinen, undichte Rohranschlüsse oder dgl. sind praktisch nie ganz auszuschließen. Wichtig ist dann, daß
1. die Schadenssituation frühzeitig erkannt wird (in 15.6.2 und 15.6.3 wurde bereits darauf hingewiesen, daß Decken ohne Einschub hier von großem Vorteil sind) und
2. kurzfristig Abhilfe geschaffen wird.

b) Defekter Duschenabfluß

In Bild **15**.28 ist ein Schadensfall dargestellt, wie er auch dem Verfasser in seinem eigenen Haus passiert ist! Oberhalb der Decke (a) befand sich die Dusche. Nach „Reinigungsarbeiten" der Hausfrau am Duschabfluß unter Lösen der Dichtung flossen später schätzungsweise zwei Duschtassenfüllungen in das darunterliegende Gefach. Schon wenige Minuten danach kam an der Unterseite des benachbarten Gefachs an der Elt-Kabeldurchführung einer Lampe Wasser heraus (anderenfalls wäre nach kurzer Zeit eine Verfärbung der Deckenunterseite aufgetreten, die ebenfalls bald bemerkt worden wäre).

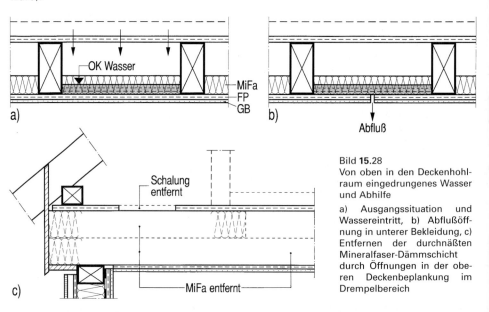

Bild **15**.28
Von oben in den Deckenhohlraum eingedrungenes Wasser und Abhilfe

a) Ausgangssituation und Wassereintritt, b) Abflußöffnung in unterer Bekleidung, c) Entfernen der durchnäßten Mineralfaser-Dämmschicht durch Öffnungen in der oberen Deckenbeplankung im Drempelbereich

Abhilfe: An der vermeintlich tiefsten Stelle der Deckenunterseite wurde ein kleines Loch gebohrt, durch das bereits der größere Teil des Wassers aus dem Gefach abfließen konnte (b). Anschließend wurde auf der gesamten Deckenlänge die Mineralfaser-Dämmschicht, die wegen ihrer unmittelbaren Auflage auf der unteren Deckenbeplankung bereichsweise stark durchnäßt war, aus dem direkt beanspruchten Gefach sowie aus den beiden benachbarten entfernt. Dazu mußte im Drempelbereich die obere Spanplatten-Beplankung teilweise entfernt werden. Nach mehrwöchiger Belüftung der Deckenhohlräume über die Drempel wurde eine neue Mineralfaser-Dämmschicht eingebracht. Dabei ist im „warmen" Bereich zwischen den übereinanderliegenden Aufenthaltsräumen eine exakte Lage der Dämmschicht, die bei größerer Deckenlänge praktisch nicht mehr zu erreichen ist, nicht erforderlich, da sie hier nur schallschutztechnische Aufgaben (Hohlraumdämpfung) hat.

c) »Lochfraß« bei Kupferrohren

Feuchteschäden an Holzbauteilen, insbesondere an Decken, infolge »Lochfraß« bei kalt- und warmwasserführenden Leitungen aus Kupferrohr wurden vor allem in früheren Jahren immer wieder festgestellt. Zunächst – bedingt durch die Wasserqualität – regional begrenzt, später ausgedehnter, auf Grund des „Verschnitts" von Wasser mehrerer Quellen. Mehrere Ursachen wurden immer wieder genannt, ohne daß dabei Eisen in fein verteilter Form, z.B. Späne, im Spiel sein mußte: Schlechte Qualität des Kupfers bei ausländischen Rohren (nicht DGW-geprüft), nicht entfettete Rohre (Ziehfette). Gute Erfahrungen wurden dagegen lt. Auskunft der Betriebe in den letzten Jahren mit Kupferrohren einwandfreier Qualität oder VPE-Kunststoffrohren gemacht.

15.7 Außenwände

15.7.1 Allgemeines

Feuchtebedingte Schäden traten im wesentlichen bei Außenwänden, bei Innenwänden dagegen seltener auf. Die Schäden sind vielfältiger Art. Deshalb werden sie nachfolgend je nach Zweckmäßigkeit teilweise nach Bauteilbereichen, teilweise nach Schadensursachen gegliedert.

15.7.2 Wetterschutz aus Spanplatten mit Direktbeschichtung

a) Allgemeines

Diese Ausbildung, die heute praktisch nicht mehr verwendet wird (s. Abschn. 7.1), war in den 70er Jahren des öfteren anzutreffen. Verwendet wurden Konstruktionen nach Bild **15**.29a) als vorgesetzte Bekleidung sowie nach b) als direkte Außenbeplankung, letztere sinnvoll nur bei verleimten Wandtafeln.

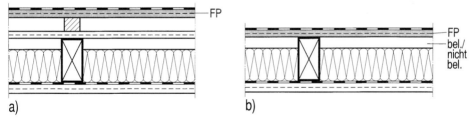

a)   b)

Bild **15**.29   Bis in die 70er Jahre häufiger anzutreffende Außenwände mit Wetterschutz aus direkt beschichteten Spanplatten, schematisch

a) als Vorhangschale, hinterlüftet, b) als aufgeleimte Beplankung bei vorgefertigten Tafeln

FP Spanplatten, z.B. lackbeschichtet (Polyurethan) oder kunstharzbeschichtet, bel./n.b. belüftet/ nicht belüftet

Für die wetterfeste Beschichtung der Spanplatte kamen im wesentlichen 2 Systeme zum Einsatz:

1. Glasfaserverstärktes Polysterharz
2. Polyurethan(PU)-Lack, ohne oder mit zusätzlicher Putzstruktur

Da die Ausbildung 1 im wesentlichen nur von einer einzigen Firmengruppe praktiziert wurde und feuchtebedingte Schäden hierüber nicht bekannt sind, wird nachstehend nur auf die Erfahrungen mit der Ausbildung 2 eingegangen.

Diese zeitweise eingesetzte Beschichtung konnte auf Grund der vorher durchgeführten Untersuchungen, vor allem aber auch an Hand eines großen, langjährigen Erfahrungsumfangs im Hochbau, als langzeitwetterbeständig eingestuft werden. Ihr großer Nachteil war jedoch ihre verhältnismäßig geringe Elastizität. Kam es im Nutzungszustand zu rein hygroskopisch bedingten Dickenquellungen der Spanplatte, so bestand die Gefahr von Haarrissen im Kantenbereich (Bild **15.**30). Die Folge waren dann – insbesondere an den Wetterseiten – eine verstärkte Feuchteaufnahme und zunehmende Dickenquellung der Spanplatte und somit eine fortschreitende Zerstörung der Beschichtung.

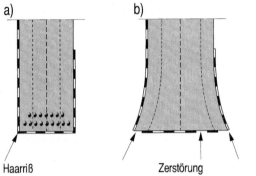

Haarriß   Zerstörung

Bild **15.**30   Direktbeschichtung von Spanplatten mit PU-Lack, ohne/mit zusätzlicher Putzstruktur

a) Ausgangssituation (scharfe Kanten) mit Haarriß im Lack im Kantenbereich und nachfolgend eindringende Feuchte, b) zunehmende Dickenquellung und weitere Zerstörung der Beschichtung (schematisch)

Bild **15.**31
Beschichtung nach Entschärfung des unteren Spanplattenrandes durch abgerundete Kanten und abgeschrägten Rand

Der hochempfindliche Kanten- und Randbereich an der Spanplattenunterseite wurde wesentlich entschärft, wenn die Kanten vor der Beschichtung abgerundet wurden (mit Halbrundfräser) und der Rand tropfnasenförmig abgeschrägt wurde (Bild **15.**31).

b) Beschichtete Spanplatten als vorgesetzte Bekleidung

In Bild **15.**32 ist ein des öfteren aufgetretener Schadensfall auf Grund der Ursache nach Bild **15.**30 dargestellt.

Die Sanierung hängt vor allem vom aufgetretenen Schadensumfang ab. Ist der Spanplattenrand auf einer größeren Länge in Mitleidenschaft gezogen, dann empfiehlt es sich in aller Regel, die vorgehängte Bekleidung zu ersetzen, entweder durch eine andere, wetterbeständige Bekleidung oder aber durch ein Wärmedämm-Verbundsystem. Letzteres (Prinzipbeispiel s. Bild **15.**32b) hat sich in der Praxis für die Sanierung als besonders zweckmäßig erwiesen, da es nicht nur einfach aufzubringen ist, sondern auch bauphysikalisch unkompliziert ist und darüber hinaus den Wärmeschutz nachhaltig verbessert. Bei der Wahl der Dämmschichtdicke sind die vorgegebenen Fenster- und Türanschlüsse zu beachten, woraus sich i. allg. keine Schwierigkeiten ergeben. Bei der Ausbildung des Wand-Fußpunktes kann ggf. auch die nachträgliche Dämmung der Kellerdecken-Stirnseite mit einbezogen werden, da größere Formänderungen der Wand (feuchtebedingt oder aus Setzungen) nicht mehr zu erwarten sind (Bild **15.**32 c).

Bei einem lediglich an einer einzigen Stelle der Wand aufgetretenen Feuchteschaden (wobei man sich durch sorgfältige Inspektion des gesamten, umlaufenden Plattenrandes davon überzeugen sollte, ob es tatsächlich die einzige ist) ist eine lokale Sanierung möglich, die jedoch einen erheblichen Aufwand und größte Sorgfalt erfordert (Vorschläge s. [5]). Und trotzdem ist eine bleibende optische Beeinträchtigung der Außenansicht nicht auszuschließen.

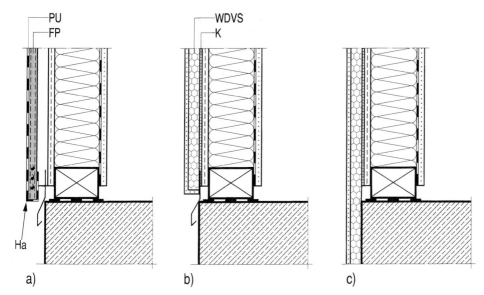

Bild **15**.32 Außenwand mit Bekleidung aus direkt beschichteter Spanplatte
a) aufgetretener Schaden (Haarriß Ha in der Beschichtung und nachfolgender Schaden in der Spanplatte), b) Vorschlag für Sanierung durch Aufbringen eines Wärmedämm-Verbundsystems WDVS über Verklebung K, c) Erweiterung der Sanierung auf die zusätzliche Wärmedämmung der Kellerdecke, sofern es die örtliche Situation zuläßt (Prinzip)
PU Polyurethan-Lack, werksseitig aufgebracht, FP Spanplatte auf lotrechter Lattung, hinterlüftet

Eine Schädigung der Beschichtung bis zu ihrer Zerstörung und damit nachfolgende Feuchteschäden in der Spanplatte sind auch im Bereich mechanischer Verbindungsmittel, vor allem an den Wetterseiten, dadurch aufgetreten, daß Nagel- oder Schrauben-

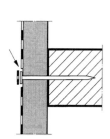

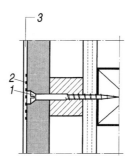

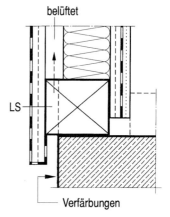

Bild **15**.33
Beschädigung der Lackbeschichtung durch „Herauswandern" der mechanischen Verbindungsmittel

Bild **15**.34
Verhinderung von Beschädigungen der Beschichtung im Bereich von Befestigungsmitteln (z. B. Schrauben)

(*1*) Schraubenkopf, versenkt;
(*2*) Glasfaservliesplättchen, aufgeklebt; (*3*) PU-Lack

Bild **15**.35
Verfärbungen im Sockelbereich hinterlüfteter Beplankungen (oder Bekleidungen)
LS Lüftungsschlitz

köpfe „herauswanderten", verursacht durch Formänderungen des Holzes oder der Spanplatte infolge Veränderungen ihrer Gleichgewichtsfeuchte (Bild **15.**33). Deshalb war die Anwendung direkt beschichteter Beplankungen als statisch mitwirkende Teile (vgl. Bild **15.**29b) nur bei verleimten Wandtafeln möglich. Bei statisch nicht beanspruchten Bekleidungen aus direkt beschichteten Spanplatten hat sich – da hierfür einerseits die Verleimung technisch nicht möglich ist, andererseits die Anzahl der Befestigungsmittel gegenüber Beplankungen erheblich reduziert ist – die Befestigung nach Bild **15.**34 bewährt. Dabei wird durch Versenken des Schraubenkopfes eine spätere, schadensfreie Bewegung in Längsrichtung des Verbindungsmittels ermöglicht sowie durch aufgeklebte Glasfaservlies-Plättchen eine ausreichende Unterlage für die Lackbeschichtung geschaffen.

Außenwände unter Verwendung einer Außenbeplankung mit Direktbeschichtung sind auch optisch hochempfindlich, da Formänderungen der Beplankung sofort außen sichtbar werden. Daher sollte alles vermieden werden, was zu Feuchteanreicherungen in der Außenbeplankung führt.

Um die Gefahr unzulässiger Feuchte, z.B. infolge Wasserdampfdiffusion, in den beschichteten Spanplatten auszuschalten, wurden in der Praxis zeitweise Außenwände mit hinterlüfteter Außenbeplankung gefertigt (Bild **15.**35). Bei dieser Ausführung traten des öfteren Braunverfärbungen am Kellersockel auf, die weniger auf ausgewaschene, nicht ausgehärtete Phenolharzreste als vielmehr auf durch Natronlauge herausgewaschene, gelblich-braune Holzinhaltsstoffe zurückzuführen waren, bedingt durch instationär an der Plattenrückseite ausfallendes und herablaufendes Tauwasser, das anschließend über die unteren Zuluftöffnungen herauslief.

Diese Ausführungen machen deutlich, daß das Verbundsystem aus Spanplatte und PU-Lackbeschichtung in vielerlei Hinsicht sehr empfindlich war. Dieser Nachteil sowie auch die verschärften Anforderungen an den Wärmeschutz haben diese Bauart gegenüber dem heute vorherrschenden Wärmedämm-Verbundsystem nahezu in der Versenkung verschwinden lassen.

15.7.3 Außenliegendes Wärmedämm-Verbundsystem, Allgemeines

Diese Ausführung (Bild **15.**36) ist heute mit weitem Abstand am verbreitetsten und hat die früher dominierende Ausbildung (hinterlüfteter Wetterschutz, seinerzeit z.B. häufig noch unter Verwendung von Asbestzementtafeln) in den Hintergrund gedrängt. Folgende Ursachen sind zu nennen: Wesentliche Verbesserung des Wärmeschutzes, vor allem im vorher schwächeren Rippenbereich, Beherrschung der Ausführungstechnik, unproblematisches Verhalten der Gesamtkonstruktion durch Fortfall der Hinterlüftung, gefälliges, massivhausähnliches Aussehen.

Typische Schäden, die bei Verwendung von Hartschaumplatten mit Kunstharzputz in einer ungestörten Wandfläche auftraten, wurden nicht genannt, s. jedoch nachfolgende Abschnitte.

Voraussetzung für eine langjährige Funktionstüchtigkeit solcher Wärmedämm-Verbundsysteme (vor allem des Wetterschutzes, insbesondere auch im Bereich

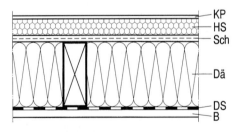

Bild **15.**36 Außenwand mit außenliegendem Wärmedämm-Verbundsystem

KP Kunstharzputz, HS Hartschaumplatten, Sch Schalung (Beplankung), Dä Dämmschicht, DS Dampfsperre, B Bekleidung (Beplankung)

der Anschlüsse an andere Bauteile, z. B. Fenster und Türen) ist, daß einerseits die Verträglichkeit zwischen den verwendeten Materialien des mehrlagigen Systems untereinander gegeben ist und zum anderen die Anschlüsse dauerhaft dicht ausgebildet werden.

Daher sind die von einigen System-Anbietern für den deutschen Markt entwickelten Verarbeitungs-Richtlinien einschließlich der praktizierten Überwachung des Verwenders für den Holzhausbauer sehr hilfreich.

15.7.4 Holzwolle-Leichtbauplatten mit mineralischem Putz

Nach allgemeinem Sprachgebrauch rechnet man heute zum Wärmedämm-Verbundsystem nur Ausführungen unter Verwendung von Hartschaumplatten, die seit Ende der 70er Jahre verstärkt angewandt werden. Im Prinzip gehören jedoch auch Ausführungen mit Holzwolle-Leichtbauplatten (HWL) und mineralischem Putz dazu. Solche Wandkonstruktionen sind bereits seit Anfang der 60er Jahre im Einsatz, verfügen also bereits über einen Erfahrungsumfang von mehr als 30 Jahren.

Zur Anwendung kommen grundsätzlich zwei Ausführungsprinzipien (Bild **15**.37):

a) HWL ohne Schalung
b) HWL auf Schalung

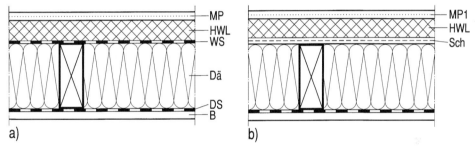

a)   b)

Bild **15**.37   Beispiele für Außenwand mit Holzwolle-Leichtbauplatte HWL und mineralischem Putz MP
a) ohne Schalung, b) auf Schalung
MP1 mineralischer Putz, Außenoberfläche wasserabweisend, z. B. durch zusätzlichen Kunstharzputz, WS wasserableitende Schicht, Sch Schalung, Dä Dämmschicht, DS Dampfsperre, B Bekleidung (Beplankung)

Die Ausführung »HWL ohne Schalung« ist im Grundsatz feuchteschutztechnisch robuster, da keine außenliegende Schalung oder Beplankung vorhanden ist, die u. U. durch feuchtebedingte Formänderungen den außenliegenden Wetterschutz, der durch den mineralischen Putz ein relativ steifes Gefüge darstellt, in Mitleidenschaft zieht; wie noch gezeigt wird, spielen sich die wesentlichen Feuchteänderungen – sofern sie im Schadensfall auftreten – in aller Regel in der außenliegenden Schalung oder Beplankung ab.

Bedenken gegen die Ausbildung »HWL auf Schalung« nach Bild b) bestehen nur dann nicht, wenn folgendes gewährleistet ist:

a) Schalung aus Brettern
b) Schalung aus Spanplatten:
— eine Befeuchtung von außen her ist unbedingt zu verhindern, d. h. keine Wasseraufnahme des Putzes, wodurch infolge anschließender Sonnenwärmeeinstrahlung ein Feuchtetransport an die außenseitige Spanplattenoberfläche erfolgen könnte; zu erreichen durch Wahl entsprechender Putze (z. B. Kunstharzputz als Endputz oder ent-

sprechend aufgebauter mineralischer Putz) oder durch ausreichend große Dachüber-
stände;
— eine Befeuchtung von innen her (infolge Wasserdampfdiffusion oder -Konvektion ist
zu verhindern).

Bewährte Ausbildungen »HWL auf Schalung« nach Bild b) wurden des öfteren für
Bayern und Österreich – allerdings mit den dort allgemein üblichen, größeren Dach-
überständen – genannt.

a) Schäden durch Wasserdampf-Konvektion

Wie empfindlich die Ausbildung »HWL auf Schalung« – sofern dafür Spanplatten verwendet werden – gegenüber Befeuchtungen der Schalung ist, zeigt der Schaden nach
Bild **15**.38. Durch Wasserdampf-Konvektion (über Steckdosen oder dgl.) kam es zur
raumseitigen Tauwasserbildung an der außenliegenden Spanplatte (a) und anschließenden erheblichen Formänderungen der gesamten Außenhaut mit Nachfolgeschäden
durch Putzrisse und dgl. Die Aufwölbungen sind in Bild b) nur symbolisch dargestellt,
da sie bei einer einseitigen Befeuchtung in Wirklichkeit auch entgegengesetzt gerichtet
sein können.

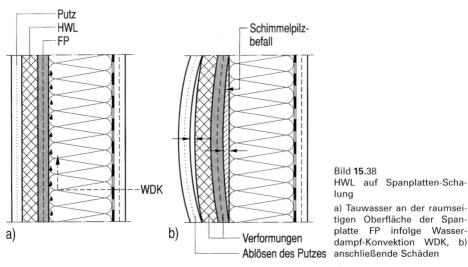

Bild **15**.38
HWL auf Spanplatten-Scha-
lung

a) Tauwasser an der raumseitigen Oberfläche der Spanplatte FP infolge Wasser-
dampf-Konvektion WDK, b)
anschließende Schäden

b) Schäden durch fehlenden Wetterschutz während der Bauphase

Werden bei Wänden mit »HWL auf Schalung« Holzwolle-Leichtbauplatte und Putz nicht
bereits im Werk, sondern erst nachträglich an der Baustelle aufgebracht, dann besteht
bei Spanplatten-Schalungen die große Gefahr starker Aufwölbungen durch zwischenzeitlich einseitige Befeuchtung von außen, nicht nur bei direkt einwirkenden Niederschlägen (Schlagregen), sondern auch schon bei längerfristig wirkender höherer Außenluftfeuchte.

Ein solcher Schaden ist in Bild **15**.39 dargestellt, bei dem die Verformungen der Spanplatten durch Schlagregeneinwirkung dermaßen groß waren, daß sie vollständig ausgewechselt werden mußten.

Aber auch allein schon hohe relative Außenluftfeuchte kann bereits Formänderungen
der Spanplatten verursachen, die für die direkt aufzubringenden Wärmedämm-Verbundsysteme zu groß sind. Solche Befeuchtungen der Spanplatten während des Bau-
zustandes können nur vermieden werden, wenn sie bis zum Aufbringen des Wetterschutzes weitgehend dampfdicht abgedeckt werden, z. B. mit einer PE-Folie.

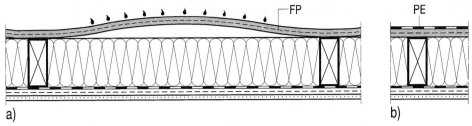

Bild **15**.39   HWL auf Spanplatten-Schalung nach Bild **15**.37 b

a) Rohbausituation (Einwirken von Niederschlägen) und anschließende Formänderungen der Spanplatten FP; b) Vorschlag für Vermeidung von direkter oder indirekter Befeuchtung der Spanplatte von außen her: Dampfsperrende Abdeckung mit Polyethylenfolie PE bis zum Aufbringen des Wetterschutzes

Ein anderer Schaden durch längerfristig fehlenden Wetterschutz – allerdings bei einer Außenwand mit »HWL ohne Schalung« – geht aus Bild **15**.40 hervor. Bis zum Aufbringen des Putzes verging längere Zeit, so daß die HWL an der Wetterseite infolge Niederschlägen durchnäßt war, als der Putz aufgebracht wurde (a). Nachfolgend wurde – durch Wasserdampfdiffusion von außen nach innen infolge Sonnenwärmeeinstrahlung – die raumseitig angeordnete Spanplatte stärker befeuchtet, woraus sich entsprechende Formänderungen und – wie man später feststellte – Schimmelpilzbefall an der Spanplatte ergaben (b). Im weiteren Verlauf kam es dann noch zu einer Vielzahl von Haarrissen im Putz, wodurch der Schadensumfang von Jahr zu Jahr zunahm.

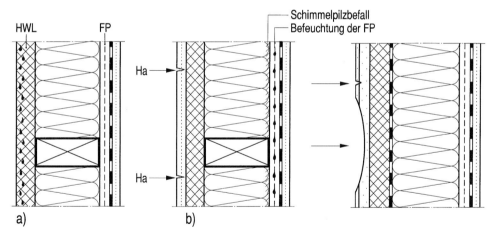

Bild **15**.40   HWL ohne Schalung, Feuchteschäden durch fehlenden Putz während der Bauphase

a) Rohbauzustand mit Durchfeuchtung der HWL; b) später aufgetretene Schäden an der raumseitigen Spanplatte (Verformungen nicht eingezeichnet) sowie nachfolgende Haarrisse Ha im Putz (waagerechter Schnitt)

Bild **15**.41   Nachfolgende Putzschäden bei unsachgemäßer Verarbeitung, z.B. zu feuchte HWL infolge Schlagregen vor dem Verputzen: Putzrisse und Abplatzungen an der Wetterseite

Putzschäden traten häufiger dann auf, wenn die Holzwolle-Leichtbauplatten im nassen Zustand geputzt worden waren. Infolge Schwindens der Platten kam es zu Putzrissen sowie zu Abplatzungen (Bild **15**.41).

15.7.5 Mineralfaser-Dämmplatten mit mineralischem Putz

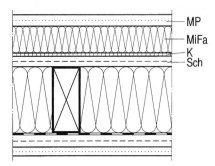

Bild **15**.42 Außenwand mit Wärmedämm-Verbundsystem unter Verwendung spezieller Mineralfaser-Dämmplatten; MP mineralischer Putz, MiFa Mineralfaser-Dämmplatte, K Verklebung, Sch Schalung

Dieses Wärmedämm-Verbundsystem (Bild **15**.42) kommt im allgemeinen Hochbau ebenfalls, wenn auch nicht so häufig wie mit Hartschaumplatten, zum Einsatz. Auch für Wände in Holzbauart wurde es schon des öfteren verwendet. Die Wärmedämmschicht besteht aus speziellen Mineralfaser-Dämmplatten und wird – ähnlich wie bei Hartschaum-Platten – mit dem Untergrund verklebt. Bei der Verwendung von Spanplatten als äußere Schalung müssen in jedem Fall die gleichen Vorbehalte gemacht werden, wie in Abschn. 15.7.4 zu »HWL auf Schalung« ausgeführt.

Unabhängig davon kam es in der Praxis zu Schäden (s. Bild **15**.43), die auf mangelhafte Verarbeitung zurückzuführen waren. Die Schichtfestigkeit des Faserdämmstoffes im Bereich der Verklebung reicht nicht aus, um die Dämmschicht einschließlich des schweren Putzes ohne zusätzliche Halterung dauerhaft in ihrer Lage zu sichern. Die Folgen waren Ablösungen des Dämmsystems in der Fläche (a) und an den Rändern (b).

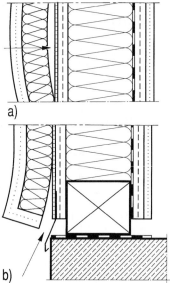

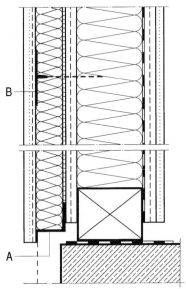

Bild **15**.43 Aufgetretene Schäden an Wärmedämm-Verbundsystemen mit Mineralfaser-Dämmplatten infolge fehlender mechanischer Befestigung (Ablösen der Dämmplatte vom Untergrund)

a) in der Fläche, b) am unteren Rand

Bild **15**.44 Prinzipbeispiel für einwandfreie Ausbildung des Wärmedämm-Verbundsystems unter Verwendung von Mineralfaser-Dämmplatten

A Abschlußprofil, B Kunststoff-Teller + Sondernagel

Deshalb ist es unbedingt erforderlich, die Anweisungen der verschiedenen System-anbieter, die sich auf dem Markt befinden, zu befolgen. Dazu gehören neben einer einwandfreien, vollflächigen Verklebung u. a. die zusätzliche mechanische Befestigung in der Fläche unter Verwendung von Kunststofftellern sowie ein Abschlußprofil am unteren Rand (Bild **15.**44).

15.7.6 Wärmedämm-Verbundsystem, über mehrere Geschosse durchgehend

a) Allgemeines

Beim Wärmedämm-Verbundsystem stellt der Übergangsbereich Erdgeschoß–Obergeschoß (z. B. bei Einfamilienhäusern mit Erdgeschoß und Dachgeschoß in der Giebelwand, s. Bild **15.**45) dann ein Problem dar, wenn der Übergang nicht betont, die Außenwandoberfläche also nicht un-terbrochen, sondern durchgehend über die ge-samte Fläche verputzt werden soll. Das Problem ergibt sich allein schon daraus, daß im Decken-Auflagerbereich eine große Gesamtdicke von Holz quer zur Faser vorliegt, wodurch sich bei Än-derung der Holzfeuchte vom Einbau- auf den Nut-zungszustand (in aller Regel Feuchteabnahme) große Schwindverformungen in vertikaler Rich-tung ergeben können, die zu nachteiligen Auswir-

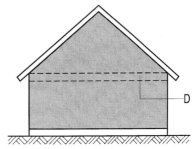

Bild **15.**45 Beispiel für über 2 Geschosse durchgehenden Außenputz (Ergeschoß + Dachgeschoß) mit Problembereich Decken-auflager D

kungen auf die mit der Unterkonstruktion direkt verbundene Außenhaut führen (Bild **15.**46). Bei einer Holz-Gesamtdicke von etwa 40 cm kann das Schwindmaß durchaus in der Größenordnung von 10 bis 20 mm liegen!

Schäden oder unangenehme optische Beeinträchtigungen (Risse, Quetschfalten u.dgl.) traten anfänglich häufig auf. Heute hat man dieses Problem weitestgehend „im Griff",

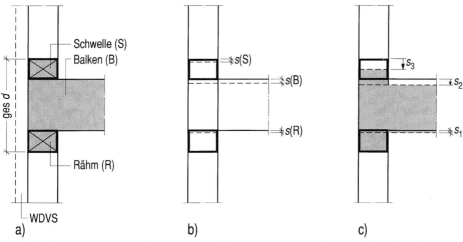

Bild **15.**46 Lotrechte Schwindverformungen der Hölzer quer zur Faser im Deckenauflagerbereich
a) Ausgangssituation, b) Einzelschwindmaße s, c) Gesamt-Verschiebungen s

$$s_1 = s(\text{Rähm}) \qquad s_2 = s_1 + s(\text{Balken}) \qquad s_3 = s_2 + s(\text{Schwelle})$$

— sei es durch große Sorgfalt, zu allererst bei der Holztrocknung, dann bei der Holzaus-
wahl und -bearbeitung sowie bei der konstruktiven Durchbildung (vor allem, was die
Anordnung der Stoßfugen der für die Außenhaut verwendeten Materialien betrifft),
— sei es durch die Unterbrechung der geputzten Wandoberfläche im Deckenbereich.

b) Schäden bei Wärmedämm-Verbundsystem mit Hartschaumplatten

Aus Bild **15.**47 geht eine für die Anfangszeit der Verwendung dieses Systems typische,
aber kritische Fugenanordnung der Hartschaumplatten und der darunterliegenden
Spanplatten-Schalung bei werksseitiger Vorfertigung der Wände für das Erd- und Ober-
oder Dachgeschoß hervor (Bild a). Der Kunstharzputz wurde bauseits durchgehend auf
der gesamten Wandfläche – mit einer zusätzlichen Bewehrung im Deckenauflagerbereich – aufgebracht. Die Holzfeuchte – vor allem der Deckenbalken – lag in der Regel
bei etwa u = 20% oder darüber.

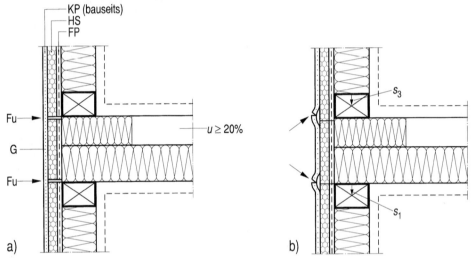

Bild **15.**47   Schaden bei Wärmedämm-Verbundsystem im Deckenbereich
a) Ausgangssituation, b) Quetschfalten und Risse
KP Kunstharzputz, HS Hartschaumplatte, FP Spanplatte, Fu Fuge in HS und FP, G zusätzliches
Gewebe im Kunstharzputz im Stoßbereich; s_1, s_2, s_3 Verschiebungen der Einzelteile durch
Schwindverformungen (s. Bild **15.**46)

Folge: Bis zum späteren Erreichen der mittleren Gleichgewichtsfeuchte der Hölzer traten größere Formänderungen (vor allem wegen des auf Grund seiner größeren Querschnittsabmessungen halbtrocken eingebauten Deckenbalkens) in vertikaler Richtung
auf, die vom Putzsystem nicht mehr verkraftet werden konnten, so daß es zu Quetschfalten und Rissen kam (Bild b). Darüber hinaus waren Stauchungen in den Hartschaumplatten und Aufwölbungen in der Spanplatten-Schalung möglich, wenn die Platten –
entgegen der Darstellung in Bild a) – ursprünglich ohne Zwischenraum stumpf gestoßen waren.

Solche Schäden wurden später z. B. durch folgende Änderungen vermieden:
— Sorgfältige Trocknung der in diesem Bereich beteiligten Hölzer, vor allem der Dek-
kenbalken, auf Holzfeuchten $u \leq$ 15%, teilweise auch Verwendung von Brettschichtholz
— veränderte Anordnung der Fugen in den Hartschaumplatten und in der Spanplatten-
Schalung
— veränderte konstruktive Ausbildung im Auflagerbereich der Decken

Wie leicht einzusehen ist, gab es in diesem Bereich bei der Verwendung verleimter Deckenelemente in der Vergangenheit keine Probleme, da bei diesen Bauteilen automatisch Holzfeuchten von etwa $u = 12\%$ gewährleistet sind.

Da die Vorgabe $u \leq 15\%$ für Deckenbalken aus Vollholz oft nicht erfüllbar ist, größere Schwindverformungen dieser Hölzer also einfach nicht zu vermeiden sind, wurde von mehreren Firmen unter Beibehaltung des „üblichen" Feuchtegehalts $u \geq 20\%$ für Deckenbalken eine konstruktive Alternativlösung gefunden, s. Bild **15.48**. *Prinzip:* Im Deckenbereich werden Zwischenhölzer mit vertikalem Faserverlauf (Stempel) angeordnet, die somit ohne eigene Schwindverformungen die lotrechten Kräfte aus der Obergeschoßwand direkt in die Erdgeschoßwand weiterleiten.

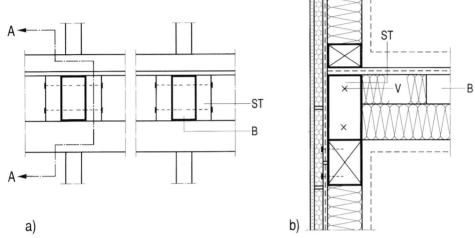

a)   b)

Bild **15.48**   Vermeidung von Schäden im Wärmedämm-Verbundsystem infolge Schwindverformungen der Deckenbalken durch Anordnung von Stempeln neben den Balken
a) Ansicht von vorn, b) Schnitt A-A
ST Stempel (Seitenholz), Faser lotrecht, B Balken, V mechanische Verbindung, z. B. Sechskantholzschraube

Bei diesem Konstruktionsprinzip ist das Schwindmaß der Deckenbalken zumindest für die Außenhaut unbedeutend geworden. Trotzdem ist es – vor allem bei größeren Holzfeuchteänderungen – nach wie vor vorhanden. Es kann jetzt an anderer Stelle sichtbar werden, z. B. als Fugenabriß zwischen der Wand- und Fußbodenverfliesung in Bädern (Bild 15.49) oder als Hohlraum zwischen Sockelleiste und Fußbodenbelag in anderen

Bild **15.49**
Fugenbildung (schematisch) im Anschlußbereich Wand – Fußboden durch unterschiedliches „Nachgeben" des Fußbodens über die Deckenbalkenlänge (in Außenwandnähe infolge Stempels keine, im übrigen Bereich stärkere Durchsenkung infolge Schwindens des Balkens)

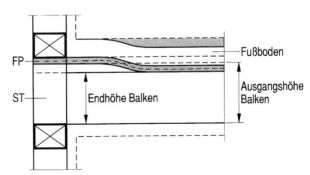

Räumen. Deshalb sind solche Nahtstellen in Erwartung von Schwindverformungen der Deckenbalken, die in der Regel nach spätestens einem Jahr abgeklungen sein dürften, entsprechend elastisch auszubilden und anschließend nachzubessern.

c) Schäden an Holzwolle-Leichtbauplatten

Wurden bei diesem System konstruktiv die gleichen Fehler gemacht wie beim System nach b), dann traten auch hier ähnliche Schäden auf, und zwar unabhängig davon, ob die Ausbildung »HWL ohne Schalung« oder »HWL auf Schalung« vorlag.

15.7.7   Außenbekleidung aus Profilbrettschalung

a) Allgemeines

Die Profilbrettschalung kommt als Außenbekleidung vor allem im Giebelbereich häufig zum Einsatz. Sie kann lotrecht oder waagerecht angeordnet werden, wobei bei letzterer für einen sicheren Wetterschutz darauf zu achten ist, daß die angefräste Feder jeweils nach oben zeigt. Der Schutz der Bretter erfolgt durch Anstrich, wofür überwiegend Dispersionen (deckend) und Dünn- oder Dickschichtlasuren (nicht deckend) verwendet werden, letztere mit lediglich geringer bzw. mäßiger Witterungsbeständigkeit; spätere Pflegeanstriche müssen bei Dünnschichtlasuren häufiger vorgenommen werden als bei Dickschichtlasuren.

b) Aufgetretene Schäden

Innerhalb der Fläche traten im wesentlichen zwei Schadensarten auf (Bild **15**.50):

1. Offene Fuge: Stellenweise zog sich die Feder aus der Nut heraus. Ursache: Große Schwindverformungen infolge einer höheren Einbaufeuchte der Bretter (ca. 20%) und anschließender starker Trocknung (bis auf ca. 6%) durch große Aufheizung der Bretter infolge Sonnenwärmeeinstrahlung.

2. Gerissenes Brett: In der Fläche vereinzelte, größere Risse innerhalb der Bretter, nicht nur auf den Bereich der Feder beschränkt. *Ursache:* Schwindverformungen wie unter 1., jedoch Verklebung der Bretter, vor allem bei Dickschichtlasuren, durch spätere

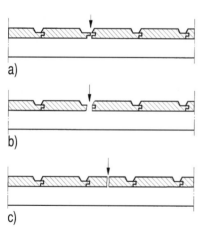

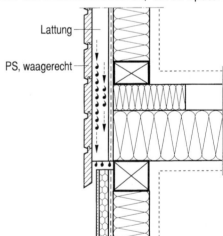

Bild **15**.50   Schäden in der Profilbrettschalung
a) offene Fuge, b) gerissene Feder, c) gerissenes Brett

Bild **15**.51   Befeuchtung der Unterkonstruktion infolge fehlerhafter Profilbrettschalung; durch offene Fugen, Risse oder dgl. hinter die Schalung gelangende Niederschläge

Pflegeanstriche. Besonders gefährdet sind lotrechte Schalungen, da hier beim nachträglichen Anstrich mehr Material in die Nut-Feder-Verbindung einfließen kann als bei waagerechten.

Bei entstehenden Fugen in der Schalung wie aber auch bei Verwendung von stark ästigem Holz mit lose oder ausgefallenen Ästen kann die dahinterliegende Konstruktion durch Schlagregen gefährdet sein (s. Bild **15.**51), wenn nicht konstruktive Vorkehrungen getroffen werden (s. c)).

c) Vorschläge zur Vermeidung von Schäden

Zunächst ist auf eine einwandfreie Holzqualität der Profilbretter, vor allem im Hinblick auf die Ästigkeit, zu achten. Ferner ist dafür zu sorgen, daß die Holzfeuchte der Bretter nicht zu groß ist (möglichst u = 12 bis 15%). Trotzdem können erhebliche Feuchteschwankungen durch langfristig hohe Außenluftfeuchte einerseits und starke Sonnenwärmeeinstrahlung andererseits nicht verhindert werden.

Des weiteren ist durch Wahl geeigneter Anstriche entsprechend den einschlägigen Verarbeitungsrichtlinien der Hersteller für einen guten Oberflächenschutz der Bretter zu sorgen. Bei späteren Erneuerungen des Anstrichs ist darauf zu achten, daß eine starke „Verklebung" der Einzelbretter im Fugenbereich möglichst vermieden wird.

Da also die Gefahr offener Fugen in der Profilbrettschalung nicht auszuschließen ist, muß hinter die Schalung gelangende Feuchte abgeführt werden können, ohne die dahinter- oder darunterliegende Konstruktion zu gefährden. Vorschläge für die konstruktive Ausbildung sind in Bild **15.**52 enthalten. Als wasserableitende Schicht kommen alle Materialien in Frage, die dauerhaft wasserabweisend sind, wobei jedoch diffusionsoffene Materialien (Spezialfolien oder -vliese) bevorzugt werden sollten, da sie die Wiederabgabe von Feuchte wesentlich beschleunigen.

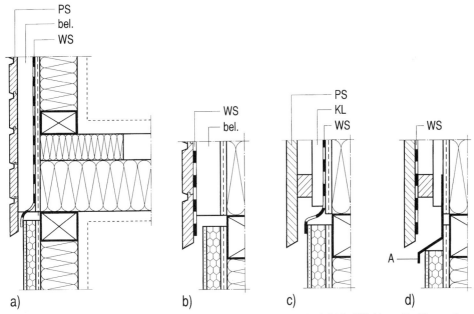

Bild **15.**52 Vermeidung von Feuchteschäden durch wasserableitende Schicht WS hinter Profilbrettschalung PS

   a) und b) waagerechte Schalung, c) und d) lotrechte Schalung mit Quer- und Konterlattung KL; bel. belüftet, A Abschlußprofil

15.7.8 Außenwand-Fußpunkt

a) Allgemeines

Die für den Außenwand-Fußpunkt mitgeteilten Schäden lassen sich in zwei Gruppen einteilen (Bild **15.**53):

a) Tauwasser an der Raumseite, mit anschließenden, lokalen Schäden in der raumseitigen Bekleidung sowie Schimmelpilzbefall (Wärmebrückenproblem)

b) Feuchteschäden an der Außenseite, vor allem in der Schwelle, durch mangelhafte Absperrung gegenüber Niederschlägen, z.B. im Anschlußbereich an Terrassen und Balkone. Diese Schäden waren in aller Regel auf unsachgemäße Arbeiten (oft in Eigenregie des Bauherrn) nach der Fertigstellung und Übergabe der Holzhäuser zurückzuführen.

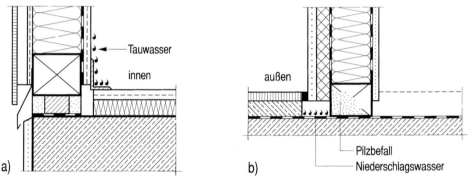

Bild **15.**53   Häufigste Feuchteschäden im Außenwand-Fußpunkt
a) Tauwasser an der raumseitigen Oberfläche, b) Feuchte im Anschluß an Terrassen, Balkone oder dgl.

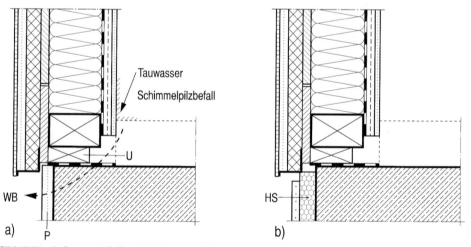

Bild **15.**54   Außenwand-Fußpunkt (schematisch)
a) Tauwasser und Schimmelpilzbefall an der Raumseite durch Wärmebrückenwirkung WB, b) Beispiel für Abhilfe
U durchgehendes Schwellen-Unterlagsholz, HS Hartschaumplatten, P Putz

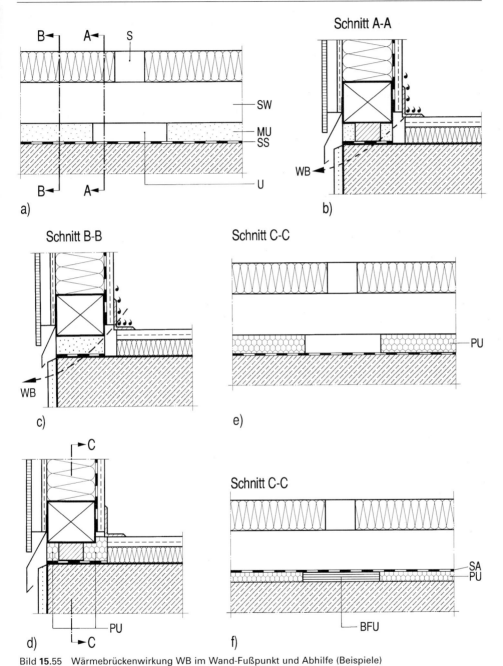

Bild **15**.55 Wärmebrückenwirkung WB im Wand-Fußpunkt und Abhilfe (Beispiele)

a) früher übliche Ausbildung, Ansicht Unterkonstruktion, b) und c) Tauwassergefahr im Stiel-bzw. Gefachbereich, d) und e) Abhilfe im Stiel- bzw. Gefachbereich, f) Variante hinsichtlich Ausbildung des Feuchteschutzes zur Massivdecke

S Stiel, SW Schwelle, MU Mörtelunterstrich, U Unterlagsholz, PU Ortschaum, BFU Bau-Furniersperrholz (Klasse 100), beschichtet, SA Sperranstrich, SS Sperrschicht (z. B. Bitumenbahn)

b) Tauwasser an der raumseitigen Oberfläche durch Wärmebrücken

Die geometrisch bedingte Wärmebrücke (Anschluß Außenwand – Kellerdecke, noch stärker der dreidimensionale Anschluß des Wand-Fußpunktes in der Gebäudeecke) stellt ein grundsätzliches Feuchteschutzproblem dar, insbesondere dann, wenn auf Grund einer unsachgemäßen Nutzung, d. h. einer nicht ausreichenden Beheizung und Belüftung der Räume, hohe relative Raumluftfeuchten auftreten (s. auch Bild **15.71**).

In Bild **15.54** ist am Beispiel einer Außenwand mit Wärmedämm-Verbundsystem eine typische Schadenssituation sowie ein einfacher Vorschlag zur Vermeidung der Tauwassergefahr dargestellt. Dabei wurde ein über die gesamte Wandlänge durchgehendes Schwellen-Unterlagsholz vorausgesetzt, so daß es sich i. allg. um ein Wärmebrückenproblem und nicht um über Undichtigkeiten eindringende Kaltluft handelt. Daher bewirkt die zusätzliche Wärmedämmung der Kellerdeckenstirnseite bereits eine erhebliche Verbesserung. Ohne ein vernünftiges Nutzerverhalten bietet allerdings diese Maßnahme allein noch keine Gewähr für Tauwasserfreiheit (s. Abschn. 15.7.11).

Eine andere (im Fertighausbau sehr häufige) Ausbildung der Wandauflagerung geht aus Bild **15.55** hervor: Kurze Unterlagshölzer im Bereich der Wandstiele, raum- und außenseitig mit zusätzlichem Mörtelverstrich, des weiteren Mörtelverstrich auch im übrigen Wandbereich. Raumseitig kam es zur Tauwasserbildung infolge reiner Wärmebrückenwirkung. Die erforderliche wärmeschutztechnische Verbesserung erfolgte durch Einbringen von PU-Ortschaum anstelle des Mörtelunterstrichs. – Eine bewährte Variante ist in Bild f) dargestellt. Hierbei werden Plattenzuschnitte aus wetterbeständig verleimtem Bau-Furniersperrholz BFU 100 mit beidseitiger Beschichtung, Dicke je nach Höhentoleranzen der Massivdecke etwa $d = 10$ mm bis 30 mm, unter den Wandstielen angeordnet. Vorher wurde die Schwellenunterseite mit einem Sperranstrich auf Bitumenbasis versehen. Dafür entfällt die Sperrschicht auf der Massivdecke, die gegen Beschädigungen bei der Wandmontage ohnehin empfindlich ist. Der übrige Hohlraum zwischen Decke und Schwelle wird wieder von beiden Seiten mit PU-Ortschaum ausgefüllt.

Selbstverständlich kommen die Ausbildungen nach Bild d) bis f) auch bei der heute vorherrschenden Wand mit Wärmedämm-Verbundsystem in gleicher Weise zur Ausführung.

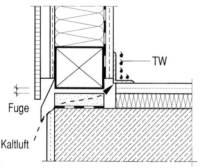

Bild **15.56** Tauwasser TW an der raumseitigen Oberfläche durch Kaltluftzutritt über Undichtigkeiten im Mörtelverstrich (Prinzip)

c) Tauwasser an der raumseitigen Oberfläche durch Kaltluftzutritt

Bei der Fußpunktausbildung nach Bild **15.55** a) bis c) ist raumseitiges Tauwasser häufig auch dadurch aufgetreten, daß durch Undichtigkeiten zwischen Mörtel und Holz, die schon bei der Herstellung des Mörtelunterstrichs oder aber infolge nachträglichen Schwindens der Schwelle zwischen den Unterlagshölzern entstanden waren, Kaltluft bis in die unmittelbare Nähe der raumseitigen Bauteiloberfläche gelangen konnte (Bild **15.56**). Abhilfe kann z. B. in gleicher Weise wie in Bild **15.55**d) bis f) dargestellt geschaffen werden.

d) Feuchteschäden im Anschluß Wandfußpunkt – Terrasse/Balkon

In Bild **15.57** sind 2 Beispiele stellvertretend für eine Anzahl von in diesen Bereichen aufgetretenen Schäden genannt. Es handelte sich jeweils um Arbeiten in Eigenleistung, die nach der Übergabe des Gebäudes durchgeführt worden waren.

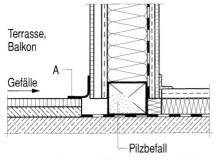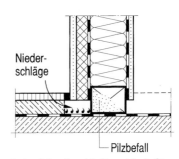

Terrasse,
Balkon

Gefälle

Niederschläge

└ Pilzbefall   └ Pilzbefall

Bild **15.**57 Feuchteschäden mit Pilzbefall (trotz chemischen Holzschutzes) im Anschlußbereich Außenwand – Terrasse/Balkon infolge unsachgemäßer baulicher Durchbildung
a) Gefälle zum Haus hin und ungenügende Abdichtung A, b) direkter Kontakt Bodenbelag – Wand mit ungenügender Abdichtung

In Bild a) hatte der nicht überdachte Terrassenbelag Gefälle zum Haus hin! Infolge der nicht sorgfältig ausgebildeten Abdichtung zwischen Terrassenbelag und aufgehender Wand kam es zu einer ständigen Wasseransammlung im Bereich der Fußschwelle und zu ihrer anschließenden, teilweisen Zerstörung durch Pilzbefall.

Bei dem Beispiel in Bild b) wurde der waagerechte Terrassenbelag gegen die Außenwandoberfläche geführt und die Fuge abgedichtet. Infolge der nachlassenden Wirkung der Abdichtung kam es irgendwann auch hier unbemerkt zu einer Feuchteanreicherung im Schwellenbereich mit anschließendem Pilzbefall.

Zur Klarstellung: Es ist hier zu Pilzbefall gekommen, obwohl die Schwellenhölzer einwandfrei entsprechend der Gefährdungsklasse GK 2 vorbeugend chemisch geschützt waren (Iv,P-Mittel). Infolge Ansammlung von Laub, Staub oder dgl. in diesem Bereich kann sich aber im ungünstigsten Fall z.B. Moderfäule bilden, die einen wesentlich intensiveren Schutz – nämlich entsprechend Gefährdungsklasse 4 – erfordert! Es reicht also nicht aus, sich nur auf den chemischen Holzschutz zu verlassen und die baulichen Maßnahmen zu vernachlässigen.

15.7.9 Wände mit Mauerwerk-Vorsatzschale

15.7.9.1 Allgemeines

Solche Wände (Prinzipdarstellung siehe Bild **15.**58) würden in einer Schadensstatistik nicht gut dastehen, weil es sich bei ihnen um Bauteile handelt, die vor allem dann Schwierigkeiten machen können, wenn bei der konstruktiven Durchbildung vergessen wird, daß die Vorsatzschale – im Gegensatz zu den sonst üblichen Ausbildungen des Wetterschutzes – regendurchlässig ist und daß bei stärkerer Schlagregenbeanspruchung an ihrer Rückseite Wasser in größeren Mengen herunterfließen kann.

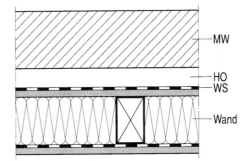

MW

HO
WS

Wand

Bild **15.**58 Allgemein übliche Ausbildung von Außenwänden in Holztafelbauart mit Mauerwerk-Vorsatzschale (Prinzip)

MW Mauerwerk-Vorsatzschale; HO Hohlraum, Ausbildung entsprechend DIN 1053-1, 8.4.3.2; WS wasserableitende Schicht

15.7.9.2 Ausgewählter Schadensfall

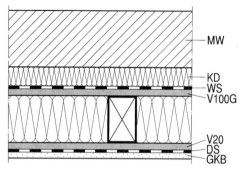

Bild **15.**59 Ausführung im ausgewählten Fall mit Kerndämmung KD zwischen Wand und Vorsatzschale

V 20, V 100 G Plattentypen der Spanplatten-Beplankungen, DS Dampfsperre, GKB Gipskartonplatte

Stellvertretend für die aufgetretenen unterschiedlichsten Schadensfälle bei dieser Bauart wird nachstehend gezeigt, welche Fehler man machen kann und welche Folgen sich daraus ergeben können. Es handelt sich um ein in Norddeutschland in Küstennähe errichtetes Fertighaus in Holztafelbauart, bei dem die Außenwände abweichend von der allgemein üblichen Ausbildung mit einer Kerndämmung zwischen Wand und Mauerwerk versehen waren (Bild **15.**59).

Etwa 2 Jahre nach Errichtung des Hauses begann im Kinderzimmer eine intensive Geruchsbelästigung schimmelpilzartiger Natur, die sich auch in den anschließenden Jahren – vor allem während der warmen Jahreszeit – fortsetzte und zu einer starken gesundheitlichen Beeinträchtigung (u. a. allergische Reaktionen, Asthmaanfälle, Bronchitis) der dort lebenden 2 Kinder führte, die sich anschließend dort nicht mehr aufhalten konnten. Später wurde ein solcher Geruch auch im Wohnzimmer festgestellt.

Bild **15.**60
Ansicht der raumseitigen Spanplatte nach Entfernen der Gipskartonplatten-Bekleidung mit noch herabhängender Dampfsperre (Polyethylenfolie); rechts Vorderseite der Außenbeplankung nach Entfernen der Dämmschicht in den Gefachen; der starke Schimmelpilzbefall ist jeweils deutlich erkennbar

Bild **15.**61
Schimmelpilzbefall auf der Rückseite der raumseitigen Beplankung nach Heraustrennen aus der Wand

Bild **15.**62
Raumseite der Außenbeplankung mit starkem Schimmelpilzbefall (hell und dunkler) und örtlicher Durchfeuchtung (dunkel)

Bild **15**.63 Raumseite der Außenbeplankung (rechts) und der nach außen folgenden Schichten, nämlich Bitumenbahn, Kerndämmung, Rückseite der Mauerwerk-Vorsatzschale (links)

Bild **15**.65 Kleine, raumseitige Entnahmestelle im Wohnzimmer; auch hier Schimmelpilzbefall hinter der PE-Folie auf der raumseitigen Oberfläche der Spanplatte

Bild **15**.64
Raumseite der Außenbeplankung; deutlich erkennbar die direkte Feuchteeinleitung über von außen durchdringende Klammern (dunkle Flecken) sowie junger, weißlicher Schimmelpilzbefall und mit Fingernagel erzeugtes geradliniges „Muster"

Da sich alle raumseitigen Bauteiloberflächen in einem einwandfreien, trockenen Zustand, also auch ohne den geringsten Anflug von Schimmelpilzbefall, befanden, wurden anläßlich eines Ortstermins die Außenwände von der Raumseite her an mehreren Stellen – teils großflächig, teils lediglich unter Verwendung eines Kronenbohrers – geöffnet. Dabei wurde bei den einzelnen Wänden im Prinzip folgender Zustand festgestellt:

1. Wände, die einer starken Schlagregenbeanspruchung und zusätzlich während der warmen Jahreszeit der direkten Sonnenwärmeeinstrahlung ausgesetzt waren (nach Süden und Westen ausgerichtet, ohne Beschattung):
   Starker Schimmelpilzbefall sowohl an der raumseitigen (V 20) als auch an der außenseitigen, pilzgeschützten Spanplatte (V 100 G) (s. Bilder **15**.60 bis **15**.65). Folgende Holzfeuchten wurden ermittelt:

Holzrippen	$u \approx 28\%$ (elektrisch)
Raumseitige Spanplatte V 20	$u \approx 18\%$ (elektrisch)
(zum Vergleich an einer Innenwand	$u \approx 10\%$ (elektrisch))
Außenseitige Spanplatte V 100 G	$u = 33\%$ (Darrprüfung)

   Alle in der Außenwand gemessenen Werte sind unzulässig groß. Raumseitig vor der PE-Folie (Gipskartonplatte) war kein Schimmelpilzbefall vorhanden.

2. Wandflächen, die nicht durch Schlagregen und anschließende direkte Sonneneinstrahlung beansprucht werden konnten (dazu gehörten auch durch Laubhölzer während der warmen Jahreszeit beschattete Bereiche der Süd- und Westwand:
   Hier war in den mittels Kronenbohrer untersuchten Bereichen augenscheinlich kein Schimmelpilzbefall vorhanden.

15.7.9.3 Schadensursache

Auf Grund der festgestellten Schäden muß die vorliegende Wand ohne jeden Zweifel als ungeeignet eingestuft werden. Dagegen ist die eindeutige Ermittlung der maßgebenden Schadensursachen wegen der Komplexität der Konstruktion schon etwas schwieriger.

(1) Kerndämmung

Beim Öffnen der Wand von der Raumseite her (s. Bilder **15.**60 bis **15.**65) war die Rückseite der Mauerwerk-Vorsatzschale „klatschnaß", desgleichen auch die unmittelbar anliegende Oberfläche der Kerndämmung (hydrophobierter mineralischer Faserdämmstoff), während der anschließende Dickenbereich des Dämmstoffes trocken war. Die Kerndämmung hat also – wie es auch zu ihren Aufgaben gehört – eine direkte Feuchteleitung vom Mauerwerk zur Holzwand augenscheinlich verhindert. Sie konnte damit zumindest nicht unmittelbar für die Durchfeuchtung verantwortlich gemacht werden.

(2) Drahtanker

Hier war der erste Fehler zu erkennen. Zum einen waren sie willkürlich angeordnet, also auch im Gefachbereich, wo sie die äußere Spanplatten-Beplankung durchstießen, also völlig wirkungslos waren. Vor allem aber fehlten die nach DIN 1053-1 geforderten Kunststoffscheiben (Tropfscheiben) zwischen Vorsatzschale und Wand, die verhindern sollen, daß das Wasser von der Vorsatzschale über den Drahtanker auf direktem Weg zur Wand gelangt. Auf diesen Mangel war zumindest ein Teil des aufgetretenen Schadens zurückzuführen.

(3) Befestigung der wasserableitenden Schicht auf der Außenbeplankung

Diese Schicht hat im allgemeinen mehrere Funktionen, woraus sich entgegengesetzte Anforderungen an sie ergeben können:

1. Sie soll verhindern, daß dort direkt oder indirekt auftretende Feuchte (durch Feuchteleitung bzw. bei Aufheizung des feuchten Hohlraums mit anschließender Tauwasserbildung infolge Unterschreitung der Taupunkttemperatur) mit der Wandoberfläche in Berührung kommt, d. h. sie muß wasserableitend sein.
2. Sie sollte – zumindest bei äußerer Holzwerkstoffbeplankung – eine unzulässig große Gleichgewichtsfeuchte als Folge einer hohen Hohlraumfeuchte verhindern, d. h. sie sollte wenig dampfdurchlässig sein.
3. Andererseits soll sie aber das Austrocknungsverhalten der Wand gegenüber außerplanmäßig vorhandener Feuchte nicht unzulässig behindern, d. h. sie sollte weitgehend dampfdurchlässig sein.

In jedem Fall, also auch im vorliegenden mit Kerndämmung, muß man damit rechnen, daß zumindest dann, wenn das Mauerwerk an der Rückseite naß ist und die Zwischenschicht durch anschließende Sonnenwärmeeinstrahlung stark aufgeheizt wird, Wasser in erheblichen Mengen an der Außenseite der wasserableitenden Schicht anfallen und herablaufen kann.

Obwohl es für einen Fertighausbetrieb überhaupt kein Problem gewesen wäre, die Befestigung dieser Schicht so vorzunehmen, daß hier kein Wasser von außen in die Wand eindringen kann, nämlich mit verdeckt angeordneter Befestigung (Bild **15.**66a), wurde das „einfachere" Verfahren gewählt (Bild b). Dieses Detail muß im vorliegenden Fall als der entscheidende Fehler angesehen werden. Wie auch aus den Bildern **15.**63 und **15.**64 erkennbar, fand über diese Stellen der eigentliche Wassertransport in die außenliegende Spanplatte statt. Die weitere Verteilung dieser Feuchte im übrigen Wandquerschnitt erfolgte dann ganz automatisch über den Mechanismus der Dampfdiffusion, z. B. während der warmen Jahreszeit nach innen bis zur raumseitigen Dampfsperre. Da der eigentliche Wandquerschnitt raum- und außenseitig weitgehend dampfdicht abgeschlossen war, bestand keine Möglichkeit einer Feuchteabgabe durch Wiederaus-

trocknung, so daß die im Wandquerschnitt vorhandene Feuchte wegen des
oftmaligen Nachschubs von außen ständig zunehmen mußte.

15.7.9.4 Vorschläge für die Sanierung

Im vorliegenden Fall war eine dauerhafte,
ausreichend sichere Wandkonstruktion
ohne die Entfernung der vorhandenen
Mauerwerk-Vorsatzschale und anschließender Errichtung einer neuen nicht zu
erreichen.

Bei einer solchen Wand mit erheblicher
Schlagregenbeanspruchung ist dem belüfteten Hohlraum hinter der Vorsatzschale der Vorzug gegenüber der Kerndämmung zu geben, da bei letzterer während der warmen Jahreszeit z. B. mit Tauwasserbildung auf der wasserableitenden
Schicht zu rechnen ist, wodurch zumindest außerplanmäßig Risiken entstehen
können. Des weiteren sorgt der belüftete Hohlraum dafür, daß sich dort bei Sonnenwärmeeinstrahlung nicht eine „Waschküche" mit nachfolgender Erhöhung der Gleichgewichtsfeuchte der äußeren Wandbeplankung einstellen kann.

Die wasserableitende Schicht kann entweder mit einer Folie oder aber auch mit Hartschaumplatten erreicht werden. Letztere haben, wie interne Forschungsergebnisse
(noch nicht veröffentlicht) zeigen, darüber hinaus den Vorteil, daß die Gleichgewichtsfeuchte der Außenbeplankung geringeren Schwankungen unterworfen ist. Ebenfalls
wurde festgestellt, daß die Anfälligkeit einer Außenbeplankung aus Gipsfaserplatten
gegenüber Schimmelpilzbefall merklich geringer als bei Spanplatten ist.

Daher wurden für die Sanierung der Außenwand im vorliegenden Schadensfall die
beiden Varianten A und B nach Bild **15.**67 und **15.**68 vorgeschlagen.

Bild 15.66
Befestigung der außenliegenden wasserableitenden Schicht WS aus Bitumenbahnen mit Klammern
oder dgl. an der Beplankung B (lotrechter Schnitt)
a) *richtig:* auch im Überlappungsbereich keine
Feuchteleitung von außen nach innen über die Befestigung;
b) falsch, da Befestigungsmittel die Feuchteleitung
in den Wandquerschnitt ermöglicht; im vorliegenden Fall ausgeführt

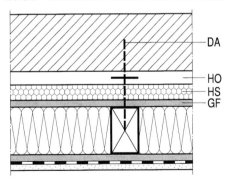

Bild **15.**67
Vorschlag A für Außenwandsanierung (schematisch)
DA Drahtanker mit Kunststoffscheibe; HO »belüfteter« Hohlraum nach DIN 1053-1; HS Hartschaumplatten, mindestens 20 mm dick, mit geeigneter
Randprofilierung der Platten, z. B. Falz, als wasserableitende Schicht; GF Gipsfaserplatte mit allgemeiner bauaufsichtlicher Zulassung

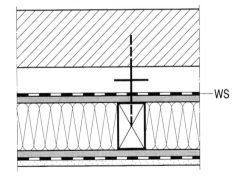

Bild **15.**68
Vorschlag B (schematisch)
WS wasserableitende Schicht, z. B. nackte Bitumen-
bahn R500N; ansonsten wie Vorschlag A

15.7.10 Wasserdampf-Konvektion

Beeinträchtigungen durch Wasserdampf-Konvektion wurden auch bei Außenwänden bisweilen offensichtlich, vor allem durch Formänderungen bei direkt beschichteter Außenbeplankung. Oft aber werden sie unentdeckt bleiben, da z.B. Aufwölbungen der äußeren Spanplatten-Schalung oder -Beplankung nicht sichtbar werden, z.B. bei vorgesetztem Wetterschutz. Trotzdem sollte die Wasserdampf-Konvektion nicht nur bei Dächern und Decken unter nicht ausgebauten Dachgeschossen, sondern auch bei Außenwänden ernst genommen werden, auch wenn sie in aller Regel nicht in der ungestörten Wandfläche auftritt, weil die raumseitige Bekleidung i. allg. luftdicht ausgebildet wird. Dagegen ist sie z.B. in denjenigen Gefachen möglich, in denen die luftdichte Schicht beeinträchtigt ist, z.B. durch den Einbau von Steckdosen im unteren und von Verteilerdosen im oberen Wandbereich.

Bild **15.69** stellt eine solche Situation im Prinzip dar: Infolge der Öffnung der luftdichten, raumseitigen Bekleidung kann es zur Wasserdampf-Konvektion mit nachfolgendem Tauwasserausfall an der raumseitigen Oberfläche der Außenbeplankung kommen, wenn die Durchdringungen nicht luftdicht ausgebildet werden (a). Umgekehrt treten zumeist auch Zuglufterscheinungen im Aufenthaltsraum auf, wenn Kaltluft aus dem außenliegenden Gefachhohlraum über die Steckdosenöffnung nach innen gelangt (b).

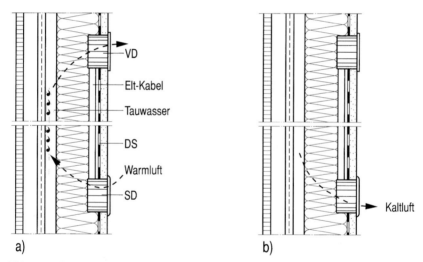

a)   b)

Bild **15.69**   Schäden durch Konvektion in Außenwänden durch Elektroinstallation, z.B. Steckdose SD und Verteilerdose VD
a) Tauwasserausfall infolge Wasserdampf-Konvektion, b) Kaltlufteinfall in den Aufenthaltsraum (lotrechte Schnitte)

In Bild **15.70** wird ein Vorschlag für das Ausführungsprinzip zur Vermeidung solcher Schäden gezeigt: Keine Beschädigung der luftdicht ausgebildeten Dampfsperre (großflächige PE-Folie) durch den Einbau der Steckdosen (a) und – infolge Verwendung von Lehrrohren – beim nachträglichen Einziehen der Kabel (b).

In Bild c) wird ein Aufbau gezeigt, wie er teilweise zur Anwendung kommt: Eine gesonderte Ebene z.B. für die Elektroinstallation innerhalb einer raumseitigen Vorhangschale. Es ist die feuchteschutztechnische sicherste Ausbildung, die jedoch ihren Preis hat.

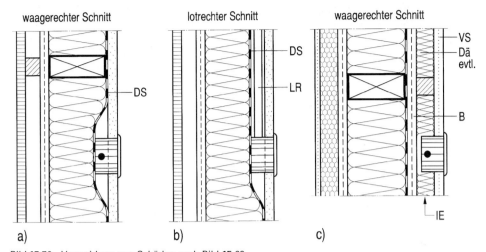

waagerechter Schnitt   lotrechter Schnitt   waagerechter Schnitt

a)   b)   c)

Bild **15.**70   Vermeidung von Schäden nach Bild **15.**69

a) unbeschädigte, luftdichte Dampfsperre DS im Bereich von Steckdose und Verteilerdose, b) Elektrokabel im Lehrrohr LR raumseitig vor der Dampfsperre, c) aufwendig, aber am sichersten: raumseitig vorgesetzte Installationsebene IE, ggf. unter zusätzlicher Verwendung einer Dämmschicht Dä; B luftdichte Wandbeplankung, VS Vorhangschale

Wasserdampfdiffusion

Eines der auffälligsten Ergebnisse der gesamten Befragung war, daß Schäden, die auf eine unzulässige Tauwasserbildung infolge Wasserdampfdiffusion (z. B. bei fehlerhafter Dampfsperre) zurückzuführen waren, so gut wie nicht mitgeteilt wurden.

15.7.11 Falsches Nutzerverhalten

Stellen sich während der Nutzung eines Gebäudes infolge mangelhafter Beheizung und Belüftung der Räume während der kalten Jahreszeit hohe relative Raumluftfeuchten ein, dann ist – unabhängig von der Bauart – auch der beste Wärmeschutz überfordert, und es kann zu einer starken Tauwasserbildung an der raumseitigen Oberfläche mit folgenden Konsequenzen kommen:

— Schädigung der raumseitig angeordneten Werkstoffe
— Schimmelpilzbildung mit den bekannten gesundheitlichen Risiken.

Solche Tauwasserschäden waren bis Ende der 70er Jahre an der Tagesordnung, sind aber heute erfreulicherweise merklich zurückgegangen, was insbesondere auf zwei Dinge zurückzuführen ist:

1. Wesentlich verbesserter Wärmeschutz der Außenwände in Holzbauart durch das außenliegende Wärmedämm-Verbundsystem, vor allem im Bereich der kritischen geometriebedingten Wärmebrücken (Gebäudeecken, Anschlüsse an andere Bauteile)
2. Zwischenzeitliche Aufklärung weiter Bevölkerungskreise über das richtige Beheizen und Belüften der Räume.

Von einer hohen relativen Luftfeuchte und damit von Tauwasserschäden betroffen waren vor allem Schlafräume und Kinderzimmer, vergleichsweise wenig dagegen Küchen und Bäder. Bild **15.**71 zeigt als „Muster"-Beispiel den Verlauf der Raumlufttemperatur ϑ_{Li} und relativen Luftfeuchte φ_i in einem ungenügend beheizten und belüfteten Schlafraum (Meßblatt eines Thermohygrographen). Die Mittelwerte liegen bei etwa $\vartheta_{Li} = 15°C$

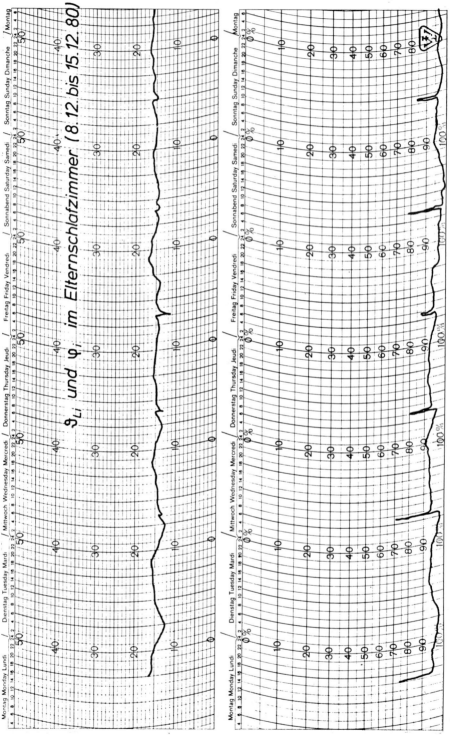

Bild **15.71** Beispiel aus der Praxis: Meßergebnis eines „Katastrophenfalls" (völlig ungenügende Beheizung und Belüftung) für die Temperatur ϑ_{Li} und die relative Feuchte φ_i in einem bewohnten Schlafraum (Thermohygrograf)

und φ_i = 95%! Eine ungefähre Vorstellung über die damit verbundene große Tauwassergefahr für die raumseitige Bauteiloberfläche und die in diesem Bereich angeordneten Einrichtungsgegenstände vermittelt – wenn auch für die noch ungünstigere Raumlufttemperatur ϑ_{Li} = 20 °C – Bild 3.29 in Abschn. 3.4.1.5. In der φ_i-Aufzeichnung im Bild **15.**71 erkennt man deutlich die extrem kurzen Lüftungszeiten.

In Bild **15.**72 sind nur einige der vielfältigen Tauwasserbereiche an der raumseitigen Oberfläche in solchen Räumen angedeutet.

Abhilfe wurde in der Praxis auf zweierlei Weise geschaffen:

1. In den meisten Fällen genügte die Aufklärung der Bewohner hinsichtlich einer „vernünftigen" Beheizung und Belüftung der Räume.

2. In den restlichen Fällen wurde raumseitig – wobei vor allem der kritische Bereich der Gebäudeecke erfaßt werden mußte – eine Verbesserung des Wärmeschutzes entsprechend Bild **15.**73 mit nachhaltigem Erfolg vorgenommen.

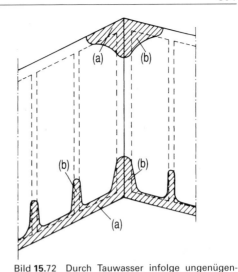

Bild **15.**72 Durch Tauwasser infolge ungenügender Beheizung und Belüftung der Räume stark gefährdete Außenbereiche (schematisch); Tauwasser im Bereich (b) ist bei Wänden mit außenliegendem Wärmedämm-Verbundsystem unwahrscheinlich

Bild **15.**73
Tauwasser TW infolge zu hoher relativer Raumluftfeuchte (a) und Beispiel für raumseitige Abhilfe im Schadensfall (b)

Dä   Wärmedämmschicht,
GB Gipsbauplatte

a)   b)

15.8   Außen- und Innenwände

15.8.1   Rohbau-Häuser

Bei Verwendung von Spanplatten-Beplankungen für Innenwände (Bild **15.**74) kam es des öfteren dann zu erheblichen Schäden, wenn sog. »Rohbau«-Häuser, die nachträglich in Eigenregie des Bauherrn ausgebaut werden, im Winter über einen längeren

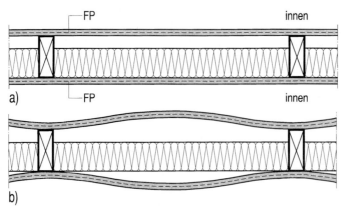

Bild **15**.74
Typischer Schadensfall für
Innenbauteile mit Span-
platten-Beplankung FP in
»Rohbau«-Häusern mit ei-
nem über längere Zeit un-
zuträglichen Raumklima
(niedrige Raumlufttempe-
ratur, hohe relative
Feuchte)
a) Ausgangszustand, b)
Aufwölbungen der Span-
platten (schematisch)

Zeitraum (Wochen bis Monate) im Rohzustand (unbeheizte Räume, baufeuchte Massivbauteile noch nicht abgedeckt) einer hohen relativen Raumluftfeuchte bei gleichzeitig
tiefer Raumlufttemperatur ausgesetzt waren. Dadurch kam es zu einer großen Gleichgewichtsfeuchte in den Spanplatten, zunächst in der jeweils raumseitigen Deckschicht,
was stärkere Aufwölbungen der Platten zur Folge hatte, anschließend über die gesamte
Plattendicke, so daß auch die Wand stärker – und zwar weitgehend irreversibel – ver-
formt wurde.

Werden in Rohbau-Häusern Holzbauteile mit raumseitiger Spanplatte eingesetzt, dann
ist darauf zu achten, daß während der kalten Jahreszeit die Räume derart beheizt werden, daß sich eine zuträgliche relative Luftfeuchte (nicht über etwa 60%) einstellt. Ist
das nicht realisierbar, dann sind solche Bauteiloberflächen weitgehend dampfdicht abzudecken (z. B. mit 0,2 mm dicker Polyethylen-Folie).

15.8.2 Überschwemmung durch Hochwasser

Dem Verfasser sind allein aus seiner Praxis mehrere Fälle von Hochwasserschäden in
nicht unterkellerten Holzhäusern bekannt. Ein Beispiel ist in Bild **15**.75 dargestellt. Der
für mehrere Stunden aufgetretene Wasserstand geht aus Bild a) hervor. Der Fußboden-
unterboden (schwimmend verlegte Spanplatten) mußte wegen starker Verformungen
anschließend entfernt werden. Nach Abfluß des Wassers wurden unverzüglich alle In-
nen- und Außenwände in der in Bild b) dargestellten Weise durch Entfernen einer Beplankung (bei den Außenwänden der raumseitigen) und der sonstigen Schichten geöffnet und in diesem Zustand so lange der Raumluft ausgesetzt (Tage bis Wochen), bis
die Holzfeuchte der wasserbeanspruchten Rippen wieder auf unter 20% abgesunken
war. Anschließend konnte der ursprüngliche Zustand der Bauteile bedenkenlos wiederhergestellt werden. Irgendwelche Folgeschäden traten – wie zu erwarten gewesen war
– wegen der kurzzeitigen Beanspruchung nicht auf.

Anmerkung: Die Entfernung der Beplankung diente in erster Linie der schnellen Austrocknung der Holzkonstruktion, während sie selbst noch nicht ersatzbedürftig war.

Dieses Beispiel soll zugleich klarmachen, wie robust solche Holzbauteile auch gegenüber extremen Feuchtebeanspruchungen sind, wenn diese a) nur kurzzeitig auftreten
und b) im unmittelbaren Anschluß daran für ein schnelles Entweichen der eingedrungenen Feuchte gesorgt wird.

Weitere Angaben zu Schäden in Holzhäusern und zu ihrer Abhilfe und Vermeidung
können [5] entnommen werden.

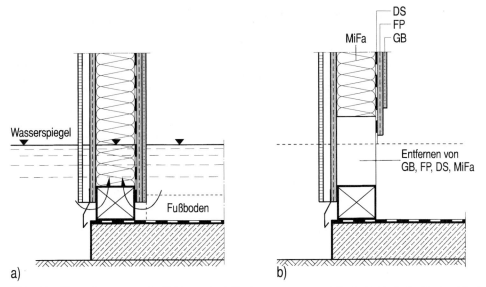

Bild **15.**75 Überschwemmung im Holzhaus durch Hochwasser
a) Wasserstand; b) Abhilfemaßnahmen, um das schnelle Wiederaustrocknen der befeuchteten Holzkonstruktion zu ermöglichen
GB Gipsbauplatte, FP Spanplatte, DS Dampfsperre, MiFa mineralischer Faserdämmstoff

16 Lebensdauer von Holzhäusern

Man sollte ein Buch über den Holzbau nicht mit dem Abschnitt »Schäden« beenden. Dafür bietet sich eher die »Lebensdauer« an, um zum einen zu demonstrieren, daß das große Vertrauen in diese Bauart tatsächlich berechtigt ist und weil zum anderen diese Frage bei der Planung von Wohngebäuden oft gestellt wird.

16.1 Allgemeines

In Deutschland haben Holzhäuser derzeit einen noch geringen Anteil an den neu erbauten Ein- und Zweifamilienhäusern, ganz im Gegensatz z.B. zu den skandinavischen Ländern, wo sich das Holzhaus großer Beliebtheit erfreut, oder zu den nordamerikanischen Staaten, wo sein Anteil – sowohl für den Altbaubestand als auch für Neubauten – etwa 90% beträgt (Beispiele s. Bilder **16**.1 und **16**.2).

Ein Grund dafür liegt darin, daß die Beziehung zu einem Holzhaus bei uns traditionell nicht so ausgeprägt ist wie z.B. in den genannten Ländern. So wird zuweilen auch vermutet, daß ein Holzhaus nicht von der gleichen Dauerhaftigkeit sein kann wie ein Haus in Massivbauart (Mauerwerk, Beton). Daß diese Vermutung falsch ist, beweisen die vielen Fachwerkgebäude, die sich trotz jahrhundertelanger Wetterbeanspruchung bei teilweise extrem ungünstiger Fassadenausbildung heute immer noch in einem einwandfreien Zustand befinden, sowie der Millionenbestand an Holzhäusern in den USA.

Die heutige Bauart der Holzhäuser enthält ganz grob betrachtet die wesentlichen Prinzipien der Fachwerkbauart, hat jedoch mit dem zusätzlichen Wetterschutz für die eigentliche Konstruktion einen besonderen Vorteil.

Die bautechnischen Vorschriften des Gesetzgebers für die Errichtung von Gebäuden gelten allgemein, so daß die zugrunde gelegte Dauerhaftigkeit der Gebäude von jeder zugelassenen Bauart gewährleistet wird. Bei der Dauerhaftigkeit geht man bauaufsichtlich – obwohl schriftlich nicht fixiert – von 50 Jahren aus. Aus der Erfahrung kann man

Bild **16**.1 Holzhaus in Halifax, USA; errichtet Ende 18. Jahrhundert

Bild **16**.2 Holzhaus der heutigen Generation (Deutschland)

sicher sein, daß Gebäude, die über einen Zeitraum von 50 Jahren standsicher waren, es auch noch z.B. nach 100 Jahren sind. Der Gesetzgeber denkt also nicht daran, die Standsicherheit „bis in die Ewigkeit" zu fordern.

Eine Beurteilung für einen Zeitraum von mehr als 100 Jahren erscheint wenig hilfreich, weil sich die Anforderungen an die Bausubstanz und an die Gebäudetechnik – wegen der Veränderung unserer Lebensansprüche, vor allem aber auch aus ökologischen Gründen – immer schneller verändern werden.

Holzhäuser

Die nachfolgende Bewertung bezieht sich auf Wohngebäude (freistehende Einfamilienhäuser, Einfamilien-Reihenhäuser, Mehrfamilienhäuser) in

– Holztafelbauart, d.h. also auch in der sog.»Holzrahmenbauart«, sowie in
– Skelettbauart, sofern die vorgegebenen Konstruktionsdetails angewandt werden.

Gemeint sind also Bauarten, bei denen sich der Wetterschutz der Außenwände vollflächig über die gesamte Wand (Holztafelbauart) oder über die Wandbereiche zwischen dem Holztragwerk (Skelettbauart) erstreckt.

Lebensdauer

Mit der hier unter Einhaltung vorgegebener Bedingungen genannten Lebensdauer von Holzhäusern soll ausgedrückt werden, wie lange das Gebäude ausreichend standsicher ist, wie lange es also die erforderliche Tragfähigkeit bezüglich der in den bautechnischen Vorschriften festgelegten rechnerischen Lasten besitzt.

Die Lebensdauer gilt nicht als beeinträchtigt oder beendet, wenn Einzelteile der Konstruktion (z.B. Plattenwerkstoffe) nach einer extremen, außerplanmäßigen Beanspruchung (z.B. Wasserrohrbruch), für die sie nicht zu bemessen sind, dermaßen geschädigt wurden, daß sie ersetzt werden müssen. Das gleiche gilt generell auch für andere Bauteile, z.B. Fenster, Türen, Verschleißteile, wie Fußböden, Treppenstufen oder dergleichen. Die hier behandelte Lebensdauer bezieht sich ferner nur auf die erstellte Gebäudekonstruktion, dagegen nicht auf die technische Ausrüstung (Installationen oder dgl.).

Für die Lebensdauer eines Holzhauses ist entscheidend, ob, in welcher Größe, in welcher Häufigkeit und wie lange eine Feuchtebeanspruchung der Konstruktion auftritt und wie sie damit fertig wird.

Die hier getroffene Bewertung gilt selbstverständlich auch für Ausbildungen, bei denen entsprechend dem neuesten Stand der DIN 68 800-2 (baulicher Holzschutz) auf den vorbeugenden chemischen Holzschutz verzichtet werden darf (Gefährdungsklasse 0).

16.2 Erstellung der Gebäude, Voraussetzungen

Die konstruktiven Bedingungen (siehe Abschn. 16.6) gelten für den Nutzungszustand. Unabhängig davon ist bis zur Fertigstellung des Gebäudes sicherzustellen, daß eine schädigende Einwirkung aus einer unzulässigen Befeuchtung während der Bauphase nicht stattfindet.

Optimal sind Holzhäuser in Fertigbauart, bei denen auf Grund der Werksfertigung von Wand-, Decken- und Dachelementen sowie der geforderten Überwachung folgende wesentliche Vorteile bestehen:

– Verarbeitung trockener Materialien in trockenen Werkräumen
– durch Einsatz von Maschinen und Geräten ideale Arbeitsbedingungen
– kurze Montagezeiten an der Baustelle durch vorgefertigte Teile

— durch regensicher ausgebildete Oberflächen der vorgefertigten Teile und kurze Montagezeiten sind nur geringe Beanspruchungen durch Niederschläge während der Bauphase möglich.

Bei konventioneller Herstellung der Holzhäuser an der Baustelle ohne Einsatz von vorgefertigten Teilen gelten die Aussagen zur Lebensdauer in gleicher Weise, wenn dafür gesorgt wird, daß hierbei Verhältnisse wie im Holz-Fertighausbau vorliegen. So ist z.B. dafür zu sorgen, daß während der Bauphase befeuchtete Materialien vor dem Einbringen der Dämmschicht und dem Aufbringen der raumseitigen Schichten (Bekleidungen, Dampfsperren oder dgl.) wieder austrocknen können.

Da eine wesentliche Erhöhung der Materialfeuchte (Holz, Plattenwerkstoffe) auch bei langfristig einwirkender hoher relativer Raumluftfeuchte während der Bauphase möglich ist, sind noch nicht fertiggestellte Häuser außenseitig zu schließen und während der kalten Jahreszeit zu temperieren, um Schäden – vor allem bei noch nicht abgedeckten, baufeuchten Massivbauteilen (z.B. Kellerdecken, Estriche) – zu vermeiden (s. z.B. Abschn. 15.8.1).

16.3 Nutzung der Gebäude

Es wird vorausgesetzt, daß die Gebäude durch die Bewohner in üblicher Weise sinnvoll genutzt werden, worunter auch eine angemessene Pflege und Wartung verstanden wird. Im einzelnen wird hier folgendes vorausgesetzt:

a) Übliche Nutzung der Räume in klimatischer Hinsicht, d.h. während der kalten Jahreszeit ausreichende Beheizung und Belüftung.

b) Üblicher Umgang mit Reinigungswasser (z.B. für Fußböden).

c) In größeren Zeitabständen durch den Bewohner Inaugenscheinnahme und Pflege von offensichtlichen Stellen, bei deren Beeinträchtigung ein Eindringen von Wasser in die Konstruktion möglich ist, z.B. Dacheindeckung, Dachanschlüsse, Dachdurchdringungen, Regenwasserablauf, Fenster- und Türanschlüsse, vor allem bei schlagregenbeanspruchten Außenwänden, Abdichtungen im Sanitärbereich (z.B. an Duschwänden).

d) Umgehende Beseitigung von Undichtigkeiten, über die Wasser (Niederschläge, Reinigungs-, Spritz- oder Schwallwasser) in die Bauteile eindringen kann oder eingedrungen ist.

e) Sofortiges Nachsehen bei auftretenden Feuchtemarkierungen an raumseitigen Bauteiloberflächen oder anderen Schadensbildern zur unverzüglichen Behebung der Ursachen.

16.4 Spätere Änderungen der Konstruktion oder der Gebäudetechnik

Werden später – z.B. im Rahmen von Modernisierungsmaßnahmen – Veränderungen an der Konstruktion, im Innenausbau oder in der technischen Ausrüstung vorgenommen, sind diese selbstverständlich im Einklang mit den jeweils gültigen technischen Baubestimmungen und Notwendigkeiten vorzunehmen. Ferner ist vor allem darauf zu achten, daß sich daraus keine unzulässige Feuchtebeanspruchung der Holzbauteile ergibt.

16.5 Grundlagen für die Beurteilung der Konstruktion

16.5.1 Allgemeines

Bei der Beurteilung des Dauerstandverhaltens von Holzbauteilen sowie der Gesamtkonstruktion, d. h. ihres langfristigen Verhaltens bzgl. Tragfähigkeit und Verformungen, auch unter Berücksichtigung klimatischer Beanspruchungen, sind zwei Aspekte zu beachten:

1. Beeinflussung der Tragfähigkeit, auch in Abhängigkeit von der Holzfeuchte
2. Gefahr der Schädigung durch Pilz- oder Insektenbefall.

16.5.2 Mechanische Beanspruchung

Was die Tragfähigkeit anbetrifft, so ist selbst eine Lasteinwirkungsdauer von mehr als 100 Jahren unproblematisch, da die in den Holzbauteilen vorhandenen Spannungen nur einen Bruchteil der Festigkeiten betragen, so daß nach einem solchen Zeitraum die Sicherheit gegen Versagen immer noch ausreichend groß ist. Hinzu kommt, daß in solchen Gebäuden aufgrund der günstigen klimatischen Randbedingungen die Holzfeuchte in der Regel ständig $u \leq 20\%$ beträgt, nachteilige Einflüsse für die Tragfähigkeit aus größeren Holzfeuchteänderungen also nicht zu erwarten sind.

16.5.3 Holzfeuchte und Holzschutz

Folgende Bedingungen bezüglich des Feuchteschutzes der Konstruktionshölzer sind einzuhalten:

1. Die Bemessung des klimabedingten Feuchteschutzes der Bauteile erfolgt auf der Grundlage der einschlägigen Vorschriften (im wesentlichen DIN 4108-3).
2. Die Vorschriften zum baulichen Holzschutz werden eingehalten (z. B. Einbau trockener Materialien, ausreichender Wetterschutz, keine Feuchteübertragung aus feuchten Stoffen im Anschlußbereich an andere Bauteile) (DIN 68 800-2).
3. Die Bauteile werden entsprechend den handwerklichen Regeln einwandfrei ausgeführt. Dazu gehören u. a. die sachgemäße Verlegung von Wärmedämmschichten sowie die sorgfältige Ausbildung der luftdichten Schicht an der Raumseite, auch im Anschlußbereich an andere Bauteile oder bei Durchdringungen (sofern erforderlich).
4. Von besonderer Bedeutung ist auch der dauerhaft dichte Anschluß des Bauteils im Bereich von Öffnungen (Fenster, Türen, Dachflächenfenster).
5. Alle Hölzer sollten trocken eingebaut werden ($u_1 \leq 20\%$).
6. Sind trocken eingebaute Hölzer über längere Zeit durch höhere Baufeuchte beansprucht worden oder mit wesentlichen Niederschlägen in Berührung gekommen, so ist vor dem raumseitigen Verschließen der Bauteile (Dämmschicht, Dampfsperre, Bekleidung) die Austrocknung auf $u_1 \leq 20\%$ abzuwarten.
   Ausnahmen sind möglich bei Bauteilen mit zumindest außenseitig diffusionsoffener Abdeckung, z. B. bei geneigten Dächern mit Unterspannbahn oder Vordeckung auf Schalung mit einer äquivalenten Luftschichtdicke $s_d \leq 0,2$ m (s. Abschn. 3.7.3.3, 2)).

16.6 Bauteile

a) Vorbemerkungen

Nachfolgend werden die Konstruktionsprinzipien für jene Bauteile und wesentlichen Details genannt, die für die Beurteilung der Dauerhaftigkeit eines Gebäudes von Bedeutung sind (s. auch [42]). Die spätere Bewertung in Abschn. 16.7 hinsichtlich der Lebensdauer gilt nur dann, wenn diese Prinzipien eingehalten sind oder feuchteschutztechnisch gleichwertige Konstruktionen vorliegen. Unabhängig davon sind auch die bereits genannten Bedingungen bezüglich der Herstellung der Gebäude sowie ihrer späteren Nutzung zu beachten.

Alle nachstehend genannten Ausbildungen sind nicht theoretisch entwickelt worden, sondern haben sich in der Praxis seit Jahren oder Jahrzehnten vielfach bewährt. Als einzige Abweichung von der bisherigen Praxis ist anzusehen, daß die Bauteile auf der Grundlage der neuen DIN 68 800-2 bei entsprechender Konstruktion auch ohne vorbeugenden chemischen Holzschutz ausgeführt werden können (Gefährdungsklasse 0), wodurch sich aber keine Beeinträchtigung der Lebensdauer ergibt.

Bei der Verwendung der einzelnen Werkstoffe sind die jeweiligen bautechnischen Vorschriften sowie die spezifischen Verarbeitungshinweise der Hersteller zu beachten.

Da praktisch alle bautechnischen Voraussetzungen hierfür bereits in den voranstehenden Kapiteln abgehandelt sind, wird hier auf eine nochmalige Darstellung der im einzelnen erforderlichen Ausführung verzichtet und statt dessen nur auf den jeweiligen Abschnitt hingewiesen.

b) Außenwände

Bezüglich der aktuellen Situation zum Holzschutz bei Außenwänden allgemein wird auf die Abschnitte 3.7.3.3, 1) (Bild **3**.75) und **7**.3 (Bild **7**.3) verwiesen. Der Wetterschutz ist in folgender Weise ausgebildet:

a) Wärmedämm-Verbundsystem nach Bild **3**.75b)

b) Verputzte Holzwolleleichtbauplatten nach Bild c)

c) Vorhangschale nach Bild a)

d) Mauerwerk-Vorsatzschale nach Bild d); gleichwertig ist die Ausführung mit einer bereits werksseitig angebrachten, hinterlüfteten Vorsatzschale aus geschoßhohen, verputzten Porenbetonelementen anstelle des Mauerwerks

e) Wärmedämm-Verbundsystem nach a), jedoch mit spezieller Ausbildung des Anschlusses im Holz-Skelettbau nach Abschn. 7.5.6 und Bild **7**.21

c) Geneigte Dächer über ausgebauten Dachräumen

Dachquerschnitte nach Abschn. 3.7.3.3, 2) und Bild **3**.77, a) bis e).

Von ausschlaggebender Bedeutung ist dabei – wie bereits vorher mehrfach erwähnt – eine vollflächig luftdichte Schicht unterhalb der Sparren, nicht nur in der Fläche, sondern auch im Bereich von Durchdringungen (z.B. durch Kabel, Rohre) oder von Anschlüssen an andere Bauteile (z.B. Dachflächenfenster, Schornstein, Wände).

d) Flachdach

Konstruktion nach Abschn. 3.7.3.3, 3) und Bild **3**.78.

e) Decken unter nicht ausgebauten Dachgeschossen

Ausbildungen nach Abschn. 3.7.3.3, 4) sowie Bilder **3**.79 und **3**.80. Hier gilt die zusätzliche Anforderung nach Abschn. c) an die unterseitig luftdichte Ausführung in besonderem Maße.

f) Naßbereiche

Alle Aufenthaltsräume in Wohngebäuden in moderner Holzbauart sind definitionsgemäß trockene Räume. Innerhalb des trockenen Raumes Bad existieren aber mit dem Fußboden und den Duschenwänden zwei Naßbereiche, die durch häufige, nutzungsbedingte Feuchtebeanspruchung infolge Spritzwasser oder dgl. gekennzeichnet sind. Während der Zustand des Badfußbodens keinen Einfluß auf die Dauerhaftigkeit der tragenden Deckenkonstruktion hat, solange er seine feuchtesperrende Funktion erfüllt, kann die Duschwand tragend und somit ihre Standsicherheit bei fehlerhafter Ausbildung des Feuchteschutzes gefährdet sein.

Es werden die Ausbildungen entsprechend den Abschnitten 3.7.3.3, 6) und 13.7 vorausgesetzt. Weitere Einzelheiten über den Feuchteschutz von Holzbauteilen in Naßbereichen können in [7] und [41] nachgelesen werden.

g) Details von Außenbauteilen

Vorstehend wurde – Naßbereiche ausgenommen – nur die eigentliche Bauteilfläche behandelt. Tatsächlich hängt jedoch der Feuchteschutz eines Außenbauteils vor allem davon ab, wie die Detailpunkte (Anschlüsse, Durchdringungen) ausgebildet sind. In jedem Fall ist zu verhindern, daß von dort eine Feuchtegefährdung für den Querschnitt des Bauteils ausgeht. Daher sind diese Stellen gegen das Eindringen von Niederschlägen dauerhaft dicht auszuführen.

Die technischen Möglichkeiten für die einwandfreie Ausbildung dieser Details sind äußerst vielfältig. Daher soll nachstehend nur mit Hinweisen auf einige wenige Beispiele für den Anschluß von Außenwänden an Fenster, Kellerdecken, Terrassen/Balkone das Konstruktionsprinzip lediglich angedeutet werden, bei dem Niederschläge ohne Gefahr für das eigentliche Bauteil abgeleitet werden können:

1. Anschluß an Fenster s. Abschn. 7.5.1, Bild **7.9**
2. Außenwand-Fußpunkt s. Abschn. 7.5.5, Bild **7.18**
3. Anschluß Terrasse/Balkon s. Abschn. 7.5.5, Bild **7.19**

16.7 Lebensdauer von Holzhäusern

Die nachstehende Beurteilung erfolgt auf der Grundlage der einschlägigen bautechnischen Vorschriften sowie an Hand des Erfahrungsumfangs an schätzungsweise 300 000 bestehenden Holz-Fertighäusern in Deutschland mit einem Alter von teilweise über 30 Jahren.

Werden die hier genannten oder im Prinzip angedeuteten Bedingungen bezüglich

— der Konstruktion und Herstellung der Bauteile, einschließlich der Überwachung der Herstellung,

— der Montage der Fertigteile oder der konventionellen Errichtung der Gebäude sowie

— der Nutzung, d.h. auch der Pflege und Wartung durch den Bewohner, eingehalten, dann ist für solche Wohngebäude eine

Lebensdauer von mindestens 100 Jahren

zu erwarten.

Literatur

[1] *Schwarz, B.:* Feuchteprobleme beim Einsatz alternativer Dämmstoffe. holzbau technik. 1995, 1/95.

[2] *Gösele, K.:* Schallschutz, Holzbalkendecken. Informationsdienst Holz der Entwicklungsgemeinschaft Holzbau. 1993.

[3] *Kordina, K., Meyer-Ottens, C.:* Holz Brandschutz Handbuch, 2. Aufl.. Deutsche Gesellschaft für Holzforschung e. V. 1994.

[4] *Schulze, H.:* Möglichkeiten und Grenzen des baulichen/chemischen Holzschutzes. Forschungsbericht. 1989.

[5] *Schulze, H.:* Vermeidung von Feuchteschäden im Holzhausbau; Auswertung einer Befragung. Forschungsbericht. 1990.

[6] *Schulze, H.:* Überprüfung der Notwendigkeit von Dampfsperren durch Klimaversuche an Dächern mit weitgehend dampfdurchlässiger unterer Bekleidung. Forschungsbericht. 1991.

[7] *Schulze, H.:* Baulicher Holzschutz. Informationsdienst Holz der Entwicklungsgemeinschaft Holzbau. 1993.

[8] *Bellmann, H.* u. a.: Beuth-Kommentar „Holzschutz – Eine ausführliche Erläuterung zu DIN 68 800 Teil 3". Beuth Verlag. 1992.

[9] *Hauser, G., Schulze, H., Wolfseher, U.:* Wärmebrücken im Holzbau. Informationsdienst Holz der Entwicklungsgemeinschaft Holzbau. 1983.

[10] *Mainka, G.-W., Paschen, H.:* Wärmebrückenkatalog. B. G. Teubner. 1986.

[11] *Hauser, G., Stiegel, H.:* Wärmebrücken-Atlas für den Holzbau. Bauverlag. 1992.

[12] *Schulze, H.:* Holzhäuser in Tafelbauart, Konstruktion, Bauphysik. In: v. Halász, R. (Hrsg.), Scheer, C. (Hrsg.): Holzbau-Taschenbuch, Band 1, 8. Aufl. Ernst & Sohn Verlag für Architektur u. techn. Wiss. 1986.

[13] *Schulze, H.:* Kommentar zu DIN 1052–1, Abschn. 11 und DIN 1052–3. In: Brüninghoff, H. u. a.: Beuth-Kommentar „Holzbauwerke – Eine ausführliche Erläuterung zu DIN 1052 Teil 1 bis Teil 3". Beuth Verlag. 1988.

[14] *Schulze, H.:* Festlegung von Konstruktionskriterien von Wand- und Deckenscheiben für späteren Gebäude-Katalog. Forschungsbericht. 1985, Ergänzung 1988.

[15] *Mistler, L.:* Zur Berechnung der mittragenden Plattenbreite doppelschaliger Tafelelemente. Holz als Roh- und Werkstoff. 1977, S. 95–98.

[16] *Möhler, K., Steinmetz, D.:* Untersuchungen über die mittragende Plattenbreite bei Tafelelementen aus Vollholzrippen und Holzwerkstoffplatten. Forschungsbericht. 1975.

[17] *Möhler, K., Steck, G.:* Näherungsformeln zur Berechnung von Verbundbauteilen aus Vollholz und Holzwerkstoffen. Holz als Roh- und Werkstoff. 1979, S. 221–225.

[18] *Schulze, H.:* Bauphysikalische Daten. Informationsdienst Holz der Entwicklungsgemeinschaft Holzbau. 1981.

[19] *Kropf, F.* u. a.: Luftdurchlässigkeit von Gebäudehüllen im Holzhausbau. EMPA-Bericht Nr. 218. 1989.

[20] *Grünzweig + Hartmann AG:* Dämmstoffanordnung, Volldämmung nach DIN 4108. 50.7.89 K. 1989.

[21] *Gösele, K., Schüle, W.:* Schall, Wärme, Feuchte, 9. Aufl.. Bauverlag. 1989.

[22] *Schulze, H.:* Hausdächer in Holzbauart; Konstruktion, Statik, Bauphysik. Werner-Verlag. 1987.

[23] *Schulze, H.:* Geneigte Dächer ohne chemischen Holzschutz auch ohne Dampfsperre? bauen mit holz. 1992, S. 646–659.

[24] *Schulze, H.:* Dächer mit Vordeckung ohne chemischen Holzschutz. bauen mit holz. 1994, S. 418–420.

[25] *Schulze, H.:* Das geneigte „Universaldach" ohne chemischen Holzschutz. bauen mit holz. 1993, S. 924–927.

[26] *Lutz, P., Jenisch, R., Klopfer, H., Freymuth, H., Krampf, L.:* Lehrbuch der Bauphysik. 3. Aufl. B. G. Teubner. 1994.

[27] *Hauser, G., Schulze, H.:* Das sommerliche Temperaturverhalten von Einfamilienhäusern. Gesundheits-Ingenieur. 1978, S. 230–232, S. 241–244.

[28] *Veres, E.:* Entwicklung von Holzbalkendecken mit hoher Trittschalldämmung. Fraunhofer-Institut für Bauphysik. IBP-Bericht B-BA 1/1992.

[29] *Schulze, H.:* Decken unter nicht ausgebauten Dachgeschossen. bauen mit holz. 1993, S. 26 bis 30.

[30] *Schulze, H.:* Schallschutz-Praxis im Holzbau. bauen mit holz. 1993, S. 390–397, S. 495–503, S. 599–603.

[31] *Schulze, H.:* Nichttragende Innenwände. In: Cziesielski, E. (Hrsg.): Lehrbuch der Hochbaukonstruktionen, 2. Aufl. B. G. Teubner. 1993.

[32] *Schulze, H.:* Holzbauteile in Naßbereichen. Informationsdienst Holz der Entwicklungsgemeinschaft Holzbau. 1987.

[33] *Schulze, H.:* Holzwerkstoffe, Konstruktionen und Bauphysik. Informationsdienst Holz der Entwicklungsgemeinschaft Holzbau. 1988.

[34] *Schulze, H.:* Nachträglicher Dachgeschoßausbau. Informationsdienst Holz der Entwicklungsgemeinschaft Holzbau. 1992.

[35] *Bergemann, L.:* Die öffentlich-rechtlichen Vorschriften mit den neuesten Änderungen und Ergänzungen. IBK-Fachtagung 123. 1991.

[36] Innenministerium Baden-Württemberg: Ausbau von Dächern und Untergeschossen; ein Leitfaden für Bauherren, 2. Aufl. 1990.

[37] Innenministerium Baden-Württemberg: Brandschutz in ausgebauten Dachgeschossen. 1991.

[38] *Schulze, H.:* Querschnittsbericht über den nachträglichen Ausbau von Dachgeschossen. Forschungsbericht. 1992.

[39] *Gösele, K.:* Schallschutz mit Holzbalkendecken. Informationsdienst Holz der Entwicklungsgemeinschaft Holzbau. 1982.

[40] *Schulze, H.:* Schäden an Wänden und Decken in Holzbauart. IRB-Verlag. 1993.

[41] *Schulze, H., Hinze, R., Rohlfs, H.:* Holzbauteile in Naßbereichen. Forschungsbericht. 1986.

[42] *Schulze, H.:* Holzhäuser, eine Entscheidung für Generationen; Aussagen zur Lebensdauer. Informationsdienst Holz der Entwicklungsgemeinschaft Holzbau. 1991.

[43] *Schulze, H., Walloschke, R.:* Entwicklung und Katalogisierung von Gebäuden in Holzbauart ohne statischen und bauphysikalischen Nachweis zur Reduzierung der Planungskosten. Forschungsbericht. 1985.

[44] *Schulze, H., Leimer, H.-P., Raschper, N., Schönhoff, Th.:* Vereinfachter Standsicherheitsnachweis für Holzhäuser, Gebäude-Katalog. Forschungsbericht. 1988.

Zitierte Vorschriften

DIN 456 Dachziegel; Anforderungen, Prüfung, Überwachung
DIN 1052-1 Holzbauwerke; Berechnung und Ausführung
DIN 1052-2 –; Mechanische Verbindungen
DIN 1052-3 –; Holzhäuser in Tafelbauart; Berechnung und Ausführung
DIN 1053-1 Mauerwerk; Rezeptmauerwerk; Berechnung und Ausführung
DIN 1055-1 Lastannahmen für Bauten; Lagerstoffe, Baustoffe und Bauteile, Eigenlasten und Reibungswinkel
DIN 1055-4 –; Verkehrslasten, Windlasten bei nicht schwingungsanfälligen Bauwerken
DIN 1055-40 –; Windwirkungen auf Bauwerke (i. V.)
DIN 1101 Holzwolle-Leichtbauplatten und Mehrschicht-Leichtbauplatten als Dämmstoffe für das Bauwesen; Anforderungen, Prüfung
DIN 1102 Holzwolle-Leichtbauplatten und Mehrschicht-Leichtbauplatten nach DIN 1101 als Dämmstoffe für das Bauwesen; Anforderungen, Prüfung
DIN 4074-1 Sortierung von Nadelholz nach der Tragfähigkeit; Nadelschnittholz
DIN 4102-1 Brandverhalten von Baustoffen und Bauteilen; Baustoffe; Begriffe, Anforderungen und Prüfungen
DIN 4102-2 –; Bauteile; Begriffe, Anforderungen und Prüfungen
DIN 4102-4 –; Zusammenstellung u. Anwendung klassifizierter Baustoffe, Bau- und Sonderbauteile
DIN 4102-7 –; Bedachungen; Begriffe, Anforderungen und Prüfungen
DIN 4103-1 Nichttragende innere Trennwände; Anforderungen, Nachweise
DIN 4103-4 –; Unterkonstruktion in Holzbauart
DIN 4108-1 Wärmeschutz im Hochbau; Größen und Einheiten
DIN 4108-2 –; Wärmedämmung und Wärmespeicherung; Anforderungen und Hinweise für Planung und Ausführung
DIN 4108-3 –; Klimabedingter Feuchteschutz; Anforderungen und Hinweise für Planung und Ausführung
DIN 4108-4 –; Wärme- und feuchteschutztechnische Kennwerte
DIN 4108-5 –; Berechnungsverfahren
DIN 4109 Schallschutz im Hochbau; Anforderungen und Nachweise
DIN 4109 Bbl 1 –; Ausführungsbeispiele und Rechenverfahren
DIN 4109 Bbl 2 –; Hinweise für Planung und Ausführung; Vorschläge für einen erhöhten Schallschutz; Empfehlungen für den Schallschutz im eigenen Wohn- oder Arbeitsbereich
DIN 18 164-1 Schaumkunststoffe als Dämmstoffe für das Bauwesen; Dämmstoffe f. d. Wärmedämmung
DIN 18 164-2 –; Dämmstoffe für die Trittschalldämmung; Polystyrol-Partikelschaumstoffe
DIN 18 165-1 Faserdämmstoffe für das Bauwesen; Dämmstoffe für die Wärmedämmung
DIN 18 165-2 –; Dämmstoffe für die Trittschalldämmung
DIN 18 180 Gipskartonplatten; Arten, Anforderungen, Prüfung
DIN 18 181 Gipskartonplatten im Hochbau; Grundlagen für die Verarbeitung
DIN 18 183 Montagewände aus Gipskartonplatten; Ausführung von Metallständerwänden
DIN 52 128 Bitumendachbahnen mit Rohfilzeinlage; Begriff, Bezeichnung, Anforderungen
DIN 52 130 Bitumen-Dachdichtungsbahnen; Begriffe, Bezeichnung, Anforderungen
DIN 52 131 Bitumen-Schweißbahnen; Begriffe, Bezeichnung, Anforderungen
DIN 52 143 Glasvlies-Bitumendachbahnen; Begriffe, Bezeichnung, Anforderungen
DIN 52 210-2 Bauakustische Prüfungen; Luft- und Trittschalldämmung; Prüfstände für Schalldämm-Messungen an Bauteilen
DIN 68 364 Kennwerte von Holzarten; Festigkeit, Elastizität, Resistenz
DIN 68 705-3 Sperrholz; Bau-Furniersperrholz
DIN 68 750 Holzfaserplatten; Poröse und harte Holzfaserplatten, Gütebedingungen
DIN 68 752 Bitumen-Holzfaserplatten; Gütebedingungen
DIN 68 754-1 Harte und mittelharte Holzfaserplatten für das Bauwesen; Holzwerkstoffklasse 20
DIN 68 755 Holzfaserdämmplatten f. d. Bauwesen; Begriff, Anforderungen, Prüfung, Überwachung
DIN 68 763 Spanplatten; Flachpreßplatten f. d. Bauwesen; Begriffe, Anforderungen, Prüfung, Überwachung
DIN 68 764-1 –; Strangpreßplatten f. d. Bauwesen; Begriffe, Eigenschaften, Prüfung, Überwachung
DIN 68 764-2 –; Strangpreßplatten f. d. Bauwesen; Beplankte Strangpreßplatten für die Tafelbauart
DIN 68 771 Unterböden aus Holzspanplatten
DIN 68 800-2 Holzschutz; Vorbeugende bauliche Maßnahmen im Hochbau
DIN 68 800-3 –; Vorbeugender chemischer Holzschutz

Bauordnungen der Länder

Verordnung über einen energiesparenden Wärmeschutz bei Gebäuden (Wärmeschutzverordnung)

Allgemeine bauaufsichtliche Zulassungen des Instituts für Bautechnik

ETB-Richtlinie über die Verwendung von Spanplatten hinsichtlich der Vermeidung unzumutbarer Formaldehydkonzentration in der Raumluft

Sachverzeichnis

Die moderne Baukonstruktionslehre
auf bauphysikalischer Grundlage

Lehrbuch der Hochbau-konstruktionen

Herausgegeben von Erich Cziesielski

3., überarbeitete und erweiterte Auflage
800 Seiten mit zahlreichen Bildern und 150 Tafeln. 16,2 x 22,9 cm
Geb. DM 96,–   ÖS 701,–   SFr 86,–

Geschichte der Baukonstruktionen	*K.W. Usemann*
Methodik des Konstruierens und Wahl der Baustoffe	*H. F. O. Müller*
Maßordnung und Maßtoleranzen	*H.-M. Wolff und H. Paschen*
Mauerwerk	*W. Mann*
Geneigte Dächer mit Dachdeckungen	*E. Cziesielski und H. Marquardt*
Flachdächer mit Abdichtungen	*E. Cziesielski und H. Marquardt*
Außenwände	*E. Reyer und W. Willems*
Fenster und Türen	*W. Klein*
Nichttragende Innenwände	*H. Schulze*
Deckenkonstruktionen	*D. Frenzel*
Treppen	*F. Conrad, K. Johannsen und H. Paschen*
Deckenauflagen und Unterdecken	*J. Steinert*
Industrieböden	*E. Cziesielski und T. Schrepfer*
Gründungen	*S. Savidis*
Bauwerksabdichtungen	*E. Cziesielski und F. Vogdt*
Dehnungsfugen	*E. Cziesielski*
Bauaufsichtliche Regelungen	*H.-J. Irmschler*

 B. G. Teubner Stuttgart